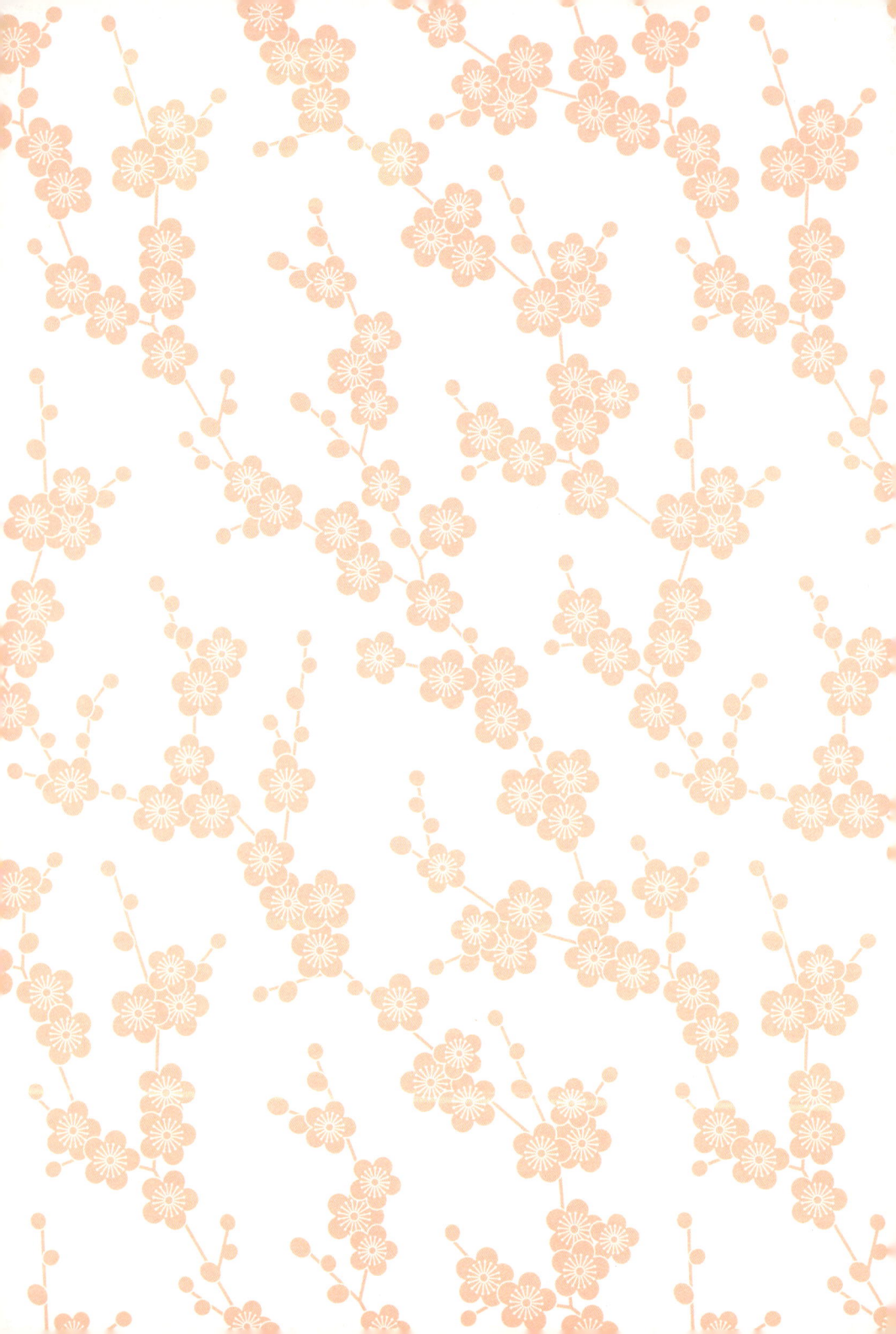

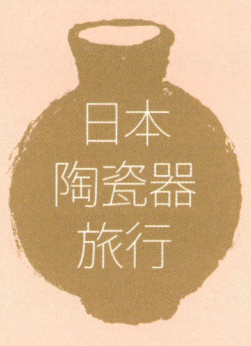

日本
陶瓷器
旅行

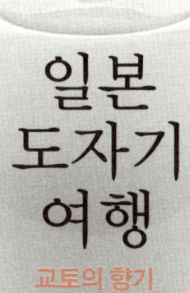

일본
도자기
여행

교토의 향기

CONTENTS

일본 도자기는
'국화와 칼'이다

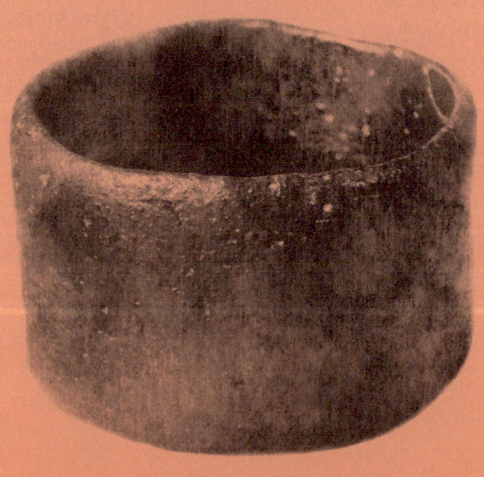

일본 전국시대, 아시카가 바쿠후足利幕府의 간레이管領[01]인 호소카와 하루모토細川晴元의 집사로 마쓰나가 히사히데松永久秀, 1510~1577라는 사무라이가 있었다. 그의 직함은 단조彈正로 공직에 몸담고 있는 사람의 비리나 풍속을 단속하는 임무를 띤 관리다. 조선의 사헌부 관리, 요즘의 청와대 민정수석이라 생각하면 될 듯하다. 그래서 막강한 힘을 의미하는 그의 직함을 강조하기 위해 흔히 마쓰나가 단조 히사히데라고도 불렸다.

우리나라도 그렇지만 관리를 감찰하는 요직이니만큼 단조가 갖는 평소의 권세가 얼마나 막강했겠는가? 수구守舊적인 권위주의 정부에서 청와대 비서실 민정수석이 부렸던 국정 농단과 각종 권력 남용을 생각하면 금방 이해될 것이다.

그의 권력에 대해서는 포르투갈 예수회 신부였던 루이스 프로이스Luís Fróis, 1532~1597가 쓴 『일본사Historia de Japam』에서도 언급될 정도다. 포교 목적으로 일본에 와서 오다 노부나가織田信長, 1534~1582와 도요토미 히데요시豊臣秀吉, 1537~1598 등과 직접 면담을 했던 그의 기록은 전국시대 연구의 귀중한 자료가 된다.

이 책은 1561년 히사히데의 권세에 대해 '천하의 최고 통치권을 장악해 원하는 대로 천하를 지배하고 고키나이五畿內[02]에서는 그가 명령한 것 외에 아무 일도 행하지 않기 때문에, 귀족과 고관들이 다수 그를 섬겼다'고 적고 있다. 500년 전 일본이나 지금 우리나라나 권력 있는 곳에 사람들이 꼬여들고, 이의 남용 가능성이 높아지는 것은 변함없는 진리다. 히사히데가 후대 평가에서 '전국시대 3대 효웅梟雄'의 한 명으로서, 배신과 암살 그리고 모략의 대명사가 되

---

01 쇼군(將軍)을 보좌하여 바쿠후(막부) 정치를 총괄하는 자리. 쇼군 다음으로 높은 직책이다.
02 교토와 가까운 다섯 지방

어 있는 것도 그의 권력으로 인한 숙명이라 하겠다.

히사히데에게는 많은 이야기들이 따라다니는데, 그중의 하나는 그가 소유한 '차가마茶釜', 곧 차를 달이는 용도의 차솥에 대한 내용이다. 전국시대 많은 다이묘大名들이 그랬듯 히사히데 역시 교류가 넓은 다인茶人으로서, 센노 리큐千利休, 1522~1591도 가르침을 받았던 당대 최고의 다도 스승 다케노 조오武野紹鷗, 1502~1555에게서 사사를 받았다. 게다가 히사히데는 권세를 통해 막대한 부를 축적했기 때문에 명물 다구茶具를 많이 소유한 것으로 유명했다.

명물 다구는 일본 도자기와 떼려야 뗄 수 없는 불가분의 관계로, 이 책에서도 앞으로 자주 등장할 것이다. 히사히데의 명물 차솥은 '히라구모平蜘蛛 : 납거미'라는 이름을 가지고 있었다. 솥의 모양이 거미가 무릎을 꿇고 앉아 머리를 땅에 닿도록 숙인 것과 비슷한 데서 연유한 이름이다.

차솥은 다회에서 행다行茶를 할 때 무대 중심에 놓여 가장 먼저 시선이 쏠리는 물건이다. 그 모양으로 좌중을 압도해서 주최자의 권위를 살려주는 역할을 하기 때문에 찻사발과 마찬가지로 다인들이 애지중지, 마치 귀한 아들 다루듯 했다.

당시 거의 모든 다이묘들이 찻사발을 비롯해 명물 다구를 손에 넣기 위해 혈안이 되었던 것처럼 노부나가 역시 이에 대한 탐욕이 매우 커서 천하의 명물들을 다 끌어모으고자 노력했다. 이를 가신들에게 보여주면서 자신의 위세를 과시하거나 적대 지역 정벌에 특별히 공이 큰 부하에게 그중의 하나를 주는 '정치적 행위'의 도구로 삼았다. 문제는 히사히데의 그 차솥을 오다 노부나가가 매우 갖길 원했다는 사실이다.

그리하여 1577년 노부나가는 자신에게 대립하는 히사히데의 시기 산성信貴山城

'히라구모' 차솥 폭파를 묘사한
오치아이 요시이쿠(落合芳幾)의
1867년 우키요에
「태평기영웅전14(太平記英勇伝十四) :
마쓰나가 단조 히사히데(松永弾正久秀)」

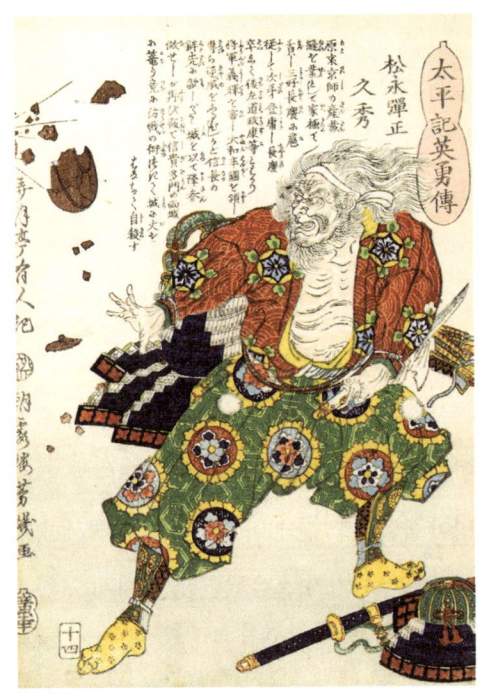

을 공략한다. 그해 10월 노부나가 부대가 성을 포위하고 가장 먼저 한 일은 사자를 보내 히사히데가 소유하고 있는 '히라구모'를 성 밖으로 내보내라는 요구였다. 그러면 목숨을 부지하게 해준다는 일종의 협상안이었다. 시기 산성 공략의 첫째 목적이 바로 그 차솥이었던 것이다. 그러자 히사히데는 "히라구모와 내 목 둘 다 노부나가가 보는 일이 없도록 철포 화약으로 산산조각 나게 해주겠다"고 응답했다. 무장으로서의 기개가 느껴지는 대답이다.

역사의 기술은 이 대목에서 둘로 나뉜다. 하나는 실제로 히사히데가 히라구

모와 함께 폭사爆死했다는 것이고, 또 하나는 히라구모를 먼저 폭파해서 조각
낸 다음 할복자살했다는 것이다. 어느 쪽이든 히사히데는 히라구모를 노부
나가에게 넘기기보다는 그와 함께 죽는 '장엄한 길'을 선택했다. 이렇게 히사
히데는 일본 역사에서 폭사를 선택한 최초의 무장으로 이름을 남겼다.

히사히데가 소유한 명물 중에는 '쓰쿠모가미나스九十九髮茄子'라는 이름의 차이
레茶入れ도 있었다. 원래 이름은 '루덴노차기流転の茶器'로 센노 리큐도 천하제일
이라고 극찬했던 전국시대 최고의 명물이다. 무로마치 바쿠후室町幕府 세 번째
쇼군 아시카가 요시미쓰足利義滿가 소유한 수입품인데, 역시 일본 다도의 유명
한 스승 가운데 한 명인 무라타 주코村田珠光가 99간貫에 구입했다 해서 이런 별
명이 붙었다. 그런데 이 명물은 결국 히사히데에게서 오다 노부나가에게로 넘
어가 노부나가가 소유했던 명물 차 도구의 서열 1위에 올랐다. 지금은 도쿄
세이카도静嘉堂문고미술관이 소장하고 있다.

히사히데의 일화는 당시 일본 사회에서 다구가 갖는 의미가 얼마나 큰지 잘
보여준다. 그들에게 다구는 곧 자신의 명예이자 존재 가치의 모든 것이라는
함의가 있었다. 그만큼 이에 대한 집착도 상상을 초월했다.

이토록 길게 히사히데 일화를 소개한 것은 전국시대의 이런 사회적 분위기를
모르고서는 일본 도자기가 품고 있는 의미를 제대로 이해하지 못하기 때문이
다. 위의 일화에서도 여실히 드러나듯 도자기는 단순한 기물 이상의 가치를
지닌 무형의 정신적 가치였다. 바로 이런 사실을 알아야 이 책에서 서술하는
내용들이 온전히 이해될 것이다.

이 책에서는 전국시대 일본 다이묘들이 명물 찻사발을 얻기 위해, 그들의 영
지藩에서 그들만의 도자기를 만들어내기 위해, 얼마나 많은 노력을 하고 피와

땀 그리고 눈물을 흘렸는지 숱하게 많은 이야기들이 나온다.

또 하나 이 책을 읽기 전에 보아야 할 사진이 있다. 고보리 엔슈小堀遠州에서 출발한 다도 유파 엔슈류遠州流의 신년 하례회 모습이다.

사진에서 보듯 엔슈류의 신년 하례회 장면은 마치 무사들의 의식을 연상케 한다. 복장도 무사들의 옛 모습 그대로다. 고상한 차를 다루는 사람들의 모임인 다도 유파에서 이런 위압적인 풍경이 나오는 것은 일본 다도 유파의 상당수가 다이묘나 무사들에게서 비롯됐기 때문이다. 앞에서 말한 바대로, 그리고 뒤에서도 수없이 반복 등장하겠지만 전국시대 유명한 다인들은 무사 아니면

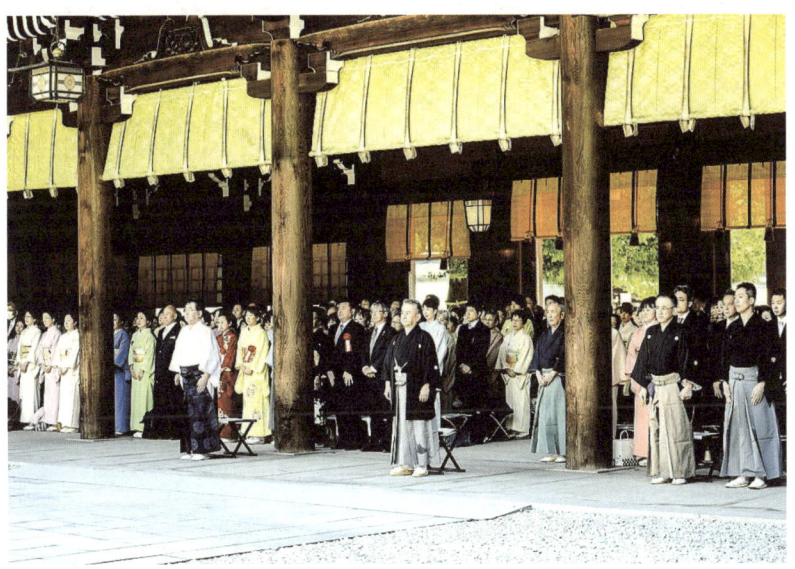

다도 유파 엔슈류의 신년 하례회 모습(사진 출처 : 엔슈류 홈페이지)

부유한 상인, 딱 두 부류였다. 처음에 선종 승려들에게서 출발하여 무사들에게 넘어간 다도는 상업의 발달과 함께 점차 상인들에게 주도권이 옮겨진다. 상인들의 다도를 대표하는 사람이 바로 센노 리큐였고, 그의 죽음의 이유 가운데 하나는 다도를 둘러싼 상인과 무사 세력의 갈등이 있었다.

오늘날 일본 다도 대표 유파는 물론 센노 리큐 후손들이 이룩한 것이지만 그 외 수없이 많은 유파들 대부분은 무사들의 다도다. 그러니 일본 다도에서는

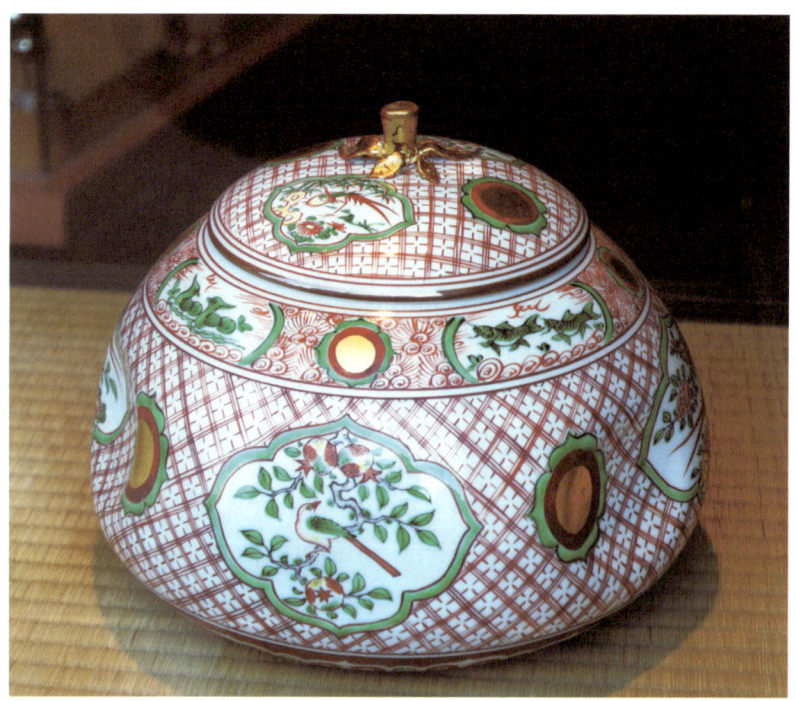

교야키(京燒) 미즈사시(水指·물항아리)

국화와 칼 분위기가 동시에 느껴지는 것이 당연하다. 우리 다도처럼 선비나 학자들의 묵향墨香이 풍기지 않는 것이다.

『국화와 칼The Chrysanthemum and the Sword : Patterns of Japanese Culture』은 미국 인류학자 루스 베네딕트Ruth Benedict가 저술하여 1946년에 출간한 미국 최초의 일본 보고서다. 일본과 전쟁을 치르면서 일본인들을 알기 위한 목적으로 미국 정부가 루스 베네딕트에게 의뢰한 프로젝트 결과물이었다. 여기서 국화는 일본인의 예술과 예의 그리고 충의 등 미적인 가치를 의미하고, 칼은 일본인의 무武에 대한 숭상을 나타낸다.

일본인들이 자주 쓰는 말 중에 '잇쇼켄메이一生懸命'가 있다. '목숨을 걸어 사명을 완수한다'는 의미다. 그만큼 성실하게 집중한다는 뜻이기도 하다. 일부 학자들은 '생生' 자가 '장莊 →소所 →생生'으로 시대에 따라 변천해왔다고 한다. 여기서 '장'은 영주가 거처하던 장원을 의미하므로, 주군을 위해 기꺼이 목숨을 바치겠다는 의지의 표현이다. '소'는 자신이 속한 집단, 즉 집안이나 조직 그리고 직장을 위해 목숨을 바친다는 것을 강조한다. 현대사회가 되고 개인의 가치가 존중되면서 이는 '생'으로 대체되었다. 삶을 자신의 목숨을 바친다는 각오로 열심히 살겠다는 다짐이다.

일본 도자기를 취재하면서 필자는 수도 없이 많은 '잇쇼켄메이'를 만났다. '잇쇼켄메이'는 도자기를 굽는 현장 어디서나, 역사 속 어디에나 있었다. '잇쇼켄메이'는 목숨을 걸기 때문에 늘 시퍼런 긴장의 날이 서 있다. 가장 아름다운 도자기를 만들기 위해 사기장들은 서늘한 칼날 위에 서 있었다. 그래서 그토록 뛰어난 도자기들이 쏟아져 나왔고, 지금도 나오고 있다. 그러므로 일본 도자기야말로 '국화와 칼'이다. 칼날의 긴장을 담고 있는 아름다움이기 때문

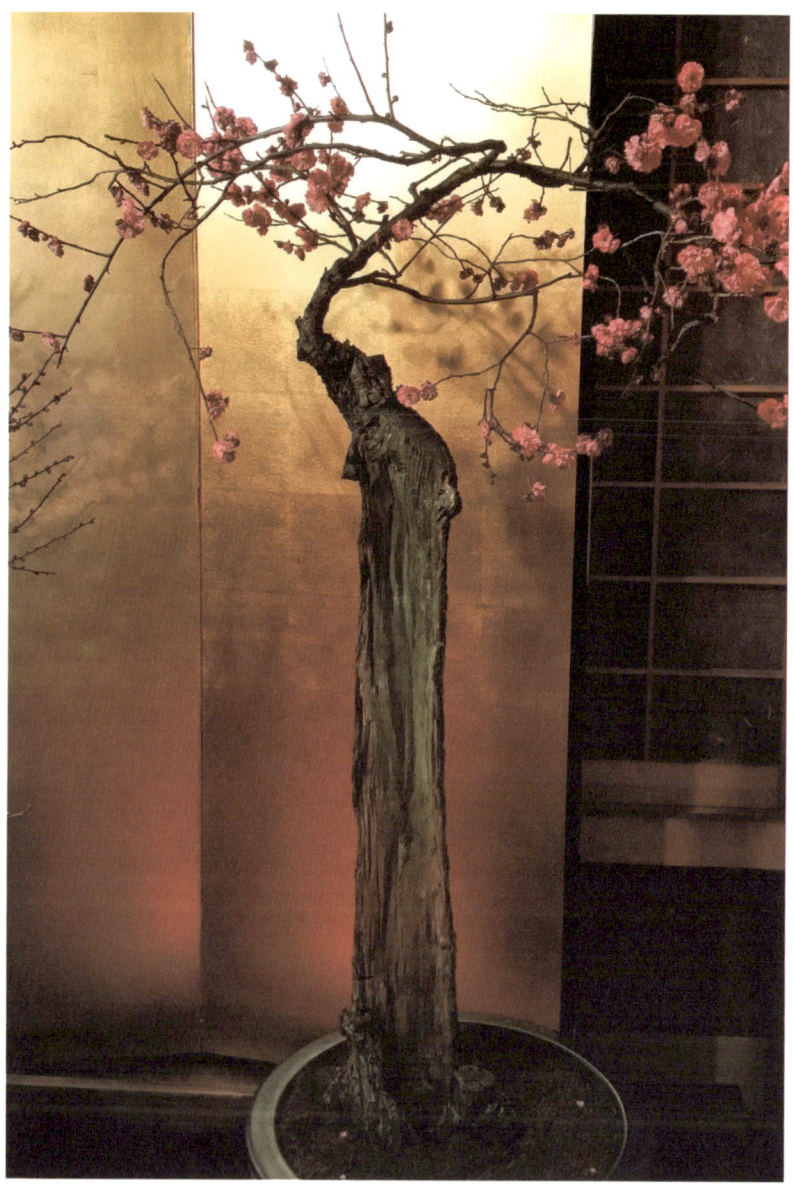

'잇쇼켄메이'는 꽃꽂이에서도 느껴진다. 고리야마 성(郡山城)의 매화분재 전시회

이다.

마침 책의 내용에도 전국시대를 호령하던 다이묘들의 각종 쟁패와 그에 어울린 도자기 그리고 다도 이야기가 끊이지 않고 이어진다. 그런 역사적 배경을 모른다면 일본을 아무리 여러 번 간다고 해도 사실 진정한 일본을 알 수 없는 것이다. 전국시대의 수많은 에피소드와 당시의 가치관은 지금도 여전히 일본인들 일상생활에 살아 숨쉬고 있고, 그들의 정신세계를 지배하고 있다.

뒷장 페이지를 넘기면서 독자 여러분도 시퍼런 칼날의 긴장감이 주는 미학을 느낄 수 있으면 좋겠다. 우리 사회에는 지금 그런 마음가짐이 절실하다고 생각한다.

『일본 도자기 여행 규슈의 7대 조선 가마』의 후속작이라고 할 수 있는 이 책은 원래 『일본 도자기 여행 혼슈』, 이렇게 한 권으로 정리하려고 마음먹었다. 그런데 혼슈 전체를 다 다루려니 그 내용이 너무 많아서 한 권에 담기에는 무리라는 결론에 도달했다. 특히 교토京都는 일본의 수도였던 '천년고도千年故都'이므로 일본의 '모든 것'이라 해도 무방하고, 그만큼 다룰 내용도 끝이 없어서 부득이하게 책을 다시 두 권으로 나누게 되었다.

그래서 『일본 도자기 여행 혼슈』는 교토와 에도로 나눠 출간된다. 『일본 도자기 여행 교토의 향기』는 교토와 나라奈良 그리고 우지宇治를 중심으로 오사카大阪와 사카이堺 그리고 고베神戸 등의 긴키近畿지방 그리고 시코쿠四国 지방의 가마와 도자기를 다룬다.

『일본 도자기 여행 에도 산책』은 당연 도쿄東京와 그 인근 지방, 나고야名古屋와 세토瀬戸 그리고 미노야키美濃燒와 가나자와金澤 또 이시카와 현石川県의 구타니야키九谷燒, 일본 여섯 옛 가마六古窯에 해당하는 비젠備前과 도코나메常滑를 다룬다.

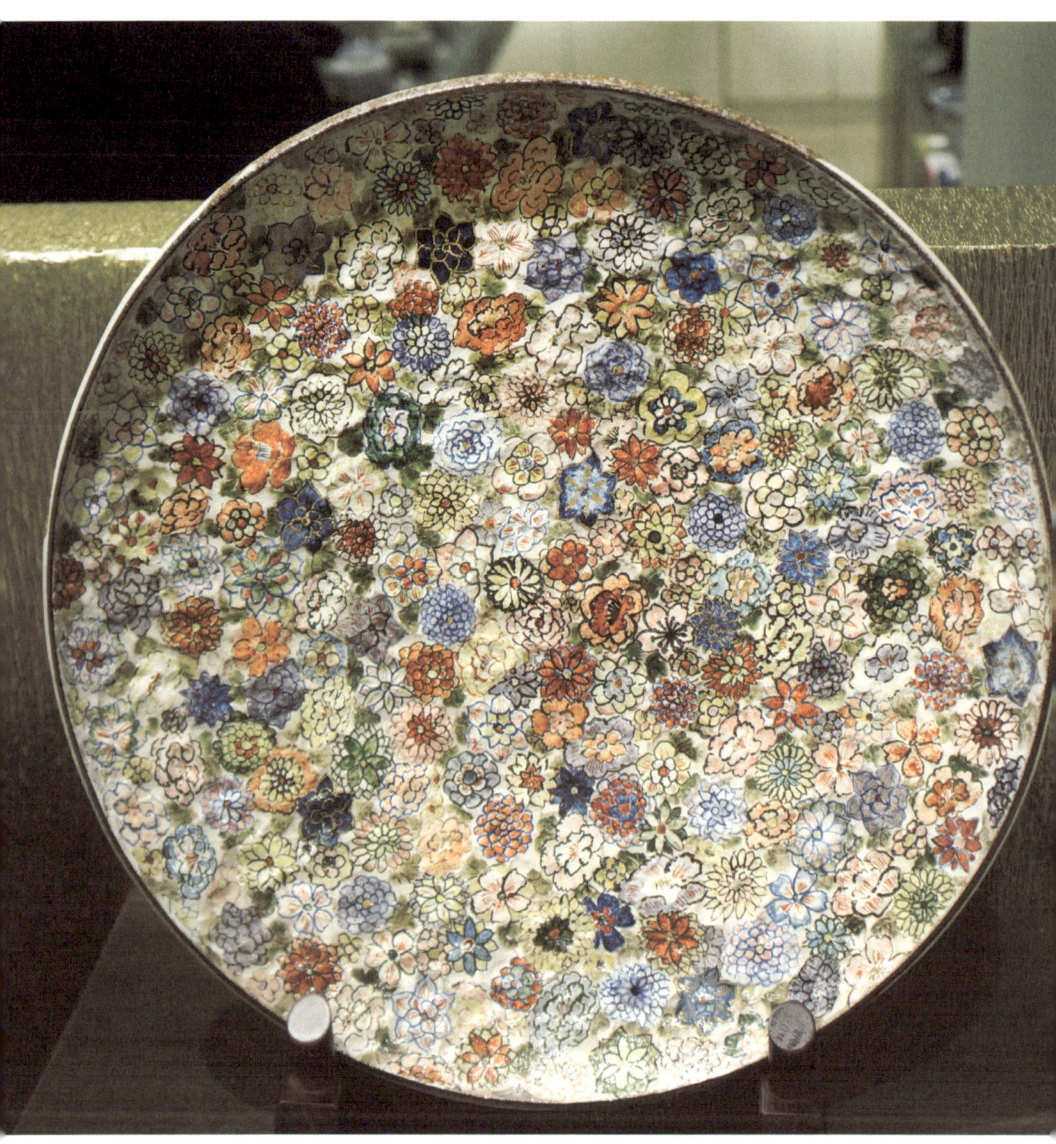

교토 슌잔 가마(俊山窯)의 린파우케바나(琳派請花 : 린파의 우케바나) 장식 큰 접시. 가격이 우리나라 돈으로
무려 1,800만 원이다. 우케바나는 불교의 탑 구륜(九輪)과 보주(宝珠)를 장식하는 꽃모양 장식을 말한다.
린파에 대해서는 뒤에서 자세한 설명이 나온다.

교야키,
꽃보다 꽃병이 더 예쁜……

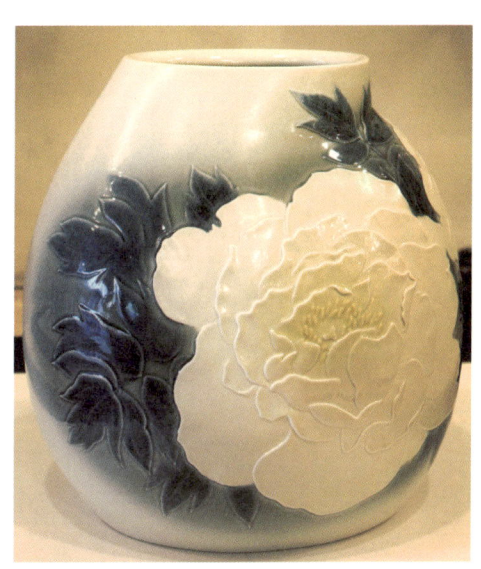

일본 열도의 거의 대부분 가마를 돌아보는 이 방대한 작업은 국내 저술에서 이제껏 단 한 번도 실현되지 않았던 최초의 작업이고, 그만큼 고난과 시련의 여정이었다. 일본 디도에 대해서도 이렇게 종합적으로 들여다본 저술은 없었다. 이 작업을 무사히 해낸 지금, 한없이 기쁜 마음이다. '불심화개금일춘不審花開今日春, 찾지 않아도 꽃이 피니 오늘은 봄날'이다.

CHAPTER

01

나라
奈良

/

도요토미 히데요시의
동생이 가마를 만들다,
아카하다야키

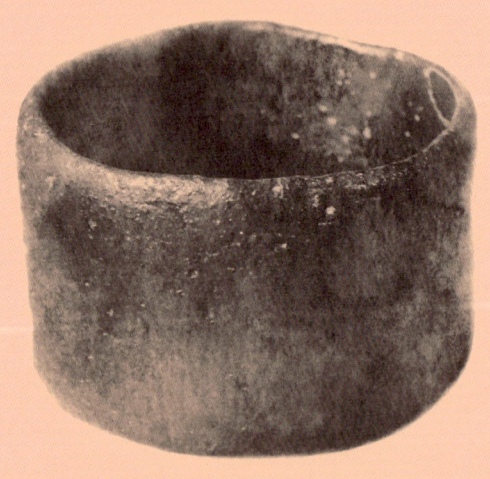

국화 향기 가득한 나라에는 옛날 부처님들

菊の香や奈良には古き仏たち

– 마쓰오 바쇼松尾芭蕉, 1644~1694의 하이쿠俳句

나라는 우리에게 매우 감회가 깊은 땅이다. 한반도 도래인渡來人들이 미개의 땅에 선진 문물과 기술을 전수하고 나라의 기틀을 세운 곳이기 때문이다. 백제百濟 왕인王仁 박사와 혜총惠聰 스님을 비롯해 수많은 이들이 학술과 문필, 군사, 기악을 전해주어 중세 왜구들을 깨우쳤고, 글자와 변변한 의복이 없던 그들에게 말馬 사육과 양잠, 토목, 관개사업, 금속 등의 각종 선진 기술을 전파했

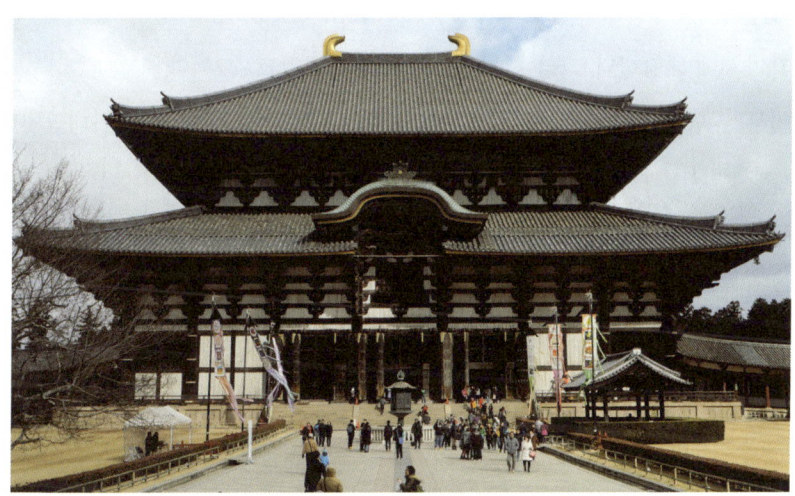

나라의 상징인 일본 불교 화엄종의 대본산 도다이지 대불전(大仏殿) 전경

다. 일본인들은 백제를 '구다라〈だら'라고 읽는다. 고대 일본인들에게 백제는 '큰 나라'였다. 이 말이 변용돼 '구다라'라고 음독되었다는 주장은 매우 설득력이 높다. 도래인들이 국가의 기초를 세웠기에 도읍지를 '나라'라고 부른 명칭이 지금도 이어지고 있는 것이다.

나라의 상징은 누가 뭐라 해도 일본 불교 화엄종 대본산인 도다이지東大寺다. 단일 규모로는 세계에서 가장 큰 목조 축조 건물이고, 또 그 안에 세계에서 가장 큰 청동대불상靑銅大佛像인 '비로자나불 좌상盧舍那仏坐像'이 있어서 나라를 들르는 한국인 관광객이 꼭 찾는 필수 코스이기도 하다. 그런데 우리는 도다이지에 대해 얼마나 알고 이곳을 가는 것일까? 도다이지의 설립과 청동대불 건립은 전적으로 한반도 도래인 승려인 교기行基, 668~749의 힘에 의존해 추진되었다는 사실을 알고 있는 사람이 얼마나 될까?

교기 스님은 백제에서 건너간 고시, 혹은 고시노 사이치高志才智의 첫째 아들로 가와치 국河内国 오오토리 군大鳥郡에서 태어났다. 이곳은 현재 오사카 부大阪府 사카이 시에 해당한다. 그러니 요즘 말로 하자면 재일교포 2세다.

덴무天武 일왕 11년682년 15세에 나라의 야쿠시지藥師寺로 출가, 아스카데라飛鳥寺에서 법상종法相宗01을 배우고 집단을 형성하여 긴키 지방02을 중심으로 빈민 구제와 치수治水 그리고 가교架橋 등의 사회사업 활동을 적극 전개했다. 그의 스승인 도쇼道昭는 당나라 현장玄奘법사03의 가르침을 받은 것으로 유명하다.

---

01 유식론에 의해 세운 불교의 한 종파(宗派). 우리나라에서는 신라 경덕왕(景德王) 때 진표 율사가 오교의 하나로 처음 개창. 우주 만물의 본체(本體)보다도 현상(現象)을 세밀히 설명하였으므로 법상종이라 하며, 우주 만물은 마음이 변해 이뤄진 것에 불과하다 하여 '유식종'이라고도 한다.

02 혼슈 중앙 서쪽에 위치하며 간사이(関西) 지방이라고도 한다. 교토 부·오사카 부·미에 현·시가 현(滋賀県)·효고 현(兵庫県)·나라 현(奈良県)·와카야마 현(和歌山県)의 2부 5현으로 이루어져 있다.

03 『서유기』에 나오는 삼장법사(三藏法師). 수양 기간에는 현장이었는데, 여행을 떠나면서 삼장이란 법명을 받았다.

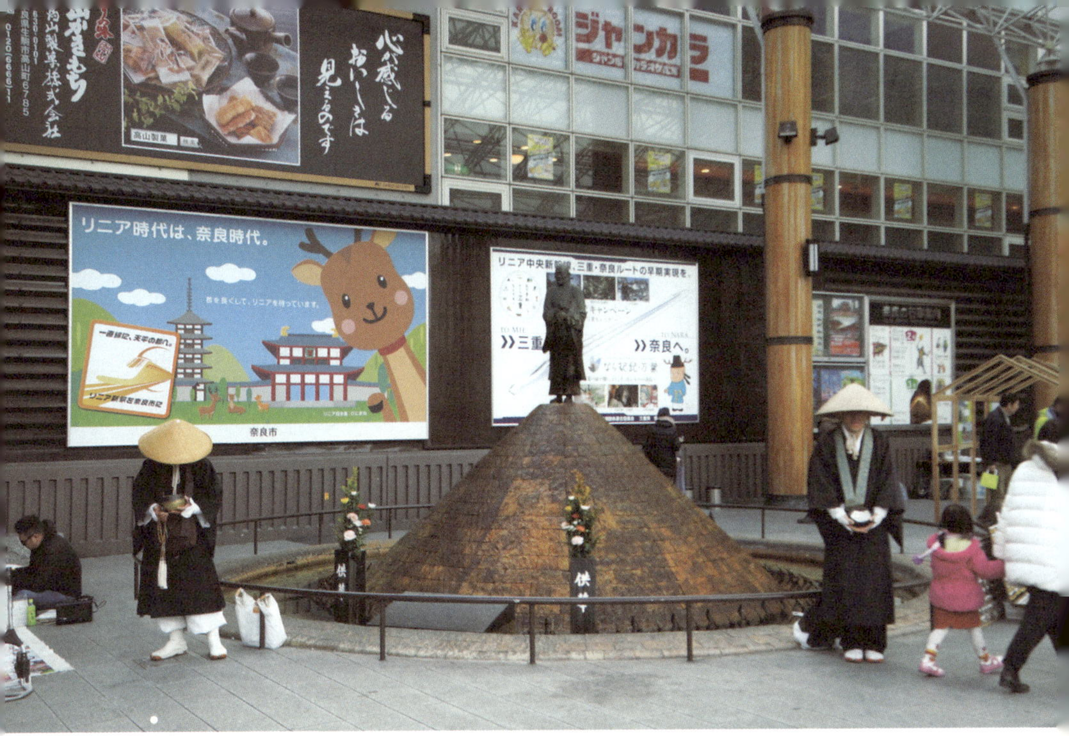

- 긴테쓰나라(近鉄奈良) 역 앞에는 교기 스님 동상이 세워져 있으나 대부분 모르고 지나친다.
- 국보인 도다이지 대불. 1180년과 1567년에 화재로 훼손되어 그때마다 다시 제작했다.

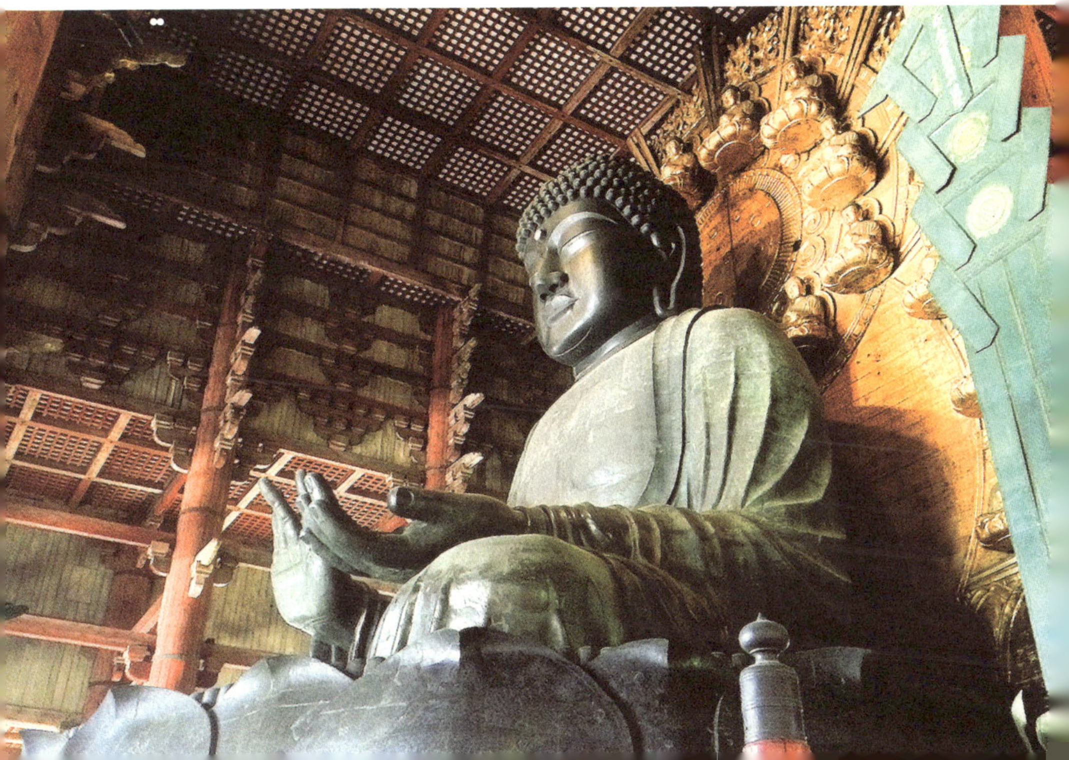

일찍부터 사람을 끌어당기는 힘이 있었던 교기 스님은 방방곡곡에 이름을 날리고 불교 전파와 절의 건립에 힘을 쏟았다. 『쇼쿠니혼기續日本紀』04의 기록에 따르면 그의 말 한마디는 왕이 칙령을 백 번 내리는 것보다 더 효과가 있어서 헤이조큐平城宮05의 동쪽 구릉에서 수천 명, 많을 때는 1만 명을 모아 설교를 했다고 한다. 당시 인구로 보았을 때 정말 엄청난 숫자다. 이렇게 인기가 많아지자 당시 겐쇼元正 여왕재위 715~724은 민중을 선동해 왕실을 위협할까 두려워 그를 잡아넣었다.

그러나 민중들이 그의 투옥을 강력히 비난해 다시 풀어주지 않을 수 없게 되자, 쇼무聖武 왕은 그의 역량을 국가사업에 적극 활용하는 쪽으로 방향을 틀었다. 그리하여 엄청난 돈이 들어가는 도다이지와 대불의 건립에는 교기 스님의 협조가 필수적임을 깨닫고 740년 쇼무 왕은 그에게 이에 대한 협력을 요청한다. 교기 스님 역시 이 사업이 불교와 일본 모두를 위해 이로운 것임을 알고, 방방곡곡에서 돈을 모아들였다.

745년 교기 스님은 일본 최초의 대승정大僧正이 되었다. 대승정은 불교계 최고의 직위로 쇼무 왕이 그를 위해 처음으로 만든 것이었다. 교기는 대불을 한참 만들던 749년 기코지喜光寺에서 81세의 나이로 입적한다. 조정에서는 그에게 보살菩薩의 시호를 하사해 교기 보살이 되었고, 당대에서 교기는 문수보살文殊菩薩의 화신으로 통했다. 그렇게 해서 교기 보살은 752년 도다이지 대불 가이

---

04 나라 시대(奈良時代, 710~794)와 헤이안 시대(平安時代, 794~1185)에 국가가 편찬한 정사(正史)인 육국사(六國史)의 하나. 『니혼쇼키(日本書紀)』에 이어 두 번째로 편찬되었다. 몬무(文武) 왕 원년인 697년부터 간무(桓武) 왕이 통치했던 791년까지의 역사를 기록하고 있다.

05 나라 시대의 궁궐

겐쿠요開眼供養06의 도시導師07가 되었다. 교기 스님은 백제인의 후손으로 보살이 된 유일한 사람이다.

그런데 대불 주조는 매우 어려운 작업으로 실패를 거듭했다. 또한 당시 일본에서는 구리도 많이 나지 않았고, 금도 거의 없었으므로 대불 제작에 들어가는 비용 때문에 나라가 파산 직전의 위험에 처했다.

743년 쇼무 왕이 야심 찬 대불 건립을 실행한 이후 전국의 구리를 다 모아들여 1백만 근의 구리가 들어갔으나 747년이 되도록 대불 주조는 6번이나 실패했다. 이에 마지막으로 백제에서 건너온 도래인 구니나카노 무라지키미마로國中連公麻呂에게 작업을 맡겼는데, 마침내 그에 의해 대불 제작이 성공했다. 이에 대해 미국 콜롬비아대학교에 일본문화연구소를 설립하고 강의를 했던 쓰노다 류사쿠角田柳作, 1878~1964 박사는 다음처럼 설명했다.

> 여섯 번이나 조불造佛에 실패하자 마침내 668년께 일본으로 건너온 한반도 도래인 후손에게 조불 작업이 맡겨졌다. 그는 연꽃 같은 좌대 위에 부처를 완벽하게 빚어내었다. 머리 뒤에는 거대한 해 모양의 광배光背가 받쳐졌는데, 그 안에도 기도하는 모양의 작은 불상들이 들어서 있었다. 이런 뛰어난 불상을 만든 그는 조정의 4품 벼슬을 받았다.08

파산 직전의 나라를 구한 것도 역시 도래인이었다. 16.19미터의 청동대불에

---

06 불상이나 불화를 새로 만들거나 고쳤을 때 공양하는 의식
07 법회나 장례를 주재하고 집행하는 승려
08 존 카터 코벨 지음, 김유경 편역, 『일본에 남은 한국 미술』, 도서출판 글을읽다, 2008, p.66

금을 입히는 데 900냥이 들어갔는데, 이는 일본에서 벼슬을 하고 있던 백제 왕족이 금 광산을 발견하고 금 900냥을 캐어 헌납했기 때문에 겨우 해결될 수 있었다. 무려 260만 명이 참여한 도다이지 대불전과 대불 건립비는 2010년 가치로 환산하면 약 4,657억 엔으로 간사이대학 연구 팀이 산출한 바 있다.

이처럼 오늘날 일본인들이 전 세계에 자랑해 마지않는 도다이지와 대불 건립은 세 명의 한반도 도래인의 노력이 없었다면 성공할 수 없는 대역사였다. 그러나 외국인들을 위한 나라 관광 설명서에는 이들 세 명의 이름이 쏙 빠져 있다. 심지어 한국인 관광객들도 관광가이드에게서 이런 설명을 듣지 못한다.

한국인들이 즐겨 가는 경주 불국사와 일본인들이 가장 많이 찾는 나라 도다이지가 거의 같은 연대인 750년 무렵 지어졌고, 둘 다 화엄종의 최전성기를 기념하는 건축이라는 사실은 결코 우연이 아니다.

히데요시의 조선 출병을 반대한 히데나가와 센노 리큐

나라 아카하다야키赤膚燒의 시작은 도요토미 히데요시의 동생인 도요토미 히데나가豊臣秀長, 1540~1591와 관련이 있다. 그러니 히데나가에 대해서 조금 공부하고 넘어가자. 히데나가는 도요토미 성을 사용하기 이전의 하시바 히데나가羽柴秀長라는 이름이 더 많이 알려져 있다. 현재 나라 시와 인접해 있는 야마토大和 지역을 중심으로 100만 석이 넘는 대영지를 지배했고, 다이나곤大納言[09]까지 올라갔기에 '야마토 다이나곤'으로도 불렸다.

---

[09] 종2위(현재의 차관)에 해당하는 일본 조정의 관직명

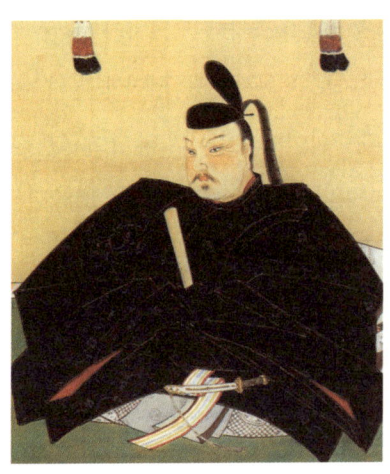

도요토미 히데나가 초상.
야마토코리야마 시(大和郡山市)
슌가쿠인(春岳院)에서 소장하고 있다.

히데나가는 히데요시와는 배가 다르다는 설과 아버지가 다르다는 설 두 가지가 있는데 '배다른 동생'이라는 주장이 더 강하다. 히데나가가 어렸을 때 집을 나간 히데요시를 언제부터 섬겼는지 정확하지 않지만 히데요시가 정실 네네^ねね, ?~1624 **10**와 혼인한 에이로쿠^{永禄} 7년^{1564년} 이후로 본다.

히데요시는 1573년 오다 노부나가의 부대로 오미^{近江} **11** 아자이 나가마사^{淺井長政}를 멸망시키고 자신이 성주가 되면서 이름도 하시바 히데요시^{羽柴秀吉}로 바꾸는데, 이때 히데나가 역시 하시바 성을 따랐다. 이후 히데나가는 히데요시의 크고 작은 전투에 참가하면서 신뢰를 쌓았고, 1585년 시코쿠 정벌에서는 형의 대리로서 10만 대군의 총대장에 임명되었다. 이 정벌에서 시코쿠의 패자

---

10 정확한 나이는 미상으로 대략 77세나 78세 혹은 83세에 사망한 것으로 추정한다.
11 혼슈 긴키 지방 중서부에 있는 지금의 시가 현. 규슈의 사가(佐賀) 현과 헛갈리지 말자.

^{覇者}였던 조소카베 모토치카^{長宗我部元親}를 항복시킴으로써 그 공적을 인정받아 야마토를 하사받았다. 이에 따라 히데나가는 고리야마^{郡山} 성을 자신의 거주지로 삼아 116만 석의 대 다이묘가 되었다.

다이나곤으로 영전한 것은 1587년 규슈^{九州} 정벌에서 별동대 총대장으로 출진하여 무공을 세운 다음이다. 그러나 1590년 1월 오다와라^{小田原} 정벌을 앞두고 병으로 쓰러져 이듬해 1월 고리야마 성에서 사망했다.

한 가지 흥미로운 것은 히데나가가 형이 계획하고 있던 조선 침공을 반대했다는 사실이다. 히데나가는 병문안으로 자신을 몇 차례나 찾아온 형에게 "외국과의 전쟁은 손실이 크지만 얻는 것은 없으므로, 화친을 맺고 교역하는 것만이 부국으로 가는 지름길이다"라고 설득했지만, 이미 정복욕에 휩싸인 형의 마음을 돌릴 수는 없었다고 한다.

히데나가는 형을 도와주는 충실한 보좌역이자 형을 위하는 마음으로 직언과 충언을 할 수 있었던 유일한 사람으로, 그만큼 히데요시의 총애를 받았다. 만약 히데나가가 좀더 오래 살았더라면 말년의 히데요시는 어리석은 짓을 좀 덜 했을 것이고, 도쿠가와 이에야스^{德川家康, 1543~1616}와의 권력 쟁투도 다른 양상으로 흘러갔을 것이다. 그러나 역사란 늘 아귀가 제대로 맞아 돌아가는 법이 없고 제멋대로다.

히데나가는 형이 자신의 말을 듣지 않자, 히데요시의 다두^{茶頭12}를 맡고 있는 센노 리큐에게도 조선 출병 반대에 대한 뒷일을 부탁했다. 이에 대해 센노 리큐가 도쿄 다이토쿠지^{大德寺}에서 히데요시의 측근이자 최고참 가신인 마에노 나가야스前野長康, 1528~1595를 만나 나눈 이야기가 마에노 집안의 기록인 『무공야화武功夜話』[13]에 기록돼 있다.

> (마에노 나가야스가) 다이토쿠지에 갔다. (그때 만난 리큐가 말하기를) 다이나곤히데나가께서 병이 중하시다. 이번에 조선국 사신이 내조했는데 곧 상사 황윤길은 간파쿠[14] 전하히데요시께 공손한 뜻을 보였다. 그럼에도 결국 간파쿠께서 대명국大明國을 정벌할 것을 결정했다. 이에 따라 다이나곤께서 심려하여 병상에 있으면서 거듭 간하도록 그리큐에게 당부했다.[15]

병상에 있던 히데나가가 리큐를 불러 조선 출병에 대해 간언하도록 거듭거듭 부탁했다는 내용이다. 결국은 이 부탁이 센노 리큐의 목숨도 빼앗고 마는 빌미가 된다. 잠시 뒤에서 보겠지만 히데요시의 다두인 센노 리큐는 조선인의 후손이다. 그가 조선인의 후예임을 알고 그랬는지, 아니면 다른 이유에서 그랬는지 모르지만 센노 리큐가 히데요시에게 조선 출병을 반대하는 간언을 하여 죽음을 당한 것은 『무공야화』에서도 확실하게 드러난다.

> 최근 간파쿠 전하는 현명함과 어리석음 사이를 헤매는 듯하다. 바다를

13　히데요시와 어릴 적 친구이자, 나중에 히데요시의 최측근으로 중용되었던 마에노 나가야스가 남긴 비망록과 마에노 집안의 13~15대 당주의 비망록을 근거로 1624~1644년 사이에 편찬한 문서집이다. 『무공야화』라는 제목은 1987년 4월에 책으로 간행될 때 붙여졌다. 1567~1594년까지 도요토미 히데요시와 센노 리큐 등의 일에 대해 상세하게 기록하고 있는 매우 중요한 문서다.

14　관백(関白). 정무를 총괄하는 일본의 관직. 율령에는 규정되어 있지 않은 영외관(令外官)으로서, 메이지유신 이전까지는 조정대신 중에서 사실상 최고위직이었다. 경칭은 덴카(殿下)

15　『무공야화』, '다이토쿠지 다회에서 다지마 국 영주 마에노가 센노 리큐와 이야기함(大德寺において茶會の事, 前野但馬守, 千利休と用談の事)' 항목

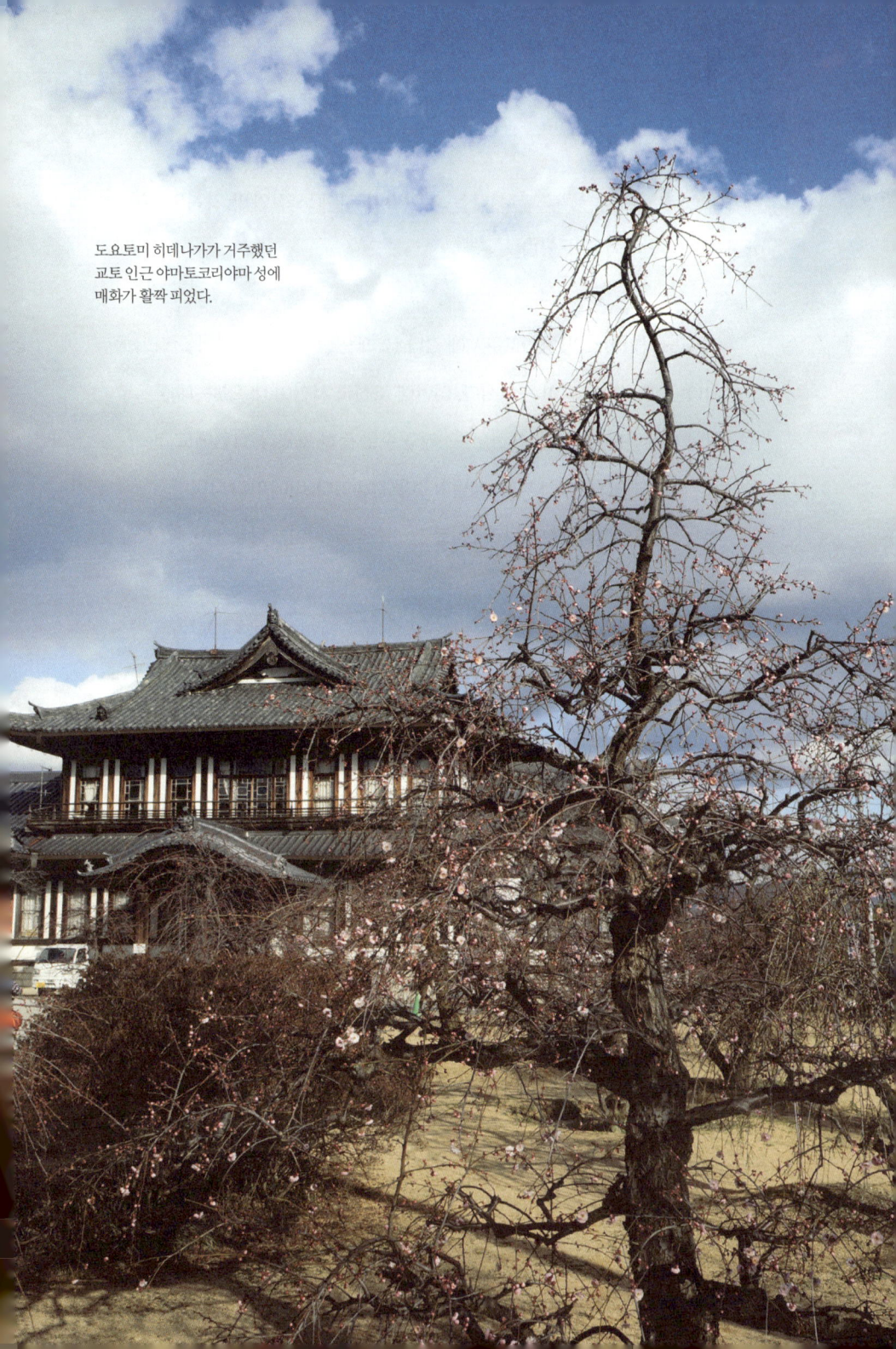

도요토미 히데나가가 거주했던
교토 인근 야마토코리야마 성에
매화가 활짝 피었다.

건너 조선국을 공격하고 대명국까지 공격하여 그곳의 제왕이 되겠다고 했다. 지금 와서 큰 강의 흐름을 막지 못하고 다이나곤께서 간언하여도 전혀 듣지 않았다. 다미마 국 영주 마에노 나가야스도 이를 걱정했다. 소에키宗易**16**가 전하께 따지고, 간파쿠의 세간 이야기의 상대를 했다.

센노 리큐가 히데요시에게 조선 출병을 반대하는 간언을 했다가 사형을 명령받는 대목을 구로카미 슈텐도黑髮酒呑童, 1953~ 라는 한 일본 소설가는 다음처럼 묘사하고 있다. 이를 인용해본다.

"인간세상은 누가 평가하고 지옥과 천국의 길은 누가 결정하는고?"
도요토미는 주라쿠다이에 있는 다실에서 불쑥 말을 꺼냈다. 상대는 센노 리큐다.
"특이한 생각을 하시는군요."
"나도 나이가 드니 앞날이 걱정되네."
"오우를 평정하고 일본 다이코가 되셨습니다. 앞으로는 황폐해진 국토를 정비하시고 백성이 좋아할 나라를 만드셔야 할 것으로 사료됩니다."
"리큐가 다도 자리에서 그런 말을 하는 것도 처음이군."
"국내를 두루두루 다스리시고 진정한 다이코로 불리시어 후대가 전하의 생애를 참되게 평가하기를 바랍니다. 명나라 공격을 지금 재고해주시기를 부탁드립니다."

16 센노 리큐의 법명(法名)

"뭔 말이냐? 다도 자리에서 그런 말은 듣고 싶지 않군. 짐은 태양의 아들이다. 아무리 리큐라 하더라도 내 정무에 참견하는 것은 절대 용서할 수 없다."

1591년 2월 28일 저녁, 거의 정례로 시행되고 있던 다도 자리였는데 도요토미는 흥분한 나머지 손에 들고 있던 조선 찻잔을 벽에 던지고 화가 나 얼굴을 붉히며 다실을 박차고 나왔다. 도요토미의 부하들은 다실에서 무슨 일이 있었는지 전혀 알 길이 없어 우왕좌왕할 뿐이었다.

센노 리큐는 그날 오후 7시에 근신 처분을 받고 사카이에 칩거하라는 명령을 받았다. 다음 날은 다이로 마에다 도시이에가 직접 도요토미를 만나 센노 리큐의 근신을 풀어주기를 요청했다. 그러나 도요토미의 화는 좀처럼 가라앉지 않더니 보름 후에는 센노 리큐에게 할복을 명했다.

– 구로카미 슈텐도 장편소설 『일본 도자기의 신, 사기장[17] 이삼평』 중에서

이렇게 히데나가가 사망하고[1591년 1월], 센노 리큐가 히데요시에게 할복을 명령받은 날[1591년 2월 28일]은 조선 통신사 3인이 히데요시의 속셈을 알아보기 위해 파견됐던 시기와 비슷하게 겹친다. 통신사 정사 황윤길, 부사 김성일, 서장관 허성의 3인은 1590년 11월에 교토에 도착해 히데요시와 접견한 다음 이듬해 1월 교토를 출발해 3월 서울로 돌아왔다.

---

[17] 사기장이란 원래 조선 시대 국가기관인 사옹원(司饔院)에 소속되어 사기를 만드는 장인(匠人)을 이르는 말이다. 조선 시대에는 경기도 광주에 관영사기제조장(官營沙器製造場) 분원(分院)을 두어 왕실용 도자기를 만들게 했다. 오늘날은 다루는 제품에 따라 제와장(製瓦匠), 옹기장(甕器匠), 도기장(陶器匠), 사기장(沙器匠)으로 구분하지만 이 책에서는 도자기를 만드는 사람을 모두 사기장으로 통일해서 부르도록 하겠다.

우리가 역사에서 배워 다 알다시피 부사 김성일은 선조에게 다음처럼 황윤길과 반대되는 거짓 보고를 해서 왜침을 자초하는 통한의 결과를 낳는다.

> **황윤길**: 왜적은 반드시 침범할 것이니 대비책을 마련하심이 옳을 듯 하옵니다!
>
> **김성일**: 일본에서 그런 정황을 보지 못했으니 걱정할 일이 아니라 생각되옵니다.
>
> **황윤길**: 도요토미 히데요시는 눈에 광채가 있어 담력과 지력을 겸비한 사람 같았사옵니다.
>
> **김성일**: 아니옵니다. 그 눈이 쥐와 같으니 두려울 게 없사옵니다!

이렇게 조선 조정이 당파의 이익을 내세워 의견을 모으지 못하고 분열해 있던 사이, 센노 리큐는 일본 땅에서 조선 출병에 반대하고 쓸쓸히 죽음을 맞았던 것이다.

센노 리큐가 히데요시의 동생을 독살했다?

히데나가는 형의 취향을 쫓아가 역시 매우 열성적인 '다인'이 되고자 센노 리큐에게 가르침을 받는 등 다도에 열심이었다. 그런 관계로 고리야마도 교토, 사카이, 나라와 나란히 다도가 융성한 곳이 되었다.

이렇게 히데나가가 센노 리큐를 열심히 추종한 관계로 일본 역사학계에는 매우 재미있는 음모설이 하나 돌아다닌다. 그 음모설은 히데나가가 독살되었다는 것인데, 그 주인공이 바로 센노 리큐라는 것이다.

히데요시가 센노 리큐에게 어느 날 갑자기 할복자살을 명령한 것은 화려한 다도를 추구하는 히데요시에게 센노 리큐가 제동을 걸었기 때문이라거나 딸을 바칠 것을 거부했기 때문, 혹은 다이토쿠지 삼문三門에 자신의 목상을 세우는 불경죄를 저질렀기 때문이라는 등 많은 가설이 있었지만 최근에는 조선 출병 반대가 가장 결정적 이유로 굳어지고 있다. 그럼에도 일본에는 여전히 이를 역사의 수수께끼의 하나로 생각하는 경향이 강한데, 센노 리큐가 히데나가의 독살을 꾀했기 때문에 히데요시가 자결을 명령했다고 하면 쉽게 납득된다는 것이다.

이런 음모설의 근거로서 히데나가의 병은 위장 계통의 비소 중독 때문이라는 점, 센노 리큐 다실茶室은 협소한 공간으로 다실에 들어가기 전에는 누구든 입구에서 칼을 풀어놓아야 했기에 독살하기에 매우 적합한 공간이며, 설마 센노 리큐가 차에 독을 넣을 것이라고는 아무도 예상하지 못할 것이라는 점, 도쿠가와 이에야스가 센노 리큐의 구명救命과 자손들의 상속권 보장 등을 위해 동분서주했다는 점 등이 거론된다. 특히 히데나가가 사망하고 이틀 후에 센노 리큐와 도쿠가와 이에야스가 단둘이 다회를 가졌다는 사실 등도 이런 음모설을 뒷받침하는 이야기들이다.

그러나 이런 음모설은 다분히 센노 리큐를 폄하하려는 의도가 엿보인다. 센노 리큐는 오다 노부나가 이후 숱한 권력자 밑에서 다도를 펼치면서 처세술에 있어서도 매우 범상한 인물이었으므로, 쉽게 발각될 가능성이 농후한 그런 일을 도모한다는 것은 상상하기 어렵다. 앞에서도 보았듯 병에 걸린 히데나가가 센노 리큐에게 뒷일을 부탁할 정도로 친밀한 사이였는데, 이런 의리를 깨고 차에 독을 풀었다고는 보기 어렵다.

더구나 화경청적^{和敬淸寂}, 즉 화합과 공경, 맑음과 고요의 선정^{禪定} 상태를 이루는 마음을 강조해 평소 '와비사비^{わびさび : 정적인 외로움과 고독의 미학}' 사상의 실천에 앞장선 다도의 거두가 독살과 같은 일을, 그것도 자신의 철학이 집대성되어 있고 일평생 끔찍이 아껴온 자신의 다실에서 실행한다? 이는 정말 말도 안 되는 과대망상이라 할 수 있다.

아래의 사진은 센노 리큐가 만든 다실로써 오직 하나만 남아 있는 것으로, 국보로 지정된 교토 오야마자키초^{大山崎町} 묘키안^{妙喜庵}의 다이안^{待庵}이다. 사진에

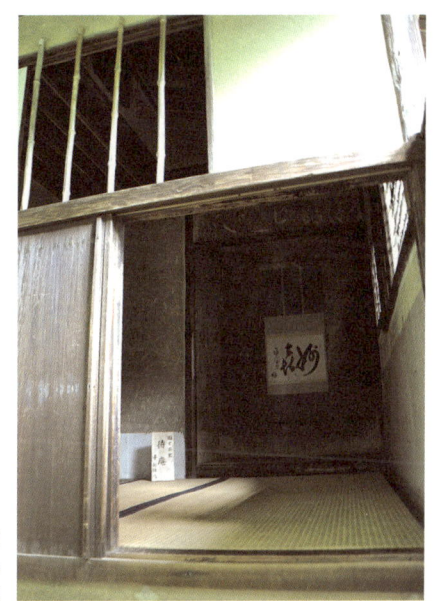

리큐가 만든 다실로 오직 하나만 남아 있어
국보로 지정된 교토 오야마자키초
묘키안의 다이안

서 보듯 리큐가 만든 다실은 출입구의 높이를 낮춰 놓아 누구든 허리를 굽히지 않으면 들어갈 수 없도록 설계돼 있다. 리큐의 다실에 초대받은 사람은 그 누구든, 설사 도요토미 히데요시라 할지라도 허리를 굽혀야만 다실에 들어가 앉을 수 있는 것이다. 차 한 잔 앞에서는 신분과 계급을 떠나 누구나 같은 자격임을 강조한 다도야말로 히데요시의 미움을 사기에 충분하다.

그러면 왜 일본의 일각은 자신들이 떠받드는 다도의 큰 스승인 센노 리큐를 깎아내리려 할까? 이에 대해서도 역시 좀더 뒤에서 본격적으로 알아보자.

나라삼채의 진실

나라 도자기를 본격적으로 알아보기 전에 한 가지 더 알아둬야 할 내용이 있다. 바로 '나라산사이奈良三彩', 나라삼채에 대한 것이다. 나라삼채는 나라 도읍 시대와 교토가 도읍지였던 헤이안 시대에 걸쳐 중국 당나라618~907 당삼채唐三彩를 흉내 내 구운 연질도기를 말한다. 녹색, 갈색, 흰색 유약을 사용하여 낮은 온도로 구웠다. 삼채三彩, 즉 '세 가지 색깔'이란 단어는 철과 아연 그리고 동과 코발트, 망간 등을 배합한 유약을 사용하여 구워내면 노랑, 녹색, 파랑, 하양의 색채가 나오는 데서 비롯했다. 나라 시대에는 삼채와 이채가 자유롭게 만들어졌고, 헤이안 시대에는 주로 녹유 도기를 구웠다.

나라삼채의 작품 중 가장 유명한 것은 나라 도다이지의 보물 창고인 쇼소인正倉院에 있는 삼채도기다. 보통 '쇼소인삼채'라 부른다. 쇼소인은 쇼무 일왕의 덴표 연간729~749에 지은 왕실의 유물 창고다. 이곳은 쇼무 왕이 죽자 고묘光明 왕비가 남편의 명복을 빌기 위해 유품 600여 점을 헌납하면서 유물 창고가 되었다.

고묘는 이후에도 세 차례나 더 유물을 헌납하여 대략 1만여 점으로 늘어났다. 쇼소인의 유물 중 상당수는 삼국시대에 삼국과 통일신라가 보내준 것들이다. 쇼소인은 건물 자체가 보물이기도 해서 다이쇼大正 시대 이후 약 100년 만의 수리 공사를 끝내고 2011년부터 일반 공개가 재개되었다.

쇼소인삼채는 원래 도다이지의 집기였다. 그러나 950년 도다이지의 창고가 붕괴하게 되자 이를 쇼소인으로 옮겼다. 현재 쇼소인 도기는 삼채 5점, 이채 35점, 녹유 12점, 황유 3점, 백색 유약 2점 등 총 57점의 기물이 보존돼 있다.

쇼소인삼채는 정말로 뛰어난 작품이다. 기술적으로 완벽하지 않고 투박한 면이 있지만 미학적으로 매우 훌륭해서 8~10세기에 만들어진 작품으로는 믿기지 않을 정도다. 쇼소인삼채를 제외한 다른 나라삼채는 현저하게 질이 낮아진다. 남아 있는 작품이나 사금파리도편도 거의 없다. 그렇다면 이 쇼소인삼채는 정말로 일본인들이 만든 것일까?

이 물음에 답하기 전에 우리의 신라삼채新羅三彩에 대한 이야기부터 해보자. 1973년 4월 8일 일요일. 흐린 봄 날씨에 고교생 한 명훗날 박방룡 전 부산박물관장이 유적 답사에 나섰다. 그는 경주시 조양동 성덕왕릉 남쪽 능선을 오르다 곳곳에 흩어진 기와 조각들을 확인했다. 그곳이 절터라고 짐작한 그는 더 살피다가 잘 다듬어진 석재를 발견했다. 가까이 가서 살펴보니 석함 뚜껑돌이 보였다. 잠시 고민하다가 조심스레 뚜껑돌을 들어올리니 그 속에는 생전 처음 보는 다채로운 색의 도자기가 훼손되지 않은 상태로 들어 있었다. 그는 이를 들고 곧장 국립경주박물관으로 갔다. 현존하는 국내 최고의 신라삼채인 '조양동朝陽洞삼채'의 발견이었다.

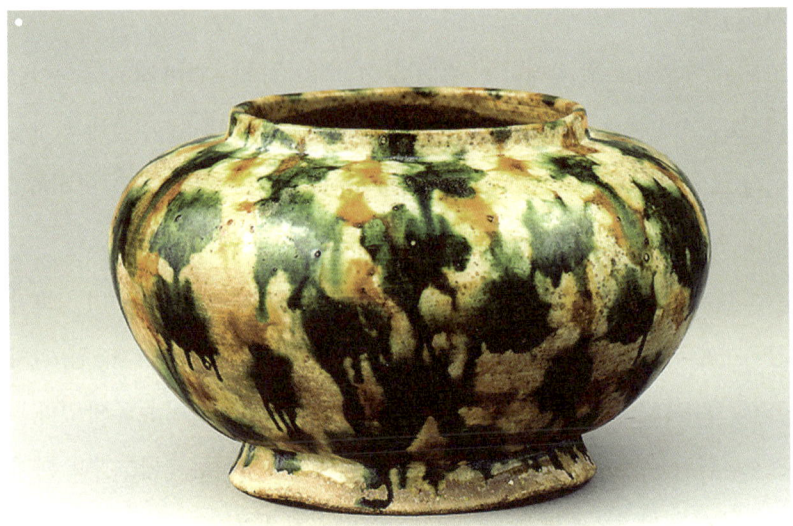

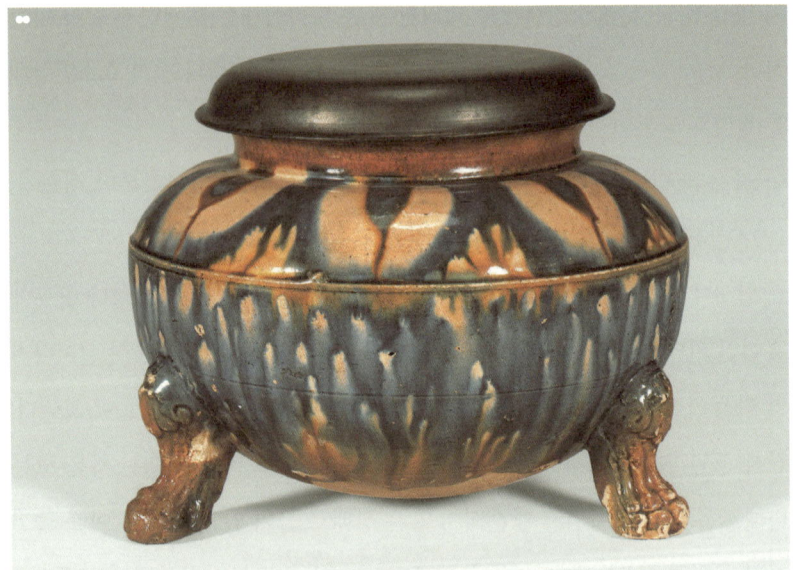

● 나라삼채 항아리(쇼소인 소장)

●● 경주 조양동에서 발견된 삼채 항아리로 당삼채로 추정된다(국립경주박물관 제공 사진).

조양동삼채는 그 용도가 골호骨壺, 즉 뼈 항아리다. 이 항아리가 발견된 곳은 통일신라 시대의 화장묘였다. 신라 시대는 불교가 융성했기 때문에 그냥 매장을 하는 것보다는 화장을 하는 것이 매우 일반적이었다. 다만 화장을 하고 난 다음 뼈를 항아리에 담아 이를 묻고 거대한 분묘를 조성하는 것은 왕족이나 귀족일 경우에나 가능한 일이어서 삼채 골호의 주인공 역시 왕 아니면 매우 지체 높은 귀족일 것으로 추정된다. 이는 이 삼채 항아리가 당시 최고급품이었다는 사실에서도 유추할 수 있다.

사진만 보아도 알 수 있듯 이 항아리는 제품 자체의 질도 좋지만 미학적 완성도도 매우 빼어나다. 근래까지 신라 유적 여러 곳에서 삼채가 출토됐지만 조양동삼채에 버금가는 명품은 아직 확인되지 않고 있다. 경주 지역에서 출토된 삼채 제품 가운데 온전히 형태를 갖춘 것은 조양동의 것과 월성에서 출토된 삼채 호루라기, 분황사 출토 오리 모양 잔 정도다. 그 밖에 경주 왕경 유적, 나정, 황남동, 동천동, 월지, 황룡사지, 미탄사지 등에서 삼채 사금파리가 출토되었다.

그렇다면 조양동삼채 역시 신라의 사기장이 만든 신라삼채였을까? 결론을 말하면 이는 당삼채일 가능성이 높다. 대부분 학자들은 신라삼채보다는 당나라에서 건너온 고급 수입품이라는 데 무게를 둔다. 마찬가지로 일본의 쇼소인 삼채 역시 일본에서 제작한 것이라기보다는 당에서 건너온 제품으로 보는 것이 더 타당하다. 당시 일본이 신라보다 더 뛰어난 도기 제작 능력을 보유하고 있었다고 보기는 어렵기 때문이다.

더구나 쇼소인삼채는 가마터가 어디인지 전혀 알 수 없다. 가마터를 알 수 없는 것은 쇼소인삼채와 같은 종류의 사금파리가 발견된 장소가 없다는 의미

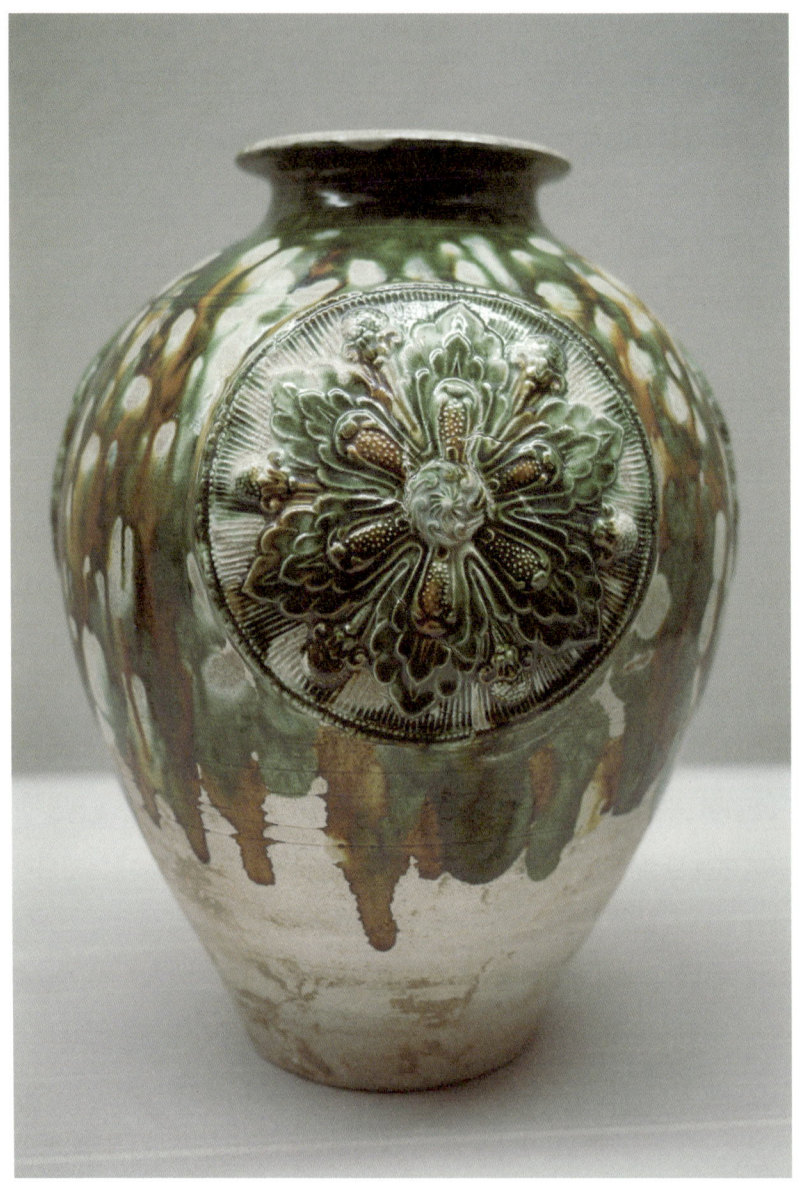

7-8세기 당나라 삼채 당초문항아리. 삼채 가운데 최고의 걸작으로 꼽힌다(오사카시립동양도자박물관 소장).

다. 그러니 가마터도 알 수 없는 것이다. 따라서 쇼소인삼채 역시 수준 높은 당삼채라고 보는 것이 옳다. 그런데 일본인들은 이것이 당삼채가 아니라 나라에서 만든 것이라고 주장한다. 이에 대한 명확한 증거도 내놓지 못하면서 그저 나라삼채라고 우긴다. 조양동삼채가 신라삼채가 아니라 당삼채라고 순순히 인정하는 우리나라와는 다르다.

다만 현대 일본에는 삼채 기법을 재현해 그야말로 세계 최고의 기량을 보여주는 도예가가 있다. 그가 만든 삼채 도자기는 당삼채의 전통을 뚜렷하게 잇고 있으면서도 그 모습이 너무나 아름다워 경탄하게 만든다. 그 주인공은 기후 현岐阜県 다지미 시多治見市에 있는 고우베 가마幸兵衛窯의 '인간 국보' 가토 다쿠오加藤卓男, 1917~2005이다. 지난 1804년에 시작되어 지금에 이르고 있는 고우베 가마와 가토 다쿠오의 작품 세계에 대해서는 『일본 도자기 여행 에도 산책』의 다지미多治見 지역을 다룬 항목에서 자세히 살펴보도록 하겠다.

● 당삼채란
무엇인가

오늘날 당삼채로 불리는 당대 다채多彩 연유鉛釉[18] 도자기 명칭은 사실 중국 역사서에는 나오지 않는다. 삼三이라는 숫자가 마치 장식 유약의 수를 의미하는 것으로 여길 수도 있지만 사용된 색상이 일정한 것도 아니고 시대와 지역별로 약간의 차이가 있어서 색상 숫자와는 상관이 없다.

실제 당삼채 대부분은 백-담황색, 호박색 그리고 녹색 유약을 사용했다. 7세기 중반쯤에는 코발트블루 계열의 연유가 시유되었고 흑회색과 흑갈색의 유약도 시유되었다. 이러한 색은 산화구리나 산화철과 함께 납이 풍부한 유약을 다량 시유할 때 나타난다. 터키 색의 유약은 몇 안 되는 당삼채에서 나타난다. 이 터키 색 유약을 포함하여 당 도기에서 사용되는 유약은 적어도 6개 이상이 된다.

그렇다면 당삼채라는 이름은 어떻게 붙여졌을까. 당삼채 도자기가 처음 세상에 공개된 것은 20세기 이후 중국 철도 건설 현장에서 무더기로 연유 도자기와 도용陶俑이 출토된 이후의 일이다. 1928년 룽하이龍海 철도가 건설되었을 때 유약이 시유된 낙타와 말 형태의 몇몇 자기들이 무덤에서 출토되었는데 이전 한漢나라 때의 갈색유나 녹유 외에 다양한 유색을 지니고 있었다. 당시 발견된 유물이 대개 호박색, 녹색, 흰색의 유약으로 시유되었기 때문에 당 왕조에 제작된 3가지 색의 유약이 시유된 자기라는 의미에서 당삼채라고 불린 것이다.

한나라 이후 한동안 뜸했던 저화도 연유도기가 재차 등장한 것은 6세기 말이었다. 이후 완전하게 발전한

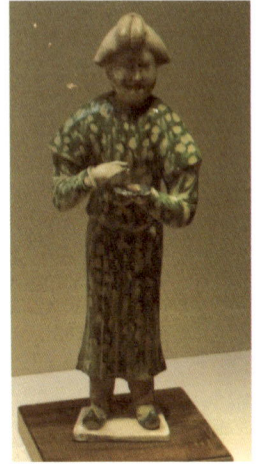

녹색 유약이 돋보이는
당삼채 도용
(베이징 중국국가박물관 소장)

18 납잿물

삼채 양식은 유명한 측천무후則天武后 통치 기간690~704
과 비슷한 시기에 생겨났다. 소위 성당盛唐 시기 황실
과 귀족들은 호화로운 생활을 영위하며 금과 은 그리
고 동 기물을 선호했다. 그러나 금과 은 그릇의 높은 경
제적 비용과 화폐 발행에 따른 동의 품귀 현상으로 부
장품의 경우 다채색 연유도기로 대체했다. 기록에 따
르면 삼채 도용은 당육전唐六典의 규정에 따라 장작감將
作監 진관서甄官署에서 제작, 관리하며 황실에서 귀족의
장례 때 하사했다고 한다.

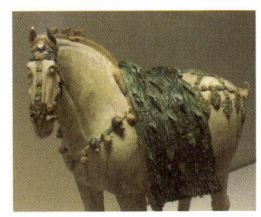

거의 완벽한 수준의
당삼채 말 도용
(베이징 중국국가박물관 소장)

당삼채 장식은 중국 도자사를 통틀어 색채 유약 면에
서 화려함의 정수를 보여준다. 이러한 배경에는 당시
유행했던 채색 의류, 직물과 비단이 있다. 당나라 직물
은 삼채를 제작한 사기장이 사용했던 문양을 보다 활
기 있고 극적인 효과를 주는 방식으로 적용되어 보다
뛰어난 디자인으로 활용됐다.
삼채 양식의 뛰어난 독창성은 수준 높은 이국정서에
서 일부 영향을 받았다. 당삼채에는 낙타 등 이전까지
볼 수 없었던 서역의 동물들과 아라비아 상인들이 등
장하고 있다. 이는 당나라가 활발한 대외 교역을 전개
해 서역에서 많은 상인들이 오갔다는 사실을 알려준
다. 한무제漢武帝가 흉노족을 제압하기 위해 장건張騫을
서역으로 원정B.C 138~126을 보내 실크로드를 개척한 이
후 당나라는 현재의 신장 지역을 완전히 장악하면서
서역풍이 크게 유행했다.
당이 망한 다음 요遼나라916~1125, 즉 거란족의 새로운
제국에서 당삼채 대부분 기술이 전수되어 10세기 만
리장성의 북쪽 사기장들에 의해 '요삼채遼三彩'로 발전
한 사실은 중국 도자사의 행운이다.

교토 사기장을 데려와
가마의 불을 붙이다

자, 이제 드디어 나라 아카하다야키에 대해 말할 차례가 되었다. 앞서 말했듯 이 도자기는 도요토미 히데요시의 동생인 도요토미 히데나가가 고리야마에 도코나메[19]의 사기장 요쿠로与九郎를 초청해 다회에 사용할 찻사발 등을 아카하다야마赤膚山 고조 마을五条村에서 만들기 시작한 것이 그 출발이다. 대략 1573년 즈음의 일이다.

공방들이 모여 있는 아카하다야마는 헤이안 시대의 궁전이 있는 헤이조쿄의 남서부에 위치하며, 예로부터 양질의 점토를 생산하는 곳이다. 이 좋은 토양과 헤이안의 역사적, 문화적 풍토가 도자기를 굽는 특유의 배경이 되었다. 아카하다 도자기는 이름 그대로 그릇의 표면이 붉다. 따라서 아카하다야키 이름의 유래는 도자기 표면이 붉기 때문이라는 설과 지명에서 왔다는 두 가지 설이 있다.

히데나가가 사망한 다음에는 노노무라 닌세이野々村仁清, 생몰년 미상라는 교토 출신의 걸출한 사기장이 고리야마 번으로 출장을 와서 어용가마를 지도, 감독하면서 아카하다 가마들은 더욱 번창했다. 노노무라 닌세이는 교야키이로에京燒色絵, 즉 교토 채색도자기의 선조로, '닌세이우쓰시仁清写し'라는 기법도 그의 이름에서 비롯되었다. 그의 작품 2점이 일본 국보, 20여 점이 중요문화재로 지정되었을 정도로 중요한 위치를 차지하고 있는 그에 대해서는 교토 지역을 다룬 항목에서 살펴보자.

19 나고야 인근 도코나메는 일본 여섯 옛 가마의 하나가 있는 도시다.

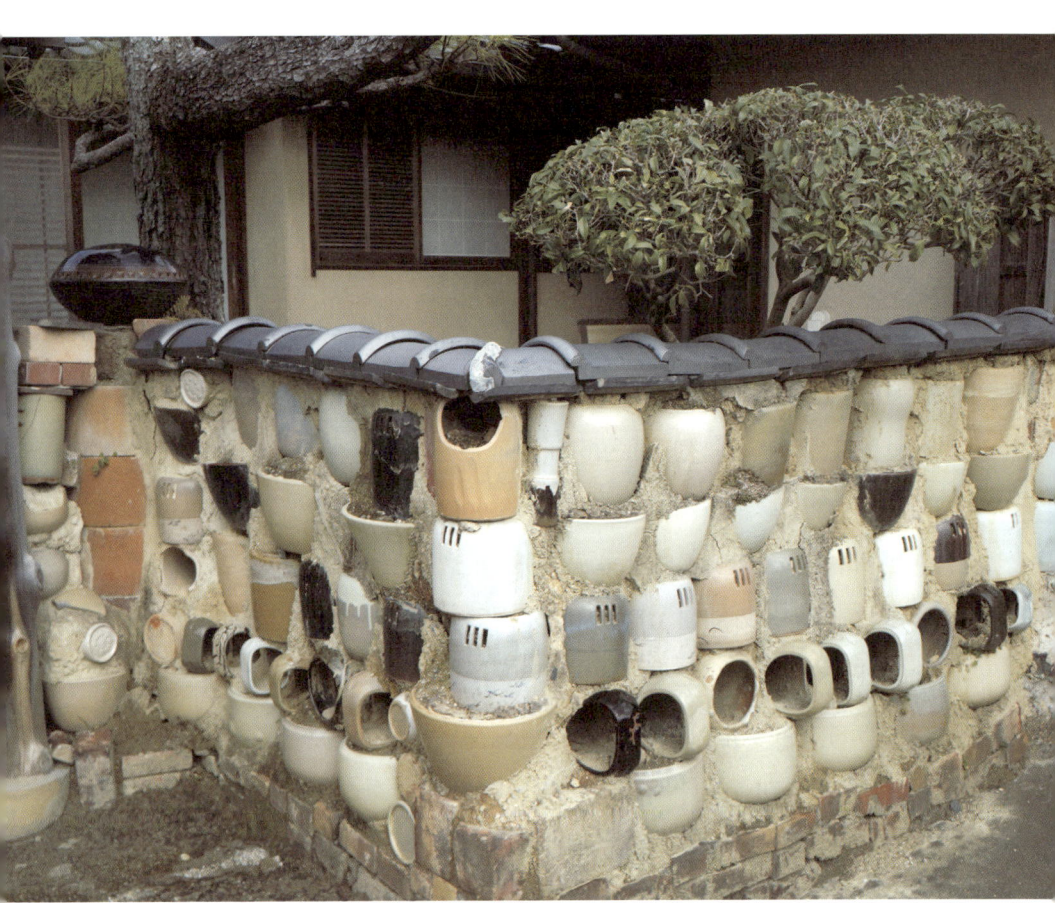

아카하다야키의 원조인 후루세 교조 가마(古瀬堯三窯)의 도자기로 만든 담벼락

지역	옛 해당 국가	가마 이름
후쿠오카 현	지쿠젠 국筑前国	다카토리高取
	부젠 국豊前国	아가노上野
오사카 부大阪府	셋쓰 국摂津国	고소베古曾部
교토 부京都府	야마시로 국山城国	아사히朝日
나라 현奈良県	야마토 국大和国	아카하다赤膚
시가 현滋賀県	오미 국近江国	제제膳所
시즈오카 현 静岡県	도토미 국遠江国	시토로志戸呂

엔슈의 일곱 가마

이렇게 고리야마 번의 가마들이 활성화되던 시기, 고리야마 성에서 어린 시절
을 보냈던 고보리 엔슈小堀遠州, 1579~1674가 아카하다야키를 자신의 일곱 가마遠州
七窯로 선정한 것은 너무 당연한 일이다. 엔슈와 그가 좋아한 일곱 가마는『일
본 도자기 여행 규슈의 7대 조선 가마』에서 이야기했지만 다시 복습해보자.
엔슈가 직접 자신 취향에 맞게 다기나 찻사발을 만들도록 지정한 일곱 가마
는 오늘날 후쿠오카 현에 2개, 오사카 부에 1개, 나라 현에 1개, 교토 부에 1
개, 시가 현에 1개, 시즈오카 현에 1개가 있다. 이중 후쿠오카 현의 두 가마는
『일본 도자기 여행 규슈의 7대 조선 가마』에서 이미 살펴보았다. 고보리 엔슈
는 앞으로 계속 이름이 나올 중요한 인물이므로, 선행 학습이 필요하다. 이에
대해서는 바로 뒤의 'Tip' 내용을 참조하기 바란다.

센노 리큐의 뒤를 이은 후루타 오리베古田織部, 1544~1615 는 이름이 시게나리重然로, 야마시로山城 지방 니시가오 카西ヶ丘 번의 2대 번주이자 다인이다. 종5위 오리베노 카미織部正 지위를 하사받았기 때문에 오리베로 불렸다. 그는 센노 리큐가 자결한 다음 대표적인 다도 지도자로 떠올랐는데, 역시 무사답게 스승인 리큐의 '정靜의 다도'와는 상반된 호방하고 동적인 미의식을 추구했다. 한 예를 들자면 다음과 같은 행위다.

도요토미 히데요시는 임진왜란 당시 조선 정복을 확신하고 조선 땅에 발을 들일 때 타고 갈 배를 미리 만들어 '고쇼마루御所丸'라는 이름을 붙였다. 그러나 정작 자신은 이를 타보지도 못하고 죽고 말았다. 그러자 히데요시의 뒤를 이어 패권을 잡은 도쿠가와 이에야스의 다도 사범이 된 오리베가 히데요시의 한을 풀어준다면서 '고쇼마루' 모양을 본뜬 찻사발을 자신이 직접 디자인해서 만들게 하고 이름도 역시 '고쇼마루'라고 지었다. 정녕 간소하고 차분하며 정갈한 정신세계를 추구하는 스승 센노 리큐의 와비 가르침과는 거리가 멀다.

그렇게 스승과 차별화된 길을 걸으면서 스승의 전철을 따르지 않으려 노력했지만 그 역시 스승의 운명처럼 나이 일흔이 되던 해에 반역을 도모했다는 모함을 받고 도쿠가와 이에야스의 명령에 따라 자결을 했다.[20]
오리베는 '오리베야기織部焼'로 불리는 부정형不定形의 찻사발 제작과 정원 조성에 뛰어난 솜씨를 발휘했다. '오리베야키'는 현재 기후岐阜 현 미노야키美濃焼의 한

● 센노 리큐의 뒤를 이은
후루타 오리베와
고보리 엔슈

20 그의 생애에 대해서는 유명한 만화가 야마다 요시히로(山田芳裕)의 만화 「효게모노(へうげもの)」로도 나와 있다. 이 만화는 2009년 '일본 문화청 미디어예술제'에서 만화 부문 우수상과 2010년 일본에서 가장 권위 있는 만화상인 '데즈카 오사무 문화상' 만화대상을 수상했다.

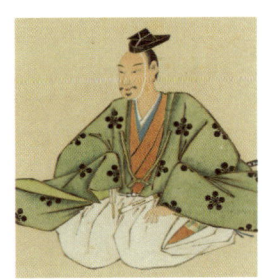

후루타 오리베 초상

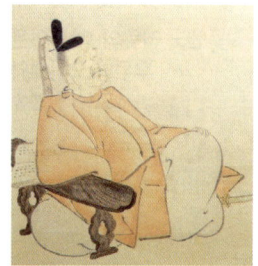

고보리 엔슈의 초상

종류에 속한다. 이에 대해서는 다음의 책에서 자세히 살펴보도록 하겠다.

후루타 오리베의 뒤를 이어 대표적인 다도 스승으로 꼽히는 고보리 엔슈小堀遠州의 본명은 고보리 마사카즈小堀政一다. 그 역시 다인이자 뛰어난 정원 설계사인 사쿠테이카作庭家이고, 다원茶院 건축가였다.

그의 아버지 고보리 마사쓰구小堀正次는 오미 국 사가타坂田 군 고보리小堀 촌, 현재의 시가 현 나가하마長浜 시의 토호土豪로 도요토미 히데요시의 이복동생 도요토미 히데나가의 가신이 되었다.

히데나가가 고리야마를 자신의 본성으로 삼자 마사쓰구 역시 주군을 따라 고리야마 성에 거처했으므로, 아들 마사카즈는 자연스레 히데나가의 시동과 사환이 되었다. 1591년 히데나가가 사망하면서 이들 부자는 히데요시의 직신直臣이 되어 다시 후시미伏見로 이주했다.

게이초慶長 3년1598년 히데요시가 사망하자 마사카즈 부자는 다시 도쿠가와 이에야스를 섬기게 되었는데, 마사쓰구는 저 유명한 1600년 세키가하라 전투関ケ原の戰い21에서 공을 세움으로써 빗추 국備中国 마쓰야마松山

21 세키가하라 전투는 소위 천하를 판가름하는 전투로, 전국시대를 완전히 마감했다는 의미가 있다. 이는 도요토미 히데요시의 6살 난 아들 히데요리(秀賴)를 옹립하면서 충절을 지킨 이시다 미쓰나리(石田三成)와 도쿠가와 이에야스의 싸움이었다. 도쿠가와는 아직 전국시대가 끝나지 않은 진행형이라고 생각했지만, 이시다는 일본 통일은 이미 히데요시가 이루어낸 완료형이어서 히데요리를 보필해야 한다고 생각했다. 전투는 가토 기요마사(加藤淸正), 후쿠시마 마사노리(福島正則) 등이 가담한 7만 명의 이에야스의 동군(東軍)과 모리 데루모토(毛利輝元), 고니시 유키나가(小西行長) 등이 가담한 8만 명의 이시다 미쓰나리 서군(西軍)의 싸움이었다. 처음에는 동군이 포진이나 군세 면에서 절대적으로 불리한 위치에 있었지만, 고바야카와 히데아키(小早川秀秋)

성을 하사받았다.

1604년 마사쓰구가 사망하면서 마사카즈는 영지 1만 2,460석을 물려받았다. 이후 1608년 슨푸駿府 성의 후신부교普請奉行[22]가 되어 성을 건축한 공을 인정받아 도토미 국[23]의 가미守[24]서임을 받았다. 그런데 도토미遠江는 엔슈遠州라고도 불리었기에, 고보리 엔슈라는 이름으로 불리게 된 것이다.

고보리 엔슈의 다도는 '기레이사비綺麗さび'라 불린다. 이는 정적인 외로움과 고독의 미학인 리큐의 '와비사비'에 귀족적인 화려함을 적당하게 절충한 형태라고 보면 된다. 리큐가 세속을 초월한 극도의 경지를 추구했다면, 엔슈는 화려함 속에서 약간의 청한淸閑과 청초淸楚를 섞은 '멋부림'을 강조했다고 볼 수 있다. 엔슈가 어린 나이부터 도요토미 히데나가와 도요토미 히데요시 그리고 도쿠가와 이에야스로 이어지는 절대 패주 곁에서 살아온 삶이 반영된 것이다.

엔슈가 생애에 약 400회의 다회를 개최하고, 초대한 손님이 2천여 명에 달한 사실도 이러한 '엔슈류' 다도의 특징을 잘 보여준다. 도도한 아름다움을 추구한 그의 다기는 나중에 '추코메이부쓰中興名物'라는 이름이 붙었다. 차 도구의 명기名器로 센노 리큐 이전의 것은

의 배반으로 전세가 결정적으로 역전되어 딱 한나절 만에 결판이 났다. 이 전투는 동일본 쌀 중심 경제와 서일본 은(銀) 중심 경제가 부딪힌 의미도 있는데, 결국은 농업 중심 경제가 패권을 쥐게 됐다. 세키가하라 전투 승리 3년 후에 이에야스는 쇼군이 되었고, 2년 만에 그 지위를 27세 아들 히데타다(秀忠)에게 물려주었다.

22 토목공사를 담당하는 관리
23 현재 시즈오카 현의 서부
24 지방 수령

'오메이부쓰大名物', 리큐 시대의 것은 '메이부쓰名物'라고 부르니 이 칭호를 잘 기억하도록 하자. 고보리 엔슈의 다기를 '추코메이부쓰'라고 칭하는 것은, 리큐 이후에 독창적인 개성이 넘치는 새 다기를 중흥시킨 공적이 반영된 것이다.

귀족 취향을 저버릴 수 없었던 엔슈의 미의식은 꽃꽂이 세계에도 반영되어 다도처럼 '이케바나華道'라고 하는 꽃꽂이 형식으로 정립되어 에도 시대 후기에 특히 번성했다. 이는 나중에 쇼후류正風流, 니혼바시류日本橋流, 아사쿠사류淺草流의 3대 유파로 계승되었다.

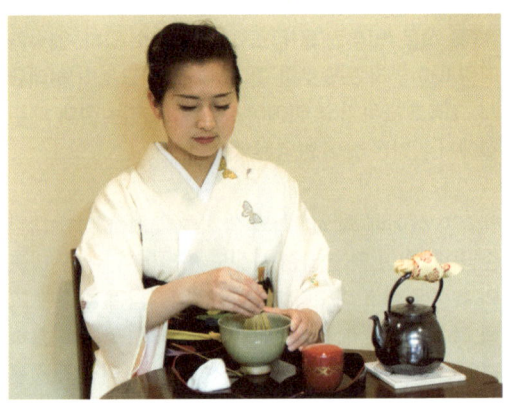

화려함 속에 청초한 멋을 넣은 '기레이사비'를 추구하는 엔슈류 다도 시범

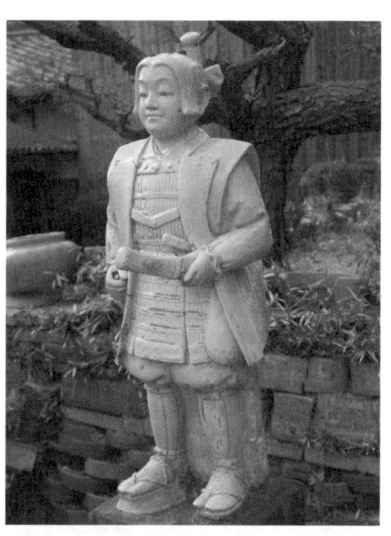

아카하다 도자기의 원류인
'아카하다야마모토 가마'가
고리야마 번주를 칭송하여 만든 도자 상

도요토미 히데나가가 사망하고 난 다음, 한참의 세월[133년]이 흐른 1724년 고리 야마 성에는 가이고후 번甲斐甲府藩의 야나기사와 요시사토柳澤吉里, 1687~1745 번주 가 새로운 주인으로 오게 된다.

요시사토의 아버지인 야나기사와 요시야스柳澤吉保는 5대 쇼군인 도쿠가와 쓰 나요시德川綱吉, 1646~1709의 총애를 얻어 1704년 쓰나요시의 양자가 되고 가이고 후 번의 번주가 된 사람이었다. 1709년 쇼군 쓰나요시가 사망하고 6대 쇼군에 도쿠가와 이에노부德川家宣, 1662~1712가 취임하면서, 아버지 요시야스도 일선에 서 물러나 은거에 들어감에 따라 요시사토가 번주 자리를 물려받았다. 그런데 1724년 바쿠후의 직할령 확대 정책에 따라 가이고후 번도 바쿠후에서 내려 보낸 다이칸代官이 감독하게 되면서 요시사토가 고리야마 번의 새로운 번주로

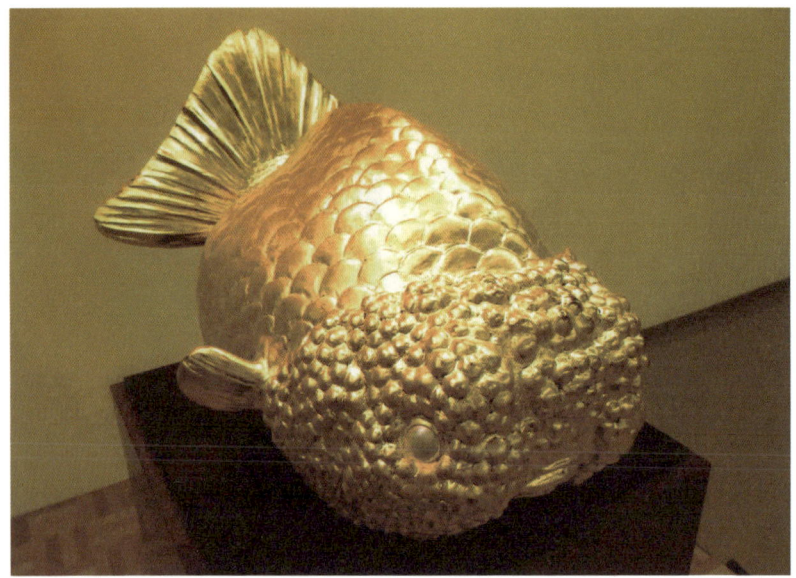

고리야마 상공인회에서 만든 대형 금붕어 장식물

이봉하게 된 것이다.

바로 뒤에서 얘기하겠지만 야나기사와 가문은 산업장려 정책에 매우 뛰어나고 학문과 풍류에도 재능이 많은 집안이었다. 고리야마는 지금도 금붕어 양식 산업으로 매우 유명해서 시의 상징물도 금붕어이고 가는 곳마다 금붕어 장식물이 눈에 띄는데, 이는 요시사토가 고리야마로 옮기면서 가이고후의 금붕어 재배업자들을 대거 데려갔기 때문이다.

한동안 시들해져 있던 고리야마의 가마들은 에도 시대 후기 고리야마 3대 번주 藩主 야나기사와 야스미쓰柳沢保光, 1753~1817에 이르러 다시 중흥하기 시작한다.

1785년 고리야마의 상인 스미요시야住吉屋의 헤이조平蔵는 세토 시가라키信楽 도자기 사기장인 야에몬弥衛門에게 번 내 고조 산의 흙을 보여주면서 가마를 만들 것을 요청한다. 이에 따라 다음해 야에몬이 이주해와 고조 산의 가마가 완성될 때까지 로쿠로자에몬六郎左衛門의 집에 작은 가마를 쌓아 도자기를 만들었다. 1789년 가마가 완성되었지만 바로 그 다음해에 야에몬이 사망함에 따라, 교토 고조자카五条坂25의 마루야丸屋에서 후루세 지헤이古瀬治兵衛를 데려와 가마의 불을 계속 지피게 만들었으니 그것이 바로 지금도 이어지고 있는 아카하다야마모토 가마赤膚山元窯의 출발점이다.

이와 함께 야스미쓰 시대에는 오쿠다 모쿠하쿠奧田木白, 1800~1871라는 명공이 출현해 그의 적극적인 보호를 받으며, 약 200여 년 전의 선배인 노노무라 닌세이의 닌세이우쓰시 등의 기술을 더욱 발전시키며 진화된 아카하다야키를 세상에 전파했다.

에도 말기부터 메이지 초기까지 활동한 오쿠다 모쿠하쿠의 집안은 대대로 고리야마 번의 어용 잡화점으로 아라모노荒物26를 취급하는 '가시와야柏屋'를 운영했다. 원래 이름은 오쿠다 부헤에奧田武兵衛지만, 나중에 가게 이름에 들어간 떡갈나무를 뜻하는 단어 '가시와柏'의 글자를 둘로 나눠 모쿠하쿠木白라는 이름을 만들었다. 모쿠하쿠는 어려서부터 다도와 라쿠야키楽焼 등에 관심이 많아, 결국 가업을 버리고 사기장이 되었다.

그는 특히 우쓰시모노写し物·베끼는 것에 커다란 재능이 있어 세토, 하기萩, 가라쓰

---

25 교토 최고의 관광지 기요미즈데라(清水寺)로 올라가는 길의 하나인 고조자카는 옛날부터 교야키 혹은 기요미즈야키(清水燒)라 불린 도자기의 중심지였다. 이에 대해서는 뒤의 교토 단원에서 자세히 살펴보자.

26 부엌에서 사용하는 잡화

唐津, 다카토리高取, 세이지닌교우데靑磁人形手[27], 고혼한스御本半使[28] 등의 모방품을 만든다는 나무 간판을 집에 걸어놓고 있었다고 한다.[29] 지금은 아카하다야키의 문양에 널리 쓰이는 '나라에奈良絵'도 이때부터 도자기에 사용되기 시작했다. '나라에'는 부처님의 생애를 중심으로 과거와 현재의 인과관계를 강조하고 거기에 경문経文이나 그림을 곁들인 것이다. 나라의 풍경과 사슴, 옛날이야기 등 다양한 문양이 넣어져 있다. 오토기조시御伽草子[30] 등에 등장하는 삽화를 주제로 한 서민적 도안도 많다. 이것의 유래에 대해서는 여러 얘기가 있지만 바로 뒤에 설명할 고리야마 번주의 중신이자 친척으로 화가였던 야나기사와 기엔柳沢淇園, 1704~1758이 불교 윤회 사상과 인과관계의 가르침을 그림으로 설명한 것을 도자기 그림에 맞게 도안한 것이라는 정설이다. 요즘의 아카하다 도자기에는 이를 현대적으로 변형한 문양들이 들어간다.

모쿠하쿠와 그의 아들인 오쿠다 사쿠지로奥田作次郎, 1825~1878가 남긴 업적은 대단히 커서 한낱 지방 가마에 불과했던 아카하다야키를 예술성 높은 도자기로 세상에 널리 알렸다. 특히 깊은 맛을 살리는 유백색 유약으로 착색한 나라 인형奈良人形, 향합香盒[31], 라쿠야키에 보이는 것과 같은 헤라메箆目[32] 등에서 나타나는 소박하고도 독특한 멋을 살린 작풍은 로쿠로시轆轤師[33] 야마구치 누이조

27　청자로 만든 가라코(唐子) 인형. 가라코 인형은 『일본 도자기 여행 규슈의 7대 조선 가마』 참조

28　한스(半使)는 원래 조선통신사절단의 통역사를 말한다. 이 말에서 비롯되어 조선사절단이 들고 온 고려다완, 즉 조선의 찻사발을 뜻하게 되었다.

29　하기, 가라쓰, 다카토리 도자기는 『일본 도자기 여행 규슈의 7대 조선 가마』에 상세하게 설명되어 있다.

30　무로마치 시대에 성행한 동화(童話)풍의 소설

31　향을 담아 놓는 그릇

32　성형할 때 이용한 주걱 자국이 소성 후에도 남는 것. 원래는 작품을 만드는 과정에서 자연스레 나타나는 것이지만 나중에는 이를 좋아하는 다인들이 늘어나면서 의도적으로 만들기도 한다.

33　물레 세공을 하는 장인

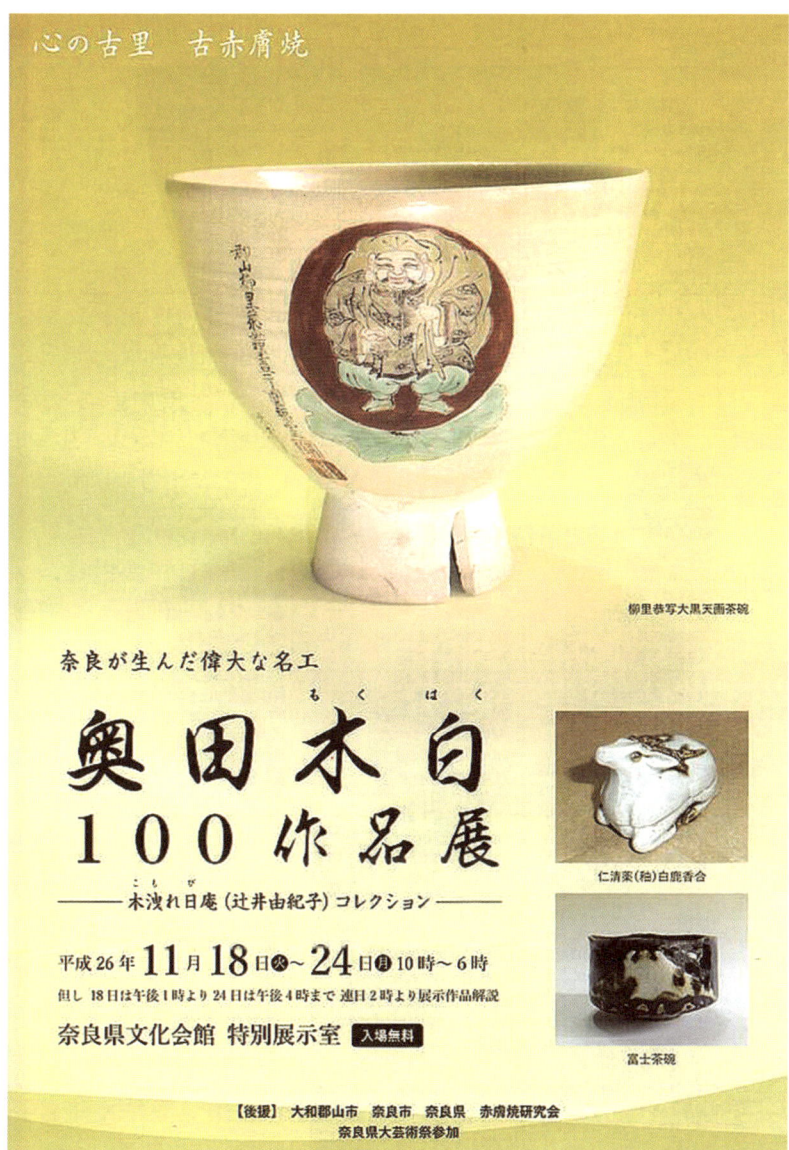

心の古里　古赤膚焼

奈良が生んだ偉大な名工

奥田木白
100作品展

—— 木洩れ日庵（辻井由紀子）コレクション ——

平成26年 11月18日㈫～24日㈪ 10時～6時
但し 18日は午後1時より 24日は午後4時まで 連日2時より展示作品解説

奈良県文化会館 特別展示室　入場無料

柳里恭写大黒天画茶碗

仁清楽（釉）白鹿香合

富士茶碗

【後援】 大和郡山市　奈良市　奈良県　赤膚焼研究会
奈良県大芸術祭参加

2014년 나라 현 문화회관의 오쿠다 모쿠하쿠 특별전 포스터. 이름 앞에 '나라에서 태어난 위대한 명공'이라는
수식어를 달았다.

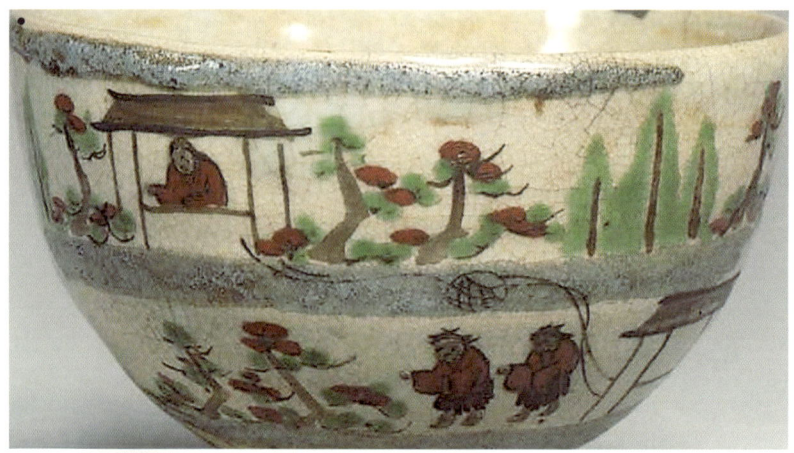

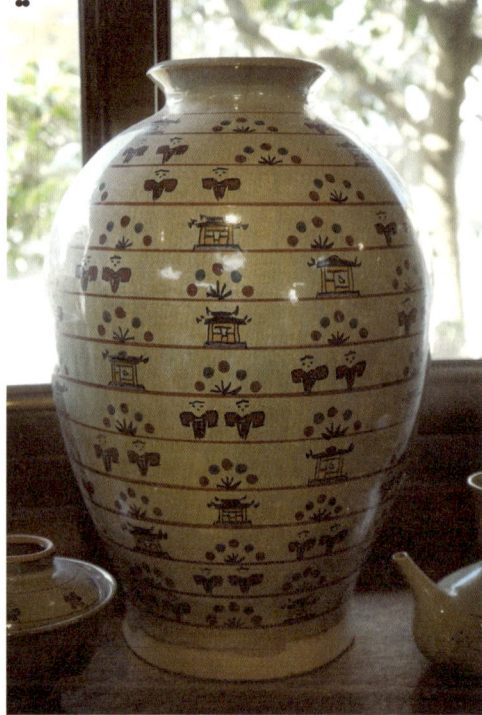

• 오쿠다 모쿠하쿠의 찻사발에
  그려진 '나라에'

•• 아카하다야키
  '오시오 쇼잔(大塩昭山)'의
  '나라에' 문양 항아리

우山口縋造, 1820~1903와 함께 아카하다야키를 불멸의 것으로 만들었다. 이로써 옛 아카하다 도자기의 전통을 살리면서 현대적 찻사발의 기초를 완성한 모쿠하쿠는 아카하다야키 중흥의 시조로 평가받는다.

쇼군 부인과 첩실의 다도 사범을 맡은 고리야마 번주

이렇게 아카하다야키를 민예활동의 하나로 적극 장려한 야나기사와 야스미쓰 번주는 에도 시대 후기를 대표하는 지식인 다이묘로 꼽힌다. 앞에서 말한 것처럼 야나기사와 가문 역대 당주와 중신들은 모두 정치 수완이 뛰어났을 뿐만 아니라 학문과 예술에도 많은 노력을 기울였다.

예를 들어 야나기사와 기엔柳澤淇園은 일본 문인화 선구자의 한 사람으로, 채색 화조도彩色花鳥圖와 묵죽화墨竹画에 뛰어났으며 시문, 와카, 샤미센 등에도 뛰어난 다재다능의 풍류객이었다. 기엔은 나중에 중국 영향을 받아 원래 이름인 사토토모里恭에 중국 성을 붙여 류 리쿄柳里恭로 부르도록 했다.

도다이지 대불전 대불의 대좌台座에 새겨진 렌벤도蓮弁図 역시 기엔의 작품으로 알려져 있다. 쇼무 일왕에 의해 만들어진 도다이지 대불은 화엄경에서 우주의 진리를 체현한 존재다. 화엄경은 신라에서 연구가 활발히 진행됐는데, 일본에서 그것을 받아들여 도다이지 대불이 만들어진 것이다. 화엄경의 가르침에 근거하여 대좌 상단에는 부처님을 중심으로 스물두 여래보살이 그려져 있고, 중간에는 끊임없이 윤회하는 욕계欲界와 색계色界 그리고 무색계無色界로 이루어진 삼계三界의 세상을, 하단에는 백억세계를 상징하는 7개의 아미산이 있다.

이처럼 학문과 풍류를 중요시하는 환경에서 자란 야스미쓰도 학문은 물론 서

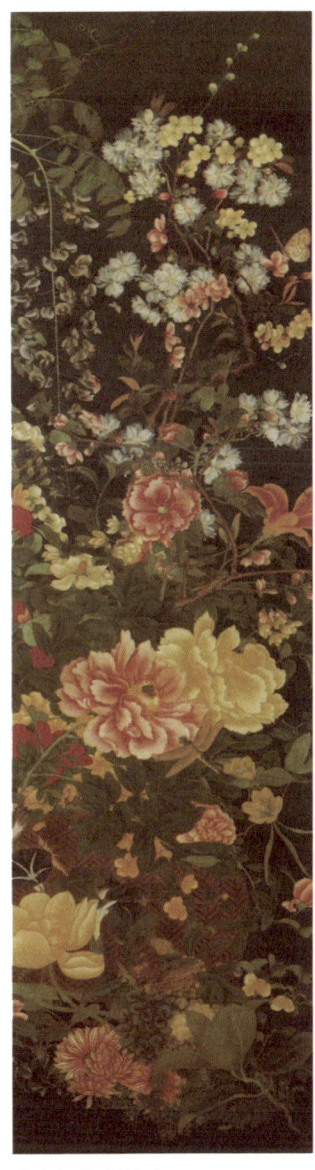

야나기사와 기엔의 화조도
(베를린 아시아예술박물관 소장)

예와 회화 등에 뛰어났다. 1773년 21
세의 나이에 번주를 물려받은 그는
어려서부터 특히 다도를 좋아했다.
그리하여 야스미쓰는 1784년 당시
바쿠후 다도의 주력을 형성하고 있
던 세키슈류石州流를 연구하다가 세
키슈류 종가의 5대 후손인 가타기리
소유片桐宗幽, 1727~1783에게서 다도 종가
로서의 비밀을 기록한 「진정한 차탁
眞の台子」을 전해 받았다. 아울러 센노
리큐 가문의 와비차詫び茶에 열심인
많은 다인들과 교제를 가지며 자신
만의 독특한 다도를 창안하니, 그게
바로 '고리야마세키슈류郡山石州流' 혹
은 '세키슈류교우잔하石州流堯山派'다.
명성이 높아지면서 그는 쇼군 부인
과 첩실들의 와카와 다도 사범을 맡
기도 했다. 당대 최고 권력자인 쇼군
의 여인들을 가르치는 일종의 가정
교사였다는 것은, 당시 봉건사회에
서 더 없는 영예이기도 했다. 그는
'교우잔고우堯山公'의 칭호로 불리며

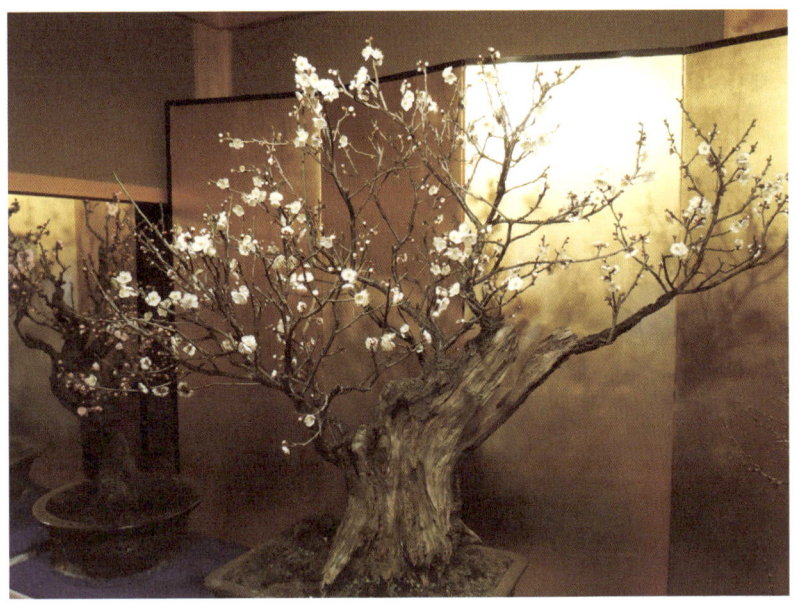

고리야마 성에서는 매해 봄마다 매화분재 전시회가 열린다.

『다회기茶会記』나『와카가이시和歌懷紙[34]』등의 많은 책을 남겼다.

산업장려책에도 관심이 많았던 야스미쓰는 도자기뿐만 아니라 할아버지의 공적인 금붕어 증산에도 기여했고, 꽃꽂이「고슈류甲州流」, 본세키盆石[35]「와슈엔잔류和州遠山流」등이 지금의 고리야마에 문화유산으로 남아 있게 만들었다. 그를 '고리야마 중흥의 시조'라고 일컫는 것은 바로 이런 치적 때문이다. 자고로 풍류를 아는 사람들에게 도자기는 가장 가까운 벗의 하나였다.

---

34 가이시(懷紙)는 와카를 쓸 때 사용하는 종이를 말한다.
35 '분경(盆景)'과 같은 말로 쟁반 같은 것에 맵시 있는 돌을 놓아 자연 풍경을 모방한 장식품이나 그러한 돌이다.

● **세키슈류**

세키슈류는 에도 시대 일본 바쿠후 다도의 주력을 형성한 유파의 하나다. 고보리 엔슈의 죽음으로 쇠퇴한 엔슈류를 대신해 세력을 쌓았다. 그 시작은 1만 3천 석의 녹봉을 가진 야마토코이즈미 번大和小泉藩36의 2대 번주인 가타기리 사다마사片桐貞昌, 1605~1670다.

그는 센노 리큐의 장남 센노 도안千道安, 1546~1607의 흐름을 이어받은 구와야마 소센桑山宗仙에게 다도를 배웠고, 서른 살 때부터는 야마토코리야마大和郡山 번주 마쓰다이라 다다아키라松平忠明, 1583~164437, 오미코무로近江小室38 번주 고보리 마사카즈고보리 엔슈의 원래 이름와 다석을 함께 하고 나라의 다인들과 교제도 깊어져 다도 장인으로 점차 이름이 퍼져 나갔다.

특히 도쿠가와 바쿠후의 3대 쇼군인 도쿠가와 이에미쓰의 이복동생 호시나 마사유키保科正之가 그의 문하생으로 있었던 인연으로, 마사유키의 천거에 의해 간분寬文 5년1665 4대 쇼군인 도쿠가와 이에쓰나德川家綱 다도 지도사범 역할을 맡음으로써 세키슈류가 부동의 위치를 차지하게 되었다. 이후 가타기리 사다마사는 도쿠가와 이에쓰나를 위해 『다도궤범茶道軌範』을 만들었다.

세키슈류는 가타기리 사다마사 이후로는 직계 후손들이 한동안 다도에 별로 관심이 없었기 때문에 방계

---

36 지금의 나라 현 야마토코리야마 시 고이즈미초(小泉町)에 해당

37 어머니가 도쿠가와 이에야스의 장녀로 이에야스의 외손자다. 오사카 전투에서의 공적을 인정받아 10만석의 셋쓰오사카(摂津大坂) 번주가 되었고, 오사카의 운하 개척을 성공리에 마쳐 1619년 12만 석의 야마토코리야마 번주로 이봉했다. 한국인 관광객이 오사카를 가면 꼭 들르는 도톤보리(道頓堀)의 명칭은 다다아키라가 붙인 것이다. 1632년 도쿠가와 바쿠후의 3대 쇼군인 이에미쓰의 후견인이 되어 바쿠후의 중추를 형성했고, 1639년 18만 석의 하리마히메지(播磨姫路) 번주로 옮겨갔다.

38 지금의 시가 현 나가하마 시(長浜市) 고무로초(小室町)에 해당

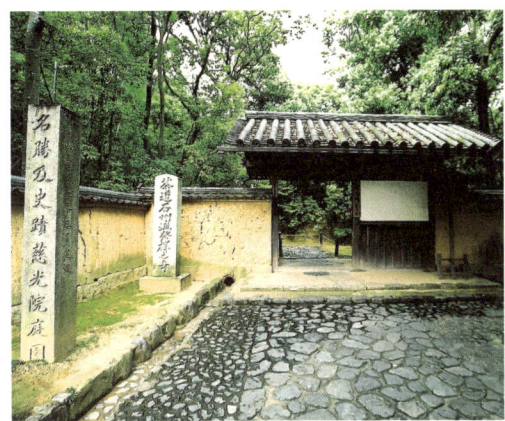

도쿠가와 바쿠후에서
각광을 받은 다도 '세키슈류'의
총본산인 고리야마 지코인 입구.
'다도 세키슈류 발상의 절
(茶道石州流發祥之寺)'이라고
쓰인 기념석이 입구에 있다.

후손이나 문하생들에 의해 이리저리 흩어지면서 몇
가지 유파로 다시 갈리고, 지역마다 다양한 분파들이
존재하게 되었다.

이렇게 복잡하게 분파를 거듭하던 세키슈류는 쇼와昭
和 초기에 야마토코이즈미 저택의 주인이었던 미즈타
히데미쓰水田秀光가 중심이 되어 당시 당주 가타기리 사
다나카片桐貞央 자작을 축으로 대동단결을 도모했다. 이
에 따라 전후에 재단법인 고우린안高林庵을 고리야마
의 지코인慈光院에 발족하고, 가타기리 가문이 세키슈
류 종가로서의 지위를 획득했다. 현대 당주는 16대 가
타기리 사다미쓰片桐貞光기 맡고 있디. 지고인은 교토
다이토쿠지의 분원으로 1663년 가타기리 사다마사가
아버지 사다타카貞隆의 보다이지菩提寺[39]로 창건한 절
이다.

[39] 대대로 선조 위패를 안치하여 명복을 비는 절

1781년 아카하다야키는 동쪽, 서쪽, 중앙의 세 가마로 나뉜다. 후루세 지혜이의 가마를 사이에 두고 동쪽에는 앞서 나왔던 고리야마 상인 스미요시야의 헤이조가 아들 이와조岩蔵와 함께 경영하는 가마가 있었고, 서쪽에는 소베이惣兵衛라고 하는 사람의 가마가 있었다고 한다.

메이지 17년1884에 간행된 「야마토 국 인명록大和国名流誌」에는 아카하다 사기장으로 야마구치 진지로山口甚次郎, 후루세 지혜이, 이노우에 추지로井上忠次郎 세 명의 이름이 적혀 있다. '서쪽 가마'는 3대 소베이에 이어 1881년 말 추지로가 뒤를 이었지만 얼마 지나지 않아 문을 닫았다. '동쪽 가마'는 1890년에 이시카와 도라키치石川寅吉가 이를 이었다는 기록이 남아 있지만, 그가 죽고 난 다음 폐요된 것으로 보인다. 현재 이들 옛 동서 가마 사기장들의 묘비는 나라 시 시치조七条에 위치한 산쇼젠지三松禅寺의 보다이지에 있다.

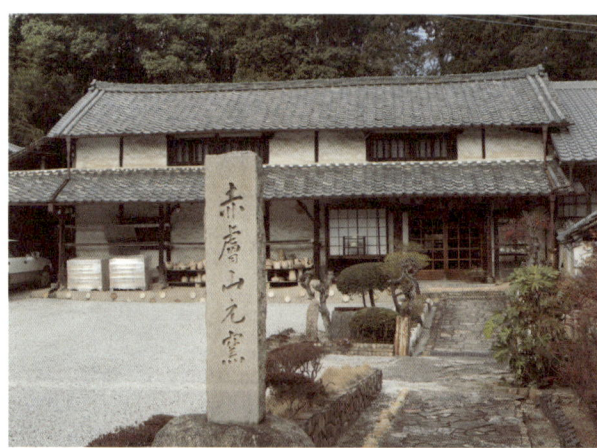

아카하다야마모토 가마는
8대를 이어
내려오고 있다.

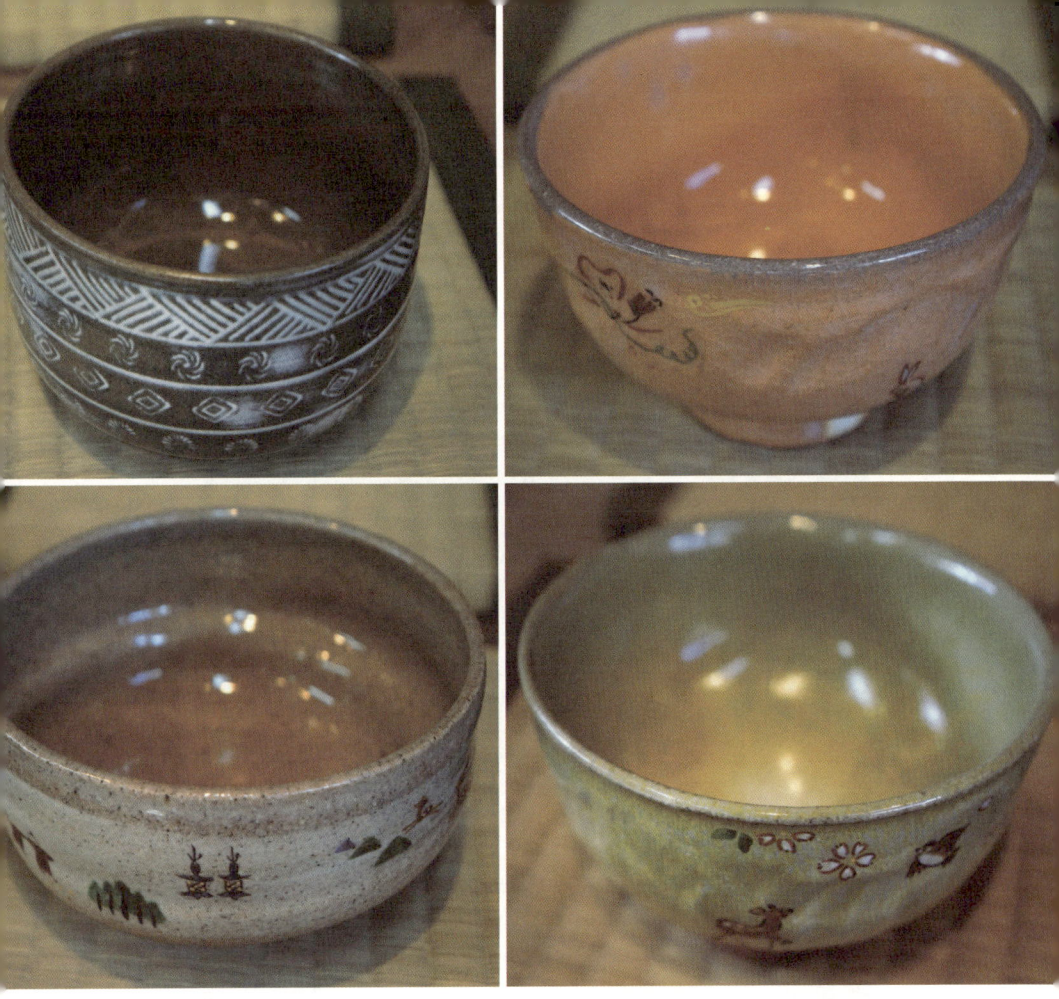

'나라에'가 그려진
후루세 교조 가마의 찻사발들

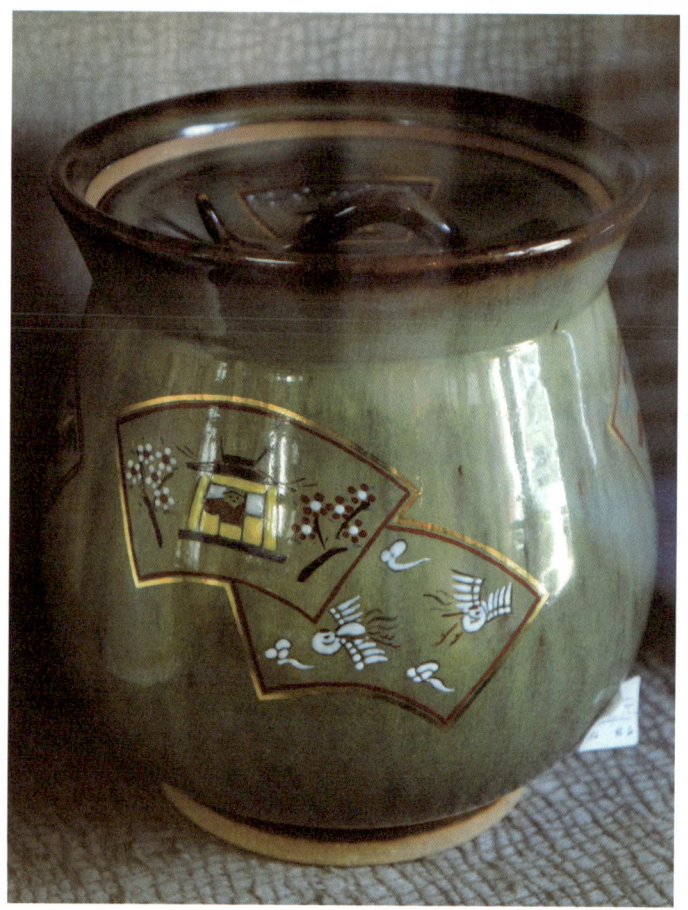

'후루세 교조 가마'의 물항아리

따라서 오늘날 '동쪽 가마'나 '서쪽 가마'라고 명칭을 사용하는 것은 현대 도예작가들 사칭이므로 주의할 필요가 있다. 쇼와 16년¹⁹⁴¹ 도쿄 긴자銀座의 마쓰야松屋 백화점에서 '아카하다 가마 작품 전시회'가 열렸는데, 당시 설명에도 '중앙 가마 하나밖에 남아 있지 않다'고 쓰여 있었다고 한다.

후루세 가문의 아카하다야마모토 가마는 8대를 이어왔다. 가마가 들어선 건물은 넓기는 하지만 규슈 지역 도자 명문가들 집에 비하면 초라한 느낌까지 든다. 작품 전시 공간도 매우 소박한 형색이다. 가라쓰와 아리타, 하기, 가고시마 등지에서 온갖 화려한 전시실을 봐온 필자 눈에는 확실히 흥미를 일으키는 부분이 적다.

'나라에'의 문양이 들어가 있기 때문에 개성이 있기는 하지만 미학적 감수성이 탁월하다는 느낌은 들지 않는다. 특히 현대적 취향에 맞게 문양들이 옹기종기 앙증맞게 변형되어서 언뜻 보면 소녀 감각 '팬시 상품'처럼 보이기도 한다. 그러나 그런 것을 좋아하는 일본인들에게는 아카하다야키의 그러한 대목이 오히려 매력으로 작용할 수도 있다 싶었다. 어쨌든 이들 도자기의 '나라에' 무늬들은 일본 다른 지역에서는 전혀 볼 수 없는 독특한 것이다.

아카하다 도자기에는 뒷면에 '赤膚山'라는 각인이 보이는 것이 있는데, 이를 사용할 수 있는 가마는 오로지 모토 가마元窯, 즉 후루세 교조 가마밖에 없다. 이 밖의 아카하다 가마들 작품에는 '赤膚'라고 쓰인 각인, 혹은 작가와 가마 표식이 사용된다. 후루세 교조 가마만이 '赤膚山' 각인을 사용할 수 있는 것은 초대 후루세 지헤이가 야나기사와 번주로부터 이 표시를 넣는 것을 허락받았기 때문이다. 오늘날 후루세 가문 도자기에 여전히 찍히고 있는 그 문장은 고리야마 어용가마라는 지위를 보장한다.

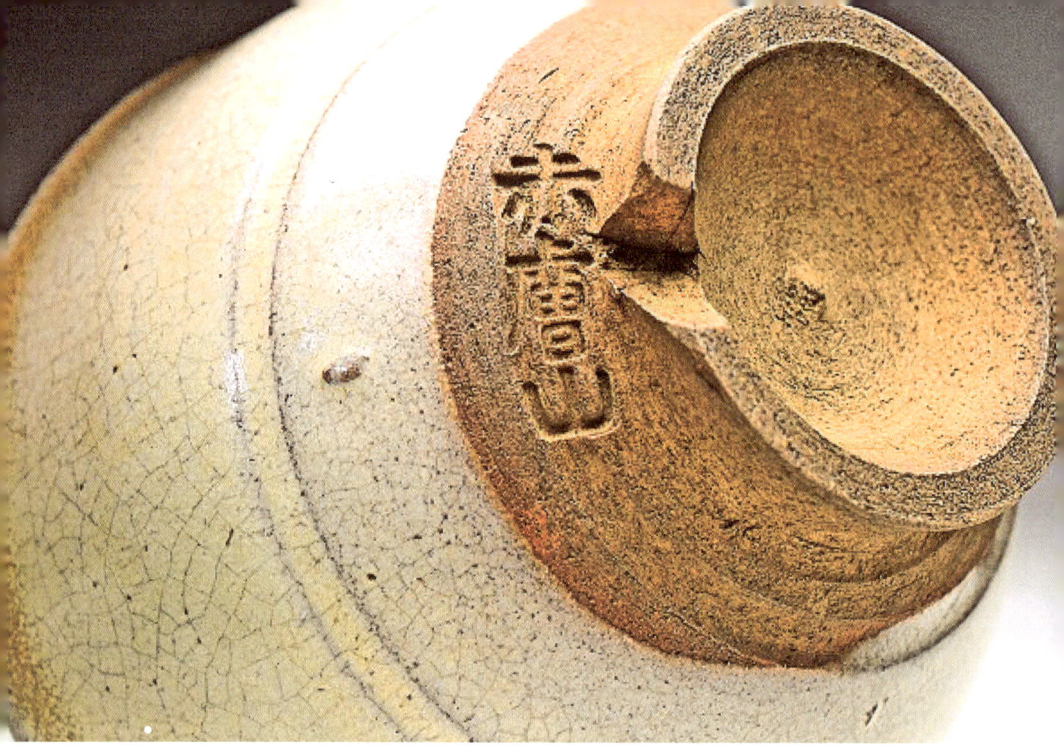

● '赤膚山' 글자는 '후루세 교조 가마'에만 들어간다.
●● '후루세 교조 가마'의 전시실

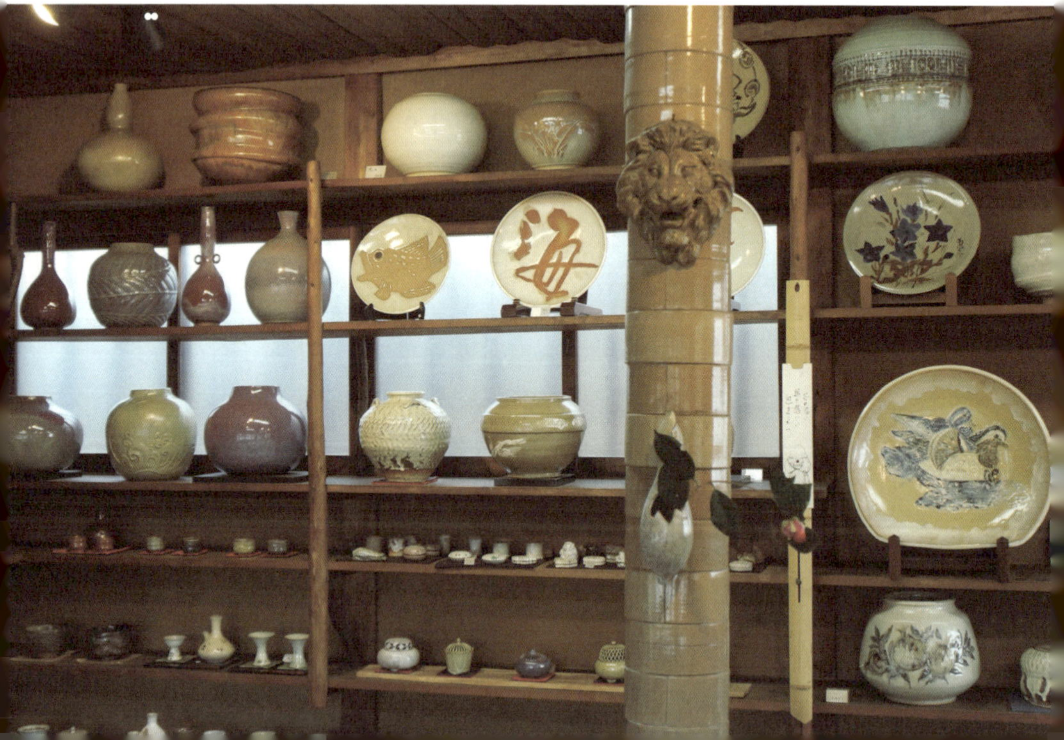

후루세 교조 가마의 대형 가마와 중형 가마는 물론 진열 공간마저도 국가 등록 유형 문화재로 지정돼 있다. 이곳에는 에도 시대 후기^{대형}, 쇼와 초기^{중형}, 쇼와 후기^{소형}의 세 개 가마가 줄지어 있다. 이에 따라 가마가 현대화, 소형화하는 변천을 한자리에서 볼 수 있다. 진열 공간은 메이지 후기 서양 건축의 트러스 구조기 때문에 중요한 시설로 평가를 받고 있다.

이 가문은 또한 곡옥^{勾玉} 형태의 아카하다 가마 도장, 야나기사와 야스미쓰 번주의 친필을 곁들인 도자기 그림의 두루마기, 오쿠다 모쿠하쿠가 사용했던 성형 틀 등을 소장하고 있다.

아카하다야마모토 가마는 후루세 교조^{古瀬堯三}라는 이름을 당주의 습명^{襲名}으로 사용한다. 호주 시드니대학에서 미술을 전공한 현재 8대 후루세 교조는 헤이세이^{平成} 22년^{2010년} 이 이름을 물려받았다. 7대 후루세 교조인 다카시^隆 씨는 1959년 교토시립예술대학 도예학과를 졸업하고, 10년 만인 1968년에 습명을 받았다. 그가 아들에게 다시 이름을 물려주기까지는 무려 42년이 걸렸다. 대를 이어가는 가업에 임하는 그들 정신의 투철함, 엄격함 등이 느껴지는 대목이다.

현재 나라 현에서 전통 공예업체로 공식 인정하고 있는 아카하다야키 가마는 모두 6개다. 그중 나라 시에 후루세 교조와 오시오^{大塩} 가문의 세 가마, 즉 오시오 쇼잔^{大塩昭山}과 오시오 마산도^{大塩正人} 그리고 오시오 교쿠센^{大塩玉泉}이 있다. 오시오 가문 세 가마는 모두 친척으로, 쇼와 시대에 오시오 쇼잔 가마가 먼저 열리고 나머지는 이곳에서 독립했다. 이 중 오시오 마산도 가마는 후루세 교조 가마 바로 옆에 위치해 있다.

오시오 쇼잔과 오시오 교쿠센 가마는 여기서 조금^{버스로 한 정류장} 떨어진 곳에 있

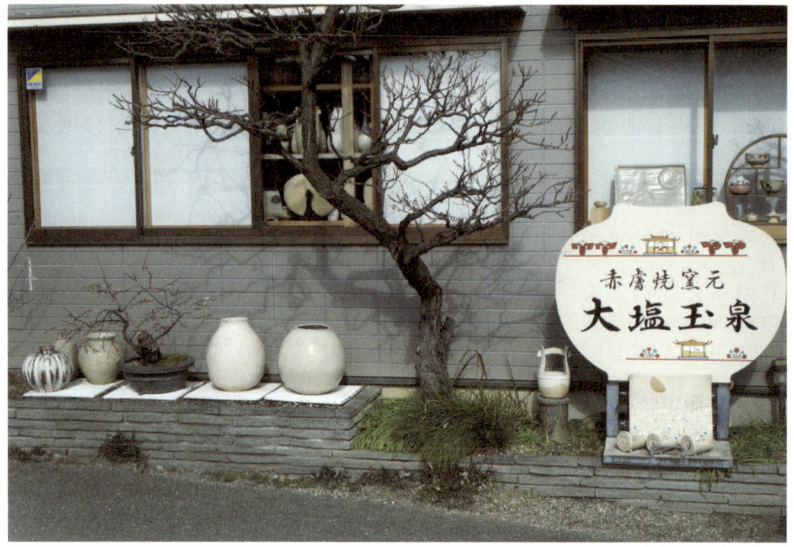

오시오 교쿠센 가마 전경. 바로 옆에 오시오 쇼잔 가마가 있다.

는데, 역시 두 가마가 나란히 붙어 있다. 이들 가마들이 어떤 혈연관계인지는 이들의 홈페이지 어느 곳에서도 밝히지 않고 있어, 호기심을 부추긴다. 부자 사이라면 따로 가마를 갖고 있을 필요가 없고, 형제 사이라면 주차장을 공용 으로 사용할 만도 하건만, 각기 전용 주차장을 따로 갖고 있는 것을 보면 그렇 게 가까운 혈족은 아닌 듯싶다.

긴테쓰나라 역 앞 교기 스님 동상은 원래 1969년 만남의 광장이 만들어질 때 오시오 마산도 가마의 7대 당주가 만든 아카하다 도자기 상이었다. 그런데 이 후 어느 어리석은 사람이 이를 파괴해서 다시 새로운 도자기 상을 세웠지만 이 역시 자연 열화 현상에 의해 훼손되어 1995년 지금 청동상으로 대체되었

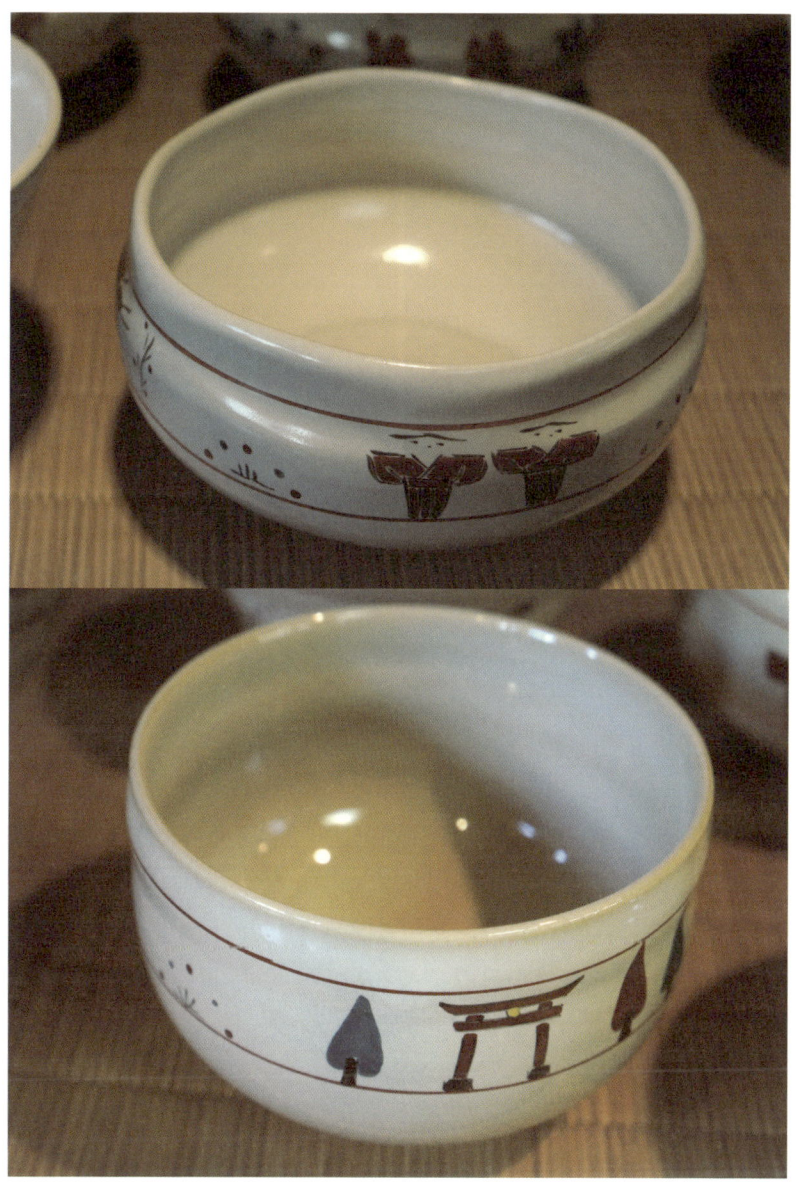

오시오 쇼잔 가마의 나라에 찻사발들

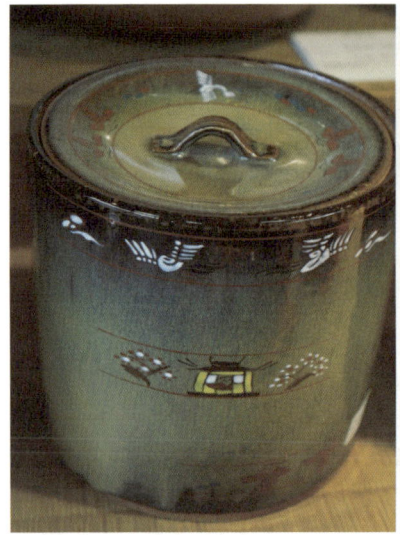 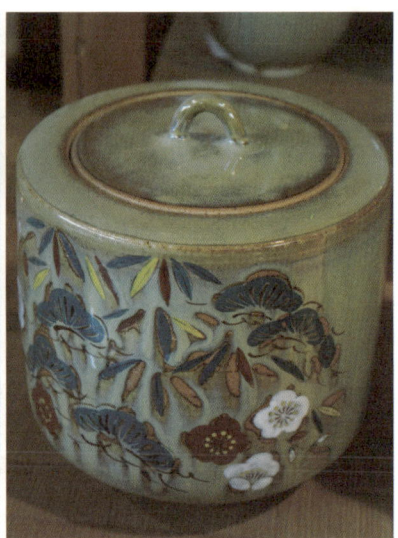

오시오 쇼잔 가마의 물항아리

다. 한국인 관광객들은 그 동상에 어떤 역사적 의미가 있는지 모르고 거의 지나쳐가지만 말이다.

야마토코리야마 시에는 오가와 니라쿠小川二楽, 오니시 라쿠사이尾西楽斎 2개의 가마가 있다. 이들은 모두 긴테쓰 고리야마 역에서 가까운 곳에 위치한다. 나라와 고리야마 시는 붙어 있어 같은 생활권이고, 특히 아카하다 산은 고리야마 시와 매우 인접해 있어 행정구역만 서로 다르다고 보면 된다.

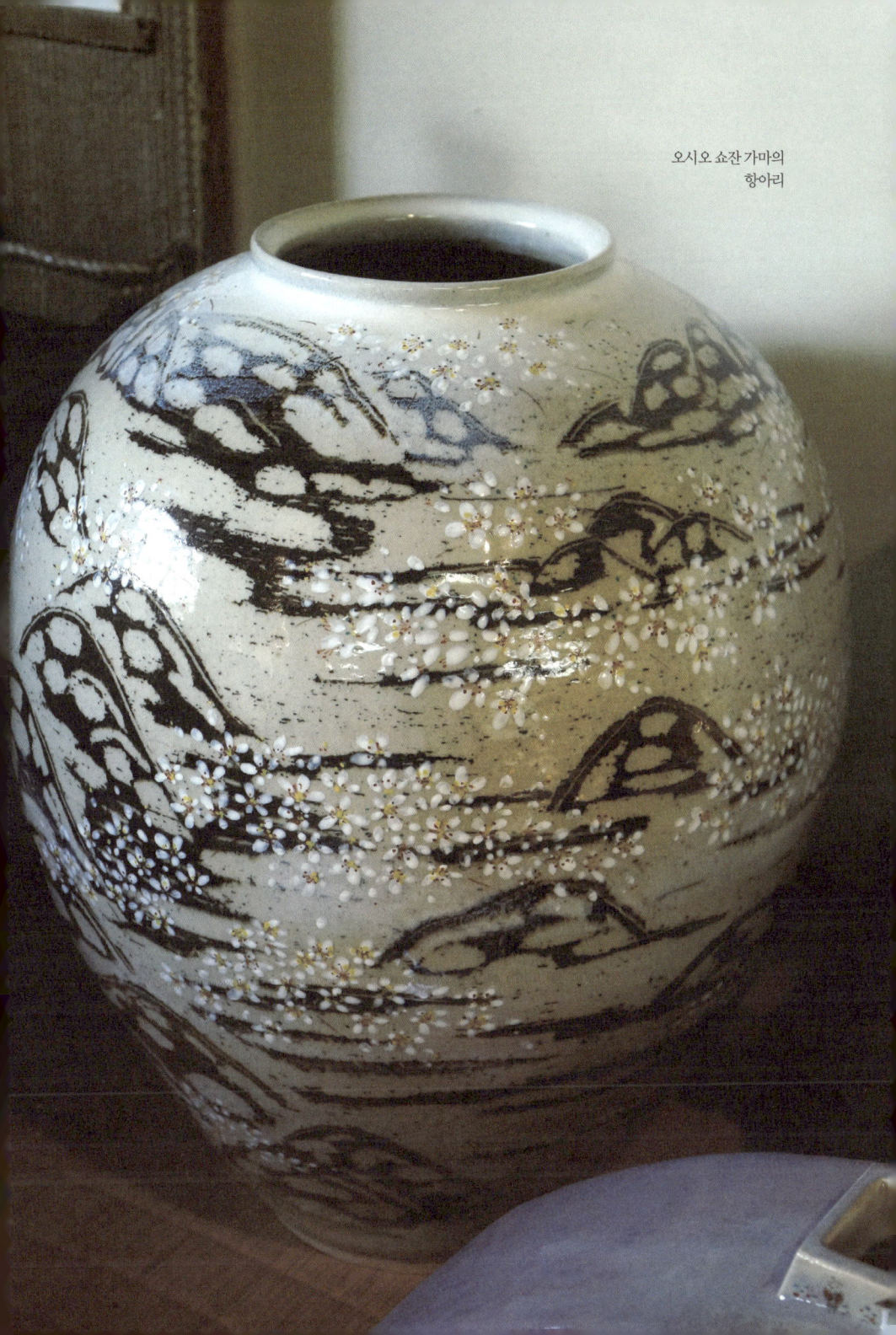

오시오 쇼잔 가마의
항아리

●
**후루세 교조 가마와
오시오 가문의
가마들 찾아가기**

후루세 교조古瀨堯三의 아카하다야마모토 가마

- 주소 : 奈良市赤膚町五条山 1049
- 홈페이지 : www1.kcn.ne.jp/~akahada
- 전화 : 074)245-4517
- 휴일 : 매주 월요일 / 넷째 주 수요일
- 개장 시간 : 09:00~17:00

❶ 오사카나 나라에서 대중교통으로 가기 :
긴테쓰近鉄 전철의 가쿠엔마에学園前 역에서 하차→
→ 남쪽 출입구南口에서 아카하다야마赤膚山행 23, 24번
버스(10분 간격으로 운행)로 10여 분 가서 종점 하차
→ 정류장에서 버스가 온 방향으로 조금 돌아가 첫 번
째 신호등에서 우회전
→ 2~3분 정도 걸어가면 왼쪽에 가마의 기념비가 보인
다. 바로 옆에 오시오 마산도大塩正人 가마가 붙어 있다.
❷ 긴테쓰나라 역에서 버스로 가기 :
긴테쓰나라 역에서 아카하다야마赤膚山행 버스가 1시
간에 1대 꼴로 있다. 출발 시간은 나라교통버스奈良交通
バス 홈페이지jikoku.narakotsu.co.jp에서 확인
❸ 택시로 가기 :
긴테쓰 가시하라센橿原線의 니시노쿄西ノ京 역에서 택시
로 5분

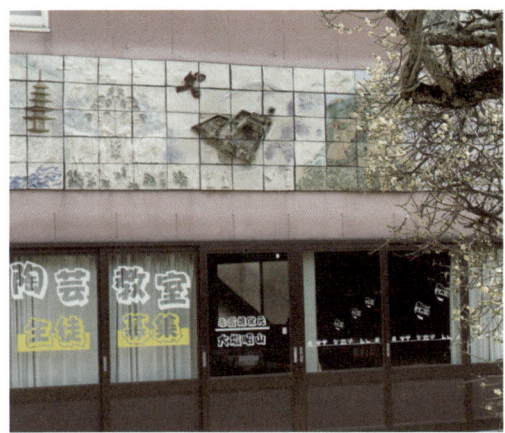

오시오 쇼잔 가마의 도예교실

오시오 쇼잔大塩昭山, 오시오 교쿠센大塩玉泉 가마

- 주소 : 奈良県奈良市中町 4953
- 홈페이지 : www.akahadayaki.com
- 전화 : 074)245-0408

앞의 ❶번과 같은 방법으로 히가시자카東坂 버스정류장에서
하차한 다음 도보로 2~3분. 후루세 교조 가마와 그리 멀지 않
고, 히가시자카 정류장은 종점과도 가깝다.
오시오 쇼잔 가마 입구에 오시오 교쿠센 가마노 있나.

일본 인간국보 1호
도미모토 겐키치

나라 출신의 도예가 가운데는 도미모토 겐키치富本憲吉, 1886~1963라는 걸출한 인물이 있었다. 1948년 일본이 문화재보호법을 개정하면서 중요무형문화재와 이의 보유자에 대한 인정 제도를 발족한 이후 처음으로 1949년 '중요무형문화재 채색자기 보유자', 즉 '인간국보'로 인정받았다. 1961년에는 문화훈장을 수여받았다.

도미모토는 나라 현 이코마 군生駒郡 안도 마을安堵村 출신이다. 지주 집안에서 태어나 어린 시절부터 그림을 배웠고, 도쿄미술학교에 입학하여 건축과 실내장식을 전공했다. 재학 중에 영국의 시인이자 사상가, 디자이너인 윌리엄 모리스Willaim Morris, 1834~1896의 미술공예운동Arts and Crafts Movement에 영향을 받아 대학을 졸업하기도 전에 1908년 런던으로 유학을 갔다.

1880년대부터 시작된 미술공예운동은 빅토리아 시대 산업혁명의 결과, 대량생산에 의해 저렴하고 투박한 제품이 쏟아지는 상황을 비판하고 중세의 수공예로 돌아가 삶과 예술을 통일할 것을 주장했다. 모리스는 자신이 직접 모리스상회를 설립하고 장식 도서와 인테리어 제품을 제작했다. 그렇지만 그의 제품은 너무 비싸서 부유한 계층만 사용할 수 있다는 비판론에 직면했다. 그럼에도 삶과 예술을 일치시키려고 한 모리스의 사상은 유럽에 큰 자극을 주었고, 아르누보, 비엔나 분리파, 유겐트슈틸 등 각국의 미술 운동에 그 영향을 주었다. 뒤에서 보겠지만 일본의 야나기 무네요시柳宗悦, 1889~1961도 모리스에 공감하고, 이를 적극 받아들였다. 그의 민예운동은 일용품에서 미적 가치를 찾으려고 한 것으로, 모리스 사상과 직결된다.

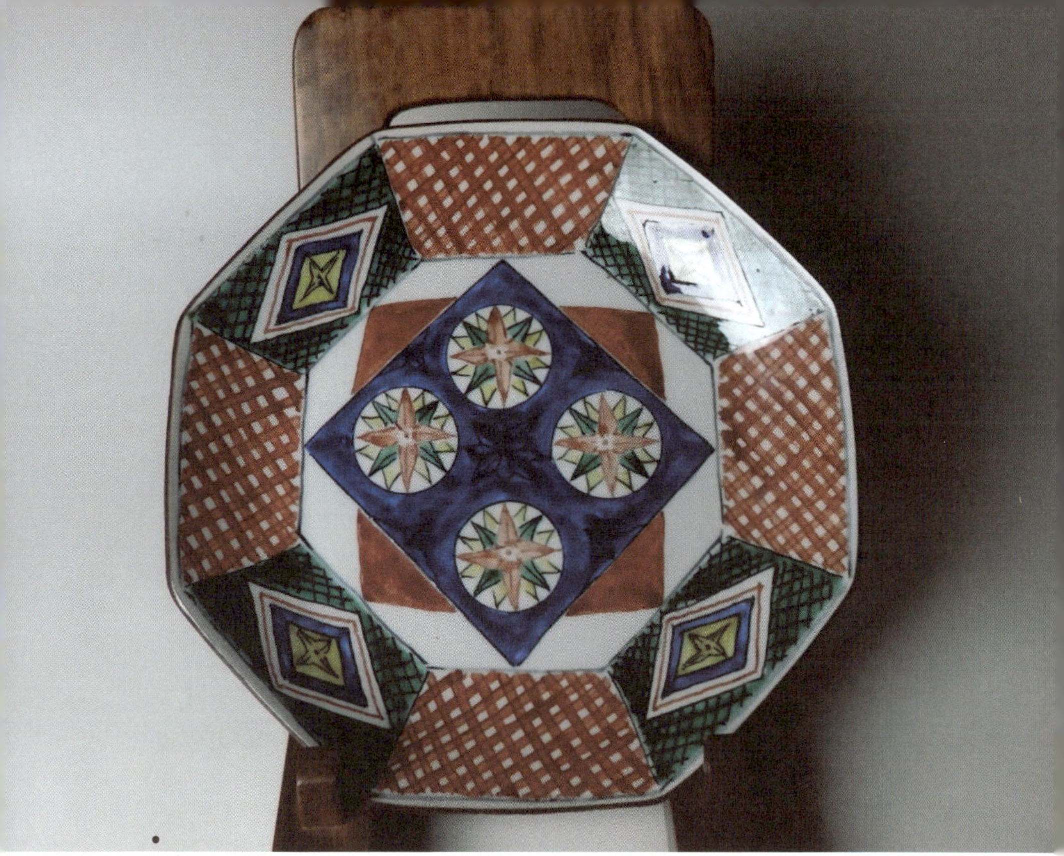

● 도미모토 겐키치의 이로에 엔몬(円文 : 동전 문양) 팔각접시
●● 도미모토 겐키치의 이로에 사라사(花更紗) 문양의 육각 음식 상자

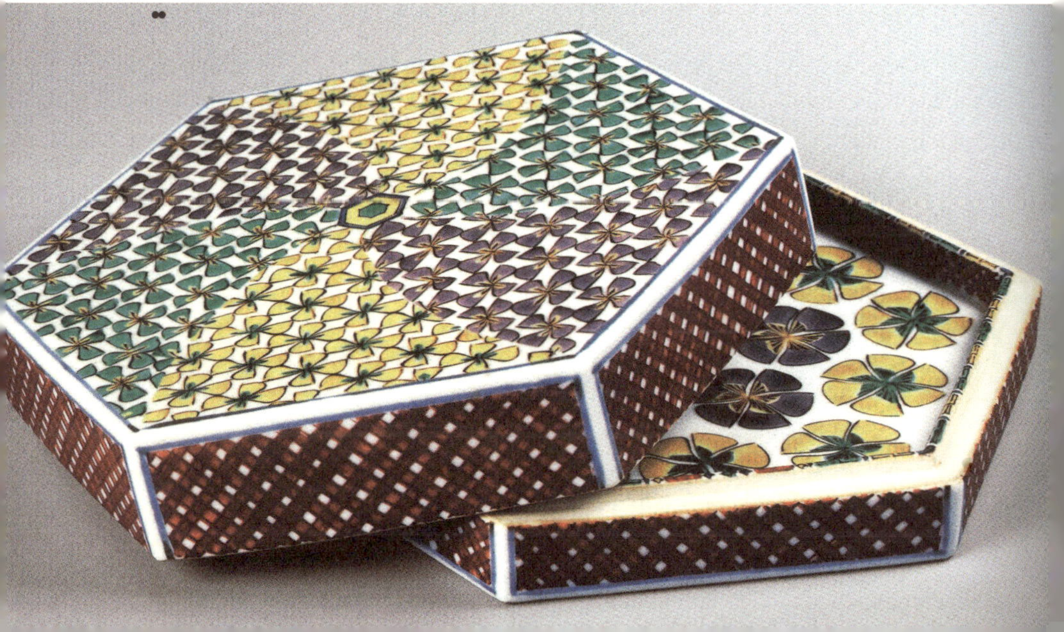

도미모토는 빅토리아 앤 앨버트 박물관현재 영국 장식예술박물관을 매일 가다시피하면서 예술 공예 작품을 연구하던 중, 일본 박람회 준비를 위해 사전 조사차 런던에 온 건축가 니노미 다카마사新家孝正의 사진 조수로 일하면서 유럽과 인도 일대를 시찰하는 기회를 잡았다.

이후 1910년메이지 43년 귀국해 1912년 「미술신보美術新報」에 '윌리엄 모리스 이야기'를 발표하고, 일본에 와 있던 현대 도예의 개척자 버나드 리치Bernard Leach, 1887~1979와 교제를 다진다. 당시 버나드는 6대 오가타 겐잔尾形乾山, 1663~1743에게서 도예를 배우던 중이었다.

이에 영향을 받아 도미모토도 도자기에 관심을 갖게 되었고, 1913년 고향 뒤뜰에 간단한 가마를 만들고 라쿠야키樂燒를 만들기 시작한다. 라쿠야키에 대해서는 바로 다음 장에서 자세히 설명하도록 하겠다.

1915년이 되어 그는 나라에 본격적인 가마를 만들고 창작에 전념해 독학으로 많은 기술을 습득한다. 또한 연구를 위해 시가라키와 세토 등 각지의 가마를 탐사하고, 조선까지 건너와 답사했다. 조선 도자기에 영향을 받은 일본 도자기를 연구하는 과정에서 백자를 만드는 데 성공한다. 이 시기를 도미모토의 '야마토大和 시대'라고 한다.

1926년 나라에서 도쿄 세타가야世田谷로 거처를 옮겨 가마를 만들었다. 주로 백자와 소메쓰케 작품을 제작했다도쿄 시대. 다음해쇼와 2년 특별전부터 명성을 얻었고, 1935년 무렵부터 본격적으로 이로에色絵40 제작에 힘을 쏟았다. 이 시기에는 야나기 무네요시의 민예운동에 동참했지만 나중에 결별한다.

도미모토 겐키치의 이로에
금채(金彩) 시다몬 항아리

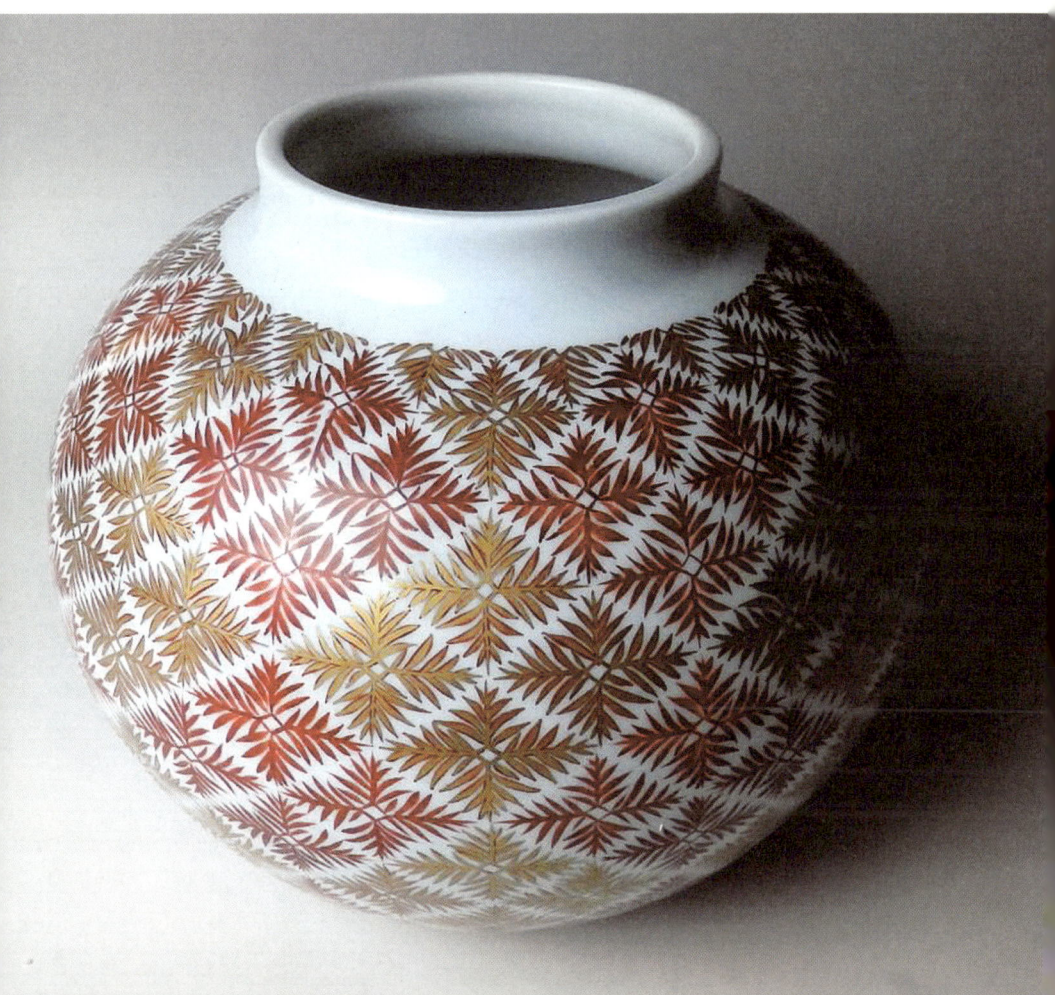

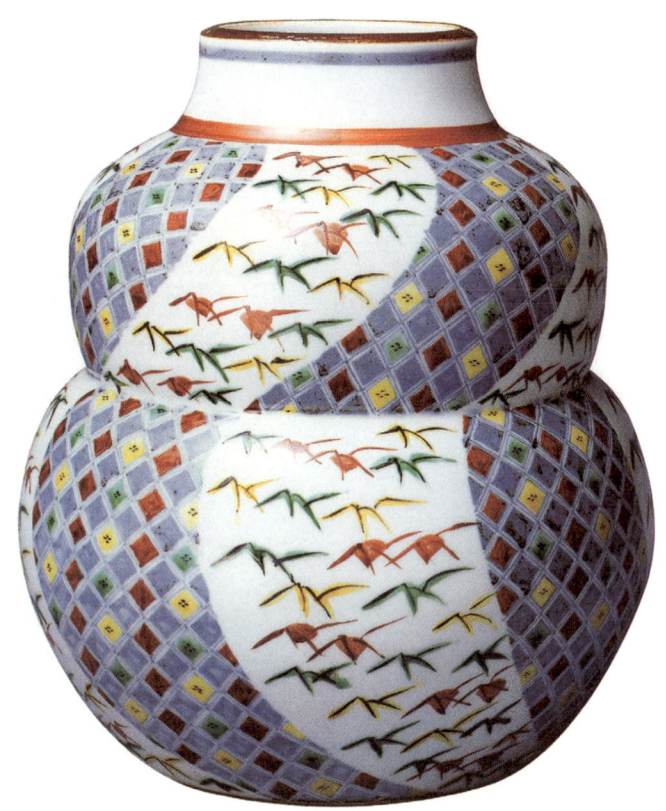

도미모토 겐키치의 표주박 모양(絵瓢形) 큰 항아리

1935년 제국예술원 전신인 제국미술원 회원이 되고, 1944년에는 도쿄미술학교 교수가 되었다. 전쟁이 끝나자 그는 1946년 교수와 예술원 회원을 그만두고, 가족과도 이별한 뒤 교토로 이주한다^{교토 시대}. 이 시기의 그는 이로에 이외에 금과 은을 동시에 구워 기물에 접합하는 기법인 '금은채^{金銀彩}'를 완성하고, 옛날 갑옷의 사슴 가죽에 사용하던 시다몬^{羊歯文41}에서 착안해 제품을 만든 독자적 도예 양식을 확립했다.

2012년 고향인 나라에 있던 그의 기념관은 폐관되고, 2017년에 1박에 1인당 5만 엔을 받는 고급 료칸으로 변신했다.

41 양치식물의 풀고사리의 문양

CHAPTER

02

교토
京都
❶

/

천하제일의
찻사발을 만들다,
라쿠야키

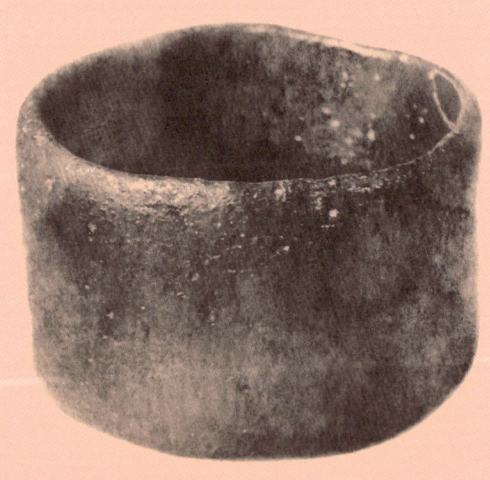

초록이 무성한 여름의 한가운데 내 아이 생애 처음의 이齒가 돋았구나

万緑の中や吾子の歯生え初むる

— 나카무라 구사타오中村草田男, 1901~1983의 하이쿠

하이진俳人01 마쓰오 바쇼는 일본인들이 사랑하는 문인 가운데 항상 높은 순위를 차지한다. 「아사히신문」이 2000년에 실시한 '지난 천년의 일본 문학가 인기투표'에서 바쇼는 6위를 차지했다. 일본 전역에 세워진 바쇼 관련 비석은 무려 4,000개가 넘는다고 한다. 그와 하이쿠에 대한 일본인들의 애정을 알 수 있는 대목이다.

바쇼는 37세가 되던 1680년, 에도지금의 도쿄에서 문하생을 기르던 일을 접고 은둔 생활을 시작한다. 그러다 41세 때부터 여행을 시작해 51세에 오사카에서 타계할 때까지 방랑을 거듭한다. 그가 교토에 머물렀을 때 절창絶唱의 하나는 이렇다.

교토에 있어도 교토가 그립구나, 소쩍새 울음

京にても京なつかしや時鳥

국내 어느 시인이 '그대가 곁에 있어도 나는 그대가 그립다'라는 제목을 시에 붙여 꽤 인기를 모은 적이 있다. 아마도 300여 년 전에 이미 바쇼가 읊었던 감

01 하이쿠 시인

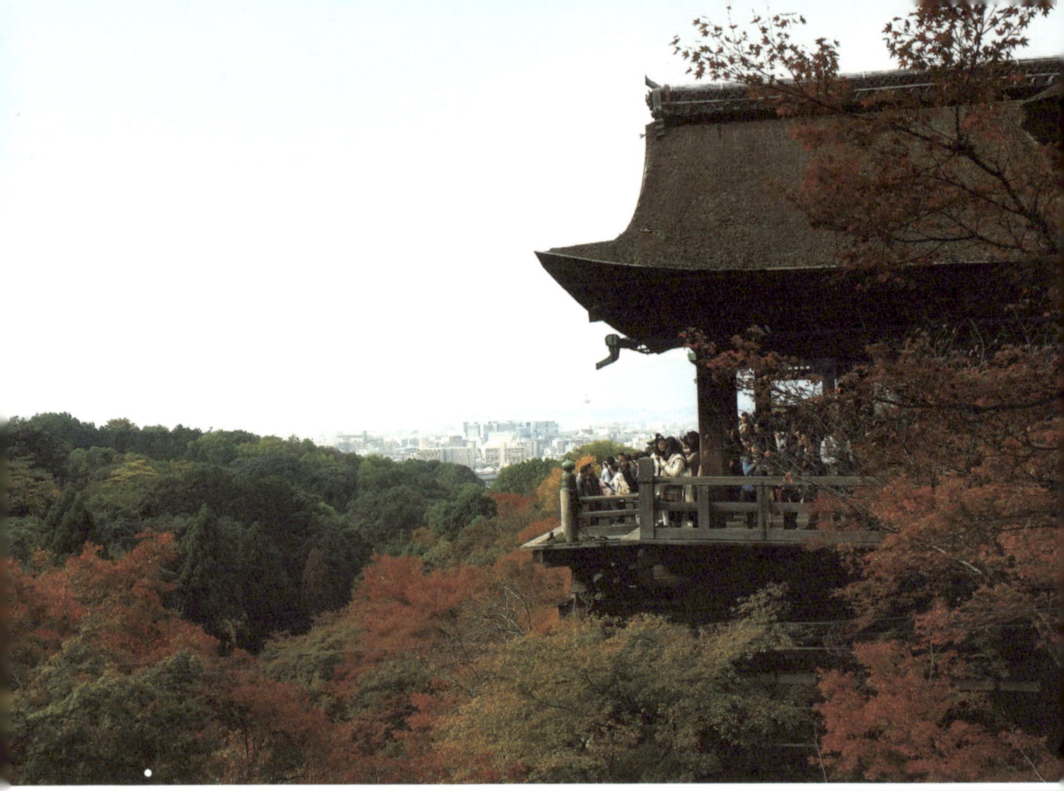

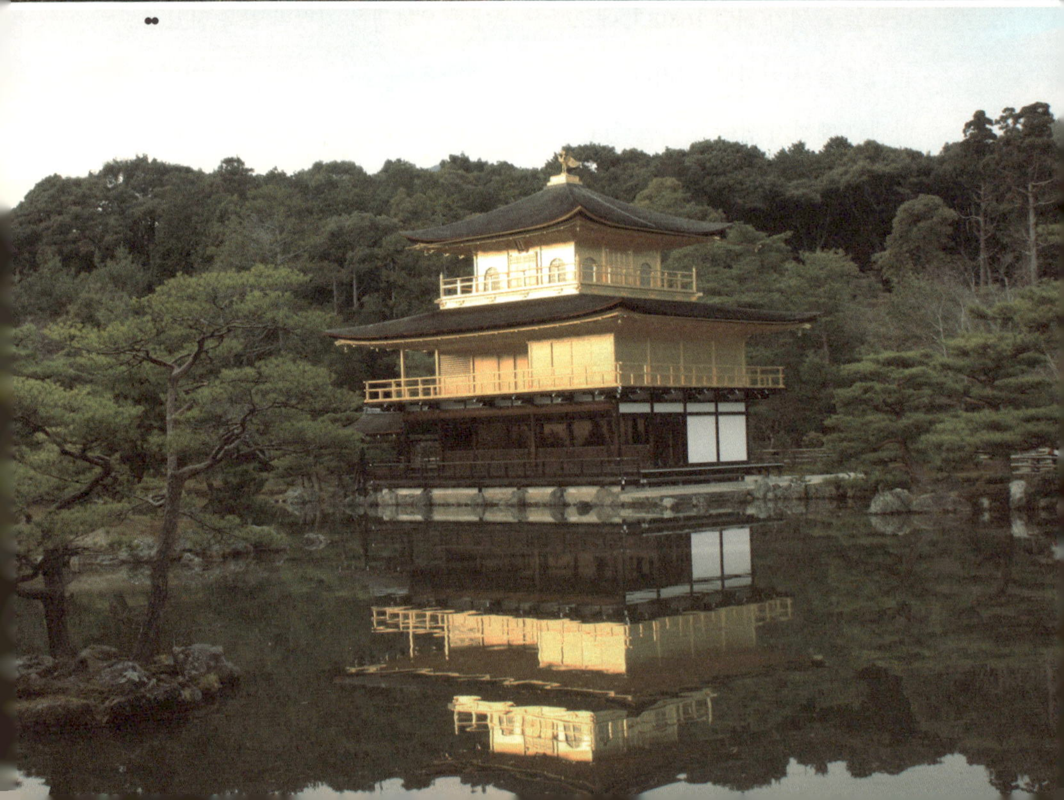

성의 복제가 아닌가 싶다.

어쨌든 교토에 대한 필자의 마음 역시 바쇼와 똑같다. 필자는 지금까지 교토를 꽤 여러 차례 다녀왔다. 특히 이번 책의 취재를 위해서만 다섯 번 교토를 들렀다. 그런데도 매번 교토가 그립다. 사찰과 신사가 5,000개가 넘고 100년이 넘는 역사를 가진 상점만 무려 3,000여 개다. 눈길을 주는 곳마다 수를 헤아릴 수 없는 문화재와 보물이 넘쳐난다. 그만큼 교토의 이곳저곳 가는 데마다 빼어난 풍광이 기쁨을 준다. 무엇보다 매력적인 것은 이 도시가 갖고 있는 특유의 냄새, 바로 고전과 문화의 향취다.

혼슈의 거의 중앙에 위치한 교토는 794년부터 1867년까지 무려 1073년 동안 일본의 수도였다. 1868년 메이지유신이 단행되면서 수도를 에도로 옮겼다. 전국시대가 종식되고 바쿠후 체제가 들어선 다음부터 교토는 왕天皇의 도시, 도쿄는 쇼군의 도시였다. 바쿠후의 쇼군들이 에도에서 실질적인 권한을 휘두르는 동안 허수아비 왕들은 교토에서 숨죽이며 지냈다. 그러다 보니 교토에서는 왕과 귀족들의 우아한 삶을 위한 내면적인 예술과 문화 등이 발달할 수밖에 없었다. 교토가 현재 일본 다도茶道의 성지, 메카가 돼 있는 것도 이런 분위기와 직접적인 연관이 있다.

지금 교토의 대부분 땅을 기증한 신라계 도래인

그런데 이런 교토에 대해 우리나라 사람들이 거의 모르는 사실 두 가지가 있

● 기요미즈데라의 단풍 사이로 교토 시내가 보인다.
●● 교토의 명소, 긴카쿠지(金閣寺)

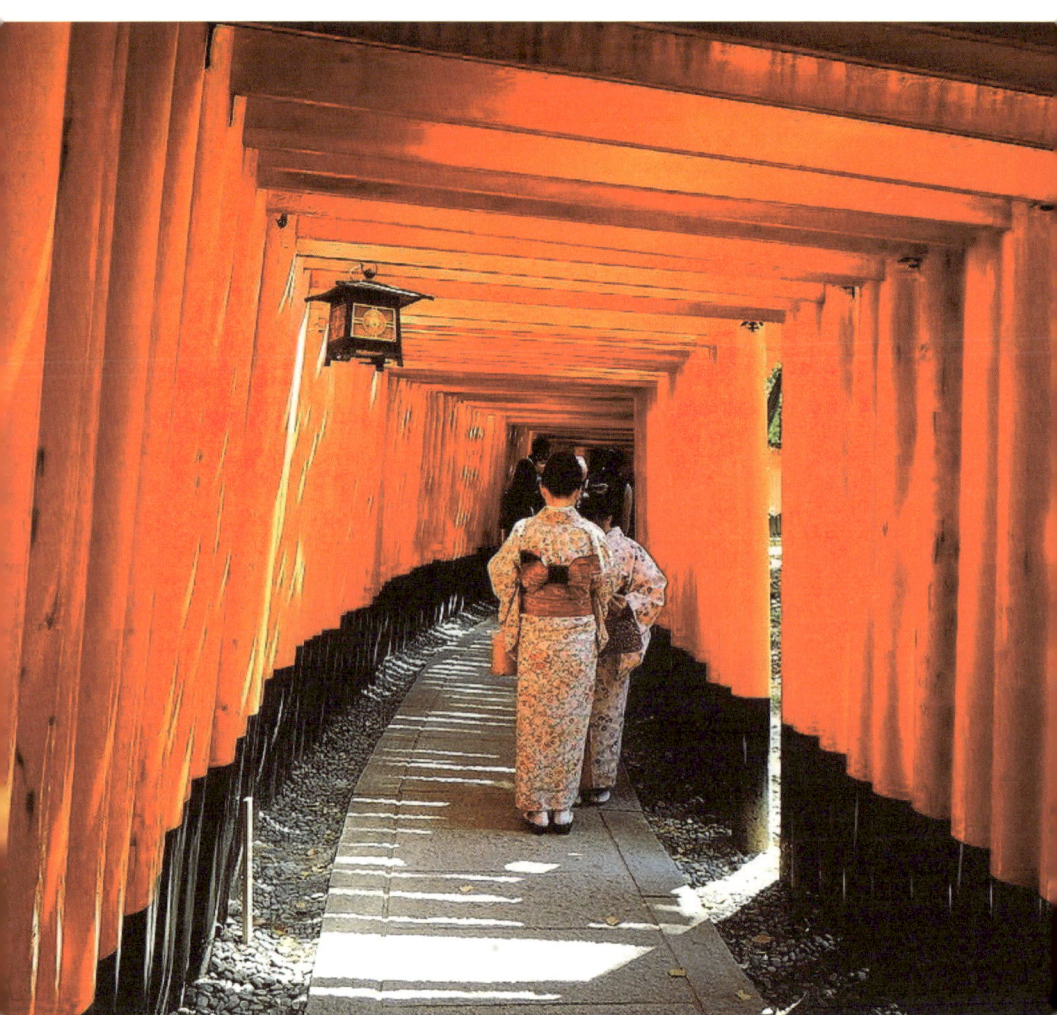

하타 씨족의 신사인 교토 후시미(伏見) 이나리 신사(稻荷神社)의 명물인 도리이(鳥居) 터널

다. 그 하나는 지금 교토가 들어선 터, 다시 말해 천년 도읍지의 땅을 준 것이 한반도 신라계 도래인이라는 사실이다. 교토가 일본의 도읍지로 건설된 것은 재정이 빈약한 간무재위 781~806 왕에게 당시 대부호였던 하타秦 가문의 지도자가 땅을 기증했기 때문에 가능했다.

일본어로 진秦은 하타로 읽는다. 이는 이들이 신라에서 바다를 통해 일본에 건너갔기 때문이다. 우리말 '바다'가 고대에는 '파다' 또는 '파타'로 읽혔기 때문에, 일본어 역시 '파다'를 사용했는데 나중에 '하다'로 변형되어 읽히다 가 '하타'로 읽게 됐다. 그래서 이들의 성씨도 처음에는 '하타波多' 또는 '하다波 陀'라고 사용했다. 하타 씨는 처음에 모두 같은 발음인 파다波多, 파대波大, 파태 波太, 반태半太, 판태判太로 표기했다. 지금은 하타秦나 하타波多, 하타羽田 등으로 대부분 표기하고 있다.

앞서 나온 『일본 도자기 여행 규슈의 7대 조선 가마』에서 우리는 이름에서부 터 조선 냄새가 물씬 풍기는 가라쓰唐津가 왜구倭寇들의 본거지로, 유명한 해적 인 히젠마쓰라토肥前松浦党 하타波多 가문의 거점이었기 때문에 이곳이 임진왜란 당시 조선 침공의 전진 기지가 되었음을 자세히 보았다. 임진왜란 이전부터 조 선 각지의 사기장들을 납치해 그릇을 굽게 한 이곳의 지배자도 하타 가문 17 대 당주인 하타 미카와波多三河다. 그 역시 아이러니하게 '하타' 씨를 쓰는 신라 계 도래인의 후손일 가능성이 매우 높은 것이다.

서구학자로서는 처음으로 일본미술사 박사 학위를 받아 일본에 건너갔고, 한 반도 문화에 대해 광범위하고 심도 깊은 연구 저작을 내놓은 존 카터 코벨John Carter Covell, 1910~1996 박사에 의하면 하타 가문은 369년 부여 기마족이 왜를 정벌 하러 갈 때 동행했던 무리의 하나로 추정된다. 당시 부여족과 가야인이 주류

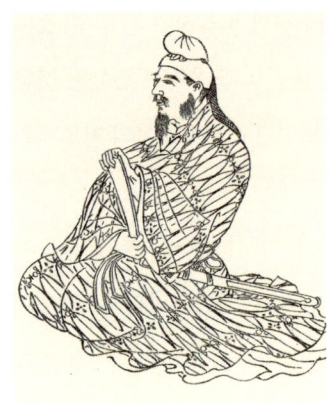

하타노 가와카쓰 초상

를 이루긴 했어도 백제와 신라인들도 섞여 있었다는 것이다.[02]

그러나 8세기 중반 이후 중국을 중시하면서 한반도 출신을 차별하기 시작했고, 이런 맥락에서 신라계 진씨들이 엉뚱하게도 중국 진시황의 후예라 하고 진秦씨를 붙여 족보조차도 진시황 후예인 것처럼 꾸몄다. 어쨌든 하타 씨족은 왜인들에게 양잠과 비단 짜는 기술을 가르치고 그 대가로 여러 차례 많은 땅을 받고, 일본 최초로 제방을 쌓아 간척사업을 통해 땅을 정비하면서 늘려 나갔다. 또한 대대로 무역 활동을 통해 부를 축적한 거상巨商이 되었다. 쇼토쿠聖德, 574~621 태자의 최측근으로 일본 국보 1호 미륵보살반가사유상彌勒菩薩半跏思惟像이 있는 교토 서북쪽 변두리 우즈마사太秦의 고류지廣隆寺를 건립한 하타노 가와카쓰秦河勝[03]도 신라계 하타 가문의 직조織造 기술자였다.

『니혼쇼키』에는 하타노 가와카쓰가 어떻게 해서 고류지를 짓게 되었는지 서술되어 있다. 스이코推古 11년603년 쇼토쿠 태자가 어느 날 군신들을 불러놓고 "존귀한 불상을 갖고 있는데 누가 이 상을 모시고 공경할 것인가"라고 묻자

02 존 카터 코벨 지음, 김유경 편역, 『일본에 남은 한국 미술』, 도서출판 글을읽다, 2008, p.186
03 우리나라에서는 그냥 '진하승'으로 부르지만 이 책에서는 일본 이름으로 통일하겠다.

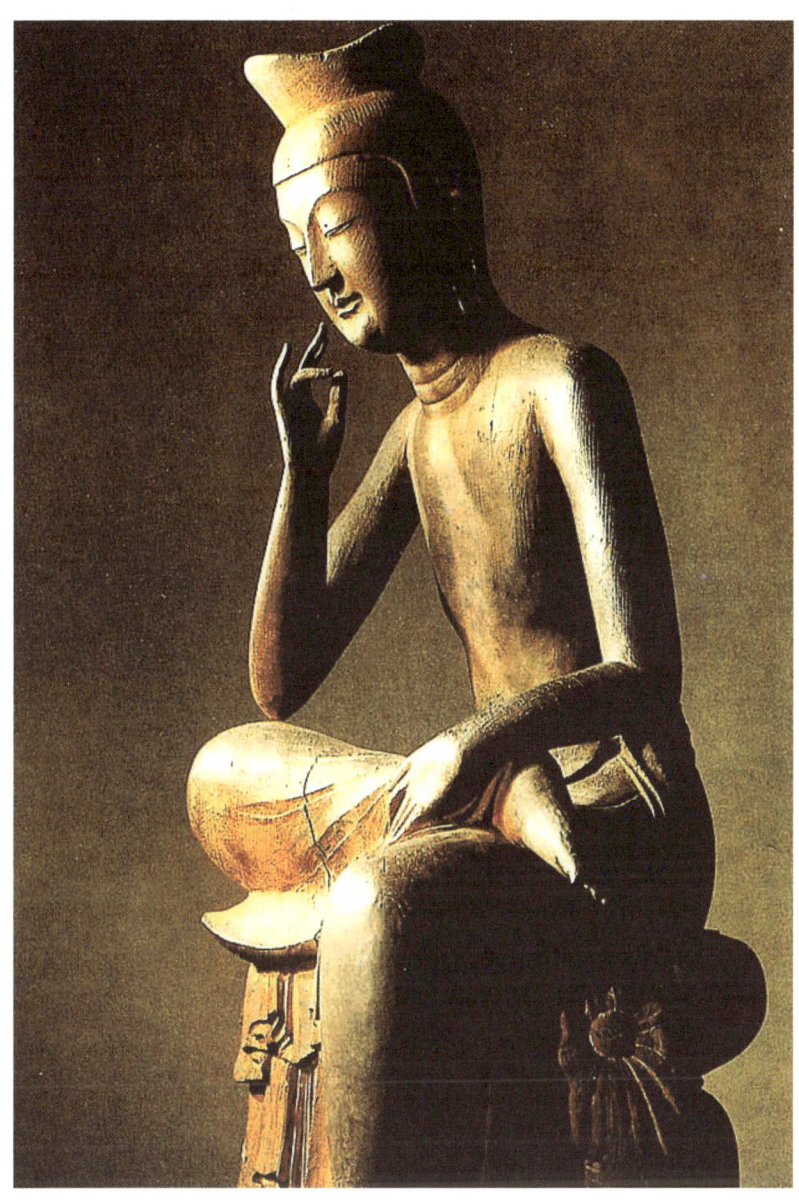

일본 고류지의 목조 미륵보살반가사유상

다들 머뭇거리는데 그때 하타노 가와카쓰[04]가 나아가 "신이 예배하겠습니다"[05]라고 대답했다. 이렇게 해서 고류지 창건이 시작되었다. 그즈음 일본 각지에서는 태자의 지시로 7개의 대형 사찰이 동시에 지어지는데 이 중 유일하게 교토에 세워져, 지금 교토에서 가장 오래된 절이 고류지다. 이렇게 고류지와 하타 가문이 얽혀 있는 사실은 일본 미륵보살반가사유상을 신라 작품으로 보는 이유의 하나가 된다.

하타노 가와카쓰는 우즈마사 지역에서 갑부로 큰 존경을 받았는데 숭불파崇佛派와 배불파排佛派 사이에 벌어진 불교전쟁 때 숭불파인 태자 편에 서서 큰 공적을 쌓아 이후 왕실 재정을 담당하는 '장경藏卿·재무대신'의 자리까지 오른다.

얘기가 옆으로 새는 느낌이 있지만 흥미로운 사실 하나만 더 보자. 교토 리쓰메이칸立命館대학원에서 한일고대사를 연구한 장팔현 박사충청역사문화연구소장의 연구에 따르면 고류지가 있는 동네 '우즈마사'는 지금은 '太秦'이라 표기하나, 처음에는 '禹豆(都)麻佐'나 '禹豆母利麻佐'라 표기했다. 발음은 '우즈마사' 혹은 '우두마자' 그리고 '우즈모리마사' 혹은 '우두모리마자'였다. 한문의 이두吏讀/吏頭 표기임을 금방 알 수 있다. 여기서 '우두'는 말 그대로 '소머리牛頭'다. 따라서 오늘날 우즈마사의 지명은 우리말 '우두머리'에서 온 것임을 알 수 있다.

장팔현 소장에 의하면 이러한 하타 씨의 원 고향은 바로 한국 춘천, 경기 양평, 경남 고령 등 우두산牛頭山이 있던 곳이다. 이들이 한반도 남부를 거쳐 일본

---

04 秦造河勝=秦河勝. 이름에 '조(造)'가 들어간 것은 그가 직조(織造) 기술자였기 때문인 것으로 보인다.

05 『니혼쇼키』의 원문은 다음과 같다. '推古天皇十一年十一月己亥朔。皇太子謂諸大夫曰。我有尊佛像。誰得是像。以恭拜。時秦造河勝進曰。臣拜之。便受佛像。因以造蜂岡寺。'

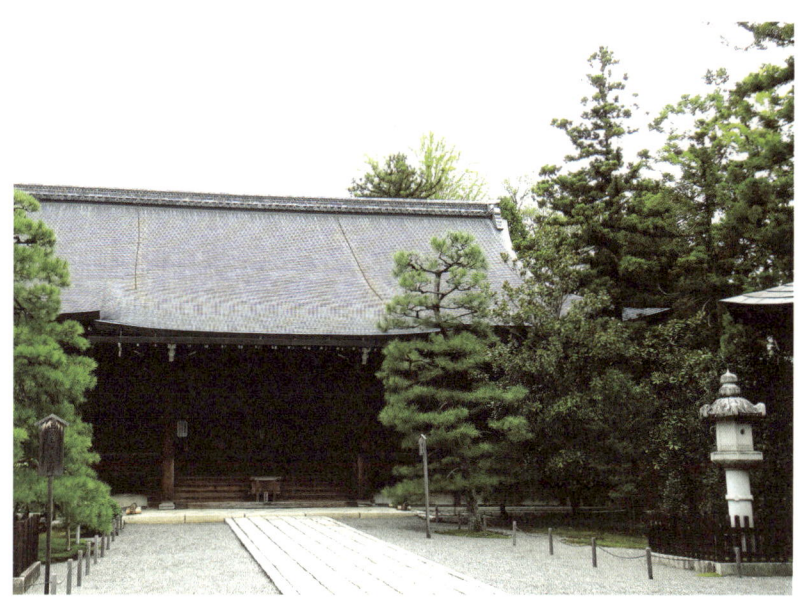

일본 국보 1호 미륵반가사유상이 있는 고류지 전경. 국보 12개, 보물 48개를 소유하고 있다.

열도로 이주한 것이다.

춘천의 '우두산'과 전국에 산재한 '우두산'은 진 씨 일족들이 신성시하던 소 숭배 사상의 흔적이다. 농사를 지어 수확을 하던 가을걷이 때 소를 잡아 소머 리로 제단을 꾸며 풍년을 축하하던 장소에 비롯된 것이다. 여기서 우두신앙 이 나오고 우두산이란 지명이 남게 됐고, 우두머리란 말이 생겼다. 그런데 일 본에서는 세월이 흐르면서 우두머리의 원래 뜻은 소실되고 소머리란 표기만 남았다.

장 박사는 이 내용이 바로 『니혼쇼키』에 등장하는 신인神人 스사노오노미코토須佐之男命06가 신라의 '소시모리曾尸茂梨'에 강림했다는 얘기라고 주장한다. '소시모리'란 말 그대로 우리말로 '소머리'요 '우두'이고 '우두머리'다. 이들이 춘천, 경기도, 경남 지역에 분포하다가 금관가야가 있던 김해를 통해 일본 규슈를 거쳐 교토로 이동해간 것이다.07

여기서 또 하나 특이한 것은 지금 교토의 한자인 '京都' 역시 신라 도래인에 의해서 지어진 이름이라는 사실이다. 신라 수도 경주를 당시에는 '금성金城'이나 '경도京都'라고 했다. 규슈 후쿠오카 현에 있는 미야코 군京都郡 역시 '미나토'라 읽고 있지만 한문으로 '경도'라 쓰는 것은 이곳이 신라계 도래인 정착지의 하나였음을 말해준다. 따라서 하타 씨족은 위에서도 말했듯 규슈를 거쳐 교토로 가서 우두머리가 정착한 것임을 알 수 있다.

실제로도 당시 하타 씨족 우두머리는 고류지 근처에 정착해 직조 기술뿐만 아니라 당시의 최첨단 산업일 수밖에 없었던 주조酒造, 토목, 제염製鹽, 관개灌漑 기술과 구리광산銅鑛 개발 등으로 엄청난 부를 축적했다. 하타 가문이 짜던 비단이기에 지금도 이들이 짜던 비단 방식을 일러 '하타오리機織リ'라 하며, 베틀조차도 '하타機'라 한다. 반면에 백제계인 '아야漢' 씨들이 짜던 비단 방식은 '아야오리綾織リ'라고 한다.

위에서 본 것처럼 하타 씨족은 교토 지역에 자신들의 여러 인연들이 얽혀 있었기에 그동안 키워온 재력을 바탕으로 고류지도 건립하고 선뜻 엄청난 땅도

---

06 일본 창조신인 이자나기노미코토(伊邪那岐命)가 목욕 재계를 할 때 그의 왼쪽 눈에서 아마테라스오미카미(天照大神), 오른쪽 눈에서 쓰쿠요미노미코토(月讀命), 코에서는 스사노오노미코토가 각각 태어났다. 이 세 신은 다른 신보다 강력한 힘을 가지고 있으며, 흔히 '삼귀자(三貴子)'라고 불린다. 이자나기노미코토는 삼귀자에게 각각 그들이 다스릴 지역을 정해주었다. 아마테라스오미카미는 천상계를, 쓰쿠요미노미코토에게는 밤의 세계를, 스사노오노미코토에게는 바다를 다스리라는 명을 내렸다.

07 http://blog.naver.com/jan835

교토의 헤이안 신궁(平安神宮).
간무 일왕의 헤이안쿄 천도 1,100주년을 기념해
1895년에 건립했다.

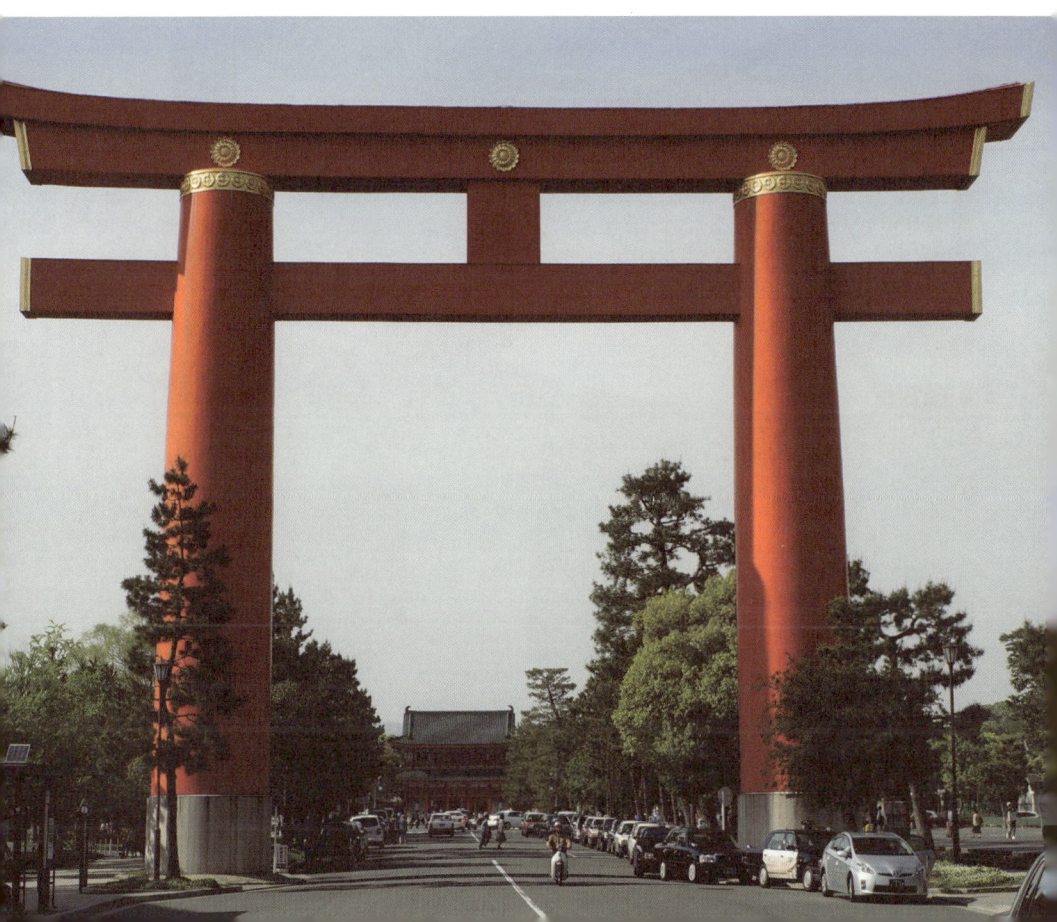

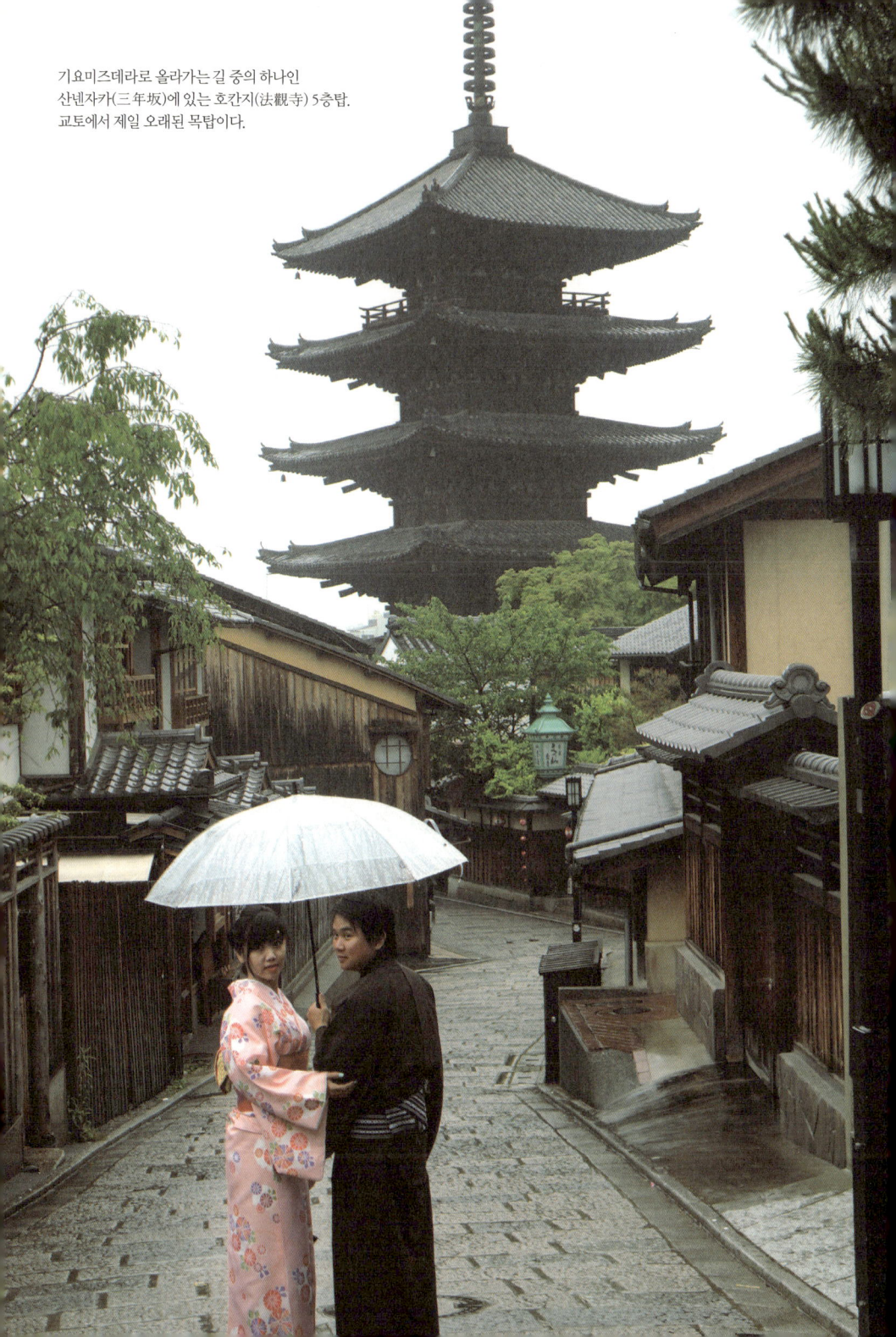

기요미즈데라로 올라가는 길 중의 하나인
산넨자카(三年坂)에 있는 호칸지(法觀寺) 5층탑.
교토에서 제일 오래된 목탑이다.

기증을 했을 것이다. 이렇게 조정을 위한 공헌이 많았던 덕택으로 하타 가문의 딸들은 당시 일본 역사에서 가장 영향력 있는 왕족 및 귀족 가문인 후지와라藤原 씨족에게 대대로 시집을 갔다.

4세기 헤이안 시대 직전에 백제에서 건너간 후지와라 가문은 헤이안 시대의 조정을 섭정 및 간파쿠 지위를 통해 독점하였고, 근세에 이르기까지 대부분의 공가公家08를 배출하는 영향력을 행사했다. 권력이 얼마나 막강했는지 왕도 자신들 마음대로 바꿀 정도였다. 그러니 사돈인 하타 씨족 역시 그 위세가 대단할 수밖에 없었다.

그러면 하타 가문은 얼마나 많은 땅을 기증한 것일까. 위에서 말한 존 카터 코벨 박사의 연구에 의하면 지금 교토 면적의 3분의 2 정도가 하타 가문이 기증한 것이라고 한다. 정말 어마어마한 넓이다. 하타 가문이 아니었으면 지금의 교토는 없었다고 해도 과언이 아니다.

많은 사람들이 교토로 관광을 간다. 그러나 이와 같은 내용들을 알고 교토를 찾는 사람들은 그렇게 많지 않을 것이라고 생각한다. 교토에 들르거든 이 땅이 우리 조상의 힘으로 인해 만들어진 도읍지라는 자부심까지는 아니더라도, 이 같은 내용을 동행에게 설명할 수 있는 정도의 관심을 가져주면 고맙겠다.

제2차 세계대전 때 원자폭탄 투하 대상지는 원래 나가사키가 아니라 교토였다

교토가 하마터면 미군 폭격에 의해 잿더미로 변했을 뻔했다는 사실을 아는

08   조정에 출사(出仕)하는 집안

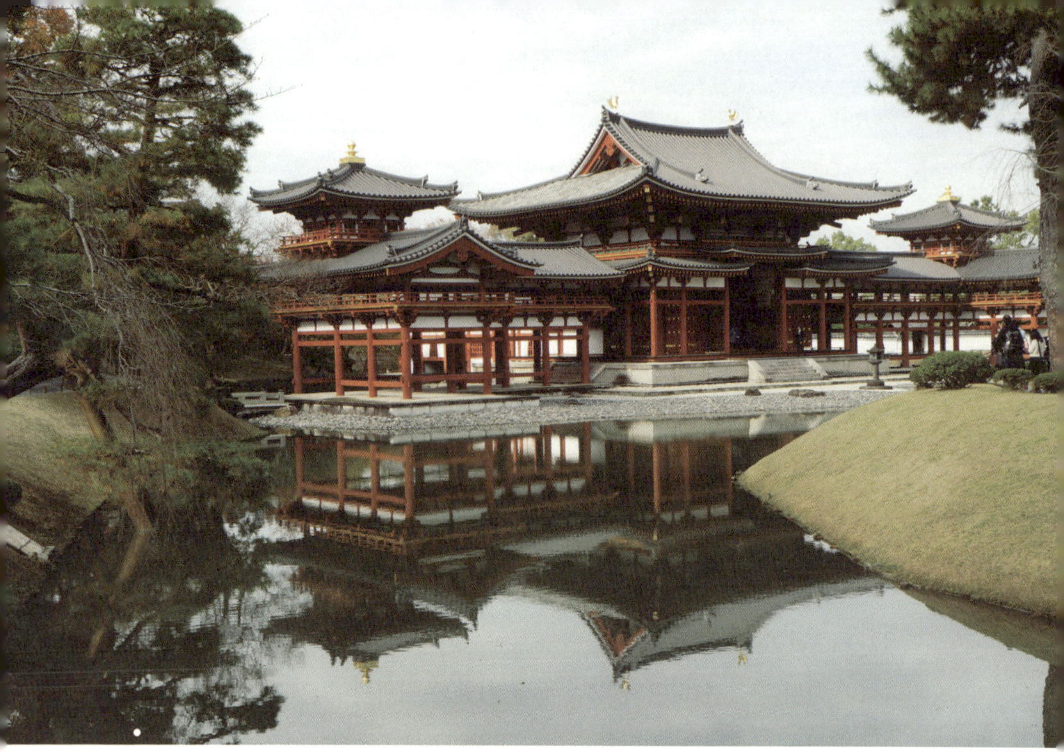

● 차 산지로 유명한 교토 인근 우지의 뵤도인. 후지와라 가문을 기리는 사원으로 왠지 정겹다.
●● 교토의 명소들을 칠기로 나타낸 기념품

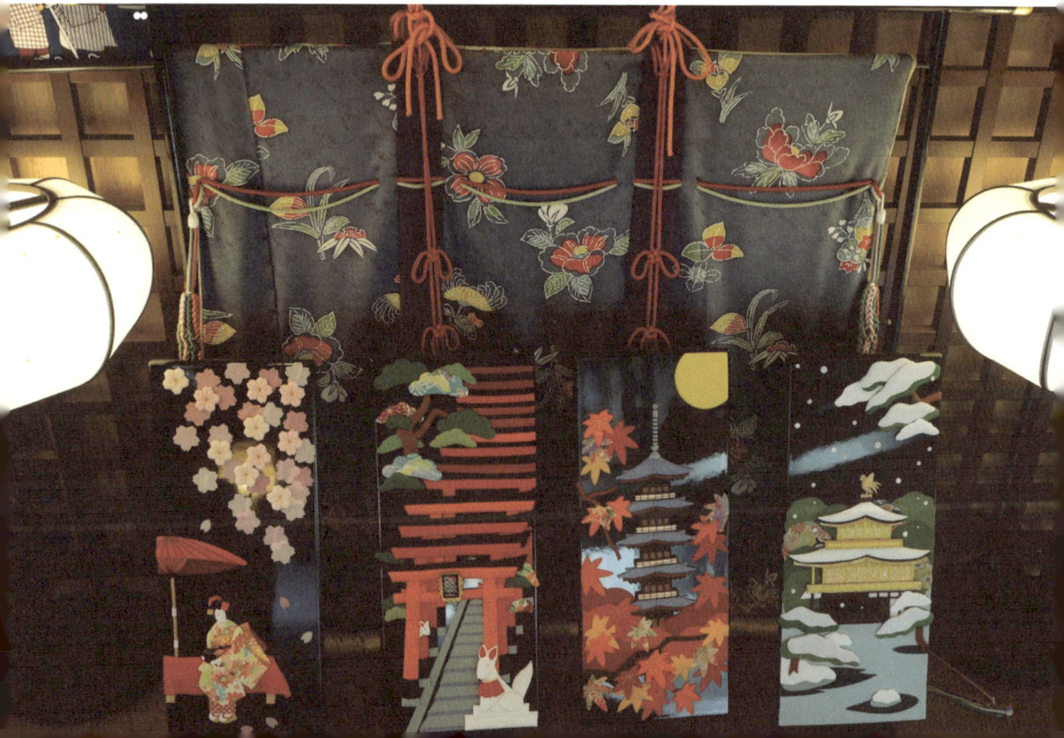

사람도 매우 드물 것이다. 미국과 일본의 '태평양전쟁'이 막바지에 달했을 때 미군의 원자폭탄 투하 대상지의 하나는 나가사키長崎가 아닌 교토였다. 히로시마広島와 마찬가지로 교토 역시 군수품 생산 공장들이 들어섰던 곳이기 때문이다. 일본군은 교토의 문화적 분위기 뒤에 군수 시설을 숨기려 했다.

이 같은 사실도 코벨 박사의 증언에 의해 밝혀졌다. 1944년 코벨 박사가 컬럼비아대학에서 일본미술사를 공부할 때 그의 스승이었던 하버드대 랭던 워너 Langdon Warner 교수가 미군 당국에 탄원서를 제출했다는 것이다. 탄원서는 일본 고대문화의 보고인 교토와 나라 지역에 대한 핵폭탄 투하를 철회해달라는 내용이었다고 한다. 코벨 박사는 이 탄원서를 직접 읽은 뒤 서명했고, 당시 미군 정보국 공군 대령이었던 코벨 박사 남편도 이에 서명했다고 한다.[09]

이 탄원서는 기적적으로 펜타곤 고위관계자 손에 전해졌고, 그 진정성이 받아들여져 결과적으로 교토와 나라에 있는 우리 선조들의 고대문화와 예술품들이 겨우 살아남을 수 있었다. 코벨 박사는 워너 교수가 아스카 시대와 나라 시대 불교 미술을 매우 사랑했지만, 컬럼비아와 하버드에서 강의할 당시는 일제강점기라서 그것이 한반도의 것이라는 사실을 잘 몰랐다고 한다.

그럼에도 불구하고 워너 교수는 자신도 모르게 한반도의 고대 문화를 지켜낸 셈이 되었디. 그 덕택에 백제 건축의 정수이자 현존하는 최고의 목조건축물인 호류지法隆寺도, 담징 스님의 벽화도, 백제 장인의 절묘한 솜씨로 만든 5층 목탑도, 고류지의 미륵보살반가사유상도, 차 산지로 유명한 우지宇治의 뵤도인平等院도 제자리에 그대로 있게 되었다. 만약 교토와 나라 지역에 원자폭

09 존 카터 코벨 지음, 김유경 편역, 『일본에 남은 한국 미술』, 도서출판 글을읽다, 2008, p.154

탄이 떨어졌더라면, 한반도 도래인들에 의해 일본 문화가 융성하게 되었다는 사실을 입증할 수 있는 수많은 문화유산들이 사라졌을 것이다. 무엇보다도 일본 최고의 찻사발을 만든 장소와 흔적도 없어져서 일본 다도의 원류가 무엇인지 잘 모르게 되었을 것이다. 참으로 기적 같은 일이 아닐 수 없다.

일본 최고의 찻사발을 만든 조선인

자, 이제부터는 본격적으로 교토 지역 일원의 도자기 문화를 살펴보기로 하자. 교토 지역은 도자기와 관련해서도 할 말이 무척 많다. 첫 번째로 일본 으뜸의 찻사발로 교토를 대표하는 라쿠야키로 걸음을 옮기자.

라쿠야키를 한마디로 정의하면 '센노 리큐의 와비 사상이 집약돼 있는, 혹은 이를 잘 표현한 찻사발'이라 할 수 있다. 그러므로 라쿠야키와 리큐 선사 그리고 다도는 떼어놓을 수 없는 한 몸이다. 다도의 완성에서 라쿠야키가 차지하는 비중은 그만큼 크다.

그러므로 일본 찻사발의 으뜸은 라쿠요, 둘째는 하기, 셋째는 가라쓰라고 하는 '이치 라쿠, 니 하기, 산 가라쓰一樂, 二萩, 三唐津'라는 말이 생긴 것이다. 하기야키와 가라쓰야키에 대해서는 『일본 도자기 여행 규슈의 7대 조선 가마』에서 누누이 설명했으므로 생략하도록 하겠다.

엄밀히 말하면 라쿠야키는 임진왜란 이전에 만들어진 것이므로, 즉 이삼평李參平, ?~1656 공이 1616년 일본 최초의 백자를 만들기 이전의 작품이므로 자기가 아닌 도기다. 당연히 1,300도가 아닌 낮은 온도에서 구웠다. 당시로써는 자기를 구울 만큼 높게 가마의 온도를 올리는 방법을 몰랐기 때문이다.

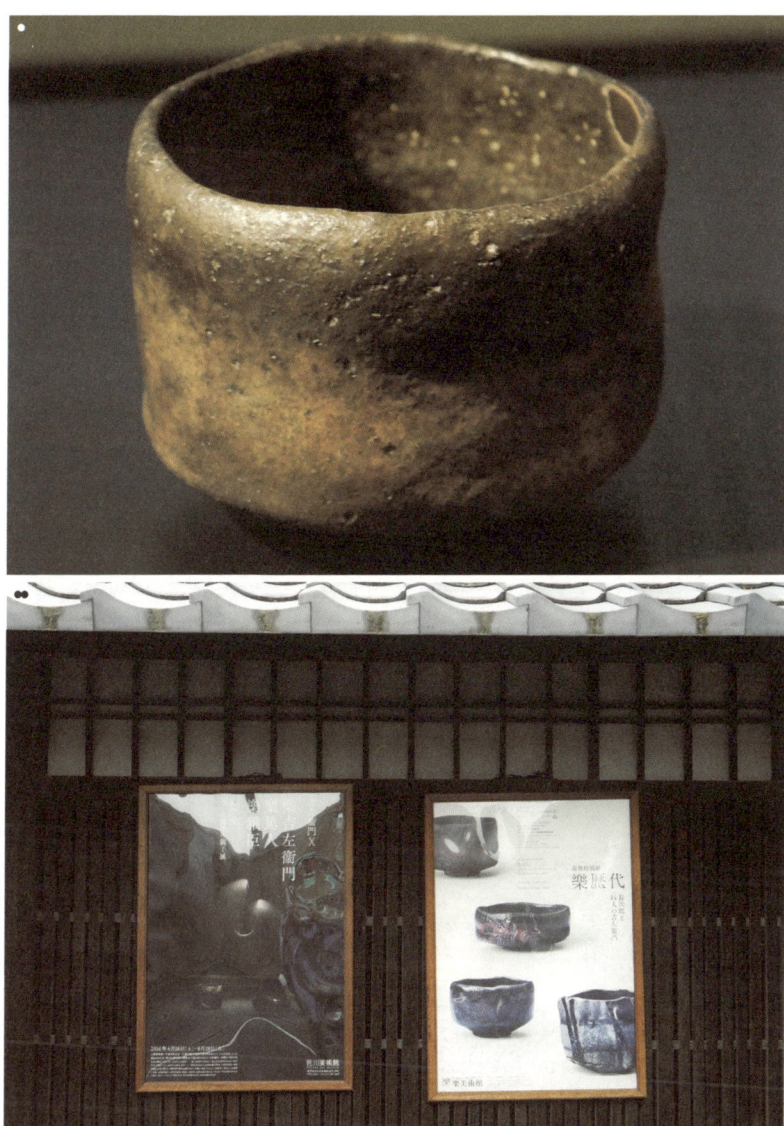

● 초지로의 찻사발(라쿠박물관 소장). 센노 리큐가 좋아할 수밖에 없게 질박하다.

●● 교토 라쿠박물관 입구의 벽 게시판

라쿠 찻사발은 센노 리큐의 지도에 의해 초지로長次郎,?~1589라는 사기장이 처음
으로 만들었다. 그럼 초지로는 누구인가? 라쿠 가마의 홈페이지www.raku-yaki.or.jp
는, "옛 기록에 의하면 초지로의 아버지는 아메야阿米也라는 사람으로, '도진唐
人'이다"라고 서술하고 있다. 그렇기 때문에 라쿠야키의 기법도 당나라 '산사
이'에서 비롯됐다고 한다.

그런데 홈페이지의 이 대목은 의심하지 않을 수 없다. 일본 최고의 찻사발을
만드는 가문이라는 사실에서 기인하는 사회적 압박의 무게 때문에 어쩔 수 없
이 거짓으로 올린 내용으로 보인다. 일본 학자들도 라쿠 가마의 뿌리가 조선
임을 인정하고 있는데도 말이다.

우리가 이미 『일본 도자기 여행 규슈의 7대 조선 가마』에서 자세히 살펴보았
듯, 당인을 뜻하는 듯한 도진은 당나라 사람 혹은 중국인만을 의미하는 말이

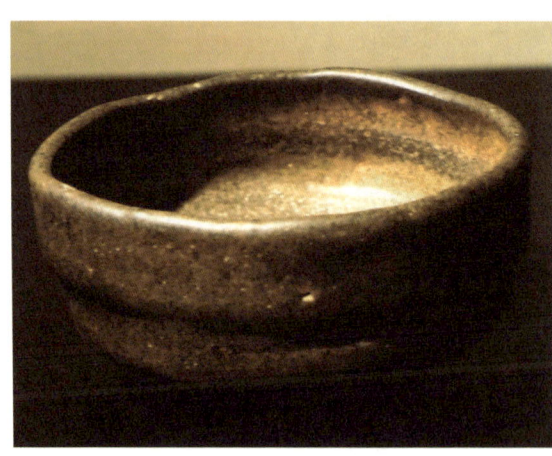

손으로 이기고
쇠 주걱으로 긁어내어
성형한 탓에 모양이 불안정한
초기 초지로 찻사발
(라쿠박물관)

아니다. 오히려 일본의 수없이 많은 곳에 산재하고 있는 '도진마치唐人町'는 대부분 한반도에서 온 사람들의 거리를 말한다. 한반도 도래인들이 도시 형성과 발전에 절대적인 영향을 미친 가라쓰의 한문 이름唐津이 우리나라 서해의 항구 '당진'과 똑같은 것만 보아도 그렇다. 따라서 초지로의 아버지가 당인이라고 썼다 해서 이를 중국인으로 해석하는 것은 무리가 많다.

더구나 라쿠 찻사발의 형태는 굽이 넓은 고려다완의 양식을 반영하고 있다. 보통 도자기는 물레 위에 태토나 자토를 올려놓고 물레를 차면서 성형을 하는데, 라쿠야키는 물레를 사용하지 않고 판 위에 잘 이긴 질태토을 올려놓고 손으로 이기고 쇠 주걱으로 긁어내어 성형한다.

또한 가마에 도자기를 집어넣어 구운 다음 완전히 불이 꺼지고 식어야 꺼내는 보통 방식과 달리, 라쿠 기법에서는 벌겋게 달아 있는 가마에서 기물을 부젓가락으로 꺼내어 톱밥 속에 묻었다가 다시 물속에 넣어 냉각시키면서 색깔과 질감을 금방 확인할 수도 있고, 수정 작업을 할 수도 있다. 한 번 가마에 넣으면 그걸로 끝인 전통 방식과 완전히 다른 것이다. 바로 이런 점 때문에 현대 도예가들 사이에서 라쿠 기법이 매우 많은 인기를 얻고 있기도 하다.

주걱으로 형태를 만들거나 굽는 도중에 꺼내어 기물을 확인하는 색다른 방법은 이 찻사발을 처음 만든 사람이 사기장이 아니라 기와공이었다는 사실을 알고 나면 좀더 쉽게 이해된다. 지진 등 일본의 잦은 자연 재해로 인해 조선 기와공들은 엄청난 양의 기와를 만들어야 했는데, 주문량이 너무 많아 시간에 쫓긴 나머지 한 기와공이 부젓가락을 이용하여 아직 뜨거운 기와들을 가마에서 꺼내기 시작했다. 그 와중에 그렇게 해도 기와들이 금이 가거나 깨지지 않는다는 사실을 발견한 것이다.

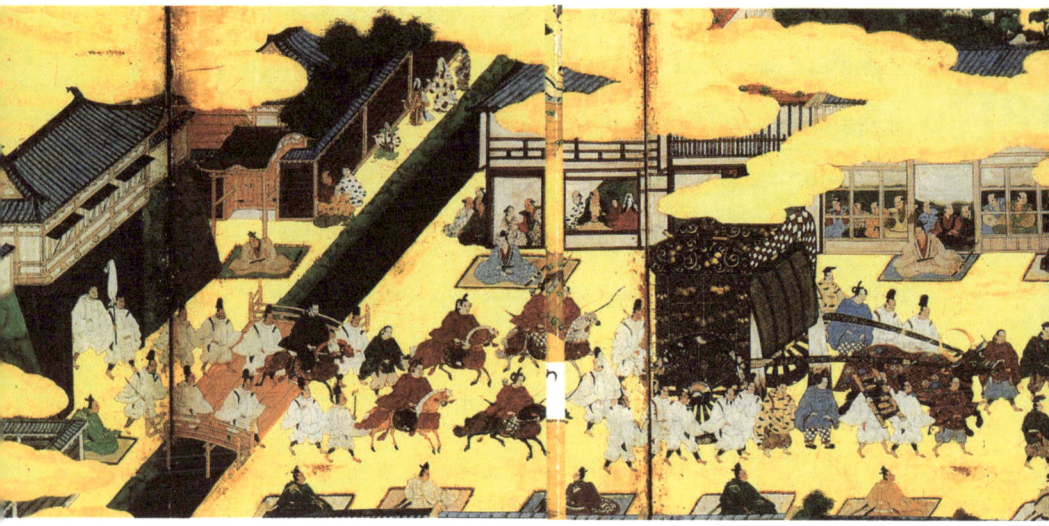

2009년 니가타 현(新潟県) 조에쓰 시(上越市)에서 처음 공개한 '고요제이 일왕의 주라쿠다이 행차 및 도요토미 히데요시의 알현 병풍'의 부분도

일본 출신인 재일사학자 한영대[1939~] 씨의 연구에 의하면 그 기와공이 센노 리큐의 고향 사카이에 와 있던 송경[宋慶]이라는 조선인이었다. 그는 도요토미 히데요시의 주라쿠다이[聚樂第]를 비롯해 상류층 저택의 지붕에 얹을 기와를 굽는 직인이었다.[10]

주라쿠다이는 도요토미 히데요시를 이해하는 데 매우 중요한 건축물이고, 앞으로도 종종 등장할 것이기에 상세 설명을 곁들이겠다. 주라쿠다이는 간파쿠 히데요시가 정무를 보던 정청[政庁] 겸 저택으로 1586년[덴쇼 14년] 2월에 착공하

---

10 한영대 지음, 박경희 옮김, 『조선미의 탐구자들』, 학고재(1997)

여 다음해 9월에 완성했다. 위치는 지금 교토의 가미교구^{上京区}에 해당하는 우치노^{內野}였다.

규슈 정벌을 마친 히데요시는 오사카 성에서 이곳으로 와 정무를 집행했다. 그해 10월 27일에는 도쿠가와 이에야스가 히데요시의 신하가 되어 이곳에 와서 알현을 한다. 히데요시로서는 이때가 여러모로 최고의 전성기였다.

주라쿠다이는 금박을 입힌 기와를 사용하는 등 모습이 호화로웠다고 한다. 다이^第는 원래 저택이라는 의미지만 천수각^{天守閣}이 중심에 있고 주위를 해자로 둘러서 방어하는 일본 성의 특징도 갖추고 있었다.

포르투갈 예수회 신부로 오다 노부나가의 신임을 얻어 포교 활동을 했던 루이스 프로이스는 그의 저서 『일본사』에서 이 건물을 이렇게 묘사하고 있다.

> "건물은 주변이 반리^{半里}나 되었고 석벽의 돌은 촘촘하지는 않았지만 회반죽으로 접합되었다. 기술이 뛰어나고 벽이 두꺼웠기 때문에 멀리서 보면 석조 건물로 착각할 정도였다. 이 건물에 쓰였던 돌의 대부분은 매우 커서 먼 지방에서 사람이 메고 운반해온 것인데, 때론 돌 하나를 옮기는 데 3,000~4,000명의 일손이 필요하기도 했다. 방과 객실 그 밖의 공간에는 최고의 목재가 쓰였고 대부분은 삼나무 향기를 내뿜고 있었다. 내부는 모두 황금색으로 빛나고 갖가지 그림으로 장식이 되었으며 너무나도 청결하고 완벽하며 조화를 이루고 있어 사람들은 경탄을 금치 못했다."

히데요시는 자기 과시욕이 강해 일상의 화려함을 극단으로 추구했다. 주라쿠

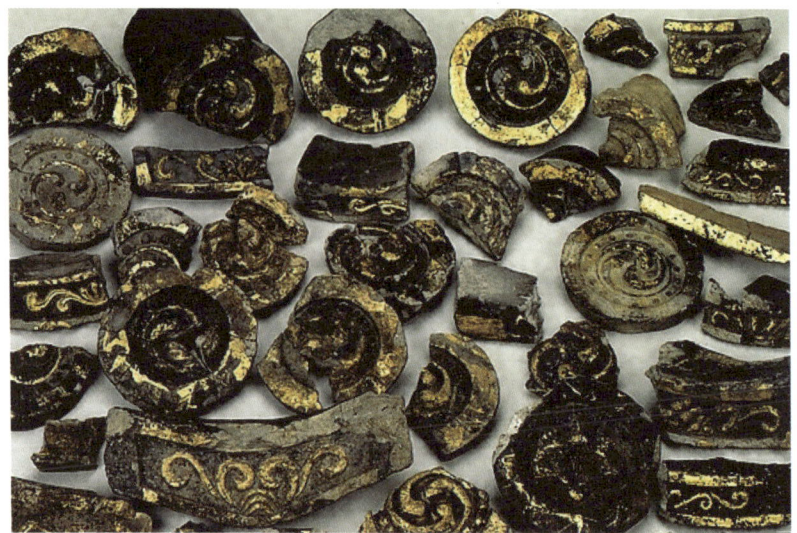

주라쿠다이 유적에서 출토된 금박 기와 파편들

다이는 심지어 부엌까지도 금으로 장식을 했을 정도고, 평소 애용하던 황금 다실은 물론이고, 식기나 생활 용기도 모두 금으로 만든 것이었다.

히데요시는 또한 주라쿠다이 외곽 자신의 심복 다이묘들 집 옆에 다도 스승인 센노 리큐의 집도 짓도록 했다. 그만큼 다도는 그의 취미 생활과 통치, 양쪽 모두에게 중요한 요소였다.

1588년 5월 9일에는 고요제이後陽成 일왕모모야마 시대부터 에도 시대 초기의 제 107대이 이곳 으로 행차를 한다. 이는 천하를 정복한 히데요시가 간파쿠가 되어 호화찬란 한 궁전을 지은 다음 일왕을 불러들여 충성을 맹세함으로써 자신의 세상이 되었음을 알리는 공식 행사였다.

그런데 쉰 살이 넘어 겨우 얻은 아들 쓰루마쓰鶴松가 1591년 두 살의 나이에 죽자 크게 상심한 히데요시는 그해 12월 간파쿠 직위를 누나 닛슈日秀의 아들인 도요토미 히데쓰구豊臣秀次, 1568~1595에게 물려주었다. 주라쿠다이도 자연스레 히데쓰구의 거처가 되었다. 이때만 해도 히데쓰구가 의심할 여지없는 후계자였다. 1592년 1월에 이곳으로 고요제이 일왕을 다시 불러들여 공식 후계자로서 지위를 확실히 했다. 이처럼 짧은 기간에 일왕이 같은 장소를 두 번이나 찾는 행차는 거의 없는 일이다.

그러나 1593년 히데요시에게 새 아들 히데요리豊臣秀頼, 1593~1615가 태어나면서 상황이 급변했다. 히데요시와 히데쓰구의 긴장 관계가 높아지더니 급기야 히데요시는 히데쓰구에게 모반을 꾀했다는 죄를 뒤집어 씌워 간파쿠에서 해임시키고 할복을 명했다. 그의 나이 겨우 스물여덟이었다. 기분이 개운치 않았던지 히데요시는 주라쿠다이를 준공 8년 만에 철거시켜버리고 자재 대부분을 1594년 교토 인근에 새로 짓기 시작한 후시미 성에 옮겨서 사용했다.

센노 리큐 지도로
조선인 기와공 아들이 찻사발을 빚다

지금도 그렇지만 당시 일본은 잦은 지진으로 인해 집이 지붕이 깨지기 일쑤여서 그만큼 기와공의 수요가 많았다고 한다. 그래서 조선에서 온 기와공도 매우 소중한 존재였는데, 주라쿠다이 지붕의 기와를 담당하던 한 명이 당시에 유행하던 고려다완조선 찻사발을 만들라는 명령을 받았다는 것이다.[11]

11 노구치 가쿠추(野口赫宙), 『도자기와 검(陶と剣)』, 고단샤(講談社), 1942

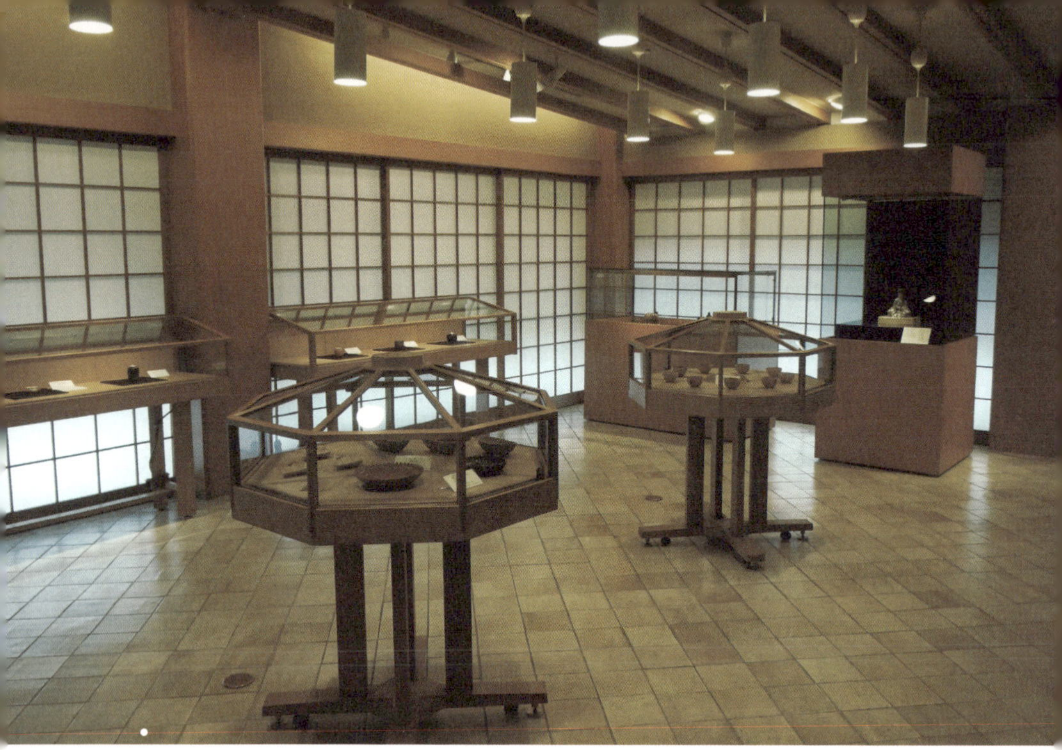

● 라쿠박물관의 전시실 모습. 오른쪽 끝 유리함 안에 센노 리큐 좌상이 있다.

●● 교토의 라쿠박물관 전경

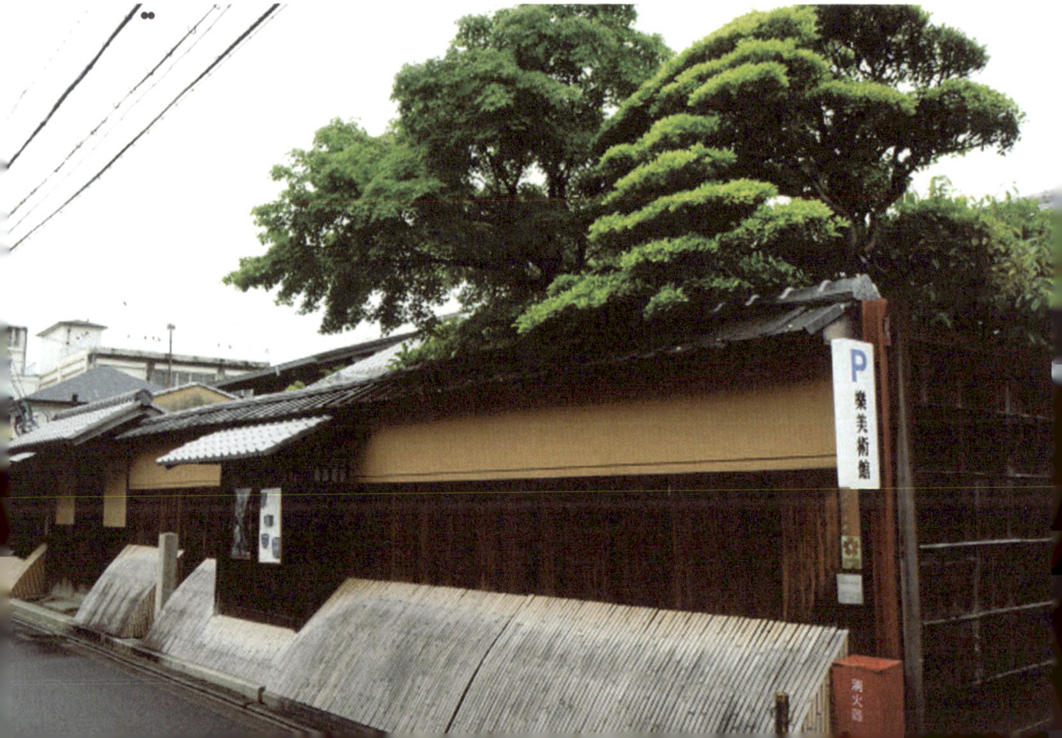

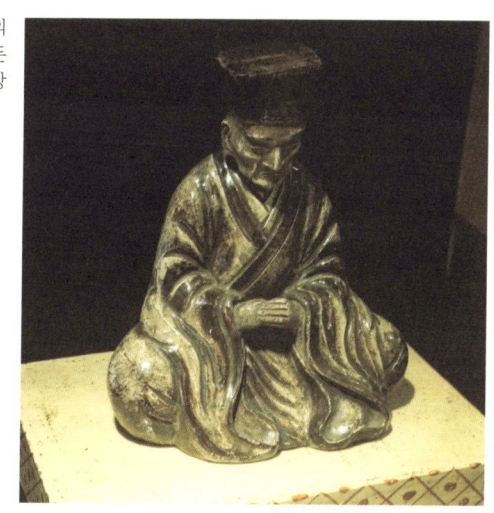

라쿠박물관의
10대 라쿠 단뉴가 만든
센노 리큐 좌상

앞에서 언급했던 구와타 다다치카桑田忠親, 1902~1987 교수도 그의 저술에서 "리큐
는 그 무렵 일본에 와 있던 조선 사기장에게 다도에 쓸 찻사발을 굽도록 명령
했다. 이것이 라쿠야키이며, 초지로라고 하는 사람에게 좋아하는 형태의 다
완을 굽게 한 것이 리큐 형태의 다완이다"라고 기술하고 있다.[12]

그러므로 센노 리큐가 처음에는 기와공 송경에게 찻사발을 만들도록 했다
가, 나중에는 그의 아들 초지로를 지도해 자신이 원하는 형태로 굽도록 한 것
임을 알 수 있다. 그리하여 초지로가 '라쿠야키'의 원조가 되는 것이다.

기와공 송경에 대한 상세한 기록은 없다. 그러나 라쿠 집안의 원래의 가계도

12   구와타 다다치카, 『센노 리큐(千利休)』, 세이지샤(青磁社), 1942

에 의하면 '아메야가 히데요시 시대에 고려에서 왔다'라고 되어 있고, 또 라쿠 야키의 유래에 대해 '덴쇼天正 연간에 고려에서 아메야가 일본으로 건너와, 센 슈泉州 사카이 부근에 사는 사사키 아무개의 딸을 아내로 맞아들였다'라고 되어 있어 송경의 아들 장우長祐, 즉 초지로가 조선 도래인의 아들임을 명확히 하고 있다고 한다.[13] 그러니 앞에서 말한 것처럼 라쿠 가마의 홈페이지는 '의도 적으로' 잘못된 기술을 하고 있다고 볼 수 있다.

한국 출신의 작가이자 문학평론가로 일본에 귀화한 노구치 가쿠추野口赫宙, 1905~1998는 초지로의 아버지 이름인 '아메야'는 사람 이름이 아니라, 고대 한국 어로 아버지를 의미하는 단어라는 사실을 확인했다.[14] 이 주장을 받아들이면 기존의 문헌들이 아주 쉽게 풀린다. 즉 '아버지가 히데요시 시대에 고려에서 왔다'거나 '고려에서 아버지가 일본으로 건너와, 센슈 사카이 부근에 사는 사 사키 아무개의 딸을 아내로 맞아들였다' 등으로 자연스레 해석되는 것이다. 더구나 초지로에게 찻사발을 만들게 한 리큐가 바로 조선인이었으므로, 초지 로 역시 조선인일 가능성은 더욱 높아진다. 코벨 박사는 다음과 같이 밝히 고 있다.

> "다도에서 가장 유명한 센노 리큐의 천千은 한국식 성이며 그의 할아버지
>
> 는 조선 세조 치하에 해당하던 시기 일본 요시마사 쇼군[15] 막부에서 교역
>
> 을 하던 한국인이었던 것으로 보인다. 첫 번째 라쿠 찻사발은 센노 리큐

---

13 한영대 지음, 박경희 옮김, 『조선미의 탐구자들』, 학고재, 1997
14 위의 책
15 무로마치 바쿠후의 8대 쇼군인 아시카가 요시마사(足利義政, 1435~1490년)

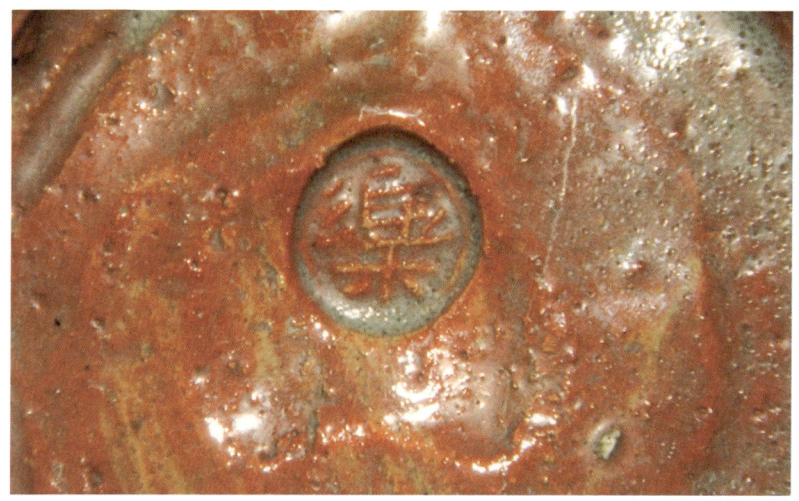

3대 라쿠 도뉴의 아카라쿠(赤樂) 찻사발 굽 밑부분에 새겨진 '라쿠' 표시

의 안목 아래 계획되어 '초지로'라는 한국인 도공의 아들이 제작한 것이
었다."

초지로는 1520년대에 교토에 정착하여 일본인 여자와 혼인했는데, 센노 리
큐가 초시로의 찻사발들을 좋아해서 자신의 아버지 이름인 다나카田中를 그
에게 주었고, 그 자손들은 다나카 성을 죽 써오다가 1860년대에 이르러 라쿠
라는 성으로 바꾼 것으로 전해진다.
교토에 있는 라쿠가마박물관에 가면 10대 라쿠 단뉴가 제작한 리큐 좌상이
유리함 안에 매우 소중하게 보관돼 있다. 이 좌상은 원래 라쿠 가문의 불단佛
壇에 모실 목적으로 단뉴가 마흔 살이 되던 해에 자신의 모든 기술을 쏟아부

어 만든 것이라고 한다. 이 가문에게 센노 리큐는 그만큼 소중한 사람이다. 아니, 전 일본의 다도인들에게 센노 리큐는 어떻게 해도 떼놓을 수 없는 이름인 것이다.

그런데 라쿠야키의 이름이 처음부터 이것은 아니었다. 센노 리큐는 처음에 이를 이마야키今燒라고 불렀다. 즉, '지금의 그릇'이라는 말이다. 당시로써는 생각하기 어려운 매우 감각적인 표현이다. 그러다가 이름이 바뀐 것은 도요토미 히데요시와 관련이 있다.

초지로가 사망하고 라쿠 가문의 가업은 수제자이자 데릴사위인 2대 초지로 조케이常慶, ?~1635가 물려받았다. 그는 초지로의 조수였던 다나카 소케이田中宗慶의 차남이었다. 그는 향로 제작에 많이 사용했기 때문에 '고로유香炉釉'라는 이름이 붙은 백색 유약을 처음 사용한 찻사발을 만들었다.

초지로 사후 6년이 지난 무렵 히데요시는 가업을 물려받은 라쿠 가문에 금도장을 하사한다. 라쿠야키의 명성을 칭찬하는 히데요시의 하사품이었다. 그런데 그 도장에는 주라쿠다이聚樂第 글자에서 따온 '락樂'자가 새겨져 있었다. 히데요시가 도장에 이 글자를 새긴 연유는 앞에서도 말했듯, 초지로가 주라쿠다이의 기와를 만들었던 인연 때문이다. 그런데 '樂'자는 '즐거움'과 '만족'의 의미 이외에도 '세상에서 가장 좋은 것'도 의미한다. 히데요시도 라쿠야키에 경의를 표시한 것이다.

이런 사연으로 인해 이마야키는 라쿠야키가 되었고, 세월이 지나 초지로 후손들이 가문의 성을 아예 '라쿠'로 바꾼 것이다. 그들은 그렇게 해서 뿌리가 조선에 이어져 있음을 부인하고 싶었는지도 모르겠다. 라쿠 가문은 다음의 표처럼 이어져 왔다.

	이름	생몰연도	비고
초대	초지로長次郎	?~1589天正17	
2대	조케이常慶	1561永禄4~1635寛永12	데릴사위
3대	도뉴道入	1599慶長4~1656明暦2	조케이의 장남
4대	이치뉴一入	1640寛永17~1696元禄9	도뉴의 아들
5대	소뉴宗入	1664寛文4~1716享保元	데릴사위
6대	사뉴左入	1685貞享2~1739元文4	데릴사위
7대	초뉴長入	1714正徳4~1770明和7	사뉴의 장남
8대	도쿠뉴得入	1745延享2~1774安永3	초뉴의 장남, 일찍 사망
9대	료뉴了入	1756宝暦6~1834天保5	초뉴 차남
10대	단뉴旦入	1795寛政7~1854嘉永7	장남
11대	게이뉴慶入	1817文化14~1902明治35	데릴사위
12대	고뉴弘入	1857安政4~1932昭和7	게이뉴 장남
13대	세이뉴惺入	1887明治20~1944昭和19	고뉴 장남
14대	가쿠뉴覚入	1918大正7~1980昭和55	세이뉴 장남
15대	기치자에몬吉左衛門	1949昭和24~	가쿠뉴 장남

라쿠 가문 가계도

3대 도뉴는 이름이 기치베에吉兵衛였으나 나중 기치자에몬으로 바꿨다. 별명은 논카우ノンカウ 혹은 논코우ノンコウ로 라쿠 가문 최고의 명장으로 평가받는다. 그는 초대나 2대와는 전혀 다른, 주홍색이나 황색 등 다수의 유약을 사용하는 밝은 작풍이 특징이다. 장식성을 철저하게 생략한 초지로의 전통 세계에 검은 유약 등 장식 효과를 접목시켜 밝고 경쾌한 개성을 표현했다. 이는 유명한 다인이자 도예가, 서예가, 옻칠 장인인 혼아미 고에쓰本阿弥光悦, 1558~1637의 영향으로 보인다.

4대 이치뉴는 아버지의 영향을 받아 수수한 색조에 광택을 가진 작풍이었으

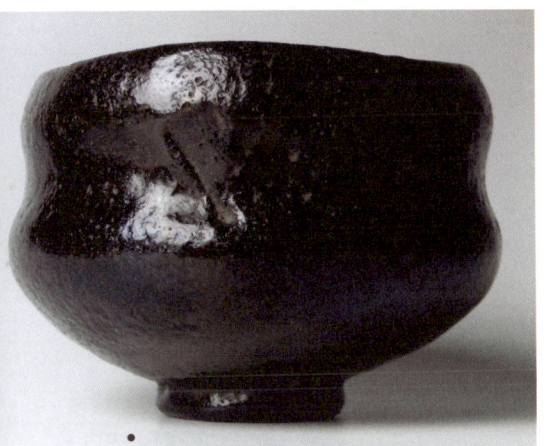
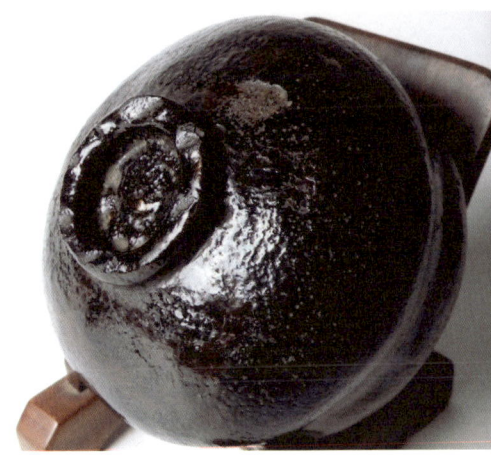

● 2대 초지로 조케이의 구로라쿠 찻사발(黑樂茶碗)

●● 3대 도뉴의 아카라쿠 미즈사시(赤樂水指), 작품명은「가규(蝸牛：달팽이)」

♣ 3대 도뉴의 아카라쿠 히라자라(赤樂平皿)

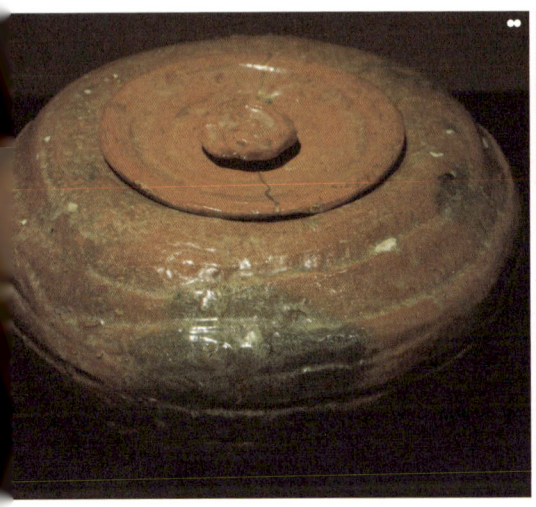
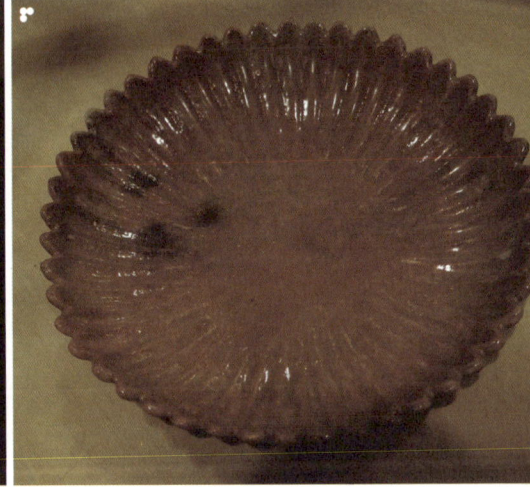

나, 말년에는 와비 사상에 따라 작품이 바뀐다. 특히 유약 기법에서 흑유에 주홍색의 유약을 섞은 슈구스리朱釉를 완성해 후세에 큰 영향을 주었다.

5대 소뉴는 가리가네야 산에몬雁金屋三右衞門의 아들로 태어나 이치뉴의 데릴사위가 되어 28세에 '기치자에몬' 이름을 물려받았다.

가리가네야 산에몬은 에도 시대 유명한 서화가인 오가타 소켄尾形宗謙의 막내동생이다. '가리가네야'는 오가타 집안의 옥호屋号다. 그러니까 소뉴와 오가타 고린尾形光琳, 겐잔乾山 형제는 사촌에 해당한다. 겐로쿠元禄 시대를 배경으로 고린과 겐잔은 '린파琳派'라는 장식성 풍부한 회화, 도예 양식을 완성했지만, 소뉴는 장식성을 배제한 초지로 그릇의 추구에 자신의 창작 기반을 설정하고

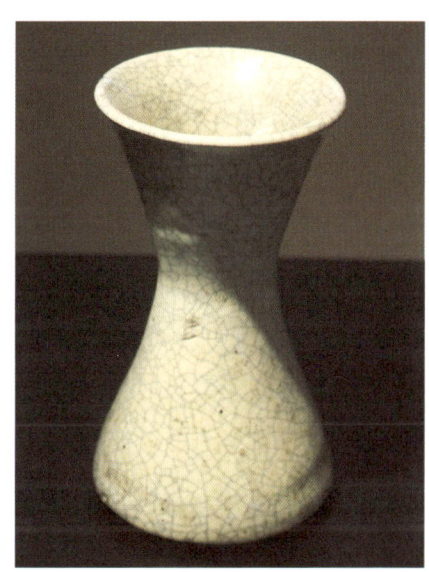

백색 유약인 '고로유'를
사용한 6대 사뉴의 꽃병(花入)

독자적 작품을 구축했다. 매우 흥미로운 양식인 '린파'에 대해서는 이 다음 장에서 자세히 보도록 하겠다. 일반적으로 '가세유ㄲㄹ釉'라 불리는 소뉴의 검정 유약은 초지로에 대한 심취를 극단까지 나타낸 것이다.

6대 사뉴는 야마토야 가헤에大和屋嘉兵衛의 차남으로 소뉴의 데릴사위가 되어 1708년 6대 기치자에몬을 계승했다. 1728년 삭발하고 은거했지만 1733년에 '사뉴 200ㅊㅅ二百'이라 불리는 200점의 구로라쿠 찻사발을 제작하는 등 열정적으로 활약했다. '사뉴 200'은 다인 사이에서 매우 인기가 높다. 혼아미 고에쓰 등 다른 도예가들의 모작을 많이 시도해 그들의 특징을 자신 작품에 받아들여 다양하고도 독자적인 작품을 보여주었다. 고에쓰光悅 기법을 발전시킨 '고에쓰 우쓰시光悅写し'가 유명하다.

7대 초뉴는 다도 인구가 크게 증가하는 가운데 공예적인 조소 작품에 뛰어난 재주가 있어 찻사발 이외에 향합이나 꽃병 등 다수의 작품을 제작했다. 그의 찻사발은 입이 큼직하고, 전체적으로 다소 두텁고 느긋한 구조로 풍부한 양감을 주고 있다. 대표작은 가문이 소장하고 있는 「니치렌 상日蓮像」이 있다.

8대 도쿠뉴는 어려서부터 병약했기 때문에 아버지가 사망하자 습명을 동생에게 양도했다. 30세로 요절해서 작품 수도 가장 적다.

9대 료뉴는 7대 초뉴의 차남이다. 형이 병약해서 어린 나이인 14세 때 계승했지만 3대 도뉴 이후 가장 명장이다. 료뉴는 65년에 걸친 긴 도예 작업을 통해 매우 왕성하고 나이를 좇는 다양한 작품 활동을 전개했다. 주걱으로 모양을 다듬어 손으로 빚는 데즈쿠네手捏釉 기법은 료뉴의 특징이다. 가로나 세로 혹은 대각선으로 깨끗이 깎는 조형적인 장식은 현대 라쿠 찻사발에 미친 영향이 매우 크다.

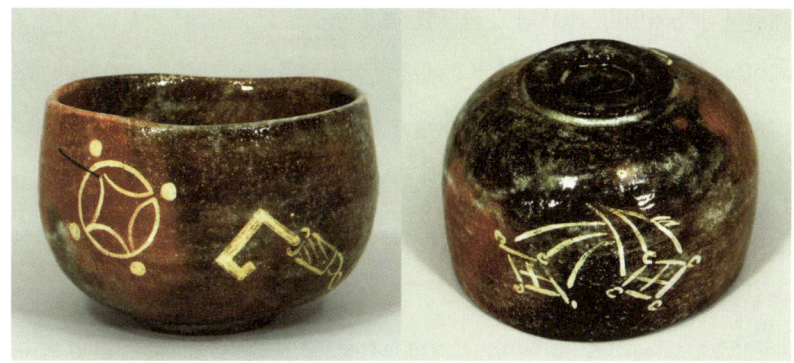

11대 게이뉴의 찻사발

10대 단뉴는 1811년에 습명했다. 센노 리큐를 잇는 다도 유파 오모테센케^{表千家} 중흥의 비조인 9대 당주 조신사이^{如心斎}와 함께 기슈도쿠가와^{紀州徳川} 가문의 '가이라쿠엔 가마^{偕楽園窯}' 개설에 공헌했다. 그 후에도 니시노마루오니와야키^{西の丸お庭焼き 16}와 미나토고텐^{湊御殿 17}의 세이네이켄 가마^{清寧軒窯} 개설에 공헌한 공적으로 1826년 도쿠가와 하루토미^{徳川治宝}로부터 '樂' 글자를 또 하사받는다. 그의 작풍은 오리베야키^{織部焼}, 이가야키^{伊賀焼}, 세토야키^{瀬戸焼} 등의 작풍과 디자인을 도입해 기교면에서 매우 화려했다.

11대 게이뉴는 단바 국^{丹波国} 미나미구와타 군^{南桑田郡} 치토세무라^{千歳村}, 현재의 교토 부 가메오카시^{亀岡市} 치토세마치^{千歳町}의 술도가 집안의 삼남으로 태어나

16　에도 시대 각지 영주는 다기 컬렉션에 열심이었는데, 그중에는 사기장을 고용해 직접 도자기를 구운 번도 있다. 이를 '오니와야키(お庭焼き)'라고 한다. 가장 열심이었던 곳이 기슈 번(紀州藩)이었다.
17　기슈 번 2대 영주 도쿠가와 미쓰사다(徳川光貞, 1626~1705)가 은퇴 후 머물 용도로 지은 저택. 1698년에 조성

데릴사위가 되었다. 1845년에 습명했다.

게이뉴의 시대는 도쿠가와 바쿠후에서 메이지유신으로 전환되는 시절이어서 다도를 비롯한 전통문화의 효용이 크게 떨어진 시기였다. 그런 역경 속에서도 게이뉴는 옛 다이묘 가문의 화족에 작품을 납부하며 75년에 걸쳐 도예 제작을 지속했다. 다기 이외에 장식물에서도 역대 통틀어 가장 다양하고 기교가 풍부한 작품 영역을 보여주었다.

12대 고뉴는 메이지 4년[1871]년에 습명, 아버지와 마찬가지로 힘든 나날을 보냈다. 다도 쇠퇴기라서 젊은 시절 작품은 적고, 말년에 다수의 작품을 만들었다. 대담한 주걱 사용이 특징이다. 경쾌하고 풍부한 변화의 붉은색 사발이 많다.

13대 세이뉴는 1919년 32세에 습명했다. 다양한 광석을 채취해 유약에 사용하는 등 유약 기법 연구를 가장 열심히 하고, 라쿠 가문 가전 비법을 정리했다. 이를 당시로써는 획기적인 다도 연구지 「다도 소리茶道せゝらぎ」라는 잡지를 발간해 발표하는 등 다도 문화 계몽에 노력했다. 그러나 말년에 태평양전쟁이 발발하면서 물자 부족으로 연구와 제작이 모두 곤란해진 가운데 사망했다.

14대 가쿠뉴는 1940년 도쿄미술학교[현도쿄예술대] 조각과를 졸업하고, 태평양전쟁에 종군한 다음 1945년 돌아와 가업을 계승했다. 1978년 재단법인 라쿠미술관樂美術館을 만들어 가전의 모든 작품과 자료를 기증하고 공개했다. 그해에 무형문화재로 지정되었으나 2년 후에 갑작스럽게 사망했다. 대학에서 현대 예술의 기초를 배운 그의 작품은 당시까지의 역대 제품과 확연히 다른 차별성을 보인다. 호황기인 1960년대 이후 작품이 충실해졌고, 조각 이론을 살린 입체적인 조형은 역대 작품에서 볼 수 없었던 특징을 보인다. 만년 아카라쿠

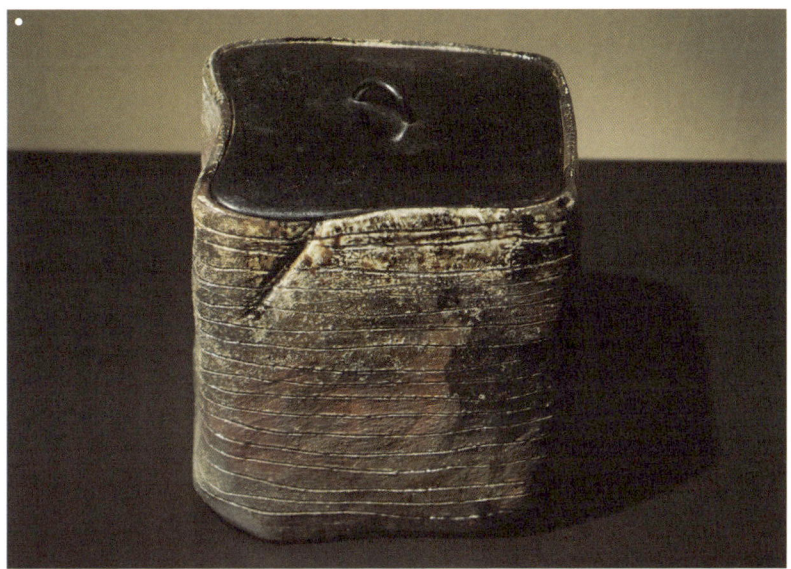

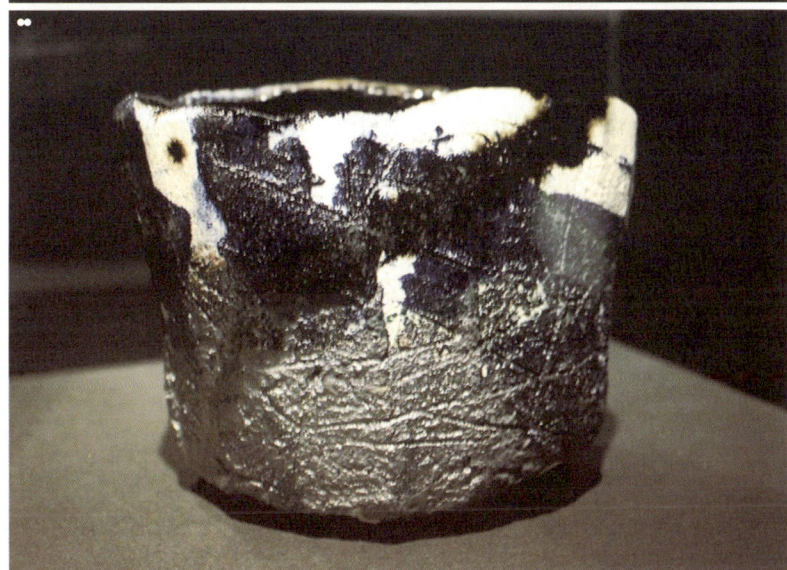

● 도쿄미술학교에서 조각을 전공해 현대적 감수성이 엿보이는 14대 가쿠뉴의 물병

●● 15대 기치자에몬의 독특한 찻사발

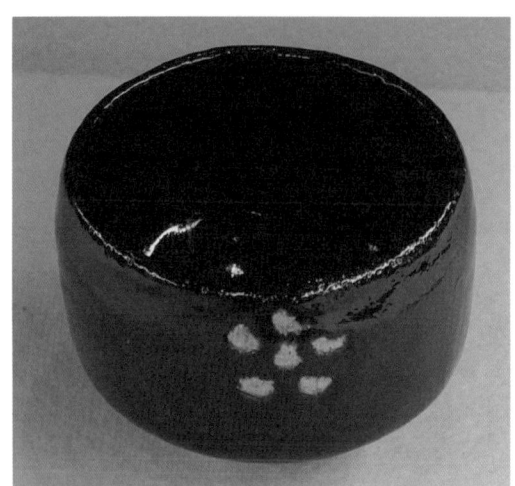

15대 기치자에몬의
구로라쿠 찻사발

찻사발에는 요변窯変에 의한 현대적 흥취를 볼 수 있다. 역시 그의 작풍의 특징
은 전통 양식에 현대성을 조화시키려 한 현대성에 있다.

15대 기치자에몬은 역시 아버지처럼 1973년 도쿄예술대학 조각과를 졸업하
고 이탈리아 유학을 다녀왔다. 아버지 사망 이후 쇼와 56년1981에 습명해 현재
에 이르고 있다. 1997년 오리베 상을 수상하는 등 국내외 많은 상을 받아 도
예 작가로서의 명성이 높다. 2007년에는 가문의 별장이 있는 시가 현 모리야
마 시守山市의 사가와佐川미술관에 기치자에몬관이 새로 만들어져 이를 직접 설
계했다.

라쿠야키의 가장 큰 특징은 가옥 안에 설치한 조그마한 가마인 내요內窯에서
한 번에 한 작품만을 구워낸다는 사실이다. 보통 도자기를 대규모 오름가마

역대 라쿠 가문의
찻사발들

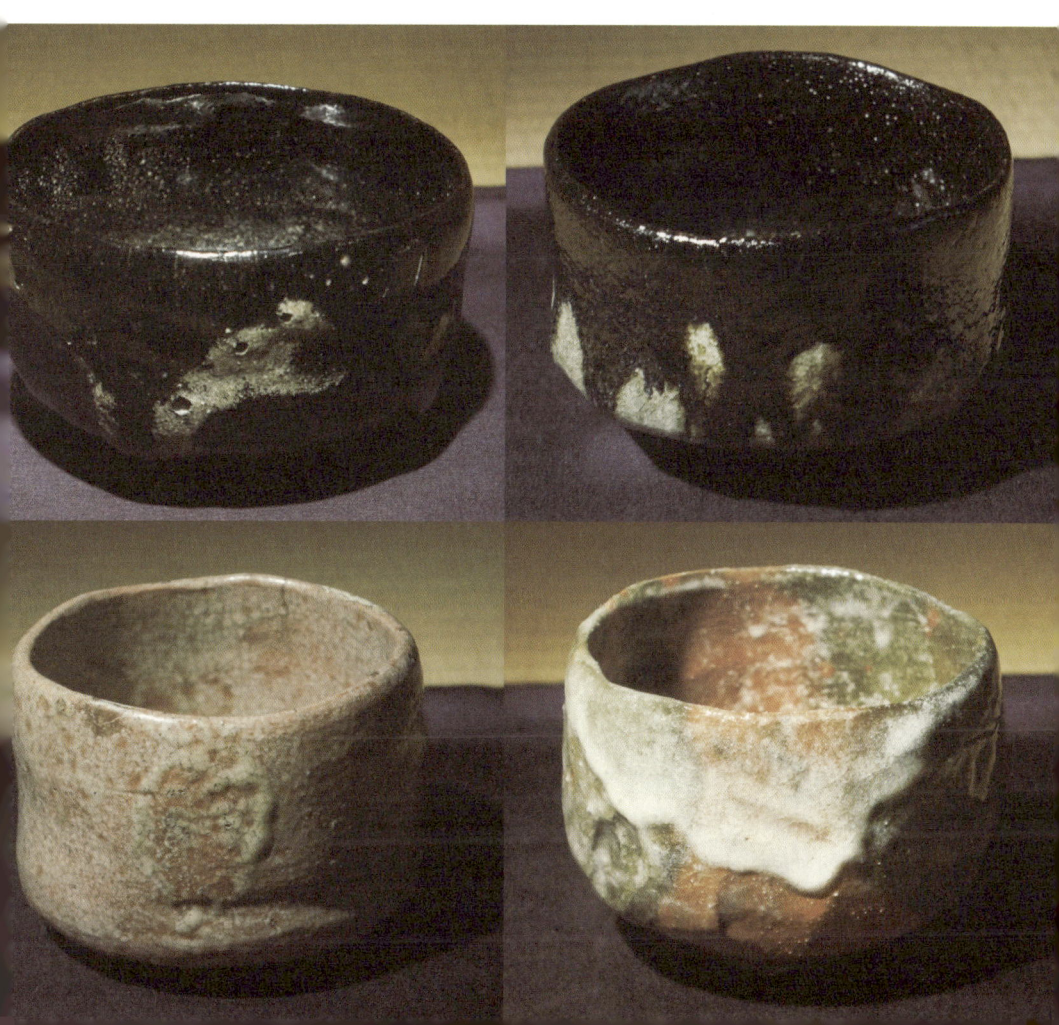

에서 한 번에 엄청난 양을 구워내는 것과 전혀 다르다.

고령토와 장석 등을 위주로 하는 다른 도자기와 달리 모래가 많이 섞인 '가모가와이시加茂川石 [18]'를 사용한다는 것도 매우 특이한 점이다. 이는 초기의 라쿠 찻사발을 보면 금방 알 수 있다. 앞에서 나온 사진에서 보듯 낮은 온도로 인해 아직 채 용해되지 않은 모래가 찻사발 표면에 점점이 박혀 있는 모습이 보인다.

재미있는 사실은 초지로가 처음에 그 흙이 좋아서 사용한 것이 아니라는 점이다. 좋은 점토는 일본인 사기장들이 다 차지했기 때문에 조선 사기장이나 기와공들은 모래가 많이 섞인 저질 점토를 사용해야만 했다. 그런데 바로 그 점토의 모래들 덕택에 아직 뜨거운 기와들이 가마에서 나와도 차가운 공기와 갑자기 접촉하는 충격을 견뎌낼 수 있었다.

라쿠 찻사발은 높은 온도에서 장시간 구워 완성한 자기 찻사발과 달리 감촉과 재질이 부드럽고 공기를 함유하고 있다. 그래서 뜨거운 차의 열을 머금어 손에 오래토록 온기를 전하고, 차의 따뜻함이 달아나지 않도록 지켜준다. 이런 특성으로 인해 차를 끓이는 데 쓰는 물이 좋은지 아닌지 판단하거나 시험할 때도 라쿠 찻사발에 담아 맛을 보았다고 한다. 모양의 소박함뿐만 아니라, 차를 즐기기에 제격인 사발이었던 것이다.

물론 라쿠 찻사발이 인기를 얻은 첫 번째 요인은 선승禪僧들의 다례茶禮에 가장 적합한 기물이었다는 사실이다. 부드러운 질의 도기로 된 차분하고 소박한 아름다움과 절제된 형태의 단순함이 다도가 가지는 선禪 사상과 일치했기 때문이다. 센노 리큐를 비롯한 그들은 라쿠 찻사발이 선의 기본 철학, 즉 무無의

개념에 잇닿아 있는 와비^{侘び}의 적막감을 갖고 있는 것으로 보았다. 그래서 라쿠 찻사발에 담은 차가 더 맛이 그윽하고 깊다고 느꼈다. 그래서 많은 선택을 받았다.

라쿠 다완은 검정을 뜻하는 '구로黑'와 붉은 색을 뜻하는 '아카赤' 두 가지다. 검정 찻사발에서는 당연히 차분하고 중후한 무게감이 느껴지고, 붉은(실제로는 옅은 분홍빛이다) 찻사발에는 화사한 화려함이 깃들어 있다.

소성 기술에 있어서는 검정 사발이 붉은 사발보다 고도의 기술을 더 필요로 한다고 한다. 그래서 붉은 사발이 더 많이 만들어졌지만 검정 사발보다 파손이 쉽게 되어서 현재 남아 있는 작품 수는 거의 비슷하다.

통형桶形 특유의 유연하고 둥근 형태는 손으로 다듬어 만드는 과정에서 생긴 자연적인 형태다. 원판 모양으로 평평하게 펼쳐져 있던 흙은 조금씩 세워지게 되고 천천히 싸안듯 안쪽을 향해 죄어져 구연口演19이 되고 잔 안쪽으로 넓혀지면서 내포內包의 공간이 만들어진다. 이 공간의 고임 자리는 차를 따를 때 거품이 잘 일도록 고안되었다.

초지로 작품 중에는 센노 리큐가 특별히 좋아했던 '나나슈 다완七種茶碗', 즉 일곱 종류의 찻사발이 있다. 리큐가 초대 초지로에게 즐겨 굽게 한 이것들은 지금도 다도 애호가들이 좋아한다. 검정 3종류, 붉은 것 4종류의 이것은 센노 리큐가 명작으로 꼽은 것들이어서 제각기 이름도 붙여졌다. 이 중에 오구로, 하야후네, 기마모리, 린자이 등의 명문이 있는 찻사발은 위에서 말한 통형과 아주 닮았다.

19 잔의 입술 부분

구분	이름	이름의 유래	비고
구로黑	오오구로大黑	큼직한 검정 사발이라서	중요문화재보물
구로黑	도요보우東陽坊	리큐 수제자였던 도요보우초세이東陽坊長盛 선사가 지니고 있었다고 해서	중요문화재보물
구로黑	하치비라키鉢開	리큐가 출가를 했을 때 이 찻사발로 탁발을 했다고 해서	
아카赤	기마모리木守	내년에도 잘 여물도록 해달라는 기원을 담아 일부러 나무에 하나만 남겨두는 과일을 닮았다는 데서 유래	
아카赤	하야후네早船	리큐가 오사카에서의 다회 때문에 고려의 하야후네에서 구입했다고 해서	아카 찻사발 중 유일하게 현존
아카赤	린자이臨濟	표면의 문양이 교토 임제종臨濟宗의 오산五山을 연상시킨다고 해서	
아카赤	겐교檢校	겐교는 맹인 승려의 최상위 직책인데, 마치 맹인처럼 이 찻사발의 진가를 알아보지 못했다고 붙은 이름	

센노 리큐 7종 찻사발

이도 다완을 둘러싼 논란들 : 막사발? 멧사발? 찻사발?

이쯤에서 일본 국보로도 지정된 이도井戶 찻사발, 즉 이도 다완[20]에 대해 좀 깊게 공부하고 넘어가도록 하자. 이를 모르면 앞으로 계속 나올 얘기들이 좀 어려울 것이므로 잠깐 집중하기 바란다. 이도라는 명칭의 유래는 확실하지 않다. 경상도 지명인 '위등韋登'이라는 설, 소유자가 '이도'였다는 설, 조선 시대 관요의 광주 분원에서 유약을 '의토衣土'라고 칭했다는 설[21] 등등 분분하다.

[20] 이도 찻사발은 보통 이도 다완이라고 부르므로 여기서도 그냥 이도 다완이라고 통칭하겠다.
[21] '조선 도자기의 귀신'이라 불리는 아사카와 노리다카의 설

어떤 이는 이도 다완을 두고 "물끄러미 바라보고 있노라면 빨려 들어가는 듯한 느낌에 놀란다"고 표현한다. "양손에 들어오는 크기지만 우주를 삼켜버릴 것 같은 당당함이 있고, 그러면서도 어떤 권위나 의도마저도 없어보여 무한한 모성의 포용력을 닮았다"는 것이다. 실로 엄청난 극찬이 아닐 수 없다. 도대체 이도 다완이 무엇이기에?

이도 다완은 15세기 말 16세기 초 청자에서 백자로 넘어가는 과도기에 등장한 찻사발로, 분청사기의 일종인 회청사기灰靑沙器 계열이다. 회청사기는 백토로 꾸미지 않은 분청사기 재질의 도자기다. 분청사기의 백가쟁명 시기가 피워낸 걸작으로, 이도 다완은 이처럼 잠깐 등장했다 사라졌다. 그러나 굽 주위의

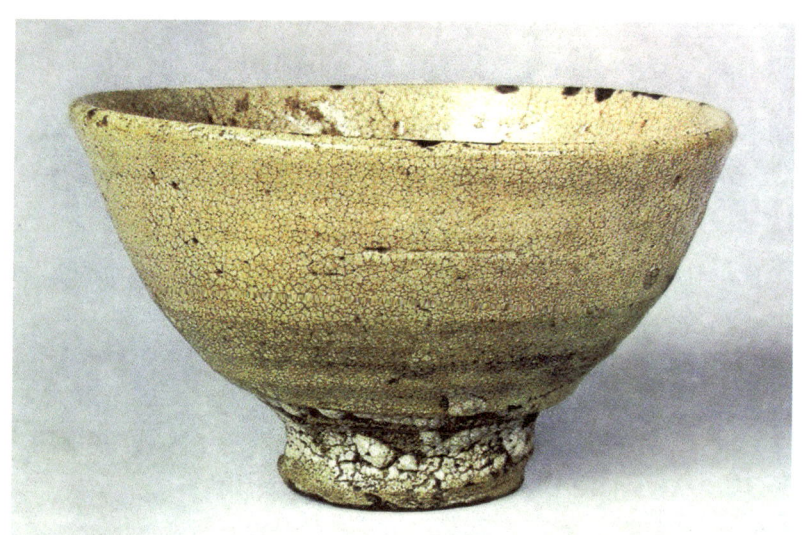

일본 국보 기자에몬이도

매화피梅花皮와 아기 피부 같은 촉감, 비파 색, 당당한 그릇 모양이 일품이어서 일본 다도 성립기에 중심 다기로 활용됐다.

매화피, 일본말로 '가이라기かいらぎ'는 거칠게 손질한 굽 주변과 밑의 유약이 소성할 때 불균일하게 뭉쳐서 오돌토돌하게 맺힌 매화꽃 모양의 유방울을 말한다. 매화피는 흙과 유약, 불의 만남을 통해 생긴 우연의 산물이었을 것으로 보인다. 그래서 모양도 일정하지 않고 유약이 단순히 물방울처럼 송골송골 맺혀 있는 것부터 기포 구멍이 숭숭 뚫려 투각처럼 떠 있는 것도 있다. 어떤 이도는 유약이 갈라져 매화 등걸처럼 들러붙은 것도 있다.

그런데 일본 다인들은 이러한 가이라기를 찻사발이 지닌 커다란 매력의 하나로 여긴다. 기자에몬이도喜左衛門井戸가 찬사를 받고 일본 국보로 지정된 가장 큰 이유 역시 매화피의 아름다움이 결정적으로 작용했다. 그렇지만 매화피의 맛을 제대로 느낄 수 있는 이도 다완은 10점도 채 안 된다고 한다.

가이라기는 본래 노랑가오리나 철갑상어의 말린 가죽으로써 일본도日本刀의 칼집과 손잡이를 만드는 데 사용되었는데, 매화 모양의 딱딱한 돌기가 있어 이를 흔히 매화피라 불렀다. 전국시대 일본의 무장들은 유방울이 뭉쳐 있는

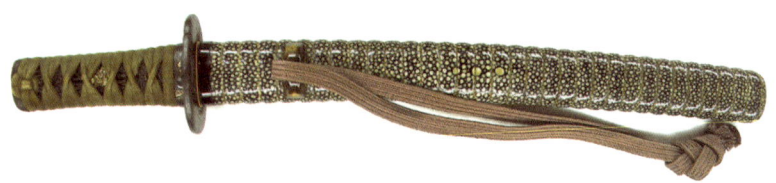

일본도의 칼잡이의 가이라기

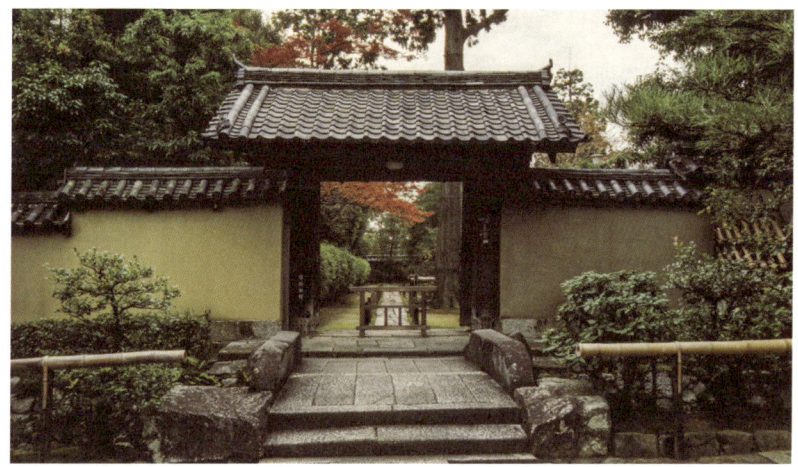

기자에몬이도를 소장한 다이토쿠지 고호안

조선의 이도 다완을 손에 감싸쥐었을 때 그 느낌이 마치 칼자루를 쥔 느낌과

너무나 흡사하여 이도 다완을 더 좋아하게 되었다는 이야기도 있다.

참고로 일본에선 고려와 조선 시대의 찻사발을 모두 '고려다완'이라 부른다.

현존하는 이도 다완은 하나가 아니라 200여 개에 이르고, 각자마다 이름이

거의 붙어 있다.

이도 다완은 1578년 한 해만 해도 일본의 특정 가문이 개최한 다회 기록에

481회나 등장하고 있다. 또한 1588년 센노 리큐의 수제자 야마노우에 소지山

上宗二, 1544~1590는 "이도 다완은 천하제일의 고려다완이다井戸茶碗是天下一之高麗茶碗"

라고 극찬하고 있다.

그러면 이쯤에서 으뜸의 으뜸으로 꼽히는 기자에몬이도 얘기를 해보자. 기

자에몬은 원래 다케다^{竹田}라는 성을 가진 오사카 상인의 이름이었다. 차를 무척 좋아했던 기자에몬은 조선의 찻사발에 대해 깊은 관심을 갖고 마구잡이로 수집, 가문의 가보로 아낄 정도로 소중하게 다뤘다.

그 기자에몬이 수집한 찻사발이 17세기 초 혼다 다다요시^{本多忠義}에게 헌납되었다. 그 때문에 '혼다이도'라고도 한다. 그러다 1634년 봉록을 야마토 국 고리야마로 옮길 때 사카이 지역 다도의 대가 나카무라 소세쓰^{中村宗雪}의 손에 넘어갔으며, 1751년에는 도시 에시게^{塘氏家茂}의 소유가 되었다. 이는 다시 1775년 무렵에 이르러 찻사발 수집에 열심이던 마쓰다이라 후마이^{松平不昧22}의 손에 들어갔다. 후마이 역시 이 찻사발을 열렬히 사랑하여 가는 곳마다 그림자처럼 갖고 다녔는데, 1818년 아들 겟탄^{月潭}에게 이를 물려주며 다음과 같은 유훈을 남겼다. "천하의 명물이니 오랫동안 소중하게 보관하도록 하라."

그런데 이 찻사발에는 불행한 소문이 하나 있었다. 이것을 소유하는 자는 종기에 걸린다는 것이다. 항생제가 없었던 당시 종기는 매우 치명적인 질병이었다. 예전에 이 찻사발을 소유했던 한 호사가가 있었다. 그는 살림살이가 찌들어 교토의 유곽을 드나드는 사람들을 위해 마차를 모는 말몰이꾼까지 하면서도 이 찻사발만은 내놓지 않았다. 그렇지만 불행하게도 종기로 고생하다가 죽고 말았다. 이 다완에 재앙이 따른다는 전설은 여기서 비롯된 것이다. 사실 후마이 자신도 이 찻사발을 구입하고 난 뒤 두 번이나 종기로 고생했다. 재앙을 두려워한 그의 부인이 찻사발을 팔 것을 종용했지만 찻사발에 대한 그의 마음을 꺾을 수는 없었다. 그러나 후마이가 사망한 다음 그의 아들 겟탄이 다시 종기

---

22 원래 이름은 마쓰다이라 하루사토((松平治郷). 후마이는 아호다.

를 앓자 이 찻사발은 마침내 가족묘지를 모신 절인 교토 다이토쿠지의 분원인 고호안孤蓬庵에 기증되었다. 그것이 1818년 6월 13일의 일이다. 메이지유신 전까지는 마쓰다이라 가문의 허락 없이는 아무도 그것을 볼 수 없었다. 기자에몬 이도는 그 후 일본의 국보로 지정되어 일본의 다인들뿐만 아니라 세계 다인들의 사랑을 받으면서 오늘날까지 전해지고 있다.

조선 찻사발이 일본의 국보로 최고 찻사발로 불리게 된 것은 그 어떤 것으로 흉내 낼 수 없는 자연적인 아름다움 때문이다. 물레를 돌리는 사기장의 손에서 당당하고 즉흥적이면서도 질박한 자연적인 아름다움을 완벽하게 품고 있는 것은 오직 조선 찻사발밖에 없다.

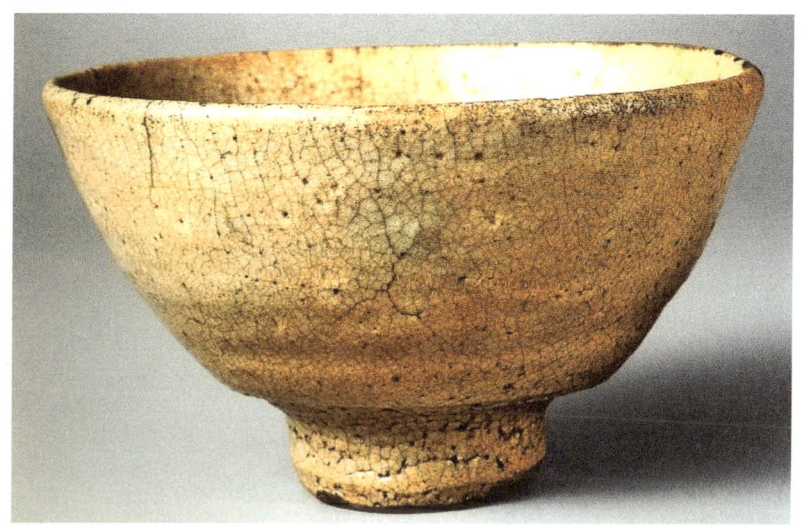

일본 천하 5대 이도 다완으로 꼽히는 쓰쓰이즈쓰이도

얘기가 나온 김에 일본 천하 5대 이도 다완으로 꼽히는 '쓰쓰이즈쓰筒井筒' 찻사발 이야기를 더 해보도록 하자. '쓰쓰이즈쓰' 찻사발은 비파 색을 기본 바탕으로 두터운 기벽, 은은한 물레 자국, 태산을 짓누른 듯한 중후함, 크고 작은 빙열氷裂23의 아름다움 등 완벽한 명품이라고 평가받고 있다. 그래서 '쓰쓰이즈쓰'는 도요토미 히데요시가 가장 애지중지하던 찻사발이기도 했는데, 그에게 이 명물이 들어간 배경은 다음과 같다.

덴쇼 10년1582년 6월 2일, 오다 노부나가의 심복이었던 아케치 미쓰히데明智光秀, 1528?~1582가 주군 노부나가를 혼노지本能寺에서 포위 공격해 죽음으로 몰아넣은 '혼노지의 변本能寺の変'이 일어났다.

앞서 1장에서 등장했던 야마토코리야마의 당시 영주였던 쓰쓰이 준케이筒井順慶, 1549~1584는 노부나가가 휘하에 들어갈 때 아케치 미쓰히데가 중개를 했고, 다도와 가도歌道24에 뛰어난 몇 안 되는 교양인으로서 친구 관계이기도 했다. 따라서 미쓰히데는 혼노지의 변 즉시 준케이에게 자신 편에 서도록 요청했다. 그러나 호라가토우케洞ヶ峠에 진을 친 준케이는 미쓰히데를 토벌하러 온 하시바 히데요시와 미쓰히데 사이에서 눈치를 보며 선뜻 미쓰히데의 편을 들지 않았다. 바로 이 일로 인해 일본에서는 '호라가토우케'라는 단어가 '눈치를 살피다'라는 관용어로 지금도 쓰이면서 기회주의의 대명사로 굳혀졌다.

6월 10일 미쓰히데는 자신의 가신을 고리야마 성에 보내 자신의 편에 서도록 다시 종용했지만 준케이는 그를 냉담하게 돌려보내고 결국 히데요시에게 복

---

23 도자기 표면의 유약에 얼음판이 깨진 듯 생기는 자글자글한 선을 말한다. 관입(貫入), 관유(貫乳) 또는 간요(珩瑤)라고도 하며, 중국에서는 개편(開片)이라고 부른다. 높은 화도로 구운 뒤 온도가 내릴 때 소지(素地)와 유약의 수축률 차이에서 균열이 생긴 것이다. 유약 표면은 시간이 흐르면서 탄성이 감소되어 갈라지기도 한다.

24 일본 고유의 시인 와카(和歌)를 짓거나 연구하는 일

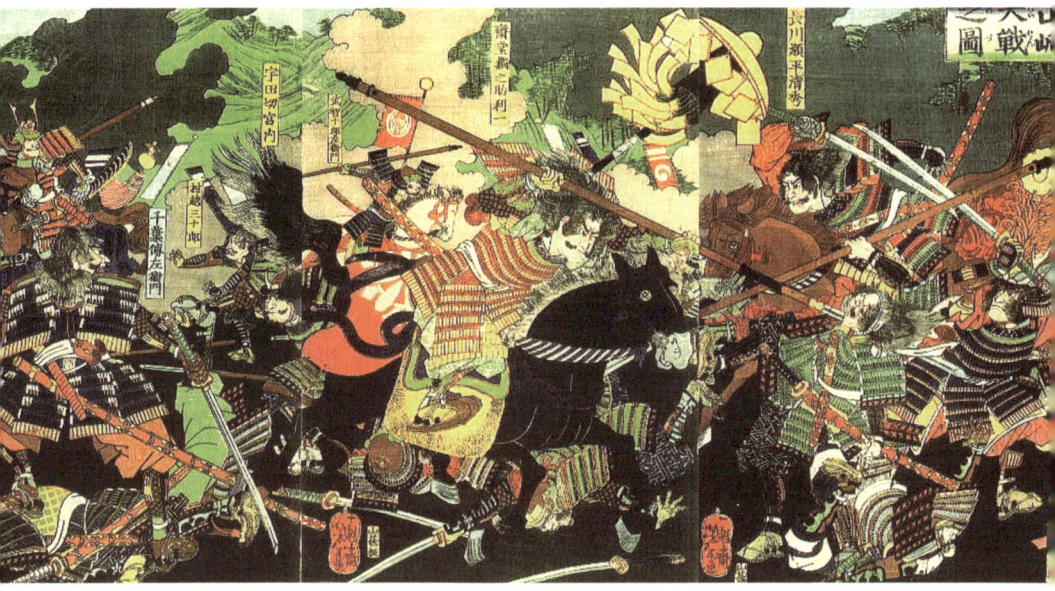

야마자키 전투를 다룬 쓰키오카 요시토시(月岡芳年)의 우키요에(浮世繪)

종할 것을 순순히 결의했다.

결국 미쓰히데는 6월 13일 야마자키 전투山崎の戰い에서 히데요시에게 패배해 사망했다. 자신의 편을 들 것으로 믿고 있었던 18만 석의 준케이와 12만 석의 호소카와 유우사이細川幽齋가 배반한 것이 결정적인 패배 원인이 되었다.

6월 14일 준케이는 야마토를 떠나기로 하고 교토로 가서 히데요시를 배알한 다. 이때 히데요시가 준케이의 늦은 참전을 질타했다. 그러자 준케이는 자신의 몸 상태가 좋지 않았는데 이 사실이 나라 일원에 소문으로 퍼져 민심을 하나로 모으기 힘들었다고 말하면서, 히데요시의 노기를 누그러뜨리기 위해 집안 비장의 명물 찻사발을 하나 헌상하니 그게 바로 '쓰쓰이즈쓰'였다. 히데요시는 '쓰쓰이즈쓰'를 받고는 뛸 듯이 기뻐했고, 그가 치른 47번의 다회에서 세 번을 사용할 만큼 이를 매우 좋아했다.

이 찻사발 이름이 '쓰쓰이즈쓰'가 된 것은 '쓰쓰이 집안의 쓰쓰'라는 데서 비롯됐다. '쓰쓰筒'는 원래 속이 비고 긴 관이나 통을 말하는데, 이 찻사발은 안이 깊고 굽이 높아 '쓰쓰'와 비슷하다고 해서 그런 이름이 붙은 것이었다.

이렇게 해서 준케이는 히데요시로부터 고리야마 성을 빼앗기기는 했지만 가문이 멸망하는 참화는 모면할 수 있었다. 빼앗긴 고리야마의 새로운 성주는 앞 장에서 이미 얘기한 대로, 히데요시의 이복동생인 히데나가였다.

이리하여 6월 27일 준케이는 노부나가의 후계자를 기리는 '기요스 회의淸洲会議'에 다른 무장들과 참석했다. 또한 7월 11일에는 히데요시에 복종하는 무장들과 함께 신하의 증거로써 사촌 조카이기도 한 양자 쓰쓰이 사다쓰구筒井定次를 인질로 보냈다.

이후 준케이는 히데요시의 계속된 전쟁, 즉 고마키·나가쿠테小牧·長久手 전투와 이세·미노伊勢·美濃 전투에 잇따라 참전하면서, 결국 병이 깊어져 36세의 젊은 나이로 사망하고 만다. 쓰쓰이 집안은 사다쓰구筒井定次가 승계했지만, 그 역시 준케이 사후 31년이 지나 도쿠가와 이에야스 바쿠후 때 히데요시 가문과 내통했다는 혐의를 받아 '가이에키改易[25]'를 당하고 할복을 명령받으니, 이후 가문의 대가 끊어지고 말았다.

그런데 '쓰쓰이즈쓰'는 조선 찻사발에 이도 다완이란 명칭이 붙게 된 하나의

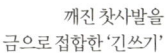

깨진 찻사발을
금으로 접합한 '긴쓰기'

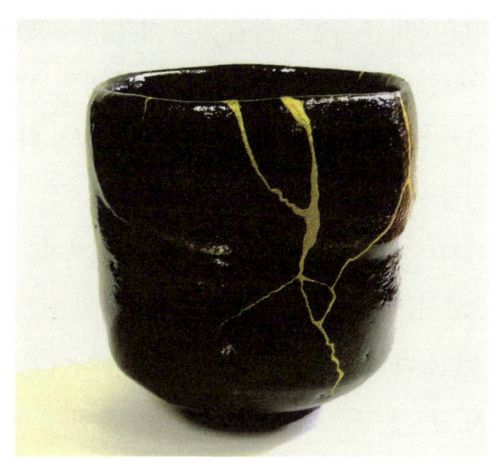

배경과 관련이 있다. 준케이 가문은 원래 고후쿠지興福寺의 슈토衆徒 26에서 다이묘가 되었다. 준케이 역시 자신이 승려라서 차토우茶湯 27와 가도 등에 뛰어난 교양인이었다. '쓰쓰이즈쓰' 역시 고후쿠지의 한 승려인 이도 씨에게서 받은 것으로, 이 때문에 안이 깊고 굽이 높은, 같은 양식의 조선 찻사발을 "이도의 다완井戸の茶碗"이라고 부르게 됐다는 것이다. 이도 다완이란 이름이 정착하게 된 이유에 대해 아직 정론이 없는 상황에서 이는 매우 유력한 가설의 하나로 보인다.

쓰쓰이즈쓰 얘기는 아직 끝나지 않았다. 그런데 어느 날 히데요시의 시동이 그만 쓰쓰이즈쓰를 떨어뜨려 다섯 조각으로 깨지고 말았다. 이에 격노한 히

26 승병(僧兵)
27 부처에게 차를 공양하는 일 혹은 그 차

데요시가 그 시동의 목을 베려 하자, 마침 옆에 있던 호소카와 유우사이가 『이세모노가타리伊勢物語』에 나오는 유명한 구절[28]을 비유해서 "쓰쓰이즈쓰가 다섯 조각으로 나뉜 것을 질책하면 부정을 타게 된다"[29]고 말해 히데요시의 화를 누그렸냐는 일화가 전해진다.

깨지기는 했지만, 히데요시는 쓰쓰이즈쓰이도에 대한 집착을 버릴 수 없었다. 그래서 센노 리큐에게 이것의 수리를 맡겼다. 센노 리큐는 이를 이틀에 걸쳐 수리했다. 센노 리큐가 깨진 조각들을 이어 붙인 방법은 '긴쓰기金継ぎ'라고 해서, 균열을 금으로 이어 기우고 옻칠을 한 것이다. 금으로 이어 붙였기 때문에 수리된 제품 자체가 또 하나의 예술품처럼 되어 심미적 가치 역시 확장되었다고 할 수 있다. 그런데 이렇게 수리한 쓰쓰이즈쓰이도의 우주적인 심미감에 사로잡힌 센노 리큐는 히데요시 모르게 그 찻사발에 그만 차 한잔을 했다고 한다. 이 사실이 또 히데요시에게 들켜서 센노 리큐에 대한 히데요시의 미움이 더 깊어졌다는 것이다. 어쨌든 센노 리큐는 1588년 다회에서 수리한 쓰쓰이즈쓰이도를 히데요시에게 다시 바쳤다.

이처럼 쓰쓰이즈쓰이도는 히데요시가 이를 얻게 된 배경과 쓰쓰이 가문의 몰락, 시동이 이를 깨뜨려 죽음에 처하게 됐으나 호소카와의 기지로 다시 살아나게 된 이야기, 이를 센노 리큐가 수리하고 다시 히데요시의 미움을 산 이야기 등이 중첩된 '이야기 보따리'라 할 수 있다. 요즘 말로 하면 스토리텔링의 산실인 것이다. 바로 이런 상황 전체가 이 찻사발의 명성과 가치를 더 높이 끌어올렸다고 할 수 있다.

---

28 '筒井つの 井筒にかけし まろがたけ 過ぎにけらしな 妹見ざるまに.'
29 "筒井筒 五つにわれし 井戸茶碗 咎（とが）をばわれに 負ひしけらしな."

이때는 임진왜란으로 조선 찻사발과 도자기가 일본으로 마구 침탈당하기 이전이므로, 이도 다완을 극상품으로 공경하는 일본 지배층 분위기는 가히 최고조에 이르렀다고 할 수 있다. 그러니 명물 쓰쓰이즈쓰이도를 오사카 성과도 바꾸지 않는다는 말이 나온 것이다. 결국 히데요시와 다이묘들은 그들이 원하는 찻사발을 얻기

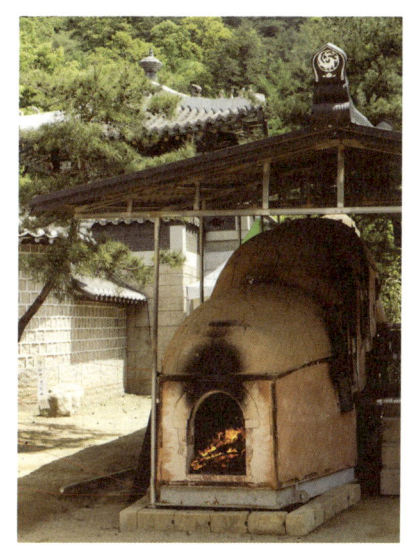

장작을 때는 조선 가마

위해 혈안이 되어 조선 침략을 통해 이를 해소하려 한 것이다.

그렇다면 명품 찻사발의 요건은 어떻게 될까. 도자기를 굽는 데 있어 가장 중요한 것은 바로 불과 흙 그리고 사기장의 땀이다. 그렇기에 좋은 흙으로, 장인이 땀을 흘리며 정성스레 만들어 장작으로 불을 때는 가마에서 구운 것이어야 한다는 사실은 더 말할 필요도 없다. 이 세 가지가 결합되어야만 비로소 신의 조화라고 할 수 있는 '요변'이 나타난다. 가마 안 기압, 습도, 도자기를 포갠 정도, 장작불 온도, 흙이 포함하고 있는 무기질 등 인간이 도저히 통제할 수 없는 자연의 변덕^{화학적 결합}에 의해 자연스레 생겨나는 도자기의 자연 발색^{發色}, 바로 그것이 요변이다.

바로 그렇기에 예부터 명사기장들은 좋은 흙을 찾아 전국의 산야를 미친 듯

돌아다녔다. 일본 도자기의 개조 이삼평 공이 흙을 찾아 일본 땅을 뒤지고 다닌 것도 마찬가지 이유다. 명공들은 자신만의 흙을 고집하며 그 흙 맛의 특색을 살리기 위해 노력한다.

좋은 흙을 구하려 노력하는 또 하나의 이유는 가벼움과 관입貫入 때문이다. 명물 찻사발은 가볍다. 겉으로 보면 매우 무겁게 보이는데도, 실제로 찻잔을 들어보면 마치 종이나 바짝 마른 나무뭉치를 든 것처럼 매우 가볍다고 한다. 기자에몬이도도 무게가 고작 360g이다. 관입, 일본 말로 간뉴는 차를 마시는 행위가 반복됨에 따라 갈라진 금에 찻물 얼룩이 져서 특이한 풍정을 자아내는 현상이다. 이런 현상은 찻사발 주인의 세월을 반영하는 것이므로 이런 찻사발이라야 비로소 좋은 친구라 할 수 있다. 차로 인해 변하지 않는 찻사발은 죽은 찻사발이다. 이런 가벼움과 관입은 사기장의 노력만으로는 해결이 안 된다. 우선 흙이 좋아야 하는 것이다.

사기장의 기술적 요소에서 빠질 수 없는 또 하나가 찻사발을 떠받치고 있는 '굽'이다. 굽은 찻사발 자연미의 결말에 해당한다. 그렇기에 가장 하찮은 단계일 듯한 굽깎기에서 진정한 솜씨가 판가름 난다.

마지막으로 명물의 결정은 그 찻사발을 사용하는 다인의 심미안과 인격에 좌우된다. 그 어떤 경우든 점다點茶의 완성은 바로 인격의 고양에 있다. 정갈한 물을 끓여 차를 정성스레 넣고 일정한 예법에 의해 차가 적당히 우러난 뒤 마시는 행위를 통해 그 사람 마음자리의 깊이와 방향이 드러난다.

일본인들이 이도 다완을 으뜸으로 치는 것은 바로 이러한 요소들에 가장 적합한 찻사발이라 판단했기 때문이다. 이를 이해하지 못하면 왜 이도 다완, 이도 다완이라고 칭송하는지 그 실체를 깨닫기 어렵다. 그럼 이제 정말로 일본

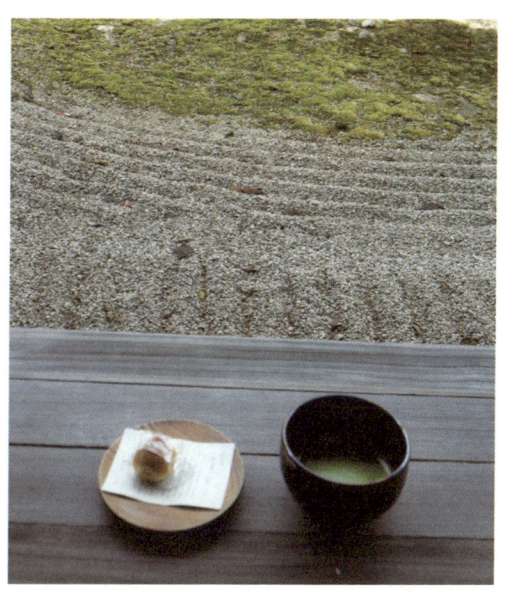

명물 찻사발의 완성은
이를 사용하는
사람의 마음가짐에 달려 있다.

인들의 기준에 의한 이도 다완을 살펴보기로 하자.

이도 다완은 오오이도大井戸·큰 이도 다완, 코이도小井戸·작은 이도 다완, 아오이이도青井戸·

푸른 이도 다완의 세 가지로 크게 분류한다. 앞 두 개는 당연히 크기가 분류의 기준

이기 때문에 보는 사람에 따라 모호한 것도 있다. 예를 들어 작은 이도 다완의

대표로 꼽히는 '로소老僧'는 큰 이도 다완에 들어가기도 한다.

큰 이도 다완의 매력은 대략적이나마 다음의 세 가지로 정리할 수 있다. 우선

역삼각형의 덴모쿠자완天目茶碗, 천목다완과 비슷한 이도 특유의 형태인 '이도형'

을 들 수 있다. 큰 이도 다완의 역삼각형은 모양이 매우 예쁘고 게다가 큰 몸

집으로 인해 왕자 같은 스타일을 가지고 있다. 기자에몬이도는 형태상으로

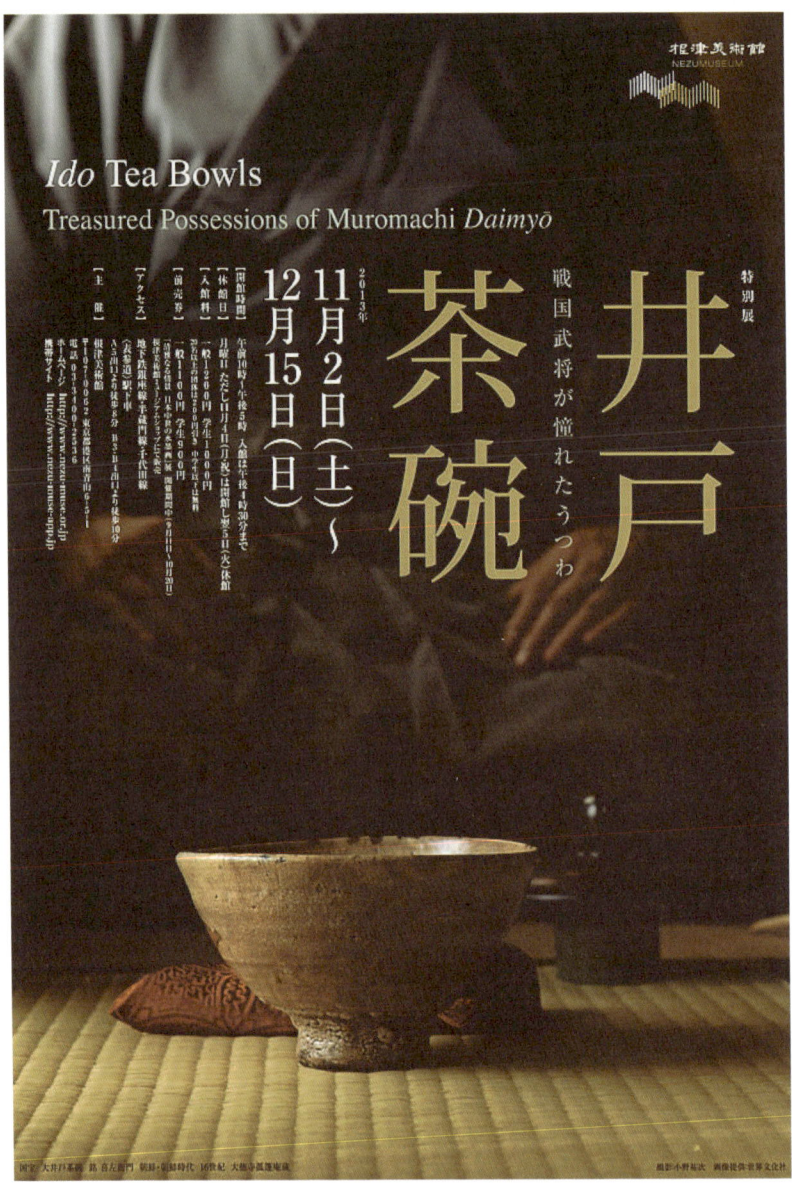

2013년 도쿄 네즈미술관에서 열린 이도 다완 특별전시회 포스터. 기자에몬이도도 공개했다.

모양이 완벽해서 으뜸 중의 으뜸이 된 것이다.

두 번째는 비파 색깔의 아름다움이다. 비파 색조는 이도 다완에서 공통적으로 볼 수 있지만, 특히 큰 이도 다완에서 정말 좋은 맛을 낸 색상의 것이 많다. 색깔이 수수하고 소박한 경향이 있는 작은 이도 다완이나 푸르스름한 색상이 혼합된 아오이이도와 비교하면 이것이야말로 진정한 비파 색이라는 생각이 든다. 특히 호소카와이도細川井戸의 색상처럼 무엇보다도 아름다운 것이 있고, 가가이도加賀井戸처럼 유약의 상태에 따라 다양한 표정을 보이는 것도 있다. 큰 이도 다완은 실로 깊은 색의 세계를 가지고 있는 것이다.

마지막으로 소장자들이 얼마나 유명한 사람인가 하는, 전래 과정을 들 수 있다. 이도 다완은 많은 전국 다이묘와 상인들의 아우성으로 인해 그만큼 영향력 있는 사람들의 손을 거쳤다. '쓰쓰이즈쓰'도 도요토미 히데요시가 소유하고 있었다고 해서 더 유명한 것처럼, 이도 다완은 전래 과정의 배경도 빼놓을 수 없다.

● 가장 유명한
이도 10개

1. 기자에몬喜左衛門

높이 8.2~8.9cm 구경 15.4cm 굽 지름 5.3~5.5cm. 우는 아이의 울음도 그치게 만든다는 찻사발. 형태의 균형, 간뉴[30], 가이라기, 색상의 아름다움 등 그 무엇도 매우 훌륭하고 맑기까지 하다. 기자에몬에는 약간의 기울기가 있다. 굽의 상태에서 이러한 '왜곡'이 생겨나는 것인데, 바로 이 점이 이 찻사발을 더욱 특이하고 이질적인 존재로 만들고 있다. 무엇인가 굉장한 존재감을 내뿜고 있는데, 그 근원이 절묘한 왜곡이라는 것이다. 보는 위치에 따라 간뉴로 생긴 경치가 상당히 다른 것도 놀라운 점이다. 사발 내부는 마치 메마른 사막 같고 마른 질감인 반면, 외부는 검은 광택이 있거나 전혀 다른 표정을 보여준다. 마치 하나의 행성을 보고 있는 것 같은 굉장한 세계관이 그릇에 있는 것이다.

다케다 기자에몬竹田喜左衛門, 혼다 다다요시, 마쓰다이라 하루사토를 거쳐 현재 다이토쿠지 고호안 소장. 국보.

2. 가가加賀

높이 8.2cm 구경 14.5~15.4cm 굽 지름 4.9~5.0cm. 기자에몬이도와는 완전히 대조적이고, 뛰어난 형상을 가졌다기보다는 매우 얌전한 인상이다. 빙열은 그저 조금 볼 수 있는 정도고 가이라기도 어중간하다. 그런데 왜 이 사발이 천하 3대 이도에 들어가느냐. 풍경의 아름다움이 매우 뛰어나기 때문이다.

그것은 사발 안 부분 경치의 아름다운 조화 때문이다. 보기에 따라서는 거무스름하기도 하고 하야스름하기도 한다는 이 가가이도의 신비는 유약에서 비롯된 것으로 보이는데, 그 스스로의 변환에 마쓰다이라 하루

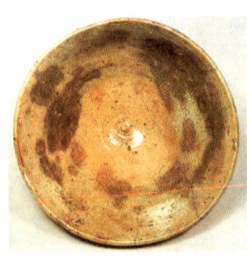
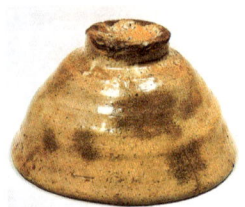

가가이도 안 부분의 풍경과 외형

30 찻사발에 생긴 미세한 금 사이로 찻물이 스며들어 생기는 무늬

사토도 감복했다.

미노 국美濃国의 도키土岐 가문, 다누마田沼 가문, 마쓰다
이라 하루사토를 거쳐 현재 개인 소장품.

3. 호소카와細川

높이 9.4cm 구경 15.8cm 굽 지름 5.5cm. 다도 우등생
의 품격 높은 이도. 이도 다완의 매력을 모두 쏟아부은
것 같은 완벽한 그릇으로 기자에몬에 필적한다는 평
가도 있다. 특히 높은 굽에 있는 가이라기가 훌륭하고,
백색 유약이 흰 산맥처럼 퍼진 부분 등은 기자에몬을
능가하는 완성도가 있다고 본다. 만약 기자에몬을 위
압적으로 느끼는 사람이라면, 호소카와의 우아한 인
상의 매력에 틀림없이 홀릴 것이라는 평가다. 호소카
와가 리큐의 일곱 제자의 한 명이었던 것도 이 찻사발
의 명성을 높이고 있다.

호소카와 산사이細川三斎, 센다이仙台의 다테伊達 가문,
마쓰다이라 하루사토를 거쳐 현재 하타케야마畠山 기
념관 소장. 중요문화재.

4. 쓰쓰이즈쓰筒井筒

높이 7.9cm 구경 14.5cm 굽 지름 4.7cm. 천하 3대 이
도에 필적하는 뛰어남을 가진 이도. 기자에몬이나 호
소카와이도와 같은 간뉴나 가이라기의 훌륭함은 아니
지만 높이와 굽이 높아서 날렵한 모양이 매우 고귀함
을 느끼게 해준다. 전문가도 좋아할 차분한 깊이를 가
진 그릇이다. 이 찻사발에 대한 여러 사연들은 이미 앞
에서 이야기했다.

쓰쓰이 준케이, 도요토미 히데요시, 비샤몬도毘沙門堂를
거쳐 개인 소장. 중요문화재.

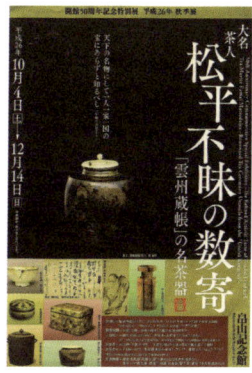

기자에몬이도를 비롯해
천하의 명물들을 상당수 소장했던
다인 마쓰다이라 후마이의
명기들을 보여주는
2013년 특별전 포스터

5. 미노美濃

높이 8.7cm 구경 15.0~15.2cm 굽 지름 4.8cm. 전체적
으로 깔끔하지만 돌연한 변화도 느낄 수 있다. 비파 색
의 색상이 상당히 퇴색되어 흰색처럼 보이는 것도 귀족
취향에 맞을 수 있다. 고보리 엔슈는 아마도 이도 같지
않은 이 흰색을 선호했을 것이다. 세 명의 유명한 다인
의 손을 거친 경험도 심상치 않은 값어치를 더해준다.
고보리 엔슈, 사카이 소가酒井宗雅, 마쓰다이라 하루사
토, 단다쿠마団琢磨를 거쳐 고토미술관五島美術館 소장.
중요 미술품.

6. 우라쿠有楽

높이 9.3cm 구경 15.0 ~ 15.2cm 굽 지름 5.4 ~ 5.6cm.
기자에몬이나 호소카와이도에 버금가는 정도의 명물.
형태의 안정감이 뛰어난데다 흰색 유약이 걸린 상태
가 매우 훌륭하고 경치로 볼만하다.
오다 우라쿠織田有楽, 기노쿠니야 분자에몬紀伊国屋文左衛
門, 마쓰나가 지안松永耳庵을 거쳐 도쿄국립박물관 소장.
중요 미술품.

7. 에치고越後

높이 8.7cm 구경 14.5~14.7cm 굽 지름 5.3~5.5cm.
중요문화재로 지정될 정도로 높은 평가를 받고 있다.
잘 갖추어진 모양을 하고 있으며, 간뉴의 상태에 얼룩
이 있지만, 진귀한 찻사발에만 볼 수 있는 볼거리일 수
도 있다. 주둥아리의 거무스름해진 부분도 특징적이다.
에치고덴越後殿, 롯가쿠미쓰이케六角三井家, 이와사키케岩
崎家를 거쳐 세이카도문고静嘉堂文庫 소장. 중요문화재.

8. 마쓰나가松永

높이 8.2cm 구경 14.6cm 굽 지름 5.5cm. 긴장감 있는

형상의 명물이다. 형태의 훌륭함은 큰 이도 가운데서
도 으뜸이다. 전국 다이묘 중에서도 스키샤數寄者[31]로
유명했던 마쓰나가 히사히데의 소장품이었다.
고보리 엔슈를 거쳐 현재 개인 소장품. 중요 미술품.

9. 쓰시마対馬

높이 8.7cm 구경 14.1cm 굽 지름 5.1cm. 앞의 '에치고'
와 비슷한 분위기를 가진 이도를 쓰시마対馬 번의 영주
인 소宗 가문이 소유하고 있었다. 매우 정돈된 형태를
하고 있으며, 얼룩이 있는 빙열을 가졌다는 신기함도
'에치고'와 비슷하다. 스시마소케対馬宗家, 와카사사카
이케若狹酒井家 전래. 유키湯木미술관 소장.

10. 사카모토坂本

높이 8.4cm 구경 14.5cm 굽 지름 4.3cm. 노부나가를
혼노지에서 자살케 한 아케치 미쓰히데의 소장품이었
다. 쓰쓰이즈쓰처럼 모양이 우아한 느낌을 준다. 오른
쪽에 있는 상처는 이를 입수한 노무라미술관 설립자
노무라 도쿠안野村得庵이 다회 때 사용하면서 생긴 것이
라고 한다.
아케치 미쓰히데, 도요토미 히데요시, 도다 로긴戸田露
吟을 거쳐 노무라미술관 소장. 중요 미술품.

위의 10개와 나머지 50개를 더해 60개를 정리하면 다음
의 표와 같다. 이외에도 중요 미술품으로 지정된 아사
노浅野와 류코인龍光院이 있지만 소재가 불분명하다.

---

31 풍류를 좋아하는 사람. 특히 다도를 취미로 하는 사람

번호	이름	전래자	소장자
1	기자에몬喜左衛門	다케다 기자에몬竹田喜左衛門, 혼다 다다요시本多忠義, 마쓰다이라 하루사토松平治郷	다이토쿠지 고호안 大德寺 孤篷庵
2	가가加賀	도키 미노노카미土岐美濃守, 다누마게田沼家, 마쓰다이라 하루사토松平治郷	개인 소장
3	호소카와細川	호소카와 산사이細川三斎, 센다이 다테케仙台伊達家, 마쓰다이라 하루사토松平治郷	하타케야마기념관 畠山記念館
4	쓰쓰이즈쓰筒井筒	쓰쓰이 준케이筒井順慶, 도요토미 히데요시豊臣秀吉, 비샤몬도毘沙門堂	개인 소장
5	미노美濃	고보리 엔슈小堀遠州, 사카이 소가酒井宗雅, 마쓰다이라 하루사토松平治郷, 단 다쿠마団琢磨	고토미술관 五島美術館
6	우라쿠有楽	오다 우라쿠織田有楽, 기노쿠니야 분자에몬紀伊国屋文左衛門, 마쓰나가 지안松永耳庵	도쿄국립박물관 東京国立博物館
7	에치고越後	에치고덴越後殿, 롯가쿠 미쓰이케六角三井家, 이와사키케岩崎家	세이카도문고静嘉堂文庫
8	마쓰나가松永	고보리 엔슈小堀遠州	개인 소장
9	쓰시마対馬	쓰시마소우케対馬宗家, 와카사 사카이케若狭酒井家	유키미술관湯木美術館
10	사카모토坂本	아케치 미쓰히데明智光秀, 도요토미 히데요시豊臣秀吉, 도다 로긴戸田露吟	노무라미술관野村美術館
11	소규宗及	쓰다 소규津田宗及	네즈미술관根津美術館
12	후쿠시마福嶋	후쿠시마 마사노리福島正則, 마에다 도시쓰네前田利常	마에다 육덕회前田育德会
13	노부나가信長	오다 노부나가織田信長, 교고쿠 다카쓰구京極高次, 도요토미 히데요시豊臣秀吉, 후루타 오리베古田織部, 마루카네 교고쿠丸京極	하타케야마기념관
14	곤치인金地院	곤치인金地院, 구쓰키 마사쓰나朽木昌綱, 이와사키케岩崎家	세이카도문고
15	사카이さかい		네즈미술관
16	미요시노三芳野	마쓰다이라 하루사토松平治郷	네즈미술관
17	이쿠아키幾秋	모리케毛利家	개인 소장
18	혼아미本阿弥	히메지 사카이케姫路酒井家	MOA미술관
19	모리毛利	모리케毛利家	이데미쓰미술관出光美術館
20	가나모리金森	가나모리 소와金森宗和	MIHO박물관

번호	이름	전래자	소장자
21	후루타 와리코다이 古田 割高台	사쿠마 노부히데佐久間信栄, 곤니치안今日庵	네즈미술관根津美術館
22	고라이이도高麗井戸	오와리 도쿠가와케尾張德川家	도쿠가와미술관德川美術館
23	리소우履霜	후나고시 나가카게船越永景	개인 소장
24	이와畧	아리사와 시키센有沢式善	다이코묘지大光明寺
25	다마미즈玉水		다이코묘지
26	호라이산蓬莱山	마쓰나가 지안松永耳庵	개인 소장
27	다이고라이大高麗	아타기 후유야스安宅冬康, 오와리 도쿠가와케尾張德川家	도쿠가와미술관德川美術館
28	묘키안妙喜庵		개인 소장
29	고코노에九重	마쓰우라케松浦家	고토미술관
30	미무로三室		개인 소장
31	호리堀	호리 야마토노카미堀大和守	개인 소장
32	나바에難波江		개인 소장
33	고잔江山		후지타미술관藤田美術館
34	무라쿠모村雲	호소카와 산사이細川三斎	개인 소장
35	사노佐野	교토사노케京都佐野家	도쿄국립미술관東京国立博物館
36	간바야시上林	도요토미 히데요시豊臣秀吉, 간바야시 치쿠안上林竹庵, 미쓰이케三井家	미쓰이기념미술관 三井記念美術館
37	와카쿠사ゎか草	류에이고모쓰柳営御物 *도쿠가와 가문 다기	개인 소장
38	혼간지本願寺	ㅣㅣ시혼간지西本願寺	개인 소장
39	하치몬지야八文字屋	미쓰이케三井家, 코노이케케케鴻池家	고토미술관
40	호우라이蓬莱	다케노 조오武野紹鴎, 이마이 소큐今井宗久	후지타미술관
41	히라노야平野屋		개인 소장
42	다이몬지야大文字屋	히라세케平瀬家	개인 소장
43	세타瀬田		긴카쿠지銀閣寺

44	아마구모雨雲		기타무라미술관北村美術館
45	후지누마藤沼		고산지미술관耕三寺美術館
46	엔난燕庵	야부노우치케藪内家, 쇼고인聖護院	코세쓰미술관香雪美術館
47	릿카立華	다이쇼지한大聖寺藩, 마쓰다이라 히다松平飛驒	만노미술관 万野美術館旧
48	야마부시山伏		니혼민예관日本民芸館
49	노와키野分		이쓰오미술관逸翁美術館
50	도코나쓰常夏	마쓰다이라 하루사토松平治郷	개인 소장
51	사카베坂部	도요토미 히데요시豊臣秀吉	개인 소장
52	소규宗及	하치스카케蜂須賀家	개인 소장
53	덴노지야天王寺屋		개인 소장
54	교텐曉天		개인 소장
55	다카마쓰高松	다카마쓰한高松藩, 마쓰다이라 사누키松平 岐	개인 소장
56	이소시미즈磯清水		도쿠가와미술관
57	아사카야마あさか山	가가카와 사키케加賀川崎家	후지타미술관
58	시모츠마下間	시모쓰마케下間家	개인 소장
59	사카이酒井	쓰루오카 사카이케鶴岡酒井家	혼마미술관本間美術館
60	오우翁	마스다 돈오益田鈍翁	MOA미술관

3, 4, 5, 6, 7, 8, 10, 11, 12, 13, 14, 15, 16, 17, 20번은 중요 미술품

이도 다완에 대해서는 그동안 많은 시각차와 서로 다른 주장들이 있었다. 한 반도에서 만들어진 것이지만 현존하는 이도 다완 대부분이 일본에 존재하고, 국내 연구가 제대로 정립되지 않고 있어 일본인 관점에서 쓰인 이론들이 마치 정설처럼 여겨지기도 했다.

이도 다완에 대한 일본의 견해는 두 가지다. 하나는 이도 다완이 원래 고려와 조선의 막사발이었다는 '잡기설雜器說'이다. 이는 일본의 저명한 민예운동가이자 미술평론가인 야나기 무네요시가 주장한 것으로 조선 서민의 생활그릇이 일본에서 고급 찻사발로 쓰이고 대접받고 있다는 내용이다.

이 '막사발론'은 우리 주변에 널려 있던, 심지어 개밥 그릇으로도 쓰던 용기들을 일본은 마치 임금님 모시듯 숭상한다는 일종의 자기최면적인 우월의식으로 작용하면서 가장 널리 퍼진 이론이 되었다. 우리 학계는 물론 국민 상당수가 여전히 이도 다완을 조선의 막사발이라고 인식하고 있는 것이다. 물론 일부 조선 생활 도자기가 찻사발로 용도가 바뀐 경우도 있었을 터다.

야나기 무네요시의 막사발론은 이도 다완을 폄하하기 위한 것이라고는 보이지 않는다. 그러나 조선의 흔한 막사발이 일

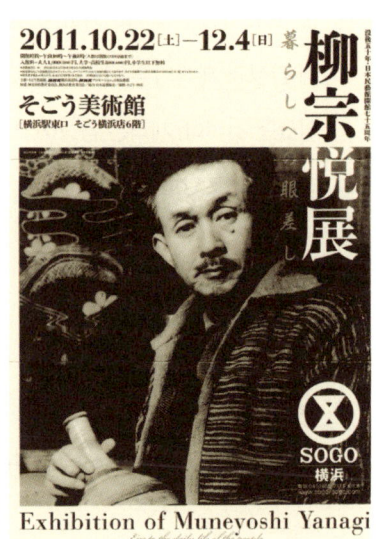

2011년 야나기 무네요시 특별전 포스터

본에 와서 센노 리큐의 와비 사상에 어울리는 품격을 갖추었음을 강조하다 보니, 한국인이 미처 발견치 못한 미의식과 가치를 일본인이 발견해 찻그릇으로 사용해 문화 혹은 '정신의 고양'을 완성했다고 주장하는 논리의 비약에 빠졌다는 비판을 받을 소지도 있다.

다시 강조하지만 야나기 무네요시의 주장에 의도적인 비하 감정이 있다고 보이지는 않는다. 사실을 잘못 인식할 수는 있지만 그의 여러 글들을 읽어보면 폄하 의도가 없었다는 사실을 금방 알 수 있다.

> '"찻잔은 고려"라고 다인들은 말한다. 정직한 고백이다. 일본에서 만들어진 찻잔은 조선 것에 미치지 못한다는 것을 말하는 것이다. 어째서 미치지 못하는 것일까? 아름다움, 즉 볼만한 점을 스스로 만들어내려 했기 때문이다. 자연을 침범하려고 했던 그 어리석음에 따른 것이다. 다인들에게 감상과 제작의 혼잡함이 있었던 것이다. 그리하여 감상이 제작을 제약했던 것이다. 제작은 감상에 의해서 해를 입은 것이다. 일본 다기는 의식의 상처를 앓고 있다.'
>
> ─「기자에몬이도喜左衛門井戸를 보다」 중에서[32]

> '예를 들어 찻잔의 역사를 보면 초기의 것은 대부분 모두 '외래품'이고 특히 조선의 물건이 최고였다. 그런데 일본에서도 제작이 시도되어 곧 '외

---

[32] 야나기 무네요시, 「기자에몬이도(喜左衛門井戸)를 보다」 『일본학총서 17 : 야나기 무네요시, 다도와 일본의 美』, 한림대학교 일본학연구소, 2010, p 55

래품'에서 '일본 것'으로 역사가 변해갔다. 이것을 발전이라고 보는 역사가도 있지만, 내가 보기에는 변화라고 할 수는 있어도 진보라고는 하기 어렵다. …… 후자가 전자를 뛰어넘는 결과를 낳았다고는 결코 말할 수 없기 때문이다. 전자에서는 무애심이 나오는 필연적인 형태의 흐트러짐을 볼 수 있지만, 후자에서는 완전을 부정하려고 해서 나온 조작이 보인다. 알기 쉽고 명료하게 말하자면 전자를 '자연스러운 것', 후자를 '만든 것'이라고 구별해야 할 것이다. '이도'와 '라쿠'를 대비시키면, 이들 성질이 분명하게 나타난다. 작위를 나타내지 않는 '라쿠'가 없는 것처럼, 작위를 나타낸 '이도'도 없다. 한쪽은 처음부터 '잡기雜器'로 만들어지고 다른 쪽은 끝까지 '잡기'였던 것이다. …… '이도'는 영원히 그 아름다움에 있어서 우월성을 나타낼 것이다.'

– 「기수奇數[33]의 아름다움」 중에서[34]

야나기 무네요시는 일본 '라쿠'에 의도적이며 계급적인 성격이 들어갔기 때문에 그런 것이 없는 조선 '이도'의 미학적 우월성이 훨씬 높다고 본 것이다. 이러한 그의 주장은 조선 찻사발의 미학이 바로 공존과 상생의 미학을 담고 있는 검박함에 있다는 사실을 다른 말로 표현한 것이라 할 수 있다.
누군가는 조선의 찻사발에 '화엄華嚴의 미학'이 있다고 했다. 부처님의 만행萬行과 만덕萬德, 불법의 광대무변함이 조선 찻사발의 꾸미지 않는 아름다움에

[33] 진기한 것 혹은 이상한 것. '수기(數奇)'라고도 한다.
[34] 위의 책, p 191

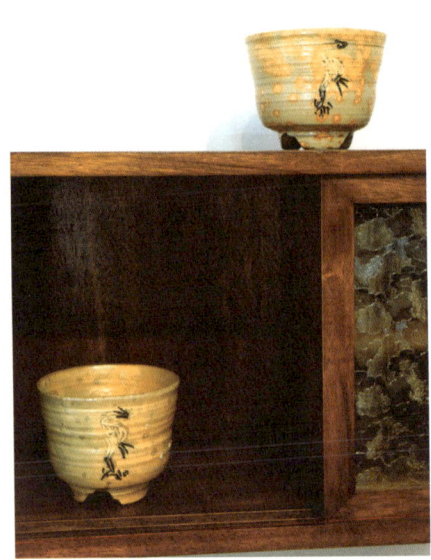

2016 전국 찻사발 공모전
대상 수상의 관문요 찻사발

깃들어 있다는 것이다. 그러기에 누구나 손에 들고 밥이면 밥, 나물이면 나물, 차면 차, 그 어떤 생명의 공양들을 담아도 못나지 않는 우주적 '화엄'의 완성이 바로 조선 찻사발이다.

그런데 정말 아이러니하게도 그런 우주적 화엄의 완성은 찻사발의 미완성에서 비롯된다. 서툴고 투박한, 어떤 이유인지는 모르지만 다급해서 미처 갈무리를 짓지 못한 것 같은 미완성에 완벽한 미학이 살아 숨쉰다. 찻사발 표면에 자연스럽게 그려진 자연을 닮은 문양, 온유한 색감, 가벼움과 높은 굽의 당당함, 끊임없는 색의 변화와 따뜻한 촉감 등은 그 어떤 찻사발도 결코 흉내 낼 수 없는 자연스러움 그 자체다.

야나기 무네요시는 1931년 3월 8일 고호안에서 기자에몬이도를 처음 보고 '훌륭한 찻사발이다. 그렇지만 어쩌면 이다지도 평범한가'라고 마음속으로 외쳤다고 한다. 어쩌면 기자에몬이도 등은 진짜 조선의 밥공기였을 수도 있다. 평민들이 아무렇게나 사용하고 부엌에 두었던 하찮은 잡기일지 모른다. 흙은 뒷산에서 캐와 대충 모양을 잡고, 유약은 집의 화로에서 가져온 재를 그대로 사용하였으며, 굽도 거칠게 마무리했다. 질에 모래가 달라붙어도, 가마가 보잘 것 없어도 아무도 신경 쓰지 않고 아무렇게나 만든 밥공기가 바로 일본인들이 국보로 떠받드는 기자에몬이도의 진짜 정체일 수 있다.

그런데 그런 잡기들이 천하 대명물로 바뀐 것은 위에서 누누이 강조했듯 그릇을 사용하는 사람의 마음가짐이 더해졌기 때문이다. 센노 리큐나 야나기 무네요시는 그런 조선의 그릇에서 선어禪語의 '지도무난至道無難'을 느꼈을 것이다. 조선 사발의 평범함 속에 있는 자연스러움과 건강함은 불법의 무사無事, 무난無難함이다.

그래서 『임제록臨濟錄』도 '무사無事함이 귀인이요, 단지 조작하지 마라'고 했다. 기자에몬이도에는 이러한 고요하고 평온한 정온靜穩의 아름다움이 있다고 그들은 생각했던 것이다.

야나기 또한 "다인들이 일상생활 용기인 찻그릇을 명기라고 칭송했던 것은 그 잡기 속에 낙착落着된 고요미를 발견했기 때문이다"고 말했다. 그는 또 "무사함이 있기 때문이다. 조작된 것이 없고 보는 사람으로서 황홀함은 느끼게 한다"고 강조했다.

이도 다완에 대한 또 하나의 견해는 일본국립박물관장을 지낸 미술평론가 하야시야 세이조林屋晴三, 1928~가 주장했다고 하는 '제기설祭器說'이다. 이도 다완

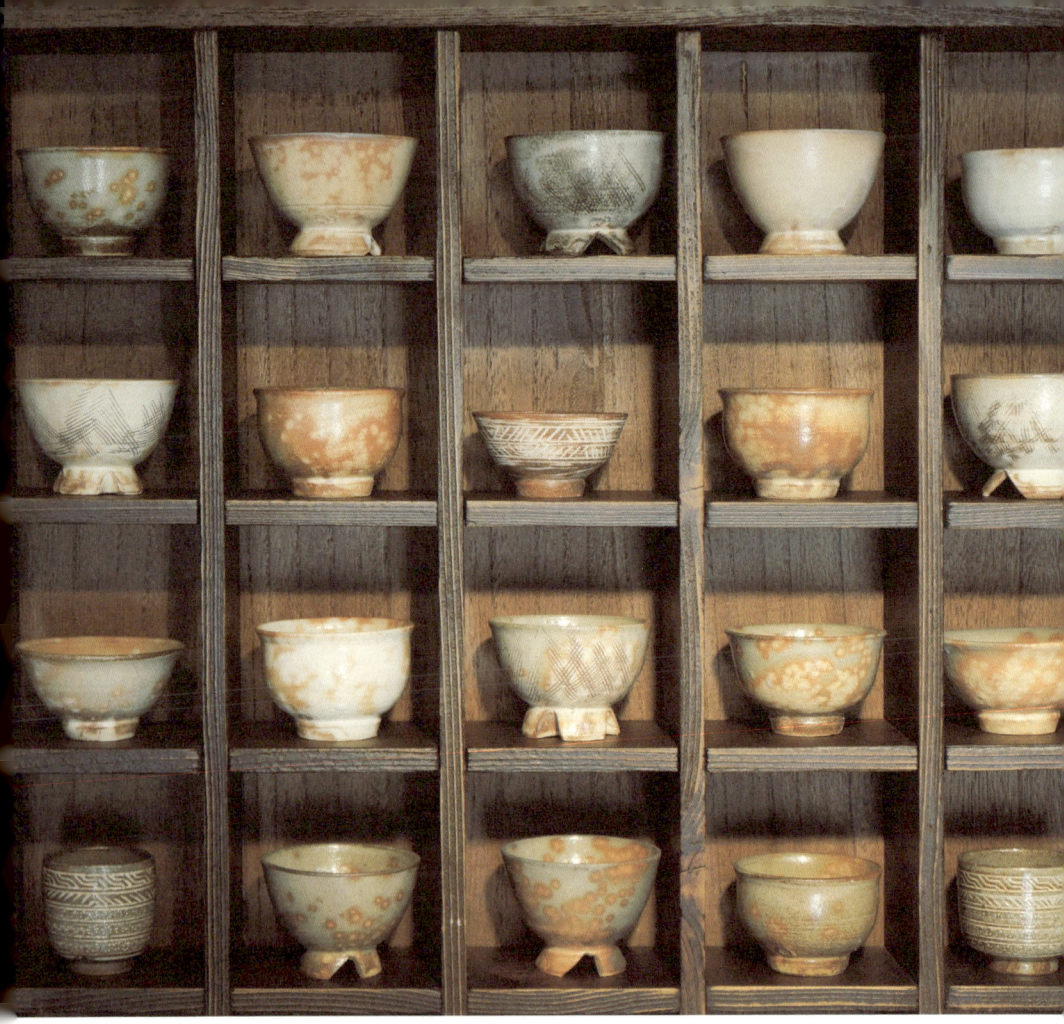

전통 장작가마를 고수하는
우리나라 문경 월봉요(月峯窯)의 찻사발들로
2016년 문경 찻사발 축제 전시작들이다.

은 조선에서 제사를 지낼 때 쓰던 제기의 일종이라는 주장이다. 다시 말해 일반 가정에서 제사에 사용한 멧사발제기이 일본에 건너가 최고의 찻사발이 되었다는 것인데, 전혀 근거가 없는 얘기는 아니다.

예를 들어 지금 일본에서 대명물의 하나로 인정받고 있는 이도 다완의 하나는 굽 밑부분이 갈라지도록 큰 홈을 만든 김해 지방의 멧사발이 거의 확실하다. 이처럼 김치나 깍두기 등을 담는 멧사발용 보시기가 일본에 건너가 명물 찻사발이 된 경우도 있지만 이는 어디까지나 예외적인 것으로 보편적인 현상은 아니라고 보인다. 그렇지만 이 역시 일부 도예가들 사이에서 굳어진 정설로 통하고 있다.

또한 하야시야 세이조는 '제기설'이 자신의 학설이 아니라고 「세계일보」와의 인터뷰[35]에서 공식 부인했다. 가깝게 지내는 한국의 한 원로학자의 주장을 소개한 것이 와전되었다고 확인한 것이다.

결론적으로 말하자면 조선의 생활그릇사발이나 멧사발의 일부가 일본 대명물 찻사발로 변용된 경우가 없지 않다. 그럼에도 분명한 사실은 조선에서도 가루차용 전문 찻사발을 만들었으며, 이도 다완은 그중의 하나라는 점이다.

조선 말기의 기록에는 민영화된 분원요分院窯에 가루차용 다구를 주문한 내용도 남아 있다. 당시 주문 목록을 보면 점다기点茶器와 점다종点茶鍾, 다관茶罐[36]과 다종茶鍾이 별도로 상세하게 명시되었다. 차를 마시는 방법에서 점다법点茶法은 차를 가루로 만들어 마시는 방법이니 점다기와 점다종은 가루차용 다구요, 다관과 다종은 잎차를 우려내 마시는 엄다용淹茶用 다구이다. 이처럼 조선에서

35 「세계일보」, 2014년 1월 14일자 기사
36 찻물을 끓이는 그릇(주전자 등)으로 '차관'이라고도 한다.

는 가루차를 점다하는 찻사발과 잎차를 엄다하는 찻사발이 함께 생산되었고, 두 가지 음용법이 공존했음을 알 수 있다.

찻사발은 만들기 어려운 도자기로 가격도 높았다. 위 기록의 가격표를 보면 다관 1냥 5전, 찻종[37] 7전, 자완磁椀[38] 1냥 7전, 점다기 7전, 점다종 7전, 술잔 7전 이었다. 찻사발의 값이 유독 비싸다. 그만큼 고도의 기술이 발휘된다는 말이다. 요즘도 찻사발은 물레 성형이 숙련된 물레대장이 아니면 만들기 어렵다. 조선 문인들도 차 마시는 일에 비중을 두고 상당히 공들였다. 조선 초 학자이자 문인인 김시습金時習, 1435~1493은 차를 마시는 '금오다실'이라는 방을 두었을 정도다. 조선 중기 문신이자 임진왜란 때 의병장이었던 고경명高敬命, 1533~1592은 1565년 겨울에 "오직 한스러운 건 육우의 『다경茶經』이 빠진 것이라"고 했고, 1585년 겨울에 쓴 시에서 '산성명완山城茗椀'이라는 찻사발에 크게 만족했다고 밝히고 있다. 하나의 산성과 바꿀 만한 명완이라는 점에서 이도 다완을 두고 한 말로 추정된다. 영의정을 지낸 이경석李景奭, 1595~1671 또한 "지난 열흘 동안 침석에 누워서 오랜 벗처럼 다구와 함께 했네"라고 했다. 1617년 8월 23일, 일본에 사신으로 간 오윤겸吳允謙, 1559~1636에게 일본 측에서 접대로 내놓은 선물은 찻잎과 차 맷돌이었다. 당시 조선에서도 가루차를 마셨기에 이를 선물로 준비했음을 짐작할 수 있다.

가루차를 만드는 방법은 물이 끓는 탕관湯罐에 가루차를 넣고 휘저어 끓여 떠서 마시는 방법과 찻사발 속에 가루차를 넣고 뜨거운 물을 부은 다음 찻솔로 휘저어 마시는 방법이 있다. 15세기 말에서 16세기에 조선에서 만들어진 소

---

[37] 차종지
[38] 다완의 다른 말

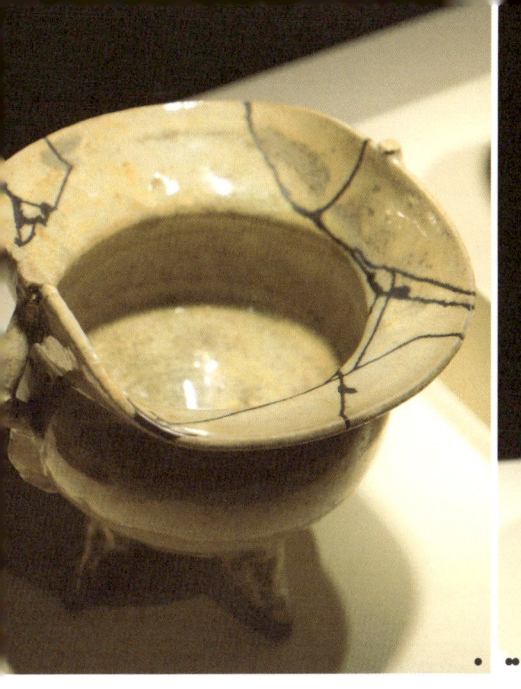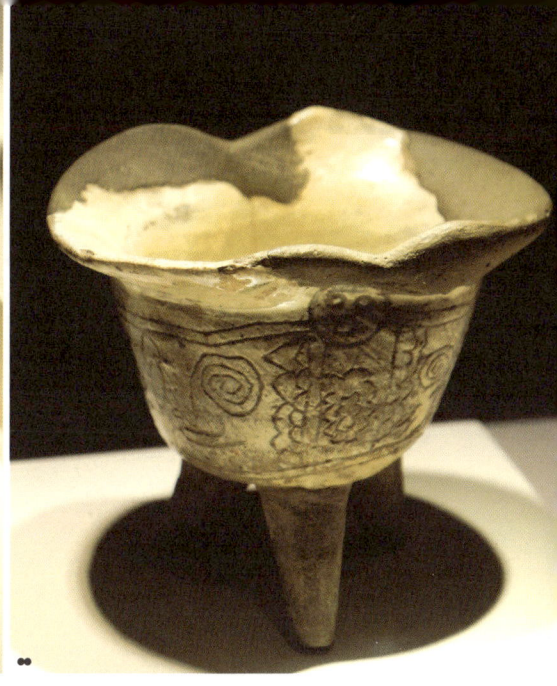

● 조선 제기. 분청 인물무늬 작(爵)　●● 조선 제기. 분청 분장무늬 작, 제사상 제일 앞에 놓는 술잔이다.

🐾 우리나라 갈평요의 꽃병과 차 도구

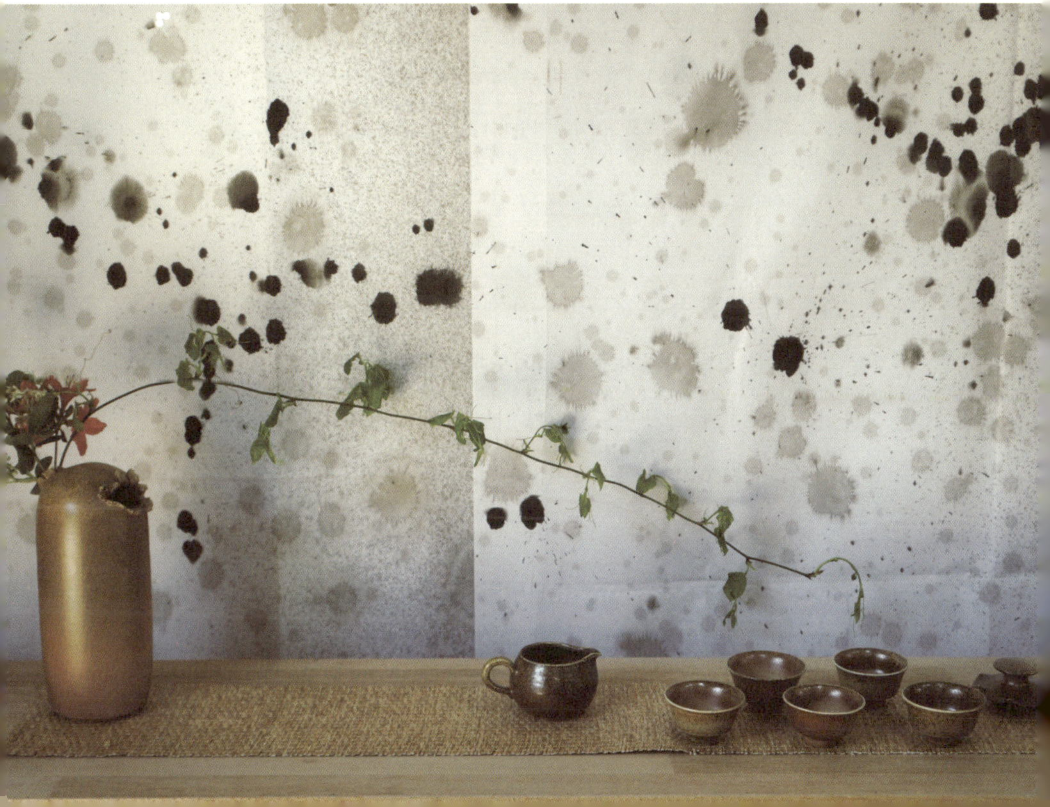

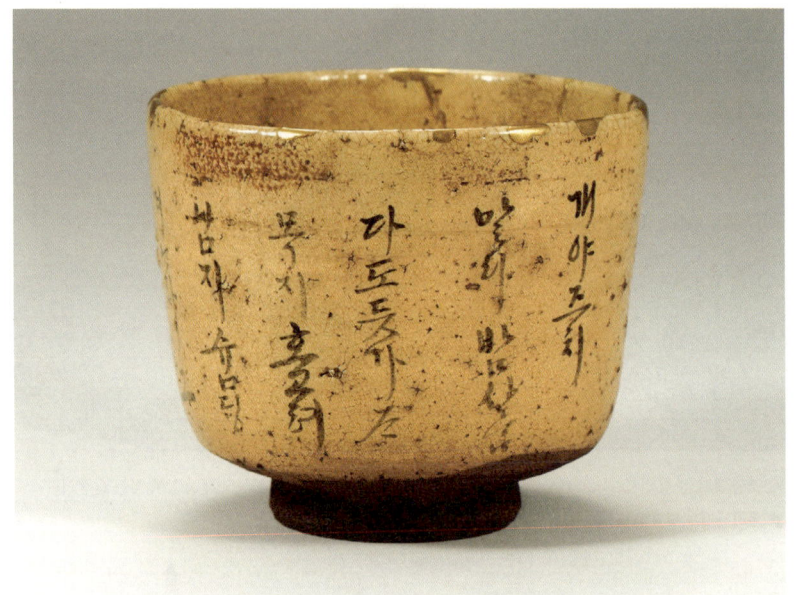

일본인 고미술품 수집가 후지이(藤井) 씨 가족이 교토의 골동품상에서 구입해 도쿄국립박물관에 보관해오다 2008년 한국국립중앙박물관에 기증한 고려다완. 굽에 유약이 없는 하기야키(萩燒)의 하나로 추정된다. 일본에 붙잡혀간 조선 사기장이 쓴 것으로 추정되는 '저 멀리서 개 짖는 소리가 들린다. 그리운 고향에 돌아가고 싶다'라는 한글이 쓰인 매우 희귀한 찻사발이다(국립중앙박물관 제공 사진).

바蕎麥 다완, 이도 다완 등은 모두 후자에 해당된다. 따라서 찻사발의 안쪽 아 랫부분의 형태를 보면 가루차가 잘 섞이도록 둥글게 만들어져 있다. 이는 소 바 다완이나 이도 다완이 생활도자기가 아닌 가루차에 맞게 만들어진 찻사발 임을 말해준다. 교맥다완蕎麥茶碗, 즉 소바 다완은 이도 다완보다 앞서 쓰였던 것으로 추정되는 찻사발이다.

이처럼 조선에서 가루차를 마시지 않았다면 모르되, 조선 역시 가루차 음용이 매우 보편적이었으므로 이를 위한 찻사발을 만들지 않았을 리가 만무하다.

만약 우리 민족이 가루차를 마시지 않았다면 이도 다완은 일본과의 교역을 위한 수출용 도자기거나 일본인의 주문에 의한 일본인의 도자기였을 것이다. 따라서 이도 다완은 막사발이나 멧사발이 아닌 우리 문화에 의한 우리 찻사발이라고도 할 수 있다. 이도 다완은 한국에서도 찻사발이었고, 일본에도 찻사발로 건너간 것이다. 앞에서 누차 강조했지만 센노 리큐는 화려와 사치에 빠진 일본 차 문화의 물신 숭배를 바꾸기 위해 '와비'라는 개념을 만들어내는데, 여기에 맞아떨어진 것이 이도 다완이었다. 화려한 흑유黑釉 계통의 덴모쿠 자완 대신에 소박한 이도 다완이 채택된 것이다.

전국시대 규슈의 최고 실력자이며 크리스천 다이묘였던 오토모 소린大友宗麟, 1530~1587의 문서도 이도 다완이 조선에서 일본의 주문에 의해 생산되었다는 사실을 말해주고 있다.

오토모 소린은 출가 시절 다이토쿠지 주지 뎃슈 소큐徹岫宗九 화상에게서 차를 배웠다. 이때 다이토쿠지에서는 불교 선을 수행할 때 필수적인 말차抹茶가 유행하고 있었다. 말차의 유행은 도자기로 만든 찻사발을 필요로 했다. 일찍부터 조선, 명나라와 대외무역을 해본 경험이 있는 오토모 소린은 전국시대 그 어떤 다이묘보다도 찻사발을 입수하기 좋은 위치에 있었다. 「시마이가島井家 문서」에 전해지는 오토모 소린과 그의 가신 요시히로吉弘의 편지에는 '조선의 고려다완이 도착하여 무척 기쁘다', '조선에서 차제구가 도착하기를 학수고대하고 있다'는 내용이 기록되어 있다.

조선에서 다도 전용의 찻사발을 제작했고, 그 품질이 기자에몬이도를 능가했다는 사실은 지난 2013년 「세계일보」의 발굴로도 확인되었다. 「세계일보」가 기획시리즈 '한국 다완의 미감'을 취재하는 과정에서 발굴한 이 찻사발은 전북 정읍 지역에서 전해 내려온 것으로 국내의 한 도자기 마니아가 소장해왔다. 16세기^{조선초} 쯤에 만들어진 것으로 추정되는 이 찻사발은 지름 14cm, 높이 8cm, 무게 265g으로, 모양과 비파 색 등에서 이도 다완의 전형적인 모습과 특징을 고스란히 지니고 있다. 특히 어떤 손상도 없이 한 번도 사용되지 않은 채로 보존돼 내려온 것이어서 지극히 이례적인 '대사건'이라 할 만하다.

「세계일보」는 이 찻사발의 진가를 판별하기 위해 센노 리큐의 15대 후손으로 일본 다도계를 대표하는 가문인 우라센케^{裏千家}의 센 겐시쓰^{千玄室·당시 90세} 대종장^{大宗匠}을 초청해 감정을 의뢰했다. 11월 6일 500년 만에 세상에 얼굴을 드러낸 이 이도 다완을 만난 그는 "살아 있다"라고 찬사를 하며, "센노 리큐가 이도 다완을 처음 봤을 때 전율을 느꼈다는 이야기가 이해가 된다"며 감탄했다.

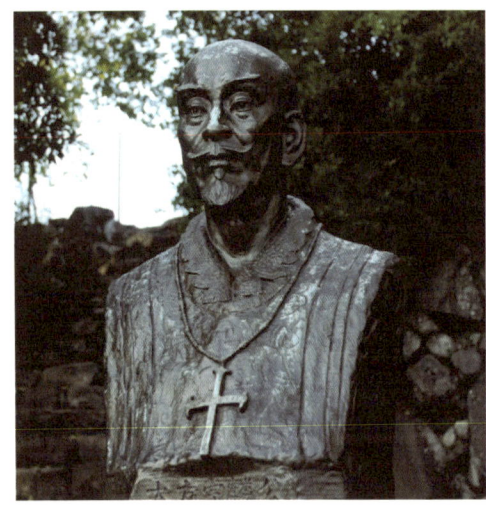

규슈 오이타 시(大分市)
후나이 성(府内城)에 있는 오토모 소린의 동상.
목에 걸린 십자가가
그가 크리스천 다이묘임을 알려준다.

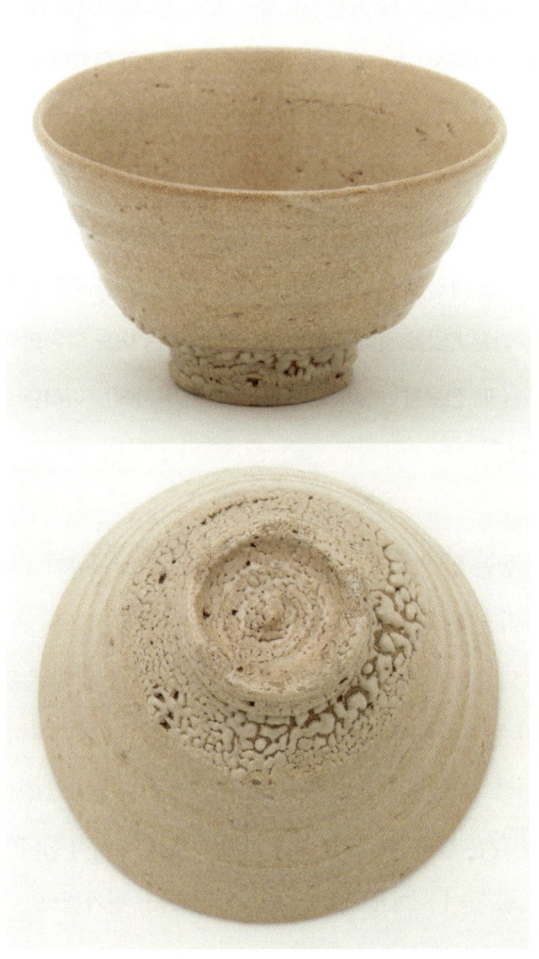

2013년 「세계일보」가 발굴해 최초 공개한 조선 찻사발 (「세계일보」 제공 사진)

"좋네요. 매화피가 정말 좋아요. 여기 보면 밑굽이 그다지 크지 않으면서 쭉 올라온 것이……. 찻사발 안쪽 바닥에 모래가 녹은 흔적이 확실하게 드러나 있어요. 찻사발을 감정하는 데 있어 매우 중요합니다. 이도 다완 들은 여러 개를 겹쳐서 같이 구워냈기에 이러한 자국이 생겼어요. 이것 은 그 자국이 매우 확실합니다. 매화피의 크기가 큰 것에서 작은 것으로 점점 작아지면서 조용히 사라지는 게 보이죠. 이 정도 매화피는 드뭅니 다. 매우 좋습니다. 찻사발은 말을 할 수가 없지만 그래도 이 다완은 살아 있습니다. 이것은 대단한 찻사발입니다. 센노 리큐가 처음 이도 다완을 봤을 때 이런 기분이었을 것이라 생각합니다. 리큐는 이도 다완의 매화 피를 처음 봤을 때 전율을 느꼈다고 합니다. 당시 일본에는 이러한 도자 기가 없었어요."

조선 사기장들의 높은 안목으로 만들어진 찻사발을 센노 리큐가 즉각적으로 알아보고 와비차의 근본으로 삼았듯이, 그의 후손인 센 겐시쓰도 500년 후에 그의 선조가 만났던 이도 다완의 미학적 가치를 즉각적으로 알아본 것이다.

이 자리에 배석한 동아시아차문화연구소 박동춘 소장은 "어린아이 피부 같 은 촉감에서 내면적 온기와 깊이, 포용성, 도공의 심성, 예술미의 천연성이 생 생히 전해지는 것 같은 걸작"이라며 "역사 이래로 우리의 미적 심미안이 어디 에 맞닿아 있는지를 깊이 느끼게 해주는 찻사발"이라고 평가했다.

또한 국내 미술품 감정 권위자인 이동천 박사도 "이도 다완으로서의 모든 조 건을 조화롭게 두루 갖춘, 조선 초 온전한 걸작이 발굴된 것은 '기적'에 가까 운 일"이라며 "비파 색, 매화피, 형태, 크기, 무게 등 이도 다완의 원형을 그대로 보여주고 있어, 현존하는 200여 개 이도 다완 가운데 최고라고 할 수 있다"
고 말했다.[39]

이도 다완과 관련해서 그동안 일본 쪽 연구는 할 만큼 했다는 평가다. 안타깝
게도 발생지인 한국 쪽의 연구가 미완의 과제로 남아 있다. 전래된 일본 쪽의
연구는 어디까지나 반쪽짜리일 수밖에 없다. 하야시야 세이조도 이를 시인했
다. 한국 쪽이 반쪽을 채워야만 이도 다완의 진면목이 드러날 것이다.

그러나 이에 대한 우리나라의 인식과 연구 성과는 턱없이 부족하기만 하다.
연구 역시 일부 사기장들의 개인적인 노력에 그치고 있고, 정부 차원의 지원은
거의 전무한 실정이다. 만약 이도 다완의 발생지가 일본이었고, 우리나라와
일본의 입장이 바뀌었다면 일본 정부가 우리나라처럼 방치하고 있었을까? 여
러모로 애달픈 현실이다.

39 「세계일보」, 2013년 11월 8일자 신문 1면

● **가루차는
왜, 언제 우리 땅에서
사라졌을까**

가루차 혹은 말차는 시루에서 쪄낸 찻잎을 그늘에서 말린 후 잎맥을 제거한 나머지를 맷돌에 곱게 갈아 분말 형태로 만들어 이를 물에 타 음용하는 차를 뜻한다. 말차는 햇차의 새싹이 올라올 무렵 약 20일간 햇빛을 차단한 차밭에서 재배한 찻잎을 증기로 쪄서 만들기 때문에 빛깔이 진녹색으로 무척 곱다. 또한 뜨거운 물에 찻잎을 우려 마시는 잎차에 비해 찻잎을 통째로 먹는 말차는 물에 우려지지 않는 차의 유익한 성분까지 모두 섭취할 수 있다는 장점이 있다. 예컨대 찻잎에 함유된 비타민A, 토코페롤, 섬유질 등은 잎차로 마실 경우 40퍼센트 정도 섭취할 수 있으나 말차로는 100퍼센트 모두 섭취가 가능하다.

근대 이후 우리나라에서는 가루차를 마시는 습속이 거의 사라졌다. 요즘 들어 가루차를 마시는 방식이 조금씩 다시 부활하고 있지만 여전히 매우 미미한 수준이다.

『홍길동전』을 쓴 문장가이자 사상가인 허균許筠, 1569~1618도 가루차를 만들어 마시며 쓴 '새 차를 마시다飮新茶'라는 시에서 '처음으로 용단차를 쪼개 낱알처럼 펴 놓으니 밀운차최고급 왕실용 가루차와 같지 않는가新劈龍團粟粒鋪, 品佳能似密雲無'라고 읊고 있다. 조선 후기 실학자인 이익李瀷, 1681~1763 역시 그의 『성호사설星湖僿說』에서 '처음에 차는 달여서 탕으로 마셨다. 가례嘉禮40에서는 가루차를 잔 속에 넣고 끓인 물을 부은 다음 찻솔로 휘젓는데, 지금 일본 차가 모두 이와 같다'고 했다.

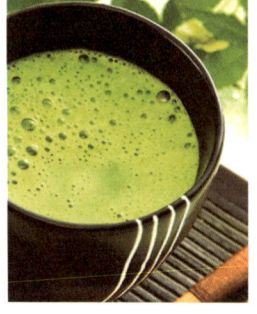

또한 네덜란드 동인도회사의 관리인으로 암스테르담 시장을 13번이나 역임한 니콜라스 비첸Nicolas Witsen,

1641~1717이 극동아시아를 다녀와 1692년 간행한 『북쪽과 동쪽 타타르 지방Noord en Oost Tartarye·North and East Tartary41』에서 '조선 땅에는 많은 차가 생산되고 있다. 그것을 가루 내어 뜨거운 물에 타 먹는 데 온몸을 찌푸리는 듯이 마신다'고 묘사하고 있는 것으로 보아, 조선 시절에는 우리도 가루차 음용이 매우 보편적이었음을 알 수 있다.

이처럼 뜨거운 물에 가루를 넣고 찻솔로 휘저어서 마시는 가루차는 고려 시대에 크게 유행했고 조선 초까지 지속됐다. 하지만 임진왜란 이후 나라 전체가 경제적으로 피폐해지면서 차 문화가 점차 쇠퇴하여, 가례 때 문인과 승려들 사이에서 드물게 행해졌다. 결국 임진왜란은 도자기 문화뿐만 아니라 이와 밀접한 관련이 있는 차 문화도 거의 사라질 정도로 크게 후퇴시켰음을 알 수 있다.

『일본 도자기 여행 규슈의 7대 조선 가마』에서도 소개했지만, 일본 민예운동의 창시자로 사상가이자 미술평론가, 종교학자인 야나기 무네요시에 대해서는 좀 더 자세히 살펴볼 필요가 있다. 그가 일제강점기에 21차례나 조선을 왕복하며 우리 문화와 예술에 대해 각별한 애정을 갖고 보존과 홍보에 노력했기에 특히 그러하다.
1924년 야나기 무네요시는 '조선 도자기의 귀신'으로 통하는 친구 아사카와 노리타카淺川伯敎, 아사카와 다쿠

● **야나기 무네요시의
조선 예술 사랑**

41 1700년대 서양 고지도는 우리를 'EAST TARTARY'라고 불렀고 요동반도 일부와 만주, 연해주를 모두 조선 땅으로 보았다.

미淺川巧 형제와 함께 경북궁 집경당緝敬堂에 '조선민족
미술관'도 개설했다. 일제강점기에 이런 미술관을 만
들기까지 얼마나 숱한 난관이 있었을지는 짐작이 가
고도 남음이 있다.
야나기는 조선 민족의 창조하는 마음을 억압하고 정
신을 빼앗는 것에 대해 참기 어려운 고통이며 인간성
에 대한 모독이라고 생각했다. 예술의 위대함을 알고
있던 미술사가에게 이는 바로 '인류의 손실'이었던 것
이다.

'생명은 짧고 예술은 길다고 시인은 노래한다. 그러나
예술에 나타난 조선의 생명이야말로 무한하며 또 절
대적이다. 거기에는 깊은 미가 있다. 미 그 자체의 깊이
가 있다'

야나기가 『조선과 그 예술』에서 조선 민족의 마음을
억압하는 일본의 정치를 거듭 개탄하며 비난한 것은
바로 이러한 이유 때문이다. 그는 범인류적인 미의 척
도에서 민족 예술의 보존과 고양에 대한 의무를 누구
보다도 강하게 인식하고 있었다.
'세계 예술에서 훌륭한 위치를 차지하는 조선의 명예
를 지키는 것이 일본이 해야 할 정당한 인도人道'임에
도 불구하고, 그렇지 않았기에 가만히 있을 수가 없었
던 것이다.
바로 그렇기에 일본이 '힘의 지배'로 조선의 독립과 자
유정신을 빼앗았을 때 3·1 독립운동 직후인 1919년 5
월 지식인들의 침묵을 과감하게 깨고 일본 군국주의
반대와 조선 독립을 부르짖은 사람이 야나기였다.

1920년에 쓴 「조선 친구에게 보내는 글」에서는 야나
기의 이러한 마음이 더욱 선명하게 드러나 있다. 조선

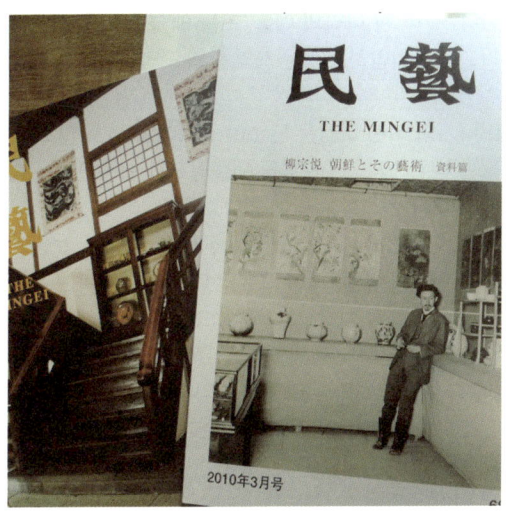

일본민예협회에서 발행하는 기관지 「민예(民藝)」

의 소신과 의지를 지키는 행위 외에는 어떤 것도 두려
워하지 않았던 데서 야나기의 정신의 깊이를 새삼 느
끼게 된다.

'그 예술이 위대하다는 것은 곧 조선 민족은 미에 대한
놀랄 만한 직관의 소유자임을 의미한다. …… 그것은
실로 섬세한 감각으로 만든 작품이다. …… 나는 그 예
술을 통해 조선에 바치는 깊은 존경의 마음을 금할 수
없다. 어떤 사람이든 정말로 경탄하지 않으면 안 된다.
이 명예야말로 오래 충심으로 존중되지 않으면 안 된
다. 그런데 웬일인지 예술적 소질이 풍부한 그 백성이
지금 추한 힘 때문에 고유의 성질을 방기하지 않으면
안 되게 되었다. 나는 그 세계의 손실에 대해 방관할 수

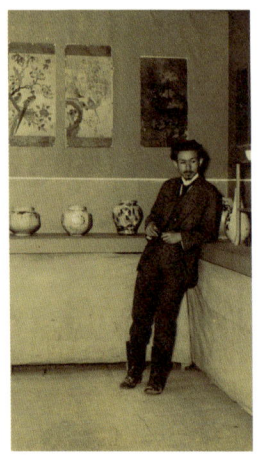

1921년 5월 도쿄에서 주최한
'조선민족미술전람회'
전시장에 선 야나기 무네요시

없다. ······ 한 나라의 예술, 또는 예술을 낳은 마음을
파괴하고 억압하는 것은 죄악 중의 죄악이다.'

야나기의 이런 마음은 단순히 생각에 머물지 않고 가
능한 범위에서 그 '손실'을 되돌리고자 행동했다는 점
에서 더욱 인정할 수밖에 없다. 그 실천이 조선민족미
술관을 설립하여 조선의 민속공예품을 수집, 보존하
는 일이었다. 날로 조선 고유의 미가 사라져가는 것을
보며 쓸쓸하게 생각하고, '지금 조선에 예술이 나오지
않는 것은 단지 제작의 여유가 주어지지 않기 때문이
다. 그것은 오히려 우리에게 책임이 있는 것이다'라고
강조한 야나기는, 한민족이 언젠가 독립을 얻어 자유
의 마음이 회생되었을 때 다시 한 번 동양 예술에 빛으
로 돌아올 것을 확신했다.

조선민족미술관은 단순히 조선 시대 백자나 목공예품
의 아름다움에 매료된 어느 비범한 일본인이 수집하
여 개설한 미술관이 아니다. 거기에는 좀더 넓은 세계
사적 관점과 훨씬 깊은 범인류애의 의지가 담겨 있다.
여기에는 그 수를 정확히 알지 못하지만 도자기만 해
도 1,000점 이상이며, 그 밖에 목공예, 금속공예, 종이
공예품이나 자수류, 민화 등 수천 점 이상을 발 디딜 틈
이 없을 정도로 수집했다. 또한 아사카와 노리타카도
일본으로 귀국하면서 약 3,000점을 기증했다.
『조선과 그 예술』 서문의 끝 부분에서 야나기는 다음
과 같이 강조했다. 이것은 『세계의 비판1922. 5』에서 서
술한 것을 재차 표명한 것이다.

'일본의 동포여, 칼로 일어난 자는 칼로 망한다고 예수
는 말했다. 지당하고도 지당하다. 빨리 군국주의를 버
리자. 약자를 괴롭히는 것은 일본의 명예가 되지 못한

다. …… 사랑하는 친구를 가지는 것이 우리의 명예다. 그렇지만 노예시하는 자를 가지는 것은 우리의 치욕이다. 타인을 멸시하고 학대하는 일에 조금이라도 시간을 낭비하지 말라. 약자에 대한 우월의 쾌감은 동물에게나 맡겨라. 우리는 인간답게 살아가야 하지 않겠는가. 자신의 자유를 존중함과 동시에 타인의 자유를 존중하자. 만약 이 인류를 짓밟는다면 세계는 일본의 적이 될 것이다.'

이는 지금 터무니없는 주장과 양심 없는 행동으로 분노를 사고 있는 일본의 극우주의자들이 반드시 새겨들어야 할 말이다.
야나기가 톨스토이의 인도주의 영향을 아무리 많이 받았다 하더라도 당시 조선 독립을 주장하고 공공연하게 일본의 무력 지배와 군국주의에 반대하는 것은 자신은 물론 가족에게까지 위험이 따르는 일이었다. 이 점을 생각할 때 그의 양심과 사상의 깊이는, 일본인이었다고 해도 후대에 훌륭한 본보기가 될 만하다. 그는 진정한 조선의 '친구'였다.

노부나가와
히데요시의 다회

『일본 도자기 여행 규슈의 7대 조선 가마』에서 누누이 강조했듯 히데요시의
통치술에서 다회는 빠질 수 없는 매우 중요한 기제다.

군웅이 할거하던 전국시대, 난세의 천하를 통일할 야망을 품고 자신의 야망
을 대담하게 추진한 사람이 오다 노부나가였다. '오차노유고세이도우御茶湯御
政道', 곧 다도가 곧 정치의 방도임을 내세우며 다회를 자신의 권력을 유지하는
통치 수단으로 시작한 것도 역시 오다 노부나가였다.

노부나가가 특정 가신의 다도를 허용함으로써 다도는 무가武家 의례로서 자격
을 갖추기 시작했다. 전쟁에서 공을 세워 자격을 얻은 자에게만 다회 개최를
허락함으로써, 다회는 곧 포상이나 훈장의 의미를 갖게 된 것이다. 개최 허가
를 받은 사람은 아케치 미쓰히데와 도요토미 히데요시와 같이 가장 신뢰받는
무장들이었다.

나중에 히데요시가 쓴 편지를 보면 히데요시는 1578년 노부나가로부터 다회
개최 면허를 받고 '밤낮으로 눈물을 흘릴 정도로' 기뻐했다고 한다. 그 정도로
다회 개최는 '성공한 무사의 표상'이었던 것이다. 히데요시는 노부나가로부
터 다회 개최를 면허받은 그해에 반슈播洲, 현재의 효고 현에서 처음 다회를 개
최했다.

좋은 사람들과 어울려 차 한잔 마시는 것조차 이렇게 윗사람의 허락을 얻어
야 한다는 것은 숨 막히는 무사 계급 사회의 분위기를 정확하게 보여준다. 이
런 관습은 현대 일본의 조직 사회에서도 여전히 유지된다고 보인다.

노부나가는 오와리 국尾張国 시절부터 교토에서 온 귀족이 그의 다도를 지도한

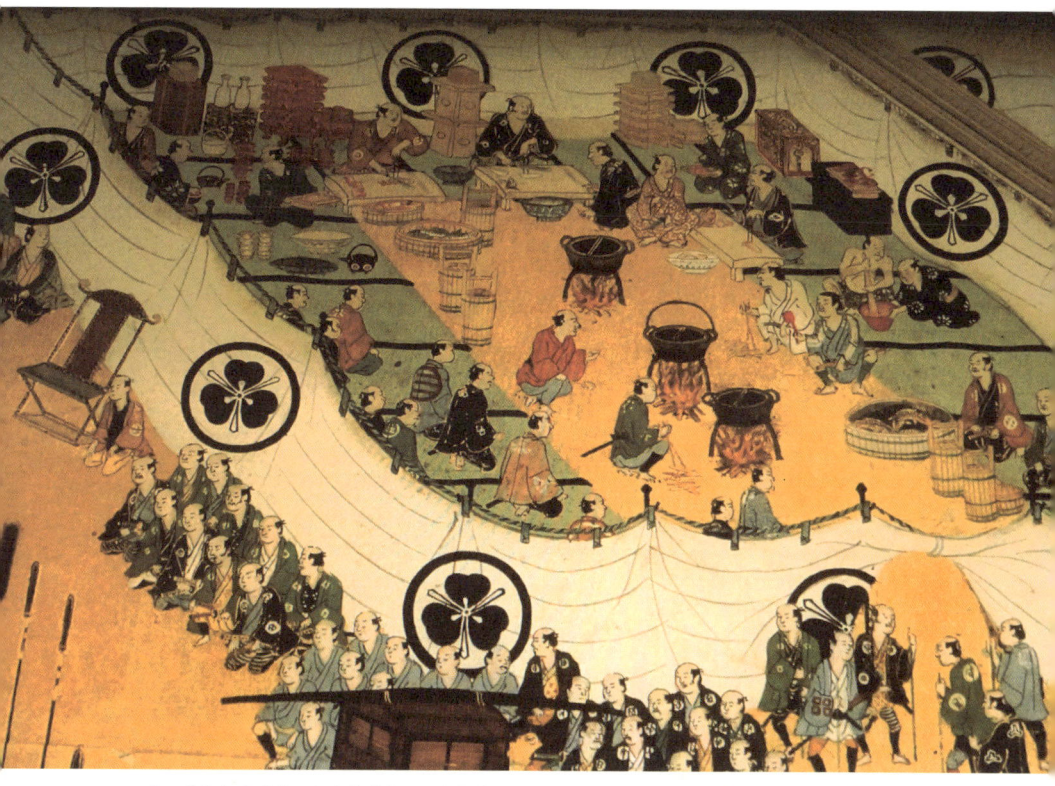

에도 시대 초기 다이묘의 야외 식사를 묘사한 병풍 그림(江戶圖屛風). 상급무사들이 식사를 하는 동안 하급
무사들은 천막 바깥에서 경계를 하며 순번을 기다리고 있다(일본 국립역사민속박물관 소장).

데다, 오다 가문 가신인 히라데 마사히데平手政秀의 다실에 크게 놀랐다는 등의
이야기가 전해져오기 때문에 젊은 시절부터 다도와 친밀한 환경에 있었다.

노부나가가 '메이부쓰가리名物狩リ : 명물 사냥'라는 말이 나올 정도로 자신의 기호
에 맞는 다구 수집을 본격적으로 하기 시작한 것은, 에이로쿠 11년1568 교토에
입성했을 때 마쓰나가 히사히데와 이마이 소큐今井宗及가 다기를 헌상한 것이

계기가 되었다.

이때 마쓰나가는 전국시대 최고의 명물 차이레^{茶入}로 평가받는 '쓰쿠모 나스_{九十九髮茄子}'를, 이마이는 차이레 조오나스_{紹鷗茄子}와 마쓰시마 차항아리_{松島の壺}를 바쳤다. 이들은 모두 가치가 매우 높은 것으로, 이들 명물에 대한 자세한 이야기는 노부나가가 소장했던 가보 일람표로 정리해놓았다.

이후 명물에 눈을 뜨게 된 노부나가는 "금과 은, 쌀은 충분히 있으니까 수입품과 천하의 명물을 수집하라"고 가신 마쓰이 유칸_{松井友閑}과 니와 나가히데^丹

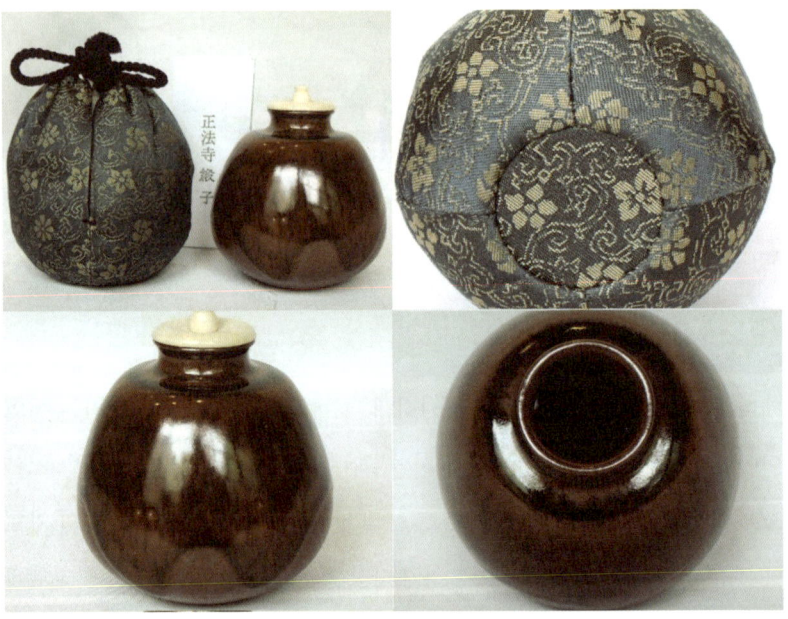

센노 리큐도 천하제일이라고 극찬한 차이레, '쓰쿠모 나스'의 현대 모사품

羽長秀에게 명하여 수많은 명물을 집대성하게 된다. 이렇게 명다기 수집에 나선 노부나가는 1569년 명기 100여 개를 손에 넣었고, 다음해 사카이에서도 명기를 모았다. 사카이는 상업이 매우 발달했던 센노 리큐의 고향으로, 지금 간사이 공항과 오사카 사이에 있는 도시다.

노부나가는 이렇게 모은 명물들을 다회에서 선보여 오다 정권의 부와 권력을 과시하는 데 사용했고, 둘째로는 가신 집단의 통제에 활용했다. 그리하여 그는 명물에 높은 자격을 부여해서, 한 나라 하나의 성—国—城에 맞먹는 가치를 매겼다.

그런 일화로 오다 가문의 가신 다키가와 가즈마스혹은 이치마스, 滝川—益의 예를 들 수 있다. 그는 다케다 신겐武田信玄, 1521~1573에 대한 공격을 성공한 보상으로 우에노 국上野国과 간토핫슈関東八州 : 하코네 동쪽의 여덟 지방를 영지로 받게 되었다. 그러나 정작 본인은 "다케다를 토벌한 이후 무엇을 받을 생각이냐고 물어보면 다기를 받겠다고 말하려고 했는데 그런 보상은 없고 이런 먼 곳에 따로 떨어져 다도의 즐거움도 누릴 수 없는 지경이 되어 슬프도다"라고 한탄했다. 다기가 벼슬과 영지보다 우선하는 가치였던 것이다.

불행히 다키가와 가즈마스는 그렇지 못했지만, 명물 다구를 받은 사람들도 많다. 우선 노부나가 병력 중 최강의 맹장으로 명성을 날린 시바타 가쓰이에柴田勝家는 '덴묘우바구치 가마天猫姥口釜'라는 명물 차솥을 하사받았다. 우바구치 가마姥口釜는 역시 '노부나가 가보 일람표'를 참조하기 바란다. 노부나가에게서 명물을 하사받은 사람들과 그 다기들은 다음과 같다. 맨 밑 이마이 소큐는 두 차례나 최고의 차이레를 노부나가에게 헌상했으나, 이를 다시 돌려받은 특이한 경우다.

신하 이름	명물 이름	다기 종류
시바타 가쓰이에柴田勝家	덴묘우바구치 가마天猫眛口釜	차솥
니와 나가히데丹羽長秀	하쿠운白雲	차항아리
아케치 미쓰히데明智光秀	야에자쿠라八重桜	차항아리
하시바 히데요시羽柴秀吉	오도코제乙御前 가마	차솥
오다 노부타다織田信忠	하쓰하나初花, 쇼카松花	차이레, 차항아리
오토모 소린大友宗麟	닛타카타쓰키新田肩衝	차이레
이마이 소큐今井宗及	조오나스紹鷗茄子, 주코 분린珠光文琳	차이레

오다 노부나가가 신하에게 하사한 명물 다기

위의 표에 등장하는 사람들은 노부나가가 직접 명물을 하사한 부하들이므로, 그만큼 공헌도가 높다고 볼 수 있다. 그런데 이들 중에서도 위에서 4명까지만, 즉 하시바 히데요시까지만 다회를 열 수 있는 권한을 받았다. 그런 만큼 다회를 열 권리를 부여받은 것은 최고의 명예이자 노부나가의 최측근 가신이라는 증거였다.

한편 노부나가는 센노 리큐, 이마이 소큐, 쓰다 소규津田宗及, 생몰년 미상~1591 등을 다도 선생으로 삼고 각각 3,000석의 봉록을 주었으며, 리큐를 다두로 삼았다. 이때 리큐의 나이는 49~54세1570~1575 무렵으로 추정된다.

그런데 노부나가가 그렇게 총애했던 아케치 미쓰히데에게 배신을 당해 하룻밤 머문 절에 포위되어 죽임을 당한 '혼노지의 변[42]'은 무슨 운명의 장난일

---

[42] 천하통일을 눈앞에 두고 있던 오다 노부나가가 히데요시에게 명령한 규슈 정벌을 지원하기 위해 가던 도중 교토 혼노지(本能寺)에 머물렀을 때 아케치 미쓰히데가 일으킨 모반으로 불을 지르고 자결한 사건. 당시 노부나가는 휘하에 병사 70~80여 명밖에 없었지만 아케치는 1,300여 명의 군사로 혼노지를 포위했다.

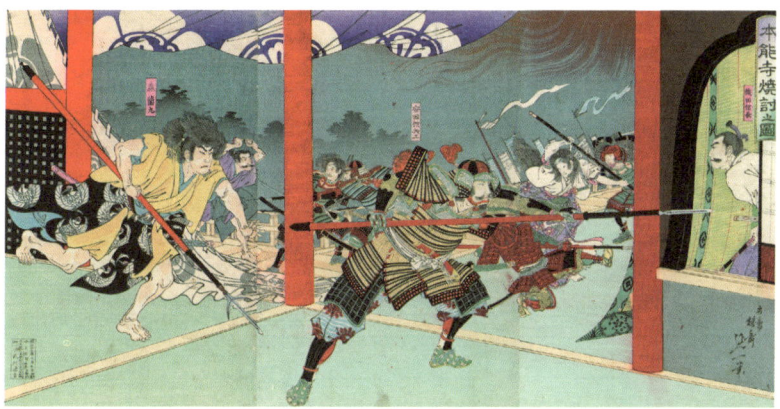

'혼노지의 변'을 묘사한 우키요에

까. 노부나가가 그날 혼노지에 묵은 것은 오랫동안 수집한 다수의 명물 다구를 규슈 하카타의 다인이자 호상인 시마이 소시쓰島井宗實에게 보여주고 매매 계약을 이행하기 위해서였다. 결국 노부나가는 자신이 그렇게 좋아하던 명물 다구들로 인해, 38종의 대명물과 함께 죽어간 것이니 불 속에서 자진하며 어떤 생각을 했을까? 더 이상 생애에 대한 미련이 없다고 느꼈을까?

노부나가 생전에 모은 명물 다구들은 다음과 같다. 혼노지에 가져가지 않은 노부나가 컬렉션의 대부분은 히데요시가 차지했고, 그 이후는 도쿠가와 가문과 미술관 등 다양한 곳으로 흩어졌다. 다음 일람표의 내용들을 살펴보면 전국시대 당시 다이묘의 부침, 혹은 권력과 각종 다구들이 어떤 역학 관계에 있었는지 매우 흥미로운 사실들을 알 수 있다.

오다 노부나가의 가보 일람표(다구)

• 차이레(茶入)

등급	생산국	이름	유래
1	중국	쓰쿠모나스 九十九髮茄子	원 이름은 루덴노차키流転の茶器. 쓰쿠모 나스라고도 한다. 센노 리큐도 천하제일이라고 극찬했던 전국시대 최고의 명물. 무로마치 바쿠후 세 번째 쇼군 아시카가 요시미쓰가 소유한 수입품. 무라타 주코가 99간에 구입해서 이런 별명이 붙었다. 아사쿠라 소테키朝倉宗滴, 마쓰나가 히사히데를 거쳐 노부나가에게 넘어갔다. 현재 도쿄 세이카도静嘉堂 문고미술관 소유.
1	중국	우에스기효탄 上杉瓢箪	천하 6대 효탄瓢箪 형태의 차이레의 하나. 우에스기 가게카쓰上杉景勝를 거쳐 소유자가 바뀌면서 오우치 효탄大内瓢箪, 오오토모 효탄大友瓢箪 등의 별명이 붙었고, 기슈 도쿠가와紀州徳川 가문의 소유가 됐다.
1	중국	주코분린 珠光文琳	한나라 것. 주코 선사가 소유해 유명해진 명물. 이에 따라 텐노지야 분린天王寺屋文琳, 소규 분린宗及文琳 등의 별명도 있다.
2	중국	나라시바카타쓰키 楢柴肩衝	가타쓰키肩衝는 위쪽 입구에 각이 져 있는 형태. 천하 3대 가타쓰키. 하카타 상인 시마이 소시쓰島井宗室와 아키즈키 다네자네秋月種実를 거쳐 규슈 정벌 때 히데요시에 헌상되었지만 나중에 소식불통이 됐다.
2	중국	닛타카타쓰키 新田肩衝	천하 3대 가타쓰키. 무라타 주코, 미요시 마사나가三好政長, 오토모 소린, 히데요시 등을 차례로 거쳐 오사카 성 함락 때 도쿠가와 가문의 보물이 되었다.
2	중국	하쓰하나카타쓰키 初花肩衝	천하 3대 가타쓰키. 양귀비의 기름 항아리였다고 전해짐. 처음 핀 꽃처럼 품격이 있다고 아시카가 요시마사가 붙인 이름. 노부나가와 히데요시를 거쳤다.
3	일본	고쿠시나스 国司茄子	나스는 가지 모양의 차이레. 천하 3대 나스. 이세 고쿠시伊勢国司가 소유해서 이런 이름이 붙었다. 나중 다인 쇼카도 쇼조松花堂昭乗가 입수해 야와타八幡 명물의 으뜸으로 애장했다.
3	중국	후지나스 富士茄子	천하 3대 나스. 당당한 모습이 후지산을 연상시켜서 붙은 이름. 아시카가 요시테루足利義輝와 히데요시를 거쳐 가가 마에다加賀前田 가문의 소유가 됐다.
3	일본	마쓰야카타쓰키 松屋肩衝	마쓰모토카타쓰키松本肩衝라고도 한다. 나라의 누시塗師, 칠기장인 마쓰야松屋가 무라타 주코로부터 양도받았다. 명물로 알려져 많은 다이묘와 부호가 갖기를 원했지만 실현되지 않았다.
4	일본	주코코나스 珠光小茄子	무라타 주코의 명물 가운데 하나. 노부나가의 가신으로 사대천왕 중 한 명이었던 다키가와 가즈마스가 이를 상으로 받길 원했지만 이루어지지 않아 매우 개탄했다. 혼노지의 변 당시 소실되었다.
4	일본	조오나스 紹鴎茄子	다인 다케노 조오가 소장해서 이런 이름이 붙었다. 별명은 미오쓰쿠시みおつくし.
4	일본	니타리나스 似たり茄子	구입 비용이 100간이었다 해서 햣간나스百貫茄子라고도 불린다. 오토모 소린이 소유하고 있었다.
5	중국	혼간지카타쓰키 本願寺肩衝	히가시혼간지東本願寺에 전해진 명물. 가타쓰키 차이레는 예로부터 유명한 것이 많다.
5	중국	혼노지분린 本能寺文琳	원래 에치젠越前의 아사쿠라朝倉 가문 소유였지만 노부나가의 손에 들어갔고 나중에 노부나가가 혼노지에 기부했다.

5	중국	마쓰모토나스 松本茄子	노부나가와 히데요시를 거쳐 오사카 성 함락 때 도쿠가와 이에야스가 획득했다. 내로라하는 많은 사람을 떠돌아다닌 기구한 운명이다.
6	중국	우치구모리다이카이 打雲大海	감색 땅에 검은 구름이 떠 있는 모양으로 아시카가 요시마사가 붙인 이름. 히데요시와 교고쿠京極 가문을 거쳐 도쿠가와 이에야스 가문으로 넘어갔다.
6	일본	엔조보카타쓰키 円乗坊肩衝	고세토古瀬戸 작품. 모양 혼노지의 변 때 불에 탔으나 잿더미에서 혼노지 승려이자 다인인 엔조보 소엔円乗坊宗円이 찾아내 이런 이름이 붙었다.
6	중국	오소자쿠라 카타쓰키 遅桜肩衝	쓰하나 카타쓰키初花肩衝보다 세상에 늦게 알려졌기 때문에 아시카가 요시마사가 『긴요슈金葉集』에 나오는 노래를 따서 이름을 붙였다. '오소자쿠라'는 늦게 핀 벚꽃. 도도 다카토라藤堂高虎와 마쓰다이라 다다아키라松平忠明를 거쳐 도쿠가와 가문에 전해졌다.
7	일본	소무카타쓰키 宗無肩衝	표면 전체에 균열이 예쁘게 나 있다. 스미요시야 소무住吉屋宗無: 스미요시야는 차토우의 한 유파가 소유한 데서 붙은 이름. 사타케 요시노부佐竹義宣가 애용했다.
7	중국	다마가키분린 玉垣文琳	모모야마 시대부터 이미 닛타카타쓰키와 함께 중국 차이레의 대표작으로 유명한 일품이었다. 노부나가의 동생인 오다 나가마스織田長益와 히데요시 둘째 아들 히데요리가 소유했다.
7	중국	미야오카타쓰키 宮王肩衝	미야오 도산宮王道三이 소유한 데서 유래한 이름. 히데요시를 거쳐 이에야스가 가졌으나 오사카 전투에서 공을 세운 이이 나오타카井伊直孝에게 상으로 하사했다.
8	중국	안코쿠지카타쓰키 安国寺肩衝	안코쿠지安国寺의 승려이자 다이묘인 에케이惠瓊가 소유해서 붙은 이름. 쓰다 히데마사津田秀政, 호소카와 다다오키細川忠興를 거쳐, 다다오키 아들 다다토시忠利가 영지에 기근이 돌자 빈민구제를 위해 팔았다.
8	일본	쓰쓰이카타쓰키 筒井肩衝	고세토 작품. 대명물 쓰쓰이즈쓰의 소유자였던 쓰쓰이 준케이에서 유래. 젊은 나이에 병사한 준케이를 떠올리게 하는 우아하고 섬세한 모양으로 유명하다. 나중에는 이에야스의 소유가 됐다.
8	중국	호오즈키분린 醜漿文琳	흑갈색 땅위로 감색이 떠오르는 아름다운 모양. 이에야스가 소장했지만, 사카이 다다요酒井忠世에게 하사해 이후 사카이 가보로 전해졌다.
9	중국	이나바효탄 稲葉瓢箪	천하 6대 효탄의 하나. 요도 번주淀藩主인 이나바稲葉 가문의 소유에서 이름이 유래. 메이지 시대에 이와사키 야노스케岩崎弥之助에게 넘어갔다.
9	중국	다케나카코카타쓰키 竹中小肩衝	작은 팥 빛으로 향취가 높은 일품이다. 히데요시가 다케나카 시게하루竹中半兵衛重治에게 하사한 데서 유래.
9	송국	쓰쿠시카타쓰키 筑紫肩衝	무지개 같은 보라색과 갈색 유약이 아름답다. 유래는 정확치 않아 쓰쿠시筑紫 국에 있었기 때문에 붙은 이름. 히데요시와 이에야스가 소유했다.
10	중국	구키분린 九鬼文琳	구키 요시타카九鬼嘉隆가 소유한 데서 유래. 나중 2대 쇼군 도쿠가와 히데타다德川秀忠에게 헌상되어 3대 쇼군 이에미쓰에게 전해졌다.
10	일본	마쓰마에카타쓰키 松前肩衝	고세토 작품. 사다케松가문에서 바쿠후에 헌상된 다음 '류에이고모쓰柳営御物'가 된다. '류에이고모쓰'는 도쿠가와 쇼군 가문 비전의 다기를 지칭.
10	중국	야마나카타쓰키 山名肩衝	한나라 작품. 다지마但馬의 영주 야마나山名 가문이 소유한 데서 유래. 나중 마에다前田 가문의 가신 나가가와 소한中川宗半에게 건너가 소한카타쓰키宗半肩衝란 이름도 있다.

• 차항아리(茶壺)

등급	생산국	이름	유래
1	중국	미카즈키 三日月	형태와 색이 초승달을 닮아 유래. 아시카가 요시마사, 미요시 요시카타三好義賢를 거쳐 노부나가가 차지했으나 '혼노지의 변' 때 소실됐다.
2	중국	마쓰시마 松島	표면의 많은 융기가 오슈奧州의 명승지 마쓰시마松島를 연상케 한다고 해서 붙은 이름. 미요시 가문, 이마이 소큐를 거쳐 노부나가에서 헌상됐으나 이 역시 '혼노지의 변'으로 소실.
3	중국	시주코쿠 四十石	아시카가 요시마사 가신이 40석 토지와 맞바꾸어 붙은 이름. 히데요시 시대에는 위의 두 개를 제치고 천하제일로 평가되었다.
4	중국	쇼카 松花	미카즈키三日月나 마쓰시마와 대등하게 평가되는 천하 3대 명물 항아리. 무라타 주코와 노부나가, 히데요시를 거쳐 오와리 도쿠가와尾張徳川 가문에 전해졌다.
5	중국	루손쓰보 呂宋壺	중국 남부에서 필리핀 루손 섬을 거쳐 수입된 제품. 히데요시가 항아리에 쓰인 루손의 글자를 좋아했기 때문에 한때 크게 유행했다고 한다.
6	일본	하시다테 橋立	7근이나 들어가는 큰 항아리. 단고 국丹後国에서 발견되었기 때문에 그곳의 명승지 덴노하시다테天の橋立의 이름을 따서 붙였다. 와비의 느낌을 받게 하는 물건이라 센노 리큐가 애용했다.
7	일본	시가 志賀	윗부분 검정과 남색이 조화를 이루면서 크고 작은 돌기가 있는 것이 특징. 지쿠젠 국筑前国 시가야마志賀山에서 발견되어 붙은 이름. 별명은 시코 차쓰보 仕香茶壺: 사항차항아리.
8	일본	스소노 裾野	차토우의 명인 주코가 "먼 산이 천천히 내려가는 모양"이라고 평가한 데서 유래한 이름. 가가 마에다 가문 소장.
9	일본	효고 兵庫	셋쓰 국摂津国 효고에서 아라키 무라시게荒木村重가 주운 데서 유래. 히데요시가 큰 돈을 주고 샀다가 노부나가의 차남 노부오信雄에게 선물한 것으로 알려져 있다.
10	일본	린키쓰보 りんき壺	유명한 다인 후루타 오리베가 소유. 남편이 너무 차 도구에만 열중한 것을 시샘한 부인이 이를 차서 여러 조각으로 깼기 때문에 이런 이름이 붙었다. '린키りんき'는 투기나 질투를 뜻한다.

• 차솥(茶釜)

등급	생산국	이름	유래
1	일본	히라구모 가마 平蜘蛛釜	평평한 땅을 기는 거미의 모습을 연상시킨다고 해서 유래한 이름. 야마토 국 다이묘 마쓰나가 히사히데가 노부나가에게 항복을 거부하고 이에 화약을 채워 자살한 것으로 유명하다.
2	일본	후지카타 가마 富士形釜	입구가 좁고 몸통이 퍼져 나가는 모습이 후지산을 닮았다고 유래.
3	일본	오도코제 가마 乙御前釜	오도코제라는 말에는 어리고 예쁜 딸이라는 뜻도 있다. 다도에서 오도코제 솥은 높이가 낮고 입 부분이 전체적으로 평평하고 포근한 모양을 말한다.
4	일본	아미다도 가마 阿弥陀堂釜	센노 리큐가 쓰지 요지로辻与次郎에게 만들게 한 작품으로 리큐 취향이 곳곳에 보인다. 히데요시의 명령으로 아미다지阿弥陀寺로 돌아갔다 해서 붙은 이름.
5	일본	다이고우도 가마 大講堂釜	히에이잔比叡山 엔랴쿠지延暦寺의 향로를 차솥으로 전용한 것으로 알려져 있다. 몸통 윗부분에 '대강당大講堂'이라는 글자가 가로로 쓰여 있는 특징에서 이름이 유래.
6	일본	우바구치 가마 姥口釜	입 부분을 의도적으로 이빨 빠진 노파처럼 만든 것에서 유래. 우바구치는 센노 리큐를 비롯해 당시 많은 다인들이 애용했다.
7	일본	다루마도 가마 達磨堂釜	교토 고토인高桐院에 세이간 소이清巌宗渭 선사가 건립한 향로를 솥으로 전용했다. 다루마도達磨堂라고 볼록한 문자가 새겨져 있다.
8	일본	주니시 가마 十二支釜	십이지十二支를 장식한 문자와 모양이 몸통에 새겨져 있다. 나라의 도마지当麻寺나카노보中ノ坊에 소장돼 있는 주니시 가마가 제일 유명.
9	일본	아시야 가마 芦屋釜	지쿠젠筑前 온가 강遠賀川의 하구 부근에 있는 아시야芦屋에서 만든 솥의 총칭. 차솥의 기본형으로, 모모야마 시대에 많이 만든 차솥인 교 가마京釜의 일종이다.
10	일본	시리하리 가마 尻張釜	이름 그대로 시리尻: 엉덩이를 붙인 형태다. 센노 리큐가 즐겨 사용했다고 전해지며, 초지로의 작품이다. 일명 아오리 가마泥障釜.

• 찻사발(茶碗)

등급	생산국	이름	유래
1	중국	세이지바코한 青磁馬蝗絆	다이라노 시게모리平重盛가 중국에서 받았다는 청자 찻사발青磁茶碗. 균열을 막은 6개의 이음고리가 메뚜기를 연상시킨다고 해서 붙은 이름. 아시카가 요시마사, 스미노쿠라角倉 가문에 전해졌다.
1	일본	세이지마쓰모토 青磁松本	야마토 국의 미와 규세쓰三輪休雪가 마쓰모토에서 만들기 시작한 마쓰모토 하기松本萩의 하나. 살짝 푸른빛을 띤 눈처럼 아름답고 환상적인 사발이었다고 하는데, 혼노지의 변 때 안타깝게 소실되었다.
2	일본	구로라쿠오구로 黑楽大黑	초지로로 만든 검정 라쿠 찻사발黑楽茶碗. 리큐 7종利休七種의 하나. 센노 리큐에서 쇼蹄 가문과 고우노이케鴻池 가문으로 전해졌다.
2	조선	호소카와이도 細川井戸	천하 3대 이도이자 리큐 7종의 하나. 호소카와 다다오키가 소유하고 있던 격조 높은 명물 중의 명물.
3	조선	가가이도 加賀井戸	호소카와이도, 기자에몬이도와 함께 천하 3대 이도, 가가加賀의 마에다前田 가문이 소유해서 이름이 유래. 최상의 의미로 시시獅子: 사자의 별명이 붙었다.
3	일본	구로라쿠토요보 黑楽東陽坊	초지로로 만든 검정 찻사발로 역시 리큐 7종의 하나. 단풍으로 유명한 교토 신뇨도真如堂의 주지이자 다인인 도요보東陽坊의 애장품.
4	일본	아카라쿠하야후네赤楽 무船	초지로로 만든 붉은 라쿠 찻사발赤楽茶碗로 역시 리큐 7종의 하나. 센노 리큐가 다회를 열기 위해 교토에서 하야후네로 실어왔다 해서 붙은 이름. 리큐에서 가모 우지사토蒲生氏郷 다이묘에게 넘어갔다.
4	조선	기자에몬이도 喜左衛門井戸	천하 3대 이도로 일본 국보. 이 사발을 소유하는 사람은 '종기의 재앙'이 내린다는 전설이 있다.
5	일본	아카라쿠린자이 赤楽臨済	초지로로 만든 리큐 7종의 하나. 다섯 군데에 난 산 모양의 흠집이 '린자이슈우臨済宗: 선종의 일파인 임제종' 본산의 다섯 산과 닮았다고 붙은 이름. 가장 뛰어난 조사組師는 '린자이슈우'라는 설에서 유래한 최고의 의미도 있다.
5	중국	요헨이나바텐모쿠曜変 稲葉天目	가장 유명한 요변 덴모쿠 다완. '요변'이란 도자기를 구울 때, 불길의 성질이나 유약에 함유된 물질 등의 관계로 예측할 수 없는 모양으로 나타나는 무늬와 색깔 등을 말한다. 이 그릇은 검은 바탕에 7가지 색의 별무늬가 요염하게 떠올라 아름다운 빛을 발한다. 요도 번주淀藩主 이나바稲葉 가문이 소유했다.
6	조선	미시마후지바카마三島 藤袴	미시마후지三島藤는 '교겐바카마交言袴: 무로마치 시대 노가쿠의 막간에 상연하는 희극' 문양의 일종이다. 문양이 마치 교겐바카마처럼 유쾌하고 활달하다는 의미에서 유래한 것으로 보인다. 이 사발은 멋진 문양이 띠를 두르고 있고, 중앙에 국화 문양이 있다. 오다 우라쿠사이織田有楽斉가 소유했다가 나중에 도쿠가와 요시나오德川義直에게 양도되었다.

6	조선	미요시 고후키 三好粉吹	고후키粉吹는 분가루를 부는 것이다. 미요시 나가요시三好長慶 소유인데, 전체적으로 둔한 백색 유약이 걸려 있기 때문에 이런 명칭이 붙었다. 대명물로 히데요시와 가나모리 소와를 거쳐 미쓰이 가문으로 넘어갔다.
7	조선	우라쿠이도 有楽井戸	큰 이도 가운데 가장 비싸다. 오다 우라쿠사이織田有楽斎에서 노부나가 동생인 오다 나가마스織田長益를 거쳐, 쇼軍 가문으로 넘어갔다.
7	중국	하이카쓰기니지덴모쿠 灰被虹天目	그릇 안에 무지개 모양이 피어나기 때문에 붙은 이름. 무로마치 바쿠후 8대 쇼군 아시카가 요시마사의 소장품인 히가시야마고모쓰東山御物에서 도다이지, 교토 미쓰이 가문, 와카사 국若狹国 사카이酒井 가문 등을 거쳤다.
8	조선	아라키고라이 荒木高麗	센노 리큐 제품이었지만, 아라키 무라시게荒木村重에 넘어갔다. 유약이 완만하고 아름답고 부드럽다. 소메쓰케染付 : 코발트 안료 무늬 찻사발로는 처음으로 다회에 등장했다.
8	조선	운가쿠데히키타즈쓰 雲鶴匹田筒	운가쿠데雲鶴手 : 구름에 학을 배치한 문양. 고려 상감청자 제품에 많음 사발. 네 마리 학과 네 개의 국화 문양이 있다. 교토의 큰 상인 히키타 소칸匹田宗観 소유에서 이름이 유래했고, 나중에 와카사若狹 사카이 가문에 넘어갔다.
9	조선	시바타 이도 柴田井戸	푸른 이도 특유의 투박한 맛이 돋보이는 일품. 전체에 비파 색이 번져 있다. 오다 가문 필두가신 시바타 가쓰이에柴田勝家가 노부나가에게 하사받았다. 나중에 쇼軍 가문에 전해졌다.
9	조선	미시마 오케 三島桶	미시마 기법三島手의 통桶과 유사해서 붙은 이름. 센노 리큐 소유에서 장남 센노 도안千道安을 거쳐 오와리 도쿠가와 가문에 전해졌다.
10	일본	에시노우노하나가키 絵志野卯花墻	시노다완志野茶碗, 눈이 내린 듯한 유약이 아름다워 눈 내리는 산길의 눈을 밟고 간다는 노래에서 이름이 유래.
10	조선	도토야이비쓰고라이 魚屋飯櫃高麗	모양이 다소 왜곡된 독특한 형태의 사발. 가메야 에이니龜屋栄仁, 후루타 시게나리를 거쳐 게슈芸州 번의 아사노浅野 가문에 넘어갔다.

• 꽃병(花入)

등급	생산국	이름	유래
1	중국	오우치쓰쓰 大内筒	중국 남송 시대에 용천 가마에서 구워진 청자를 일컫는, 청자의 최상품으로 친다는 기누타세이지砧青瓷 의 하나로, 스오 국周防国 오우치大内 가문 소유에서 이름이 유래했다.
2	일본	온조지 園城寺	센노 리큐가 히데요시의 오다와라 정벌에 종군할 때 이즈니라 산伊豆山 대나무로 만들어 아들의 작은 암자에 놓았다. 물이 조금씩 새어나오는 것이 풍취로 통한다.
3	일본	요나가 夜長	위의 대나무 꽃병을 만들 때 센노 리큐는 3개를 만들어 2개는 아들과 히데요시에게 주었지만 나머지 1개 '요나가夜長'는 본인이 애용했다.
4	일본	샤쿠하치 尺八	위 대나무 꽃병에서 히데요시에게 준 것. 나중 센노 리큐가 할복할 때 히데요시가 부수고 말았다.
5	중국	가테키 竹狄	일본식 방 상좌를 한 층 높게 만든 도코노마床の間에 놓는 낚시 배 형태 꽃병. 오다 노부나가가 소유했지만 혼노지의 변으로 소실됐다.
6	일본	미야마기 深山木	퉁소尺八 모양의 대나무 꽃병. 차의 명인 고보리 엔슈의 작품. 와카의 한 구절에서 따온 이름이라고 한다.
7	일본	유키오레 雪折	눈에 부러진 대나무를 잘라 만들었다고 이런 이름이 붙었다. 역시 고보리 엔슈가 만들었다.
8	일본	다비마쿠라 旅枕	입구를 의도적으로 구불구불하게 만든 우바구치와 원통형 소박한 모양이 특징. 휴대용 작은 베개에 빗대어 이렇게 불린다. 등에 구멍을 내서 도코노마의 기둥에 걸어 놓는 가케하나이레掛花入 : 걸이용 꽃병로 사용.
9	중국	하루사메 春雨	'봄비가 오니 히로 연못 제방의 버드나무의 색깔이 더 짙어지는구나'라는 노래에서 고보리 엔슈가 따온 이름. 추코메이부쓰의 하나.
10	일본	가라다치 からたち	고이가古伊賀 : 이가는 지금의 미에 현 꽃병의 하나. 장부의 늠름한 기상의 강단이 느껴지는 제품.

• 차숟가락(茶杓)

등급	생산국	이름	유래
1	일본	나미다 泪	센노 리큐가 할복할 때 스스로 깎은 숟가락. 후루타 시게나리가 리큐의 죽음을 기다렸다 수습한 것에서 연유해 눈물이란 뜻의 나미다라는 이름이 붙었다.
2	일본	요로보시 聟法師	'고지키소탄乞食宗旦'이라고도 불리는 센노 리큐 후손 센노 소탄千宗旦이 만든 최고의 명물로『추코메이부쓰키中興名物記』에도 등장한다.
3	일본	사사노하 笹の葉	송나라와 명나라 시대의 중국 약숟가락과 유사하며, 아시카가 요시마사의 작품으로 전해진다. '히가시야마 고모쓰東山御物'에 속한다. 나중 대나무 잎 모양 찻숟가락의 원형이 되었다.
4	일본	다마아라레 玉霰	전설의 찻숟가락. 오사카 전투 때 겨울의 진중에서 후루타 시게나리가 대나무를 깎아 찻숟가락을 만들고 있었는데, 성에서 포탄이 날아와 도쿠토초頭：가운데를 민 사무라이 특유의 머리 모습가 엉망이 되었다는 일화에서 생긴 이름. '다마아라레玉霰'는 싸라기눈처럼 만든 과자를 말한다.
5	일본	무사시노 武蔵野	고보리 엔슈의 작품으로 전해진다. 가가 마에다 가문 소유의 명물 찻사발 '후지나스'에 딸린 제품이지만 나중 차이레에서 말차를 찻사발에 옮길 때 사용할 목적으로 만든 것이다.
6	일본	니손인 二尊院	센노 리큐의 일곱 제자 중 한 명인 호소카와 다다오키의 작품. 다다오키가 사가嵯峨 니손인二尊院 대나무를 깎아 만들었는데, 리큐가 이를 보완했고, 가모 우지사토蒲生氏郷는 이를 넣을 찻숟가락 통茶杓筒을 만들었다고 한다.
7	일본	잔게쓰 幾月	히데요시가 직접 만든 작품이다. 통도 찻숟가락과 같은 우아한 대나무로 만들어져 있다. 통에는 붉은 옻칠에 '새벽달이 걸려 있어 좋은 고다이지幾月かてよし於高台寺造之'라고 쓰여 있다.
8	일본	무시쿠이 蟲喰	이름 그대로 벌레 먹은 흔적이 있는 것을 총칭하여 이렇게 부른다. 유명한 것은 센노 리큐, 후루타 오리베, 호소카와 다다오키, 센노 소탄의 작품 등이 있다.
9	일본	오치구모리 落曇	센노 리큐가 만든 히데요시 소장품으로 알려져 있지만 확실하지 않다. 히데요시 취향에 맞게 무리하게 고치려 했으나, 그의 시의侍醫가 이를 만류하여 그에게 하사했다고 한다.
10	일본	시라야마 白山	.가 ▶묘리 쇼아이 작품. '백산처럼 차다白山ふりにける'라고 시작하는 가가 지방의 시라야마白山를 칭송하는 와카가 숟가락 통에 쓰여 있다.

• 물통(水指)

등급	생산국	이름	유래
2	일본	히시우마 菱馬	소메쓰케 미즈사시染付水指. 앞면에는 넓은 부채에 맞댄 두 마리의 당나귀가, 뒷면에는 한 마리의 당나귀가 그려져 있다. 가로 마름모꼴을 한 깊은 물통이다.
4	일본	야마쓰쓰지 山躑躅	'산진달래'란 이름과 어울리지 않게 이모가시라芋頭 : 토란 뿌리와 비슷한 허리가 통통한 모양에서 유래 미즈사시의 하나. 류큐琉球 : 오키나와 등 남방 지방이 산지다.
6	일본	야부오케 破桶	비젠 지역 미즈사시. 다케타가竹籠 : 대나무 테의 나무 통이 손상된 형태를 기초로 한 것으로 센노 리큐가 애용했다고 한다. 나중에 가가 마에다 가문이 소장했다.
8	네덜란드	오란다미즈사시 阿蘭陀水指	네덜란드에서 만들어진 미즈사시. 몸통에 그려진 선명한 노랑, 빨강, 녹색의 모양이 담뱃잎을 연상시켜서 '담뱃잎 미즈사시たばこの葉の水指'란 별명이 있다.
10	일본	다네쓰보 種壺	원래는 농민들이 종자 저장에 사용했던 토기 항아리. 그 독특한 맛이 당대 다인의 정취를 깊게 해서 선호하는 미즈사시로 이용되었다.

• 향로(香炉)

등급	생산국	이름	유래
1	중국	치도리 千鳥	기누타세이지砧青磁 향로. 히데요시가 소유하고 있었다. 도둑 이시카와 고에몬石川五右衛門이 후시미 성에서 훔치려고 했지만 뚜껑의 물떼새 장식이 울려서 잡혔다고 한다.
3	중국	무카이지시 向獅子	한쌍의 사자 입에서 연기가 나오게 되어 있다. 많은 다인에게 애용되었다.
5	중국	하카마고시 袴腰	그 형체가 하카마를 허리에 붙인 것과 비슷해서 이렇게 불린다.
7	중국	아사마 浅間	청자 향로. '히가시야마고부쓰東山御物'의 하나. 도후쿠지, 단고 국 이나바 마사미치稲葉正往로 전해졌고, 다쿠안 소호沢庵宗彭 화상도 애지중지했다고 한다. 향을 신슈 아사마 산信州浅間山의 연기에 빗대 붙인 이름.
9	일본	고노요 此世	와비 사상에 어울리는 향로로 센노 리큐 등 많은 다인에게 사랑받았다. 이즈미 시키부和泉式部 아카에서 이름이 유래.

앞의 다구 가운데 규슈 분고 국^{豊後国}의 다이묘 오토모 소린이 소유했던 천하의 명물로 4대 차이레로 평가받는 니타리나스는 구입 비용이 100간이었다 해서 '햣간나스'라고도 불린다. 그럼 그 가치는 현재 얼마나 되는 것일까?

이를 알아보기 위해 이탈리아 나폴리 출신으로 예수회 선교사인 알레산드로 발리냐노Alessandro Valignano, 1539~1606 이야기로 잠시 화제를 돌려보자. 발리냐노는 아시아에 가톨릭을 포교하기 위해 매우 애쓴 사람의 한 명이다. 1573년 그는

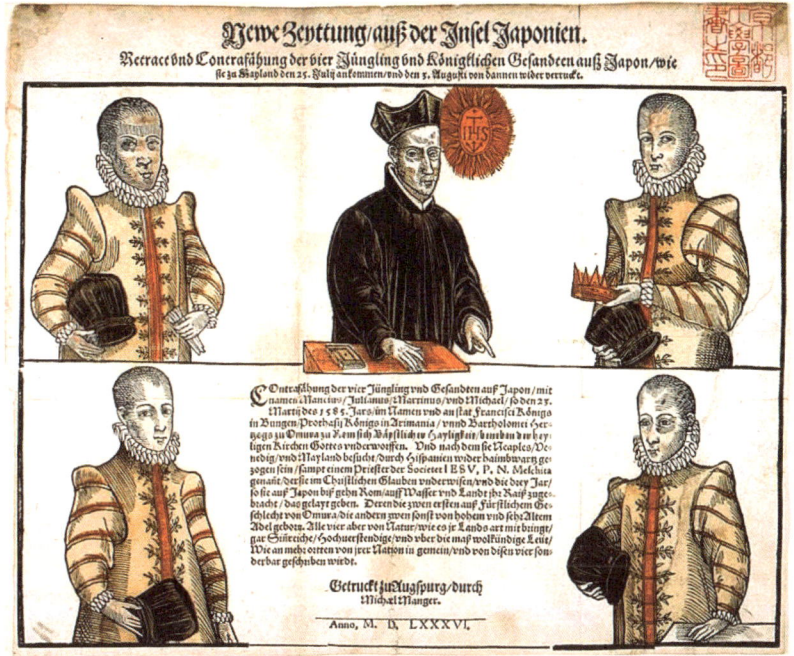

발리냐노 선교사는 1586년 4명의 일본인 사제를 유럽으로 유학 보내기도 했다.

인도에서 일본에 이르는 예수회 전 교구 사무를 주관하는 시찰원 겸 부주교로 임명되어, 일본에도 세 차례나 머물렀다. 특히 1587년 6월 19일 도요토미 히데요시가 예수회 선교사를 일본에서 추방시키는 '기리시탄 금지령切支丹禁止令'을 내리자, 이를 철회시키기 위해 직접 히데요시를 만나기도 했다.

그가 인도 총독대사 자격으로 주라쿠다이에서 히데요시와 회견한 것은 1590년의 일로, 이때 그는 황금 장식을 붙인 매우 아름답고 훌륭한 밀라노산 백색 갑주 2벌, 은 장식이 붙은 커다란 검 두 자루, 진귀한 두 자루의 총포, 야전용 천막 한 세트, 걸작 유화, 괘포掛布 4매, 아라비아산 말 두 마리 등을 선물로 바쳤다. 이에 대한 보답으로 히데요시는 발리냐노에게 커다란 쟁반 2개를 주었는데 하나에는 은 100매, 다른 쟁반에는 솜을 입힌 비단 옷 4벌이 들어 있었다.[43]

그때의 히데요시는 발리냐노 전임으로 1586년 봄 오사카 성에서 자신을 알현한 예수회 선교사 가스파르 코엘료Gaspar Coelho가 약속을 지키지 않은 사실에 매우 화가 나 있었다. 코엘료를 만났을 때 히데요시는 매우 기분이 좋은 상태라서 코엘료에게도 "머지않아 조선과 명나라를 침공할 것이다. 그때 대륙에 포교의 자유를 약속한다"고 선심을 썼다. 그러자 코엘료 역시 "스페인 무적함대의 배 두 척을 지원하겠다"고 약속했다. 그런데 막상 전투선을 지원하려고 할 때의 스페인은 영국과 전쟁 중이라서 여력이 없었다.

그리하여 1587년 6월 18일, 즉 히데요시가 '기리시탄 금지령'을 내리기 하루 전에 코엘료가 히데요시에게 내놓은 것은 전투선이 아닌 소형 선박 두 채였다. 스페인 함대의 선박 기술을 배우려 했던 히데요시가 얼마나 분노했는지

---

[43] 루이스 프로이스, 「임진왜란과 도요토미 히데요시」, 국립진주박물관, p80

는 상상에 맡기겠다. 크리스천 추방의 이유가 반드시 이 때문만은 아니지만, 이 사실이 히데요시에게 크게 작용한 것만은 분명하다. 하루 전인 17일만 해도 히데요시는 다이묘와 가신이 아닌 일반인은 기독교를 믿어도 무방하다고 발표하려 했는데, 하루 사이에 마음이 달라져 일반인도 신도가 되는 것을 금지시킨 것을 보면 더욱 그렇다.

이러한 상황을 떠안고 히데요시를 만난 발리냐노는 결국 히데요시의 분노를 달래기 위해 조선 출병임진왜란에 전면 협력을 할 수밖에 없게 되었다. 실제로 조선에 출병한 다이묘 가운데 상당수가, 아이러니하게도 고니시 유키나가를 비롯한 크리스천 영주들이었다.[44]

어쨌든 발리냐노는 1584년에 『동인도에서의 예수회 시작과 성장의 역사, 1542~64 Historia del Principo y Progresso de la Compania de Jesus en las Indias Orientales, 1542~64』라는 책을 내고, 1580년대 일본에 관한 다수의 기록 문서를 남긴다. 이 문서에서 그는 위에서 말한 오토모 소린이 차이레 니타리나스를 얼마에 구입했는지 기록하고 있다.

'우리 입장에서 보면 아무 가치도 없어 웃음거리가 될 만한 물건인 차솥 1개, 고토쿠후타오키五德蓋置: 다도에서 솥뚜껑이나 국자를 놓는 받침대 종류의 하나 1개, 찻사발 1개, 심지어 차이레 1개를 3천이나 4천 또는 6천, 심지어 그 이상 나가는 가격에 산다. 분노 국 다이묘 오토모 소린은 니타리나스라는 차이레를 약 1만 4,000두카토[45]에 구입했다.'

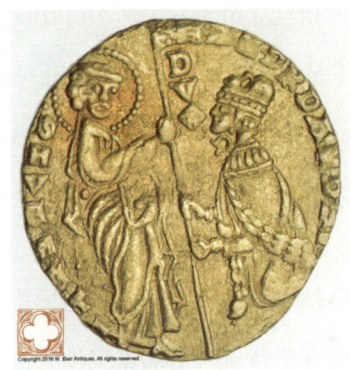

1343~1354년 무렵에 사용된 베니스 두카토

두카토는 중세 후기부터 20세기 후반 무렵까지 유럽에서 사용한 동전이다. 이 시기에 다양한 금속으로 만들어진 다양한 두카토가 존재했는데, 가장 공신력 있는 두카토는 베네치아공화국 금화로 중세의 플로린이나 현대의 달러처럼 기축통화로 널리 쓰였다. 베네치아 두카토는 1284년에 처음 만들어져 약 500년에 걸쳐 유럽 경제를 석권했는데, 순금에 가까운 0.997이라는 순도로 무게는 3.56g이었다.

이를 현재 금 시세로 따지면 대략 4,500엔/g이다. 따라서 1두카토는 1.5 ~ 1.6만 엔에 해당한다. 그러면 오토모 소린은 니타리나스를 약 2억 원에 샀다는 것이 된다. 당시 물가로 볼 때 그야말로 성 하나의 가격이라 해도 무방하다.

이를 당시 일본 화폐 간으로 따져도 마찬가지다. 위에서 말했듯 니타리나스는 100간에 샀다고 해서 '햣간나스'라고도 불렸다. 그런데 1간 = 100료우^{兩:량} = 1000몬메^{匁:돈쭝}이다. 덴쇼 12년^{1584년} 무렵 1몬메로는 쌀 6되 5홉^{약 10kg}을 살 수 있었다. 그러므로 1간은 쌀 약 10톤이고, 100간은 1천 톤이니, 이를 오늘날 쌀값으로 환산하면 대략 2억 원 내외가 된다.

노부나가에서 비롯된 다도 의례를 히데요시가 본격화하면서 다도의 정치화는 더욱 심화되었다. 미천한 자신의 출신 계급을 감추는 동시에 열등감을 뛰어넘기 위한 노력으로 히데요시는 찻사발과 다도에 거의 광적인 관심을 기울였다. 천하의 주도권을 쥐기 시작하면서는 사무라이들을 장악하는 수단으로 더욱 적극적으로 활용했다.

1582년 '혼노지의 변'을 일으킨 아케치 미쓰히데를 쓰러뜨리고 천하를 얻은 히데요시는 그해 11월 교토 교외의 야마자키山崎, 미쓰히데를 물리친 바로 그 곳에서 다회를 열고 소에키센노 리큐, 이마이 소큐, 쓰다 소규, 야마노우에 소지山上宗二 등의 다인을 초대했다.

히데요시는 리큐가 노부나가의 다두였을 무렵부터 잘 알고 있었다. 그 점은 1572~73년에 두 사람이 작성한 연서장連書狀으로 증명된다. 따라서 히데요시는 리큐라는 인물의 다인으로서의 인격과 역량을 잘 알고 있었음에 틀림없다. 그 다음해인 1583년 히데요시는 센노 리큐를 자신의 다두로 발탁하는데, 이때 리큐의 나이 62세, 히데요시는 48세였다.

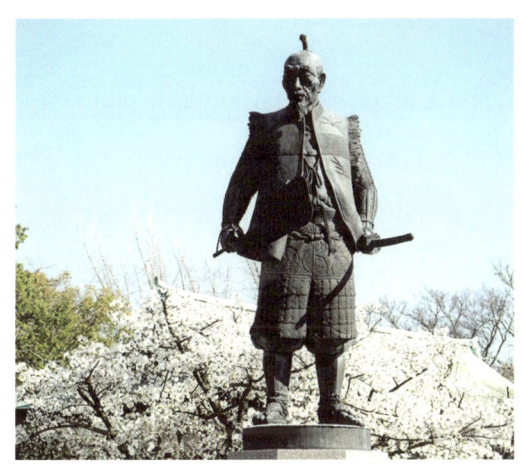

나고야 나카무라(中村) 공원의
히데요시 동상

'소에키는 히데요시 공의 다도 선생이 되었고 더욱이 그 재능과 지혜가 세상에 널리 알려진 사람……'이라는 기록도 있듯이 히데요시는 천하제일 다인으로 우러러 보는 사람을 자신의 선생으로 삼게 되어 여간 기뻐한 게 아니었다. 그렇기 때문에 히데요시는 리큐에게 봉록 3,000석을 주고 당대 다인 8명 중에서 가장 중요한 자리에 앉혔다.

센노 리큐를 다두로 삼고 히데요시가 얼마나 기뻐했는지 다도와 센노 리큐, 전국시대의 다이묘 등에 대해 수십 권의 저술을 낸 저명한 사학자로 국학원國學院에서 교수를 지낸 구와타 다다치카도 그의 저술에서 이렇게 밝히고 있다.

> '당시 히데요시에게는 리큐의 존재가 자랑거리였다. 히데요시 군문軍門에 항복한 지방의 다이묘들이 오사카에 와서 배알할 때 히데요시가 만면에 웃음을 머금고 안내하는 곳은 9층의 덴슈카쿠天守閣이며…… 당시 이미 천하제일의 다인으로 만인이 우러러보던 센노 리큐가 옆에서 훌륭한 솜씨로 끓여내는 차를 마시게 하는 것이 자랑 중의 자랑이었던 듯했다.'[46]

그러므로 전국시대 대다수 무장들은 거의 모두가 다인이었고, 히데요시의 다도 스승인 센노 리큐와 다회 한 번 갖는 것을 일생의 영광으로 생각했다. 일평생을 피비린내 나는 전쟁터에서 살아가면서 목숨이 순식간에 왔다 갔다 하는 그들이 다도에 열심이었다는 것만큼 어울리지 않는 일도 없겠으나, 어쨌든 이는 히데요시로 인해 벌어진 웃지 못할 엄청난 역사적 아이러니라 할 만하다.

[46] 구와타 다다치카, 「센노 리큐」, 청자사, 1942

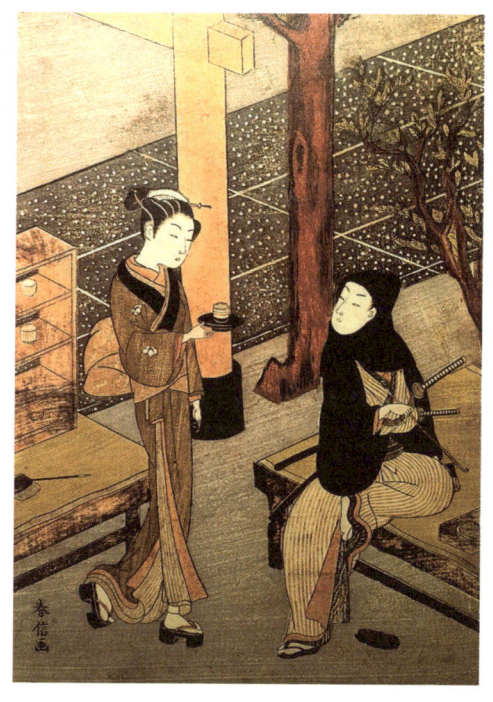

무사에게 차를 권하는 여인을 그린
스즈키 하루노부(鈴木春信)의
우키요에「오센의 찻집(お仙茶屋)」.
도쿄국립박물관 소장.
오센은 에도 시대 교토 찻집의
3대 미인 중 한 명인
가사모리 오센(笠森お仙)을 말한다.

그런데 오토모 소린은 값비싼 니타리나스와 그보다 더 귀한 닛타카타쓰키 차
이레를 히데요시에게 헌상했다. 이러한 소린의 태도에 흡족한 히데요시는 덴
쇼 14년1586년 4월 5일 소린을 초청해 오사카 성 내의 황금 다실에서 다회를 가
진다. 앞에서 말한 것과 같이 벽, 천장, 기둥, 미닫이에 이르기까지 금박 일색
으로 도구도 황금으로 빛나는 이 다실은 조립식으로 야외에 가지고 나가 설
치할 수도 있었다. 그러한 초호화판 다실에서 히데요시의 차를 마시는 경험은
어떤 것이었던 것일까. 소린의 편지에는 이렇게 적혀 있다.

'먼저 황금 다실에서 황금의 다기를 사용하여 센노 리큐가 차를 내놓는
다. 인사를 마치고 히데요시가 자신의 진한 차를 예법대로 마신다. 그 사
이 동안 그는 농담을 연발해 좌중의 인사들을 웃게 하고 잡담도 많이 해
서 생각 외로 정말 유쾌했다. 이런 재미는 직접 얼굴을 맞대고 얘기하지
않으면 느끼는 데 한계가 있지.'

히데요시의 배려에 위안을 얻은 소린은 감사와 존경의 마음에서 이렇게 쓰고
있다. 아울러 히데요시의 다도는 밝고 개방적이었다고 했다.
황금 다실의 휘황찬란한 분위기와 함께 마시는 차의 맛은 일상이 바쁜 소린
에게 마음의 여유를 되찾아준 것 같다. 그러나 반면에 이 다회를 통해 소린
은 강렬한 자극과 충격도 느꼈다. 그것은 히데요시의 의상 때문이었다.
소린을 초청한 날의 히데요시 의상은 짙은 빨간색과 파란색이 대담하게 대비
되는 것이었다. 속옷에 빨간 평직 비단을, 흰색 소매는 역시 흰색 비단을 주름
처리한 농염한 배합으로, 히데요시 가문 문장과 다섯 폭 정도 가로 줄무늬가
세 가닥 들어간 과감한 디자인이었다. 가미시모袴47와 하카마袴48는 짙은 감색
으로 역시 화려한 무늬로 장식돼 있었다고 한다.
센노 리큐 역시 편지에서 황금 다실에서 히데요시의 의상에 대해 말하고 있다.
그에 따르면 히데요시는 금박을 붙인 좌석에서 붉은 문양을 붙인 미닫이를
배경으로, 역시 붉은 하카마와 하오리羽織49, 두건까지 진홍색투성이의 화려한

---

47 에도 시대 무사의 예복
48 일본 겉옷의 짧은 바지
49 일본 겉옷의 짧은 상의

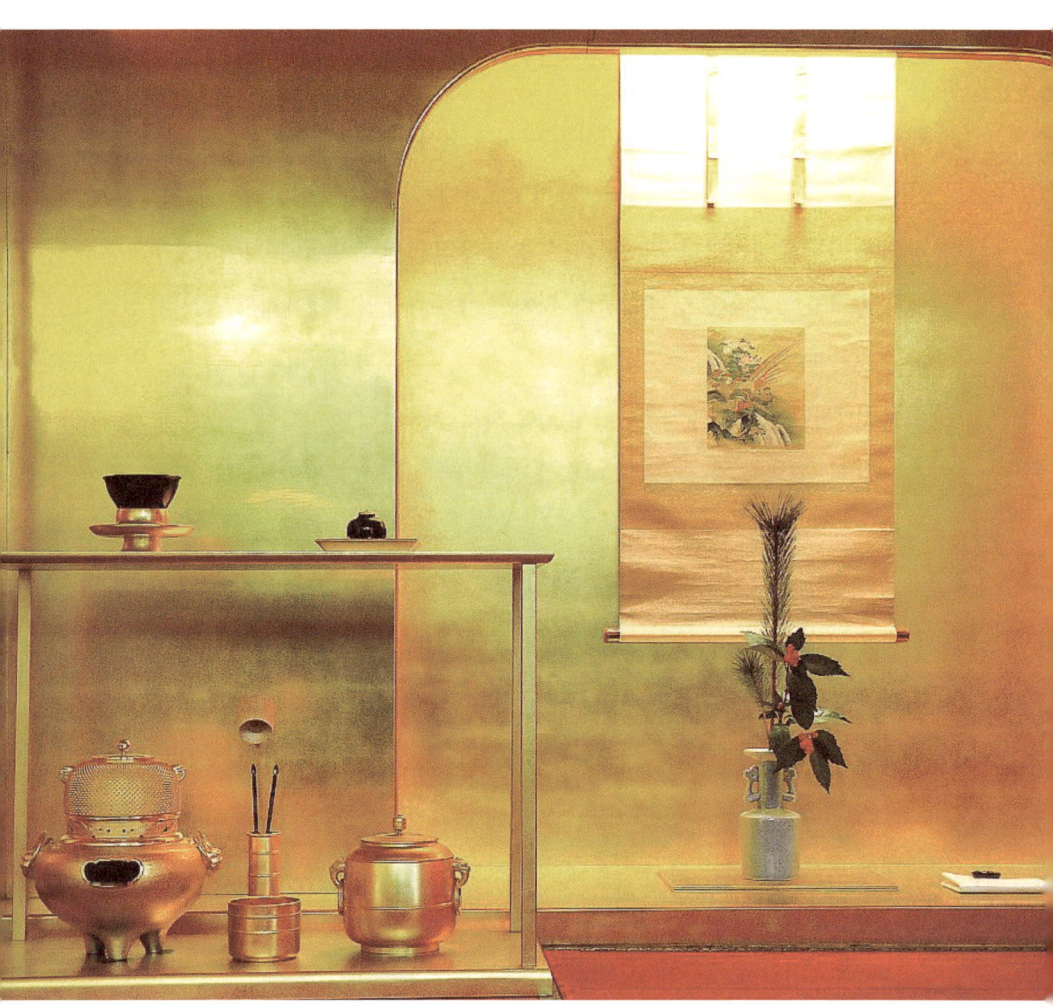

복원한 히데요시의 황금 다실. MOA미술관에서 첫 번째로 복원했고,
나중 오사카 성 천수각 등 여러 곳에도 복원했다.

의상이었다고 한다. 화려한 것을 좋아하는 히데요시의 진면목이 드러난 연출이다. 그러나 이 연출을 단순히 '화려한 것을 좋아하니까'라는 말로 다 설명할 수 있을까?

히데요시는 예전에 다도를 싫어하는 구로다 요시타카黑田孝高에게 차의 맛을 가르치고 다도로 사로잡은 바 있다. 히데요시에게 다실은 단지 차를 즐기는 장소에 머무르지 않았다. 히데요시는 '평소 우리가 만나 밀실에서 말하면 무엇을 꾸미고 있는 것으로 생각한다. 하지만 차를 대접하면 경계하지 않는다'라고 생각했다.

히데요시처럼 다도의 정치성이나 손님을 사로잡는 얼개를 고집한 사람은 없을 것이다. 고객을 감동시키고 마음을 사로잡는 히데요시류의 장치가 바로 그의 다실 자체였던 것이다.

다도 세계에서 히데요시 같은 다인이 나타난 예는 없다. 다도는 침묵 속에서 손님을 환대하고, '대접의 마음'을 익힌다. 센노 리큐가 '와비사비'를 중시한 이래, 다도는 높은 영성을 획득하고 독자적인 미학의 양식으로 발전해왔다. 그러나 히데요시와 다도의 만남을 통해 태어난 것은 표준에 대한 '일탈'이었다. 당연히 센노 리큐와도 부딪치고 갈등을 만들 수밖에 없었다. 히데요시는 당대에 자신이 던지는 충격파에 대해 얼마나 자각하고 있었을까. 도쿠가와 이에야스의 대두와 함께 다도를 정치에 이용하는 양상은 쇠퇴해갔다. 그러나 히데요시가 다도에 남긴 행동과 발상의 여파는 결코 사라질 수 없다.

그런 히데요시의 다도 모습은 하카타博多후쿠오카의 큰 상인으로 다인인 가미야 소탄神屋宗湛, 1551~1635이 기록한『소탄일기宗湛日記』에도 잘 나와 있다.『소탄일기』는 히데요시의 행적을 잘 정리하고 있기 때문에, 도요토미 바쿠후의 내부 사정을 알 수 있는 귀중한 사서로서 그가 주최한 다회의 내용도 들어가 있는 것이다. 가미야 소탄과 함께 히데요시가 다회에 초대한 다인이자 호상豪商으로 계속 등장하는 몇 명에 대해서는 앞으로도 계속 언급될 것이고, 당시 다이묘들과 관계가 얽혀 있기에 좀더 알아보도록 하자.

상인들, 다도를 점령하다

가미야 소탄은 가미야 가문의 6대 당주로 시마이 소시쓰島井宗室, 오오가 소쿠大賀宗九와 함께 '하카타 3걸博多の三傑'로 불린다. 그의 집안은 대대로 하카타의 큰 상인이었고, 증조부 가미야 주테이神屋寿貞는 이와미石見에서 은광을 발견하고 일본식의 하이후키호灰吹法:금과 은을 정련하는 방법를 도입하여 본격적인 개발을 한 인물이었다.

소탄은 1582년 소시쓰와 함께 노부나가를 알현한다. 그의 보호를 얻어 규슈에서 경쟁 세력인 시마쓰島津 가문을 누르고 세력을 확장하려 한 것이었다. 그러나 그해 6월 혼노지의 변으로 노부나가가 사망하면서 그의 의도는 실패로 돌아갔다. 1586년 그는 다시 교토로 상경해 사카이의 큰 상인인 쓰다 소규나 여러 명의 다이묘와 친분을 다지고, 같은 해 다이토쿠지에서 출가하고 '소탄'이라는 법명을 얻는다. 출가 이전 이름은 사다키요貞清다.

다음해 그는 드디어 히데요시를 알현하고, 마음을 잡는 데 성공했다. 이로 인해 그는 하카타 대표 상인의 권한을 부여받고, 규슈의 선두주자로 부상했다. 이후 '다이코 마치와리太閤町割'라고 불린, 하카타 도시 정비를 통한 복구 사업에도 큰 역할을 하고 히데요시의 규슈 정벌에도 자금을 지원했다. 또한 1592

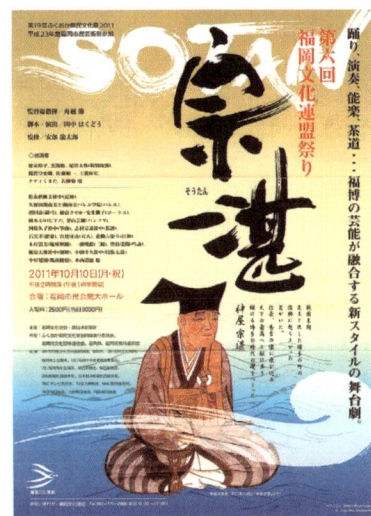

'소탄'을 주제로 한
후쿠오카문화연맹의
축제 포스터

년부터 시작된 조선 출병에서도 후방 병참 보급 역을 맡아 만년 히데요시의
측근으로 활약했다.

그러나 권불십년權不十年이요, 화무십일홍花無十日紅이다. 1598년 히데요시가 병
사하고 도쿠가와 이에야스가 천하를 얻자, 그는 냉대를 받기 시작했다. 급기
야 세키가하라 전투 이후 구로다 나가마사黑田長政가 규슈의 새 다이묘로 오게
되면서 그는 천하의 대상인에서 구로다 가문의 어용상인御用商人으로 전락하고
만다. 그리하여 구로다는 후쿠오카 성 축성 때 금과 쌀을 헌상하고, 쇼군이 아
니라 구로다 가문이 주최하는 다회에 참석하는 것으로 만족해야 했다.

앞에서 말한『소탄일기』는 쓰다 소규의『덴노지야기록天王寺屋会記』, 이마이 소
큐의『이마이 소큐의 다탕발췌今井宗久茶湯書抜』, 나라의 상인 마쓰야 히사마사松

屋久政, 1521~1598의 『마쓰야다회기松屋会記』와 함께 4대 다회기四大茶会記로 꼽힌다.

이들 네 명은 모두 상인이자 유명한 다인으로, 특히 쓰다 소규와 이마이 소큐는 센노 리큐와 함께 차토우의 '천하 3대 소쇼天下三宗匠[50]'로 불린다.

『소탄일기』는 센노 리큐 이후 천하의 다인으로 등장한 후루타 오리베가 주최한 1599년 2월 다회에 참석한 경험을 통해 그를 '효게모노ヘウゲモノ'라고 기록했다. 이는 어리석기 짝이 없는 일을 말하는 사람, 익살꾼의 표현이다. 이후 '효게모노'는 오리베를 지칭하는 주요 단어가 되어, 만화나 애니메이션, 게임 등에서 그의 애칭이 되었다. 『효게모노』라는 만화는 매우 의미가 있으므로, 오리베를 설명하는 단락에서 자세히 보도록 하겠다.

그런데 가미야 집안은 일본의 반쪽에 해당하는 가치가 있다고 하는 천하의 명기 '하카타분린博多文琳'을 가보로 소유하고 있었다. 이를 탐낸 히데요시와 구로다 나가마사 등 여러 다이묘가 이를 팔거나 달라고 여러 차례 요청했지만 가미야 가문은 이를 단호하게 거절해왔다. 그러나 나가마사는 자신이 죽을 때 아들인 후쿠오카 번 2대 번주 다다유키黒田忠之에게 이에 대한 유언을 남길 정도로 집착이 강했다. 이에 따라 다다유키가 가미야 가문에 이를 양도할 것을 거듭 요청한 결과, 계속 뿌리칠 수 없어 결국 양도하기로 결정했다. 이에 번주는 '치교知行[51]' 500석과 황금 2천 냥을 답례로 내놓았으나, 소탄은 땅을 받는 것을 고사했다.

'하카타분린'은 현재 후쿠오카시립미술관에서 소장하고 있다. 또한 도쿠가와 이에미쓰도쿠가와 바쿠후의 3대 쇼군에게 이를 선보였을 당시 광경을 고보리 엔슈가

---

[50] 소쇼는 와카나 하이쿠, 다도 등의 기예를 가르치는 스승을 말한다.
[51] 봉건 시대에 무사들에게 지급되었던 봉토나 봉록(俸祿)

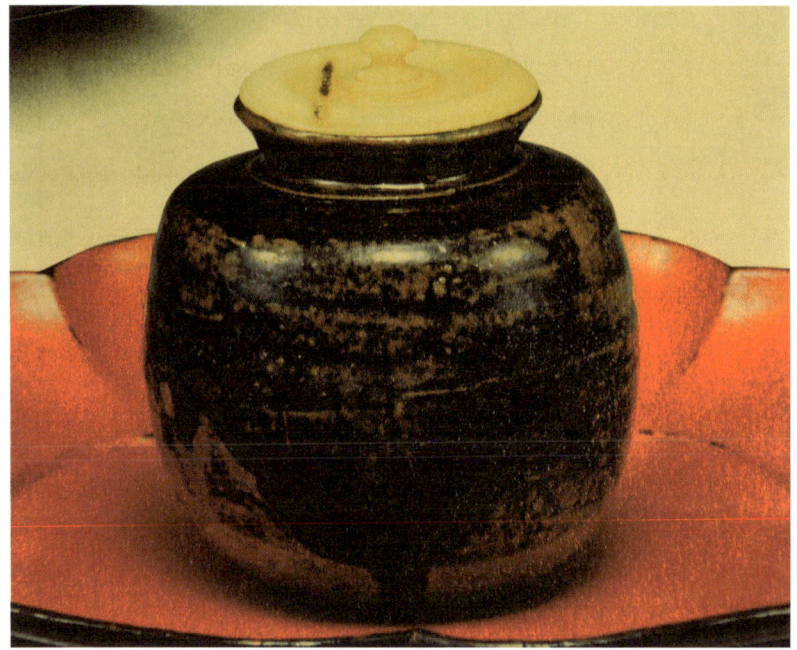

일본 절반의 가치가 있다고 평가되는 하카타분린(후쿠오카시립미술관)

기록한「분린기文琳記」역시 시립미술관에 있다.

아울러 가미야 집안은 하카타 치요千代에 가문의 '보다이지[52]'인 소후쿠지崇福寺를 건립하고, 다실 '소탄안宗湛庵'을 만들었다. 이 다실은 국보로 지정될 정도로 그 가치가 뛰어난 것이었으나 전쟁 때 소실되고 말았다. 또한 하카타 나라야마치奈良屋町의 가미야 저택 터에는 현재 히데요시를 모신 도요쿠니 신사豊国神

社가 세워져 있으니, 실로 히데요시와의 인연이 깊다 하겠다.

『소탄일기』에 묻어나는 히데요시의 모습은 다도 예법에 크게 어긋난다. 1587년 6월 19일 하카타에서 열린 다회에서 소탄이 다석에 가까워지면 히데요시가 큰소리로 "어이, 들어오게나! 入れや!"라고 하면서 시동에게 미닫이문을 크게 열어 그를 들어오도록 했다고 한다.

다도 역사 연구가 야베 요시아키矢部良明에 따르면 보통의 다회에서 주인主최자이 이런 큰소리를 내면서 사람을 부르는 일은 있을 수 없다고 한다. 그런데 히데요시는 보통으로 "(행다 장면을) 잘 보게나! よく見せろや!"라거나 "(누가) 마시겠느냐! 飲めや!" 등의 말을 크게 했다는 것이다.

같은 해 오사카 성에서 열린 다회에서도 히데요시는 소탄에게 "손님이 많기 때문에, 한 잔을 세 명이 나눠 마시라"고 명령한다. 이렇게 돌려 마시는 방식은 다도에서 있을 수 없다. 오직 히데요시만이 하는 행위였으나 그는 이를 한

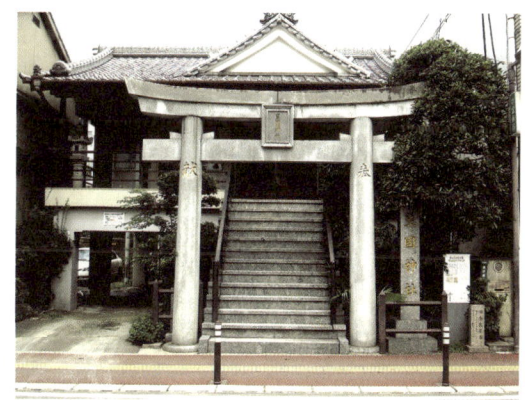

가미야 가문 집터의
도요쿠니 신사

잔을 여러 사람이 공유함으로써 참가자의 연대 의식을 높이는 것으로 생각했을 법하다.

쓰다 소규는 사카이에서 자신의 세력을 보호하기 위해 오다 노부나가에게 접근해 1572년 11월 노부나가가 주최한 교토 묘가쿠지妙覺寺 다회에 참석하고 대접을 받았다. 소규는 유명한 다인 다케노 조오에게 다도를 배우는 한편 다이토쿠지 주지 다이린 소토大林宗套, 1480~1568에게서 선을 학습해, 후에 덴신天信의 호를 얻었다.

소규는 1573년 2월 3일 기후 성岐阜城에서 노부나가 소유의 명기들을 볼 수 있는 권리를 허용받는 등 환대를 받았다. 1578년 노부나가가 사카이를 방문했을 때는 그의 집을 방문하기도 했다. 그는 또한 아케치 미쓰히데의 다회에도 얼굴을 내밀고, 히데요시의 신뢰도 얻는 등 여기저기에 부지런히 줄을 대놓는 치밀함을 보였다. 그 결과 히데요시 차토우 8인에 속하고, 센노 리큐, 이마이 소큐와 함께 3,000석의 '치교'를 하사받았다. 또한 1587년 10월 1일에는 규슈 정벌과 주라쿠다이 완성을 기념해 기타노텐만구北野天満宮에서 개최한 히데요시의 오차토우大茶湯를 센노 리큐와 함께 실시했다.

1565년부터 1587년까지 다회의 기록을 일기 형식으로 기록한『소규 차노유 닛키타카이키宗及茶の湯日記他会記』와 차 도구 견문기를 기록한『소규 차노유 닛키지카이키宗及茶の湯日記自会記』를 남겼다. 이러한 기록들은 덴노지야天王寺屋53의 부자 3대 소타쓰宗達, 소규宗及, 소본宗凡이 기록한『덴노지야카이키天王寺屋会記』와 함께 당시 다이묘들의 관계와 사건 등을 알 수 있는 역사적 자료가 되고 있다.

이렇듯 할아버지, 아버지, 아들 3대가 나란히 하나의 기록을 이어가며 쓰는 행위는 정말 소중한 예이자, 본받을 만한 일이라 할 수 있다.

앞서 말했듯 센노 리큐, 쓰다 소큐와 함께 '천하 3대 소쇼'로 일컬어지는 이마이 소큐 역시 사카이의 상인이자 다인이다. 원래 이름은 겐인兼員이지만 삭발 후에 스스로 '소큐'라 부르고 옥호도 '나야納屋:헛간'라고 정했다.

이마이 가문은 야마토 국 이마이초今井町 출신이기 때문에 그런 성을 붙인 것이다. 이마이 소큐는 사카이에서 나와 다케노 조오에게서 다도를 배웠는데, 이윽고 조오의 사위까지 되었다. 나중에는 조오의 아들인 다케노 소가武野宗瓦와 재산 상속을 둘러싼 분쟁이 붙었다. 이 분쟁은 오다 노부나가가 중재했고, 노부나가는 아들이 아닌 사위의 손을 들어주었다. 그 이유는 소가가 노부나가에게 항명을 했다는 것이다. 소가는 사실 다인보다 무사가 되길 희망했지만 노부나가와 히데요시에게 모두 인정받지 못하고 추방을 당하는 등 불운의 연속이었다.

1554년 이마이 소큐는 다이토쿠지 다이센인大僊院에 170간이라는 거액을 기부한다. 소큐는 처음에는 갑옷에 사용하는 사슴 가죽 등 군수품을 취급해 큰돈을 벌었고, 이를 통해 전국의 많은 다이묘들과 관계를 다졌다.

쇼군 아시카가 요시아키足利義昭, 1537~1597의 다도 때 시중을 들었고, 오다 노부나가가 사카이에 군자금을 요구할 때도 즉시 응대했다. 1568년 10월에는 셋쓰摂津 니시나리 군西成郡 아쿠타가와芥川에서 노부나가를 만나 명물 마쓰시마 차 항아리와 조오나스 차이레를 헌상했다. 이렇게 재빨리 노부나가의 신임을 얻음으로써 아시카가 요시아키에게서 오오쿠라쿄大蔵卿 법인法印의 지위를 얻어냈다.

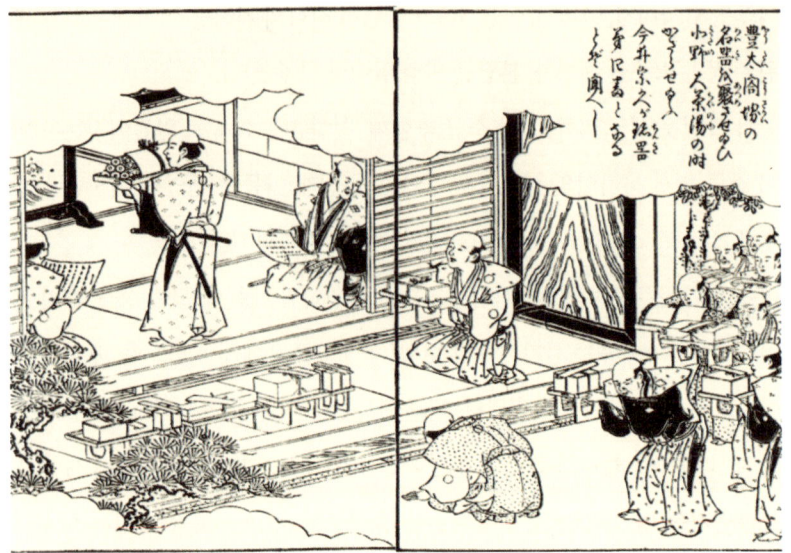

이마이 소큐가 히데요시에게 물품을 헌상하는 모습을 그린 삽화

같은 해 노부나가가 사카이에 '야센矢銭54' 2만 간을 부과했을 때, 다수가 미요시 가문의 힘을 배경으로 결사 항전의 의지를 보인 반면, 소큐는 노부나가의 요구를 받아들여 사카이 상인들과 중개에 성공했다. 이 대가로 그는 셋쓰摂津 스미요시 군住吉郡에 2,200석의 녹봉을 받았다.

이후에도 소큐는 노부나가에 중용되면서 다양한 특권을 얻는다. 1569년에는 사카이 근교에 있는 셋쓰 고카쇼五カ庄의 소금과 염장 물고기 등의 징수권 및 다이칸 지위를 획득하고, 또한 요도가와淀川로 통행하는 배들에 대한 세금

---

54 군자금을 일컫는 말. 화살을 구입하는 돈이란 의미에서 비롯됐다.

징수권에 이어 다음해에는 이쿠노生野와 다지마但馬의 은광산 지배권까지 얻었다. 게다가 대장장이들을 모아 총과 화약 제조에도 참여했다.

이렇게 소큐는 노부나가의 신임을 바탕으로 뛰어난 상술을 보이는 동시에 그의 '다두'까지 맡는 등 활약상이 대단했다. 노부나가 사망 이후에도 히데요시와의 끈을 이어갔으며 1587년 주라쿠다이 완공 기념으로 히데요시가 주최한 기타노오오차노유北野大茶湯에서 그의 소장 다기가 4위를 차지했다. 그러나 히데요시는 소큐보다 신흥 약재상인 고니시 류사小西隆佐와 센노 리큐를 중용했기 때문에 노부나가 시대의 영광은 뒤안길로 사라져갔다.

그는 다회 기록인 『이마이 소큐 차노유 가키누키今井宗久茶の湯書抜』와 『이마이 소큐 닛키今井宗久日記』를 남겼다.

CHAPTER

03

교토
京都
❷

/

다도,
사카이 상인과
하카타 상인이 맞서다

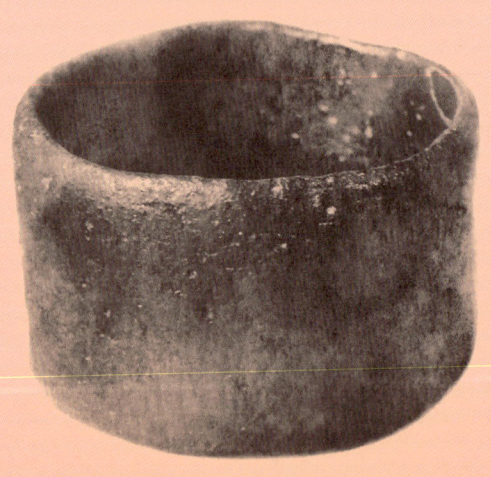

새싹차나 묵은 차나 단 하루를 말하기 위해 일 년의 꿈을 꾼다

新茶古茶夢一とせをかたる日ぞ

— 요사 부손與謝蕪村, 1716-1783의 하이쿠

일본을 지배하는 정신문화의 층위를 보면 가장 아래에 신도神道**01**가 있고, 그 위에 무사 정신, 그 위에 선종禪宗, 맨 위에 다도가 있다. 물론 이 모두가 한국에서 건너간 것들이다. 일본에서 다도는 누가 뭐래도 일본 전통을 대표하는 정신문화의 최고봉이자, 일본 정신을 담는 그릇으로 여겨지고 있다. 일종의 종교라고 할 수도 있을 만큼, 그 정신적 영향력은 이루 말할 수 없다.

동양권에서 차를 마시는 행위는 단순히 한 음료를 마시는 것이 아니라 곧, '정신을 바르게 하는 수양心肝惺'으로 여겨왔다. 조선 후기 대선사이자 한국 다도의 중흥조中興祖로 추앙받는 초의 선사艸衣禪師, 1786~1866의 『동다송東茶頌』 31번째는 이렇게 읊는다.

밝은 달은 촛불이며 벗이 되었고, 흰 구름은 방석이며 병풍이 되었다.

대나무 소리와 솔바람은 시원도 하여 맑은 기운이 뼈와 가슴속에 스미네.

오직 허락하노니 백운白雲과 명월明月 두 손님뿐. **02**

신선이 앉은 자리가 이보다 좋을쏘냐.

---

01 선조나 자연을 숭배하는 일본의 토착 신앙

02 차를 마실 때 손님은 적을 수록 좋은 것이다. 시끄러우면 아취가 없어진다. 그리하여 혼자 마시는 것은 신선처럼 맑고 담아하여 신(神)이고, 둘이 마시는 것 또한 한적해서 승(勝)이다. 서넛은 취(趣), 대여섯은 범(泛), 예닐곱은 시(施)라 했다. 예닐곱이 되면 즐기는 것이 못되고, 그저 베푸는 행위가 된다.

明月爲燭兼爲友 白雲鋪席因作屏

竹籟松濤俱瀟凉 清寒瑩骨心肝惺

惟許白雲明月爲二客 道人座上此爲勝

즉, 차를 마신다 함은 대나무 소리와 솔바람처럼 맑은 기운이 뼈와 가슴속에 스미게 하는 행위라는 것이다.

메이지 시대의 사상가이자 미술평론가, 미학자인 오카쿠라 덴신岡倉天心, 1862~1913은 1906년 뉴욕에서 출판한 그의 영문 책 『차의 책The Book of Tea 03』에서 다도를 이렇게 설명한다.

'다도는 순수함과 어울림, 상호애相互愛의 신비, 사회 질서의 낭만성을 가르쳐주며, 본질적으로 불완전에 대한 숭배이자, 불가해不可解한 인생의 연속에서 무엇인가 성취하려는 시도다(Teaism is a cult founded on the adoration of the beautiful among the sordid facts of everyday existence. It inculcates purity and harmony, the mystery of mutual charity, the romanticism of the social order. It is essentially a worship of the imperfect, as it is a tender attempt to accomplish something possible in this impossible thing we know as life).'

참선을 할 때는 마음을 고요하게 가라앉히고 생각을 끊어야 한다. 선다禪茶의

---

03 일본어 변역서 제목은 『茶の本』으로 1991년 이와나미 문고(岩波文庫)에서 처음 출간됐다. 무라오카 히로시 (村岡博) 역(訳)

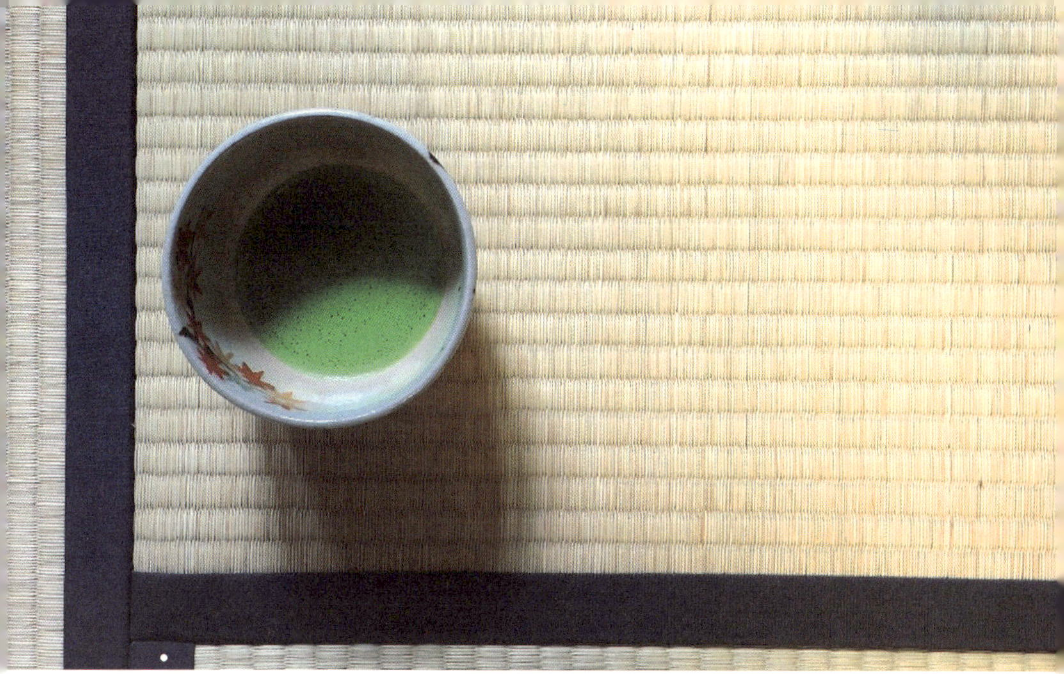

- 동양권에서 차를 마시는 행위는 일종의 정신수양으로 받아들여졌다.
- 교토 호센인(寶泉院)에서 말차 한 잔을 마시며 사색에 잠긴 여인

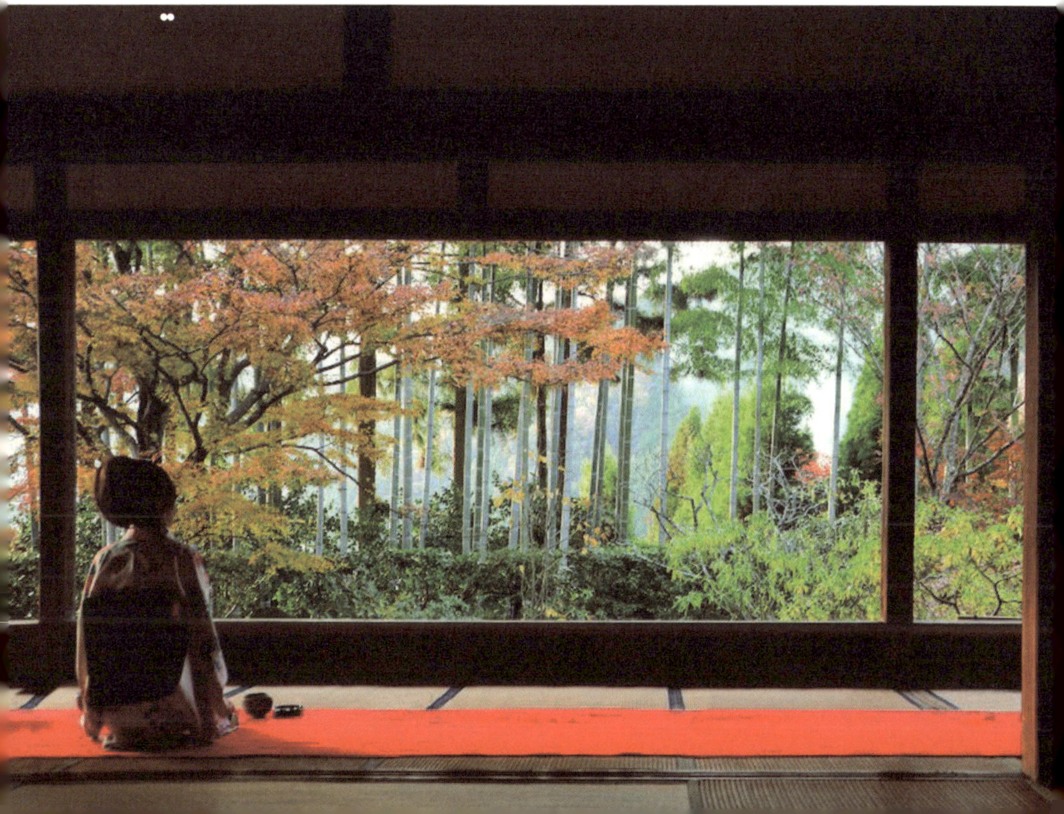

첫 번째 목적 역시 심신을 수련하는 방도다. 정신적 경지의 정화와 승화를 추구한다는 점에서 선과 차는 서로 상통한다. 차를 마실 때 우리는 참선을 하는 것처럼 마음을 내려놓고 그 맛을 음미한다. 바로 그래서 선다일미禪茶一味다. 다도의 완성은 일종의 무형의 깨달음이다. 보이지 않는 무형의 자신이 표현해내는 근원적인 정신이다. 그래서 센노 리큐는 이렇게 말한다.

> "물을 긷고, 땔감을 구하고, 물을 끓이고, 차를 따르고, 부처께 올리고, 사람들에게 나누어주고, 자신이 마시는 것 모두가 불법을 수행하는 행위인 것이다."

앞의 글에서 누누이 보았듯 전국시대를 거치며 하나의 바쿠후로 탄생하는 동안 수많은 지방 영주들을 하나로 묶는 통합 역시 다도를 통해 이루어졌다. 그들은 도코노마에 걸린 묘에 쇼닌明惠上人의 족자와 꽃병에 꽂혀 있는 한 송이 꽃을 바라보면서 한 잔의 차를 마시며 상대방 눈을 바라보았다. 이렇게 '한적하고 고담한 경지'를 통해 이심전심 무언의 의사를 재기도 하고 전하기도 했다. 다다미 4첩 반 조그만 다실에서 거의 모든 일본 정신문화가 태동했다고 해도 과언이 아니다.

일본은 국빈이 방문하면 거의 반드시 전통 다실에 들러 오모테센케表千家, 우라센케裏千家, 무샤노코지센케武者小路千家 중 한 다도 종가의 종장宗匠이 주관하는 전통 다회를 연다.

우리나라 관광객들은 잘 몰라서 찾지 않는 곳이지만 위의 3대 유파의 다도 종가가 모여 있는 교토 호리가와도리堀川通의 도도초百々町는 일본의 다도 문화에

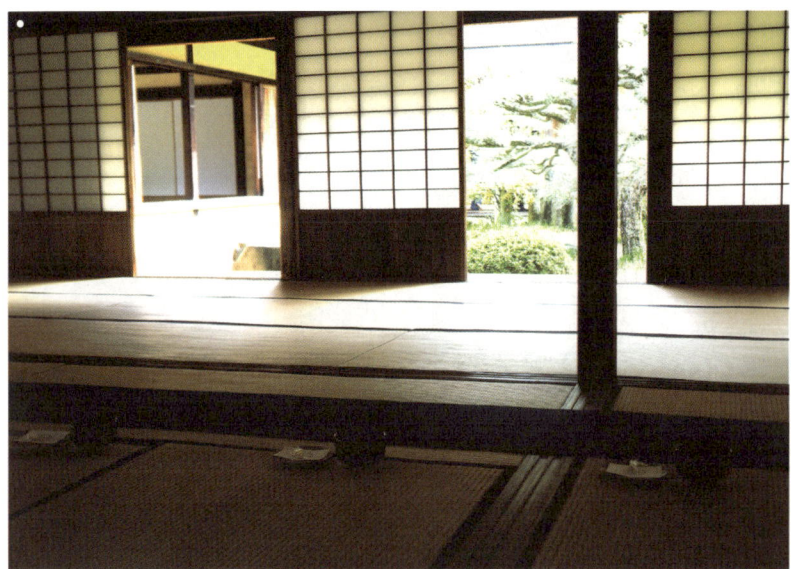

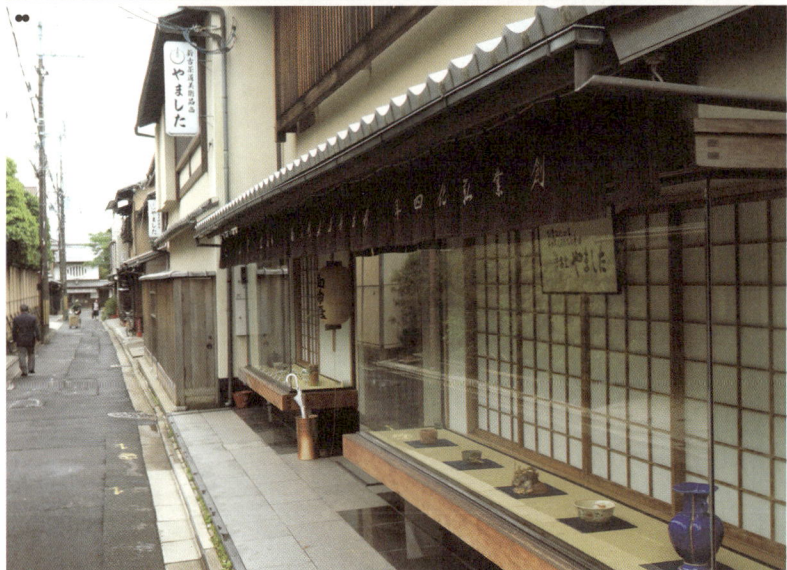

● 시코쿠 지역 다카마쓰(高松) 리쓰린(栗林) 공원의 다실

●● 교토 도도초 골목의 다구 상점 야마시타. 이 골목은 허름해 보여도 일본 다도의 본산이다.

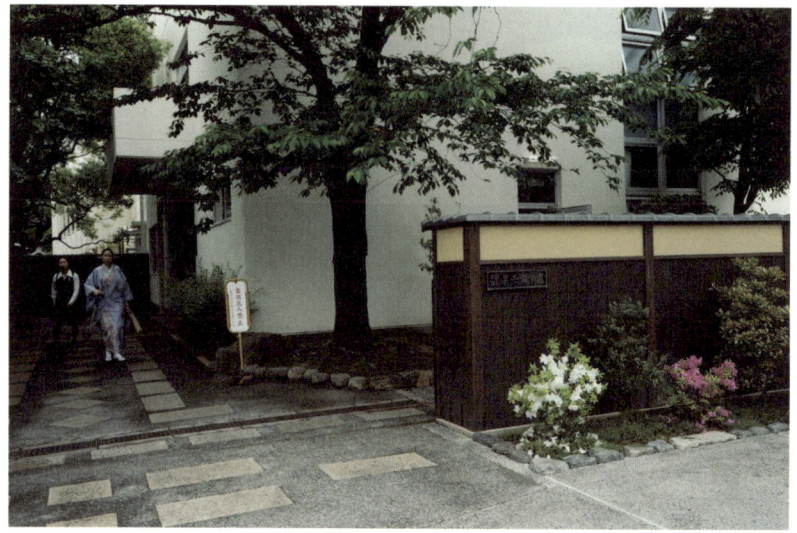

오모테센케 다도를 배우는 일종의 학교라 할 수 있는 '오모테센케 학원'

서 가장 중요한 성지라고 할 수 있다.

그런 다도의 총본산이 바로 교토 도도초다. 도도초에는 센노 리큐의 후손들에 의해 뻗어나간 3대 다도 유파, 즉 오모테센케, 우라센케, 무샤노코지센케의 모태가 있다. 센노 리큐가 도요토미 히데요시의 명령에 의해 할복 자결한 것이 임진왜란 일 년 전인 1591년이니, 이들 다도 유파의 역사는 센노 리큐 생전부터 줄잡아 500여 년에 이른다.

따라서 도도초를 모르면 교토를 모르는 것이요, 일본의 정수를 모르는 것과 마찬가지다. 교토의 핵심은 긴카쿠지나 기요미즈데라, 기온祇園에 있는 것이 아니고, 바로 호리가와도리에 있다.

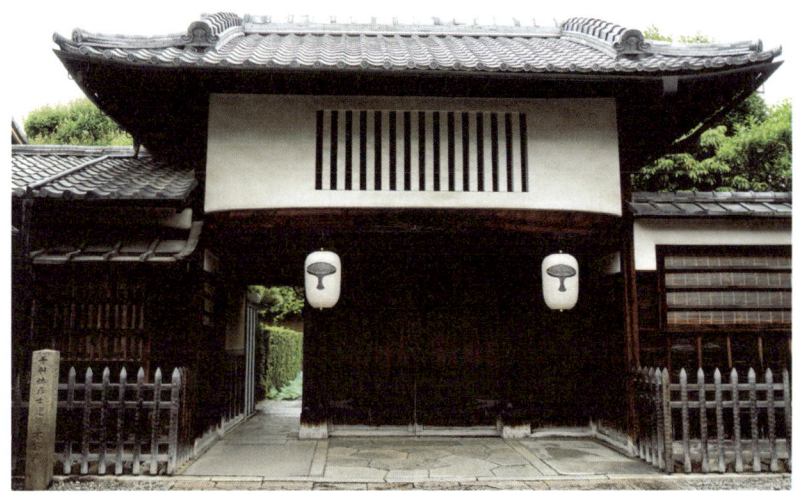

오모테센케의 총본산인 후신안. 입구 왼쪽 표지석에는 '센노 리큐 거사 유적지'라고 새겨 있다.

일본인들은 이 지역을 애써 설명하려고 하지도 않는다. 교토 관광과 관련된 웹사이트나 간행물에는 이 지역에 대한 설명을 찾기 힘들다. 마치 일부러 감추고 있는 비역秘域의 느낌이 강하다. 이곳의 다도회관 사진이라도 찍을라치면 정문의 수위가 쏜살같이 뛰쳐나와 사진 찍는 것을 막는다. 단지 건물 하나 찍는다고 하는데도 그렇다.

왜 그럴까. 이들은 이곳이 관광객들로 인해 번잡하게 되는 것이 싫은 것이다. 이곳은 '와비사비의 청적'이 지켜져야 하는 수행의 장소이기 때문이다. 앞의 각주에서도 강조했듯 차를 마실 때 사람은 적을수록 좋은 것이다. 혼자 마시는 것은 신선처럼 맑고 담아하여 '신'이고, 둘이 마시는 것 또한 한적해서

'승'으로 부르는 것은 그 때문이다. 서넛을 취라 부르는 것은, 이미 그 인원쯤 되면 수양이 아닌 취미의 경지로 떨어지기 때문이 아닐까.

그래서 다도회관과 종가들은 위치부터 큰길이 아닌 골목에 자리잡고 있다. 일부러 이곳을 찾아가지 않는 한 우연히 발견될 가능성은 적다. 지나다니는 사람도 적거니와 지나는 사람도 큰소리를 내지 않고 조심조심 걷는다. 그러니 이 골목은 늘 적요 속에 싸여 있다.

이곳에는 오모테센케의 다도를 배우는 아카데미인 '오모테센케 학원'도 있다. 여성들의 경우 명문가에 시집가려면 반드시 다녀야 하는 필수 코스다. 마치 '청담동 며느리'가 요리 자격증을 따는 것과 같다고나 할까.

그러나 누가 뭐래도 역시 이곳을 대표하는 곳은 오모테센케의 총본산인 '후신안不審庵'이다. 오모테센케 학원과 길목을 사이에 두고 서로 마주하고 있다. 센노 리큐가 자신의 다실에 붙인 '후신안'이란 옥호는 '불심화개금일춘'이란 선어禪語에서 차용한 것이다. 앞에서도 설명했지만 이 말은 '찾지 않아도 꽃이 피니 오늘은 봄날'이란 뜻이다.

'불심仏心'은 사람의 지혜를 넘은 자연의 위대함, 신비에 감동하는 마음이다. 따라서 센노 리큐가 이상으로 삼은 와비차는 직접 눈으로 보는 아름다움이 아니라 그 풍경 속에서 미적 경지와 마음의 충족을 탐구하고자 하는 정신으로 볼 수 있는 아름다움, 즉 눈이 아니라 마음으로 보는 아름다움이라고 할 수 있다. '와비차'는 오모테센케 다도의 가장 핵심적인 사상이다.

여기서 '와비사비'를 다시 한 번 설명하자면, '와비侘'란 '가난이나 결핍 속에서도 마음의 충족을 끌어내는 것'을 말하고, '사비寂'는 '한적함 속에서 더 깊고 풍성함을 깨닫는' 미의식이다.

오모테센케의 역사와 이들
이 어떻게 우라센케와 무샤노
코지센케로 분파해나갔는지
는 잠시 뒤에 보기로 하고, 우
선 센노 리큐에 대해 더 자세
히 알아보자. 센노 리큐는 앞
장에서 여러 번 이야기했지만
도자기와 얽힌 일본 다도를
말하는 데 있어 가장 중요한
인물이므로 그럴 필요가 있다.

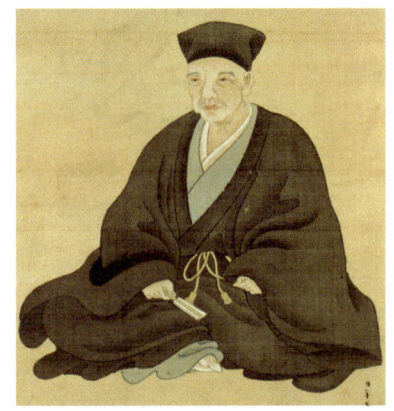

센노 리큐 초상

리큐는 아버지 다나카 요효에田中與兵衛와 어머니 겟신묘친月岑妙珎 사이에서 태
어났다. 어릴 적 리큐의 집은 생선 도매상을 경영하며 사카이 마치슈町衆04의
실력자로 상당한 지위와 재력을 갖고 있었다.

사카이는 명나라와의 무역을 통해 항구로 번성했고 나라, 교토, 오사카 등과
연결되는 교통의 요지로 전쟁 중에도 변함없이 꾸준히 발전했다. 특히 전국
의 다이묘들에게 사카이는 각종 군수물자를 공급하는 곳으로 없어서는 안
될 시장이었다. 이렇게 상업과 무역이 번창했던 사카이는 센노 리큐 집안을
비롯한 10여 명의 대부호들이 주도하며 더욱 발전을 거듭했고 그 결과 일본
전역에서 상인들이 모여들었다.

사카이의 거상들 중에서 위에서 이미 보았듯, 쓰다 소규와 이마이 소큐 등 일

04 중세 일본에서 상공업자를 중심으로 한 지역 자치 조직

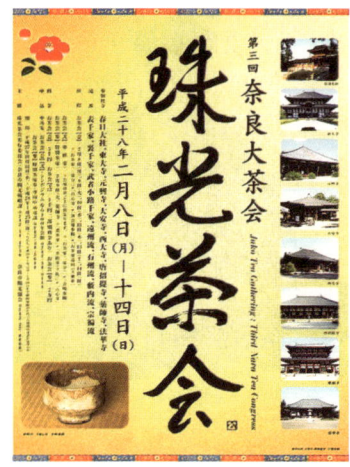

2016년 '나라 대다회(奈良大茶會)'의
하나로 열린
'주코 다회(珠光茶會)' 포스터

본 다도를 선도하는 많은 다인들이 배출되었는데, 그들 대부분이 정치와 밀접한 관련이 있었다. 이 때문에 사카이의 차茶를 두고 정치와 연관된 실용성을 띤 차라고 말한다. 그런데 리큐의 차는 실용성을 초월하여 정신적인 차원으로 승화시킨 하나의 의식으로 발전해 다도의 원형이 된 것이다.

리큐의 어릴 적 이름은 다나카 요시로田中與四郎다. 할아버지 다나카 센나미田中千阿彌는 쇼군 아시카가 요시마사의 측근에서 다도에 종사하기도 했는데, 리큐는 할아버지 이름 센나미千阿彌에서 한 자를 따 센千이라고 가명을 지었다.

리큐는 17세 무렵1538년 사카이의 유명한 다인이었던 기타무키 도친北向道陳에게 다도를 배웠으나 19세 즈음 도친의 소개로 무라타 주코村田珠光, 1422~1502 05의 '와

05 일본 다도의 창시자로 일컬어진다. 귀족 취미의 차를 선 정신에 입각한 서민적 간소함을 중요시하는 차로 만들어냈다.

비차 정신'을 이어받은 당대 최고의 다케노 조오에게 사사하였다. 조오의 제자로 들어가는 날 그는 삭발한 승려의 모습으로 참석하여 다도에 대한 결의를 보였다. 또한 이 무렵에 아버지가 사망하면서 리큐는 소에키라는 법명을 사용하기 시작했다.

명물 다구에 대한 개념은 무라타 주코에 의해 크게 바뀌었다. 바로 뒤에서 자세히 말하겠지만 센노 리큐의 수제자였던 야마노우에 소지의 『야마노우에소지기山上宗二記』에 따르면, 주코는 잇큐 소준一休宗純, 1394~1481에게서 선을 배우고 아시카가足利 가문의 수입품 감식법을 배우는 등 차를 연구하여 유명하게 되었고 아시카가 요시마사의 다도 선생이 되었다.

그는 중국 자기를 숭배하는 종래의 표면적인 다도에서, 점차 정신성을 심화하여 난삽한 경향이 강한 것이나 간소하며 꾸밈없는 잡기 속에서도 깊은 정신적 미를 인식했다. 그가 좋아했던 것은 '닌교데人形手'라는 송宋나라 청자다완이었는데, 이는 그때까지 미적 대상으로 여기지 않았던 찌그러진 잡기의 형태를 지니고 있었다. 그렇지만 주코는 질박하고 적적한 옅은 황록색과 적갈색의 배합 속에서 유적幽寂의 미를 찾아내었고, 차의 마음에 걸맞은 최고의 찻사발이라 판단하여 애용했다.

센노 리큐 역시 23세의 젊은 나이에 이것을 구입하여 비장秘藏하면서 주코가 느꼈던 차의 마음을 배우고자 노력했다. 이렇게 해서 리큐는 그때까지 관심을 끌지 못했던 고려다완의 소박한 형태와 수수한 색채에서 다도 본래의 정신적인 미학을 발견하고자 방향을 정한 것이다.

다케노 조오는 주코의 제자인 주시야 소친十四屋宗陳과 소고宗悟 밑에서 차에 관한 수행을 했기 때문에 주코의 와비차 정신과 내용을 더욱 심화시켰다. 그는 주코보다 더 다도를 간소하게, 일반 백성에게 다가가기 쉬운 것으로 만들고 자 노력했다. 눈부시게 아름다운 중국의 덴모쿠 다완 등이 차 맛을 내기에 적 합하지 않다고 여긴 것은 당연한 일이다.

이렇게 주코를 거쳐 조오의 시대가 되자 간소한 작풍, 꾸밈없는 모습, 그러면 서도 강하고 웅대한 기품을 가진 조선의 고려다완이 명기로 예찬을 받으면서 귀중하게 취급되었다.

리큐의 수제자 야마노우에 소지는 고려다완이 유행하던 당시 사정을 다음처 럼 기술했다. '대체로 찻사발이라고 하면 중국 찻사발을 쳤다. 지금 세상의 풍 조는 고려다완, 세토 다완, 이마야키 다완라쿠 다완까지 친다. 그러나 형태만 좋 으면 좋은 도구다.' 덴모쿠 다완과 같은 중국 것은 이미 인기가 없어지고 조선, 세토, 이마야키가 유행하고 있다는 것이다.

이렇게 이름 없는 조선 찻사발들이 드디어 센노 리큐를 위시한 주요 다인들에 의해 와비 사상을 구현한 최적의 다기이자, 숭배에 가까운 사랑을 받음에 따 라 이들에 영향을 받는 노부나가나 히데요시를 비롯한 전국 각지의 다이묘들 역시 이에 심취하게 됐다.

조선 찻사발을 향한 이들의 탐닉 정도는 고려다완에 붙인 이름을 통해서도 가능할 수 있다. 이도, 미시마三島, 하케메刷毛目, 고히키粉引, 고모가이熊川, 다마 고데玉子手, 와리코다이割高臺, 가타데堅手, 고키吳器, 도토야斗斗星, 가키노헤타柿之蔕, 이라보尹羅保, 한스判司, 긴카이金海 등이 모두 각각의 특색을 찾아 우리 찻사발에 붙인 이름인 것이다.

일본에 다도가 전해지고 정착한 역사와 정신의 변화에 대해서는 잠시 뒤에 자 세하게 설명하겠지만 잠시 한 대목만 보자면 무라타 주코는 '차茶 안에 부처

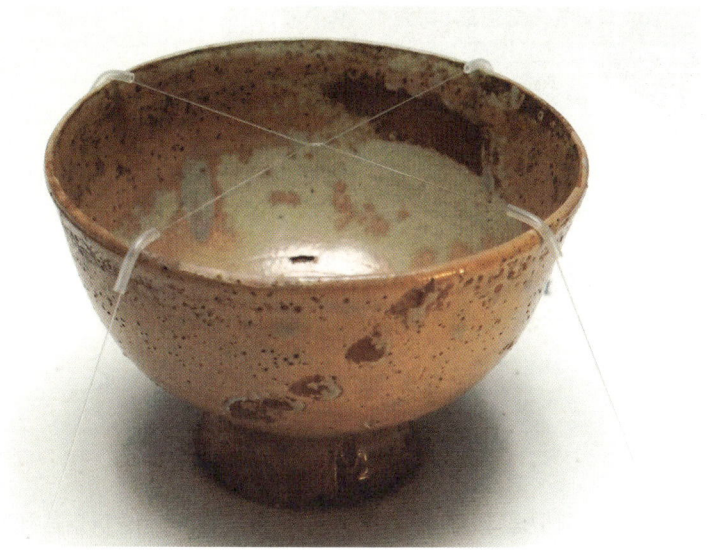

오사카 호상인 히로오카(広岡) 가문 전래의 보물인 조선 시대 '모미지고키 다완(紅葉吳器茶碗)'

의 진리法와 명상禪의 기쁨이 다 녹아 있다'는 다선일미茶禪一味의 경지를 주장했다. 이는 다시 다케노 조오에 의해 작은 다실 속에서의 마음의 수양을 중시한 '일기일회一期一會'의 정신으로 정리되었다. '일기일회'란 차 모임의 주최자와 손님의 마음가짐으로, 주인은 손님에 대해 손님은 주인에 대해 일생에 한 번 밖에 만날 수 없다는 생각으로 성의를 다하는 정신이다.

센노 리큐는 이 둘을 모두 통합하여 "법法은 조오에게서 얻었고, 도道는 주코에게서 구했다"고 말한 바 있다.

어느 날 센노 리큐를 따르던 다인이 물었다. "스승님 진정한 다도의 비밀

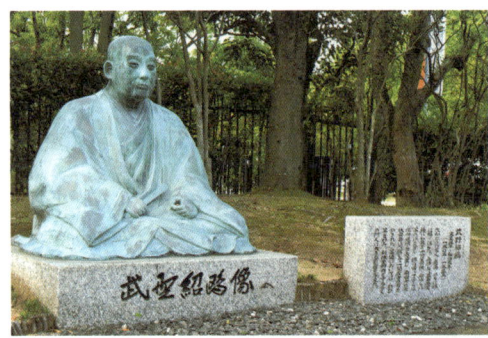

사카이시립박물관 앞에 있는
다케노 조오 동상

은 어디에 있습니까?" 센노 리큐는 그를 한참동안 바라보다 다음처럼 말했다. "불을 지펴 물을 적당한 온도로 끓이고 차가 적당한 맛이 우러나도록 우려라. 다옥에 꽃과 나무를 마련하여 마치 그것들이 자라고 있는 것처럼 하라. 여름에는 선선한 분위기를 주고 겨울에는 따뜻함을 전해주라. 이밖에 다른 비밀은 없다."

이것이 센노 리큐 다도의 법과 도다. 차는 번잡하고 고된 일상에서 지치거나 거칠어진 우리의 영혼을 잠시 쉬게 해주는 휴식, 곧 스스로에게 위안을 주는 힐링의 행위다. 단순히 목이 말라 목을 축이는 것과는 다르다. 날씨의 변화에 순응하며 우리의 삶과 함께하는 것이 바로 차다. 그래서 차를 준비하는 행다는 상대방에게 열려 있고 따뜻한 나눔의 영혼이면 된다.

히데요시가 천하를 통일한 이후 리큐가 간소한 정신적 미를 추구한 와비차를 심화시켜 완성시키고, 다실 공간도 다다미 4조 반에서 시작해 1조 반까지 극한으로 축소시킨 데에는 이렇게 조선을 거쳐 일본으로 건너간 선 사상의 영향이 절대적이다. 그렇기에 매우 강하게 동경했던 고려다완을 원형으로 삼아 자신이 추구하는 이상에 맞는 찻사발을 직접 만들고자 했던 것이다. 선과 결합한 조선의 다도가 일본에 어떻게 영향을 미쳤는지는 잠시 뒤에 자세히 보도록 하자.

리큐가 다인으로 본격적인 활동을 시작할 무렵에 사카이를 중심으로 다도가 유행하기 시작한 것은 매우 중요한 대목이다. 이때는 오다 노부나가가 쇼군 아시카가 요시아키를 교토로부터 추방하여 무로마치 바쿠후가 붕괴한 시점이다. 바로 앞에서도 말했듯 당시 사카이 상인들은 명물로 여겨지는 다기를 수집하고 새로운 양식의 다도를 즐기기 시작했는데, 이것이 전국시대의 다이묘에게 옮겨간 것이다.

이에 따라 천하통일을 앞둔 오다 노부나가 역시 다도의 유행에 주목하고, 자신도 풍류의 하나로 이를 받아들여 명물 다기의 수집 및 강탈에 열중하는 한편, 명물 찻사발 하나에 하나의 성城과도 대등한 가치를 부여한 것은 바로 앞에서 말한 바 있다.

리큐가 언제부터 노부나가 다도 사범이 된 것인지는 확실치 않다. 다만 1573년, 즉 리큐가 51세가 되던 무렵에는 노부나가 아래에서 시중을 들고 있었다. 리큐가 노부나가 측근으로 자리를 잡게 된 것은 앞에서도 잠깐 언급했지만 노부나가가 사카이에 지나친 군자금과 전후 복구비를 부과한 것이 계기가 되었다. 이로 인해 사카이 마치슈는 항전파와 화평파로 나뉘는데, 센노 리큐와 가까운 상인과 다인들은 거의 화평파였으므로 자연스레 노부나가 편에 서게 됐다.

앞에서 말했듯 이후 노부나가가 혼노지의 변으로 사망하고 히데요시가 천하를 평정하여 센노 리큐가 히데요시 다두로 임명된 것이 1582년, 히데요시의 간파쿠 취임에 대해 감사를 올리는 궁정 다회에서 오기마치正親町 일왕으로부터 리큐 거사利休居士라는 칭호를 하사받은 것이 1585년이다.

또한 히데요시의 필두 다두로서 위세가 절정에 달하여 일본의 모든 다기와 다도의 평가를 맡는 한편, 일본 전역에 이름을 떨친 것은 규슈를 정벌하여 마침내 통일천하를 이룬 것을 기념하는 다회를 1587년 10월 교토 기타노덴만구北野天満宮에서 열었던 때다.

당시 히데요시가 내건 칙령의 주요 내용은 다음과 같다.

- 기타노텐만구에서 10월 1일부터 열흘간 대다회를 개최하겠다.
- 다도에 열의가 있다면 신분을 막론하고 간소한 도구만 들고 오면 된다.
- 장소는 소나무 벌판이며 다석은 간소한 다다미 두 장짜리 공간이다.
- 중국이나 남만 사람이 와도 좋다.
- 거처가 먼 자들을 위하여 기간에 열흘의 유예를 준다.
- 오지 않는 자는 이후 다도를 금지하고 불참자와의 교류도 금한다.
- 신분이 낮은 자들에게도 간파쿠히데요시 님께서 친히 차를 대접하신다.

위 내용 중 가장 인상적인 대목은 역시 이 다회에 불참하는 사람의 다도를 금지하고 불참자와의 교류도 금지한다는 내용이다. 히데요시가 이 다회를 얼마나 중요하게 여겼는지, 당시 다회라는 것이 상류층은 물론 사회 전반에서 얼마나 큰 의미를 지닌 것인지 여실히 알 수 있는 대목이라 하겠다.

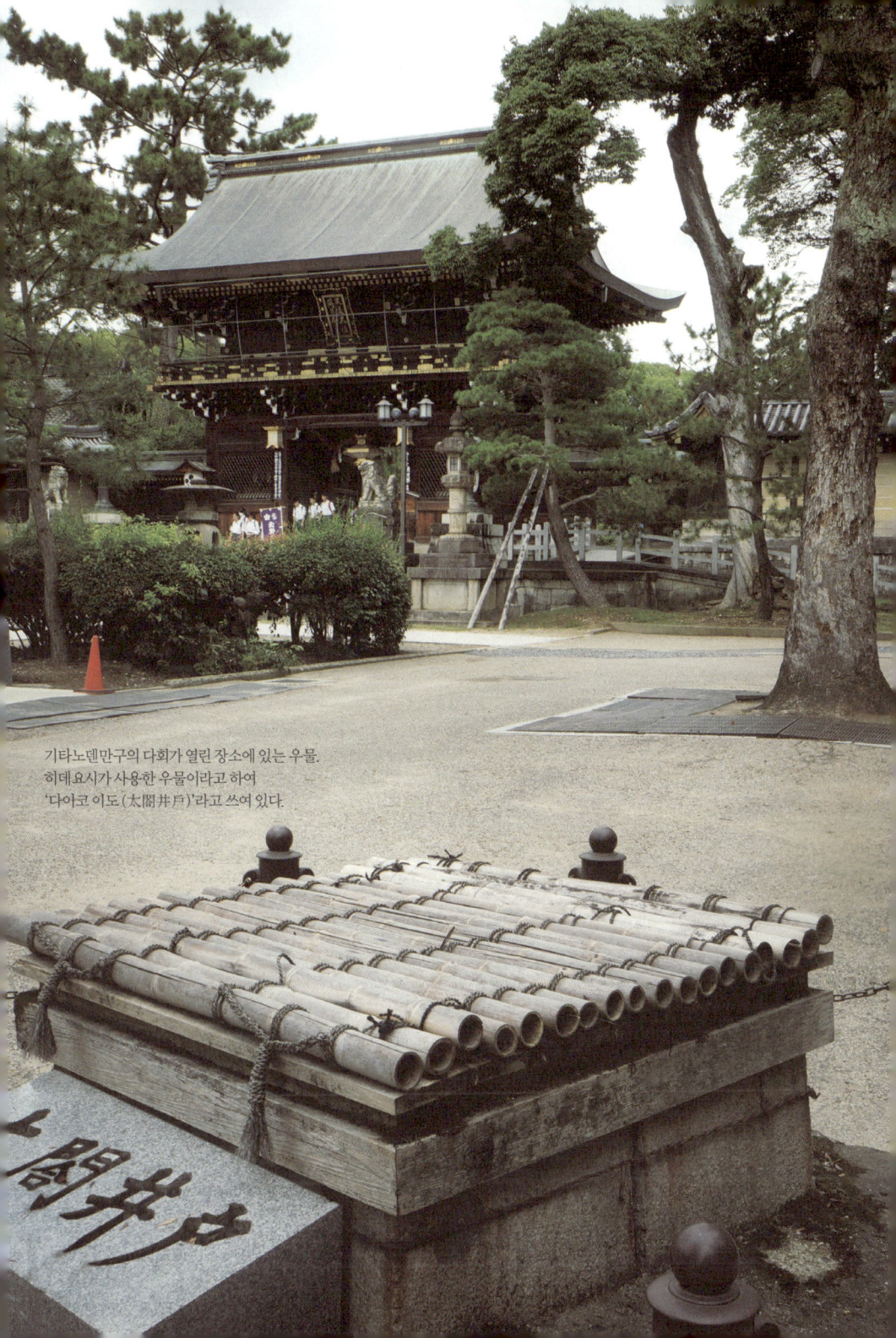

기타노덴만구의 다회가 열린 장소에 있는 우물.
히데요시가 사용한 우물이라고 하여
'다이코 이도(太閤井戶)'라고 쓰여 있다.

물론 센노 리큐는 히데요시의 이 대다회를 탐탁하게 여기지 않았다. 자신은 어디까지나 와비풍의 다석으로 검소한 다구를 사용하려 했지만 이를 원치 않는 히데요시가 압력을 가하면서 화려한 다회를 주장함에 따라 자신의 의지에 벗어나는 다법을 시전할 수밖에 없었다. 이에 센노 리큐는 중국 남송의 13세기 화승畫僧 옥간玉澗의 산수도인 「여산도盧山圖」를 걸고 최고급 차합, 3대 명물 차항아리의 하나로 쌀 4천만 섬의 가치가 있다는 '쇼카松花'를 사용했다.

히데요시는 기타노덴만구 다회를 호화로움의 극치로 보여주면서, 이를 절정에 오른 자신의 권위에 대한 모든 신민의 굴복으로 여겼던 것 같다. 다회에 선보인 황금 다실도 그런 발상의 연속선상에 있다. 히데요시는 다다미 3조의 황금 다실을 자랑으로 여겼다. 이 다실의 다다미는 오랑우탄 가죽으로 감색 바탕에 금색 무늬를 넣은 테두리, 속은 면이고 겉은 양탄자로 된 사치의 극점이었다. 게다가 조립식으로 히데요시가 원하는 장소 어디서나 펼칠 수 있도록 설계되었다. 조선 출병을 위해 구축한 가라쓰의 히젠나고야 성肥前名護屋城에도 이를 들고 갔다. 그런 만큼 이 다회를 기점으로 센노 리큐와 히데요시는 점차 어긋나기 시작한다.

어쨌든 기타노덴만구 다회는 800여 명에 이르는 다인들이 대규모 참석하면서, 일대 성황을 이루어 히데요시의 만족에 정점을 만들어주었다. 기타노덴만구에는 지금도 히데요시가 다회 때 사용했던 우물이라고 해서 '다이코 이도'라는 이름으로 보존하고 있다. 또한 센노 리큐의 제자 중 한 명인 호소카와 산사이細川三斎가 사용했던 우물도 '산사이 이도三斎井戸'라는 이름으로 남아있어, 다도가 일본 사회에 미치는 영향력을 여실히 증언하고 있다.

히데요시는 이 다회 때 자신이 소유하고 있는 모든 명물들을 전시하고, 이를

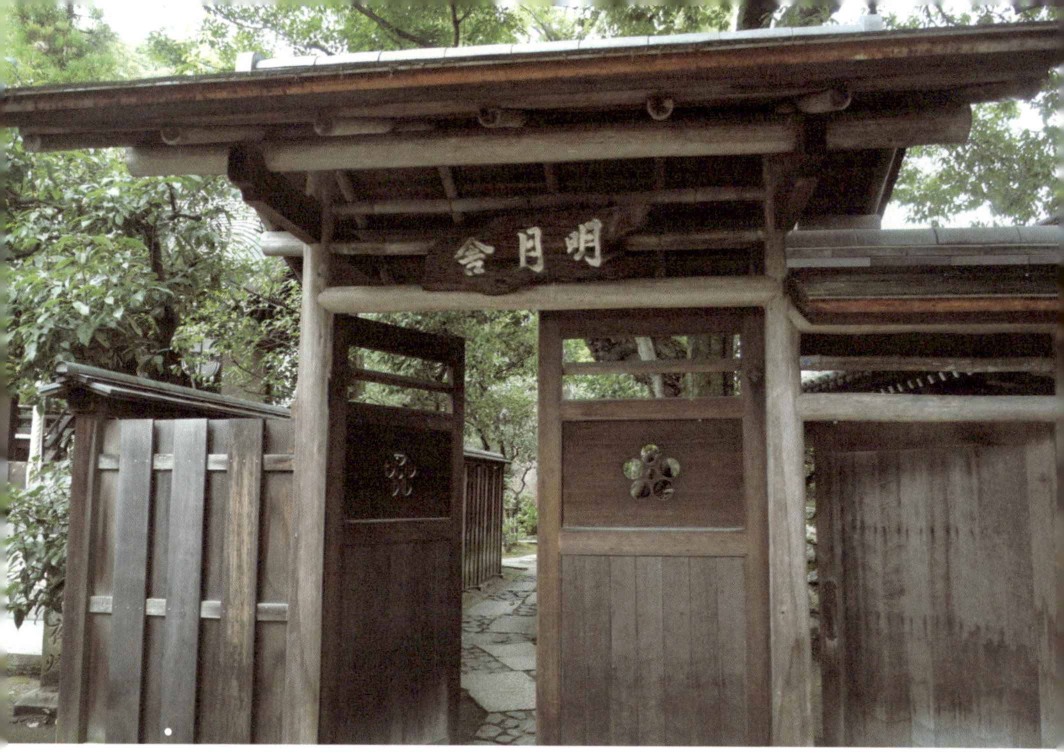

- 기타노덴만구 안에 있는 다실 메이게쓰사(明月舍). 히데요시의 대다회를 기념하여 이곳에서는 매월 1일과 15일에 다회를 개최한다.
- 기타노덴만구는 학문의 성취를 주재하는 신을 모시는 신사라서 평소 많은 학생들이 찾는다.

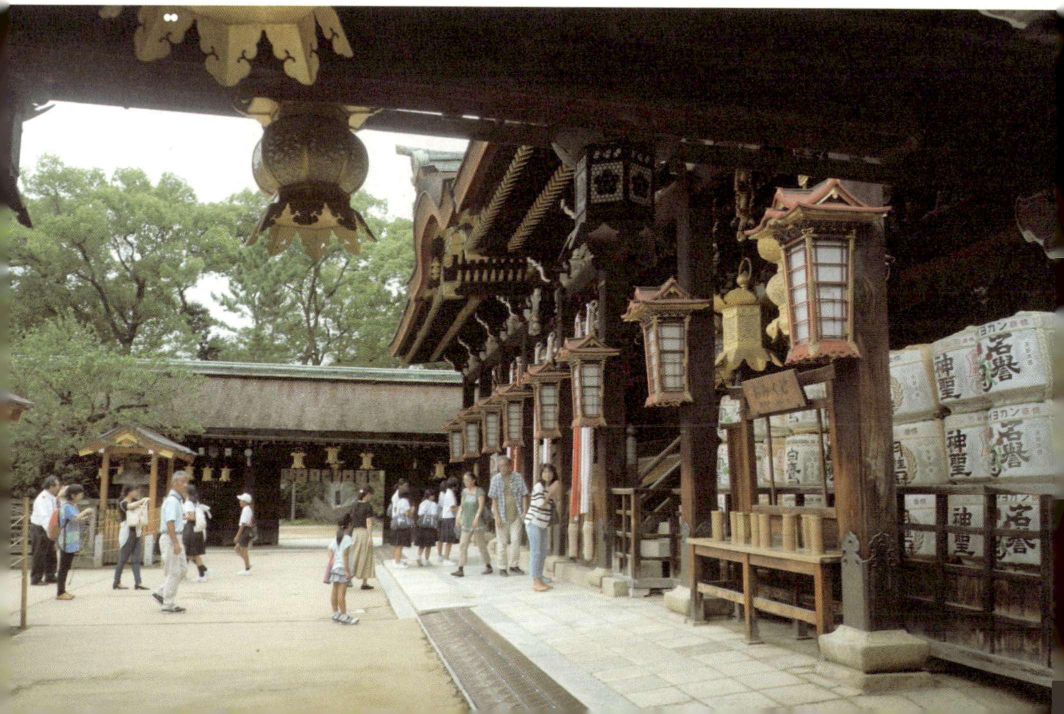

구경할 수 있도록 해서 천하 제일인으로서의 권력을 유감없이 과시했다. 그
는 특히 규슈 정벌을 통해 천하 3대 가다쓰키 명물이라 할 수 있는 하쓰하나
카타쓰키, 닛타카타쓰키, 나라시바카타쓰키를 모두 갖게 된 것을 엄청난 자
랑거리로 생각했다. 그의 규슈 정벌은 통일천하의 마지막 단계이기도 했지만
아직 차지하지 못한 나라시바카타쓰키에 대한 열망도 큰 요인으로 작용한
것이다.

나라시바는 원래 무로마치 바쿠후 8대 쇼군으로 예술과 건축 등에 크게 몰두
했던 아시카가 요시마사 소유물이었지만 그의 죽음과 함께 여기저기 전전하
다가 마침내 하카타 호상 시마이 소시쓰島井宗室가 손에 넣게 되었다. 이후 노부

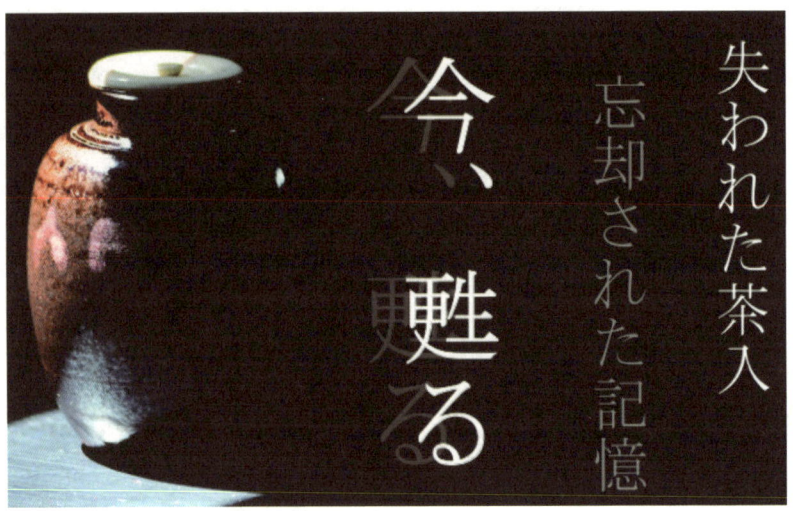

3대 명물 차이레의 하나로 역사 속에 사라진 나라시바카타쓰키. 위의 것은 영화 촬영을 위해 재현한 것으로,
'실종되었던 차이레를 망각에서 기억으로 되살려내다'라는 메시지를 전하고 있다.

나가가 이를 탐해 그의 장사를 보호하는 조건으로 양도하라고 계속 요청하는 와중에 혼노지의 변이 일어나 이를 빼앗기는 것을 모면했다. 하지만 그 다음에는 규슈 동쪽의 패자로 분고 국, 오늘날 오이타 현大分県 일대를 장악한 대다이묘였던 오토모 소린이 거액을 제시하며 거듭 양도 요청을 해왔다.

시마이는 이를 계속 거절하며 위태롭게 나라시바 소유자로서의 명예를 지켜갔지만 자신의 영업 근거지인 하카타가 포함된 지쿠젠 국筑前国 영주 아키즈키 다네자네秋月種実가 이를 달라고 하자 어쩔 수 없이 포기할 수밖에 없었다. 이때 아키즈키가 대가로 지불한 것은 겨우 콩 1백 가마. 하지만 당시 나라시바의 가격은 3천 간, 오늘날 수억 원 이상의 값어치를 지닌 것이어서 아키즈키가 무력을 동원한 실력 행사로 거의 강탈한 것이나 마찬가지였다.

아키즈키도 이렇게 힘든 과정을 거쳐 획득한 나라시바를 애지중지했지만 히데요시가 10만 대군을 이끌고 규슈로 진격해오니 결국 항복을 하는 화친 선물로 히데요시에게 헌상하고 목숨을 구걸하고 만다. 이런 사연들을 지닌 나라시바는 히데요시의 사망과 함께 도쿠가와 이에야스에게 넘어가 도쿠가와 가문의 소유가 되었는데, 메이레키明暦 3년1657년 '메이레키 대화재' 당시 손상되어 수리를 맡긴 후 행방불명이 되어 역사의 미스터리 속으로 사라졌다. 이를 제외한 나머지 두 개의 명물, 닛타카타쓰키와 하쓰하나카타쓰키는 앞서 소개한 '노부나가 소유 명물 도표'를 참조하기 바란다.

나라시바에 대해서는 역시 사카이의 호상이자 센노 리큐의 수제자로 그에게 20년 동안 사사를 받은 야마노우에 소지가 "천하일품"이라고 극찬한 것이 평가의 기준으로 전해졌다.

그런데 야마노우에 소지는 성격이 불과 같아서 결코 불의를 참고 넘기기 힘든 사람이었다. 그런 까닭에 히데요시 앞에서도 직언을 거듭해 분노를 샀고 결국은 1584년 낭인 신세가 됐다. 1586년에도 히데요시의 화를 또 돋우는 행동으로 와카야마 현 고야산高野山에 피해 자필 비전서인 『야마노우에소지기』를 남긴다. 이는 사카이 상인들의 다도에 대한 매우 소중한 사료다. 이후 그는 히데요시에게 맞서는 마지막 땅이었던 오다와라의 호조北条 가문을 섬겼다.

1590년 히데요시가 오다와라 정벌에 나서자 센노 리큐는 소지에게 히데요시에게 사죄하라고 설득하는 한편, 히데요시에게는 소지에 대한 사면을 간청하는 등 수제자의 구명에 적극 나섰다. 이에 히데요시는 자신의 필두筆頭 다두인 센노 리큐의 체면을 감안하여 다시 그를 받아들이려 했지만 소지가 다시 호조 가문에 대한 의리를 내세움에 따라 분노가 폭발, 소지의 코와 귀를 베고 참수했다. 향년 46세. 그에 대한 추모비는 도쿄 인근 온천 관광지로 유명한 하코네 유모토箱根湯本의 소운지早雲寺에 추선비追善碑[06]가 있다. 소운지는 오다와라 정벌 때 히데요시의 본영本營이 꾸려졌던 곳으로, 소지가 참수를 당한 장소다.

일설에는 소지 참수의 이유가 그의 또 다른 저작인 『다기명물집茶器名物集』과 『다도진서茶の湯珍書』를 통해 히데요시가 소유한 다구 명물들에 대해 험담을 늘어놓았기 때문이라는 얘기도 있다.

소지의 죽음을 계기로 센노 리큐의 가슴에는 히데요시에 대한 걷잡을 수 없는 분노가 생기기 시작한다. '와비차'라는 자신의 이상을 실현하기 위해 히데요시의 천하 평정에 적극 협력했건만 히데요시의 다도는 자신의 이념과 거꾸로 나가고 있고 게다가 자신의 수제자마저 참혹하게 잘려나간 머리만 돌아오니 "헛되고 헛되도다"라는 탄식이 절로 나올 수밖에 없었을 것이다.

그런데 소지의 죽음은 또 다른 차원에서 해석할 수 있다. 바로 사카이 상인의 몰락 대 하카타 상인의 부흥이라는 관점이다. 앞에서 보았듯 히데요시의 천하 평정에 군수물품 조달로 가장 기여한 사람들은 사카이 상인들이었다. 이들은 또 조선과 중국의 다구들을 적극 수입하고 일본의 다도 붐 조성에 힘씀으로써 히데요시의 '다도 통치'에 가장 큰 협력자가 되었다. 게다가 사카이는 조총鳥銃을 생산하는 가장 핵심 지역이었다. 군사적으로도 큰 의미가 있었던 것이다.

그러나 '토끼 사냥이 끝나면 사냥개는 필요가 없어져서 삶아 먹는 법兔死狗烹'이다. 천하 평정을 이룩하자 히데요시에게 사카이 상인들은 쓸모가 없어졌다. 대신 그가 새롭게 중용해야 할 사람들은 하카타 상인이었다. 왜? 하카타를 중심으로 한 규슈 북부에 조선과 명나라를 정벌한 전진 기지를 만들어야 했기 때문이었다. 조선과 명나라를 정벌하고 대륙에 자신의 새로운 왕국을 만드는 것은 오부나가에게서 물려받은 히데요시 야욕의 종착점이었다.

규슈 정벌 이전에는 하카타가 자신의 세력권에 포함되지 않아서 하카타 상인들과의 교류는 매우 제한적일 수밖에 없었다. 그렇지만 예부터 대륙의 문물이 들어오던 통로였던 규슈가 이제 손아귀에 들어왔다. 그러므로 굳이 사카이 상인들의 눈치를 살피며 대접할 이유가 없어진 것이다.

이는 그토록 총애를 받던 센노 리큐가 히데요시에게서 할복을 명령받은 사실의 가장 근원적인 이유의 하나가 된다. 센노 리큐 죽음의 원인을 둘러싸고 예부터 여러 가지 주장들이 있었다. 지금까지의 주장들은 다음과 같다.

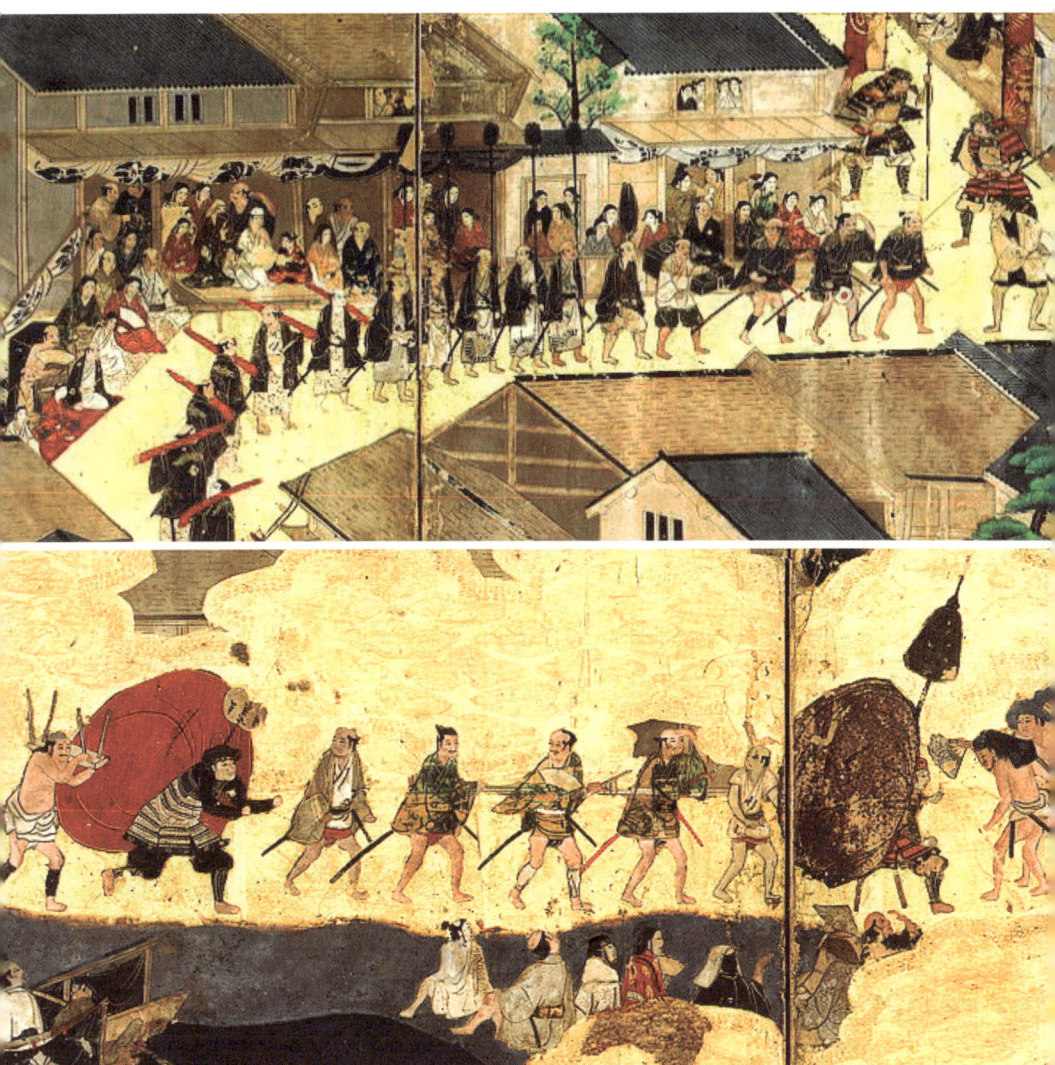

사카이 조총부대의 행렬(위)과 사카이 상인 조직인 마치슈 행렬을 그린「스미요시 제례 병풍도(住吉
祭礼図屏風)」의 일부(사카이시립박물관 소장)

❶ 교토 다이토쿠지 산문山門에 셋타雪踏07 차림을 한 리큐 입상을 세움으로써 귀인들이 그 아래를 지나가야 하는 불경죄를 저질 렀다는 것.

❷ 리큐가 다구 감식을 이용하여 도구 매매에서 부정을 저질러 '매승賣僧의 우두머리'라는 비난을 받았다는 것.

❸ 미모가 뛰어났던 리큐의 딸 '오코에'를 측실로 삼고 싶다고 한 히데요시의 요구를 거절했기 때문.

❹ 리큐가 도쿠가와 이에야스와 내통하여 히데요시의 동생이자 제일 심복인 히데나가를 독살했다는 설.

그러나 이 같은 주장들은 봉건 시대에 자신의 다도 스승을 죽인 믿기 어려운 패륜과 패악 행위의 이유가 되기에 불충분하다. 가장 근원적인 이유, 그것은 바로 천하를 얻은 히데요시와 최고 명성의 다인 센노 리큐가 결코 타협할 수 없는 결정적인 사정, 천하제일인의 권위와 체면, 또 천하제일 다인의 명예와 이상이 격돌하면서 서로 양보할 수 없었던 사정, 그것이야말로 센노 리큐 죽음의 직접적 배경일 것이다.

이 같은 관점에서 보았을 때 역시 센노 리큐 죽음의 가장 큰 원인은 그가 조선 출병을 반대했기 때문이요, 아울러 히데요시 권위에 방해가 될 정도로 리큐의 명성이 하늘을 찌르고 있으므로 미리 싹을 잘라 사카이 상인들의 세력을 제압하고 하카타 상인들에게 힘을 몰아줄 필요가 생겼기 때문이다.

400년 만에 공표되어 리큐가 목숨을 걸고 출병을 반대했던 모습이 드러난

07 눈이 올 때 신는 신발

문서인 『무공야화』에 대해서는 1장에서도 약간 언급을 했지만 자세히는 말하지 않았으므로 여기서 좀더 자세히 살펴보겠다. 이 문서는 노부나가와 히데요시를 섬긴 다지마 국但馬国 이즈시 성出石城 다이묘인 마에노前野 집안의 기록이다.

마에노 나가야스前野長康, 1528~1595는 히데요시와 어릴 적부터 친했고, 나중에 히데요시의 한 팔이 되어 전공을 세웠으며 측근으로 중용된 사람이었다. 그가 주라쿠다이을 건설하는 책임자인 부교奉行로 1588년 고요제이 일왕의 행차 때 향응을 총지휘했다는 사실만 보아도 그에 대한 히데요시의 신임을 알 수 있다.

마에노 나가야스는 기독교인이었는데 히데요시 명령으로 다이토쿠지에서 개종하고 '고소五宗'라고 불렸다. 이런 관계로 보아 리큐와도 가까운 사이였음을 알 수 있다. 그는 1590년 오다와라 정벌과 1592년 임진왜란 참여의 공을 인정받아 11만 석의 영주가 되었지만, 도요토미 히데쓰구의 신하로 갔다가 1595년 히데쓰구의 모반에 대한 연좌죄로 추궁을 당해 결국은 할복을 명령받았다. 히데요시 조카인 히데쓰구는 의심할 바 없는 후계자였으나 히데요시 측실 요도도노淀殿: 일명 차차에게서 갑자기 아들 히데요리가 태어나면서 하루아침에 몰락했다는 사실은 앞에서 얘기한 바 있다.

이러한 마에노 나가야스가 남긴 비망록 「오종기五宗記」와 마에노 가문 13~15대 당주의 비망록 「남창암기南窓庵記」를 근거로 하여 1624~1644년간에 편찬한 것이 『무공야화』다.

마에노 나가야스의 「오종기」는 1567년 무렵부터 1594년까지의 일들을 상세하게 기록하고 있고, 그중에 센노 리큐, 도요토미 히데나가, 호소카와 유사이,

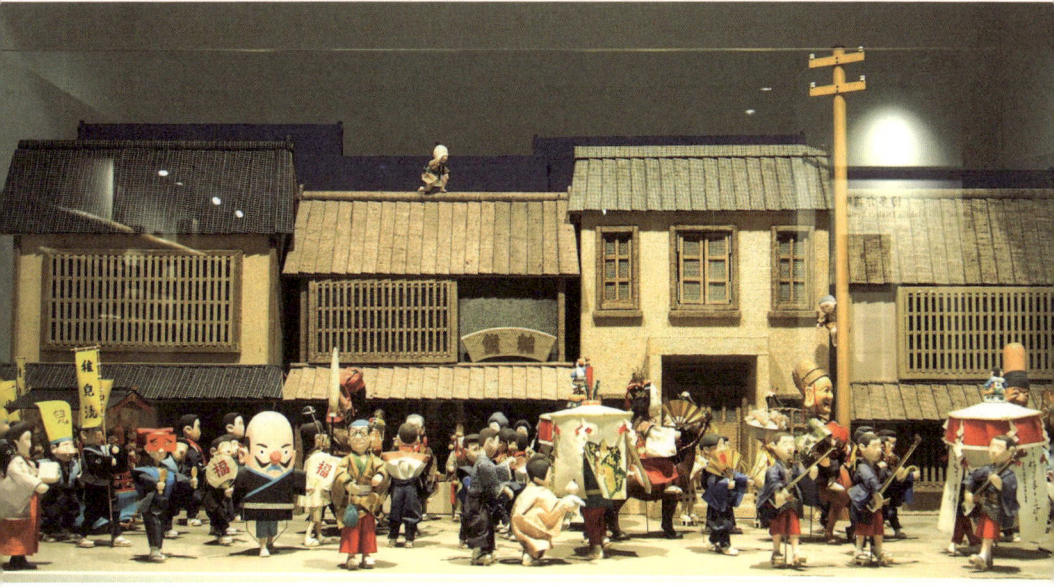

하카타 상인과 상점가를 묘사한 미니어처

가모 우지사토蒲生氏郷, 히데요시 고부교五奉行의 한 명으로 세키가하라 전투에서 도쿠가와 이에야스에 맞섰던 서군의 실질적인 총수였던 이시다 미쓰나리 등의 인물과 나눈 대화나 생생한 체험이 적혀 있다.

이 기록에서 다이토쿠지 산문에 대해 마에노 나가야스는 '소에키 님은 전하^{히데요시}께 은밀히 말씀드려 허락을 받았다. 그런데 갑자기 다이토쿠지에 사람을 보내 이 목상木像을 산문에서 끌어내려 교토의 대로에서 징계하고 소에키는 사형을 받았다. 좀처럼 이해하기 어렵다'라고 했다. 센노 리큐는 목상에 대해 사전에 히데요시의 허락을 받았으며 나중에 그 사실이 알려지지 않은 채 조작

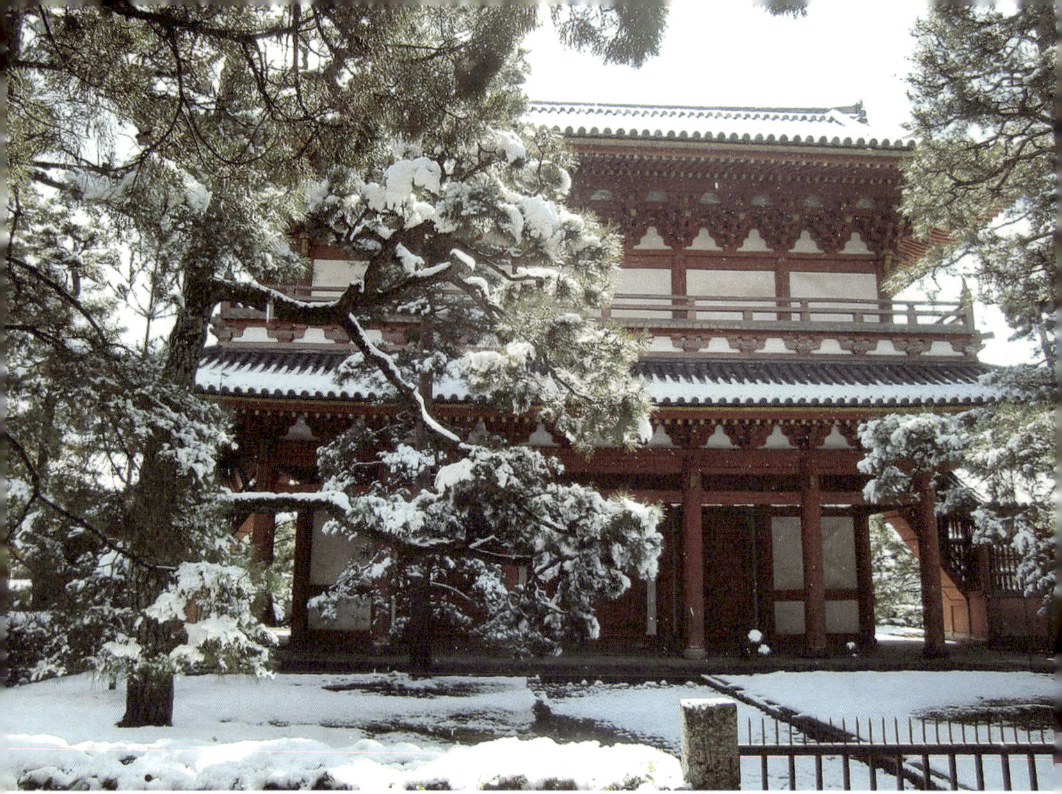

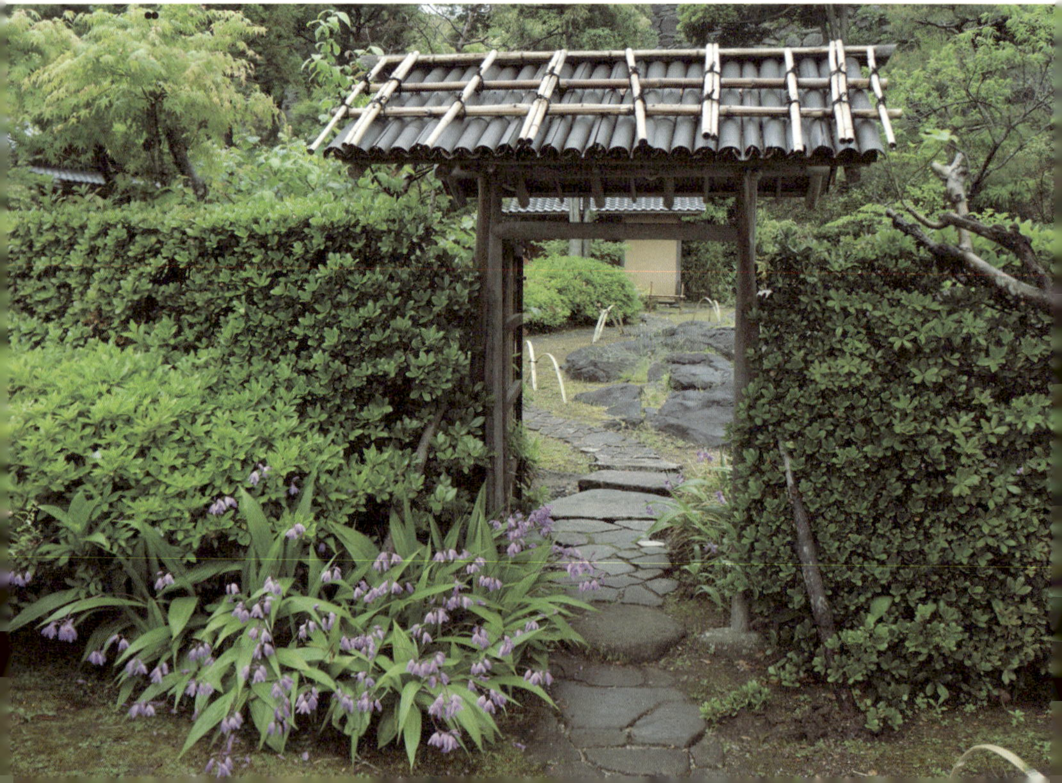

되었음을 말해준다.

또한 조선과 명나라 출병에 대한 묘사는 다음과 같다.

> '최근 간파쿠^{히데요시} 전하는 현명함과 어리석음 사이를 헤매는 듯하다. 바다를 건너 고려국^{조선}을 공격하고 대명국까지 공격하여 그곳의 제왕이 되겠다고 했다. 지금 와서 큰 강의 흐름을 막지 못하고 다이나곤^{大納言 : 히데나가}께서 간언하여도 전혀 듣지 않았다. 다지마 국의 태수 마에노 나가야스가 이를 걱정했다. 소에키가 전하께 따지면서 간파쿠의 세상 이야기 상대를 했다. 센본야시키에 와서 말하기를 바다를 건너 고려국으로 가는 것이 본심이었다고 은밀히 들려주었다.'

이렇게 조선 출병을 강력하게 반대한 두 사람, 히데요시의 동생 히데나가는 1591년 1월 병으로 사망하고, 그해 2월 18일에는 센노 리큐도 할복을 수행하니 히데요시에게 직언을 할 수 있는 사람은 아무도 없게 된다. 임진왜란은 이런 정황에서 벌어진 것이다. 이런 정황에 대해서도 위 기록은 이렇게 전한다.

> '사적인 것은 소에키, 공적인 것은 재상^{히데나가}이 잘 알고 있었으므로 전하에게 결코 나쁜 일은 없을 것이다…… 라고 하며 ^{히데나가는} 수만 명이 둘러앉아 있는 가운데 오토모 소린의 손을 꽉 잡았다. …… 이 오사카 성내의 상황으로 보아 소에키가 아니고는 간파쿠 전하에 한마디라도 말씀드

● 불경죄를 야기했다고 하는 센노 리큐 목상이 있는 다이토쿠지 산문
●● 임진왜란 출병의 전진 기지 히젠나고야성 터에 있는 다실 '가이게쓰(海月)'

릴 사람이 없다는 것을 알았다…….'

마에노 나가야스가 다이토쿠지에서 센노 리큐를 만났을 때 나눈 두 사람의
대화도 역시 나온다.

> '(나가야스가) 다이토쿠지에 갔다. (그때 만난 리큐가 말하기를) 다이나곤
> 께서 병이 중하시다. 이번에 조선국 사신이 내조했는데 상사 황윤길은
> 간파쿠 전하께 공손한 뜻을 보였다. 그럼에도 결국 간파쿠께서 대명국*
> 唐國을 징벌할 것을 결정했다. 이에 대해 다이나곤께서 심려하여 병상에
> 있으면서 거듭 간하도록 (리큐에게) 당부했다…….'

대화의 내용으로 보아 이 시기는 조선통신사 황윤길이 와 있던 1590년 7~12
월 무렵으로 추정된다. 히데나가는 히데요시에게 외국과 싸움을 벌이는 것은
폭거이며 손실뿐 얻는 것은 없다고 '온 힘을 다해 간했지만' 히데요시가 듣지
않자, 중병에 걸린 히데나가는 어쩔 수 없이 뒷일을 리큐에게 부탁한 것이다.

> '이번에 소에키는 (간파쿠로부터) 파면되어 제거되었다. 이 무렵 도성 안
> 도 뒤숭숭했다. 고려국 퇴치 출병 건에 이르러서는 그 누구의 간언도 들
> 어주지 않았다.'

센노 리큐가 파면되었다는 것은 결국 그가 조선 출병을 강력히 만류했다는 사
실을 말해준다. 당대 최고의 스승 다케노 조오에게서 센노 리큐와 함께 다도

를 공부해 평생의 친교를 나누었던 호소카와 유사이가 나가야스에게 말한 내용도 있다.

> "나, 늙은 이 한 몸 무엇이 아깝겠는가. 죽을 각오로 간언하여 이번의 출
> 전을 멈추시라고 말씀드리기는 쉽지만 그와 같이 마음을 정하시도록 하
> 기는 어렵다……."

센노 리큐는 죽기 한 달 전에 유사이의 아들이자 자신의 제자로서 리큐의 일
곱 제자[08]의 한 명인 호소카와 산사이에게 통桶 형태의 고려다완을 물려주었
다. 그는 이미 죽음을 예견하고 있었다.

산사이에게 물려준 통형 고려다완은 '미시마 오케三島桶'라고 불리는 명품으
로서 센노 리큐가 초지로에게 만들게 한 라쿠야키의 원형이 되는 조선 분청상
감 찻사발이다. 센노 리큐에게 조선은 그가 동경하는 문화를 낳은 나라이며,
결코 침략할 수 없는 신성한 땅이었다. 그러므로 센노 리큐와 히데요시의 대립
은 결국 와비차 대 '사이비 다도', 조선의 '초암草庵 다도'와 히데요시의 '겉치레
다도' 싸움이었다고 할 수 있는 것이다.

그럼 이제부터 센노 리큐 후손에 의해 발전하고 계승된 다도 유파에 대해 알
아보도록 하겠다. 우선 오모테센케의 역대 계승자들을 정리한 다음의 도표부
터 보자.

08　리큐의 일곱 제자는 필두인 가모 우지사토를 비롯해 호소카와 다다오키, 후루타 시게나리, 시바야마 무네쓰나
(芝山宗綱, 監物), 세타 마사타다(瀬田正忠, 掃部), 다카야마 나가후사(高山長房, 右近/南坊), 마키무라 도키사다(牧
村利貞, 兵部)의 일곱 명이다. 이중 가모, 호소카와, 시바야마는 '리큐 문하 무인 3인방(利休門三人衆)'으로 불린다.

대	이름道号法諱	호斎号	생몰년	비고
1	리큐 소에키利休宗易	호센사이抛筌斎	1522~1591	
2	쇼안 소준少庵宗淳		1546~1614	센노 리큐 후처가 데리고 온 아들이자 사위
3	겐파쿠 소탄元伯宗旦	도쓰토쓰사이咄々斎	1578~1658	중흥 시조. 2대 소준의 아들
4	고신 소사江岑宗左	호겐사이逢源斎	1613~1672	3대 소탄의 셋째 아들
5	료큐 소사良休宗左	즈이류사이随流斎	1650~1691	처남 히사다 소젠ㅅ田宗全의 동생
6	겐소 소사原叟宗左	가쿠카쿠사이覚々斎	1678~1730	히사다 소젠 아들
7	덴넨 소사天然宗左	조신사이如心斎	1705~1751	6대 아들
8	겐오 소사件翁宗左	솟타쿠사이咄啄斎	1744~1808	7대 아들. 아버지를 일찍 여의고 14세 때 습명. 은거 후 법명을 3대의 소탄宗旦으로 칭한 이후, 이 법명은 은퇴한 당주가 관례로 물려받음
9	고슈쿠 소사曠叔宗左	료료사이了々斎	1775~1825	히사다 가문 6대 소케ㅅ田宗渓의 장남. 8대 센노 겐오千件翁 딸 다쿠たく의 데릴사위로, 34세에 9대 습명
10	쇼오 소사鮮翁宗左	규코사이吸江斎	1818~1860	9대 조카. 히사다 가문 7대 소야ㅅ田宗也와 8대 센노 겐오의 딸 사와さわ 사이의 아들로 태어나 8세 때 입양
11	즈이오 소사瑞翁宗左	로쿠로쿠사이碌々斎	1837~1910	
12	게이오 소사敬翁宗左	세이사이惺斎	1863~1937	
13	무진 소사無盡宗左	소쿠추사이即中斎	1901~1979	
14	소사宗左	지묘사이而妙斎	1938~	
15	소인宗員	유유사이猶有斎	1970~	후계자 와카소쇼若宗匠

오모테센케 역대 계승자

센노 리큐 가문의 가계도는 매우 복잡하다. 센노 리큐 사망 이후 센노 리큐 후처인 소온宗恩이 데려온 의붓아들로 센노 리큐의 양자가 된 센노 쇼안千少庵이 가계를 잇는다. 소준센노 쇼안은 센노 리큐의 딸인 오카메お亀와 결혼해 사위가 되기도 한다. 소준은 아버지이자 장인인 리큐의 할복 이후 아이쓰会津의 영주

가모 우지사토 밑에서 칩거하라는 명령을 받았다. 히데요시 사망 이후 우지사토가 도쿠가와 이에야스와의 중재를 통해 용서를 받아 교토로 돌아왔고, 이후 가문의 재건에 힘을 쓰며 아들 센노 겐파쿠千元伯의 후견에 정성을 기울였다.

센노 리큐에게는 정실부인 호신모쥬宝心妙樹 사이에 낳은 적자 센노 도안千道安이 있었지만, 리큐가 후처를 들이면서 아버지와 사이가 나빠져 젊은 시절에 집을 나왔다. 히데요시의 '다두 8인방茶頭八人衆'으로 꼽히기도 했지만 아버지가 사망하면서 칩거 명령을 받았다. 히데요시 사망 이후에는 아버지의 제자였던 호소카와 산사이의 다두가 되기도 했다. 센노 도안과 센노 쇼안은 동갑이지만 평생 사이가 좋지 않았고, 둘 모두 다인이면서도 한 다회에 동석한 적이 단 한 번도 없었다.

센노 리큐 가문의 중흥은 3대 소탄에 의해 이루어진다. 아버지 센노 쇼안과 어머니 오카메센노 리큐의 딸 사이에 태어난 그는 할아버지센노 리큐의 요청에 따라 갓난아기 때부터 다이토쿠지에 가쓰지키喝食[09]로 맡겨졌다. 이는 아버지 센노 쇼안이 후처 자식으로 리큐가 센노 도안과의 상속 다툼을 염려했기 때문이다. 할아버지가 사망하면서 계속 불문에서 자랐고, 아버지가 칩거에서 풀려나면서 환속했다. 이후 아버지와 함께 와비차의 보급에 힘을 쏟았다.

소탄은 1600년 무렵, 센노 쇼안이 은거함에 따라 가계를 이어받았다. 할아버지의 경우를 교훈으로 삼아 정치와의 관계를 피하고 평생 벼슬도 멀리 했다. 그의 다풍은 리큐의 와비차를 더욱 철저하게 지키는 것으로 마치 거지처럼 수

---

[09] 어린아이가 선사에 들어가 머리를 깎지 않고 지내는 것. '갓시키(喝食)'라고도 한다

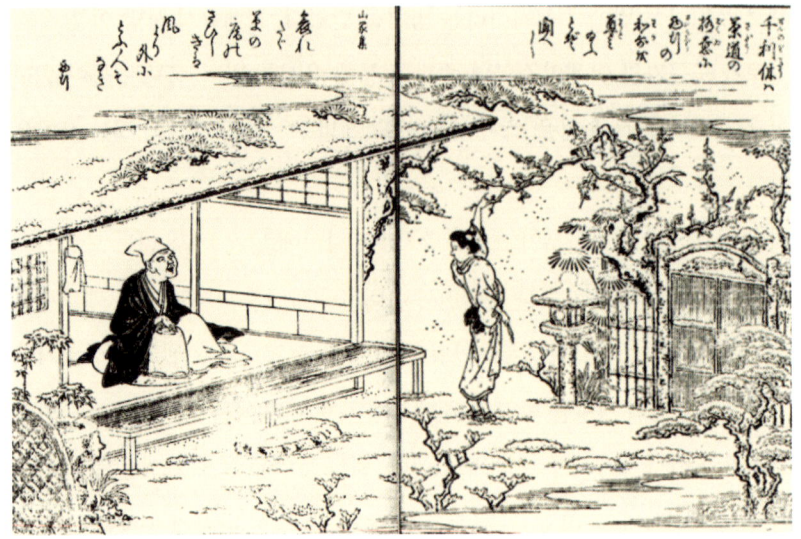

센노 리큐에게 한 동자가 다도가 무엇인지 묻고 있는 그림

행을 하고 청빈하다고 해서 '고지키소탄乞食宗旦'이라는 별명이 붙었다.

말년에 지은 다다미 2장 넓이의 다실은 와비차 정신을 나타낸 최고의 다실로

평가받는다. 센 가문 중흥의 시조로 매년 11월 19일에 제사宗旦忌를 지낸다.

소탄은 자식들의 취업에 굉장히 열심이어서 장남 소세쓰宗拙와 넷째 소슈宗守

를 가가 번加賀藩의 100만 석의 대다이묘인 마에다前田 가문에, 차남 소시쓰宗室

를 다카마쓰高松 마쓰다이라 가문에, 셋째 소사宗左를 기슈도쿠가와 가문에 각

각 보내 섬기게 했다.

또한 딸인 구레クレ를 히사다 가문의 소리宗利에게 시집보내, 이 인연으로 5대

부터는 히사다 가문에서 센 가문에 양자로 들어와 가계를 잇게 된다. 4대 소

사 센노 고신千江岑이 자식이 없자, 사돈인 히사다 가문에서 히사다 소리久田宗利의 동생 소젠久田宗全을 양자로 들인 것이다. 다시 말해 센노 고신은 처남의 동생을 양자로 들인, 아주 드문 경우다. 또한 이로 인해 이후 센 가문과 히사다 가문은 가계도가 매우 복잡하게 얽혀 돌아간다.

이렇게 가문의 전통이 사돈인 히사다 가문으로 넘어가는 것에 반발해 3대 소탄의 네 아들 가운데 둘째인 소시쓰가 우라센케를, 막내넷째인 소슈가 무샤노코지센케를 각각 일으켜 3개의 센케千家가 지금까지 이어지고 있는 것이다. 장남 소세쓰의 경우는 아버지 소탄과 사이가 틀어져서 일찍 집을 나와 에도에서 낭인으로 삶을 마감했다고도 하고, 산중에 은거했다고도 한다. 아버지에게 의절을 당했다는 얘기도 있다.

4대 소사 센노 고신은 도쿠가와 이에야스의 열 번째 아들로 55만 5,000석의 기슈 번[10] 초대 번주가 된 도쿠가와 요리노부德川頼宣, 1602~1671의 초청으로 1642년부터 기슈도쿠가와紀州德川 가문을 섬겼다. 다도에 조예가 깊었던 이 가문은 이후 메이지에 이르기까지 오모테센케의 역대 당주들을 다두로 섬기면서 중급 무사 수준의 녹봉 200석을 부여했다. 센노 고신은 새롭게 만든 고사이인後西院을 하사받고 도후쿠몬인東福門院이 왕실을 위해 만든 향합도 받는 등 왕궁과 공가들과의 교류도 깊었다.

위에서 말했듯 기슈도쿠가와 가문의 역대 번주 중에는 다도에 관심이 많은 사람이 적지 않았다. 그리하여 6대 센노 겐소千原叟는 8대 쇼군이 된 4대 기슈 번주 도쿠가와 요시무네德川吉宗, 1684~1751에게서 구와바라다완桑原茶碗을 하사받

10　지금의 와카야마 현과 미에(三重) 현 남부. 기이 번(紀伊藩) 또는 와카야마 번으로 표기하는 경우도 많다.

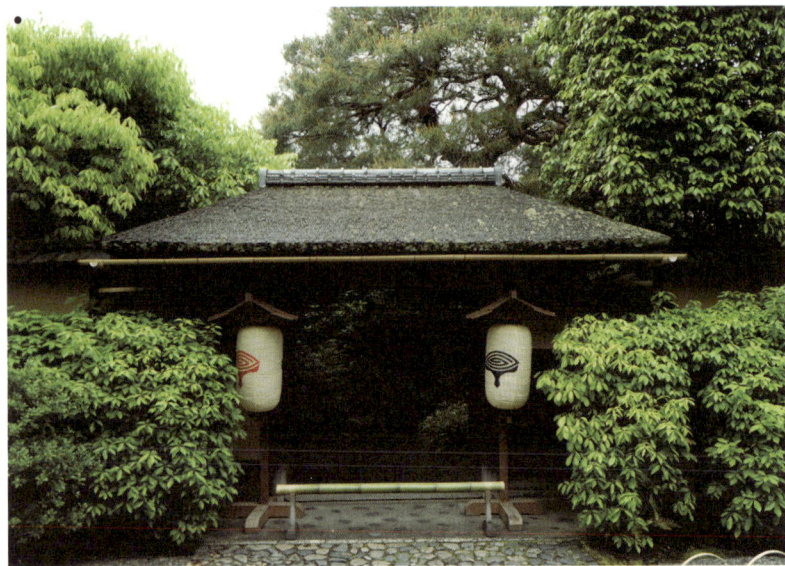

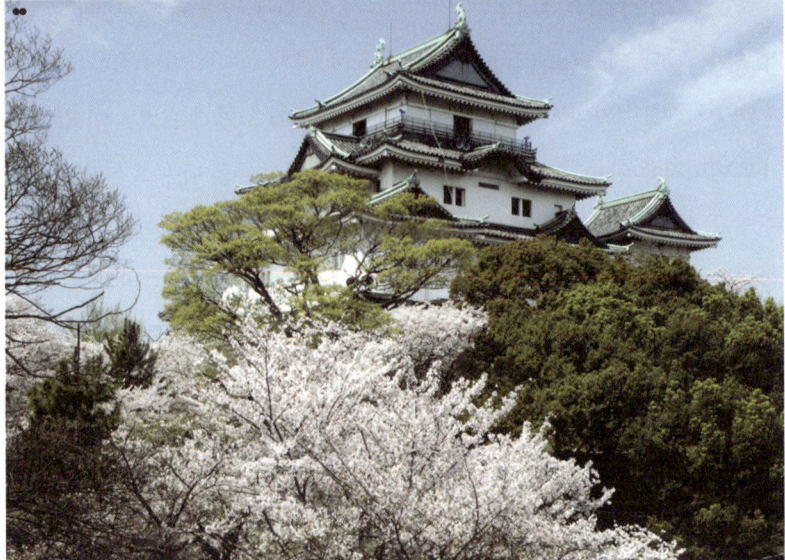

● 오모테센케 바로 옆에 있는 우라센케의 본산인 '곤니치안(今日庵)'

●● 기슈도쿠가와 가문의 본성인 와카야마 산성

았고, 9대 센노 고슈쿠千曠叔는 '풍류의 영주数寄の殿様'라는 칭호를 들을 정도로 고아한 풍취를 사랑한 도쿠가와 하루토미의 비호를 받았다. 하루토미는 직접 와비차를 전수받을 정도로 다도에 정통했고, 만년의 9대 센노 고슈쿠를 초청해 직접 자신이 다회를 개최했다. 또한 하루토미는 9대에서 10대 센노 쇼오千祥翁으로 넘어가는 일, 즉 9대 센노 고슈쿠가 자신의 조카를 양아들로 삼는 과정을 중재하기도 한다.

현재 오모테센케의 총본산인 후신안의 정문도 바로 기슈도쿠가와 가문에서 세워준 것이고, 리큐의 와비차 다도가 영주에서 서민에게로까지 퍼지는 과정에서도 이 가문의 후견 역할이 큰 역할을 했으니, 기슈도쿠가와 가문이 센노 리큐의 와비 사상을 전파하면서 미친 영향은 실로 지대하다.

지금도 기슈 번의 본성이었던 와카야마 시 와카야마 성 아래 미키초三木町의 호리즈메 다리堀詰橋 남쪽에는 '기슈 번 오모테센케 집터紀州藩表千家屋敷跡'를 알려주는 표지석이 세워져 옛날을 그리워하고 있다.

에도 시대의 오모테센케가 한 역할로 가장 중요한 것은 마치카다町方[11]로 다도를 보급한 사실이다. 겐로쿠 연간을 정점으로 하는 에도 중기 경제의 실권을 도회지 주민들이 잡으면서, 예를 들어 오늘날 미쓰이三井 재벌의 당주인 미쓰이 하치로에몬八郎右衛門[12] 등 부유한 상인층을 문하생으로 대량 받아들였다. 산업혁명을 거치며 서양에서 신흥 중산층이 부상함에 따라 이전 왕족과 귀족만 즐기던 각종 문화양식이 이들에게도 전해진 것과 똑같은 경우다.

이에 따라 기존의 교육 방법과 조직으로는 대응하기가 어려워지자, 오모테센

---

11   도회지, 혹은 도회지 사람. 시골에서 도시를 가리켜 하는 말로 '무라카다(村方)'의 반대말
12   미쓰이 가문 당주의 습명은 하치로에몬을 사용한다.

케는 새로운 교수법과 조직을 만들었다. 또한 최신 상인 문화의 영향을 받아 역시 새로운 다풍으로 변모하기 시작했다. 특히 7대 조신사이如心斎 센노 덴넨 千天然은 동생인 우라센케의 8대 잇도 소시쓰一燈宗室나 수제자 가와카미 후하쿠 川上不白 등과 함께 시대에 맞는 다풍을 만들어낸 것으로 이름이 높아 '센케 중흥'의 주역이 되었다.

새로운 조직이라는 것은 현재 예능 일반에서 흔히 볼 수 있는 종가家元 제도다. 예를 들어 당주는 직속 문하생을 교습시켜 그에게서 교수 수수료를 취하고, 또 직속 문하생은 자신의 제자에게 이를 전수해 교수 요금을 받고, 그 일부를 종가에 상납한다. 그 제자는 또 자신의 제자를 받아들이고, 이렇게 끝없이 가지가 퍼져 나가는 종가 중심의 피라미드형 조직이다.

당주는 원칙적으로 '유루시조許し状:허가장'의 발행권을 독점하며, 중간 단계 스승은 일정 비용을 납부하고 자신보다 상위의 스승에게서 '유루시조'의 발급

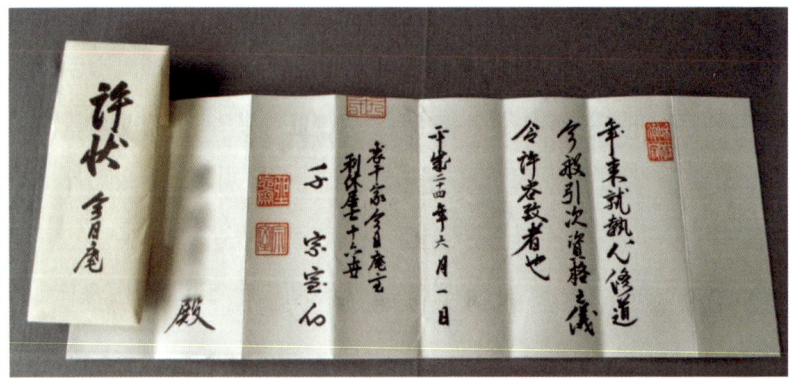

우라센케의 유류시조

대행권을 받을 수 있다.
이런 방식으로 종가의 권
위를 세우고 종파의 독립
을 막는 동시에 조직 전체
의 경제적 기반을 확립한
것이다.

그런데 '유류시조'는 실
력 인증의 의미가 강하고
졸업장이나 면허와는 성

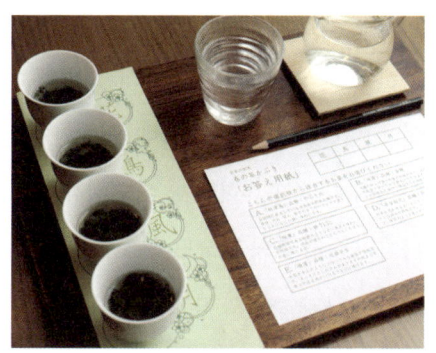

차가부키는 마치 와인 소믈리에처럼 차의 종류와
산지를 알아맞히는 과정이다. 원래는 놀이였으나 이렇게
다도 학습의 한 과정으로 굳어졌다.

격이 다르다. 이 '유류시조'는 뉴몬入門 - 나라이고토習事 - 가자리모노飾物 - 사
쓰바코茶通箱 - 가라모노唐物 - 다이텐모쿠台天目 - 본다테盆点 - 미다레카자리乱飾
- 신노다이스真台子의 절차가 있다. 이 단계들은 행다를 하면서 필요한 다구들
을 예법에 맞게, 상황의 변화에 맞추어 얼마나 능숙하게 다룰 수 있는지를 심
사하기 위한 것이다. 이 중에서 상위 단계인 '미다레카자리'와 '신노다이스'는
오직 종가에서만 교육 받을 수 있고, 일반 시중에서는 교습 받을 수 없다. 또
한 여성은 미다레카자리까지만 '유류시조'를 받을 수 있고, 최상 등급인 신노
다이스는 오직 남성에게만 허용된다.

또한 수련을 위한 새 교육 방법으로 '시치지시키七事式'도 만들어졌다. 이는 카
게쓰花月 - 사자且座 - 차가부키茶かぶき - 가즈차員茶 - 마와리즈미回り炭 - 마와리바
나回り花 - 이지니산一二三의 7가지다. 다도에 종사하는 사람이 아닌 일반인이 이
를 굳이 자세히 알아야 할 필요는 없겠기에, 대략 쉽게 말하자면 차를 즐길 상
황과 자리를 정리하고, 차의 종류를 정하고, 분향을 하며, 다석의 분위기를 만

들 꽃을 준비하고, 물을 끓일 숯을 준비한 다음, 말차가루에 물을 넣어 잘 반죽하고, 다구들을 잘 정리해서 밝은 자리를 향하도록 하는 것 등이다. 마지막의 '이치니산'은 이 과정들에 대해 평가하는 점수다.

아울러 다도의 유희적 요소가 대유행함에 따라 '가게쓰로花月楼'라고 불리는 다다미 여덟 조와 도코노마의 사랑방이 전국 각지에 다실로 건축되었다. 이에 따라 리큐와 소탄의 작고 검약한 다실은 더 이상 보기 힘들어졌고, 기존의 것들도 점점 더 크게 개조되었다. 다구 또한 와비풍의 한적하고 쓸쓸한 정취를 풍기는 것에서 '마키에노 나쓰메蒔絵の棗13'처럼 화려한 것으로 대체되어간다. 이런 경향은 현대로 올수록 점점 더 심해졌다.

이렇게 7대 조신사이 때부터 시행한 개혁은 단순한 지도 방법의 변화뿐만 아니라 작은 공간에서 소규모 손님만을 대접하던 와비차의 세계를 전면적으로 바꾼 것이 되었다. 이 때문에 다도의 타락을 초래했다는 비판을 듣는 것은 당연하다. 클래식 음악이 소수만을 위한 살롱뮤직에서 점차 콘서트홀에서 일반 대중을 위해 연주된 것과 마찬가지다.

8대 센노 겐오千件翁 시절인 1788년 대화재에 의해 오모테센케와 우라센케는 전래의 다구만을 겨우 건지고 많은 다실이 모두 소실되는 큰 피해를 입었다. 그러나 이듬해까지 이들은 신속하게 재건되어 리큐 거사 200회기의 다회를 성대하게 개최한다. 이러한 부흥이 가능했던 것은 어쨌든 7대부터의 종가 제도 정비에 힘입은 바가 크다.

한 가지 더 덧붙이자면 미쓰이 재벌은 기슈 번에 속했던 이세伊勢 마쓰자카松坂

---

13 금이나 은가루로 칠기 표면에 화려하게 무늬를 넣은 마키에(蒔絵) 공예로 만든 말차를 담는 항아리(棗)의 일종

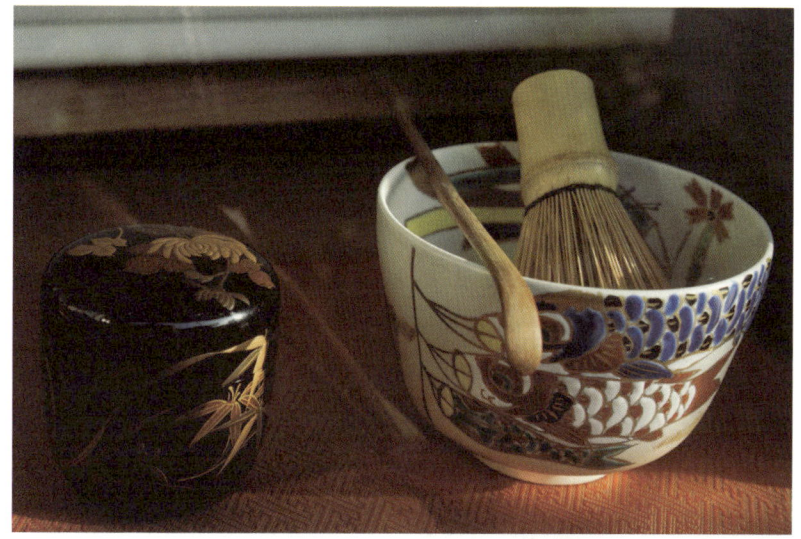

차 단지의 일종인 '마키에노 나쓰메'(왼쪽). 찻사발 역시 7대 조신사이 때부터 기존의 와비차에서 벗어나 대중적이면서 화려한 경향으로 바뀌어갔다.

일족이 가문의 뿌리이다. 이런 인연으로 기슈도쿠가와 가문과도 강한 유대의 끈이 있다. 이에 따라 도쿠가와 하루토미 등이 하사한 다구들이 지금도 미쓰이 가문에 전해지고 있다. 미쓰이 총수 집안인 미쓰이 기타케三井北家의 6대 당주인 미쓰이 다카스케三井高祐는 언젠가 하루토미 저택에 초대를 받았을 때 자신이 직접 만든 찻사발을 선물로 들고 갔는데, 그때 하루토미는 그 찻사발에 거북이 그림을 그려준 적도 있다. 이런 관계로 추정할 때 미쓰이 재벌과 센 가문 또한 상당한 교류의 연결 고리가 있다고 보인다.

『일본 도자기 여행 규슈의 7대 조선 가마』에서 보았듯, 메이지 시대가 되면서 도자기 업계는 쇠락의 직격탄을 맞았다. 우선 폐번廢藩이 되면서 각 번주가 키

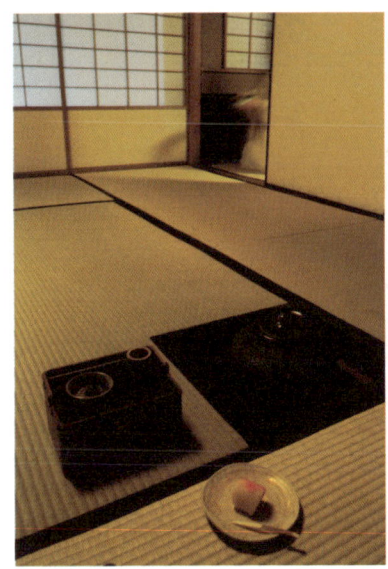

다도 인구가 증가하면서 다실 크기도
계속 확장되었다.

우던 어용가마가 모두 사라진 것처럼 다도 역시 구시대의 유물로 돌볼 수가 없게 되었다. 당연히 기슈 번의 극진한 비호도 없어지고, 종가 제도도 함께 존망의 위기에 처했다. 이 시기 과거처럼 옛 특정 번의 인맥 위주로 꾸려 나가던 다른 다도 유파들은 조직이 상당수 소멸되었다.

물론 오모테센케 역시 위기 상황이었지만 그나마 근대적인 종가 제도를 시행하고 있었고 무엇보다 미쓰이 가문이라는 강력한 후원자 덕택에 겨우 명맥을 유지하며 신산辛酸의 세월을 보냈다. 게다가 12대에 들어와 1906년 또 다시 불이 나면서 당주 건물이 거의 전소하고 말았다. 1788년의 대화재 때는 피해가 훨씬 컸음에도 겨우 일 년 만에 재건에 성공했는데, 이때는 1913년이 돼서야 겨우 재건할 정도로 시간이 많이 걸린 사실을 보아도 당시 다도계의 어려움을 알 수 있다.

그러나 그 후 다시 다도 인구가 증가하고 1921년 여덟 조 다다미의 쇼후로松風楼 다실이 1959년에는 열 조가 더 추가되는 등 계속 확장되었다.

제2차 세계대전 후에는 다도 자체의 발전보다는, 다도 조직으로 발전한 시대

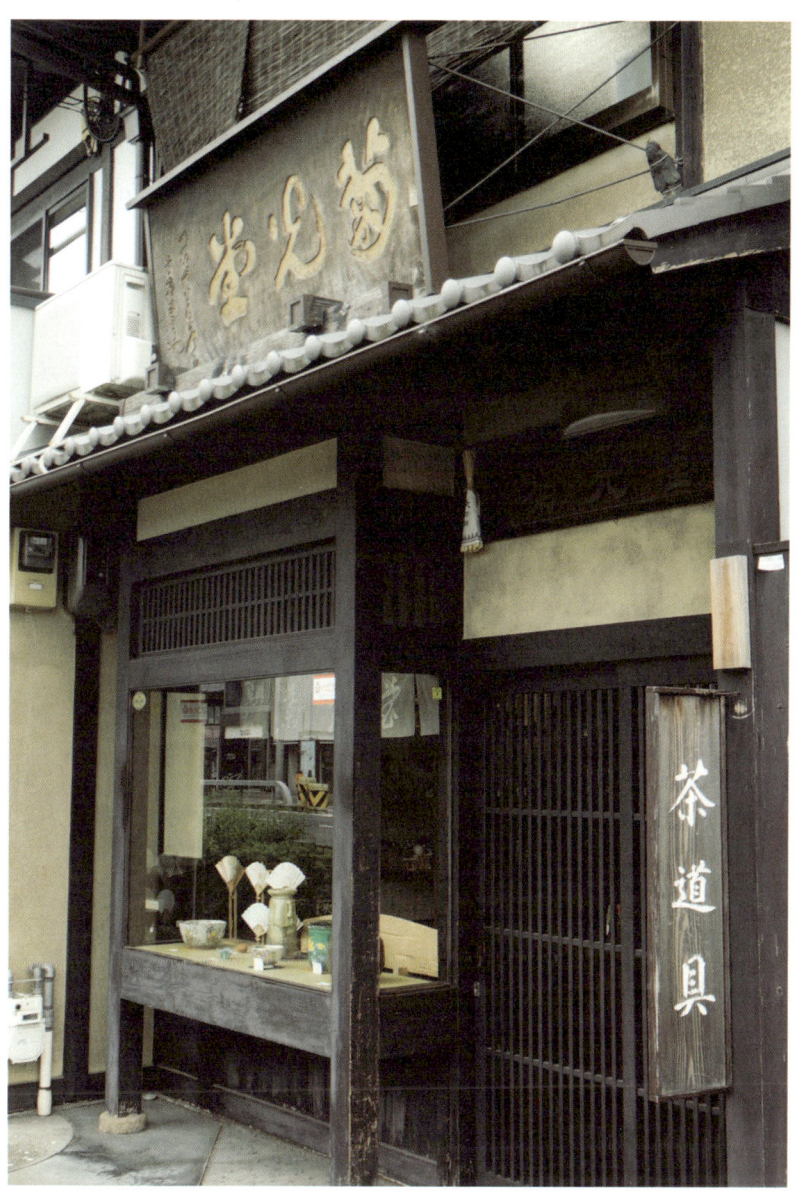

다도 골목 어귀에 위치한 메이지 3년(1870년) 창업의 다구 전문점 깃코도(菊光堂)

다. 경제성장과 함께 다도 인구도 폭발적으로 증가했지만 가장 먼저 대중화 노선을 추진한 우라센케가 오모테센케를 제치고 제일 많이 세력을 확장했다. 오모테센케는 1953년 전국 조직인 오모테센케 동문회를 설립했다.

무샤노코지센케는 앞서 말했듯 3대 소탄의 막내인 소슈가 일으킨 것이다. 소슈와 장남 소세쓰만 소탄의 첫째 부인정실 아들이지만 역시 앞에서 말한 대로 소세쓰는 아버지와의 불화로 일찍 집을 나갔다.

소슈라는 법명은 그의 선 스승이었던 다이토쿠지 185번째 주지인 교쿠슈 소반玉舟宗璠 화상이 지어준 것이다. 소슈는 당대 최고의 옻칠 장인인 요시오카 진에몬吉岡甚右衛門에서 옻칠을 사사받고 있었으나, 형의 격려에 힘입어 '간큐안官休庵'을 세우고 다인의 길을 걷기 시작했다.

'간큐안'이라는 이름은 아버지 소탄이 지어준 것인데, 그 의미는 확실하지 않다. 다만 1774년 소슈가 사망한 지 100주년 때 다이토쿠지의 390대 주지인 신간 소조眞巖宗乗가 '고인은 자신을 차에 바치고 이제야 휴식을 얻었도다古人云官因老病休 翁者蓋因茶休也歟'라는 시를 남겼다고 한다.

소슈는 시코쿠 지방 사누키 국讃岐国 다카마쓰 번高松藩 고노에近衛 가문의 차 스승으로 인연을 맺어, 간큐안은 대대로 이 집안의 다두를 지냈다.

고노에 가문은 요메이陽明 가문이라고도 하는데, 후지와라 씨족의 일파로 가마쿠라鎌倉 시대에 간파쿠 직위를 독점하고 섭정을 마음대로 하던 5대 셋칸케摂関家의 하나다. '고노에'라는 성씨는 헤이안쿄의 고노에오지近衛大路에서 유래했다고 한다.

오모테센케와 우라센케가 있는 호리가와도리의 도도초에 가는 제일 좋은 방법은 교토 역 앞 버스종합정류장에서 9, 12, 67번 버스를 타고 호리가와 데라노우치堀川寺ノ內 정류소에서 하차하면 된다. 교토 역에서는 약 30분 걸리고, 차에서 내리면 바로 앞에 우라센케 센터裏千家センター가 보인다. 큰길가에 있어 바로 찾을 수 있다. 우라센케 센터는 일종의 종합사무국으로 내부에 다도자료관, 전시실이 함께 있다.

지하철로 가는 방법은 불편하다. 교토 역 등에서 가라스마센烏丸線을 타고 구라마구치鞍馬口 역 남쪽 출구로 나와 남서 방향으로 약 15분 걸어야 한다.

우라센케 센터에서 큰길을 따라서 남쪽 방향으로 2~3분만 내려가면 오모테센케 가이칸表千家会館도 나온다. 우라센케의 곤니치안과 오모테센케의 후신안은 우라센케 센터 뒤편의 골목에 자리잡고 있다. 우라센케 센터에서 이곳으로 가는 가장 빠른 길은 센터 바로 옆에 있는 절 혼포지本法寺 경내를 중심으로 가로질러 가는 것이다. 절을 나오면 일본 다도계의 양대 본산이 자리잡고 있는 골목이 바로 나온다.

거의 모르고 있지만, 혼포지는 우리나라와도 인연이 매우 깊은 절이다. 조선에 대한 일본의 침략 전쟁이 끝난 지 10년쯤 된 1607년선조 40년 도쿠가와 이에야스는 지난 전쟁은 도요토미 히데요시가 벌인 것이니, 자신과는 관련 없다며 먼저 국교 재개를 수차례 요구해왔다. 조선 조정은 이러한 요구를 거절하다가 포로 교환 및 정보 수집 목적으로 3회에 걸쳐 송운대사宋雲大師 사명당四溟堂을 비롯한 사절을 '회답겸쇄환사回答兼刷還使'라는 이름으로 파견한다.

조선에선 이런 요구에 응하지 않으면 다시 문제가 생

● 오모테센케와
우라센케 찾아가기

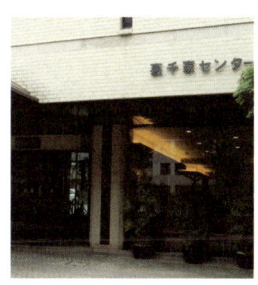

우라센케 센터,
내부에 다도자료관이 함께 있다.

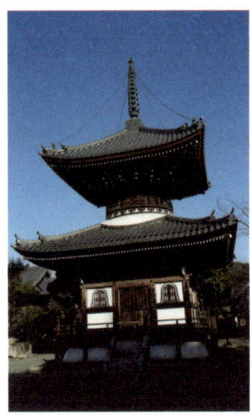

혼포지는 임진왜란 이후 일본과의
국교 정상화를 위해 방문한
사명당이 체류했던 절이라 그런지
왠지 조선 냄새가 물씬 풍긴다.

길지 모른다는 생각도 있었고, 또 후금후일의 청나라이 날
이 갈수록 강성해지니 조선으로서는 후방에 있는 일
본과 좋게 지내고 히데요시를 몰아낸 이에야스가 어
떤 사람인지 살펴볼 필요가 있었다. 또한 일본에서는
새로 집권한 도쿠가와가 기존의 도요토미 파벌을 비
롯한 다른 적들을 제압한 사실을 국제적으로 인정받
아야 했다.

그 후 1811년까지 조선은 회답겸쇄환사를 세 차례, 통
신사를 아홉 차례 파견했다.

사명당은 그 다음해 봄, 도쿠가와 이에야스와 후시미
성에서 회견할 때까지 이 절에 체류했다. 그동안 사명
당은 일본의 많은 승려, 학자들과 필담을 나누고 한시
를 교환하여 우호를 다졌다. 사명당은 도쿠가와와 3월
에 회견을 갖고 조선과 강화할 의사가 있다는 것을 확
인하고 조선에서 끌려간 포로 3,500여 명을 데리고 귀
국했다. 이후 2년이 지나 양국 국교가 회복되었다.

혼포지를 지나 골목에 들어서면 곤니치안과 후신안이
나란히 있고, 맞은편에 다도회관과 오모테센케 학원
이 나란히 있다. 그야말로 일본 다도계의 성지라고 아
니할 수 없는 곳이다. 또한 골목과 골목 어귀에는 유명
다구를 파는 유서 깊은 상점들이 저마다 걸작들을 진
열장에 전시해놓고 판매하고 있다. 언뜻 보기에는 산
뜻하지 못하고 고색창연해서 그냥 지나치기 쉬운 골
목길이 일본 다도 역사를 지키고 있는 것이다.

무샤노코지센케는 도도초에서 약간 떨어져 있다. 큰
길을 따라 남쪽의 니조 성二条城 쪽으로 내려가다가
큰 사거리를 하나 지나 나오는 무샤코지초武者小路町에
있다.

또한 무샤노코지센케는 라쿠 가마의 라쿠박물관이

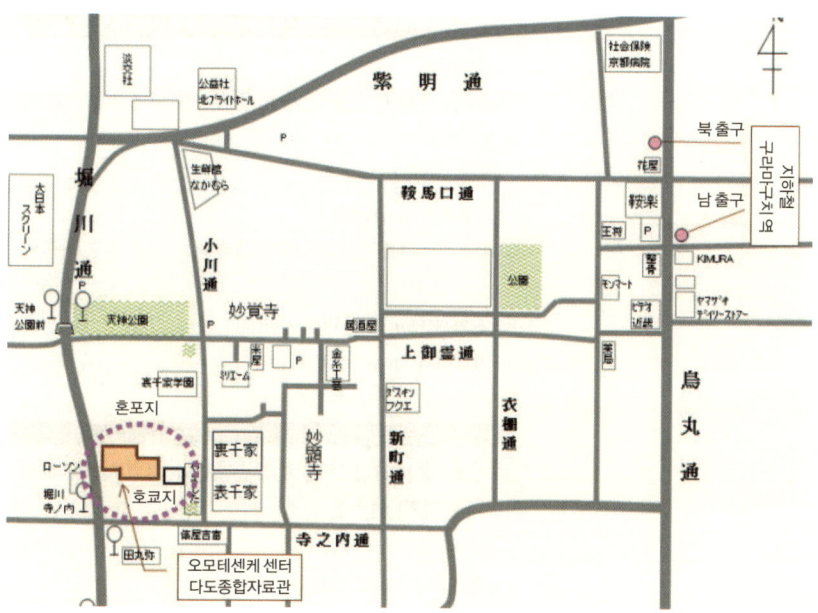

오모테센케와 우라센케 인근 지도

있는 곳에서 아주 가깝다. 이래저래 센노 리큐 가문
과 라쿠 가문은 떨어지려야 떨어질 수 없는 사이인
것이다.

오모테센케 表千家

[후시안]
- 주소 : 京都市 上京区 百々町 536
- 전화 : 075)432-1111

[사무국]
- 주소 : 京都市 上京区 寺之内 通堀川東入
- 전화 : 075)431-3281
- 홈페이지 : omotesenke.com

우라센케 裏千家

[곤니치안]

• 주소 : 京都市 上京区 小川通寺の内上る本法寺前町 613

• 전화 : 075)431-3111

[사무국 및 다도자료관]

• 주소 : 京都市 上京区 堀川通寺之内上る寺之内竪町 682

• 전화 : 075)431-6474

• 홈페이지 : urasenke.or.jp

무샤노코지센케 武者小路千家

• 주소 : 京都市 上京区 武者小路通小川東入西無車小 路町 613-2

• 전화 : 075)411-1000

• 홈페이지 : mushakouji-senke.or.jp

일본 다도는 두 한국계 잇큐 선사가 시작하고, 리큐 거사가 완성

1975년 8월 전라남도 신안의 중도 앞바다에서 한 어부의 그물에 우연히 도자기 6점이 걸려 올라왔다. 이 도자기는 놀랍게도 중국 원나라元, 1271~1368년 때 존재하던 저장성浙江省 용천요龍泉窯라는 가마에서 만든 청자였다.

문화재청은 신안 앞바다에서 200톤급으로 추정되는 침몰선 한 척을 발견하고 이듬해인 1976년 10월 27일부터 본격적인 발굴에 나섰다. 원나라 말기인 1323년 음력 6월 초 저장성 경원慶元, 오늘날 닝보寧波에서 일본 하카타로 향하다 태풍을 만나 침몰한 이 배는 생각지도 못했던 중세 보물을 가득 싣고 있었다.

1984년까지 9년여 동안의 작업 끝에 배와 함께 건져 올린 문화재는 무려 2만 4,000여 점에 달한다. 수없이 많은 청자와 징더전景德鎭의 백자는 물론 7점의 고려청자 그리고 무게만 28톤에 달하는 약 800만 개의 동전, 1,070장의 자단목과 함께 인양되었다.

이 신안 해저선에는 분홍빛 잎사귀 두 개 형상의 백자가 있었는데, 그 백자에는 다음가 같은 시구가 쓰여 있었다.

흐르는 물은 어찌 저리도 급한고
깊은 궁궐은 종일토록 한가한데
流水何太急
深宮盡日閑

그런데 이 시는 당나라의 한 궁녀가 쓴 것으로 다음과 같은 뒷부분이 있다.

> 은근한 마음 붉은 잎에 실어 보내니
> 인간 세상으로 쉬이 흘러가기를
> 慇懃謝紅葉
> 好去倒人間

아쉽게도 해저선에서는 이 뒷부분 시구가 쓰여 있는 백자는 발견하지 못했다. 그러나 이 아름다운 접시는 이 배에 탔던 뱃사람들의 애틋한 마음을 우리에게 실어 보내는 편지처럼 느껴진다. 중국 청자와 백자 속에서 특히 눈길을 끄는 것은 바로 덴모쿠 다완이다. 이들 덴모쿠 다완들은 바로 우리에게 보내는 당시 일본 차 문화에 대한 서간書簡이라고 해도 과언이 아니다.

당시 무로마치 바쿠후는 선종의 한 파인 임제종을 극진하게 숭상했다. 선승禪僧들 사이에 차 마시는 습관이 널리 퍼져 있었고, 신안 해저선은 이들을 위한 덴모쿠 다완도 싣고 가던 중이었던 것이다. 이 사실은 배에서 발견된 360여 점의 목간木簡을 통해서도 입증되었다. 목간은 물품의 꼬리표에 해당하는 것으로 해당 물품이 종류와 수량, 보내는 사람과 받는 사람, 출발지와 목적지 등이 다양하게 쓰여 있다.

신안 해저선의 목간에서는 '도후쿠지東福寺', '조자쿠안釣寂庵'의 이름이 확인되었다. 도후쿠지는 무로마치 바쿠후가 교토에 설립한 임제종의 5대 사찰 중 네 번째 선사禪寺로 대본산이고, 조자쿠안은 규슈의 하카타에 있는 도후쿠지 말사末寺에 해당한다. 이로써 사카이 상인들에 의해 와비사비 다도가 주류로 등

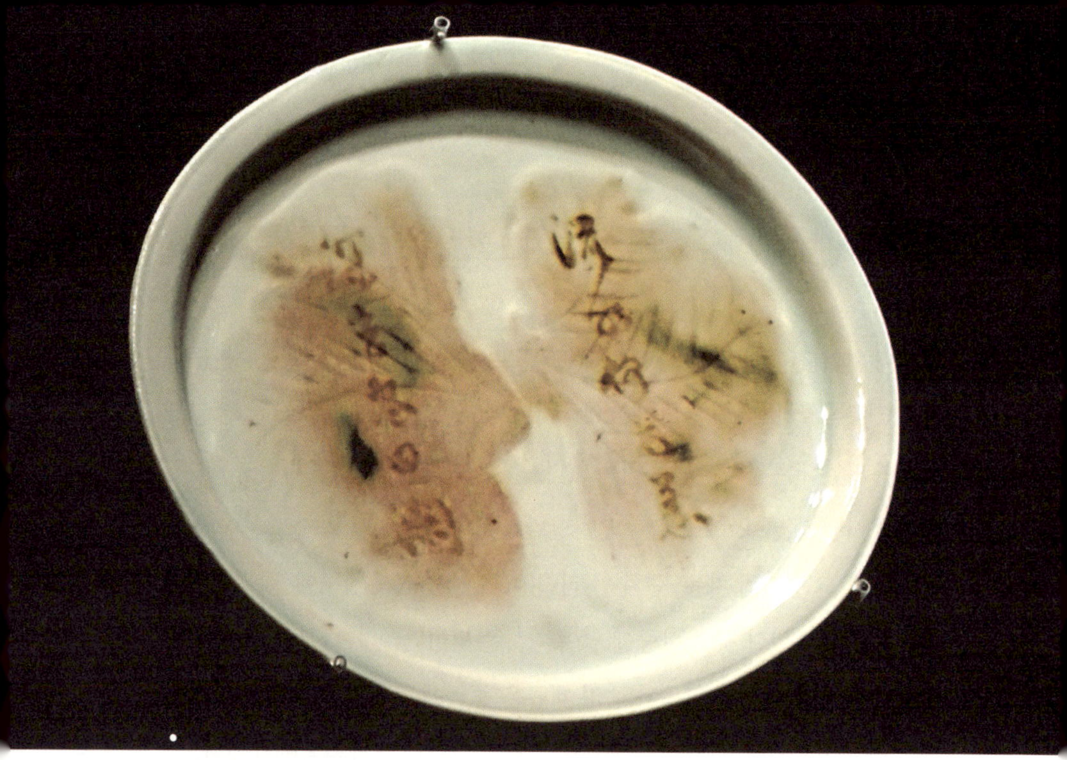

● 신안 해저 보물선에서 발견된, 시가 쓰여 있는 나뭇잎 무늬의 중국 백자
●● 신안 해저 유물선에서 발견된 대나무 목간. '東福寺'라고 선명하게 쓰여 있다.

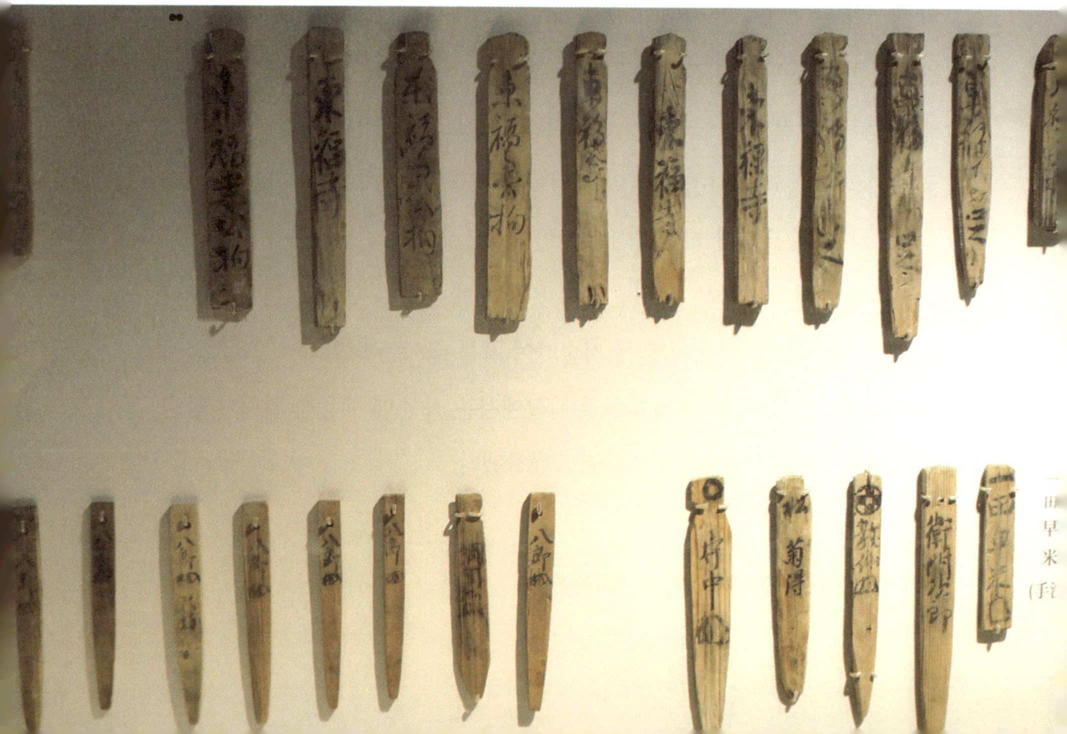

장하기 이전 다도에서는 청자와 덴모쿠 다완을 주로 사용했음을 다시 확인할 수 있다.

일본에 차가 전해진 것은 나라 시대로 '겐토시遣唐史[14]'로 갔던 일부 승려들이 가지고 들어왔다고 한다. 나라 도다이지의 쇼소인에는 대불개안大佛開眼 공양에 사용되었다는 청자 다기도 남아 있다.

헤이안 시대에는 사이초最澄, 767~822가 당나라에서 차의 씨를 가지고 돌아와 심었다는데, 그 당시의 차는 '단차團茶'라 하여 찻잎을 쪄서 절구에 넣고 찧어서 경단처럼 다져 말린 것을 나중에 달여 마시는 것이었다. 차나무를 들여와 재배하긴 했지만 대부분 귀족과 승려 계급은 중국에서 찻잎을 수입했기 때문에 차를 마시는 풍습은 894년 '겐토시' 제도의 폐지와 함께 쇠퇴하게 된다.

지금과 같은 말차 위주의 다도는 송나라에 유학하여 선종을 배워서 임제종의 개조가 된 가마쿠라 시대의 승려 에이사이榮西, 1141~1215가 1191년 귀국할 때 말차를 들여온 데서 시작한다고 흔히 말한다. 그러나 당시 일본에서는 최고 엘리트였던 많은 스님들이 중국으로 유학을 갔으므로, 일본의 말차 역시 중국 선가의 수행과 선다를 접했던 스님들이 귀국하면서 도입한 공통의 문화 현상으로 보는 것이 더 타당하다고 보인다.

하여튼 에이사이 선사는 교토 근교의 우지宇治에 차밭을 만들고 신품종을 심는 한편 『흘다양생기吃茶養生記』를 저술하여 차를 끓이는 방법과 차 도구 일체를 소개했다. 이리하여 12세기 일본 사찰에서는 좌선 때 애용한 말차가 단순한 음용의 수준을 떠나 하나의 다례로 정착됐다.

---

14 일본이 당나라에 파견한 외교 사절단. 894년에 폐지되었다.

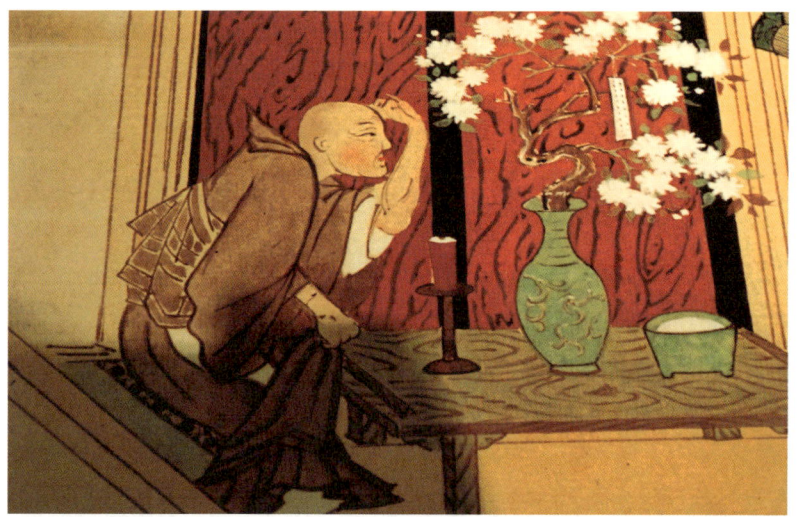

일본 선종 승려들의 생활상을 묘사한 1351년의 그림 「보키에고토바(慕帰絵詞)」

헤이안 시대 일본 최초의 선종 사찰로 1202년 설립된 교토의 겐닌지建仁寺는 지금도 매년 에이사이 선사의 탄생기념일4월 20일에 과거 방식 그대로 '요쓰가시라四頭 다회'를 개최한다. '요쓰가시라'는 선원의 잔치斎宴에서 4명의 '주빈正客'이 앉는 방식을 말하는 '시슈초'에서 온 말이다. 주빈 4명에게는 각각 8명의 손님相伴이 붙어 같이 앉을 수 있다.

다회를 개최할 때는 에이사이 선사의 '친소頂相[15]'를 법당 중앙에 모시고 '산부쿠쓰이三幅対[16]'를 내걸고 먼저 분향한다. 이어 말차를 넣은 덴모쿠 다완을 손

---

15 선종에서 스승 또는 고승(高僧)의 초상화
16 세 폭이 한 벌로 된 족자

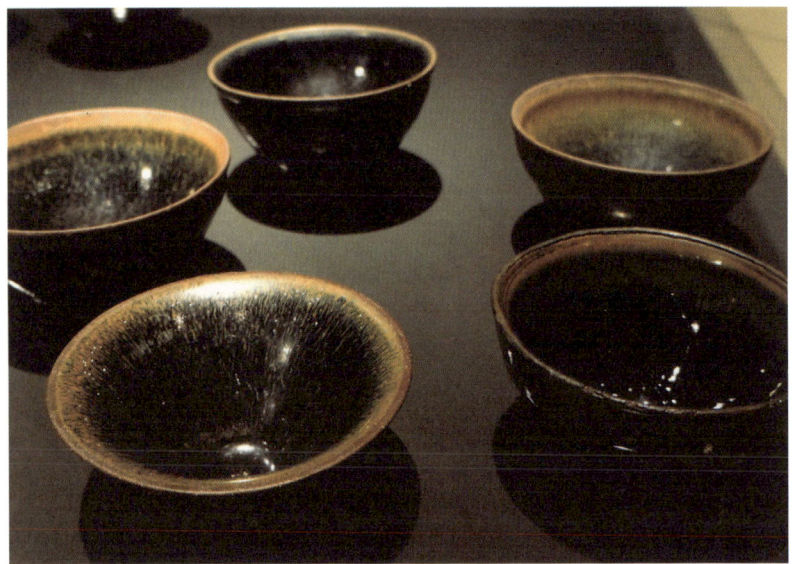

일본 선종 사찰의 다례에서는 으레 중국 덴모쿠 다완이 사용됐다. 사진은 신안 해저선에서 발견된 덴모쿠 다완이다.

님 모두에게 공급하는 '행잔行盞'을 한 다음, 스님이 '진빈浄瓶17'을 들고 주빈부터 찻사발에 물을 넣고 차를 저어 대접하는 '행다'를 진행한다.

남북조南北朝 시대18에 이미 이런 종류의 다례를 하고 있었던 것이 『태평기太平

17 선종에서 사용하는 물병
18 14세기 초 즉위한 고다이고(後醍醐) 일왕은 자신이 직접 통치하고자 바쿠후 토벌에 나섰다. 이에 의해 패한 아시카가 다카우지(足利尊氏)는 1336년 규슈에서 재기하여, 다시 고다이고 일왕을 공격해서 교토를 점령하고는 고묘(光明) 일왕을 옹립하여 북조(北朝)를 세웠다. 이것이 무로마치 바쿠후의 시작이다. 다카우지에게 패한 고다이고 일왕은 요시노(吉野), 지금의 나라로 탈주하여 남조를 세웠다. 이리하여 두 명의 왕과 두 개의 조정이 존재하는 남북조 시대가 60년간 계속되었다.

記』나『끽다왕래喫茶往來』에 기록돼 있다. 겐닌지와 함께 '교토 5산[19]'에 속하는 쇼코쿠지相國寺에서도 역시 '요쓰가시라四頭 재연'이라는 말차법이 지금까지 행해지고 있는 것을 보면 당시 선종 사찰에서 말차 다례가 일상화되어 있음을 알 수 있다.

이후 차를 마시는 습관은 승려, 조정, 무사 계급으로 넓혀지게 된다. 앞에서 언급했던 오카쿠라 덴신은 그의 영문 책『차의 책』에서 다도의 기원에 대해 이렇게 설명하고 있다.

> '(중국 남송의 선종 불교도들은) 보리菩提 달마상 앞에 모여 한 개의 그릇으로 성찬의식聖餐儀式을 하는 것처럼 차를 마셨다. 결국 이 선의 의식이 발달하여 15세기 일본의 다도가 되었다. …… 15세기 무렵에는 쇼군 아시카가 요시마사의 장려에 힘입어 다도가 완전히 확립되었다.'

8대 쇼군 요시마사는 건축과 예술에 여러모로 관심이 많은 사람이어서 교토의 긴카쿠지 또한 그가 세운 것이다. 긴카쿠지의 도구도東求堂에는 다실이 시작되었다는 2평 반 도진사이同仁斎가 지금도 남아 있다. 지금 거의 정형화되어 있는 도코노마의 장식 방법이나 도구의 진열 방법, 차 끓이는 법, 나르는 법 등은 요시마사의 측근이 규격화해서 정리한 것이다.

무로마치 시대의 귀족적인 무사들 사이에는 차 그 자체보다는 중국의 수입 다기를 애용하고, 이의 소유에 자부심을 갖는 전통이 강하게 생겨났다. 요시

19　교토 선종 사찰 중 5개의 최고 사찰. 덴류지(天龍寺), 쇼코쿠지(相國寺), 겐닌지, 도호쿠지, 만쥬지(万寿寺)의 순서다. 이들 위에 난젠지(南禅寺)를 꼽기도 한다.

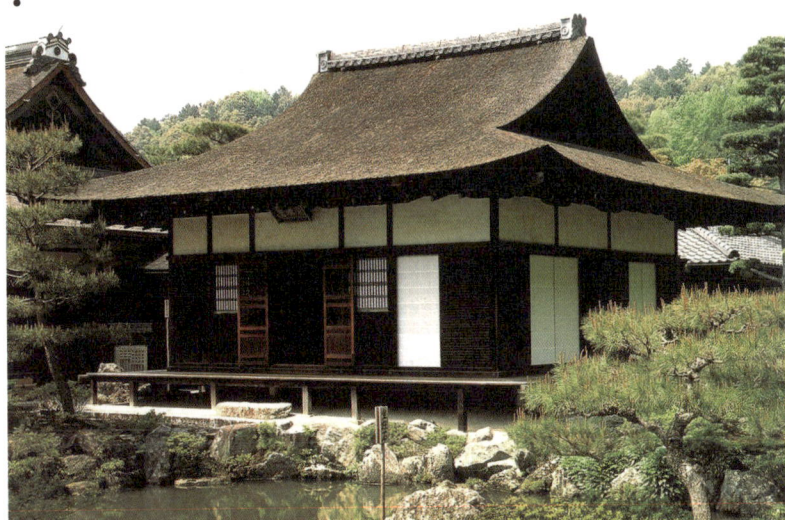

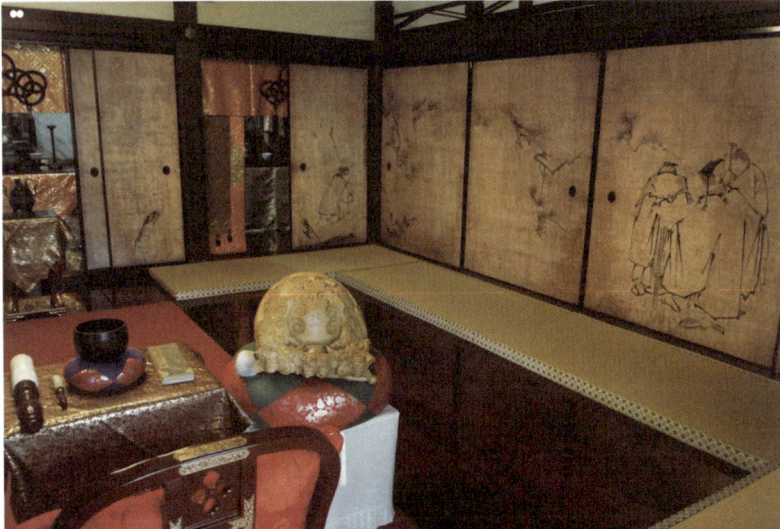

● 무로마치 시대의 2평 반 다실이 시작되었다는 도진사이가 있는 긴카쿠지의 도구도

●● 다이토쿠지 오바이인(黃梅院) 방장실. 차탁 위에 다구들이 있다. 오바이인은 오다 노부나가가 아버지를
위해 1562년 하시바 히데요시에게 명령해 짓도록 만든 작은 암자로 출발했다. 부엌은 일본 선종 사원 중 가장
오래된 것이다.

마사 역시 가마쿠라 시대부터 무역선이나 선승들이 가지고 온 수입 다기 가운데 송나라와 원나라의 명품을 선정하여 제정했는데, 이를 '히가시야마 고모쓰東山御物'라고 일컫는다. 신안 앞바다 침몰선의 덴모쿠 다완이나 흑유병黑釉瓶 등은 이러한 시대적 분위기를 따라서 선승이나 무가 귀족들이 주문해 중국에서 수입하던 물건이었던 것이다.

가마쿠라 시대 말부터 무로마치 시대에 걸쳐 선승과 귀족 무사들이 주도한 차 문화는 흔히 '서원차書院茶' 혹은 '서원식書院式 다도'라 불린다. 이런 명칭이 붙은 것은 서당처럼 큰 다실에서 여러 명이 모여 차를 즐기는 방식에서 비롯됐다.

당시 서원차는 값비싼 차와 찻사발을 자랑하는 등 외형적 화려함에 치우쳐 차의 정신이나 형식보다 차의 품격, 찻사발의 가격 등 사회적인 부의 수준에 따라 다회의 품격이 정해질 정도로 사치스러워졌다. 서원차는 화려할 뿐만 아니라 너무도 귀족적인 다회였다. 이는 서원차를 주도했던 무가와 막 꽃피기 시작한 상업 자본가들의 외형적인 자기과시욕 때문이었다.

무사들의 근엄하고 권위적인 취향과 상업 자본가들의 자기과시욕의 결합은 심지어 차가 도박으로까지 발전할 정도로 지배 계층 내부의 극단적인 정신적 사치를 불러왔다. 일반 서민까지 차를 즐기는 다도의 대중화는 가마쿠라 시대를 지나 남북조 시대부터 무로마치 초기에 걸쳐 유행한 '투차鬪茶'라고 하는 놀이가 크게 기여했다. 이를 차가부키라고도 한다. 이는 다회나 각종 모임에서 여러 종류의 차를 마시고 산지를 알아맞히는 내기를 말하는데, 차를 다려내는 방법을 겨룬 송나라 방식이 변질된 것이다. 처음에는 교토 도가오栂尾 산지의 차를 혼차ほんちゃ, 그렇지 않은 산지의 차를 히차ひちゃ로 구분하는 경쟁

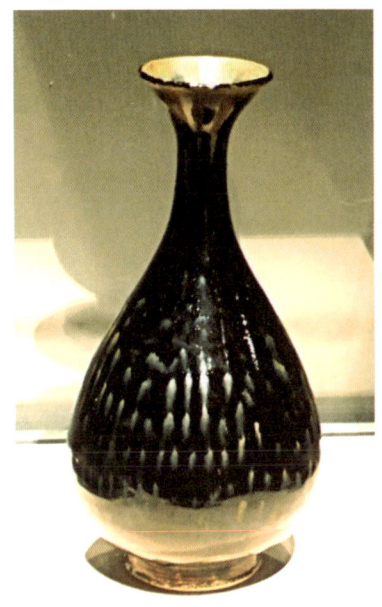

서원차의 한 요소로 인기 있었던 원나라
자주요(磁州窯)의 흑유병

이었는데, 점차 복잡해졌다.
'투차'는 대략 10종류 정도의
차를 내걸고 이루어졌으며 겨
루기가 끝나면 중국에서 수입
한 '가라모노唐物'를 감상하기
도 하고 경품을 주기도 했다.
그런데 이 경품이 금이나 호화
상품으로 바뀌면서 진짜 도박
처럼 점점 과열되어감에 따라,
요시마사가 이를 금지하는 칙
령을 내릴 정도였다. 현재도 옥
로차玉露茶 20나 전차煎茶 21를 이
용한 '차가부키'가 각종 이벤
트로 다양하게 열리고 있다.

또한 당시는 '가라요노차唐樣の茶'라고 하여 식사 후에 차를 마시면서 도구나
불화를 감상하는 모임이 행해지고 있었다. 이런 장소에서 가라모노를 선반에
장식하기도 하고 차 마시는 방법을 궁리하기도 하면서 다도가 탄생하게 된 것
이다.

바로 이 대목부터 앞에서 이미 보았던 무라타 주코가 등장한다. 쇼군 아시카

---

20 찻잎이 나올 무렵 차광막을 씌운 후 15~20일 간 재배한 것으로 향과 감칠맛이 좋고, 진한 녹색이다.
21 가장 일반적이고 대중적인 차. 찻잎을 따서 바로 증기로 찐 다음, 뜨거운 바람으로 말리면서 손으로 비벼서 가늘
고 길게 만든다. 식사 전후에 마신다.

가 요시마사의 차를 지도한 그는 다이토쿠지 잇큐 소준 선사의 제자였다. 잇큐一休 선사와 다성 리큐利休는 발음이 비슷해서 헷갈리지만 전혀 다른 사람이므로 주의를 요한다. 앞서 말했지만 주코는 선을 다도의 사상으로 뒷받침하여 보다 간결하고 멋스러운 것으로 만들었고, 주코를 이어받아 멋스러운 차를 완성한 사람이 조오이고, 그의 제자가 리큐인 것이다.

이렇게 보자면 다도에 선 사상을 접목한 최초의 다인은 잇큐 선사라고 할 수 있다. 잇큐는 일본 다도의 개조로, 잇큐 이전에는 다도라 할 수 있는 것이 없었다. 그런데 이 책 맨 앞에서 등장했던 코벨 박사가 다이토쿠지 신주안眞珠庵에서 9년 동안 체류하며 연구한 바에 의하면 잇큐의 어머니는 고려의 궁녀이고, 잇큐는 일본 100번째 왕인 고코마쓰後小松, 1377~1433의 서자다. 고려에서 온 궁녀와의 사이에 태어난 왕자인 것이다. 그러나 어머니가 그를 임신하자, 후일 후계 구도에 지장이 생길 것을 염려한 반대파가 어머니를 궁에서 납치해 유배시켰다. 참으로 놀라운 얘기다.

그러니까 일본의 다도는 두 명의 한국계 도래인, 즉 잇큐 선사가 시작을 하고 리큐 거사가 완성을 한 것이다.

잇큐는 어린 시절 일찌감치 사찰로 보내졌다. 왕권을 둘러싼 후계 구도가 복잡해지는 것을 피한 선택이었다. 그렇게 승려가 된 잇큐는 교토 덴류지天龍寺의 승려 고시무네 슛초越宗俊超에게서 조선의 '초암차草庵茶'를 전수받는다. 슛초俊超는 세조 9년에 조선을 방문해 매월당梅月堂 김시습에게서 초암차를 처음 배웠다. 매월당은 경주 남산 용장사茸長寺 초암에서 승가 집단의 전유물이던 다도에 유교의 청빈과 '최소유最小有' 사상을 접목시켜 대중화시킨 초암차를 만들어냈다.

김시습의 초암차가 고시무네 슛초, 잇큐 소준, 무라타 주코, 다케노 조오, 센노 리큐를 거치며 일본 다도로 완성된 것이다. 그러므로 일본 다도의 출발 역시 찻사발과 마찬가지로 조선이며, 일본 와비차는 조선의 것을 수입하여 자신의 것으로 토착화하고 장식하고 규격화한 것이다. 조선 김시습의 초암차야말로 센노 리큐 와비차의 뿌리이다.

어려서부터 여러 가지 고난에 처했던 잇큐 선사는 조주 선사趙州, 778~897의 끽다거를 갈파해낸 탁월한 선승이었다. 중국 당나라의 유명한 선승인 조주 선사는 차를 즐겨 마셨다.

조주가 새로 온 스님에게 물었다.

"여기에 온 적이 있는가?"

"온 적이 있습니다."

"차를 마셔라."

또 한 스님에게 물었다.

"일찍이 온 적이 있는가?"

"온 적이 없습니다."

"차를 마셔라."

원주院主가 물었다.

"어째서 온 적이 있어도 차를 마시라고 하고 온 적이 없어도 차를 마시라고 하십니까?"

조주가 원주를 불렀다.

원주가 "네!" 하고 대답했다.

조주가 말했다.

"차를 마셔라."

趙州問新到. 曾到此間麼. 日曾到. 師曰. 喫茶去. 又問僧. 僧曰. 不曾到.

師曰. 喫茶去. 後院主問曰. 爲甚麼. 曾到也云喫茶去. 不曾到也云喫茶

去. 師召院主. 主應喏. 師曰. 喫茶去.

선종에서는 조주의 '끽다거喫茶去: 차를 마셔라'를 선 수행이 차 마시는 것처럼 늘 있

는 일, 즉 다반사茶飯事로 이뤄져야 한다는 가르침으로 해석한다. 바로 그래서

차와 선은 하나로 꿰뚫은 다선일미茶禪一味가 되는 것이다. 이리하여 선종에서

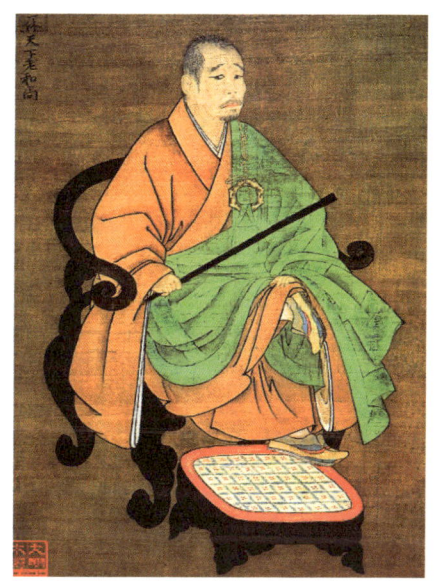

잇큐 선사의 초상

는 이러한 가르침이 전해져온다.

> 조주의 문에 이르기 전에
> 모름지기 세 관문을 지나야 하니
> 일찍이 온 적이 있는지를 물음이여
> 관음원에서 친히 미륵을 뵙는다.

잇큐와 무라타 주코의 만남은 서원차의 병폐가 안정적인 사회를 구축하려는 집권 무로마치 바쿠후에게 커다란 부담으로 작용할 때 이루어졌다. 잇큐는 마침 조주의 끽다거 공안公案22을 깨우쳤던 참이어서 서원차의 화려함을 대신해서 원오극근圜悟克勤, 1063~1135 선사의 '다선일미'를 다도의 근본 형식으로 이끌어내려 했다.

잇큐가 그의 나이 환갑에 주코를 제자로 받아들일 때 주코는 서른 살이었다. 나라 출신인 주코는 11살에 출가하였으나 선승의 단조로운 생활을 견디지 못해 환속했다. 이후 이곳저곳을 떠돌며 '투차'나 여러 곳의 '다사茶事'를 보며 지내고 있었다. 그러던 중 우연히 잇큐의 설법을 듣고 그 문하에 다시 입문했다. 다음은 잇큐가 주코를 깨달음으로 이끈 일화 한 토막이다. 잇큐는 주코가 '끽다거'의 화두를 깨칠 수 있도록 각고의 수행을 주문했다. 머리가 매우 비상했던 주코에게도 그것은 결코 쉽지 않았다. 결국 잇큐는 마지막 방법을 선택했다. 수행 중인 주코를 불러 이렇게 말했다. "끽다거." 그러나 주코는 잇큐의 이

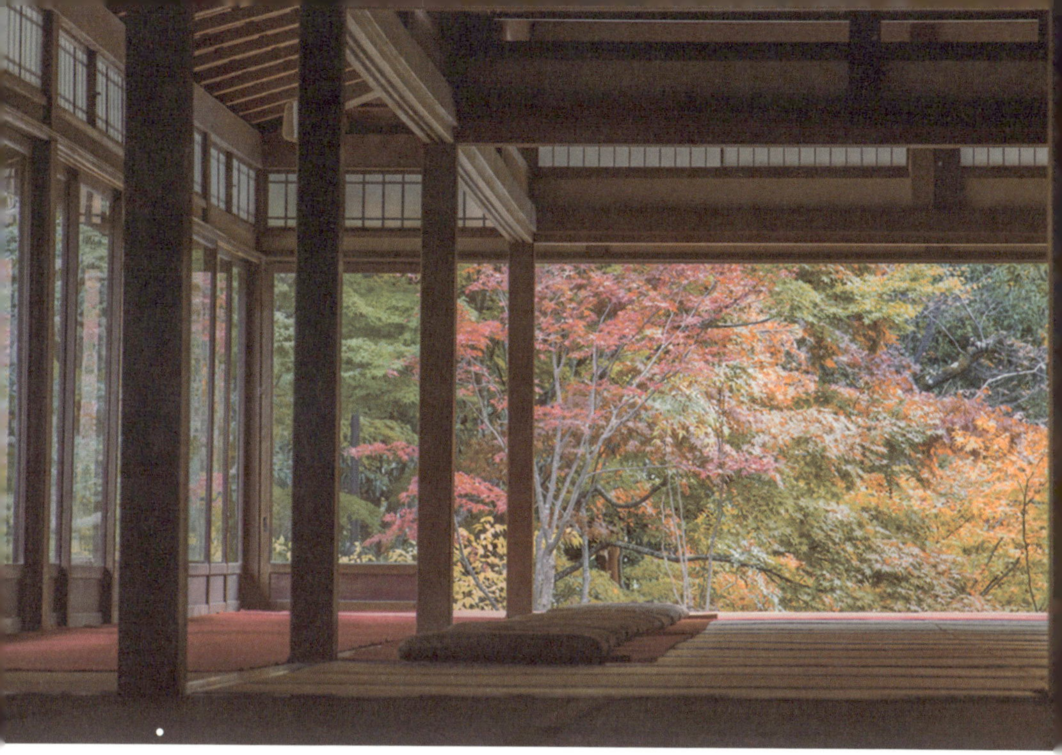

● 끽다거. 사진은 난젠지의 가을

●● 다선일미. 차를 마시는 것이 곧 선이다. 사진은 기요미즈데라 앞 산넨자카의 한 도자기 가게

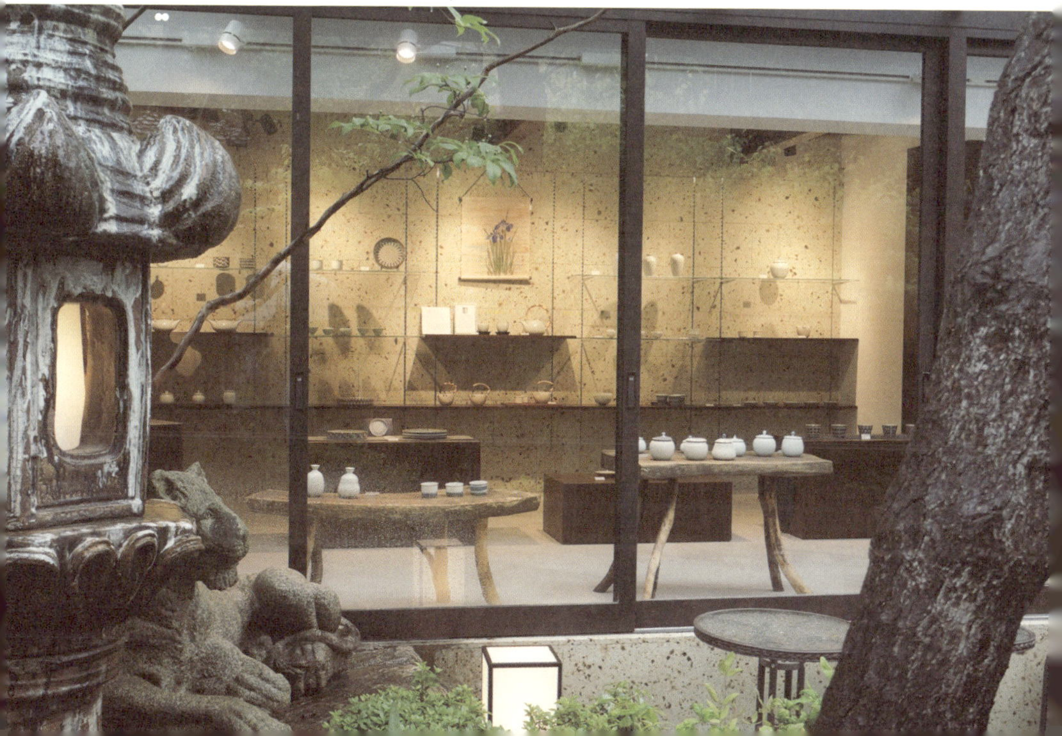

말에 답하지 못했다. 그러자 잇큐는 차탁에 놓인 찻잔에 차를 담아 주코에게 건넸다. 주코가 그 찻잔을 받아들기 위해 손을 내밀자 잇큐는 "끽다거"하며 찻잔을 깨트려버렸다. 잇큐의 벼락같은 소리에 주코는 화두를 단박에 깨칠 수 있었다. 마침내 '조주 끽다거'의 오의奧義에 도달한 것이다.

이렇게 해서 주코는 잇큐에게서 원오 선사의 묵적墨跡을 전수받았다. 일본 다도에서 최고의 보물은 이도 다완이 아니라, 원오 선사의 '다선일미' 묵적이다. 중국 송나라 임제종의 원오 선사는 제47대 조사 스님인 오조법연五祖法演 스님의 수제자로 한국 불교에서도 석가모니 이래 제48대 조사 스님으로 인정한다. 3대 선어록23에 속하는 그의 『벽암록碧巖錄』은 최고의 참선 교과서로 알려져 있다.

교토 다이카쿠지大覺寺에 소장되어 있는 '다선일미' 묵적에 대한 일화도 흥미롭다. 원오 선사가 어느 날 중국 성도의 소각사에서 설법을 하고, 공부를 마치고 귀국하는 일본 제자를 불렀다. 그리고 직접 그 제자에게 '다선일미'라는 네 글자를 써주었다. 그 제자는 그 글씨를 큰 대나무 통에 담아 귀국하는 배에 탔다. 그런데 어찌된 일인지 그 스님이 탄 배가 항구에서 전복되고 말았다. 이 때문에 대통의 원오 선사 묵적은 이 사람 저 사람 손을 전전하다 마침내 잇큐의 손에 들어가게 되었다. 잇큐는 그 글귀를 보고 오랫동안 참문參問24한 끝에 마침내 '다선일미'의 오의를 깨쳤다. 그리고 그 정신과 묵적을 자신의 수제자인 주코에게 다도의 인가증으로 전해준 것이다.

주코는 교토에 주코안珠光庵을 개원했다. 그리고 잇큐로부터 물려받은 묵적을

23 『벽암록』, 『종용록(從容錄)』, 『무문관(無門關)』을 말한다.
24 스승을 찾아뵙고 부처의 가르침에 대해 질문함

다실에서 가장 잘 보일 뿐만 아니라 가장 중요한 위치인 벽감에 걸어두고 사람들이 그의 다실을 드나들 때마다 무릎 꿇고 예를 행하여 경의를 표하게 했다. 주코는 "다실에 들어가면 밖으로는 남과 나의 구분을 모두 잊고 안으로는 유화宥和의 덕을 쌓으며 서로 응대함에 있어서는 근경청적謹敬淸寂하고 궁극적으로는 천하태평에 이른다"고 말했다. 이는 전적으로 스승인 잇큐의 가르침에 의한 것이다.

잇큐 선사는 주코와의 대화를 기록한 『주코문답珠光問答』에서 차의 살림살이에 대해 이렇게 말하고 있다.

> '일미청정一味淸淨하고, 법희선열法喜禪悅하니 조주 선사는 이를 체득했지만 육우는 이런 경지에 이르지 못했다. 사람이 다실에 들어가면 겉으로는 남과 나의 구별을 떨쳐버리고, 안으로는 부드럽고 온화한 덕을 함양하며, 서로 간에 교제함에 있어서는 삼가고謹, 공경하고敬, 사념을 품지 않고淸, 평온해지며寂 결국 온 세상이 평안해진다.'

잇큐의 이런 근경청적은 후일 리큐에 의해 화경청적으로 바뀌어 일본 다도의 근간이 되었다.

이렇게 잇큐를 이은 주코는 중국 투차의 서원차를 대체하는, 차와 선이 하나가 되는 일본 다도의 정신을 만들어냈다. 이는 궁극적으로 선종의 중흥조로 6대조인 혜능慧能 선사의 '본래무일물本來無一物 : 본래 하나의 물건도 없다', 즉 아무것에도 집착하지 않는 청정한 마음 상태의 선지를 바탕으로 차를 마시는 '초암다풍'과 연결된다.

주코를 통해 차가 선이며, 선이 차이고, 끽다가 참선이며, 참선이 끽다인 '다선 일미'의 다도는 다케노 조오를 거쳐 리큐에게 이어진다. 36세 때 교토에서 사카이로 돌아온 조오는 교토에서 배운 와카를 다도에 접목시켰다. 그리고 스무 살이나 아래인 리큐를 제자로 받아들여 다도를 소박하면서도 우아한 선가의 기풍으로 발전시켰다.

주코와 조오의 와쓰 다도를 심화하고자 애쓴 리큐는 차의 지극한 뜻을 초암차에서 구했다. '여름에는 다실을 시원하게 하고 겨울엔 다실을 따뜻하게 하며, 찻물을 잘 끓여 맛있게 차를 우려내는 것이야말로 차 정신의 비결'이라고 강조하는 리큐는 다다미 스무 장 넓이의 넓고 화려한 시원차의 나실 대신 두세 사람이 무릎을 맞대고 겨우 앉아 차를 마실 수 있는 이른바 초암다실을 완성했다. 아울러 다도 예법과 도구를 가능한 한 간소화하여 그 아름다움을 단순화했다. 초암은 알다시피 깊은 산중에서 수행을 하기 위해 손이 가는 대로 주변의 자연에서 재료를 구해 지은 띠집이다.

일본 다인들은 차의 정신을 말할 때 흔히 와비차와 초암차의 일본식 발음인 소안차라는 말을 혼용해서 쓴다. 와비차의 원형이 곧 소안차이기 때문이다. 소안차가 곧 매월당 초암차의 자연주의를 일본식으로 절묘하게 변형한 것이다. 그러니 이런 사정의 맥락을 알고 있는 일본 다인들은 소안차라는 말을 멀리하고 와비차라는 단어를 즐겨 사용한다. 어감으로 느낄 때도 보다 일본적으로 변형된 느낌을 준다. 그럼에도 불구하고 리큐가 초암차를 일본의 미학에 맞게 획기적으로 전용하여 순박한 아름다움을 일본 다도 문화의 상위 개념으로 정립시켰다는 사실을 지울 수는 없다.

한국 선차 정신의 성지로 일컬어지는 해남 대흥사 일지암에서 18년간 홀로 적

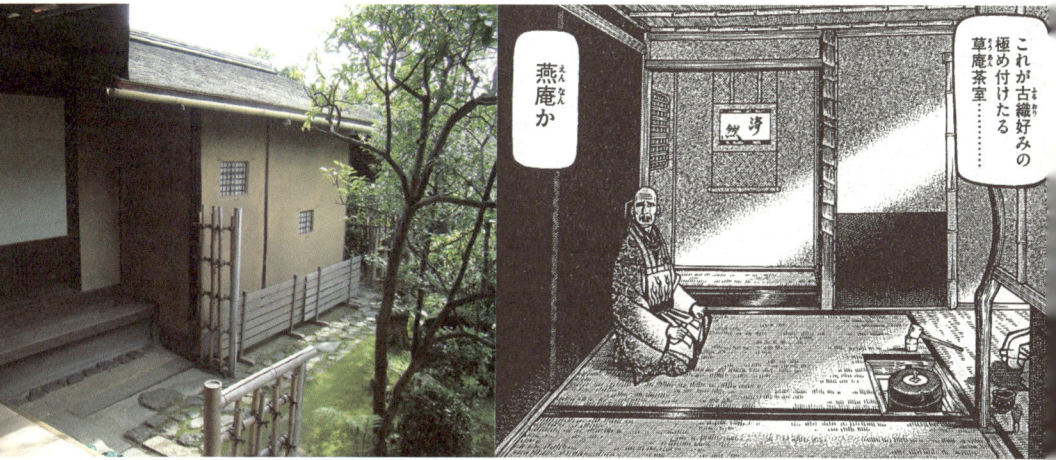

리큐의 다실로 유일하게 남아 있는 다이안과 그 내부를 묘사한 만화 『효게모노』의 한 장면. 만화에도 '초암다실'이라는 단어가 나온다.

막하게 수행한 여연 스님강진 백련사 회주은 '리큐에 의해 완성된 초암다실은 당시 강대했던 무사 계급의 폭력성과 야만성을 꺾으려는 정치적 목적도 가미되었다는 사실을 알아야 한다'고 강조한다.[25] 차의 근본정신을 통해 권력자들의 정치적 야망을 비판하고 좌절시키기 위해 황금 다실과 비교되는 다실을 창조해냈나는 깃이다.

그래서 인간의 영혼을 굽어보게 하는 소박한 다실인 초암은 우리나라 초가집과 매우 닮아 있다. 그들의 주거 양식인 다다미 문화에 맞춰져 세련되어 있지만 리큐가 완성한 다실은 한국인이라면 누가 보아도 금방 알 수 있는 초가 토

담집이다. '와비'의 원형이 바로 한국의 초가인 것이다.

현재 일본에는 국보로 지정된 다실이 3개 있다. 하나는 교토 오토쿠니 군乙訓郡 오야마자키초大山崎町에 있는 묘키안의 다실 다이안, 아이치 현愛知県 이누야마시犬山市 우라쿠엔有楽苑의 조안如庵, 교토 다이토쿠지의 밋탄密庵이다. 이 중 리큐의 작품으로 전해지는 것은 오직 다이안뿐이다.

그런데 일본 다실과 한국 초암의 공통점은 불을 지피는 도구인 화로火爐에서도 찾을 수 있다. 일본 다도에서 가장 중요한 것 중의 하나는 다다미를 파내고 묻는 '노爐:다실에 설치된붙박이 화덕'인데, 이 역시 매월당 '지로地爐'의 일본판이다.

일본의 다도가 까다롭고 조심스러운 것은 다다미의 특성을 생각하면 금방 이해된다. 다다미는 기본적으로 불에 잘 타고, 물에 젖는 소재다. 그런 다다미 한복판에 화덕이 있으니, 손놀림과 마음가짐에 주의를 하지 않으면 큰일이 난다. 일본인 특유의 형식주의 영향도 있겠지만 숯덩이 불씨가 떨어지거나 끓는 물이 쏟아지면 사단이 나는 다다미 때문에 다도를 행함에 있어 긴장과 조심스러움이 밴 것이다. 우리처럼 흙에 있는 화로라면 동작에 거침이 없다. 그런데 다다미 속 화로라서 움직임 또한 동작이 작고 절도가 있어야 한다.

일본 다도에서 물을 끓이기 위해 숯불을 다루는 예법이 다도 종가의 종장들에 의해 계승되는 것도 이 때문이다. 종장은 숯불을 잘 다루지 못하면 실격이다. 그들에겐 사용하는 숯의 숫자나 형태, 크기는 물론이고 숯을 놓는 순서도 엄정하게 정해져 있다. 숯을 적시적소에 능숙하게 배치하고, 불을 잘 붙이고 골고루 태워 낭비 없이 정확한 시간에 솥의 물을 끓게 하는 기술은 다도 종가의 자부심과 직결된다. 이를 다루는 종장의 동작이 군더더기 없이 아주 절제된 형태로 수행되어야 함은 물론이다. 이것이 다회의 성패를 가름하고 명성

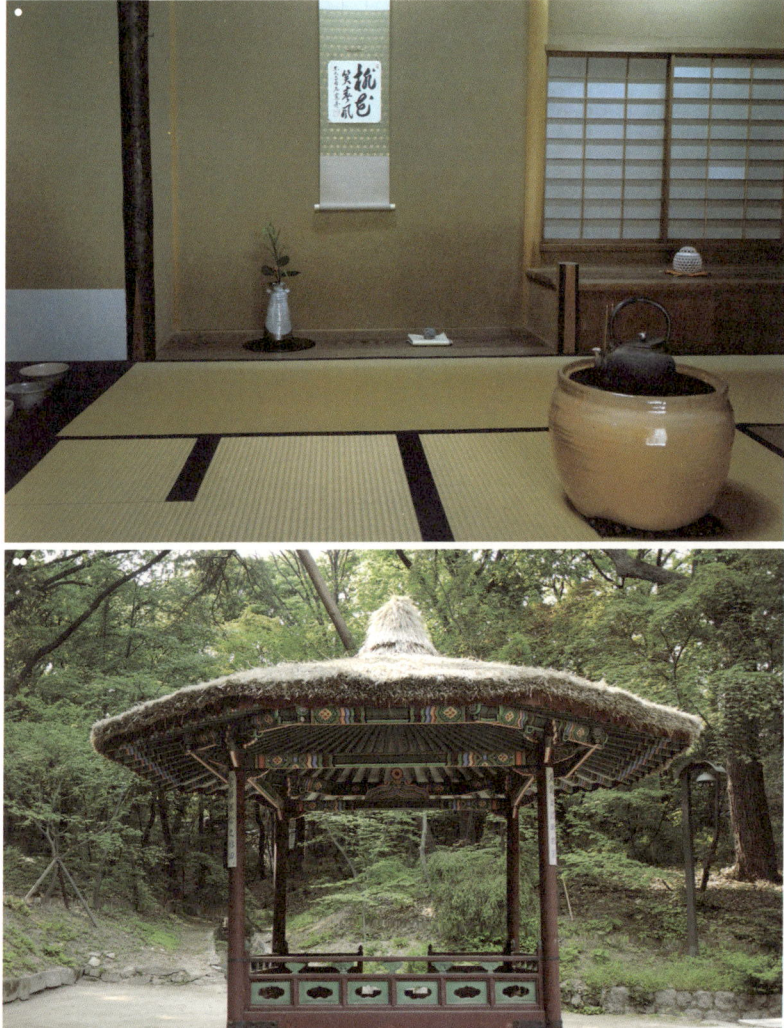

• 일본 화로는 다다미를 파내고 화덕을 설치하지만 현대에 와서는 효율성을 살려 커다란 도자기 숯항아리로
  화덕을 대신하기도 한다. 사진은 야마구치 현(山口縣) 나가토(長門) 다하라도베에 가마(田原陶兵衛窯)의 다실
•• 한국의 초암은 늘 트여 있고 막힘이 없는 넉넉함의 미학이 있다. 사진은 창경궁의 초옥(草屋)

으로 이어진다.

바로 그래서 다도에 정통한 문화평론가 박정진 씨는 일본의 와비차는 마치 '박제된 한국의 초암차'라거나, '박제된 매월당'과 같다고 강조한다. 그것이 바로 한국에서 건너가 일본화된, 일본의 미학이라는 것이다.

이렇게 일본의 미학으로 압축하고 결정화한 와비 다도의 정신세계는 다다미 4조 반의 다실에서 3조, 2조 반으로 축소되고, 마침내는 1조 반으로까지 줄었다. 그런 리큐의 다실에 들어가면 우주의 한복판에 들어와 있는 듯한 광대함과 심오함을 느끼는 경지로 발전할 수는 있겠지만 그것은 어디까지나 폐쇄적이고 갇혀 있는 미적 가치다. 한반도에는 그런 폐쇄적 미학이 없다. 고려의 미학은 늘 트여 있고 서로 막힘이 없는 넉넉함에서 이루어진다.

작고 어둡지만 한국의 초가집은 폐쇄적인 공간이 아니다. 사방을 개방해 누구라도 들고 날 수 있는 열린 공간이다. 그 개방성은 신분의 차별을 초월해 존재하고 기능한다. 초암은 우리나라에 여러 가지 형태로 존재했다. 모사茅舍, 초려草廬, 초정草亭, 모옥茅屋, 초옥草屋 등등. 그러나 이름이 어떠하든 간에 이곳은 청빈함과 검소함을 바탕으로 학자들이 호연지기를 기르며, 스님들이 수행을 하며 살아가는 공간이었다.

이러한 초암의 정신을 시로 가장 잘 읊은 이가 조선 중기의 문신인 병와甁窩 이형상李衡祥, 1653~1733년이다. 이형상은 30여 년간을 관리로 봉직하면서 부임하는 곳마다 구폐를 혁신하고, 백성을 교화하는 데 힘쓴 대표적인 청백리淸白吏였다. 제주에만 그의 청덕淸德을 기리는 네 개의 송덕비頌德碑가 있을 정도다.

그의 악부시 '누항락陋巷樂', 즉 '누추한 거리에서 사는 즐거움'은 초암에 대한 최고의 찬사라 할 만하다.

십 년을 경영하여 초가 한 간을 지어내니

반 간에는 청풍이 있고 또 반 간에는 명월이 있네

강산은 둘 곳이 없으니 병풍처럼 좌우로 벌려 둘러 두리라

十年經營久 草屋一間設

半間淸風在 又半間明月

江山無置處 屛簇左右列

리큐는 초지로를 통해 만든 라쿠 다완에 왜 '이마야키'라는 이름을 붙였을까? 그것은 와비차의 정수를 담는 그릇이 늘 곁에 존재함으로써, 그 정신이 쇠퇴하지 않고 계속 이어지기를 바라는 마음 때문이 아니었을까?

리큐는 다도에 뜻을 둔 사람이라면 깨진 발우鉢盂[26]에라도 차를 마실 수 있음을 강조했다. 그렇게 다인의 다회 자리는 늘 담백하고 검소해야 한다는 것이다. 그런 그에게 발우를 닮은 조선의 검박한 찻사발이야말로 우주의 깨달음을 담는 '화현化現', 보살이 중생을 교화하고 구제하려고 여러 가지 모습으로 변하여 세상에 나타나는 일이었을 것이다.

---

26 승려들이 공양(식사)할 때 사용하는 식기. 보통은 '바리때'라는 말도 쓰는데, 이는 식기를 뜻하는 산스크리트어 '파트라(patra)'에서 유래한 것이다.

CHAPTER

04

교토
京都
❸

─

벗꽃을 닮은
절정의 화려함,
교야키

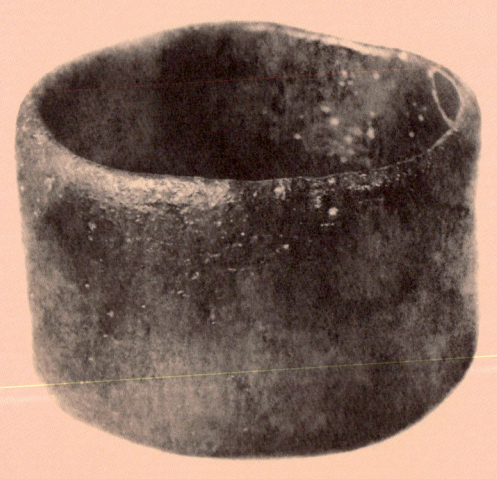

각양각색의 생각을 떠올리게 만들어 벚꽃인 걸까나

さまざまのこと思ひ出す桜かな

— 마쓰오 바쇼의 하이쿠

교토에 가면 대개는 기요미즈데라를 간다. 이곳을 들르지 않으면 교토에 갔다 왔다는 느낌이 잘 들지 않는다. 오토와 산音羽山 중턱의 깎아지른 절벽에 순전히 나무로만 아슬아슬하게 쌓아올린 본당 툇마루 '기요미즈노부타이淸水の舞台'에서 한눈에 들어오는 교토 시내 경치를 보고, 오토와 폭포에서 떨어지는 낙수01를 받아 마셔야만 비로소 실감이 나는 것이다. 이 절은 778년 나라 고지마데라子島寺의 승려 겐신賢心, 나중의 엔친쇼닌延鎭上人이 폭포를 발견하고 이곳에 관음상을 모신 것이 시초이고, 기요미즈淸水라는 이름도 여기에서 유래하는 것이니 역시 이곳에 오면 폭포 물을 마셔야 제격이다.

기요미즈데라에 가는 사람은 택시를 이용하지 않는 이상 누구나 고조자카마에五條阪前 버스 정류장에서 내려 걸어 올라가는데, 조금 가다 보면 길이 두 갈래로 갈라진다. 오른쪽은 차완자카茶碗阪, 왼쪽이 고조자카五條阪다. 두 길 모두 기요미즈데라로 이어지지만 차완자카는 직선으로 쭉 뻗어 있고, 고조자카는 중간에서 한 번 굽어지며 산넨자카로 빠지는 길과 마쓰바라 도리松原通를 통해 절로 가는 길로 나뉜다.

그런데 왜 오른쪽 길에는 차완자카라는 이름이 붙었을까? 물론 찻사발과 관

---

01   모두 3개의 물줄기가 내려오는데 본당에 가까운 왼쪽은 지혜, 중간은 사랑, 오른쪽은 장수에 좋다는 얘기가 있다.

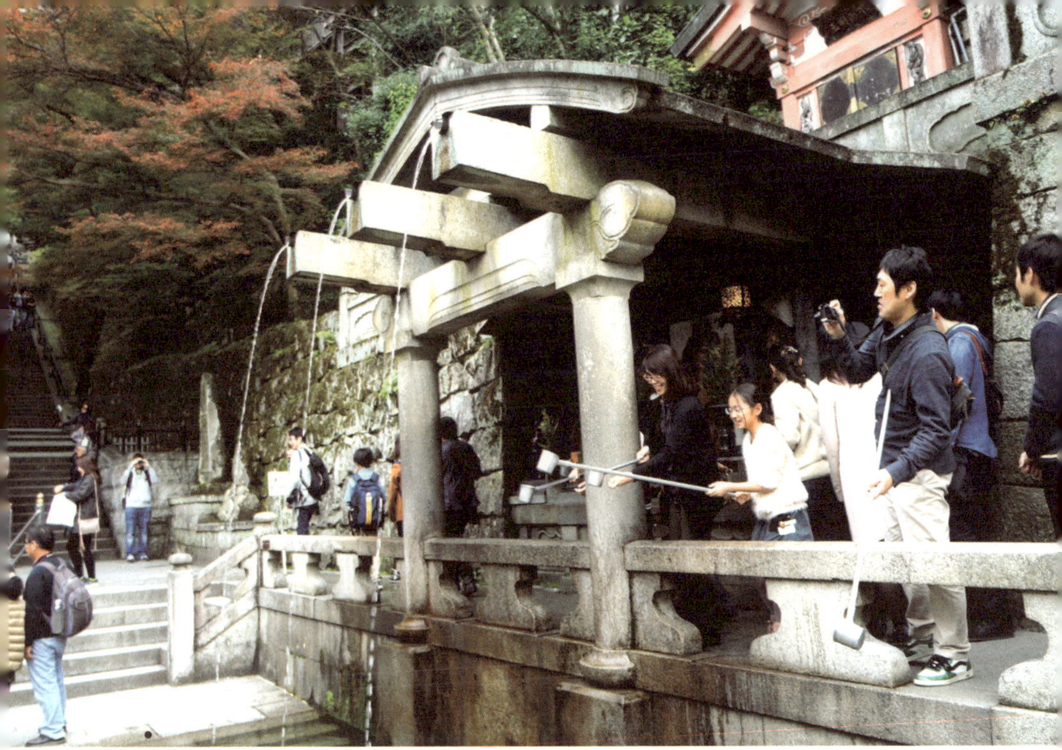

● 세 줄기로 떨어지는 기요미즈데라의 오토와 폭포수

●● 차완자카에 있는 도자공방 오토와도(音羽堂)의 실내 모습

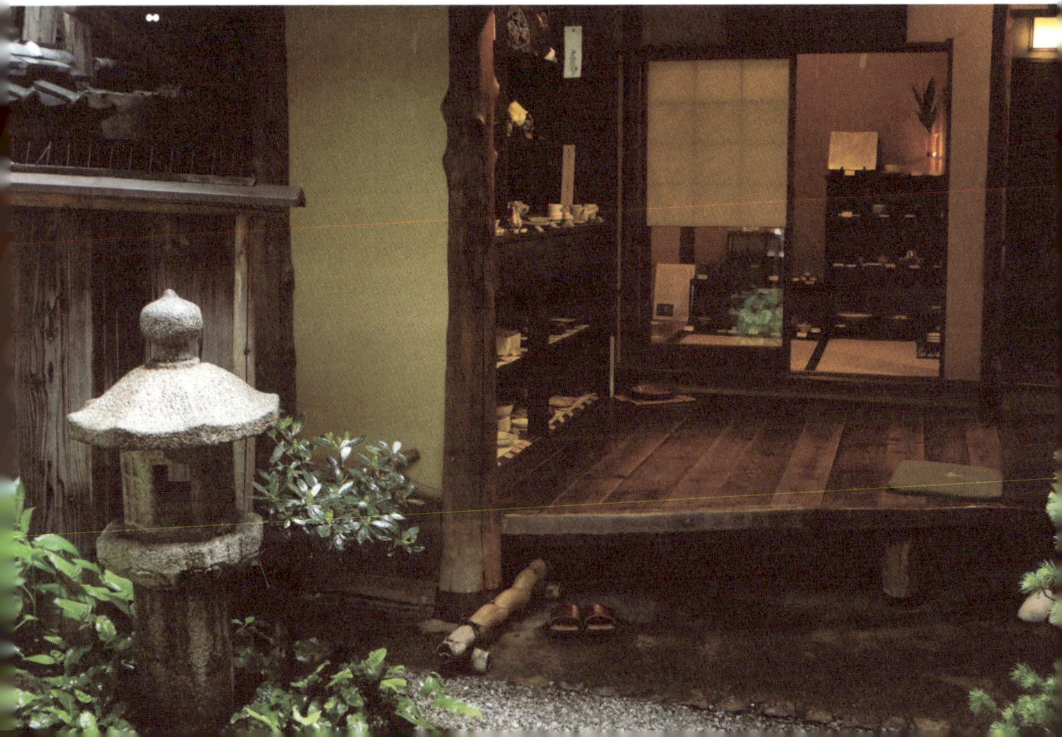

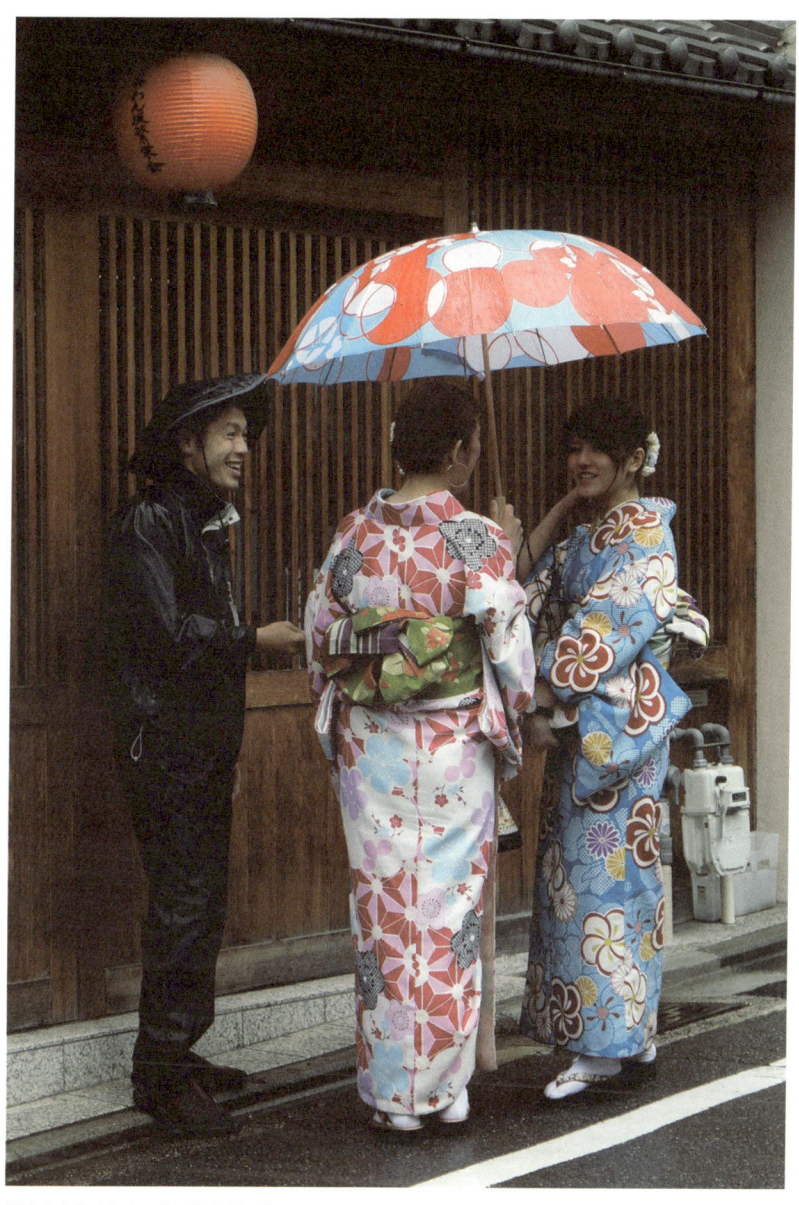

차완자카의 기요미즈데라 올라가는 길

련이 있어 그럴 것이라 쉽게 짐작할 수 있다. 하지만 여기에는 더 많은 사연들이 있다. 그 역사를 지금부터 알아보자.

교토 도자기는 크게 보아 두 종류, 즉 앞에서 본 '라쿠야키'와 '교야키'로 나눌 수 있다. 그런데 라쿠야키는 찻사발 위주로 만드는 라쿠 가문의 도자기이고, 교야키는 그 나머지를 총칭하는 것이니 센노 리큐가 주도했던 라쿠야키의 비중이 얼마나 큰지 알 수 있을 것이다.

'교야키'라는 단어가 처음 등장하는 것은 1605년으로 거슬러 올라간다. 앞서도 나온 이름인 하카타의 상인 가미야 소탄이 그의 기록에 다회에 사용한 것으로 '가타쓰키 교야키'라고 적어놓았다. '가타쓰키'는 차이레의 한 종류로 앞에서 많이 언급되었다. 그런데 여기서의 '교야키'는 사실상 '라쿠야키'였을 가능성이 매우 높다. 당시 교토는 가마가 별로 없었고, 라쿠 가문 계승자들을 비롯해 혼아미 고에쓰本阿彌光悅, 1558~1637 등이 라쿠 찻사발을 열심히 만들던 시절이기 때문이다.

한편 1624년 산조오하시三條大橋 동쪽의 아와타구치粟田口에 세토에서 온 사기장이 오름가마登窯를 만들어, 교토가 이 시기에 도기를 만들고 있었음을 추론할 수 있다. 그러나 지금의 이 지역엔 아무런 흔적이 남아 있지 않다.

1647년 무렵엔 유명한 노노무라 닌세이가 아와타구치와 세토에서 도자기 수업을 하고, 교토로 돌아와 닌나지仁和寺 문 앞에 오무로 가마御室窯를 만들어 다구들을 만들기 시작했다. 단바 국 구와타 군桑田郡 노노무라野々村, 현재의 교토 부 난탄 시南丹市 출생인 그는 물레 기술이 뛰어난 것으로 알려져 현존하는 차 항아리 등을 봐도 큼직한 작품을 흠집 없이 균일한 두께로 모양 좋게 매우 잘 만들었다.

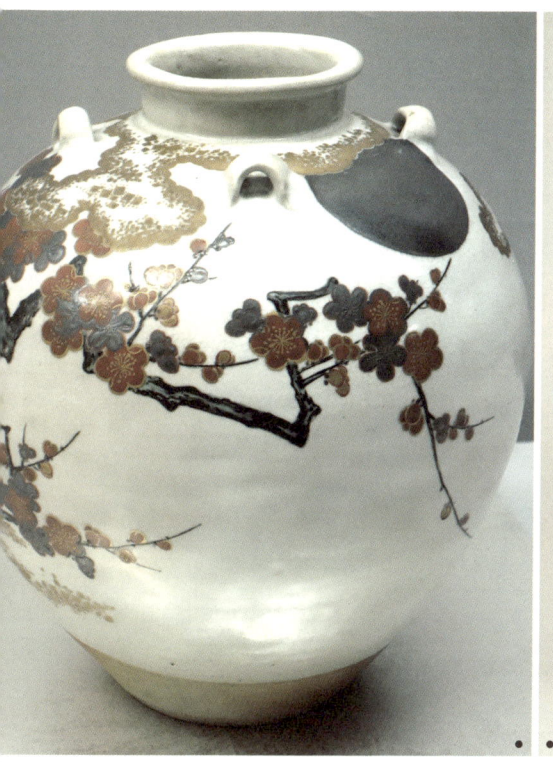 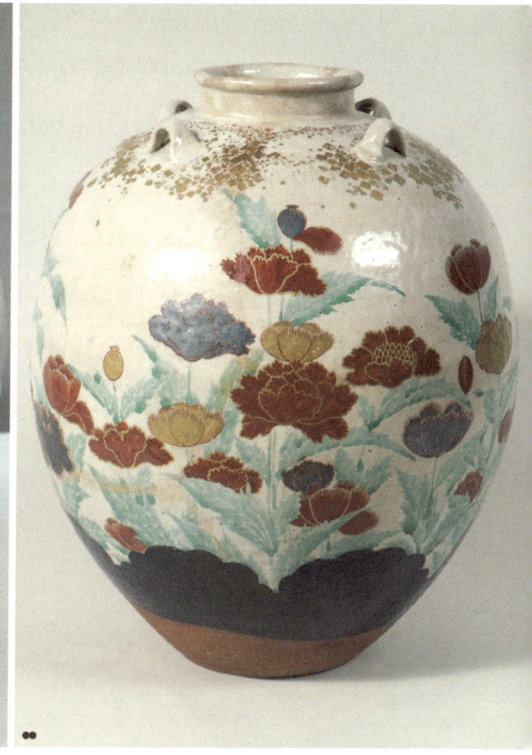

● 닌세이 매화 문양의 차항아리. 도쿄국립박물관 소장
●● 닌세이 겨자꽃 문양(芥子文)의 이로에 차항아리

그가 가마를 세우고 약 10년이 지난 1656년 무렵부터 우와에쓰케上絵付**02**로 이
로에를 만든 것은 에도 도기의 새로운 개막이었다. 이는 아리타有田와 이마리
伊万里, 가라쓰 등의 히젠肥前 지역에서는 이미 오래 전부터 만들고 있었던 이로

02 유약 위에 안료로 그림을 그리는 것으로 오버글레이즈(overglaze)에 속한다.

에 자기와 중국에서 수입한 '코우치^{交趾}' 계통의 이로구스리^{色釉} 기술의 영향을 받은 것으로 보인다. 이로에를 자기가 아닌 도기에 칠하는 기법은 아직 자기를 만들지 못하기 때문에 생긴 궁여지책으로 보이나 그런 닌세이의 응용력은 주목할 만하다. 특히 금과 은가루로 칠기 표면에 무늬를 놓은 일본 특유의 공예인 '마키에'의 우아한 정취를 참신하고 산뜻한 형태에 담아놓은 것은 일대 혁신, 요즘 말로 이노베이션의 전형이라고 할 만하다. 그의 이런 실험 정신을 이어받은 후배 사기장들의 도전 덕택으로 오늘날 교야키가 일본 도자사에서 굵직한 큰 흐름을 형성해낼 수 있었던 것이다.

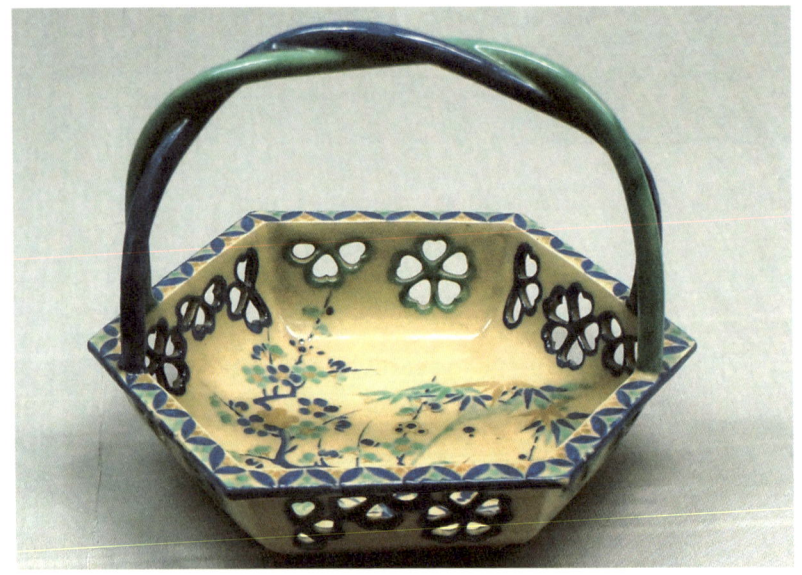

18세기 에도 시대 이로에인 벚꽃 그림 투각 문양의 손잡이가 있는 주발(桜透文手鉢), 도쿄국립박물관 소장

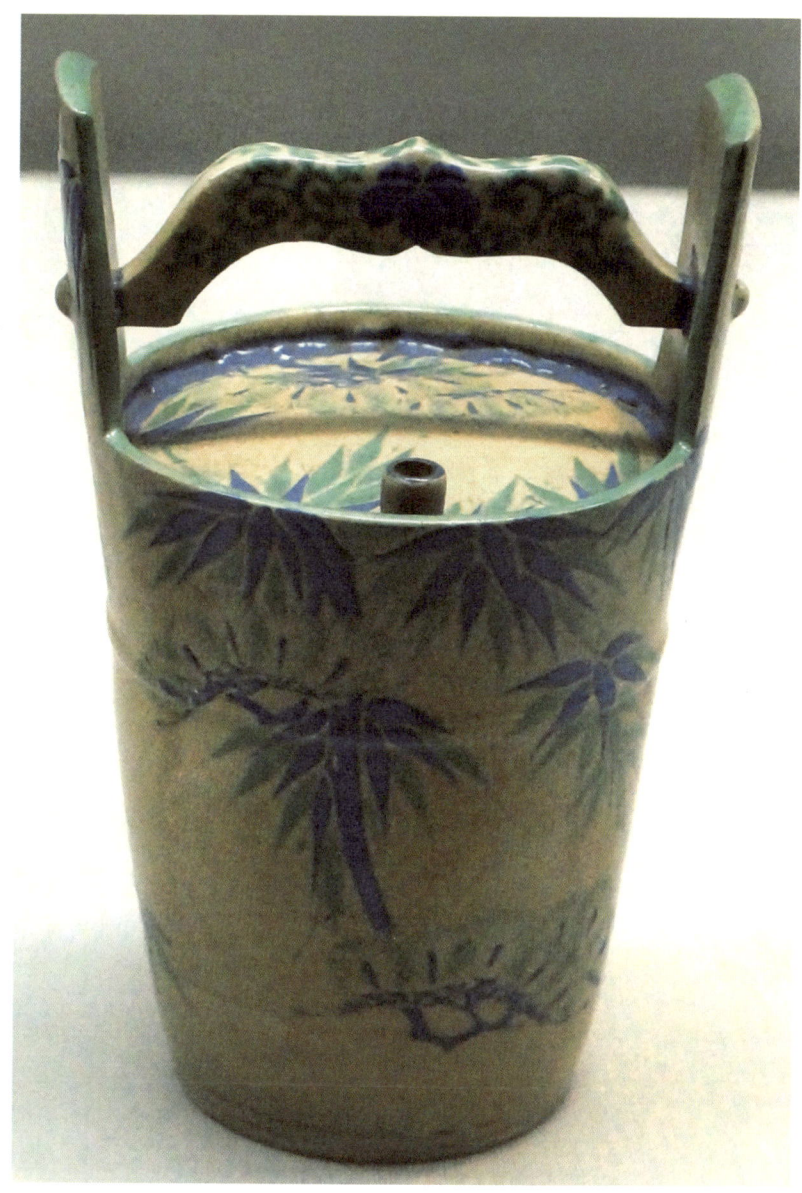

18세기 이로에 소나무와 대나무 무늬 도기 술통(松竹文陶橫), 도쿄 국립박물관 소장

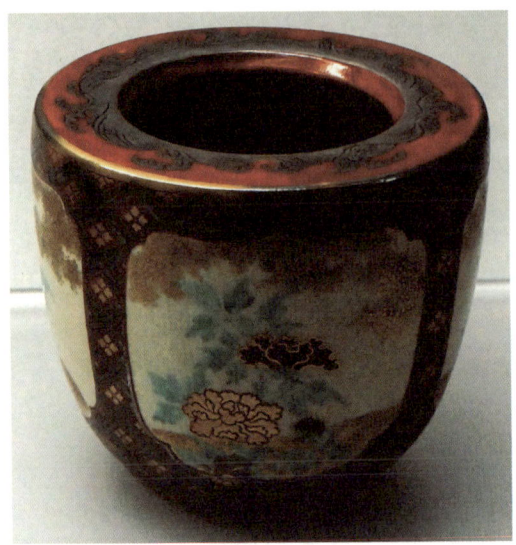

닌세이의 이로에
모란 그림(牧丹図) 물병

닌세이는 가나모리 소와金森宗和, 1584-1656 03의 비호 아래 뛰어난 창조력과 섬세하고 치밀한 이로에 기법을 배경으로 왕실의 취미에 맞는 우아하고 화려한 작풍을 선보였으므로 궁정을 중심으로 인기가 있었다. 이로에 차항아리 등 그의 대표작들은 다도를 좋아한 다이묘 사사키 교고쿠佐々木京極 가문에 의해 초기 작품부터 수집되어 메이지 때 미쓰이 가문으로 다수가 넘어갔다. 꿩 모습의 향로인 '이로에키지 고로色絵雉香炉'나 조개 형태 향로인 '호라가이가타 고로法螺貝形香炉' 등 조소적인 작품도 뛰어나다.

03   에도 전기 다인. 히다타카야마(飛騨高山) 영주의 장남으로 일왕과 귀족의 다도에 크게 공헌했다.

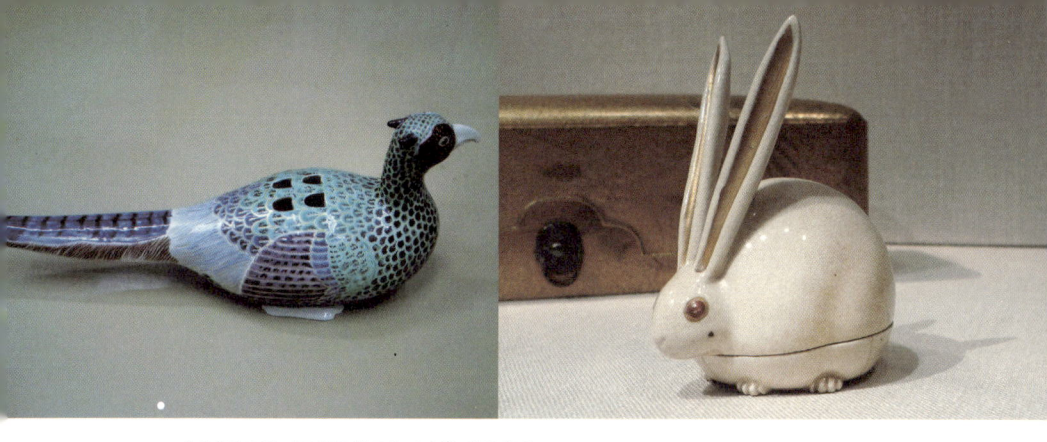

● 닌세이 향로들. 이로에 꿩 향로와 토끼 향로(兎香爐)

●● 중국 산수화에서 영감을 얻은 닌세이의 차항아리. 화려함을 살리는 교야키의 특징이 그대로 나타난다.

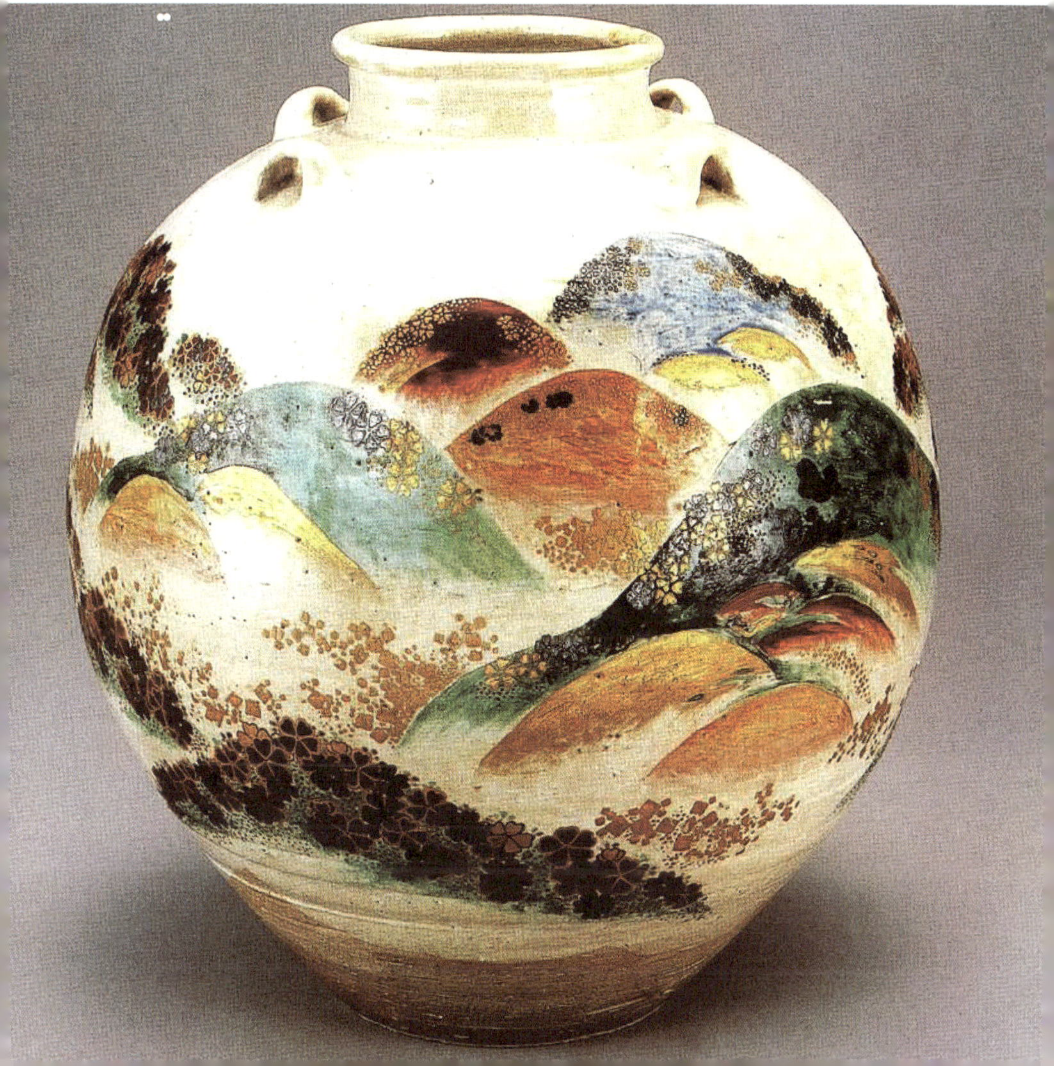

남방 계통
코우치의 영향

'코우치 혹은 코우시'는 앞으로 계속 등장할 단어이고, 교야키와도 밀접한 관계에 있으므로 미리 공부하고 넘어가는 것이 좋겠다. 코우치야키交趾燒는 대만에서는 자이타오嘉義陶라고 한다. 대만 남부 자이 시嘉義市에서 주로 만들기 때문이다. 코우치는 중국 남부와 대만 사원 등 전통 건축 장식에 사용한 것으로 당삼채에 뿌리를 두고 있는, 저온에서 굽는 연질 도기의 일종이다. 베트남 코친차이나交趾支那와 무역을 하던 코우치 선박에서 명칭이 유래했다.

낮은 온도에서 구운 쇼소인삼채나 중국 원나라 때의 법화法花 도자기, 황남경黃南京이라 칭해진 중국 도자기, 용이나 봉황이 그려진 청나라 도자기도 넓은 의미에서 코우치야키에 속한다. 대체로 노란색, 보라색, 녹색, 파랑, 흰색 유약의 화려한 문양이 특징이다. 일본에는 코우치 선박에 의한 무역으로 건너왔고, 교야키에 의한 모방품으로 주로 생산되었다.

대만에서는 코우치를 중국 광동 지방의 민예작품으로 주로 인식하고 있다. 아마도 사원이나 대저택 건축의 지붕과 벽면 장식으로 많이 사용한 영향 탓이 아닌가 싶다. 그러나 대만에서는 '코우치를 소유하면 명성을 얻는다'는 말이 전해져올 정도로 오래전부터 코우치 도기를 선물이나 답례품으로 자주 이용했다.

장식에는 인물과 짐승, 식물 모티브가 자유롭게 등장한다. 최근 대만의 문화창조 산업의 영향으로 새 항만이나 주택지의 집들이나 공원, 정원 등에 코우치 장식으로 활용하는 것이 새로운 흐름으로 점차 증가하고 있다.

코우치 도자기는 일본의 다도에서 중요시되었다. 특히 향합에서 코우치 취향

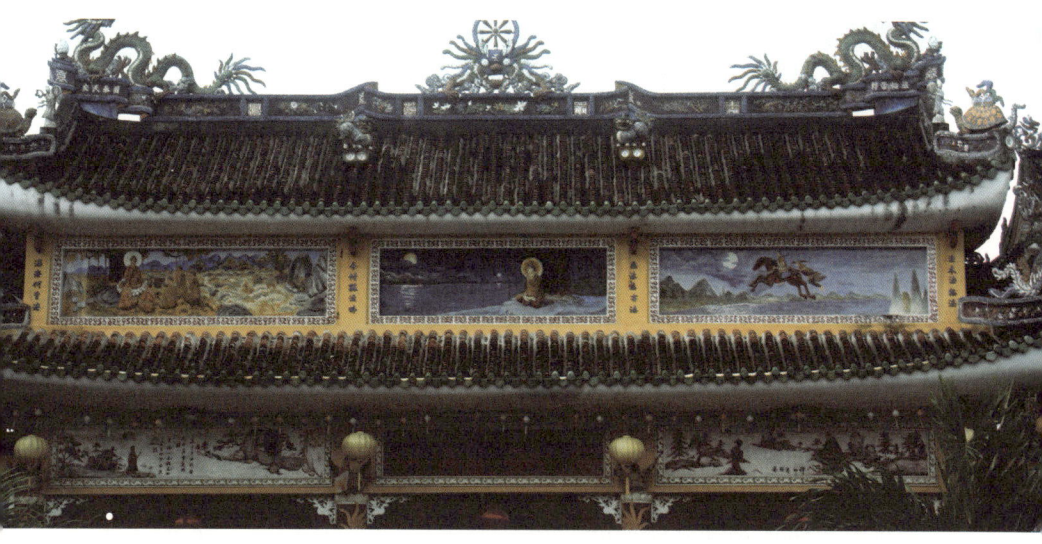

- 코우치 도기로 지붕 장식을 한 베트남 중부 호이안(Hoi an, 會安)의 한 사원. 호이안은 중국과 일본 문물이 교류하던 무역항이었다.
- 코우치 도기 장식의 대만 남부 자이 시 용은사(龍隱寺)

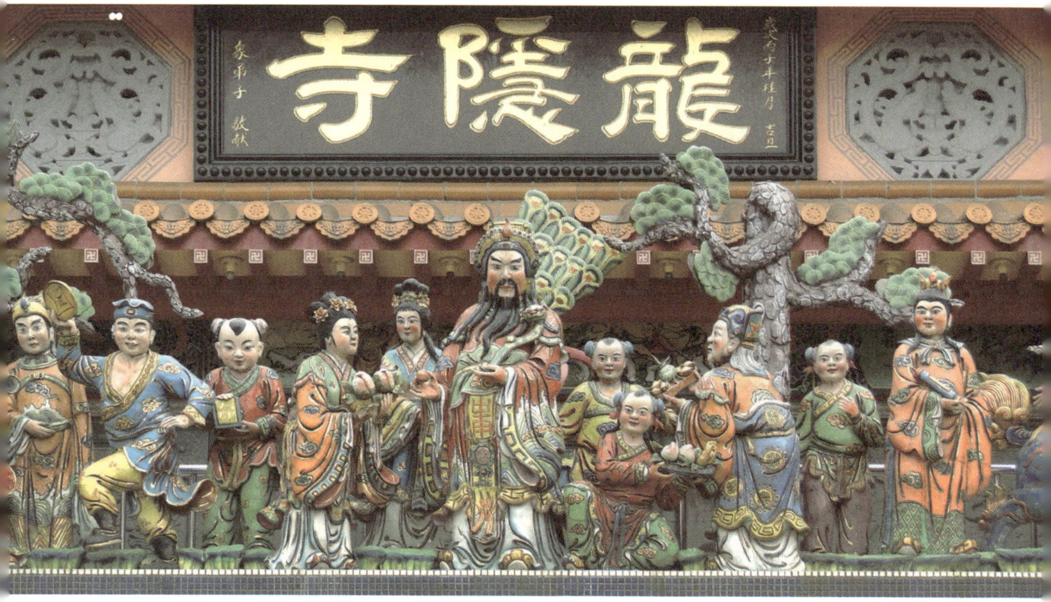

의 작품을 매우 소중하게 생각했다. 에도 시대에 풍류객들이 매긴 향합 순위를 보면 코우치 제품들이 다수 상위를 차지하고 있다.

이런 경향에 따라 교토에서도 라쿠 가문과 에이라쿠永楽 가문의 젠고로善五郎가 그 모사품을 만들었고, 이런 풍조는 전국으로 퍼지게 되었다. 에이라쿠 가문이 참여한 기슈도쿠가와 가문의 가이라쿠엔야키偕楽園焼는 보통 '터키 블루'라 불리는 보라색과 연두색의 혼합물을 기조로 하는 법화의 일본식 작풍이다. 교토에서는 아오키 모쿠베이青木木米, 1767~1833가 코우치 명품을 많이 남겼다. 가이라쿠엔야키와 모쿠베이에 대해서는 바로 뒤에서 자세하게 설명하겠다.

코우치를 만드는 교야키 작가로서는 아카자와 로세키赤沢露石 가문이 인정을 받고 있다. 현재 4대까지 계승하면서 매우 뛰어난 작품을 만들고 있는데 2대는 1943년에 코우치 기술 보존 기술자로 인정받았다.

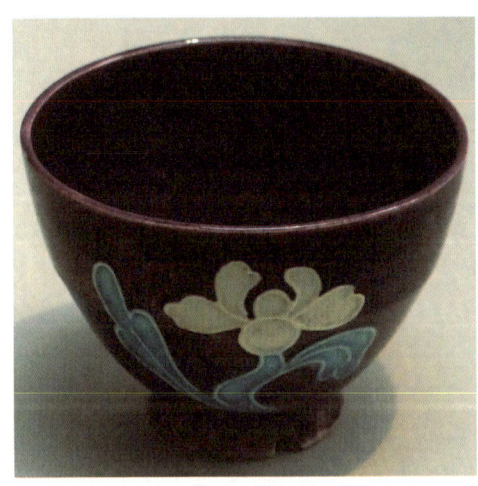

중국 법화의 영향을 받은 기라쿠엔야키
모란 무늬 작은 주발(牧丹文碗).
법화 특유의 보라색을 띠며
흰색이나 노란색의 꽃과 나비는
법화에 자주 등장하는 그림이다.

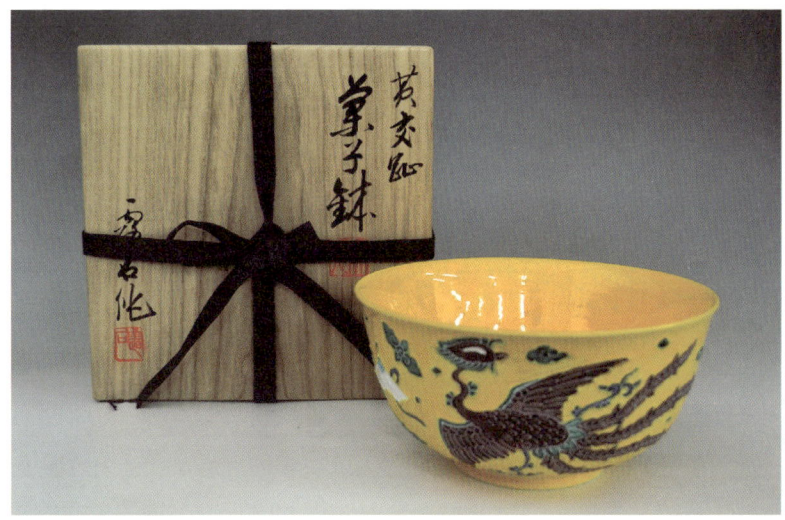

아카자와 로세키의 과자 담기용 코우치 주발

이 가문은 원래 남북조 시대 임제종 승려인 에겐^{慧玄} 화상이 1337년 교토 묘신지^{妙心寺}를 열 때 동행해서 대대로 수도승으로 일가를 이루었는데, 메이지유신 이후의 폐불훼석^{廢佛毁釋}**04**으로 일자리를 잃고 도예와 회화업에 종사하게 되었다.

초대 아카자와 가미네^{赤沢華峯}가 남화^{南画}를 배워 고조자카에서 그림 그리기 지도를 하다가 나중에 도자기를 직접 구웠다. 이후 4대 아카자와 세이추^{赤沢正中}까지 내려오면서 코우치 도기를 고집스럽게 작업하고 있다.

---

04 불상을 훼손하고 재산을 박탈하는 등 사원의 특권을 폐지하는 일

오가타 겐잔,
고기요미즈야키를 완성하다

닌세이가 작가로서의 자부심을 높이고 있던 무렵 교토의 북쪽과 동쪽 사찰 소유의 땅, 즉 야사카八阪, 기요미즈, 미보사쓰이케御菩薩池 [05], 슈가쿠인修學院, 오토와, 세이간지淸閑寺 등지에 만들어진 오름가마에서 섬세한 문양의 아와타구치야키粟田口燒를 굽기 시작했다.

닌세이의 제자 가운데는 오가타 겐잔尾形乾山, 1663~1743이라는 사람이 있었다. 겐잔은 교토의 기모노呉服 상인 가리가네야雁金屋의 셋째 아들로 태어났다. 아버지는 사망하면서 다수의 가옥과 토지, 도서와 금을 겐잔과 여섯 살 위인 형 오가타 고린尾形光琳, 1658~1716에게 똑같이 나누어줬다. 고린은 화려한 것을 좋아하고 방탕했으나 겐잔은 막대한 유산을 물려받았어도 은둔 생활을 즐기며 책을 손에서 놓지 않았다고 한다.

겐잔은 1689년 닌나지 남쪽에 슈세이도翠靜堂를 짓고 참선이나 학문에 힘썼다. 그런데 이 닌나지 앞에 노노무라 닌세이가 가마를 짓고 살고 있었으므로, 어려서 혼아미 고에쓰의 손자 고호光甫에게서 초보적 도예 학습을 받았던 겐잔은 닌세이로부터 본격적으로 도예를 배웠다.

1699년 겐잔이 37세가 되었을 때 예전부터 오가타 형제에게 눈독을 들이고 있던 당시 간파쿠 니조 쓰나히라二条綱平가 교토의 북서쪽에 있는 나루타키鳴滝 이즈미야泉谷의 산장을 주어 여기에 처음 가마를 열게 한다. 그런데 그 장소가 교토의 북서쪽, 건乾 방위에 해당하므로 호를 '겐잔乾山'이라 붙였다. 아울러

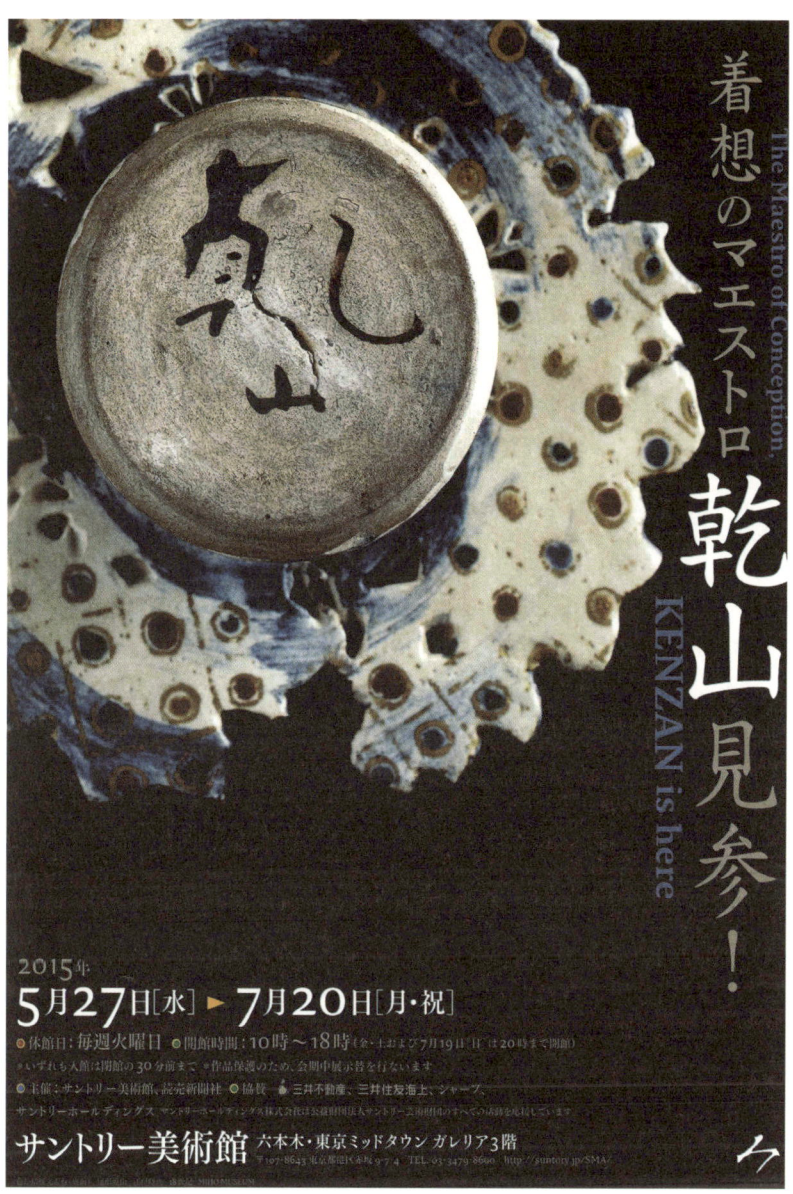

도쿄 산토리미술관에서 열린 오가타 겐잔 전시회 포스터. '착상(着想)의 마에스토로'라고 칭송하고 있다.

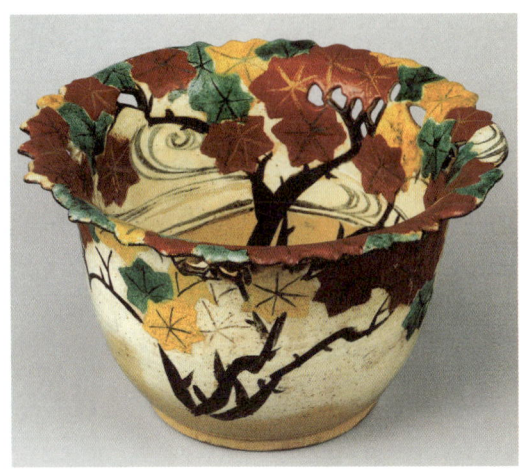

겐잔의 이로에
붉은 낙엽 문양의 투각주발
(色絵紅葉文透彫反鉢)

닌세이를 모방하여 자신의 서체로 이름을 도기에 묵서墨書하고, 일종의 브랜
드 가치를 부여했다.

1712년 나이 쉰이 되어 겐잔은 시내의 조지야초丁子屋町, 현재 니조도리二条通 데
라마치寺町로 이주하여 많은 작품을 만들었다. 작품은 자유 활달했지만 형태
는 소박했다. 그러나 그림은 매우 세련됐고 정교했다. 백토분장과 유카이로
에釉下色絵06 등 독자적 기법에 의해 회화성을 의식한 작품을 만들어냈지만 거
기에는 형이자 린파를 대표하는 거장 고린의 커다란 영향이 있었다. 모양은
겐잔이 만들고 형 고린이 그림을 그린 합작품도 많다.

겐잔은 1731년 69세 때 린노지노미야輪王寺宮 고칸호신노公寛法親王에게서 인정

---

06 유약 밑에 안료로 그림을 그려 굽는 것으로 언더글레이즈(underglaze)에 속한다.

고린이 그리고 겐잔이 구운
묵산수화 찻사발

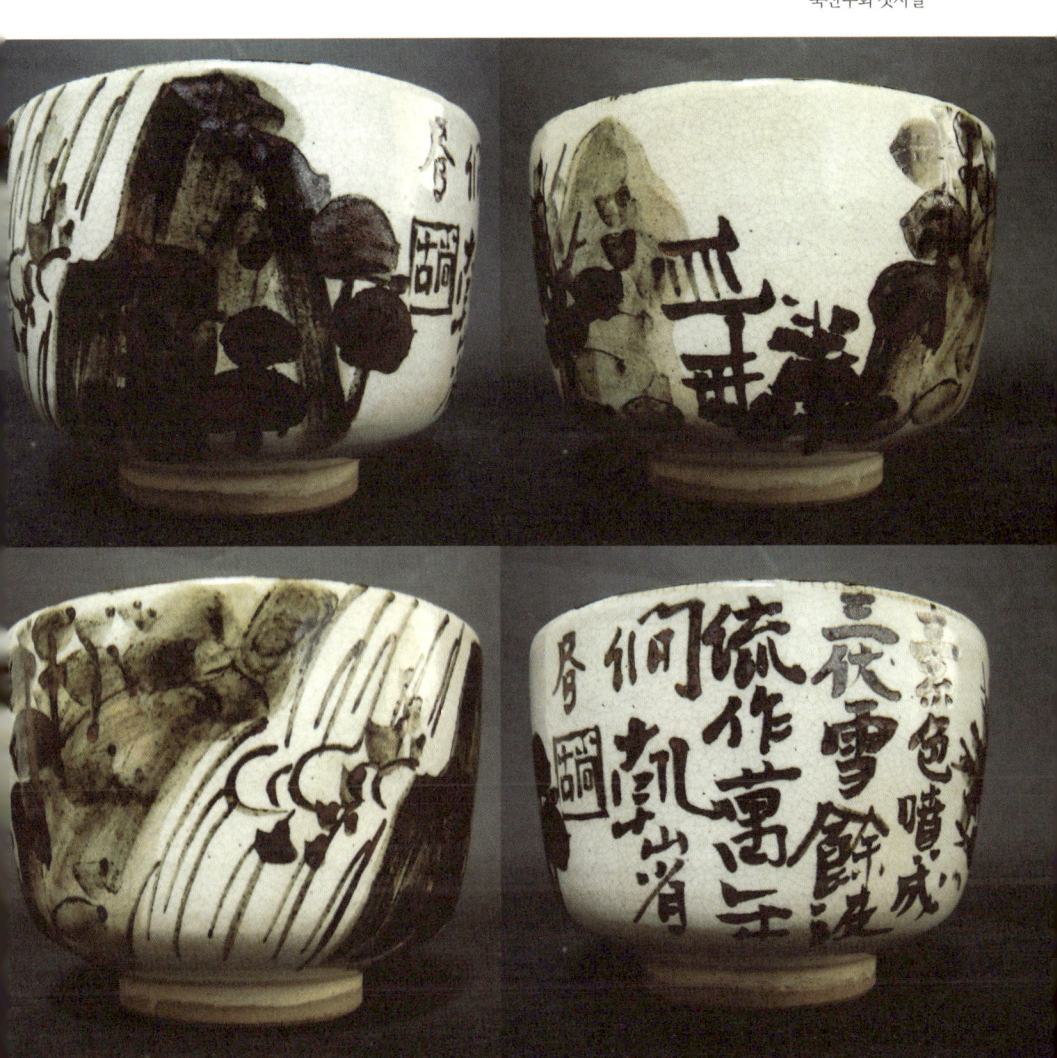

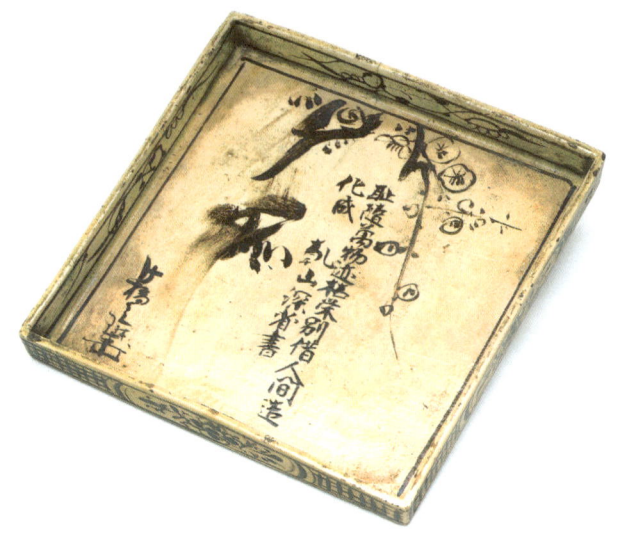

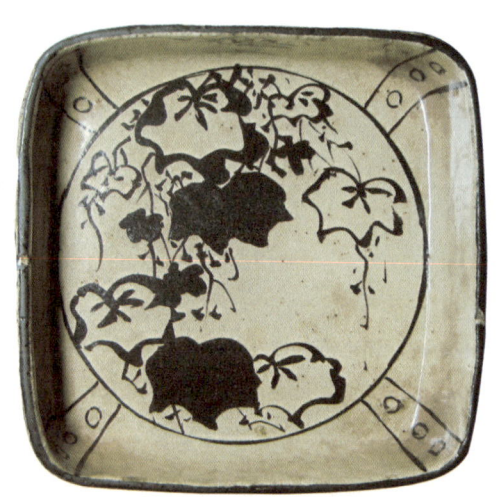

형 고린이 그림을 그리고 겐잔이 형태를 만든 작품들. 위는 사비에 백매화 그림 사각접시(銹絵白梅図角皿).
'사비에'는 산화철로 밑그림을 그린 것. 아래는 비대칭 사각주발(四方鉢)

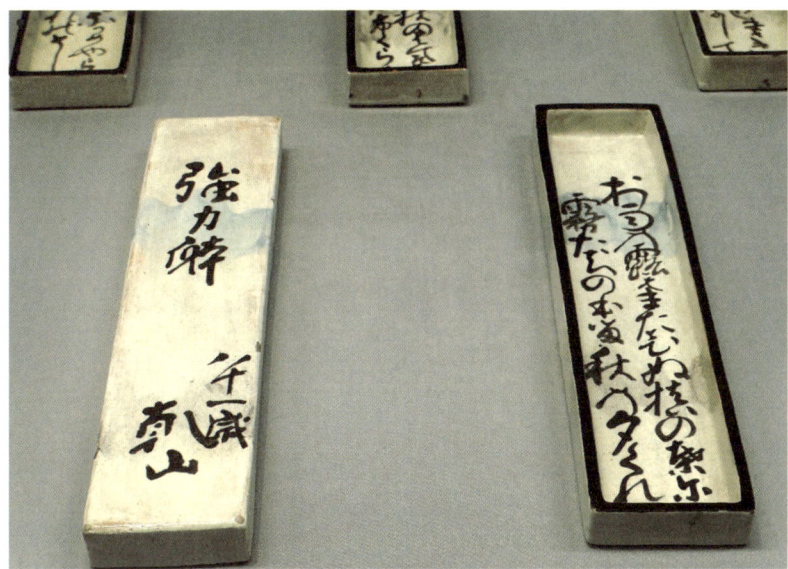

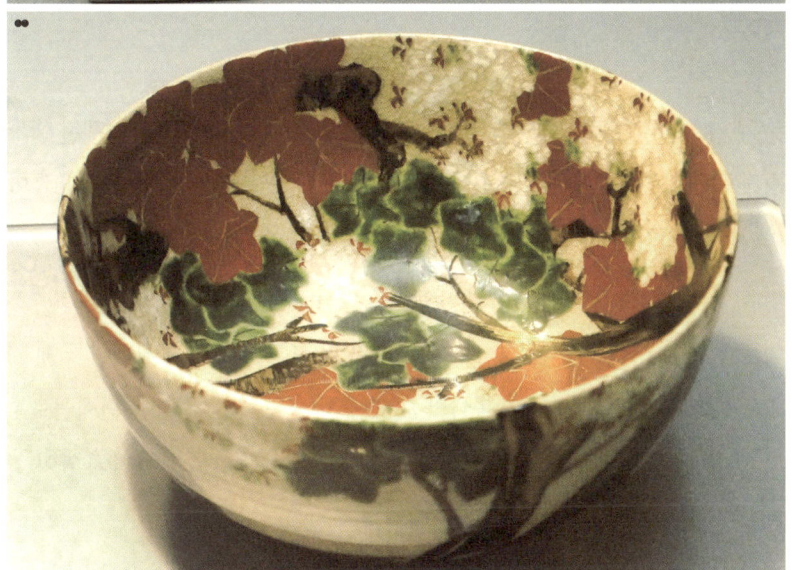

● 오가타 겐잔의 사비에(銹繪)로 와카를 쓴 10개의 접시(十体和歌短册皿)

●● 오가타 겐잔의 이로에 단풍무늬 큰 주발

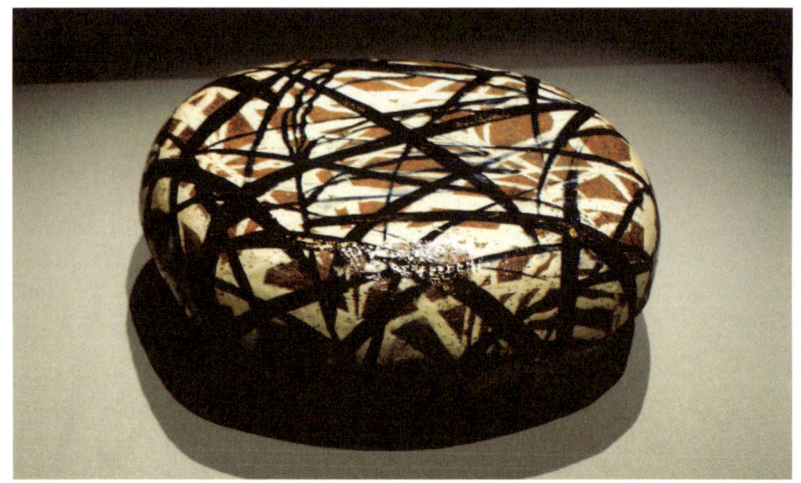

겐잔의 '금과 백색 까끄라기 무늬로 장식한 후타모노(染付金白彩芒蓋物)'. 중요문화재로 산토리미술관 소장

을 받아 에도의 이리야入谷로 이전한다. 고칸호신노는 히가시야마東山의 셋째 왕자로 천태종 승려인데, 센노 리큐에게 차를 배웠다. 앞에서 보았던 대로 야 마자키 묘키안 주지 시절, 리큐의 지시에 따라 다실 다이안을 마련해 도요토 미 히데요시에게 차를 대접하고 42석의 절터를 하사받았다.

이후 겐잔은 시모쓰케 국下野国, 현재 도치기 현栃木県 사노佐野 등지에서 도예 기 술의 지도를 하다가 에도로 돌아와 81세에 세상을 떠났다. 그는 닌세이로부 터 전수받은 기술을 『도공필용陶工必用』에 정리했는데, 이는 교야키에 있어 일 종의 지침서가 되었다.

그의 사후 겐잔의 이름을 빌려 2대, 3대라고 하는 사람들이 나타났지만 이는 혈연과 사제 관계로 계승된 것이 아니라 스스로 붙인 것에 지나지 않는다.

린파는 모모야마 시대 후기에 두각을 나타내 근대까
지 활약한 특정 표현 기법 경향의 미술가나 공예가, 혹
은 그 작품들을 가리키는 명칭이다. 혼아미 고에쓰와
다와라야 소다쓰俵屋宗達, ?~1643가 창시하고 오가타 고
린과 겐잔 형제에 의해 발전해 사카이 호이쓰酒井抱一,
1761~1828와 스즈키 기이쓰鈴木其一, 1795~1858가 에도에
정착시켰다.

린파는 야마토에大和絵07 전통을 기반으로 풍부한 장식
성의 디자인이 가장 두드러진다. 대상은 회화를 중심

●
린파(琳派)

07   일본 회화 양식의 하나. 중국풍의 그림 가라에(唐絵)에 대비되는 개
념의 호칭이며, 헤이안 시대 국풍문화(国風文化)의 시기에 발달했다.『겐
지모노가타리(源氏物語)』등 두루마리 그림인 에마키모노(絵巻物)에서
일반적으로 볼 수 있다. 도사파(土佐派) 등 유파에 계승되어, 현대 일본화
에 많은 영향을 미치고 있다.

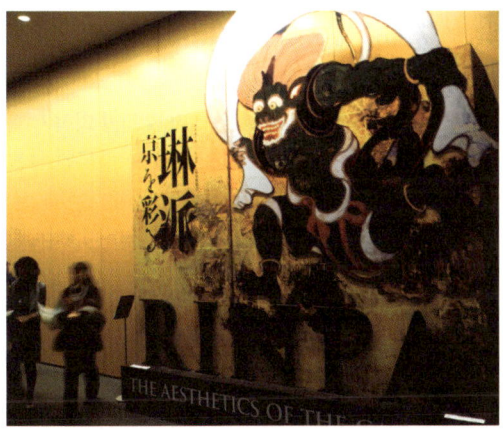

2016년 교토국립박물관에서 연 '교토의 색깔, 린파' 특별전시회

으로 책과 공예를 총괄하며, 가계가 아니라 사숙에 의한 간헐적 전승이 특징으로 꼽힌다. 고린이 소다쓰에게, 호이쓰가 고린에게 서로 심취해 영향을 주고받고 있다. 가노파狩野派 08, 마루야마円山, 시조파四条派 등 같은 에도 시대의 유파가 모사를 통해 스승에게서 직접 그림 기법을 배운 반면, 린파처럼 시간과 장소, 신분 등이 멀리 떨어진 사람들끼리 계승된 것은 매우 찾아보기 힘든 예다.

이들은 유사한 주제나 그림 모양, 독특한 기법을 의식적으로 선택하고 답습하여 유파의 정체성을 유지하는 한편, 이에 화가 자신의 발견과 해석을 더해 재구성함으로써 '에피고넨epiginen : 단순한 복사와 아류'에서는 볼 수 없었던 새로운 예술을 만들어냈다.
예전에는 선구자인 고에쓰와 소다쓰를 따로 '소다쓰 린파宗達琳派'라고 분리하기도 했으나, 요즘에는 모두 '린파'라는 호칭으로 불린다.

작풍의 특색은 배경에 금과 은박을 사용하거나 대담한 구도, 가타가미型紙 09의 패턴을 이용한 반복 기법 등이 보인다. 소재는 꽃과 나무, 화초가 많지만 이야기 그림을 중심으로 한 인물화와 새와 동물, 산수도와 풍월도, 약간의 불화를 다룬 작품도 있다.
린파는 유럽 인상파와 현대 일본 회화, 디자인에도 큰 영향을 주고 있다. 많은 화가들이 각각의 개성으로 그린 '풍신뇌신도風神雷神図·ふうじんらいじんず' 작품은 자주 비교의 대상이 된다.

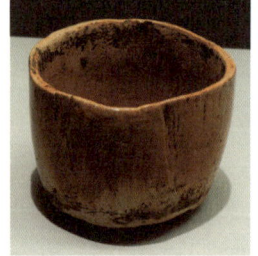

린파의 창시자인 혼아미 고에쓰의
'아카라쿠 찻사발'

08   가노파는 야마토에 전통과 중국 수묵화의 기법을 통합한 것으로 평가된다.
09   염색이나 재단을 위해 본을 뜬 종이

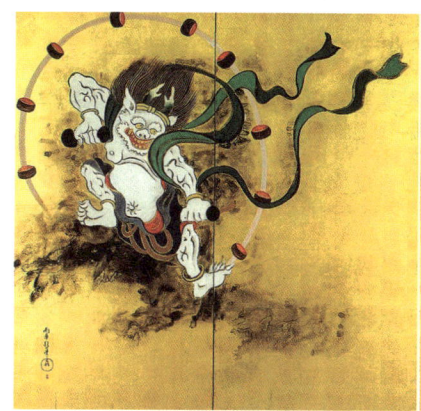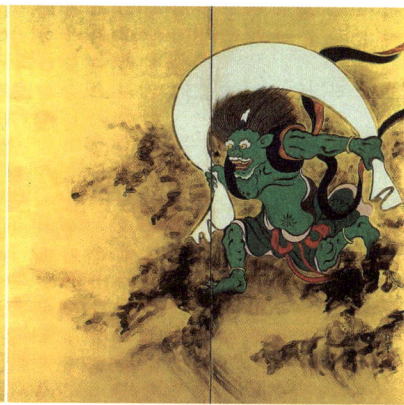

오가타 고린의 풍신뇌신도

인간 세상에 비바람을 가져다주는 풍신風神과 북을 두
드려 천둥과 번개를 일으키는 뇌신雷神의 활동을 묘사
하는 그림이다. 에도 시대 화가인 다와라야 소다쓰의
병풍 그림이 유명하며, 린파를 비롯한 많은 화가에 의
한 모작이나 모사가 많이 있다.

그런데 위에서 본 것처럼 겐잔이 말기에 도치기 현 사노에서 도예 기술 지도를 한 사실은 일본 최대 도자기 위작 스캔들의 근거가 되었다. 쇼와 37년[1962] 사노의 옛집에서 도자기 200여 점이 무더기로 나온 것이다. 이는 현재 교토의 한 수집가가 소장하고 있는데, 사노에서 발견된 겐잔의 작품이라 하여 '사노 겐잔'이라는 이름이 붙었다.

이는 지금까지 진품인지 위작인지 그 여부가 확인되지 않고 있다. 가와바타 야스나리川端康成, 1899~1972[10]는 혹평을 했지만 고바야시 히데오小林秀雄, 1902~1983[11] 와 버나드 리치[12]는 극찬했다고 한다. 이 문제에 대해 아오야기 미즈호靑柳瑞穂, 1899~1971[13]는 「요미우리신문読売新聞」에 '겐잔과 나乾山と私'란 칼럼을 통해 "한마디로 말하면 전문가들 사이에서도 겐잔은 공부가 되지 않았다. 업자의 이야깃거리에 걸려 마음이 이끌린 것이라고 해도 어쩔 수 없다"[14]고 말했다.

아호야기 미즈호는 38살이던 1937년 도쿄 스기나미구杉並区의 한 골동품 가게에서 오가타 고린이 붓으로 그린 초상화 '나카무라 구라노스케의 초상中村内蔵之助像'을 단돈 7엔 50전으로 사들여 발굴한 것으로 큰 화제를 불렀던 장본인이다. 에도 시대의 거부였던 나카무라 구라노스케는 고린과 막역한 사이였는데, 메이지유신 이후 재산을 몰수당하고 추방당했다.

겐잔의 시대에는 세 가지 색채, 즉 파란색, 녹색, 금색으로 그린 장식 도기인

---

10 『설국(雪国)』『천 마리의 종이학(千羽鶴)』『산소리(山の音)』 등 죽음이나 유전 속 '일본미(日本美)'를 표현한 작품들을 발표한 소설가. 1968년 일본인으로서는 최초로 노벨문학상을 수상했다.

11 유명한 문학평론가. 근대 일본 문예평론을 설립했다고 평가받는다.

12 Bernard Howell Leach, 1887~1979. 아시아 도자기 연구에 매우 정통한 영국 도예가이자 학자

13 시인이자 미술평론가, 골동품 수집가

14 「一口でいえば専門家の間でも乾山の勉強はされていなかった゜業者のいいぐさに引きづりまわされていたといわれても仕方がない」

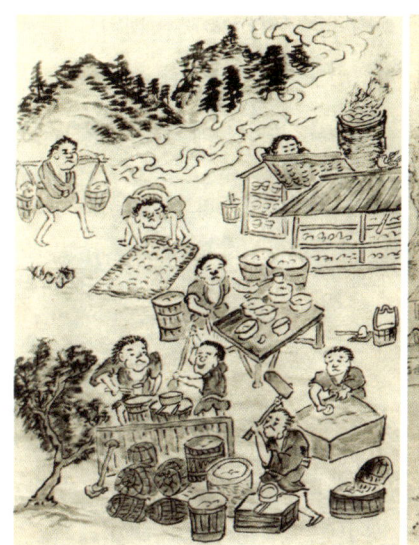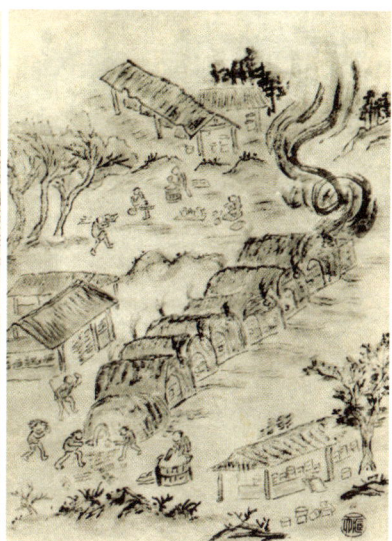

교야키 역사를 묘사한 삽화

'고기요미즈古淸水'가 완성되었다. 당시 교토 부교奉行15의 기록에 의하면 교토 동쪽의 아와타구치에 13개, 오토와 및 기요미즈에 3개의 가마가 있었다. 아와 타구치와 나중 지역이 합쳐져서 고조자카로 불리게 되는 두 지역, 기요미즈와 오토와가 교야키의 기원이 되는 것이다.

아와타구치에서 영향력이 있었던 긴코잔錦光山, 이와쿠라야마岩倉山, 호산寶山 등 의 가마들은 쇼군과 다이묘 주문에 의한 고기요미즈 양식의 전통적인 도기들 을 생산했다. 이들은 나중에 '아와타야키粟田燒'로 불리게 된다.

15 교토를 감독하는 관리

고기요미즈의 역사에 대해서는 역시 고조자카의 사기장으로 고메이^{孝明} 일왕에게 다기를 상납하는 등 이름을 얻은 마시미즈 조로쿠^{真清水蔵六, 1861~1936} 가문의 2대^{1861~1936}가 저술한 『고금경요니중한화^{古今京窯泥中閑話}』에 자세하게 기술돼 있다. 291페이지의 삽화 역시 이 책에서 나온 것이다.

오쿠다 에이센, 교토에서 처음으로 자기 제조에 성공하다

18세기 후반 오쿠다 에이센^{奧田穎川, 1753~1811}이 교토에서 처음으로 자기 제조에 성공한다. 히젠 아리타에서 이삼평 공에 의해 1616년에 일본 최초의 백자를 만든 것에 비하면 150년 이상이나 늦은 셈이다.

에이센은 원래 청나라 때 일본으로 망명한 명나라 사람의 후예다. 중국 하이난성^{河南省} 중부인 영천^{穎川}에서 나가사키로 건너와 교토에서 귀화한 대대로 호상이었다고 전해진다. 에이센은 이 집의 5대로 원래 이름은 쓰네노리 모에몬 ^{庸徳茂右衛門}이다. 중국 고향에 있는 산의 이름을 빌려 리쿠보산^{陸方山}이란 호도 함께 사용했다.

그는 교토의 전당포 마루야^{丸屋}의 오쿠다 가문에 양자로 들어가 3대 당주가 된 삼촌을 이어 4대를 잇는다. 그렇지만 그는 장사보다 문화에 관심이 많은 인물로 영업은 점장에게 맡기고 예술적 활동에 몰두했다고 한다. 특히 취미 중 하나였던 도자기에 몰두해서 36세의 젊은 나이에 가업을 아들에게 양도하고 은거해버릴 정도로 그 열정이 높았다.

그는 기요미즈야키^{清水焼} 명공인 에비야 세이베^{海老屋清兵衛} 밑에서 세토의 기법을 배우며 암중모색으로 자기 제조를 실험하던 끝에 자기를 만드는 데 성공

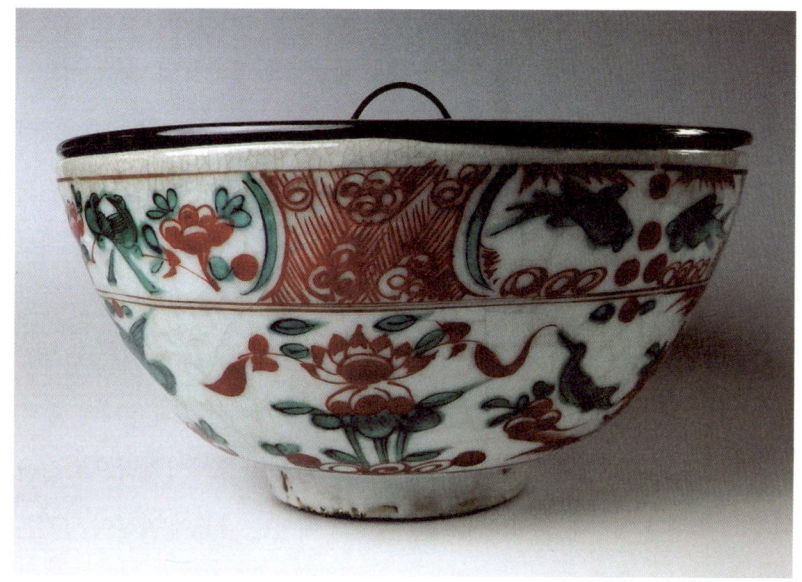

오쿠다 에이센의 미즈사시. 에이센은 중국 양식 고스아카에에서 진가를 발휘했다.

했다. 에이센은 소문을 듣고 모인 젊은 사기장들에게 그 기술을 아낌없이 공개하고 교토 도자기 발전에 기여했다. 그때 모인 그의 문하 가운데 아오키 모쿠베이, 닌아미 도하치仁阿弥道八, 1783~1855, 에이라쿠 호젠永樂保全, 1795~1854은 바쿠후 후 말기 3대 명장으로 탄생했다.

에이센은 작품에 있어서도 지금까지의 교야키와는 다른 '소메쓰케染付16'와 '아카에赤絵17' 그리고 코우치 등 중국풍의 그림과 문양을 그려넣어 일대 붐을

16   백자에 푸른색 코발트로 무늬와 그림을 넣은 도자기의 총칭
17   붉은색을 위주로 다채로운 무늬를 넣은 채색 도자기의 총칭

일으켰다. 그는 특히 자기로 만든 고스아카에^{呉須赤絵} 18에서 진가를 발휘했지만 그의 작품은 판매를 목적으로 하지 않은 자유로운 취미의 작풍이었다.

에이센은 전문 장인이 아니라 일종의 아마추어 도예가였다. 그런데도 위처럼 자기를 개발하고 새로운 에쓰케^{絵付け} 19를 도입하는 등 교야키는 물론 일본 도자기 역사에 남긴 공헌은 매우 크다고 할 수 있다. 그가 사망한 후 작품 대부분은 보다이지인 겐닌지에 봉납되었다.

모쿠베이는 원래 문인이었다. 어린 나이에 고후요^{高芙蓉} 20의 책을 떼는 등 두각을 나타냈다. 29세 때 기무라 겐카도^{木村蒹葭堂} 21의 서재에서 중국 청나라 때 주립정^{朱笠亭}이 저술한 도서 『도설^{陶説}』을 읽고 감명을 받아 도자기 제작으로 길을 바꾸고 오쿠다 에이센 문하로 들어갔다. 모쿠베이는 나중에 자신이 『도설』을 번각^{飜刻} 22 출판했다.

30세 때 아와타구치에 가마를 열고 명성을 바로 얻었으니, 도자 제작에도 천재적인 재능이 있었던 듯하다. 5년 후에는 에도 시대 최대의 번으로 수백만 석의 녹봉을 자랑하는 가가 번^{加賀藩} 마에다^{前田} 가문의 초빙을 받아 구타니야키^{九谷焼}의 재생에 진력했다. 구타니야키는 이 다음 책에서 다루겠다. 모쿠베이는 중국 고대 도자기에 심취해 있었기 때문에 중국 도자기 우쓰시^{写し:모방품}를 통해 자신의 독자적인 세계를 열어갔다. 센차용 다기를 주로 만들었는데, 백자, 청자, 아카에, 소메쓰케 등 그 폭이 넓다. 문인화 계통에 속하는 그림도 수작

---

18 중국 도자기의 한 양식에 대한 일본어. 빨간색을 위주로 노랑, 초록, 파랑의 문양이 혼합된 것을 일컫는다.
19 도자기에 무늬와 그림을 그려넣어 굽는 일
20 에도 시대 중기의 유학자, 화가
21 에도 시대 중기의 문인, 화가
22 한 번 새긴 책판 따위를 본보기로 삼아 다시 새김

이 많다.

모쿠베이에 대해서는 중요한 일화가 있다. 그는 가마 온도를 안쪽의 나무가 타오르며 불에서 나는 소리로 판단했다. 따라서 그의 귀는 항상 빨갛게 익어 있기 일쑤였는데, 그는 그 방법을 바꾸지 않고 귀가 좀 나았다 싶으면 다시 가마에 불을 지폈기 때문에 만년에 그만 청각을 잃고 말았다. 이후 그는 모쿠베이 대신 '로우베이聾米'로 호를 바꿨다. 청각을 잃고도 작곡을 계속한 베토벤의 열정만큼이나 도예에 대한 그의 지극한 사랑을 알 수 있다. 이렇듯 예술에서 일가一家를 이룬다는 것은 '미치지 않고서는 미치지 '到', 못하는 경지'이리라.

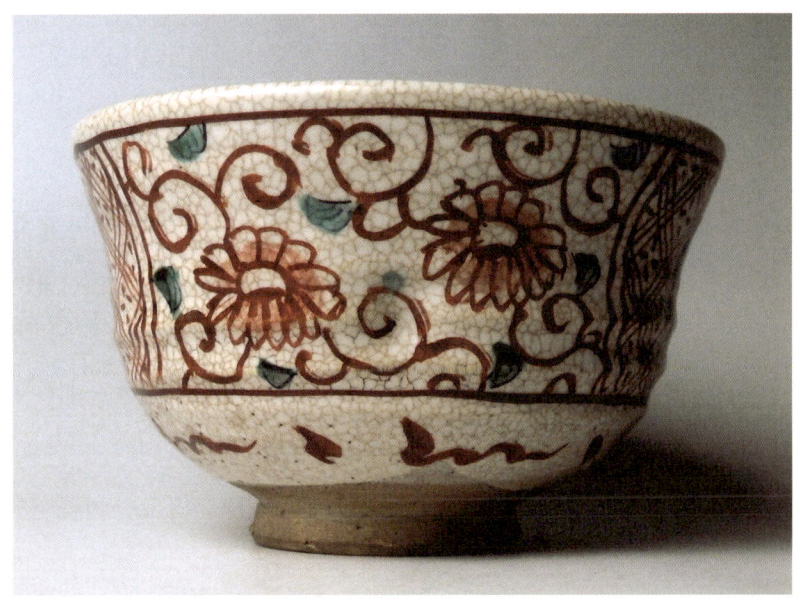

아오키 모쿠베이의 고스아카에 찻사발

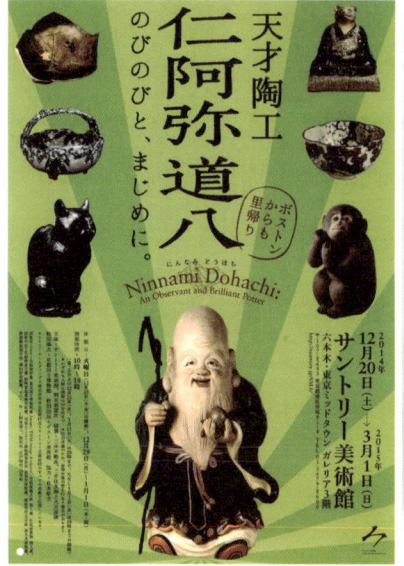
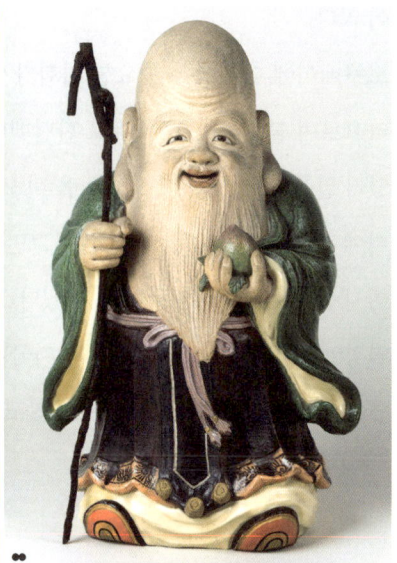

● 산토리미술관에서 열린 닌아미 도하치 전시회

●● 노자키가소금제조업역사관(野崎家塩業歴史館)이 소장하고 있는 닌아미 도하치의 이로에 복숭아 입상
(色絵寿星立像)

닌아미 도하치는 초대 다카하시 도하치高橋道八의 차남으로 태어났지만 형이
요절하면서 29세에 가계를 상속했다. 출가한 이후 법명인 닌아미에서 '닌仁'
은 닌나지仁和寺에서 따왔다.

그는 45세 때 기슈 번 오니와야키御庭焼23인 가이라쿠엔야키偕楽園焼 출범에 참여
한 이후, 다카마쓰 번高松藩의 산 가마, 사쓰마 번薩摩藩의 이소오니와 가마磯御庭
窯, 스미노쿠라角倉 가문의 잇포도 가마一方堂窯, 니시혼간西本願의 로산 가마露山窯

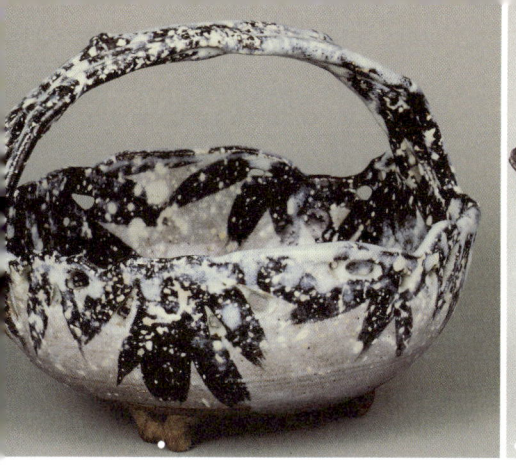
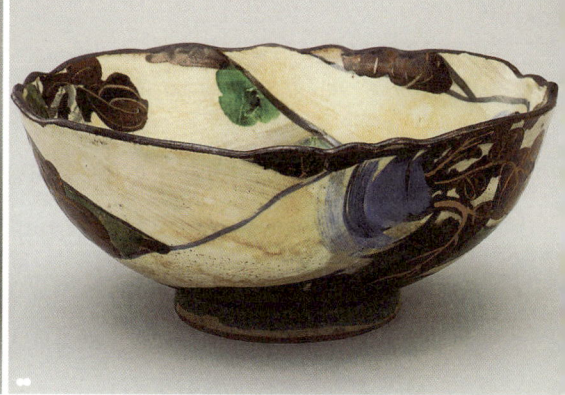

- 닌아미 도하치의 손잡이 달린 눈 맞은 대나무 무늬 주발(銹絵雪竹文手鉢)
- 닌아미 도하치의 이로에인 큰뿌리무늬주발(色絵大根文鉢)
- 닌아미 도하치의 이로에인 벚꽃 무늬 투각 깊은 주발(色絵桜透文深鉢)

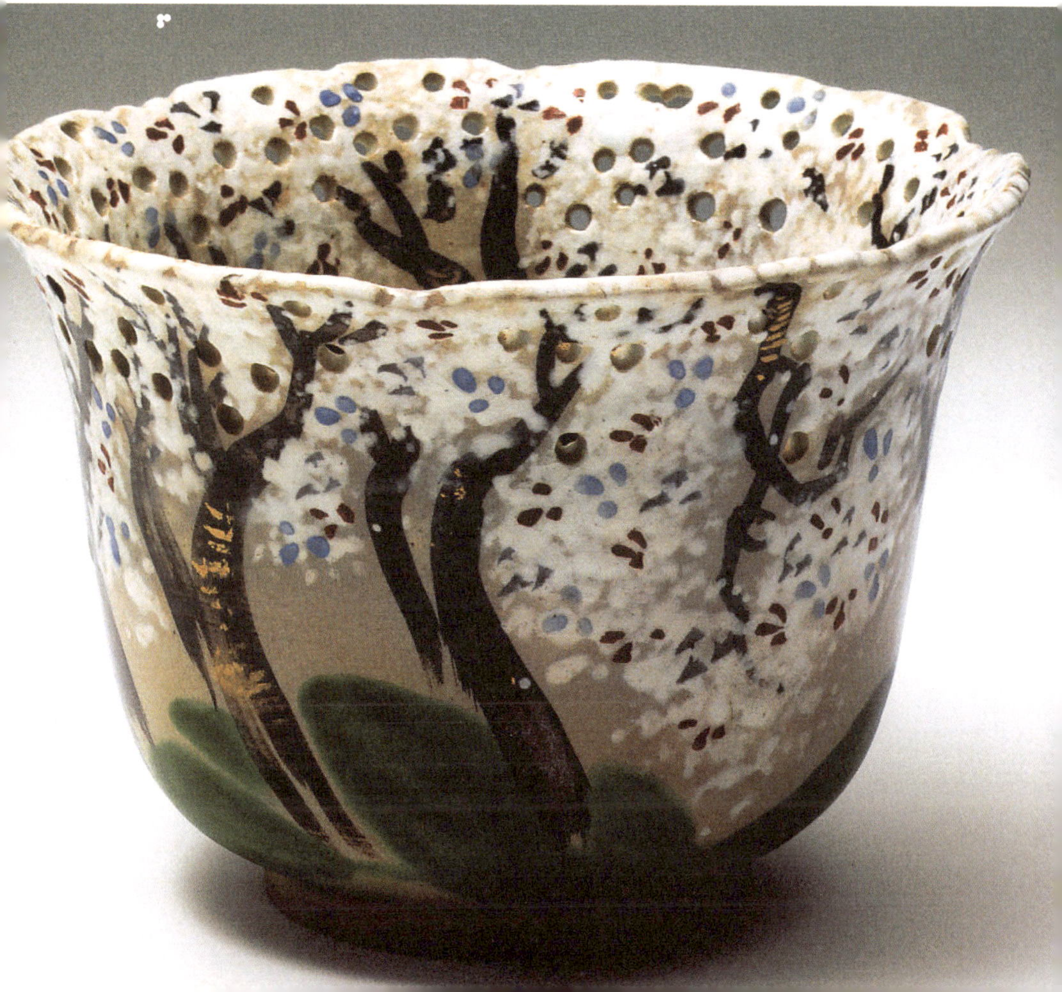

등 전국 각지의 오니와야키 출시에 참여함으로써 교야키 기법의 전국 전파에 크게 기여했다. 1842년 후시미에 은거한 이후에도 모모야마 가마桃山窯를 만들어 도자기 제작을 계속했다.

동시대에 같이 활약한 아오키 모쿠베이와는 완전히 대조적인 작풍으로, 작품은 매우 다양하고 대범한 취향이다. 그릇 등 식기와 용기뿐만 아니라 인물이나 동물 등의 도자기 인형피겨린도 제작하고 명품도 많다. 조선의 자기와 청화백자까지도 손을 뻗었다. 작품 중에는 대조적인 라쿠야키와 이로에도 있다. 이로에는 '겐잔과 닌세이의 재래'라는 평가까지 들었다.

그럼에도 불구하고 도하치 작품의 공통적인 특징은 품위 있는 고귀함이 느껴진다는 점이다. 바로 이 때문에 일본 각지 명가에서 그를 초대해 오니와야키의 스승으로 추앙한 것으로 보인다.

에도 시대 각 지역의 영주들은 저마다 다구 컬렉션에
열중해서, 그중에는 사기장을 고용해 직접 도자기를
굽는 어용가마를 가진 곳이 적지 않았다고 앞 장에서
얘기했다. 이러한 도자기를 '오니와야키お庭焼き 혹은 御
庭焼'라고 하는데, 이에 가장 열심이었던 곳이 기슈 번
이었다.

기슈도쿠가와 가문에서 최고의 풍류객으로 꼽히는 10
대 도쿠가와 하루토미가 자신의 니시하마 저택西浜御殿
정원인 가이라쿠엔偕楽園에서 만든 도자기가 '가이라
쿠엔야키偕楽園焼'다. 이 도자기가 만들어진 시기는 대
략 1827년에서 1852년 무렵까지의 약 25년 동안이다.
기슈 번은 독자적인 사기장을 양성하는 대신 전국 각
지에서 이름난 사기장들을 초청하여 제작하는 방식을
택했다.

이들의 면면을 보면 아오키 모쿠베이, 에이라쿠 호젠,
닌아미 도하치 등 교토의 명장들과 라쿠 가마의 9대

● 기슈도쿠가와 가문의
오니와야키

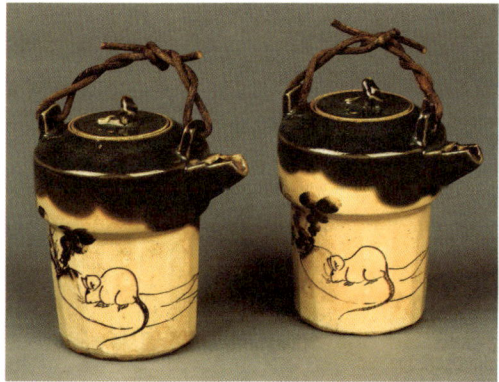

가이라쿠엔 차주전자

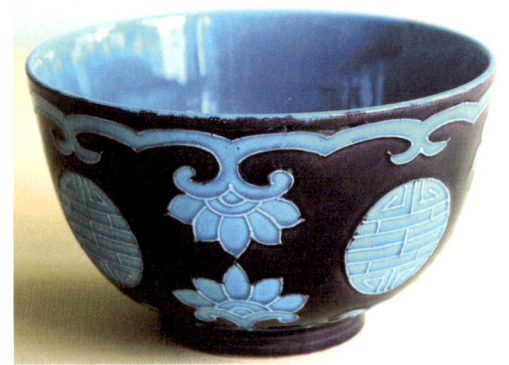

가이라쿠엔야키는 코우치 유약의 특성을 위주로 하는 제품이 많다.

료뉴와 10대 단뉴, 규라쿠야키久樂燒24의 2대인 야스케
규라쿠弥助久樂 등 쟁쟁하다.
이밖에도 지역의 소규모 가마인 오도코야마야키男山燒
의 사기장들도 수시로 드나들었다고 한다. 화분과 분
재 등 주로 관상용 식물을 위한 도자기를 만들었던 오
도코야마야키는 역시 1827년에서 1878년까지, 약 50
여 년 동안 가이라쿠엔야키보다는 좀더 오래 존속했
다. 다만 이들의 작품에는 자신들의 상표가 아닌, '가이
라쿠엔'의 도장이 찍혀 누구의 것인지 알 수 없다.

앞에서 설명했듯 오모테센케 중흥의 비조인 9대 조신

24 교토의 라쿠 가마와 다르다. 규라쿠야키는 오미 국 사카모토(坂本),
지금의 시가 현 오쓰시(大津市) 사카모토에서 기무라 헤이베이(木村平兵
衛)의 일곱 번째 아들이 센 가문에 출입을 하면서 라쿠야키를 배워 만든
일종의 아류다. 아카라쿠에 뛰어났다고 한다. 도쿠가와 하루토미가 이런
이름을 붙여주었다.

사이는 10대 단뉴와 함께 가이라쿠엔 가마 개설에 공
헌했다. 이들은 이후에도 니시노마루오니와야키西の丸
お庭焼き와 미나토고텐湊御殿 25의 세이네이켄 가마清寧軒
窯를 만드는 데 기여했다.

'가이라쿠엔야키'가 만들어진 시기는 대략 25년 정도
다. 워낙 개성이 넘치는, 이미 완성된 명인들을 불러 만
들었기 때문에 가이라쿠엔만의 독창성은 나타나지 않
은 것으로 보인다. 작품 경향은 에이라쿠 호젠의 기법
이 주류를 이루고 화려한 코우치 유약을 칠한 것이 많
아서 노랑, 보라색, 녹색, 남청색 등 강렬한 색조를 뚝
심 있게 밀고 나간 특징을 나타낸다.
기슈오니와야키는 단순히 '가이라쿠엔야키'만 있는
것이 아니라, 니시노마루오니와야키, 니시하마고텐
가이라쿠엔 오니와야키西浜御殿偕楽園 お庭焼 미나토고텐
세이네이켄오니와야키, 스이켄요스이테이야키水軒養
翠亭焼 등으로 나뉘나 이를 다 알아야 할 필요는 없다.
가이라쿠엔야키 역시 누가 만들었느냐에 따라 라쿠
야키, 에이라쿠야키永楽焼, 도하치야키道八焼, 기타로 나
뉜다.

이처럼 교야키와 기슈오니와야키紀州御庭焼는 밀접한
관계로 서로 도와가며 발전해왔다. 교야키의 숙련된
장인이 없었더라면 기슈 번에 도자기 문화가 생겨나기
힘들었을 것이고, 기슈 번 도쿠가와 가문의 지원이 없
었더라면 교야키의 융성도 조금은 힘들어졌을 것이다.

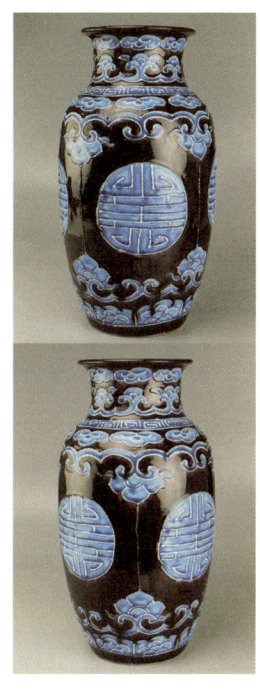

코우치 양식의 '수(壽)' 문양
가이라쿠엔 꽃병

25 기슈 번 2대 영주 도쿠가와 미쓰사다가 은퇴 후 머물 용도로 1698년에
조성한 저택을 말한다.

에이라쿠永樂 가문은 원래 니시무라西村라는 성으로 1대 소젠宗禅은 나라의 니시교니시무라西京西村에 살면서 가스가타이샤春日大社26에 납품하는 일상 잡기를 만들었다. 그러다가 다케노 조오의 지도로 도부로土風炉27를 만들게 되어 도부로시土風炉師로 변신하게 된다. 도부로는 토기나 기와처럼 토기 본체를 만들어 굽고 검은 옻칠을 해서 완성한다.

2대 소젠宗善은 다도의 중심인 사카이로 이주하고, 3대 소젠宗全이 교토로 다시 옮겨 교토에 정착했다. 그는 고보리 엔슈에게 도부로 납품을 하고, '宗全'이라는 글자가 새겨진 동인銅印을 하사받았다. 이후 9대까지 제작한 도부로에 이 낙인을 표시했다.

에이라쿠 가문은 10대 때인 1788년 덴메이天明 대화재 때 집과 전래의 기록이 모두 소실되었다. 따라서 4대에서 9대까지의 활동은 거의 알 수 없다. 에이라쿠 호젠은 도부로시에서 교야키 장인으로 변신에 성공한 10대 에이라쿠 료젠永樂了全의 양자로 들어와 11대 습명을 했다. 이후 1827년 기슈 번 10대 번주인 도쿠가와 하루토미의 니시하마 저택에서 2개월 동안 머물며 오니와야키를 만드는 데 크게 기여했다.

당시 제일 훌륭한 작품을 만들었다고 해서 하루토미로부터 '가힌시류河濱支流'라 새겨진 금도장과 '에이라쿠'라고 새겨진 은도장을 하사받았다. 이 도장을 상으로 준 것은 하루토미가 에이라쿠 가문을 라쿠 가문과 동등한 지위로 인정한다는 표시로, 당시로써는 기념비적인 사건이라고 할 수 있다. 그리하여 라쿠 가문이 도요토미 히데요시로부터 '라쿠'라고 새겨진 도장을 하사받고, 성

---

26 나라에 있는 신사로 후지와라 씨를 모시고 있으며 768년에 설립되었다.

27 다도에서 물을 끓이는 풍로

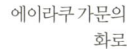
에이라쿠 가문의
화로

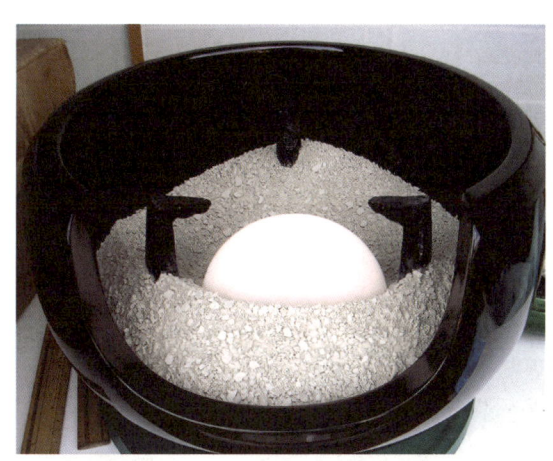

을 라쿠라고 한 것처럼, 이 가문 또한 이 도장을 받은 다음부터 '에이라쿠'라
고 성을 바꾼 것이다.

금도장에 새긴 '가힌河濱'이라는 단어는 중국의 '하빈河濱, 하(夏) 나라로 추정'을 가리
킨다. 중국 요순 시대堯舜時代의 기록에 의하면 '순舜 유우有虞의 성은 요씨姚氏인
데, 그가 역산歷山에서 밭을 가니 백성들이 서로 밭둑을 양보하고, 그가 뇌택雷
澤에서 고기를 잡으니 백성들이 다 고기 잡는 자리를 양보하며, 하빈에서 질그
릇을 구우니 그릇이 하나도 추하거나 비뚤어진 것이 없고, 그가 사는 곳에는
어디든지 일 년이면 촌락을 이루었고, 이 년이면 읍邑을 이루었으며, 삼 년이면
도회都會를 이루었다'고 하였다.

그러니 '가힌시류'는 '그릇이 하나도 추하거나 비뚤어진 것이 없는 것과 같은
하빈 도자기처럼 번성할 것이다'라고 강조한 말이다.

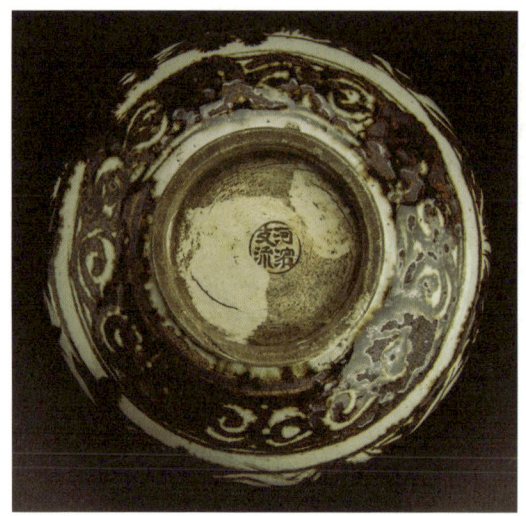

'가힌시류'라고
선명하게 찍혀 있는
에이라쿠 가마 도자기의
밑면

호젠은 에이센의 같은 문하생인 모쿠베이나 도하치와는 다른 축으로 활동했다. 교토에서 오래 동안 활동한 후 오쓰^{大津}와 셋쓰^{摂津}, 다카쓰키^{高槻} 등 교토를 벗어난 지역에서도 적극적으로 도자기를 만들었다. 일설에는 아들 와젠^{和全}과 사이가 좋지 않았던 것도 교토를 떠난 이유 중 하나라고 한다.

호젠은 긴란데^{金襴手}와 코우치, 소메쓰케 등 다양한 중국 도자기 디자인을 도자기와 찻사발에 도입했다. 안난야키^{安南焼28}까지도 참조할 정도로 영역이 매우 넓었다. 이 때문에 그의 작품은 우쓰시조차도 우수한 것이 많은 특징을 보인다.

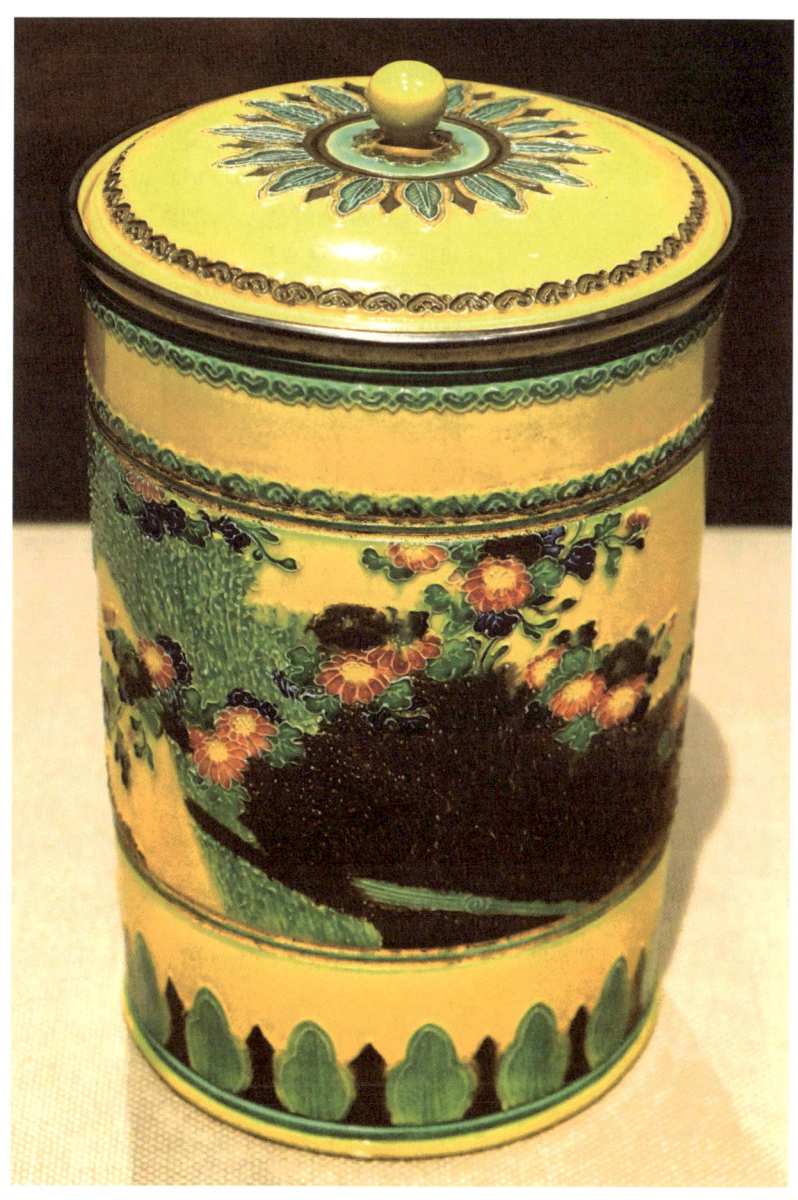

에이라쿠 젠고로(永樂善五郎·得全, 1853~1909)의 말차 담는 통(抹茶器)

● 센케에서 일한
전문 장인 센케짓소쿠

에이라쿠 가문은 도자기 장인으로 변신하기 전에 '센케짓소쿠千家十職'의 하나였다. 이는 앞 장에서 본 센케千家의 세 가문, 오모테센케, 우라센케, 무샤노코지센케에 출입하는 누리시塗り師 : 옻칠장이, 사시모노시指物師 : 소목장이 등 10여 개의 전문 기술자를 말하는 존칭이다.

10대인 에이라쿠 료젠은 덴메이 화재 이후 라쿠 가문의 도움을 얻고 9대인 료뉴에게 가르침을 받는다. 10대인 료젠은 손재주가 매우 좋아서 도부로 이외에도 화로인 히바치火鉢와 재 담는 그릇灰器, 불씨를 담는 조그만 그릇을 말하는 히이레火入 등을 만들고, 코우치 유약 연구에도 힘을 쏟았다.

센케와 관계를 맺은 것은 이 무렵부터로, 10대인 료젠이 57세에 삭발을 하고 불가에 귀의할 때 오모테센케의 9대 료료사이가 '료젠了全'이라는 법호를 준다. 료젠은 드디어 도부로시에서 도자기 장인으로 인정을 받게 된 것이다.

센케 취향의 다구를 만들 장인은 한정되어 있고, 행사나 기념일 때 고정적으로 해야 하는 역할도 있기 때문에 전문 장인은 점차 고정되었다. 당주가 누구냐에 따라 그 숫자에 변동이 있기는 하지만 센케에서 사용할 물품을 만들거나 공급하는 직업인 '센케짓소쿠'는 메이지 때 현재의 11개로 정리되었다.

다도는 다실이라는 좁은 공간에서 이루어지는 행위이기 때문에 사용하는 도구 역시 여러 궁리가 필요하다. 센노 리큐가 초지로의 찻사발과 차 끓이는 솥을 만드는 장인을 뜻하는 가마시釜師인 교토의 쓰지 요지로辻与次郎의 작품을 선호한 것도 이런 특징이 한 이유다. 라쿠 찻사발이나 히키 잇칸飛来一閑의 말차를 담는 항아리의 일종인 나쓰메棗와 향합 이외에도 현재 센케짓소쿠

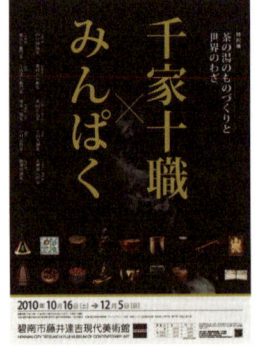

센케짓소쿠 물품을 알리는
특별전시회 포스터

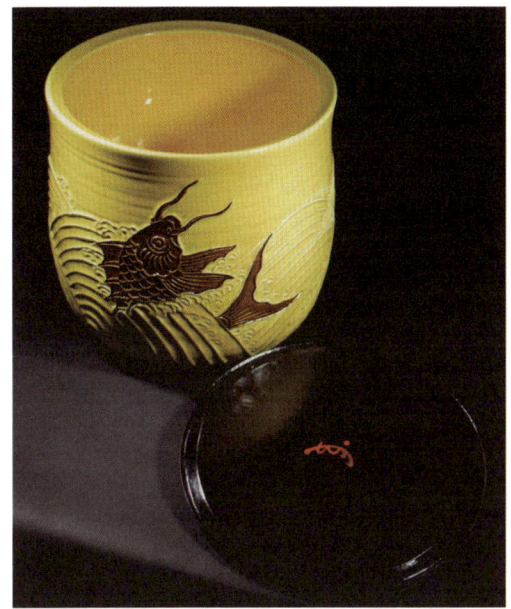

16대인 에이라쿠 젠고로가 본체를 만들고 히키 잇칸에서 뚜껑을 만든
노란 코우치 미즈사시

에는 이름이 없지만 니시무라 구헤에西村九兵衛도 센노
소탄이 특히 좋아한 차솥을 많이 남겼다.

오모테센케의 7대 조신사이와 우라센케의 8대 유겐사
이又玄斎는 17세기 말 겐로쿠 연간에 '시치지시키'를 만
들어 현재에 이어지는 다도 형식을 확립함에 따라 이
에 맞는 도구도 좀더 정형화되어갔다.

1739년 9월 4일 조신사이가 주최한 리큐 150주년 기
념 다회에서는 '센케짓소쿠' 가운데 찻사발 장인 라쿠
기치자에몬樂吉左衛門, 칠 장인 나카무라 소데쓰中村宗哲,
자루나 봉투의 장인 쓰치타 유코土田友湖와 니토쿠二得,

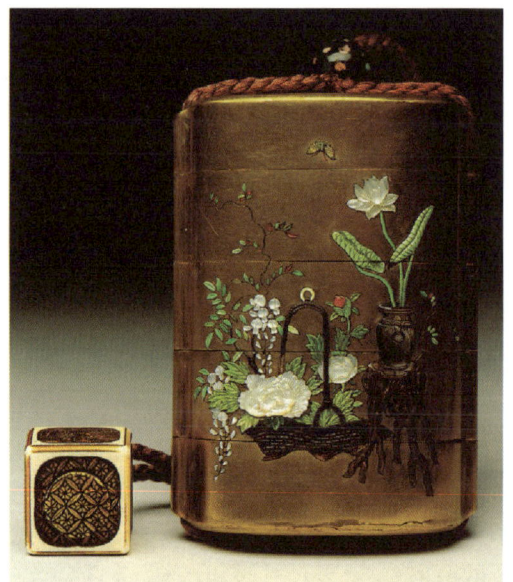

칠장인 나카무라 소데쓰의 찬합

대나무 장인 겐지쿠^{玄竹} 5명을 초대했다. 이 중 라쿠기치자에몬과 소데쓰는 센케의 전문 장인을 뜻하는 센케쇼쿠가타^{千家職方} 가운데 장로 역할을 했다.

한편 1758년 센노 소탄의 100주년 기념 다회 때에는 역시 라쿠기치자에몬, 나카무라 소데쓰, 쓰치다 유코와 대나무 장인 겐사이^{元斎}, 차솥을 만드는 장인 오니시 세이에몬^{大西清右衛門}, 나무로 가구나 문구를 만드는 소목장이 고마자와 리사이^{駒沢利斎}, 차숟가락 장인 구로다 쇼겐^{黒田正玄}, 주물 장인 나가가와 조에키^{中川浄益}, 목수 젠베에^{善兵衛}, 표구 장인 오쿠무라 기치베^{奥村吉兵衛} 등 열 명의 장인이 초대되었다.

에도 시대에 다도에 관련한 장인의 수는 8개에서 12개로 늘어났다. 이외에 직접 출입은 하지 않지만 도구를 납부하는 직업은 20개 이상이었다고 한다.

1840년 리큐 250주년 기념 다회에는 고마자와 리사이, 오니시 세이에몬, 니시무라 젠고로西村善五郎, 라쿠 기치자에몬, 오쿠무라 기치베, 히키 잇칸, 구로다 쇼겐, 쓰치타 유코, 나가가와 조에키, 누리시 요산우에몬余三右衛門 등 10명이 장인이었다. 지금과 거의 같은 멤버다. 유일하게 이름이 없는 나카무라 소데쓰 경우는 당시 6대 당주가 상중에 있었기 때문이었다고 추정된다. 이러한 경위를 거쳐 현재의 센케쇼쿠가타가 결정되었다.

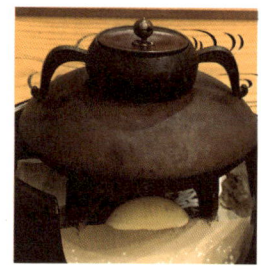

'센케짓소쿠'의 가마시인
오니시 세이에몬의 차솥

전문 직종	가문
다완을 만드는 장인 차완시茶碗師	라쿠 기치자에몬樂吉左衛門
차솥을 만드는 장인 가마시釜師	오니시 세이에몬大西淸右衛門
칠기 공정 중 하나의 장인 누리시塗師	나카무라 소데쓰中村宗哲
나무로 가구나 문구를 만드는 장인인 소목장이 사시모노시指物師	고마자와 리사이駒沢利斎
철을 다루는 장인 가나모노시金物師	나가가와 조에키中川浄益
봉투나 자루를 만드는 장인 후쿠로시袋師	쓰치다 유코土田友湖
표구 장인 효구시表具師	오쿠무라 기치베奥村吉兵衛
칠기 공정 중 하나의 장인 잇칸바리 사이쿠시一閑張29 細工師	히키 잇칸飛來一閑
다케자이쿠竹細工, 히샤쿠시柄杓師	구로다 쇼겐黒田正玄
흙풍로 장인 야키모노시燒物師	에이라쿠 젠고로永樂善五郎

센케쇼쿠가타(千家職方)

29 칠기 공정의 하나. 목재 원형 종이를 접착제로 바르고, 옻칠을 해서 말리고 일정한 두께가 될 때까지 겹쳐서 충분히 건조시킨다.

교야키 개념은 언제부터?
아와타구치 vs 기요미즈와 고조자카

바쿠마쓰幕末 [30]에는 아오키 모쿠베이, 닌나미 도하치, 에이라쿠 호젠 3대 명장

이외에도 초대 기요미즈 로쿠베에淸水六兵衛, 1738~1799, 긴코도 가메스케欽古堂龜佑,

1765~1837, 닌나미 슈헤이仁阿弥周平 형제, 산몬지야 가스케三文字屋嘉助 등의 명공들

이 줄을 이어 계속 등장했다.

이들은 에이센의 도자기 기법을 흡수하여 각자의 개성을 나타냄으로써 교야

키 제2의 황금시대를 연 주인공들이 되었다. 이에 따라 고조자카 가마들은 점

차 생산량이 증가했고, 9개 가마는 도쿠가와 바쿠후가 끝날 때까지 계속 존

속했다. 이 중 기요미즈데라 소유 땅에 있던 가마는 3개였다.

오쿠다 에이센이 명나라 말기 청나라 초기의 고로쿠사이紅綠彩와 고스아카에,

코우치 도자기를 부활시킨 것처럼, 위 명장들 역시 중국 전통 도자기의 복원

을 통해 일본 도자기를 부흥시키는 데 큰 공헌을 했다. 그들은 저마다의 독창

성으로 말차와 센차의 찻사발과 그릇 등의 도자기를 만들었다.

또한 이들 명장들은 지방의 가마들, 예를 들어 효고 현의 산다야키三田燒와 민

페이야키珉平燒, 도잔야키東山燒, 이시카와 현의 가스가야마야키春日山燒와 구타니

야키九谷燒, 와카야마 현의 가이라쿠엔야키 등에 지도를 나가 전체 수준을 끌

어올리는 데 공헌했다.

한편 에도 시대에는 센차가 대중화되면서 기요미즈데라 부지에 있던 가마들

이 만든 센차 다구들도 매우 인기가 높았는데, 이들은 메이지 이후 고조자카

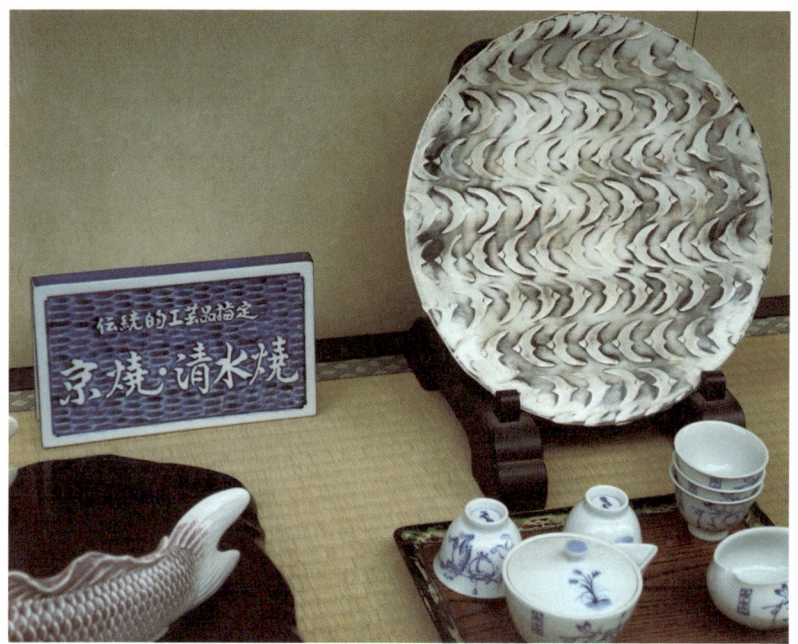

기요미즈데라 올라가는 길의 도자기 상점

로 통합된 이후에도 '기요미즈야키'라 불리는 도자기를 계속 생산했다.

앞에서 교야키라는 단어는 1605년 하카타 상인 가미야 소탄이 기록한 『소탄일기』에 처음 등장한다고 말했다. 그럼 지금 기요미즈데라 입구에 있는 소규모 공방들의 출현은 언제쯤부터 시작된 것일까. 1600년 무렵 찻사발을 만드는 가게인 규베에久兵衛가 지금의 히가시야마 고조자카에서 채색도기를 만들기 시작했는데, 아마도 그 뒤가 아닐까라는 것이 일치되는 추정이다.

이후 앞에서 보았듯 닌세이, 겐잔, 에이센, 모쿠베이 등이 등장하면서 세련된

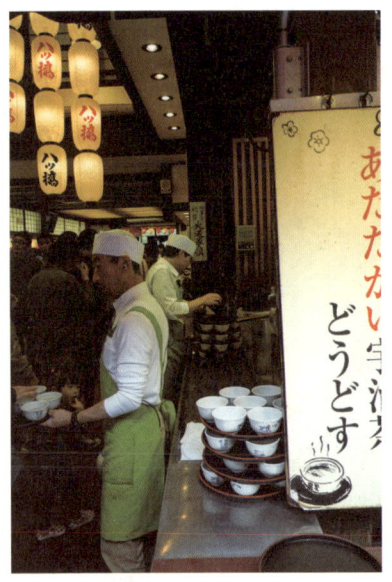

기요미즈데라 앞의 우지차 파는 가게

교토 사람들을 만족시키기 위해 제각기 양식을 변화시키며 서로 경쟁해왔다. 따라서 이 당시에는 '교야키'라는 통일된 개념은 없고, 지역이나 장인들 이름을 사용하는 것이 보편적이었다.

게다가 역사적으로 보면 에도 시대 후기의 교토 아와타구치와 기요미즈 그리고 고조자카 사기장들은 사이가 별로 좋지 않았다. 기요미즈와 고조자카의 가마가 아와타 가마로

갈 점토를 사재기하거나 아와타의 장인을 고용하여 아와타야키를 모방한 제품을 만들어 이에 따른 재판이 열렸다는 기록도 있다. 그리하여 '아와타구치 사람들은 고조자카에 가지 않는다. 고조자카 사람들도 역시 아와타에 가지 않는다. 서로의 사기장들을 고용하지 않는다. 고조자카는 아와타의 문하생들을 받아들이지 않는다' 등의 규제가 만들어질 정도였다. 에도 시대에 아와타야키와 기요미즈 그리고 고조자키를 모두 '교야키'라고 불렀다는 주장은 터무니없는 이야기인 것이다.

제대로 된 교야키 개념이 정립된 것은 역시 메이지 시대라 할 수 있다. '폐번치현廢藩置縣'을 계기로 국내외 박람회 출품이 소규모 지역 단위에서 부府나 현縣

단위로 바뀌었기 때문이다. 도자기뿐만 아니라 다른 그 어떤 분야도 교토가 다른 부와 현보다 얼마나 뛰어난지 경쟁하는 시대가 열린 것이다. 이렇게 다른 부와 현, 외국과 경쟁해야 할 '타자'를 의식해 처음으로 '교토라는 하나의 지역'으로 뭉칠 필요성이 생겨났다.

초대 마시미즈 조로쿠真清水蔵六, 1822~1877는 13세 때 도자기 만드는 법을 배워 16세 때 청자를 구워 주목받은 인물이었다. 당시 도자기 산업의 시류를 타고 조선, 중국, 베트남 등 동양 고대 도자기의 기술을 습득한 그는 1843년 고조자카에 가마를 만들었는데, 우라센케의 11대 센 소시쓰千宗室가 고메이孝明 일왕에게 헌다할 때 사용한 찻잔을 만들었다. 그의 아들 2대 마시미즈 조로쿠는 『고금경요니중한화』 등 바쿠후 말기부터 메이지 시대 교토 도자기에 대해 많은 기록을 남겼다. 그는 교토 요업계의 변화에 대해 다음과 같이 기술하고 있다.

> '메이지유신 후 고조자카와 아와타와의 분쟁이 풀리자 정부는 무역 장려를 위해 이들에게 외국 박람회에 출품할 제품을 제출하라는 명령을 내렸다. 구 바쿠후 시대 같으면 아와타는 이로에킨사이시키色絵金彩色를 구워도 고조자카는 이를 만들 수 없다는 금지령이 풀리지 않을 것이었지만 그런 규제들은 점차 소멸해갔다.'[31]

하지만 교토 도자기를 가리키는 말로써 당시 일반적이었던 것은 '야마시로교

---

31 마시미즈 조로쿠, 『고금경요니중한화』, 나가사와긴코도(永澤金港堂), 1935

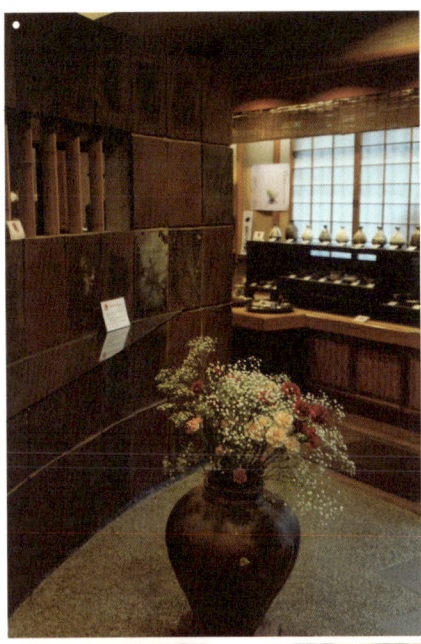

● 기요미즈데라 앞 산넨자카에서
  젊은 사기장이 운영하는 공방
  가쇼 가마(嘉祥窯)

●● 메이지 이후 자본주의의 도입과
  수출 장려 등으로 와비사비는
  축소되고 화려한 다도가 득세를 하게 된다.

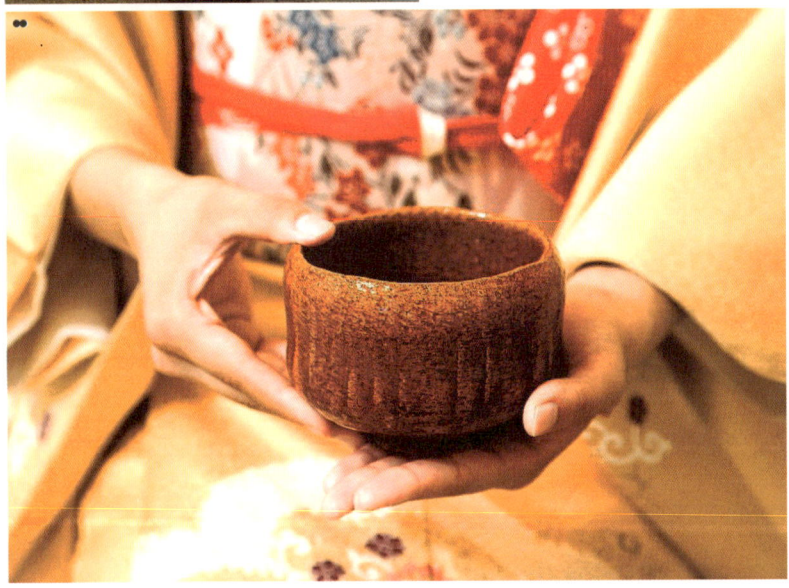

토야키^{山城京都燒}였다. '야마시로'는 전국시대 옛 교토 지역의 명칭이다. '교야키'라는 말이 본격 등장한 것은 다이쇼와 쇼와 초기이고, 일반적으로 사용하게 된 것은 더 늦은 전쟁 이후다.

메이지유신 이후 옛 지배층이었던 영주와 무사 계급의 몰락과 함께, 이들이 자신의 마음을 다스리는 방편으로 삼았던 와비차도 사라졌다는 사실은 매우 아이러니하다. 대신 다시 득세를 한 것은 서원차다. 다시 말해 잇큐부터 리큐까지의 '와비사비'에 눌려 있었던 무로마치 시대의 히가시야마류^{東山流}, 즉 쇼인^{書院}과 그 다구기물인 쇼인다이스^{書院台子} 중심의 귀족적 화려함의 다도가 부활한 것이다. 이는 자본주의의 발흥과 함께 정신보다 물질을 우선시하는 사치 풍조가 만연하게 되었다는 사실을 의미한다. 아울러 수출 위주의 정책과 맞물리면서 화려함을 강조하는 풍조가 더욱 득세하게 된다.

식산흥업에 성공한 재벌과 자본가들은 재정적으로 궁핍해진 옛 다이묘들의 가보를 발 빠르게 구입하는 것이 큰 유행이었다. 가보들은 대부분 찻사발이나 차이레 등의 다구였기 때문에 자본가들은 매집한 다구들로 무로마치와 에도 시대의 왕이나 쇼군, 다이묘처럼 다도 선생이 내놓는 차를 마시고, 도구들을 바라보는 시각적 만족은 물론 직접 만져보는 감촉을 즐겼다. 이 덕분에 많은 국보급 다구들과 명물들이 해외로 유출되는 것을 막을 수 있었다.

아울러 무사의 쇠퇴와 함께 다회 주최자도 남성에서 여성으로 바뀌는 등 메이지 이후의 다도는 남성 문화에서 여성 문화로 변모하기 시작했다. 이는 각종 다구들이 다분히 감각적이고 화려하며 아기자기한 여성적 취향으로 바뀌기 시작했다는 것을 의미하기도 한다. 교야키 발전 역시 이러한 배경을 바탕으로 이루어졌다는 의미가 있다. 비록 화경청적의 마음은 많이 사라졌지만 말이다.

메이지 시대 교야키에 대한 정보는 매우 적은 편이다. 1979년 교토부립종합
자료관京都府立総合資料館에서 개최한 '메이지의 교야키'전 이후 이 주제에 주목한
전람회가 없었다는 사실이 이를 증명한다. 문화에 대한 이해도와 열정이 그
어떤 도시보다 높은 교토에서 메이지의 교야키에 대한 자료와 연구는 왜 부
족한 것일까?

이에 대해 교토여자대학교 교수이고 리쓰메이칸대학立命館大学 키누가사 종합
연구기구衣笠総合研究機構와 교토시립예술대학 예술자원연구센터芸術資源研究センター
연구원인 마에자키 신야前崎信也, 1976~는 이 문제의 원인이 일본의 박물관 행정
과 교토의 문화 행정에 있다고 지적한다. 교토에는 교토국립박물관京都国立博物
館과 교토국립근대미술관京都国立近代美術館이라고 하는 두 국립 기관이 존재하는
데, 박물관은 메이지 초기까지, 근대미술관은 메이지 말기부터 전시와 연구
의 주요 대상으로 삼고 있기 때문에 메이지 시대만 집중해서 한 묶음으로 정
리하기 어렵다는 것이다.

아울러 아이치 현과 기후 현, 사가 현佐賀県, 효고 현 등 도자 산업이 번성한 지역
에는 전문 미술관과 박물관이 있어 고대에서 현대로 이어지는 도자사 연구에
계속 집중하고 있지만 교토는 뜻밖에도 그렇지 않다고 한다. 이것이 문화유
산이 너무 많은 교토 특유의 기쁘고도 슬픈 문제라는 것이다. 지금까지 교토
의 문화 정책은 역시 낭만을 느끼게 해주는 헤이안 시대부터 무로마치 시대
가 중심이어서, 교야키가 번성한 메이지 시대는 외면 받는다고 한다. 공예 분
야에서도 염색이나 금속 세공, 칠기 등 모든 분야의 제품의 명산지가 바로 교
토이기에 특별히 한 시대의 도자기만 편애할 이유가 없다고 생각하는 것이 교

토의 실정이라고 그는 강조한다.[32]

메이지의 교야키에 대해서는 나가노도 카즈노부中ノ堂一信의 연구[33]가 매주 중요한데, 지금부터 나오는 교야키에 대한 서술의 상당 부분은 나가노도와 마에자키 신야의 연구에서 빌려온 내용이다.

영국을 대표하는 도자기 수집가 제임스 로드 보우스James Lord Bowes, 1834~1899는 일본 도자기에도 정통해서 『일본의 도자예술Ceramic Art of Japan』이란 책을 썼다. 이 책의 목차를 보면 당시 그가 파악하고 있던 일본 도자기의 판세를 엿볼 수 있다.

이를 보면 히젠肥前 : 사가 현에서 시작하여 사쓰마薩摩 : 가고시마 현, 가가加賀 : 이시카와 현, 교토, 오와리尾張 : 아이치 현의 순서로 등장한다. 오와리는 세토를 말한다. 그 다음은 일종의 '마이너리그'라 할 수 있는 아와지淡路, 비젠備前 : 오카야마 현 등 23개 산지가 계속된다.

규슈의 히젠이 1위를 차지하고 있는 것은, 일본 최초의 백자가 만들어진 아리타야키有田焼와 나베시마야키鍋島焼가 에도 시대부터 유럽에서 널리 애호되었기 때문에 너무 당연한 일이다. 이에 대한 이야기 역시 『일본 도자기 여행 규슈의 7대 조선 가마』에서 자세하게 소개했다. 그 다음의 사쓰마는 사쓰마야키가 수출에서 큰 성공을 거두고 있던 때의 저술이므로, 역시 당연하다.

그런데 흥미로운 사실은 왜 이시카와 현 가가와 교토가 그 다음에 등장하고, 또 가가가 교토보다 앞에 있느냐는 점이다. 그것은 이 지역이 당시 구미가 매혹돼 있던 아카에긴란데赤絵金欄手를 위주로 하는 도자기를 만들고 있었기 때문이

---

32 이에 대해서는 2016년에 그가 교토도자기회관 홈페이지에 게재한 칼럼 참조
33 나카노도 가즈노부, 『근대 일본의 도예가(近代日本の陶芸家)』, 가와하라 서점 (河原書店), 1997

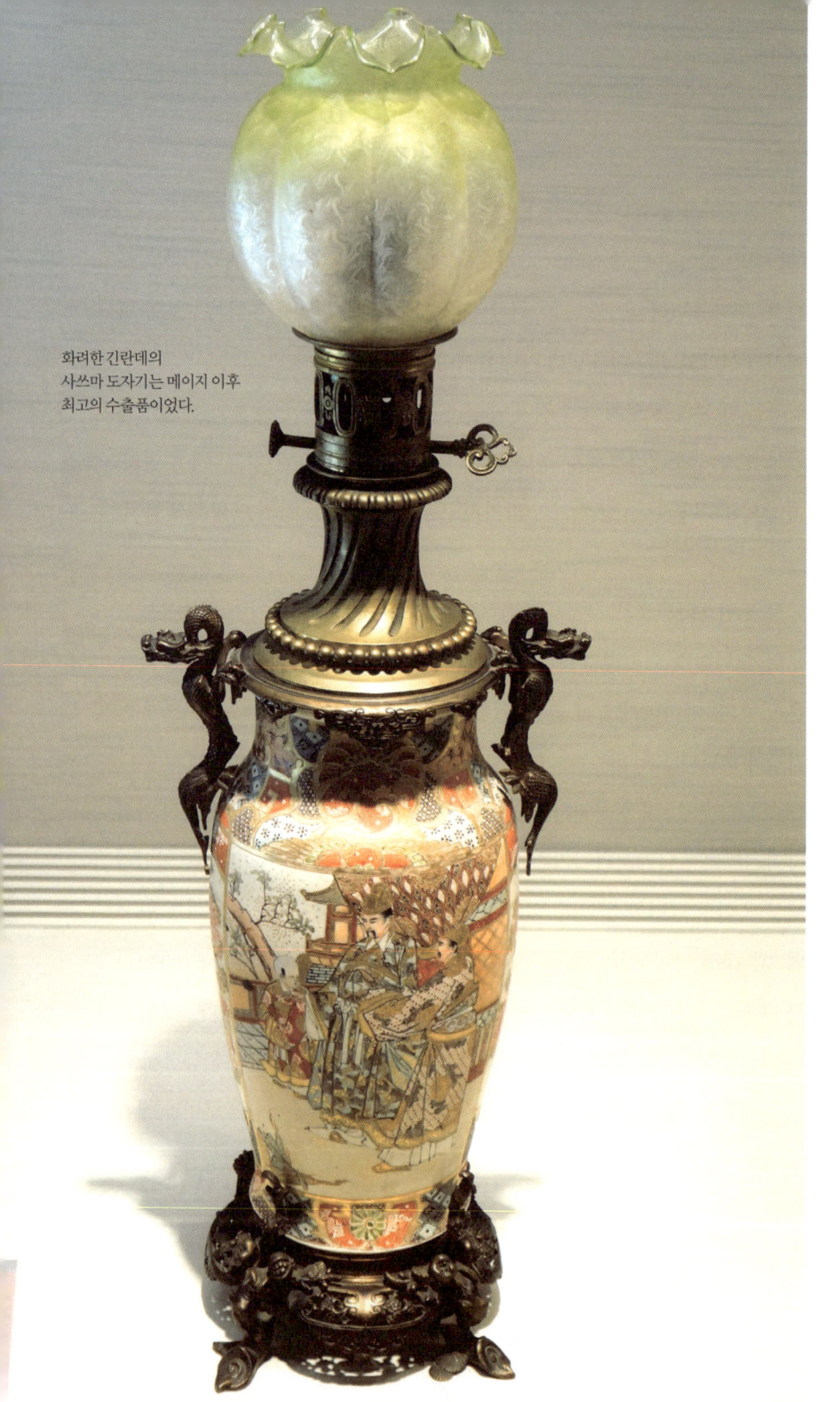

화려한 긴란데의
사쓰마 도자기는 메이지 이후
최고의 수출품이었다.

다. 가가 도자기가 교토 것보다 더 우수하다고 판단한 것으로 보인다. 가가 도자기는 『일본 도자기 여행 에도 산책』의 가나자와金澤 지역에서 보도록 하자.

이 책에서 보우스가 교토 도자기를 어떻게 구분했는지에 대해 보는 것도 재미있다. 보우스는 교토 도자기를 라쿠야키, 아와타야키 그리고 그냥 자기로 분류했다. 메이지 초기 영국인도 라쿠 찻사발을 교토 도자기의 대표라고 생각했다는 사실 자체가 매우 이채롭다. 그들의 눈에 라쿠 찻사발은 너무나 소박해서 그다지 매력적이지 않게 보였을 텐데 말이다. 아니면 그들도 역시 산업혁명 기계가 아닌 손으로 하나하나 다듬어 만드는 찻사발과 이를 통한 다도에 매우 특별한 그 무엇이 있다고 느꼈을까?

그의 분류에 아와타야키는 라쿠야키를 제외한 교야키를 대표한 것으로 보이니, 역시 사쓰마 긴란데는 중요했다. 앞에서도 말했지만 당시 아와타야키는 잘게 갈라진 유약 위에 빨강, 파랑, 녹색, 금으로 장식을 했다. 라쿠야키와 긴란데가 아닌 도자기는 그냥 '기타 자기'였던 것이다.

그런데 여기서의 '자기'는 기요미즈와 고조자카 지역의 도자기를 지칭하는 것이다. 현재 기요미즈와 고조자카야키는 교야키와 같은 말로 쓰이지만 보우스 때만 해도 기요미즈와 고조자카는 아직 알려지지 않았던 것이다.

1875년 보우스의 교토 세라믹 유형 분류는 1901년에 출판된 프랜시스 브링클리Francis Brinkley, 1841~1912의 『일본 : 그 예술의 역사와 문학』[34]의 3권인 도자예술 편에도 계승되고 있다. 이 책은 보우스의 책보다 26년이 지난 다음 나온 것이라 내용이 더욱 자세하고, 특히 책 뒤에 부록으로 붙인 전국 도자기 브랜드

---

34 프랜시스 브링클리, 『일본 : 그 예술의 역사와 문학(Japan : Its History Arts and Literature』, 제3권 케라믹 아트, JB 밀레 회사 : 보스턴과 도쿄(JB Millet Company : Boston and Tokyo), 1901, p. 209

목록은 매우 귀중한 것이다.

이 책에서는 기요미즈와 고조자카야키를 이렇게 설명했다.

> '아와타粟田, 이와쿠라岩倉, 미조로御菩薩 이외의 교토 도자기는 기요미즈
> 라는 범주에 포함된다. 이들은 기요미즈, 고조자카라는 이름으로 알려진
> 도시의 동쪽에 위치한 지역에서 생산하고 있다. 이 지역의 역사는 개별
> 장인들의 기록이다. 이전 이 거리에는 공장이라고 할 만한 것은 존재하
> 지 않았다. 그냥 국내용 제품을 생산하는 소규모 사기장들의 집이 많이
> 있는 지역이다.'

당시 외국인 역시 기요미즈와 고조자카야키가 특정한 경향을 나타내는 것이
아니라 소규모 장인들의 집합임을 알았던 것이다.

고베 개항과
 교야키 해외 수출

메이지 원년1868년 도쿄로 수도를 이전하면서 조정 신하들과 귀족들 역시 옮겨
감에 따라 불교 배척 운동인 폐불훼석 기류가 강해져 신사와 사원의 경기가
침체되고, 도자기 판매량 역시 줄어들었다. 이에 따라 가마들은 해외 시장에
아와타야키 홍보를 하는 등 신규 시장 개척에 나섰다.

단잔 세이카이丹山青海, 1813~1886, 16대 호잔 분조寶山文藏, 1820~1889, 6대 긴코잔 소베
이錦光山宗兵衛, 1824~1884, 다이잔 요헤이帶山與兵衛 8대？~1878와 9대1856~1922 등의 많은
작품들이 외국 컬렉션에서 발견된다.

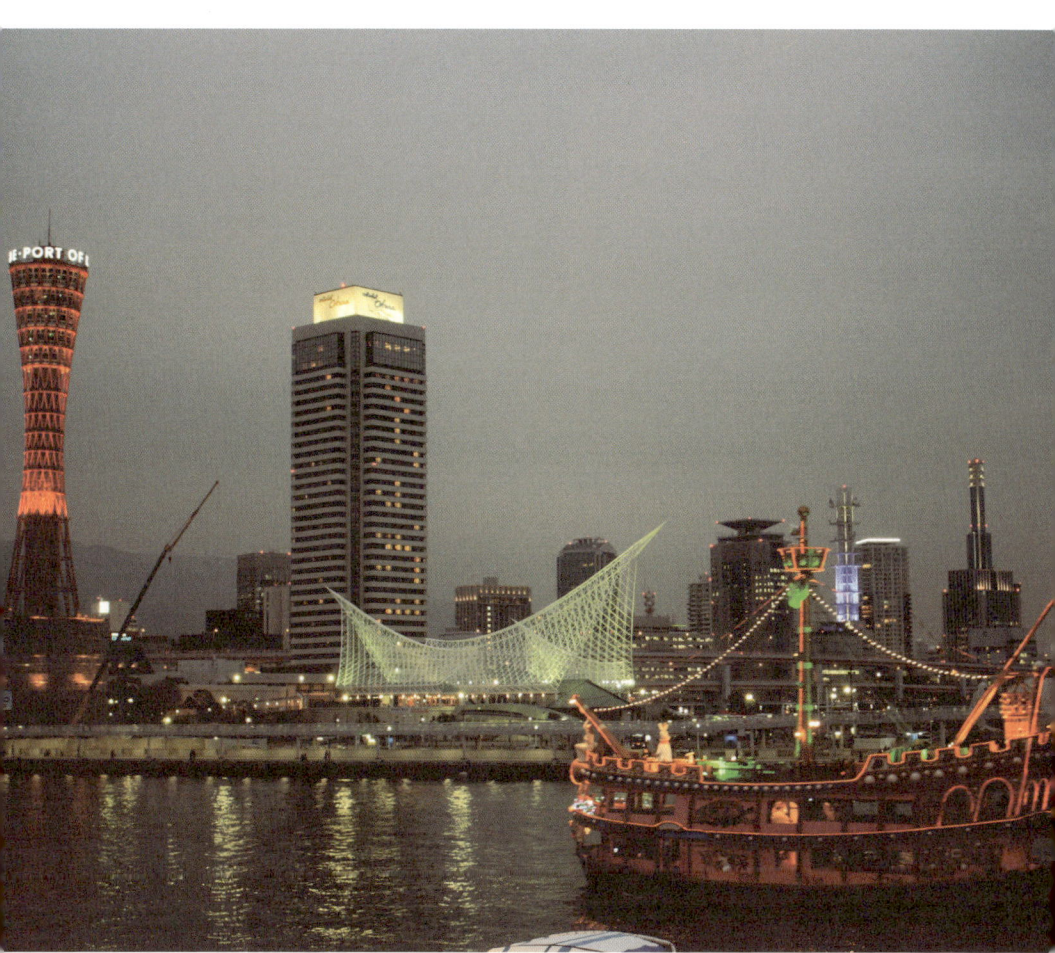

고베 개항은 일본의 도자기 수출과 밀접한 관련이 있다.

1858년 요코하마가 개항을 했지만 교야키가 본격적으로 해외에 나가기 위해서는 메이지 원년¹⁸⁶⁸의 고베^{神戸} 개항을 기다려야만 했다.

잘 알려지지 않은 사실이지만 페리가 개국을 강요해왔을 때 바쿠후가 끝까지 고집한 것이 오사카의 사카이 항구를 열지 않는 것이었다. 왕실의 주된 터전이었던 나라에서 교토에 걸친 일대의 방위를 고려했기 때문이다. 그래서 사카이 대안으로 제안된 것이 효고 항구다. 그러나 효고 항에는 이미 외국인 거류지를 건설할 만한 땅이 남아 있지 않았기 때문에 효고 항에서 가깝고 토지에 여유가 있던 인구 수백 명의 어촌 고베가 선정됐다.³⁵

한때 '천하의 부엌'이라고 불렸던 일본 경제의 중심인 오사카와 교토의 대외무역에 고베가 개항으로 동참한 사실은 도쿄 인근의 요코하마 개항만큼이나 중요하다. 나가사키가 아리타와 이마리 등 사가 번 도자기 주요 수출 항구였던 것처럼, 이제는 고베가 교야키 수출 항구가 되었던 것이다.

서양 열강과의 경쟁을 위해 근대화를 이룩하고, 이에 필요한 외화 획득을 위해서는 일단 많은 물건을 팔아야 했다. 그러나 당시 일본이 외국에 수출할 수 있는 것이라곤 생사^{生糸}와 차, 쌀과 석탄 등 1차 산업 제품밖에 없었다. 그런 가운데 일본이 유일하게 공업 제품이라고 부를 만한 것이 도자기와 칠기, 금속기 등의 공예품이었다. 특히 도자기와 칠기는 에도 시대의 데지마에서 시작된 대외 교역을 통해 유럽에서 높은 평가를 받으면서 무역상들이 이미 주목한 상품이었다.

메이지 시대 교야키를 대표하는 작가인 7대 긴코잔 소베이^{錦光山宗兵衛, 1868~1927}

---

35 마에자키 신야, '메이지시대의 청나라 전용 일본 도자기(2)['明治期における淸国向けの日本陶磁器(2)']」,「디자인이론」 62호, pp. 73~76

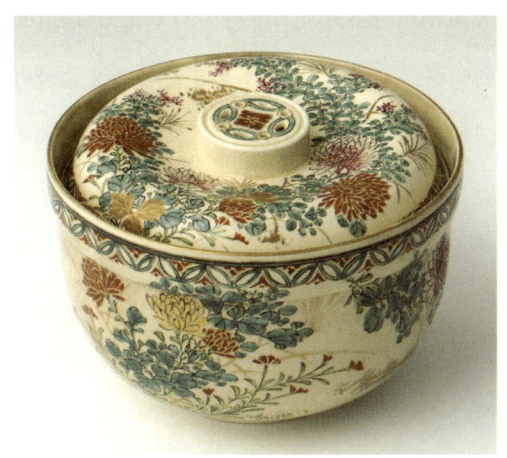

긴코잔 소베이의
이로에 풀과 꽃무늬 사발
(色絵草花文蓋付鉢)

는 전성기에 연간 30만 개의 도자기를 생산하고 그 대부분을 수출하고 있었다. 그중 일부는 메이지 일본 문화를 상징하는 대표작으로 각종 박물관과 미술관들이 애지중지 소장하고 있다.

7대 긴코잔은 한 인터뷰에서 메이지 원년에 미국인으로 보이는 상인이 찾아온 경험을 말한 적이 있다. 그의 회상에 따르면 아버지인 6대 소베이는 당연히 영어를 하지 못하고 통역도 없었지만 그 상인과 상담을 하고 대외 무역을 시작하기로 결정했다고 한다.[36] 잇속에 빠른 대범하고 신속한 결정이라고나 할까?

왜 이 상인은 일부러 교토의 긴코잔을 찾아와 무역을 시작하자고 했을까. 그

---

36 구로다 조텐가이(黒田譲天外), 『명가순방록 상(名家歴訪録 上)』, p.331

것은 아와타야키의 긴란데 장식 도자기가 이미 구미에서 주목을 받고 있었기 때문이다. 이렇게 메이지 초기 무렵부터 교야키는 고베 항의 외국 상관商館에 판매되어 무역선을 타고 구미 제국에 보내지기 시작했다. 그리고 그 계기를 만든 것이 일본의 만국박람회 참가였다. 지금보다 오락거리가 매우 적었던 당시에는 박람회가 평소 접할 수 없는 나라의 문화를 알 수 있는 희귀한 기회였다. 따라서 한 번 개최되면 어디에서나 놀랍게 많은 관객으로 붐볐다.

또한 당시 구미에서는 이국 문물을 수집하고 전시하는 박물관이 유행하고 있었다. 그들 시선에서 보자면 극동의 작은 나라 일본 문물은 호기심을 자극하는 최고의 수집 대상이었다.

1858년 개항 이전에 서양이 알 수 있었던 일본 정보라면, 1727년에 출간된 독일 출신으로 나가사키長崎 데지마出島에서 의사로 근무했던 엥겔베르트 켐페르Engelbert Kaempfer, 1651~1716의 『일본의 역사The History of Japan』와 역시 의사인 필립 프란츠 발사사르 폰 지볼트Philipp Franz Balthasar von Siebold, 1796~1866가 1832년부터 1852년 동안 쓴 총 7권의 『일본Nippon』[37] 서적밖에 없었다. 지볼트는 개항기 일본 역사 연구에서 매우 중요한 인물로, 독일 본Bonn 대학에서 유럽 최초의 일본학 교수로 초빙받기도 했다. 이 때문에 1996년 일본과 독일 양쪽 모두 탄생 200주년 기념우표를 발행했다.

개국 이후 일본 정보가 점차 많아지면서 역대 일왕이 오래 거주한 미야코宮古가 있는 도시에서 생산한 것이라 하여 미카도御門[38]라고 부른, 일본 최고의 도

---

[37] 원래 제목은 『Nippon. Archiv zur Beschreibung von Japan und dessen Neben- und Schutzländern : Jezo mit den Südlichen Kurilen, Krafto, Koorai und den Liukiu-Inseln(일본, 일본과 그 이웃 나라와 보호국 : 하이난, 쿠릴, 사할린, 조선, 류쿠제도 묘사 기록집)』
[38] 천황과 같은 말이다.

자기에 관심이 가는 것
은 당연한 것이었다.
1862년 영국 런던 만국
박람회는 일본 제품이
전시된 최초의 박람회
였다. 전시 제품은 영일
수호통상조약의 결과
초대 주일 총영사를 지

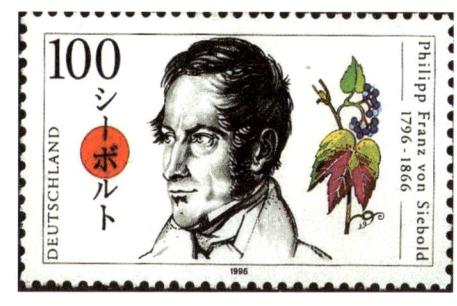

1996년 독일에서 발행한 지볼트 탄생 200주년 기념우표

낸 러드퍼드 올콕Rutherford Alcock, 1809~1897이 수집한 일본의 물건들이었다. 그러니
일본 정부가 아니라 러드퍼드 개인 차원의 영리 목적이었다. 출품 목록을 보
면 도자기와 칠기, 목기와 죽기竹器, 염색, 종이 제품 등이 전시된 것을 알 수 있
다. 불행히도 산지 등의 상세한 기록이 없기 때문에 교야키가 전시되었는지에
대한 여부는 알 수 없다.[39]
다음의 그림은 1842년에 창간한 런던의 주간신문인 「일러스트레이티드 런던
뉴스The Illustrated London News」가 1864년 러드퍼드의 일본 영사 부임을 위한 요코
하마 항구 상륙 장면326쪽 왼쪽 신문 참고과 일본 가정의 식사 장면을 러드퍼드 일러
스트326쪽 오른쪽 신문 참고와 함께 보도한 것이다. 게재 날짜가 왼쪽 신문은 1864년
5월 24일, 오른쪽은 7월 12일이다. 독일의 기념우표와 이 보도만 봐도 영국과
독일은 물론, 유럽 국가들이 당시 일본에 대해 얼마나 많은 관심을 가졌는지
알 수 있다.

---

[39] 러드포드 올콕, 「일본국제전시회에서 보내온 산업예술 작품 목록(Catalogue of Works of Industry and Art,
Sent from Japan International Exhibition)」, 1862

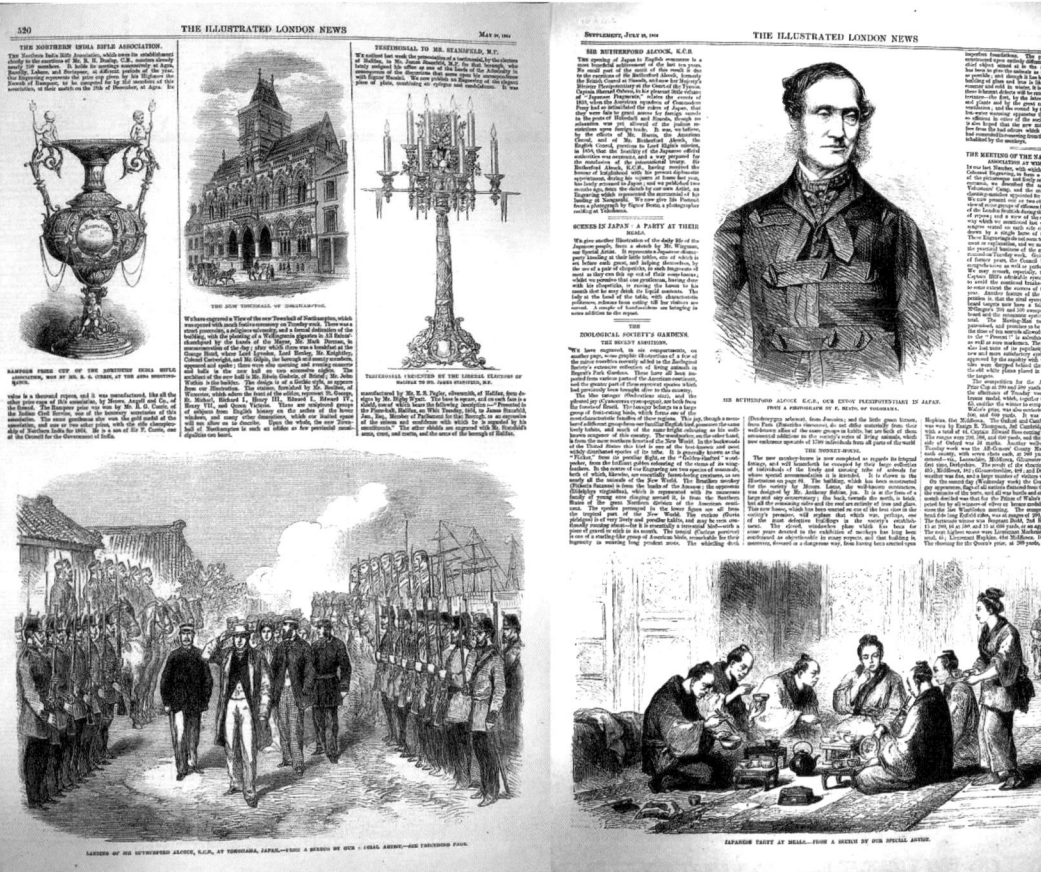

THE ILLUSTRATED LONDON NEWS

런던 다음은 파리로 1867년에 개최되었다. 파리 만국박람회는 일본이 처음 정식으로 출품한 박람회였다. 메이지유신 직전이어서 에도의 도쿠가와 바쿠후와는 별도로 사쓰마 번과 사가 번이 '단독 국가'로 참여하고 있다. 이는 당시 정세를 그대로 보여주는, 흥미로운 대목이다. 이와 관련한 재미있는 이야기는 『일본 도자기 여행 규슈의 7대 조선 가마』에 자세하게 나와 있다.

교야키가 확실하게 전시된 첫 번째 박람회는 1873년 비엔나다. 현재 도쿄국립박물관에는 비엔나 박람회에 출품했던 작품을 다시 사들인 수집품으로 교토 교잔 가마暁山窯의 '백색 당초무늬가 있는 쪽빛 주전자藍地白唐草水次'를 소장하고 있다. 코우치의 영향을 받은 듯 남색과 노란색 두터운 유약의 조화가 매우 뛰어난 작품이다.

교잔 가마는 17세기 아와타구치에서 가마를 연 이래 지금에 이르고 있다. 18세기에 이곳의 천태종 사원인 쇼렌인青蓮院의 분부를 받아 납품하는 가게가 되어 지금의 '교잔暁山' 이름을 받았고 매년 찻사발 등을 헌납했다.

1890년 히가시야마 산록에 매장을 만들어 판매도 시작했고, 1900년 무렵에는 겐잔풍의 병과 주발, 접시, '교사쓰마京薩摩' 양식의 꽃병과 찻잔 세트 등을 수출용으로 제작해 '교잔'이라는 자체 브랜드로 당당하게 내놓았다. 태평양전쟁 이후에도 활발하게 수출했고, 지금도 이로에와 다구류에서 좋은 제품들을 내놓고 있다.

비엔나박람회 당시 일본 도자기 가운데 가장 주목을 받은 것은 사쓰마야키薩摩焼였다. 사쓰마야키는 흰색이나 크림색 바탕에 섬세하고 호화로운 금장식으로 유명한 긴란데 위주의 도자기여서, 그만큼 외국인들이 좋아할 만했다. 빈틈없이 전체에 눈부신 무늬나 그림을 넣은 것도 서양 취향에 맞았다. 그 주제도 꽃과 새, 나한羅漢, 사무라이와 게이샤 등 전형적인 일본 디자인으로 이국 취향을 자극했다.

사쓰마야키 다음으로는 교야키가 인기를 끌었다. 다분히 사쓰마 분위기와 비슷했기 때문이다. 앞에서 말한 영국 도자기 수집가 보우스는 그의 책에서 교토 사기장들이 모두 일류이며, 시대의 취향에 따라 고급스럽고 특별한 제품을 생산하고 있다면서, 비엔나박람회 당시 교야키에 대한 평가가 얼마나 높았는지 말한다. 아리타와 세토의 유사한 제품에 비해 교야키는 4배나 가격이 높게 붙여져 있었다는 것이다.[40]

최고의 인기 상품이었던 사쓰마야키는 감정에 주의가 필요하다. 메이지 이후 사쓰마야키는 모두 가고시마 현鹿兒島県에서 만든 '오리지널'이 아니기 때문이다. 앞의 교잔이 그렇듯, 교토 아와타구치에서 만든 아와타야키 대부분이 이 범주에 들어가기 때문에 이를 '교사쓰마'라고 부르는 것이다.

이즈모出雲의 후지나야키布志名焼, 바로 뒤에서 볼 요코하마의 마쿠즈야키真葛焼와 오타야키太田焼[41]도 사쓰마야키 유형에 속한다.

이처럼 사쓰마야키의 인기가 높아짐에 따라 사쓰마와 교토에서 무명인들이 구운 제품을 외국 상인들이 많은 지역인 요코하마와 고베처럼 그들의 주문에 따라 그림을 넣어주는 장사까지 나오게 되었다.

이런 영업으로 유명한 사람이 오사카의 야부 메이잔藪明山, 1853~1934이었다. 오사카 출신으로 본명이 세이시치政七인 그는 교토에서 도자기 그림을 그리는 법

---

40 조지 애쉬다운 오들리와 제임스 보우스(George Ashdown Audsley and James Lord Bowes), 『일본 도자 역사(Ceramic Art of Japan)』, 런던: 헨리 소단 & Co., 1881, p 119, p 125
41 마쿠즈야키가 폐요된 다음 이의 부활을 목적으로 재건된 가마이지만 곧 다시 사라졌다.

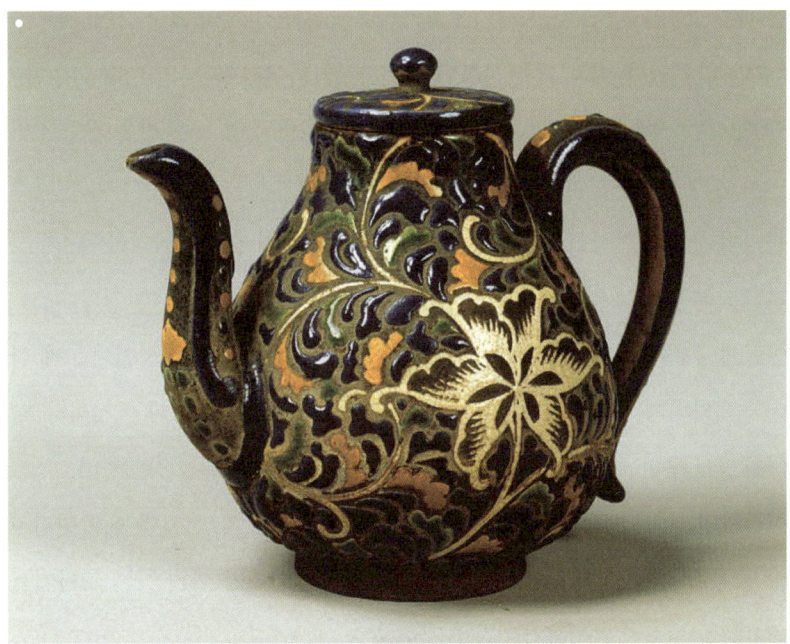

- 교잔 가마의 찻주전자(藍地白唐草水次)
- 2016년 교토 에키미술관에서 열린
  교사쓰마 전시회 포스터

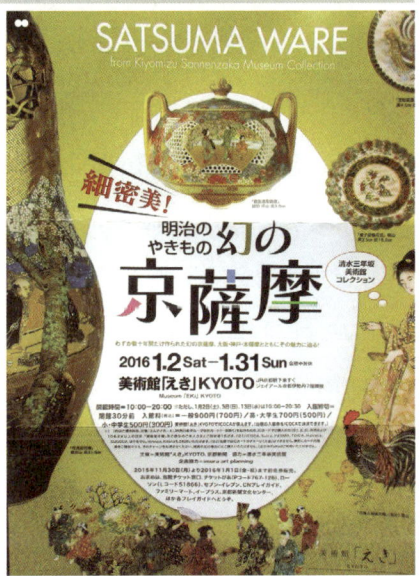

을 배우고 1880년 오사카 나카노시마^{中之島}에 '사쓰마야키 그림 작업장^{薩摩燒描}
^{畵場}'을 만들었다. 이후 그는 사쓰마 나에시로가와야키^{苗代川燒}의 12대 심수관^沈
^{寿官}의 질소地42에 그림을 그려 해외로 나가는 식기와 꽃병 등을 만들었다. 소위
말하는 명품 '짝퉁'이었음에도 불구하고, 그의 제품들은 '메이잔야키'라고
불리며 각국의 박람회에서 호평을 받았다. 특히 그의 장기인 세밀화^{細密畵}가 그
려진 작품들이 높은 평가를 받았다.

이렇게 구미에서 사쓰마야키 인기가 있었기에 앞서 말한 외국 상인이 고베 항
이 열리자마자 아와타 도자기를 대표하는 긴코잔 가마를 찾아온 것이다. 이
역시 당시 구미에 일대 유행한 자포니즘^{Japonism}을 반영하는 현상이었다.

이리하여 전국의 사쓰마야키 생산자에 호황이 찾아왔다. 하지만 별로 반갑지
않은 부작용이 생겼다. 글로벌 시장에서 사쓰마야키가 마치 일본 도자기를
대표하는 것처럼 인식하기 시작한 것이다.

그리하여 비엔나박람회에 이어 3년 지나 열린 1876년 미국 필라델피아박람
회 때는 정부 차원에서 그 대책을 마련했다. 문부성^{文部省} 주도로 수집한, 일본
도자사를 망라하는 작품 216점의 컬렉션이 전시된 것이다. 이 컬렉션은 박람
회 폐막 후 전 작품이 런던으로 건너갔다. 런던의 사우스 켄싱턴^{South Kensington}박
물관, 현재의 빅토리아 앤 앨버트^{Victoria & Albert}박물관이 모든 제품을 600파운
드에 구입한 것이다. 이들은 현재도 대부분 작품이 상설 전시돼 있으니, 런던
을 방문할 기회가 있으면 한번 들를 것을 추천한다. 216점 중에는 당연히 교
야키가 포함돼 있었다. 일본 주도로 교야키를 해외에 제대로 소개한 것은 그

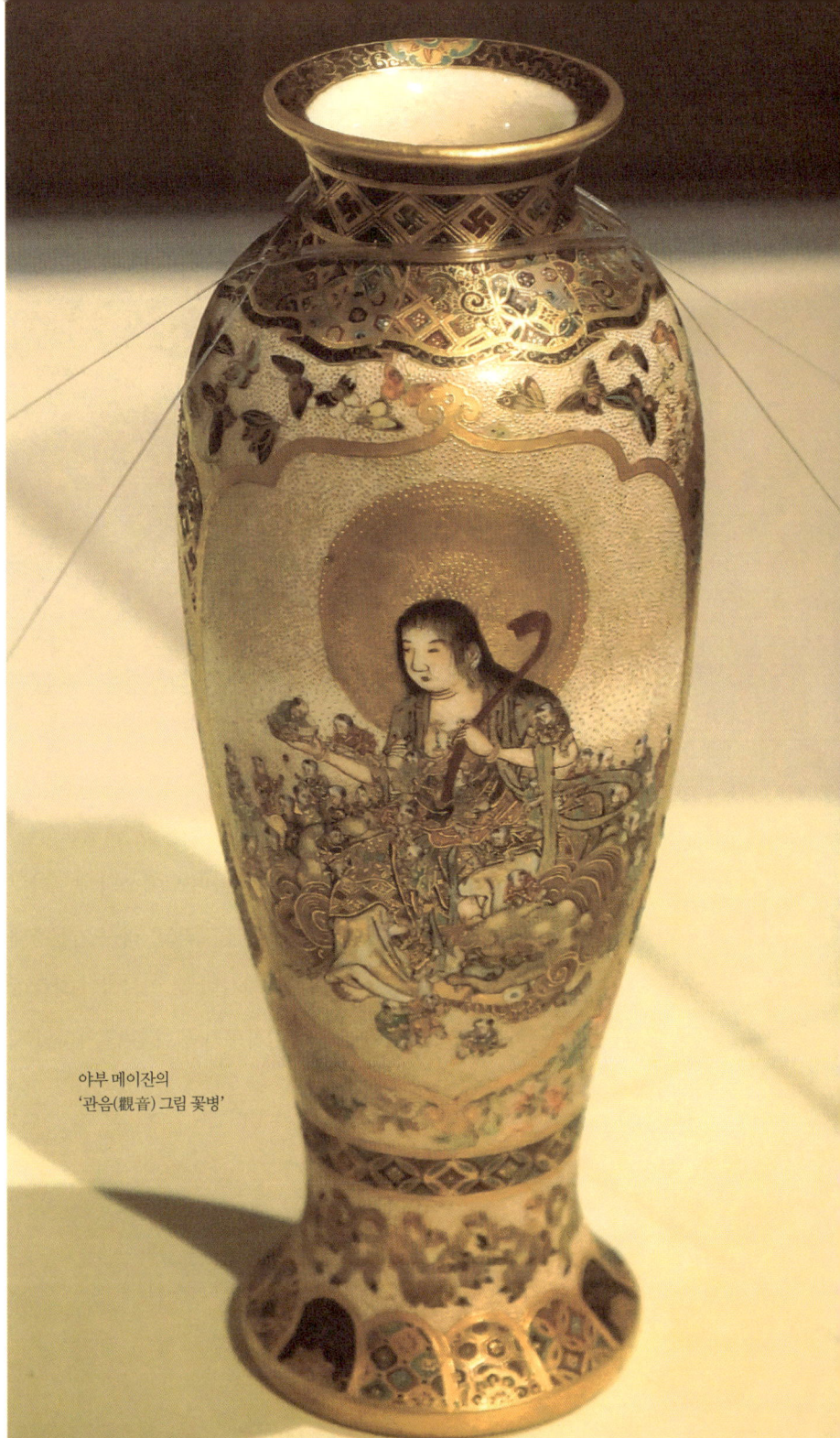

야부 메이잔의
'관음(觀音) 그림 꽃병'

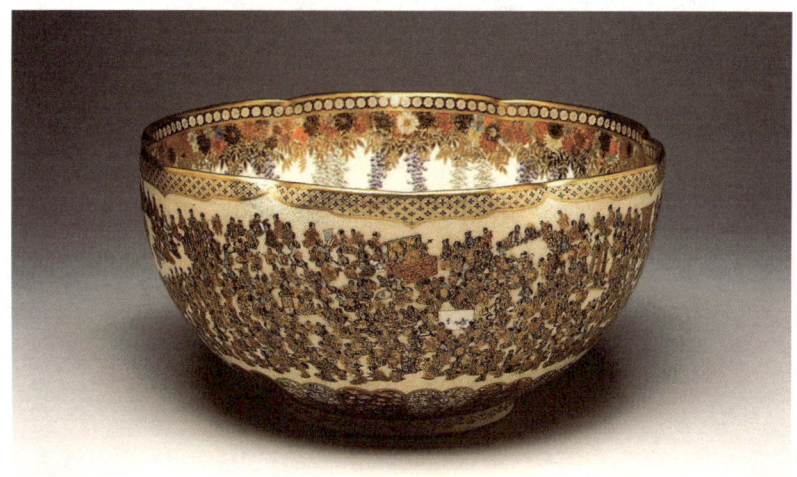

세밀화에 능한 야부 메이잔의 '교사쓰마야키'

때가 처음이었다.

당시 제품에는 해외 컬렉션에서 유일하다고 하는 혼아미 고에쓰의 구로라쿠 다완黑楽茶碗과 닌세이의 향합, 향로, 미즈사시, 히이레 그리고 라쿠 가문 5대 소뉴와 7대 나가뉴, 10대 단뉴의 아카에와 구로 찻사발 등 역사적인 작품에서, 최신 경향을 대표하는 긴코잔과 도하치, 에이라쿠와 세이후淸風 가마의 제품들이 포함됐다.[43]

---

43 마에자키 신야, 「사진은 참을 찍었는가 – 메이지 초기의 만국박람회와 일본 도자기 –(마츠모토 이쿠요, 데미츠 사치코편)」, 『풍속회화의 문화학 도시를 비추는 미디어』, 사문각출판, 2009, pp. 313~314

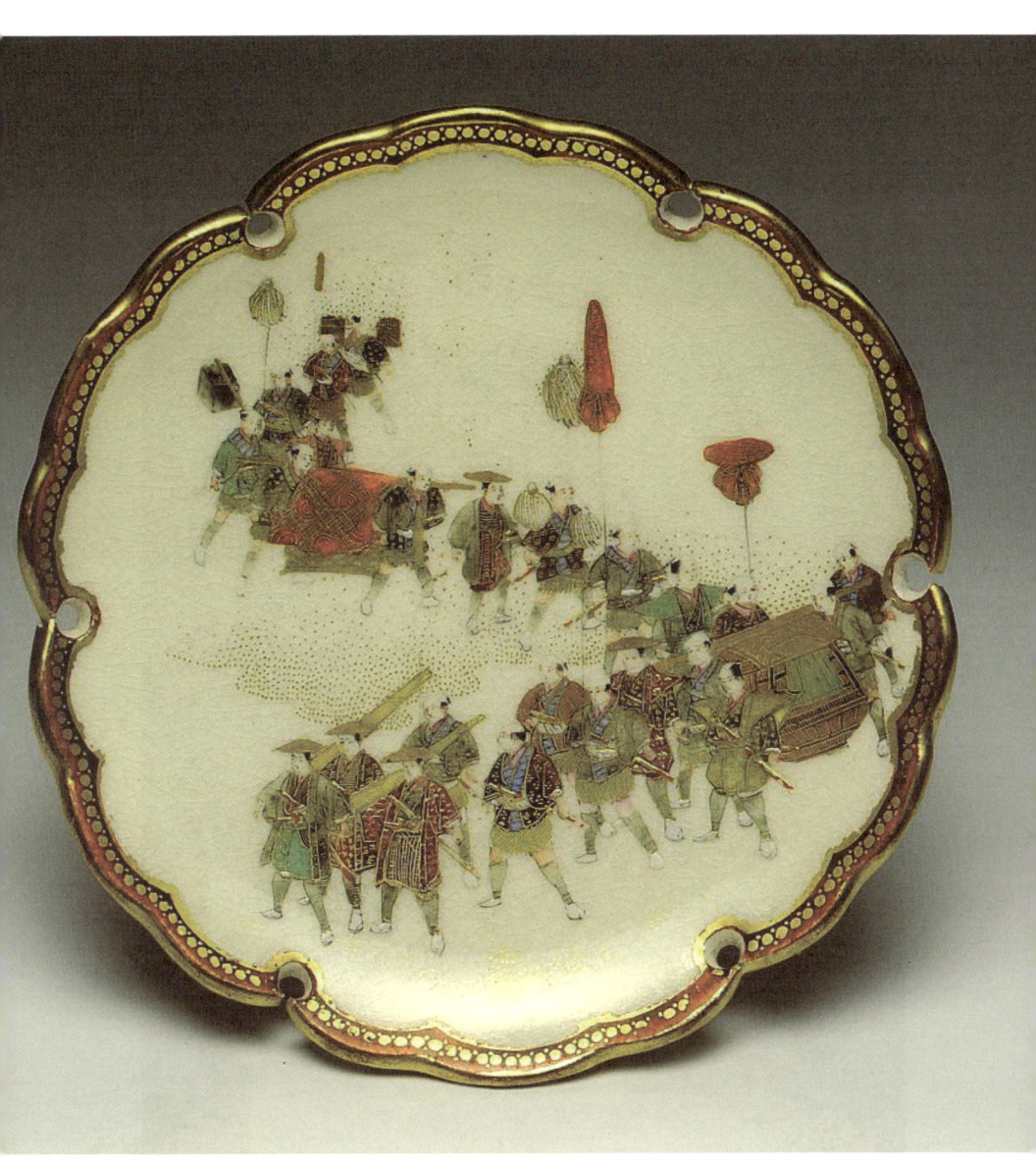

야부 메이잔의 '다이묘 행렬도 작은 접시(大名行列図小皿)'로 높이 2.0cm, 최대 넓이 12.3cm이다. 데이비드 하얏트 킹 콜렉션(David Hyatt King Collection)

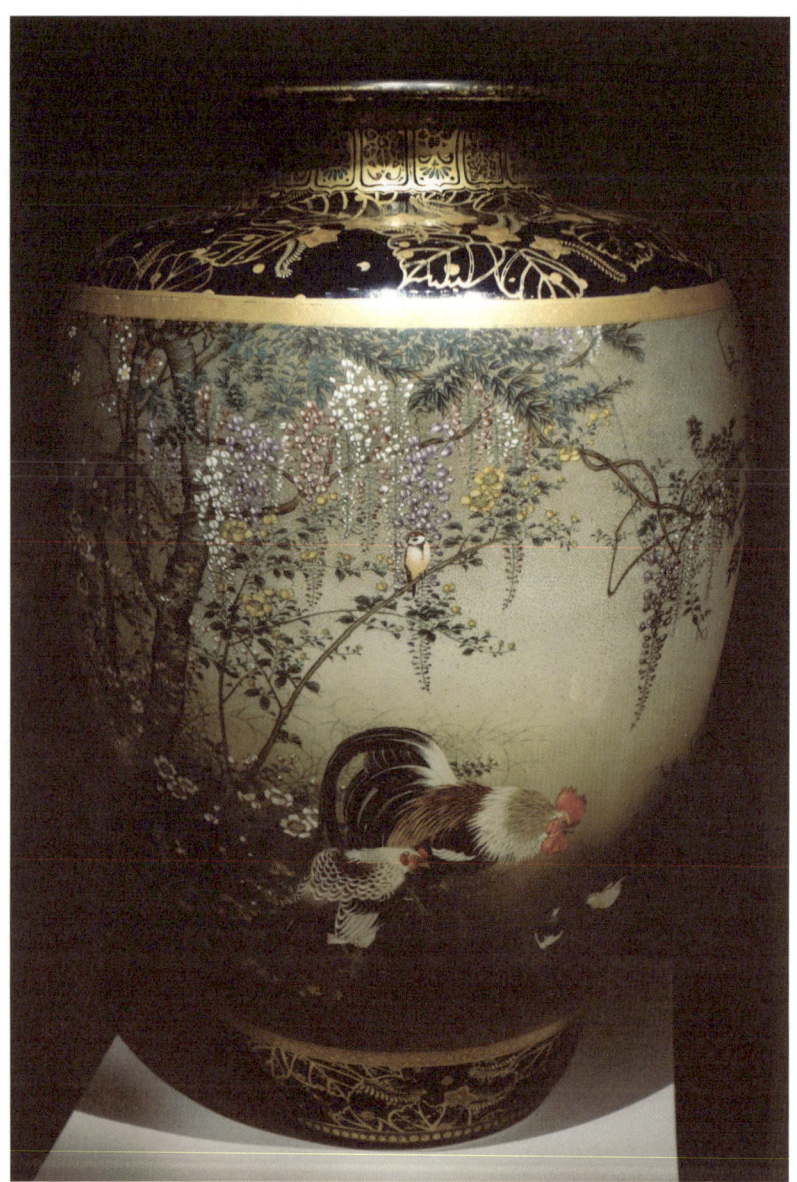

7대 긴코잔 소베이의 '교사쓰마' 작품

일본에서는 해외 수출을 의식하면서 구미처럼 점차 제조업체를 나타내는 브랜드에 대한 자각이 생겨났다. 또한 수출용 제조국에 '대일본大日本'이란 용어도 많이 사용되게 되었다. '대일본제국'이라는 명칭은 1889년 대일본제국헌법大日本帝国憲法을 만들기 이전인 만엔万延 원년1860, 미국에 파견한 사절단의 미일수호조약교환증서에도 '대일본 제국'이라고 기록되어 있는 등 이미 자주 사용되었던 단어로, 수출 도자기에도 자연스럽게 사용한 것으로 보인다.

● 에도 바쿠후 말기와 메이지 시대 사쓰마야키의 종류

혼사쓰마 本薩摩

당연히 가고시마의 사쓰마야키를 말하지만, 의외로 교사쓰마에 비해 그 정체가 명확하지 않은 것이 많다. 이는 그림을 다른 지역에서 그린 제품이 많기 때문이다. 대표 브랜드는 심수관과 교쿠잔玉山, 이쥬인伊集院 등이

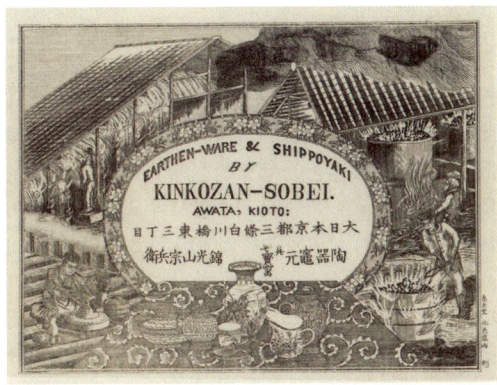

긴코잔 소베이의 광고 전단. 주소에 '대일본 교토'라고 쓰여 있다.
1891년 에드워드 실베스터 모르스(Dr. Edward Sylvester Morse) 박사가
보스톤미술박물관(Museum of Fine Arts Boston)에 제공한 것이다.

있다. 심수관은 400여 년간 지속된 사쓰마에서 최고로 명성이 높은 가마로 역시 『일본 도자기 여행 규슈의 7대 조선 가마』에 자세히 소개돼 있다. 12대 심수관이 1873년메이지 6년 비엔나 만국박람회에 출품해 절찬리에 판매했고, 1900년 파리 만국박람회에서 동메달을 수상했다. 그러나 앞에서 보았듯 질을 각 지역에 공급한 이유로 위작도 많다. 교쿠잔 브랜드는 요코하마사쓰마横浜薩摩를 비롯해, 각지에서 보인다.

교사쓰마京薩摩

긴코잔과 야스다安田가 대표 브랜드다. 긴코잔은 교야키 대표주자로 6대 긴코잔 소베이가 1872년메이지 5년 고베의 외국 상인들에게 수출을 시작한 이후 오랜 세월에 걸쳐 제품을 수출했다. 1872년에는 교토에서 제1회 박람회가 열려 긴코잔, 다카하시 도하치, 다이잔 요헤에가 제작 실연을 보였고, 단잔 세이카이가 상을 받았다. 긴코잔과 단잔은 교토 부로부터 '쇼쿠교슛세이노모노職業出精ノ者', 오늘날로 말하자면 공로상 표창을 받았다.

긴코잔은 1884년에 7대가 이어받아 1889년 파리박람회 은메달, 1900년 파리 만국박람회 금메달 수상으로 최고의 명성을 날렸다. 그러나 긴코잔은 대량 제작을 했기 때문에 잡종에서 고품질에 이르기까지 품질 차이가 많이 나고, 가짜도 다수여서 주의가 필요하다. 1930년에 7대가 사망하면서 가마도 문을 닫았다.

야스다는 아와타야키의 15대 야스다 겐시치安田源七의 동생 야스다 기사부로安田喜三郎의 가마다. 역시 1889년 파리 만국박람회에서 은메달을 받았다. 1896년 교토도자기합자회사京都陶磁器合資会社를 설립해 기량 좋은 에쓰게시絵付け師 : 도자기 화가를 많이 고용해 생산과 판매

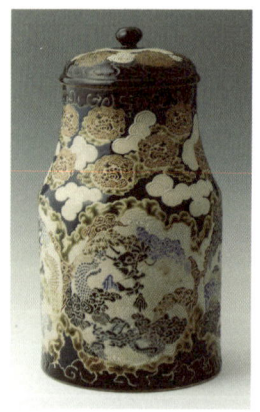

높이 34cm의 단잔
세이카이의 이로에 용무늬
항아리(色絵龍文蓋付壺)

를 늘렸다. 개성이 넘치는 트레이드 마크도 사용했다. 이밖에 운잔雲山, 간잔栢山, 쇼잔祥山, 소잔素山, 호잔宝山, 료잔亮山 등의 다양한 브랜드가 보이는데, 이들은 대부분 긴코잔과 야스다의 화가들이 독립해서 만든 소규모 공방들이다. 미국 수출에 주력한 고시다越田라는 브랜드도 있다.

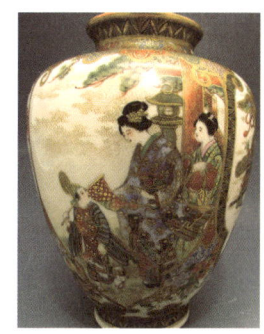

교사쓰마에 속하는
료잔 가마의 작품

오사카사쓰마大坂薩摩

야부 메이잔의 사쓰마야키. 앞에서 말했듯 심수관 가마에서 공급받은 질에 그림을 그려 수출했다. 수출은 메이지 18년1885 무렵부터 이루어졌다.

요코하마사쓰마横浜薩摩

가나가와 현에서 만든 사쓰마야키다.

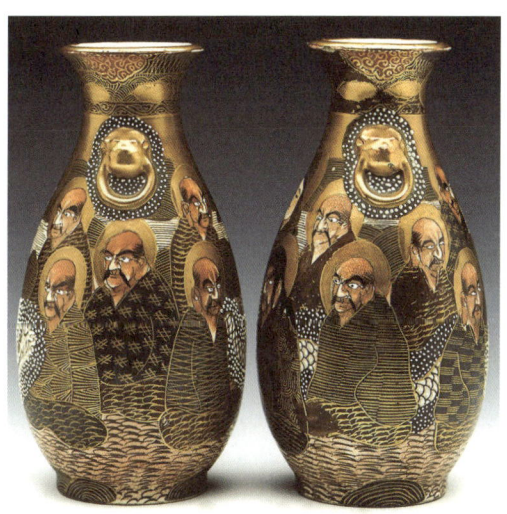

요코하마사쓰마에 속하는 호도다 가마의 도자기

호도다保土田, 닛코日光, 쇼잔章山이 대표 브랜드다. 호도
다는 요코하마 상인 호도다 다키치保土田太吉의 가마로,
1893년에 개점했다. 역시 심수관 가마에서 질을 구매
해 그림을 그렸다. 화가들이 저마다의 이름을 넣었다.
도쿄 인근 유명한 관광지 이름이기도 한 닛코는 1882
년 가토 고사부로加藤湖三郎가 요코하마 벤텐도리니초
메弁天通二丁目에 상점을 열었다. 구타니 양식의 그림이
많다.
쇼잔은 역시 호도다의 화가가 독립해 만든 것이다. 구
타니야키에도 '쇼잔'의 이름이 보이지만 시대가 달라
다른 가마인 것으로 보인다.

기타

고베사쓰마神戸薩摩에 속하는 세이코잔精巧山은 야스다
가 교토로 이전해 교토도자기합자회사를 만들기 전에
고베에서 일하던 때의 도자기다.
로쿠잔綠山은 연혁을 전혀 알 수 없는 브랜드이지만 구
도 등 좋은 작품이 많아 대표적인 '사쓰마 니시키데薩摩
錦手'의 예로 잘 등장한다.

1881년부터 1884년까지 계속된 국내외 경기 침체로 교야키는 커다란 타격을 받게 된다. 그 4년 동안 총 생산액이 그 이전 절반 가까이 떨어지면서 많은 사기장들이 폐업을 했다. 그리하여 가마, 화가, 도매상 등이 일체가 되어 교토의 요업을 도모하고자 1886년 메이지 19년에 교토도자기상공조합을 설립한다. 이것이 지금 교토도자기협회의 전신이다.

이로부터 10년 뒤인 1896년 쇼후 가조 松風嘉定, 1870~1928와 7대 긴코잔 소베이가 교야키의 경쟁력 향상을 위해 고조자카에 교토시립도자기시험장 설립을 주

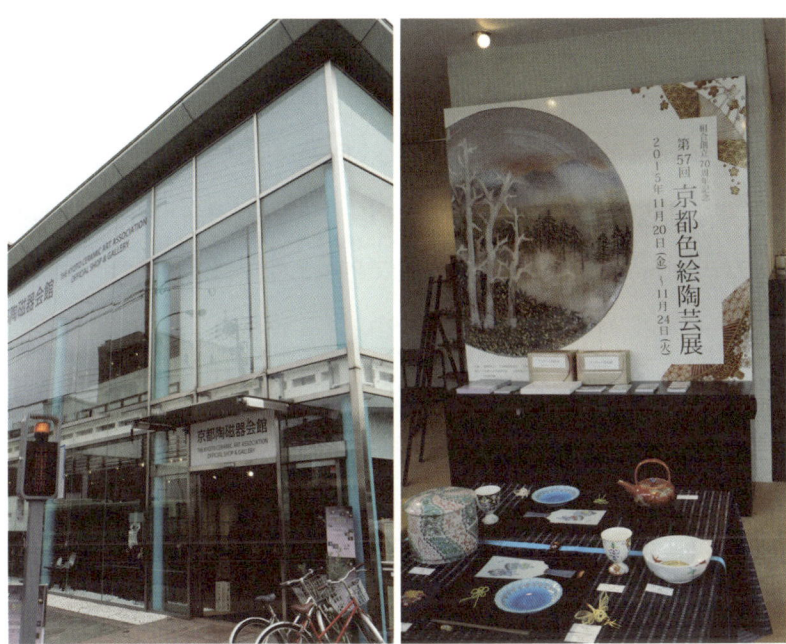

교토도자기회관과 전시실의 이로에 도예전

도한다. 도쿄와 오사카의 공업학교를 졸업한 엘리트들이 재료, 유약, 고전압 절연용 애자, 치과 의료용 세라믹 등을 포함한 최신 도자 기술 연구를 위해 이에 합류했다. 당시 연구 성과는 지금까지도 교야키 제조에 사용하는 것들이 많다. 이곳은 또 나중에 유명해진 많은 전문 도예가를 양성하기도 했다. 1919년 이 연구소는 시립에서 국립으로 바뀌게 된다.

1893년메이지 26년 3대 세이후 요헤이淸風與平, 1851~1914는 왕실예술원이 인정하는 최초의 '제실기예원帝室技芸員', 즉 나중의 중요무형문화재 보유자인간국보로 임명되었다. 세이후 이후에도 1대 이토 도잔伊東陶山, 1846~1920, 1대 스와 소잔諏訪蘇山, 1851~1922이 인간국보가 되었다.

1대 세이후 요헤이1803~1861는 가가 번에 속한 무사인 야스다 요헤이保田弥平의 아들로 교토에 나와 닌아미 도하치 밑에서 도자기 기술을 배웠다. 1818년 도하치 명에 의해 모모야마의 산야소三夜荘에 가마를 만들어 라쿠야키를 만들었다. 1827년에는 고조하시히가시五条橋東로 이주하여 역시 라쿠야키, 소메쓰케, 조선자기 모사, 백자, 이로에 등을 만들었다. 그 역시 다른 교야키 사기장들처럼 오니와야키 지도에 나섰다. 그의 작풍은 고조자카 교야키를 계승하고 있으며, 특히 소메쓰케가 높은 평가를 받았다.

1893년 일본 최초로 인간국보가 된 3대 세이후 요헤이는 2대의 문하생으로 들어가 그 여동생과 결혼한 사람이다. 그러니 제부弟夫가 대를 이은 셈이다. 순수한 일본풍 도자기 제작에 힘을 쏟았다. 세이후 가문은 4대까지만 이어졌다. 이토 도잔은 일본화에서 도자기로 직업을 바꾼 경우다. 가메야 교쿠테이亀屋旭亭에게서 사사를 받았다. 1868년 교토 아와타에 가마를 열고 우지의 아사히야키朝日焼 부흥과 아와타야키 진흥에 노력을 다했다. 아와타도자기조합장을 맡

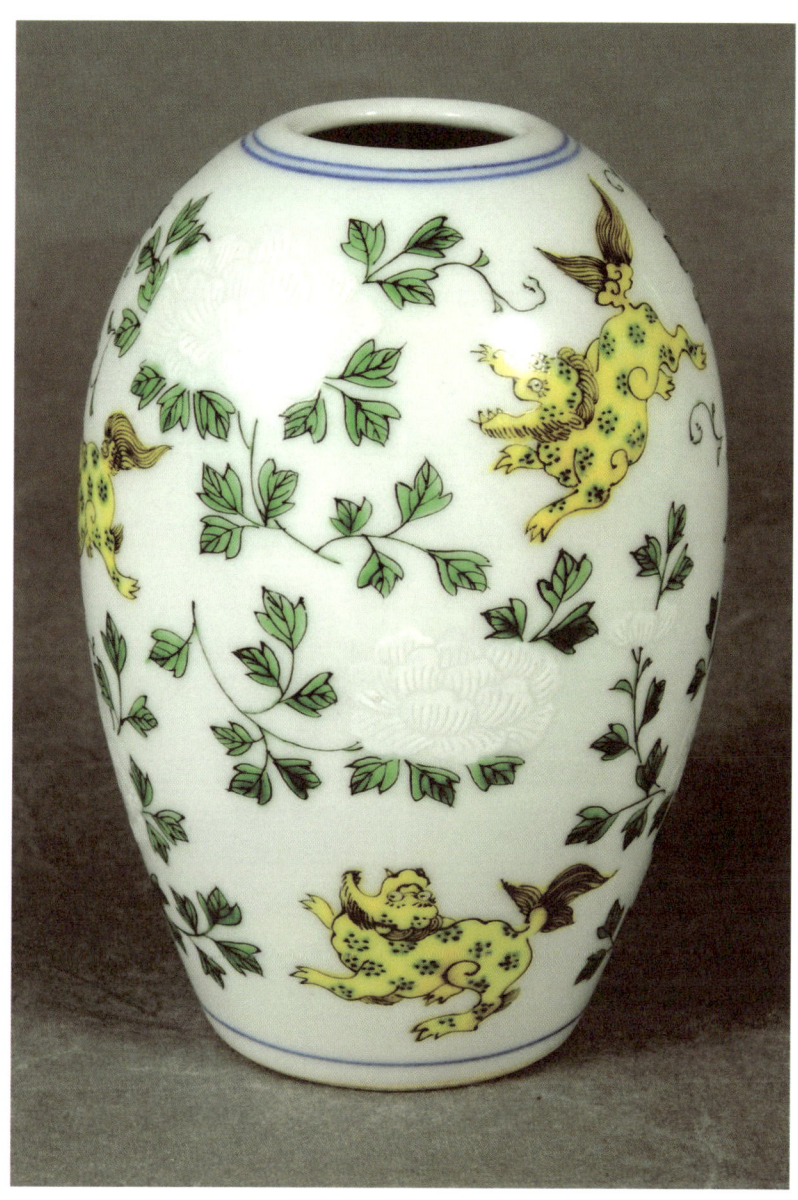

일본 최초의 도자기 부문 인간국보인 3대 세이후 요헤이의 항아리

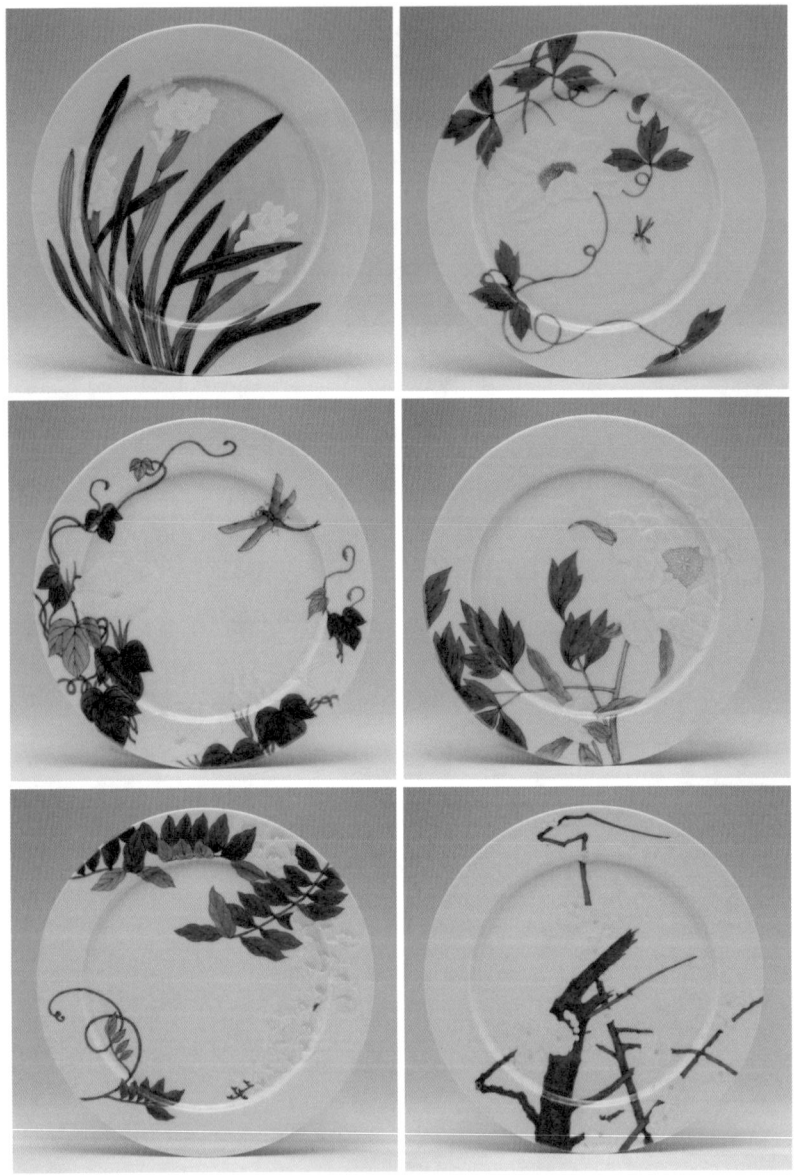

요헤이의 소메쓰케 접시들

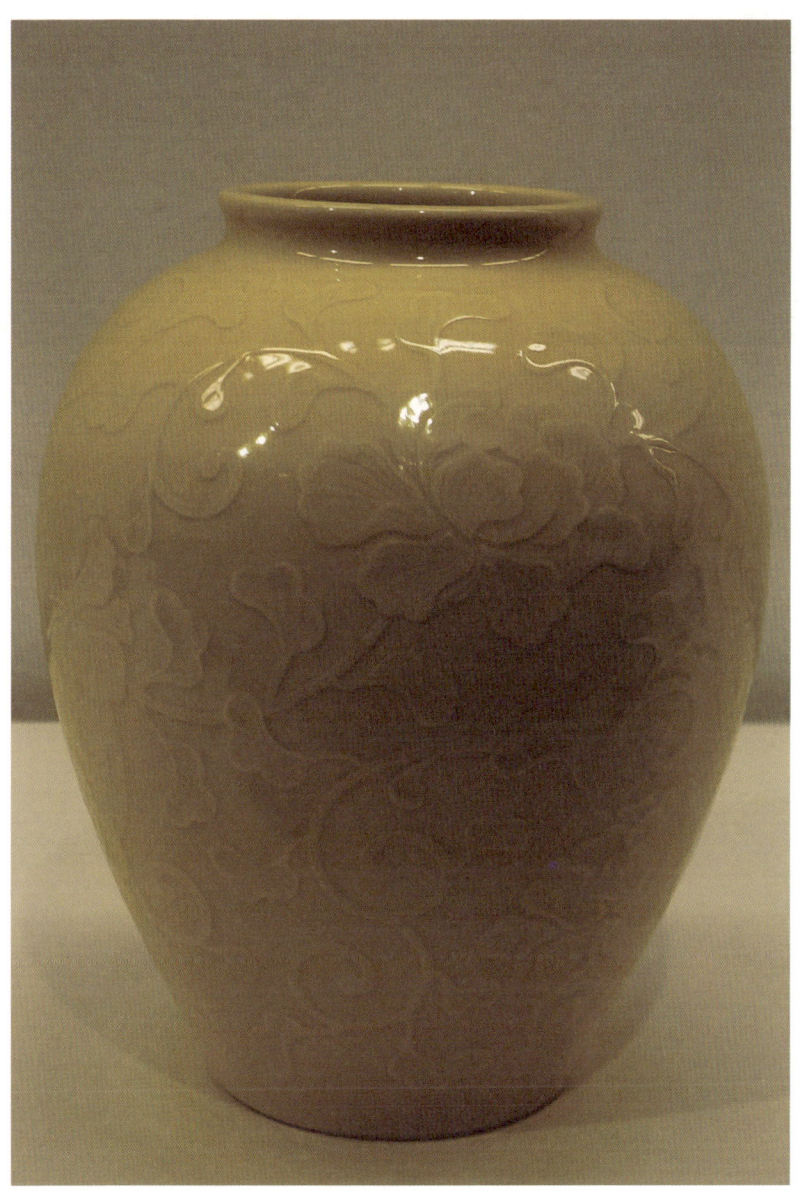

3대 세이후 요헤이의 황유모란그림 항아리(黃釉牧丹文壺)

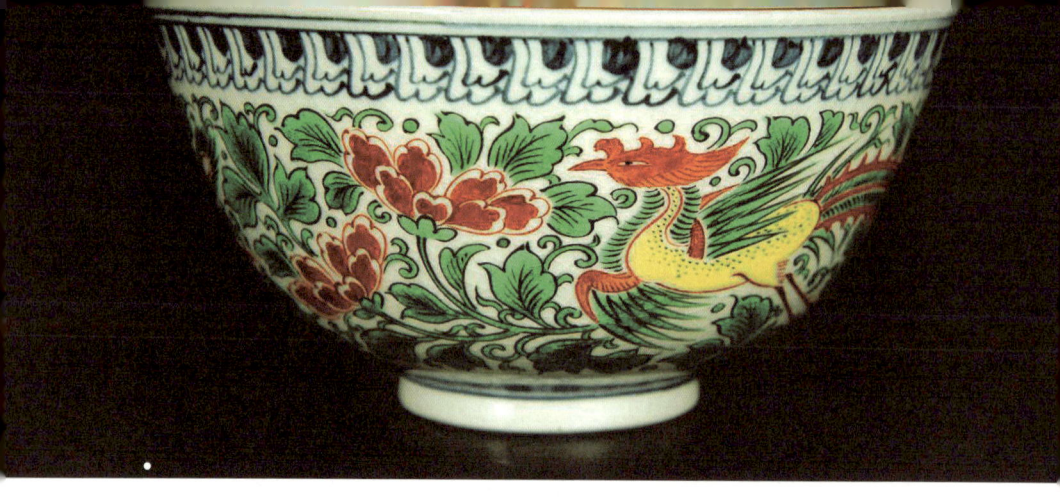

● 이토 도잔의 오채 봉황 모란 무늬 청화과자사발(五彩鳳凰牧丹靑華果子鉢)

●● 초대 스와 소잔의 청자 하나이레(花入)

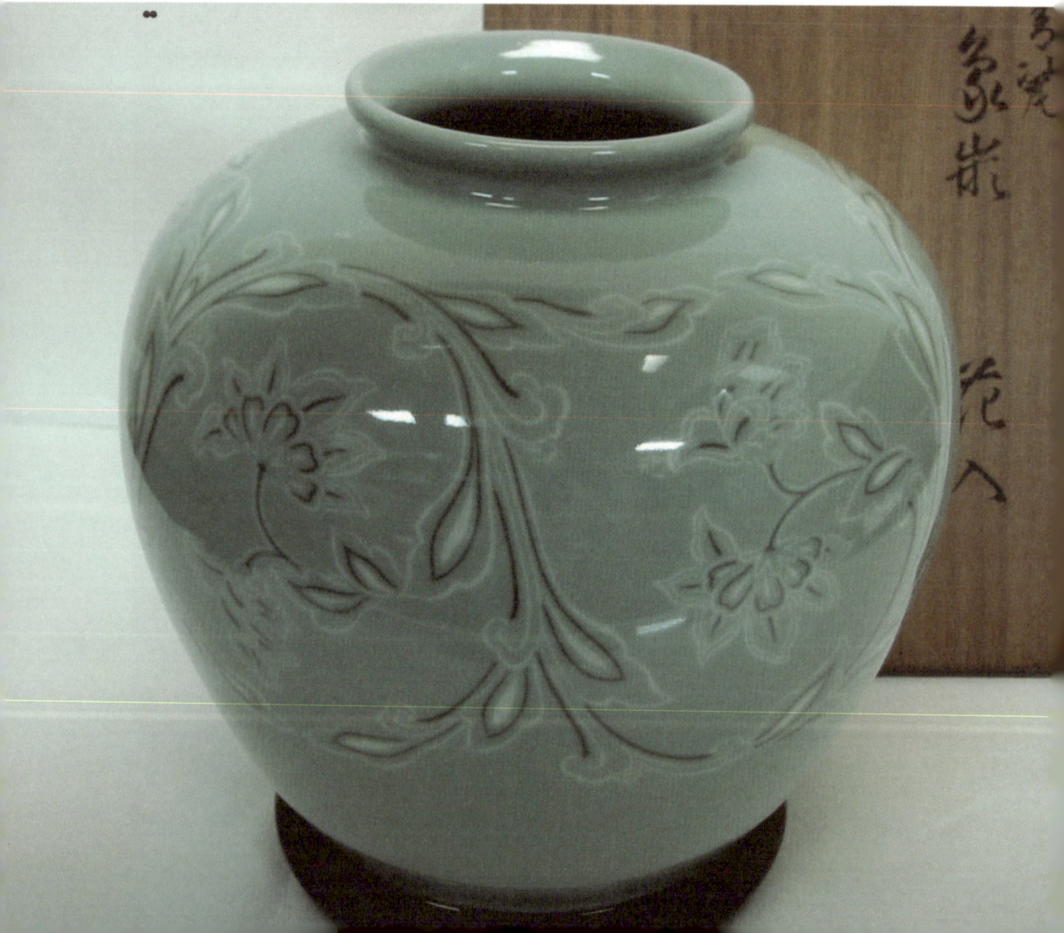

●●

아 기법 개선과 수출에 공헌했다.

또 다른 인간국보인 스와 소장은 가가 국 가나자와 출신으로 원래 군인이 되고자 했으나 상관과의 불화로 무관의 길을 접고, 이번에는 항해사가 되고자 항해학교에 입학했으나 폐교가 되어 그 꿈도 접는 등 방황을 거듭하다 교토에 올라와 도예가가 된 사람이다.

그와 관련해서는 꼭 주목해야 할 이력이 있다. 일제강점기인 1914년 1월 '이왕직李王職'의 의뢰로 조선에 건너와 고려 옛 도요지에 대한 조사를 했다는 사실이다. '이왕직'은 궁내대신 아래에서 왕족의 집안일을 담당하는 직책을 말한다. 말썽 많았던 청와대 비서실 부속비서관이라 보면 될 듯하다. 여하튼 그는 조사를 마치고 11월 귀국할 때까지 창경궁昌慶宮 내 응봉鷹峰에 가마를 만드는 일을 지도했다. 이듬해 6월 가마가 완성되자 그는 8월에 조선에 또 건너와 가마를 제대로 만들었는지 소성 실험을 해보고 10월에 귀국했다.

여기서 드는 궁금증은 조선 왕실 안에 짓는 가마를 하필이면 왜 일본 사기장이 감독했는가 하는 사실이다. 옛 도요지에 대한 조사도 마찬가지다. 당시 조선에는 그러한 능력을 가진 사람이 없었다는 얘기인가? 아니면 그런 사람이 있었음에도, 스와 소장이 뛰어난 명공이니까 그를 불러 그런 임무를 맡겼던 것인가? 그것도 아니면 조선총독부의 압력에 의해 그렇게 일이 진행되도록 했던 것일까? 아무튼 이와 유사한 일들은 매우 많았을 것으로 보이는 바, 학계에서 이와 관련한 연구들도 나와 주길 기대한다.

메이지 초기에 교토에서 요코하마로 이주한 1대 미야가와 고잔宮川香山, 1842~1916 까지 포함시킨다면 당시 5명의 인간국보 가운데 무려 4명이 교토에서 나온 것이니, 이는 교토의 전통이 도자기로 부활했음을 증명한다. 나머지 한 명은 구

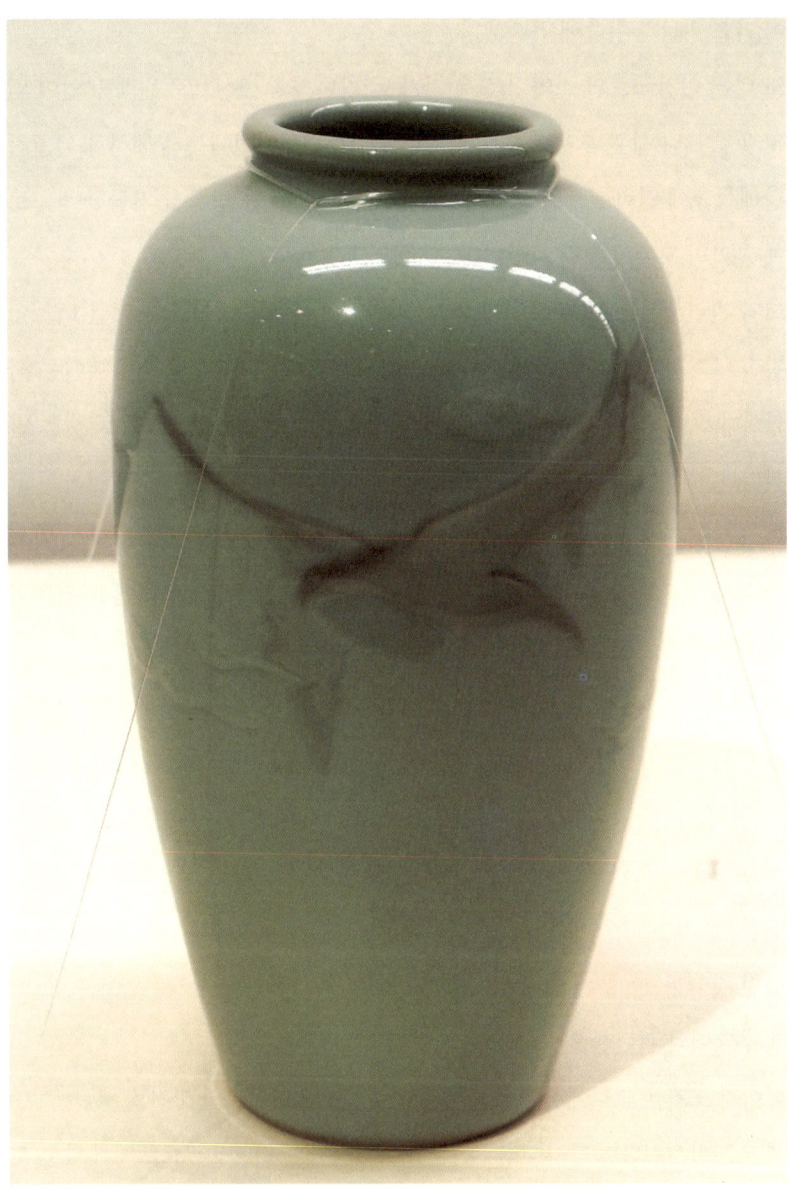

스와 소장의 상서로운 새 그림 꽃병(瑞鳥文花瓶)

타니야키의 이타야 하잔板谷波山이다.

교토 마쿠즈가하라眞葛ヶ原 사기장 마쿠즈 미야가와眞葛宮川의 넷째 아들로 태어난 미야가와 고잔은 요코하마에 마쿠즈 가마眞葛窯를 열어 그 이름으로 해외 수출을 했으므로, 해외에서는 마쿠즈 고잔Makuzu Kozan으로 불린다.

고잔은 19세 때 아버지와 형이 사망해 가업을 이었는데, 아버지가 생전에 왕실을 위한 다기를 제작해 '고잔香山'의 칭호를 받고 있었기 때문에 아버지에 대한 칭호를 자신의 호로 사용했다. 작품도 아버지가 대표작으로 내세우던 이로에 도기와 자기를 만들었다. 고잔에 대한 평판도 좋아서 1866년 바쿠후로부터 왕실 납품을 의뢰받았다.

1870년메이지 3년 고잔은 29세 때 사쓰마 어용상인 우메다 한노스케梅田半之助, 사업가 스즈키 야스베鈴木保兵衛 등에 초빙되어, 이듬해 요코하마에 수출을 위한 도자기 공방인 마쿠즈 가마를 열었다. 그러나 당시 관동 지방에는 도자기를 만들 만한 흙이 없어 유명한 가마들은 교토나 주고쿠中國 지방에 집중돼 있었기 때문에 요코하마에 공방을 여는 것은 상당한 고생을 수반하는 사업이었다.

고잔은 당초 구미에 유행하고 있던 사쓰마야키를 연구하고 다수 작품을 제작해 '마쿠즈야키'라고 이름 붙여 수출했지만 사쓰마야키는 제작비가 많이 들어갔으므로 고잔은 '다카우키보리高浮彫'라는 새로운 기법을 고안했다. 이것은 금으로 표면을 북돋우는 사쓰마야키 기법에서 금 대신에 정밀한 조각을 도자 표면에 붙여 표현의 영역을 확대한 것으로, 사쓰마야키의 새로운 지평을 열었다고 볼 수 있다. 고잔은 동물들의 좀 더 세밀한 움직임을 적용하기 위해 자신의 정원에 매와 곰을 직접 기르기까지 했다.

1876년 고잔의 나이 35세에 '다카우키보리'로 만들어진 마쿠즈야키가 필라델피아 만국박람회에 출품되어 많은 국가들이 환호함에 따라, 고잔과 마쿠즈야키의 이름이 세계에 알려졌다. 그리하여 드디어 메이지 29년[1896년] 6월 30일 인간국보의 명예를 얻는다.

그런데 새로 개발한 기법 역시 정밀도를 높일수록 완성까지 몇 년의 시간을 필요로 하는 등 생산 효율성이 낮아 문제였다. 이에 대처하기 위해 고잔은 이후 작풍에 상당한 변화를 가져온다. 가마 경영을 입양한 미야가와 한노스케[宮川

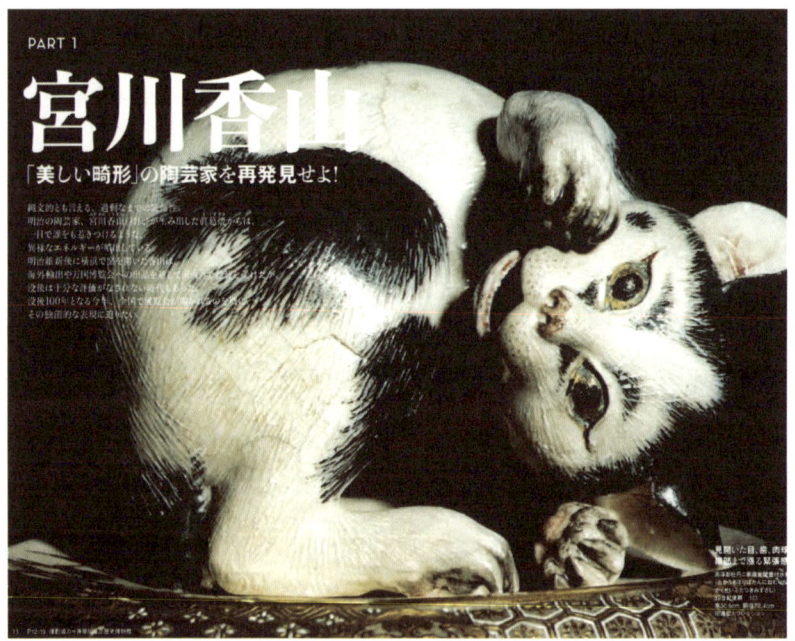

미야가와 고잔 전시회 팸플릿 일부

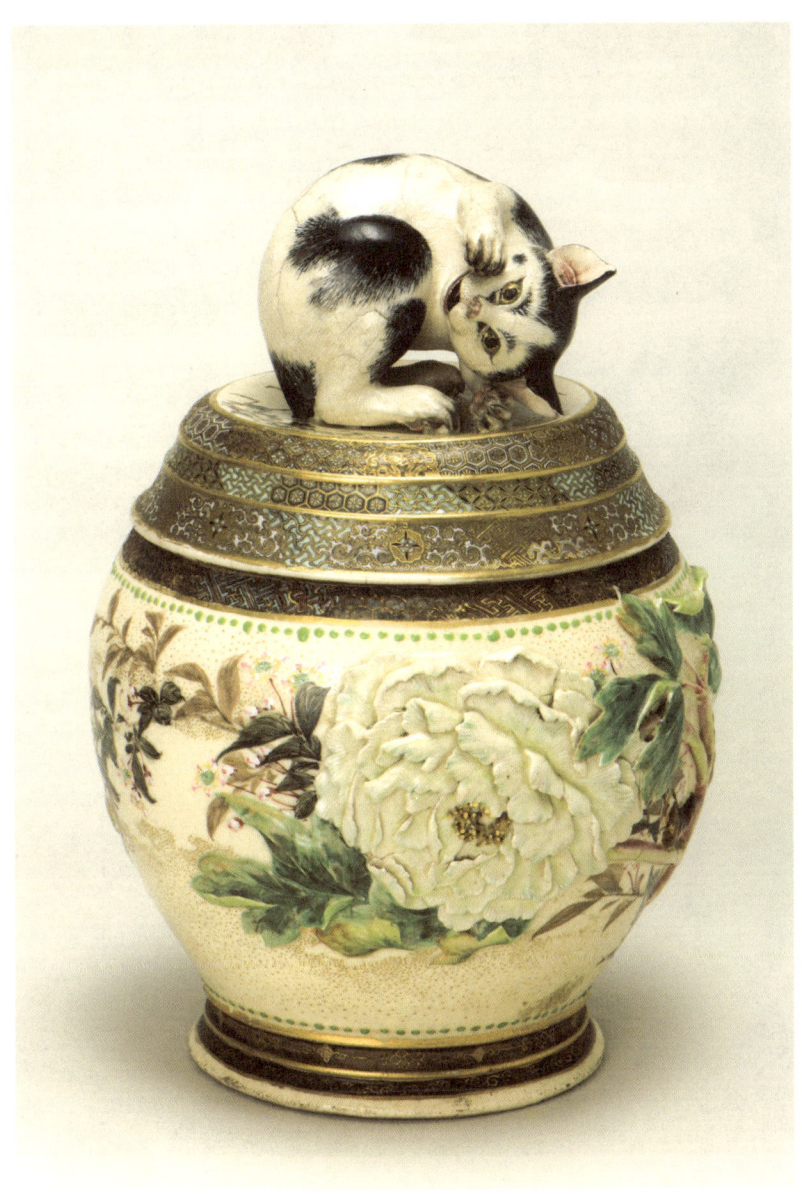

미야가와 고잔의 모란 다카우키보리 고양이 뚜껑 미즈사시(眠猫覚醒蓋付水指)

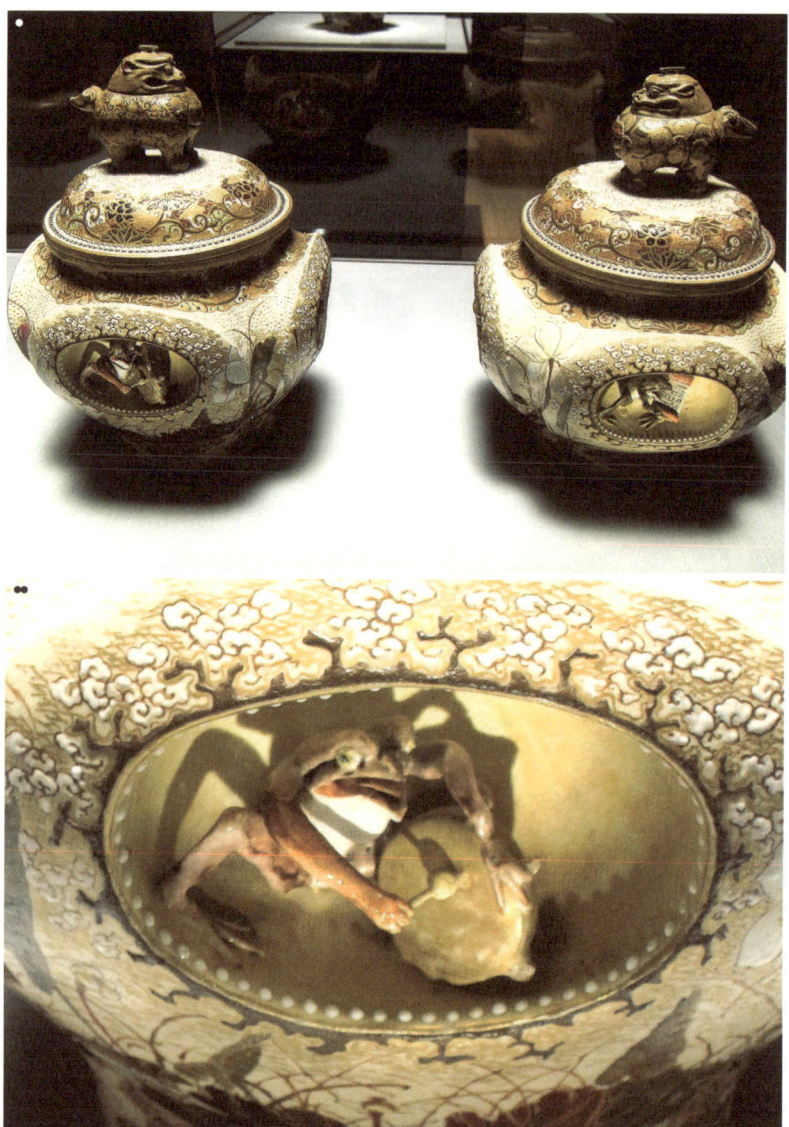

● 미야가와 코잔의 사면 창 개구리 사자 유형 뚜껑 항아리(高浮彫四窓遊蛙獅子紐蓋付壺)

●● 사면 창에 붙어 있는 개구리가 악기를 두드리고 있다.

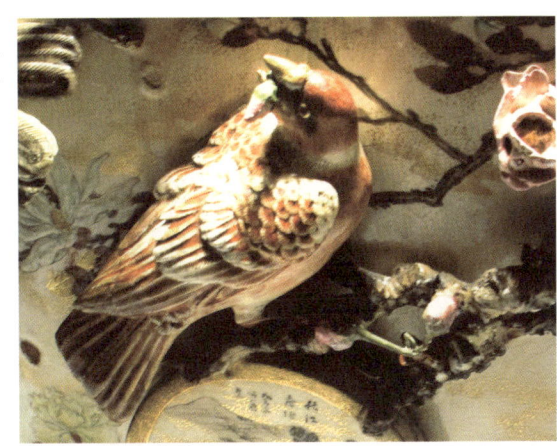

'다카우키보리' 기법으로 붙인
벚꽃나무에 세 마리 새가 있는
항아리의 부분
(高浮彫桜群鳩三連壷)

半之助에게 맡기고 자신은 청나라 도자기를 바탕으로 유약 연구에 매달려 유약 위에 칠을 하는 새로운 기법을 마련했다. 이로 인해 새로운 매력을 마련한 마쿠즈야키는 이후에도 수출품 주역의 하나로 지속되었다.

그러나 마쿠즈 가마는 태평양전쟁으로 인해 그 명맥이 끊어진다. 1945년쇼와 20년의 요코하마 대공습으로 인해 가마와 집이 모두 불에 타버렸고, 3대 가족 11명이 사망했다. 이후 가마의 재건을 시도했지만 작품의 부흥이 없어 4대가 사망하면서 가마도 문을 닫았다.

마쿠즈 도자기는 식산흥업殖産興業44의 일환으로 수출용으로 만들어진 작품이 많기 때문에 일본에 남아 있던 작품 수는 제한되어 있었다. 그러나 1960년대

---

44 메이지 정부가 서양 제국에 맞서 산업, 자본주의를 육성하여 국가의 근대화를 추진한 여러 정책이나 각 지방정부(에도 시대의 각 번)에 의한 신산업 육성 정책

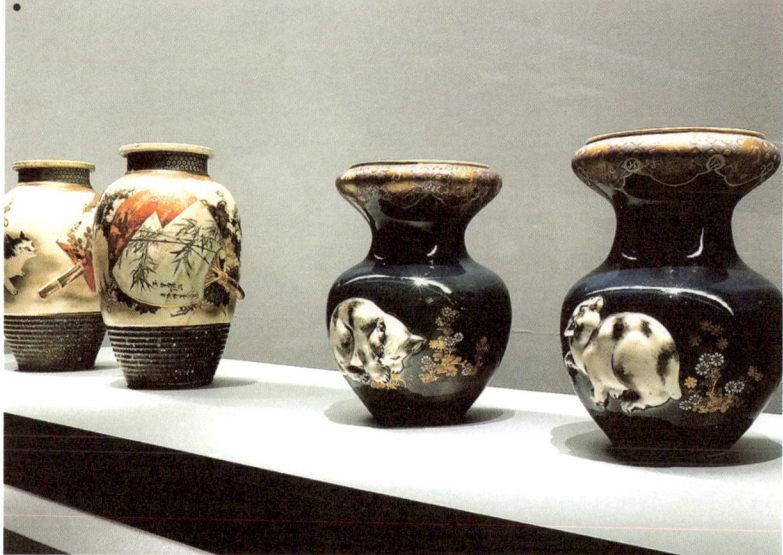

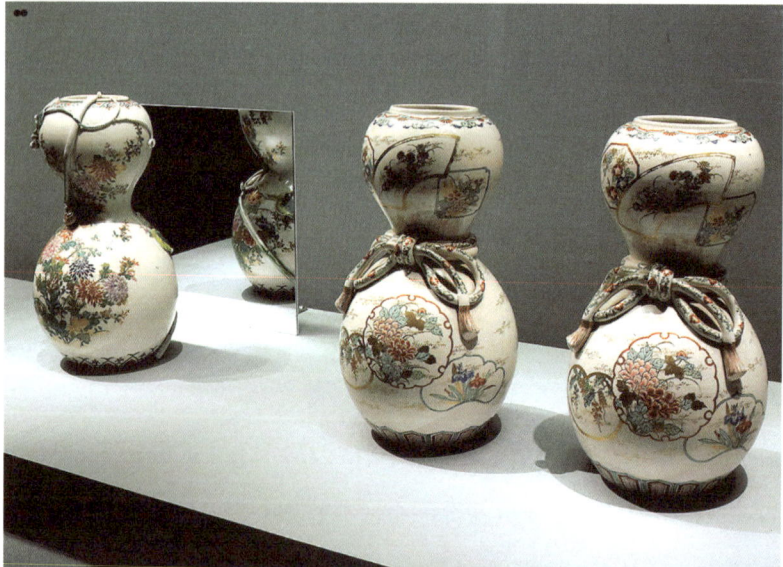

- 고양이와 부채 꽃병(高浮彫猫団扇花瓶)과 유리유약고양이꽃병(瑠璃釉高浮彫猫花瓶)
- 분채 호리병박 모양 꽃병(粉彩高浮彫瓢箪花瓶)

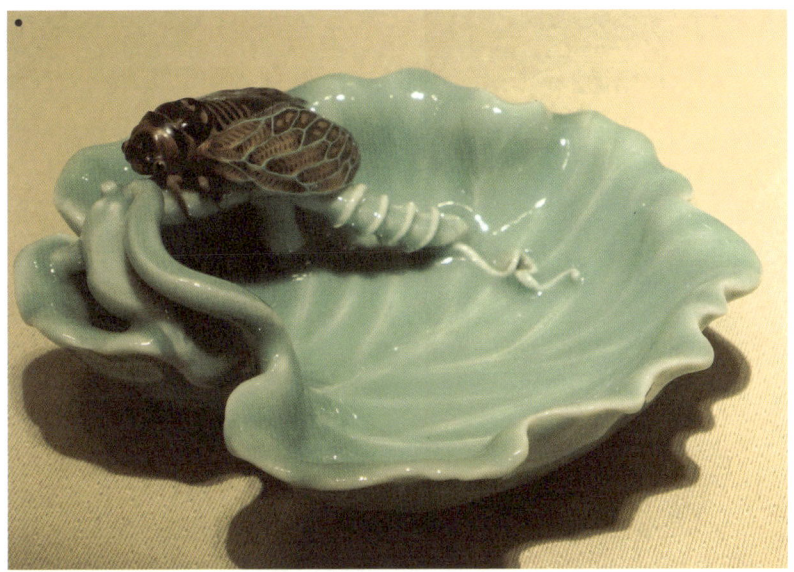

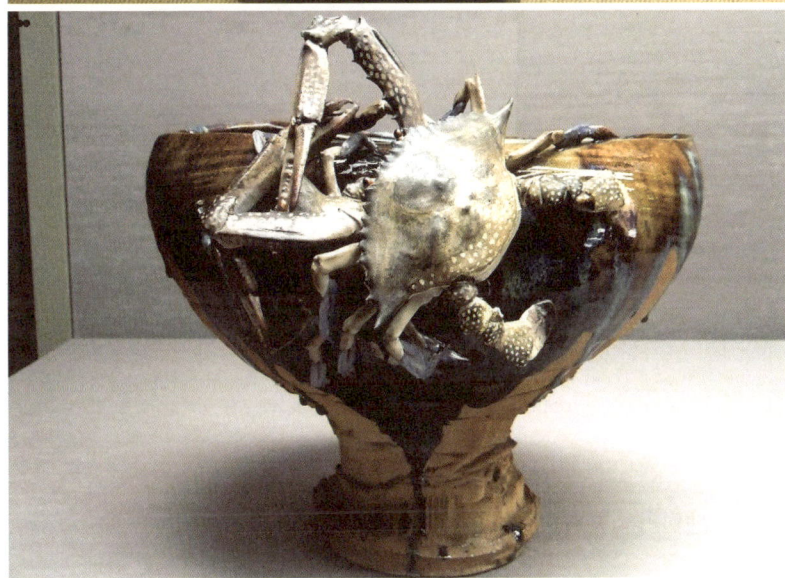

• 매미가 앉은 연잎 수반(留蟬蓮葉水盤)

•• 게를 붙인 수반(高取釉渡蟹水盤)

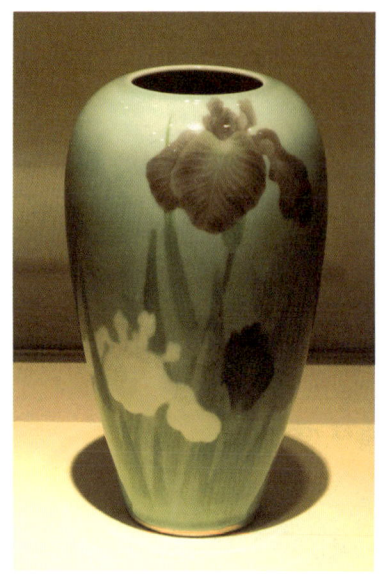

창포꽃 꽃병(菖蒲文花甁)

후반부터 체육인이자 기업인인 다나베 데쓴도田邊哲人, 1942~ **45**가 마쿠즈야키 연구를 시작해 해외에서 작품을 적극적으로 매입해왔다. 이에 따라 많은 작품이 일본에 '귀향'해 메이지 시대 도자기 연구가 급속히 진행된 계기가 되었다.

다나베는 아마추어로 시작했으나 현재는 마쿠즈 도자기 연구와 수집 전문가가 되었다. 그가 수집한 근대 수출 도자기의 컬렉션은 약 3천 점에 이른다. 현재 가나가와현립역사박물관에 기탁한 컬렉션 가운데 마쿠즈야키 10점 정도가 상설 전시되고 있다. 2016년 2월에 미야가와 고잔 사후 100년을 기념하여 약 150점의 거의 모든 출품작이 다나베 컬렉션으로 구성된 '사후 100년 미야가와 고잔전'이 산토리サントリー미술관에서 개최되었다. 다나베 컬렉션 이외에 작품들은 미야가와고잔마쿠즈박물관宮川香山眞葛ミュージアム과 오카야마岡山의 깃초안吉兆庵미술관이 소장하고 있다. 이들 작품들은 역시 2016년 2월 미쓰코시三越 백화점 니혼바시日本橋 본점에서 전시했다.

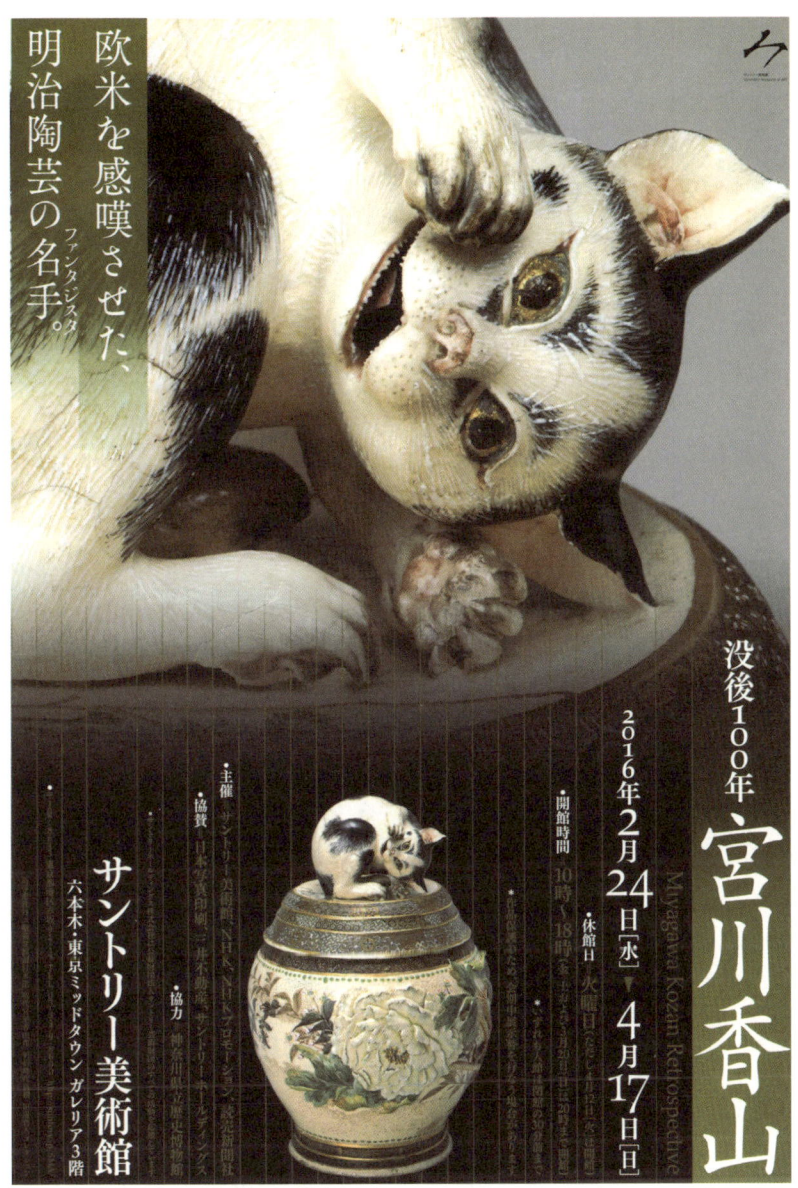

没後100年 宮川香山
Miyagawa Kozan Retrospective

2016年2月24日[水] ▶ 4月17日[日]

開館時間 10時〜18時

休館日 火曜日

主催 サントリー美術館、NHK、NHKプロモーション、読売新聞社
協賛 日本写真印刷、三井不動産、サントリーホールディングス
協力 神奈川県立歴史博物館

サントリー美術館
六本木・東京ミッドタウン ガレリア3階

欧米を感嘆させた、明治陶芸の名手。ファンタジスタ

2016년 미야가와 고잔의 사망 100주년을 맞아 산토리미술관에서 전시회가 열렸다.

CHAPTER

05

교토
京都
❹

교토,
어디까지 보았니?
- 숨어 있는 그러나 사람을 홀리는 -

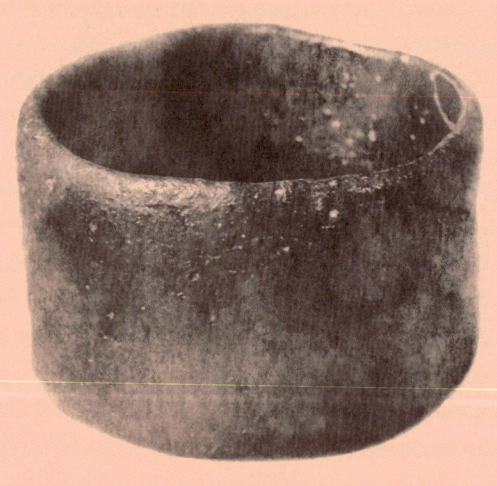

매화 한 송이 한 송이마다 그 정도의 다정함

梅一輪　一輪ほどの　あたたかさ

– 핫토리 란세쓰服部嵐雪, 1654~1707의 하이쿠

쇼와 시대의 고도 경제성장은 급속한 사회 정세의 변화를 가져온다. 그 결과
기요미즈와 고조자카 주변도 도시화와 관광지화가 심해지면서 가마에서 불
을 피울 때 나오는 연기가 큰 문제가 되었다. 결국 교토 시가지에서 가마에 불
을 때는 것이 금지되면서, 가마들은 새로운 터를 찾아 이주를 해야만 했다.
이에 따라 1961년 '기요미즈단지조성동지회'가 결성되었다. 다음해에 '기요
미즈단지협동조합'을 설립하고 1966년 교토 야마시나구山科区에 새로운 터전
을 마련해 이전한 곳이 지금의 야마시나 기요미즈야키 마을이다. 이곳에는
교야키기요미즈야키 가마, 갤러리와 도매상, 원자재 가게, 작가, 소목장이, 애자 관

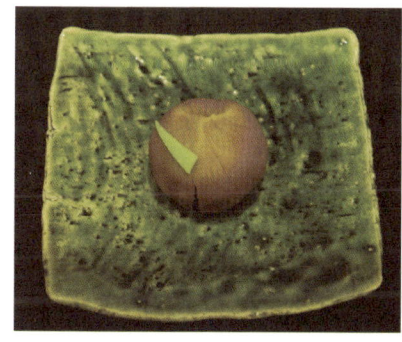
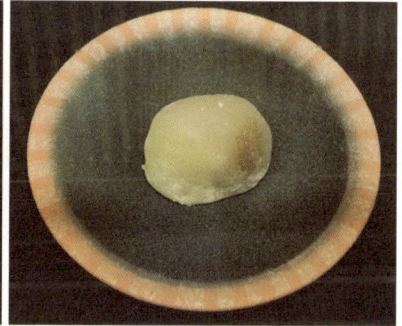

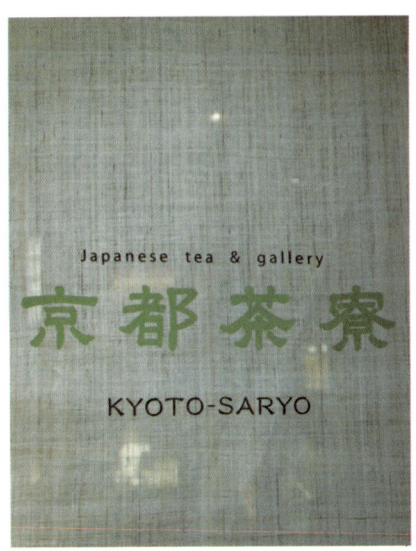

교토 사료의
노렌(暖簾)

련업체 70여 회원이 모여 있다. 이 중 가마를 운영하는 사람은 약 30여 명 정
도다. 그러니 교야키 쇼핑을 원하거나 개성이 넘치는 도자기들에 대한 본격
탐방을 원하는 사람들은 교토 시내가 아닌 이곳에 가야만 한다.

안 보면 후회한다 ❶
야마시나에 꽃이 피었습니다

다분히 주관적인 판단이지만 야마시나山科 기요미즈 마을에서 최고의 갤러리
는 '라쿠추-라쿠가이洛中洛外'다. 왜 이곳이 최고이냐 하면 갤러리 2층 전시실에
서 국보인 「라쿠추라쿠가이즈洛中洛外図」 병풍 우에스기본上杉本을 교야키로 재
현한 초대형 도판陶板을 볼 수 있기 때문이다. 이것을 보는 것만으로도 시내에

서 1시간 정도 걸려 야마시나까지 간 노력을 보상받을 수 있다.

「라쿠추라쿠가이즈」는 교토 시내를 말하는 라쿠추洛中와 교토 외곽을 말하는 라쿠가이洛外의 경관과 풍속을 그린 병풍 그림이다. 전국시대인 16세기 초반 부터 에도 시대에 걸쳐 제작되었다. 매우 다양한 그림이 전해오고 있는데, 현 존하는 것 중 품질이 좋은 그림은 대략 30~40점 정도다. 이 중 2개가 국보, 5 개가 중요문화재로 지정되어 있다. 예술적 가치는 물론 미술사와 건축사 및 도시 역사, 사회사 관점에서 귀중한 자료로 연구되고 있다.

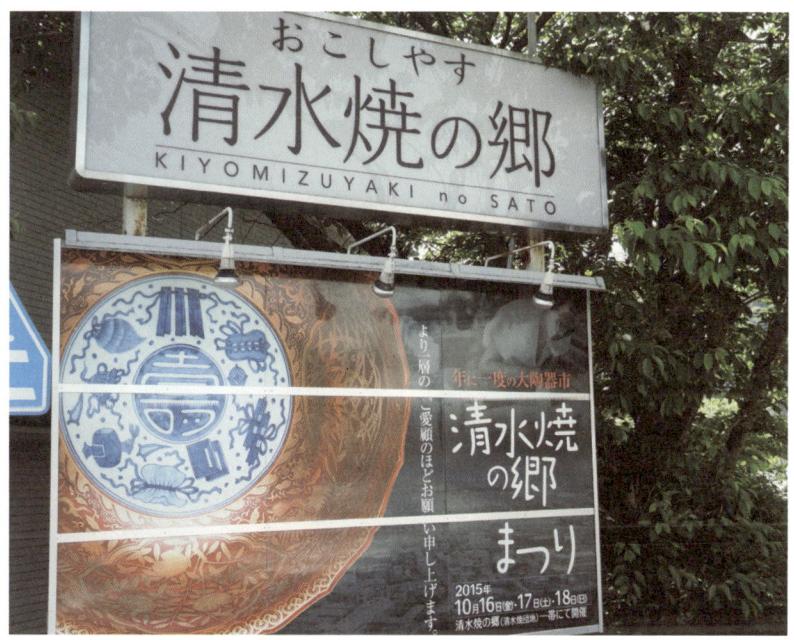

교토 야마시나구에 있는 '기요미즈야키 마을'

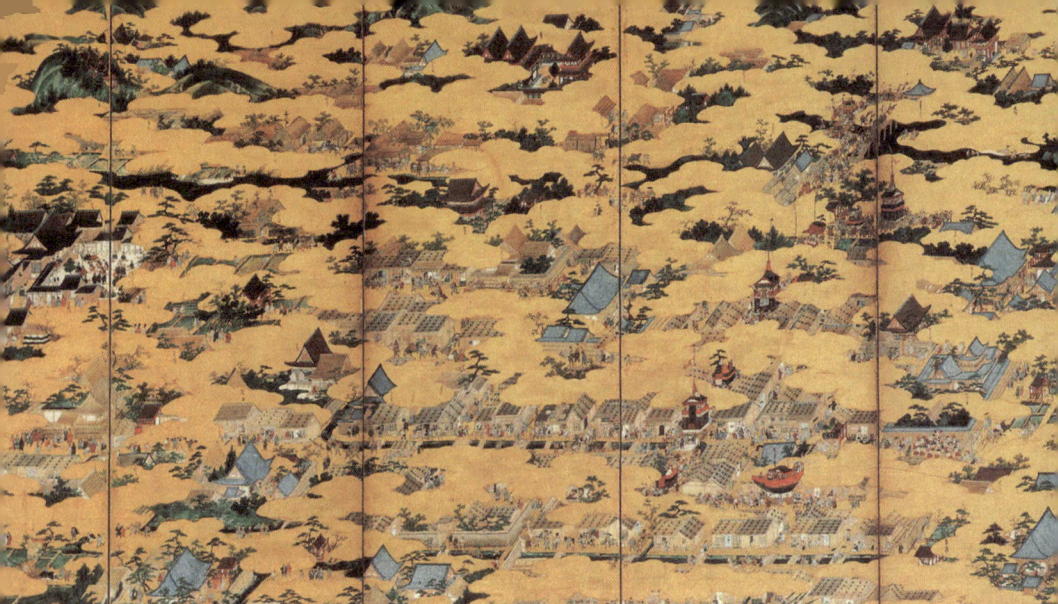

「라쿠추라쿠가이즈」의 오른쪽

전국시대 풍경을 그린 초기 것은 4개뿐이고, 이 중 1995년에 국보로 지정된 것이 요네자와 번米沢藩의 다이묘 우에스기上杉 가문에 전래된 '우에스기본'이다. 현재 요네자와 시 우에스기박물관이 소장하고 있다.

오른쪽 6척에는 왕이 거처하는 대궐을 중심으로 궁 바깥 마을인 가모가와鴨川, 기온 신사祇園神社, 히가시야마東山 방면의 명소가 그려져 있고, 왼쪽 6척은 왕궁을 비롯한 무사들 저택, 후나오카야마船岡山, 기타노텐만구北野天満宮 등 명소가 그려져 있다.

이는 가노 에이토쿠狩野永徳, 1543~1590 [01] 작품으로 오다 노부나가가 1574년 우에스기 겐신上杉謙信에게 하사한 것으로 전해진다. 그림에 등장하는 경관의 연대는 무로마치 바쿠후 13대 쇼군 아시카가 요시테루足利義輝, 1536~1565의 시대에서

[01] 무로마치 시대와 에도 시대의 가노파(狩野派)를 대표하는 화가

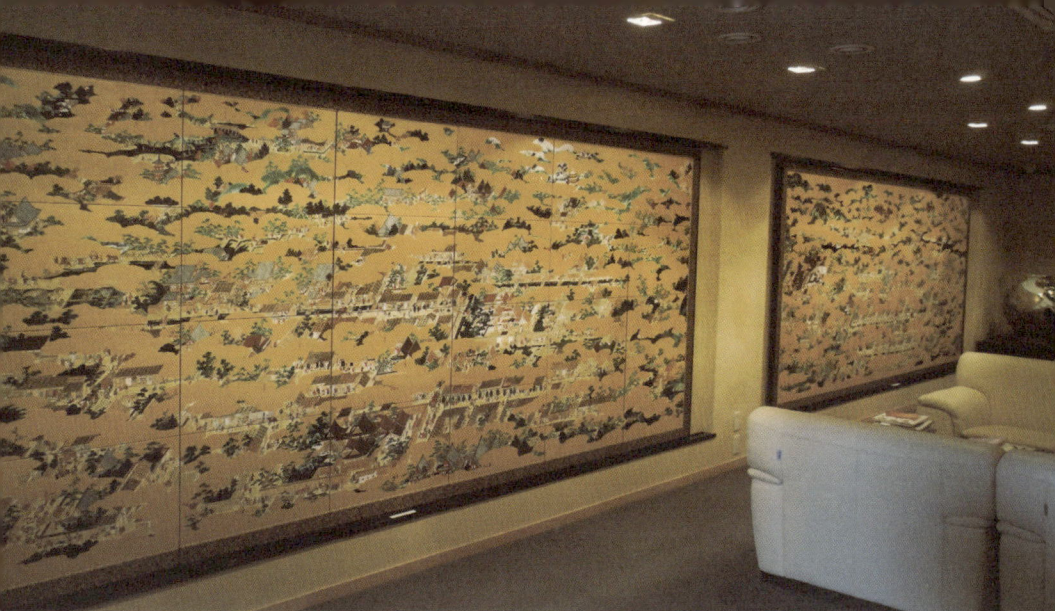

「라쿠추라쿠가이즈」를 대형 도판으로 완벽하게 재현한 갤러리 '라쿠추-라쿠가이' 2층 전시실

1561년 이후 무렵까지로 추정되고 있다. 그림이 완성된 것은 우에스기 가문의 기록에 따르면 1565년 9월 3일이었다.

이 병풍이 노부나가를 거쳐 우에스기 겐신에 전해진 경위는 이렇다. 에이로쿠 8년[1565] 요시테루가 겐신에게 상경하여 간료管領[02]에 취임하라는 명령을 내리면서 겐신에게 관직과 함께 줄 선물로 그림 병풍을 에이토쿠에게 주문한다. 그런데 그해 5월 요시테루가 마쓰나가 히사히데 등이 일으킨 '에이로쿠의 변'에 의해 피살되면서, 병풍은 자연스레 에이토쿠의 것이 되었다.

이후 노부나가가 천하 쟁패를 거의 앞두고 덴쇼 2년[1574]에 교토로 입성하자, 에이토쿠는 새 실력자에게 잘 보이기 위해 그에게 접근해 병풍을 선물했다. 그러자 노부나가는 그 그림이 「라쿠추라쿠가이즈」인 것을 알고, 당시에 동맹

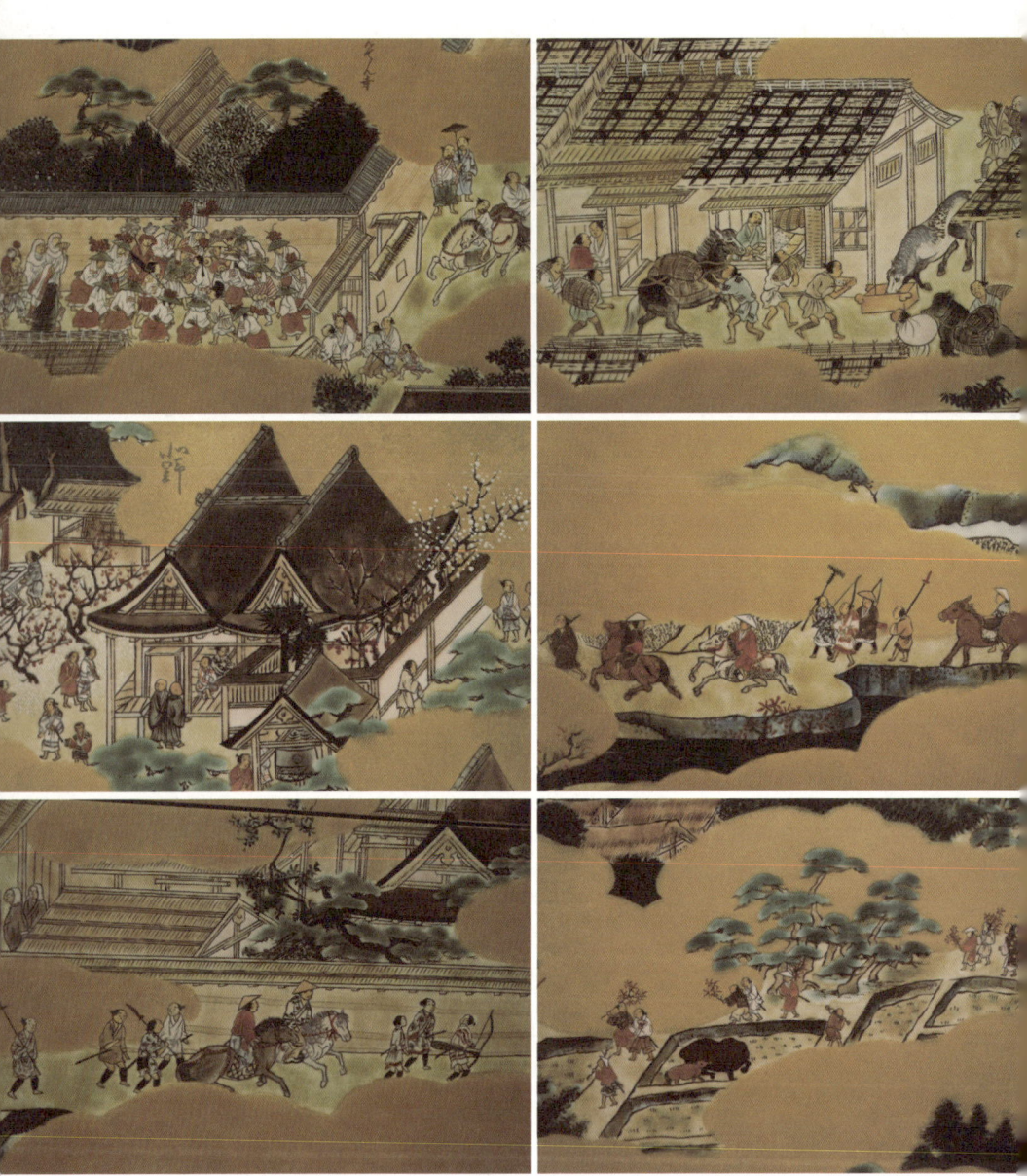

「라쿠추라쿠가이즈」 도판의 부분들

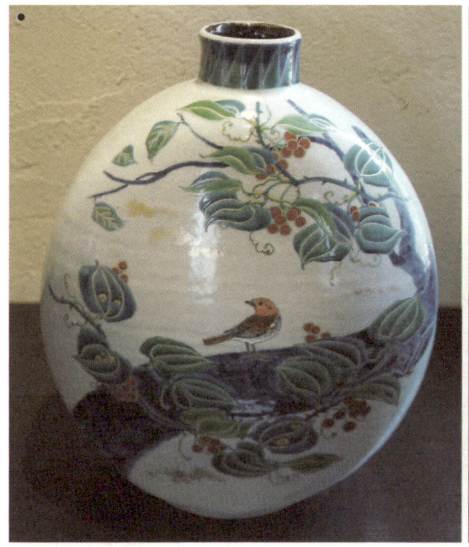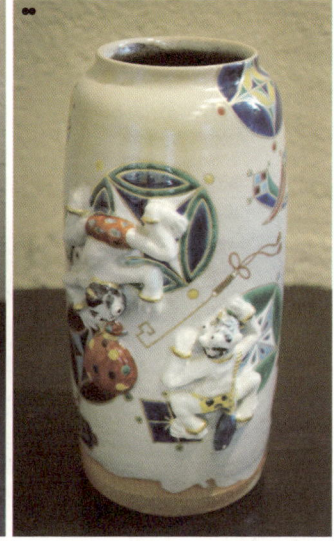

● 덩굴 위 동박새가 울새에게 내일은 산에 돌아오라 하는 넓적 항아리(駒鳥に山歸來目白にアケビ扁壺)
●● 여러 보배를 늘어놓은 아기도깨비의 빗항아리(小鬼宝尽くし壺)

을 맺을 필요가 있던 겐신에게 선물로 준 것이다. 만약 노부나가가 도자기를 비롯한 명물 다구를 선물로 받았어도 이를 주었을까? 아마 도자기였다면 사정이 달라졌을 듯하다. 그러니 우역곡절이 있었어도 그림은 원래 가야 할 주인을 찾아서 간 셈이다.

그러나 갤러리 '라쿠추-라쿠가이'를 찾아가야 할 이유는 이 도판뿐만이 아니다. 이 갤러리야말로 야마모토 유지山本雄次, 1945~를 대표로 하는 걸출한 장인들이 모여 있어 모던하면서도 고아한 취향의, 최고의 교야키를 마음껏 감상할 수 있기 때문이다. 사실 작품들에 대해서는 이러니저러니 말을 하기보다는 그냥 보여주는 것이 최고의 선물일 터.

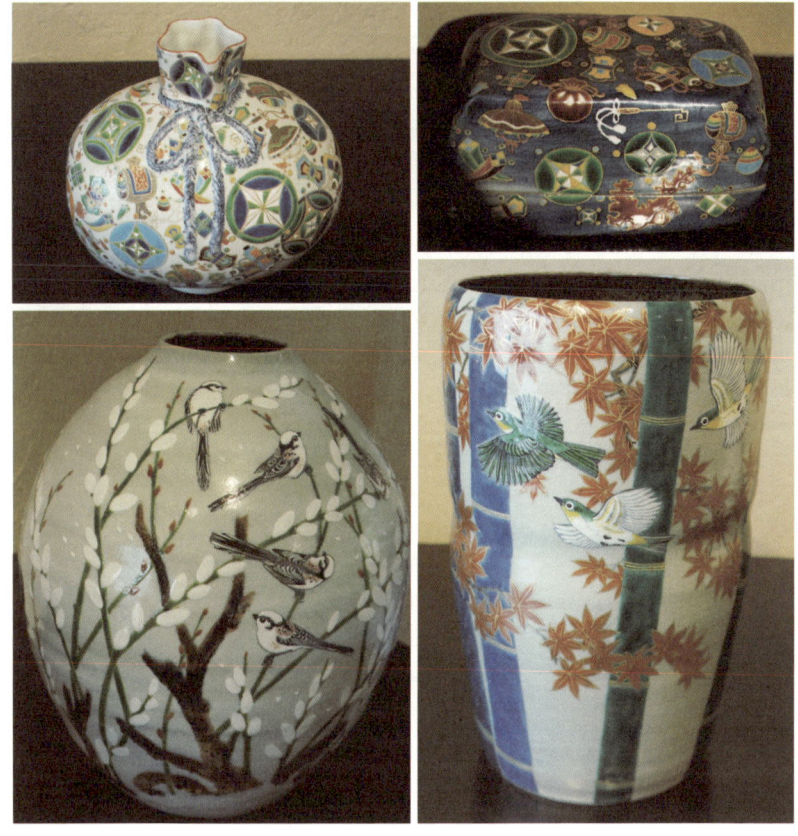

왼쪽 상단부터 시계 방향으로 보물주머니 넓적 항아리(宝袋扁壺), 보물을 늘어놓은 그림의 둥구미(宝尽くし図陶筥), 대나무 숲 붉은 낙엽의 동박새 꽃병(竹林紅葉目白花器), 갯버들 오목눈이 그림 항아리(猫柳柄長図壺)

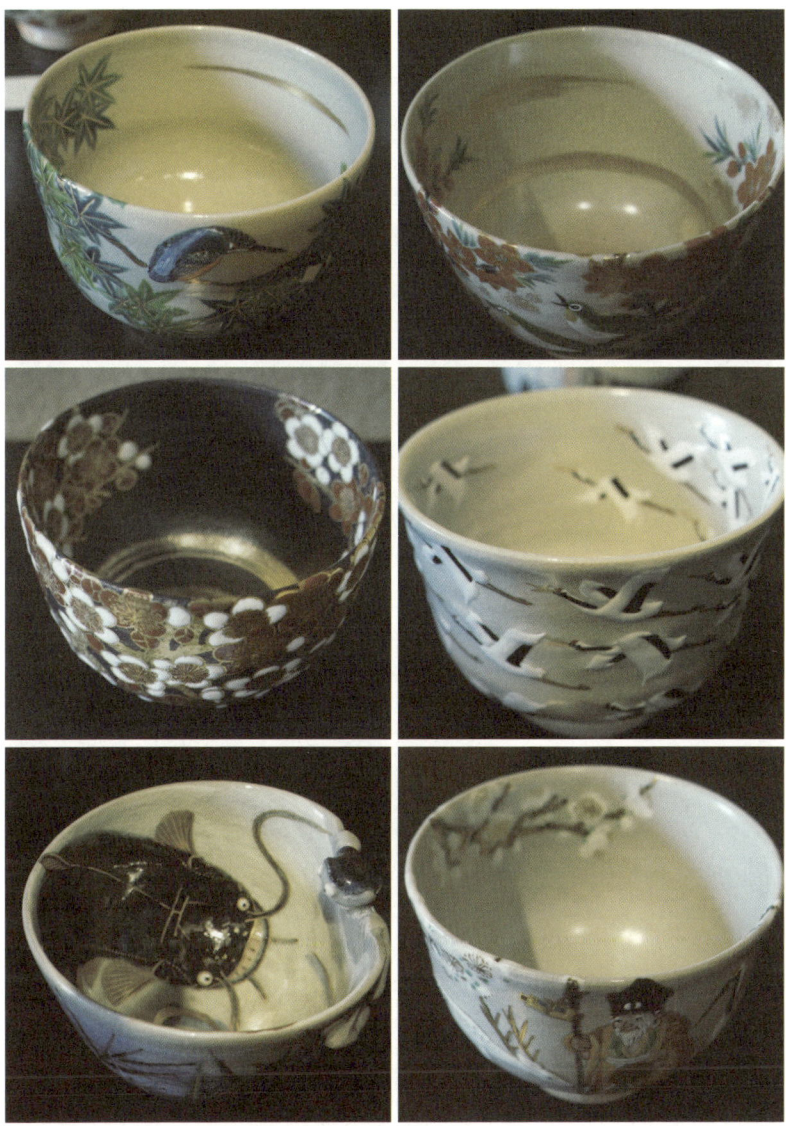

왼쪽 상단부터 시계 방향으로 푸른 단풍 비취 그림 다완(靑楓に翡翠図茶盌), 복숭아꽃 동박새 그림 다완(桃に目白図茶盌), 학무리 다완(群鶴茶盌), 주로진(일본의 칠복신 중 한 명) 다완(寿老人茶盌), 헤엄치는 메기 다완(河童鯰茶盌), 홍백매화 그림 다완(黑地紅白梅図茶盌)

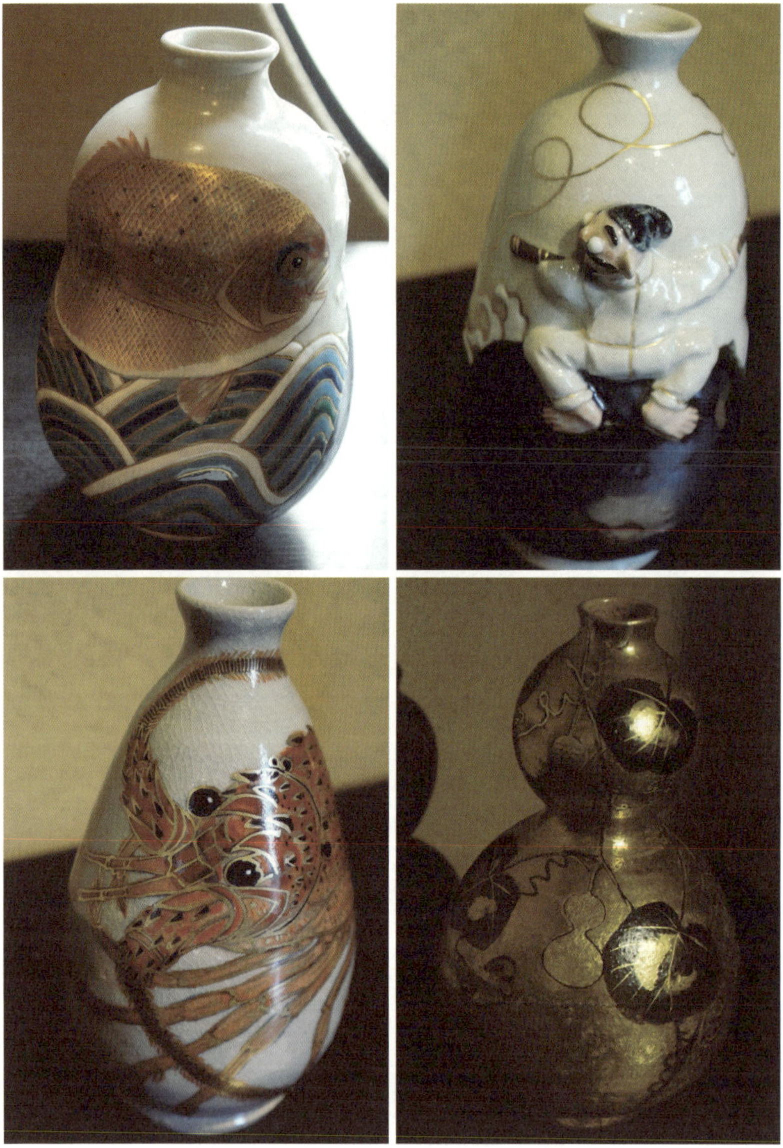

왼쪽 상단부터 시계 방향으로 에비스 도미 작은 술병(惠比須さん鯛小壺), 에비스 도미 술병(惠比須さん鯛德利), 6개 호리병 그림 작은 꽃병(六瓢図一輪挿し), 닭새우 술병(伊勢海老德利)

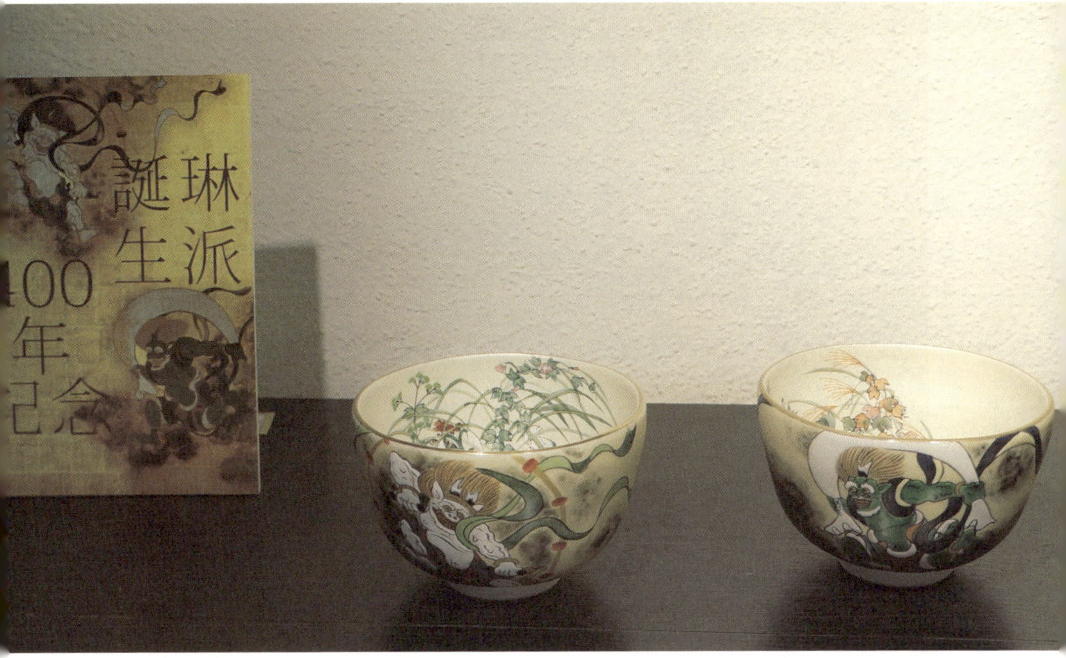

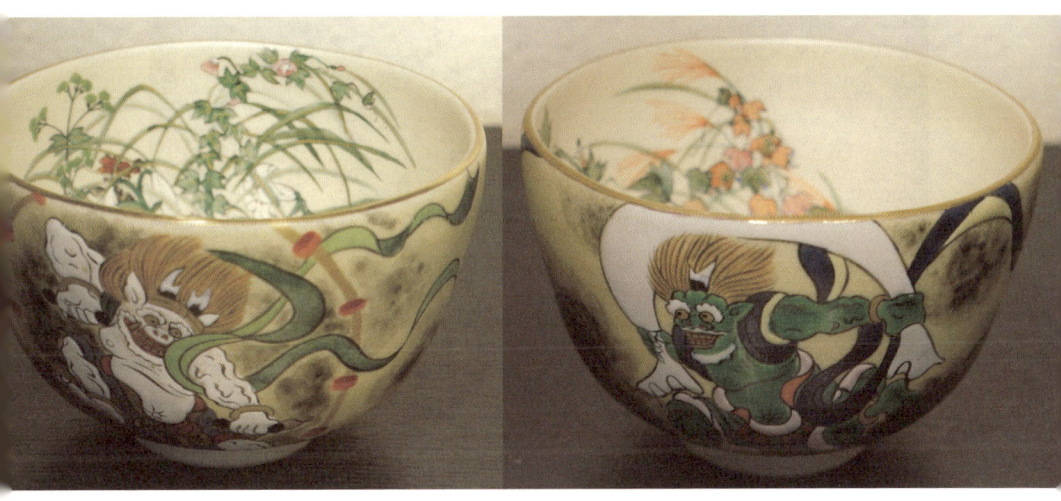

린파 탄생 400주년 기념 '후진라이진즈' 찻사발

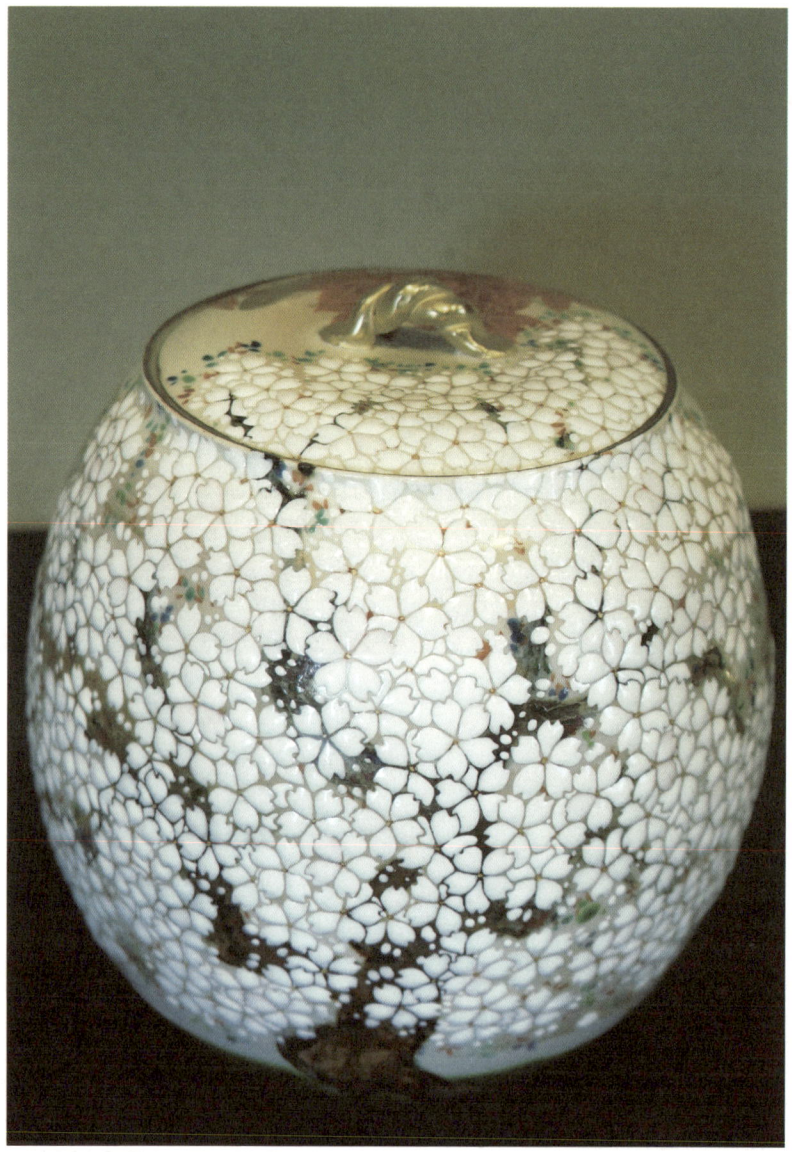

'운킨즈' 미즈사시(雲錦図水指). 운킨(雲錦)은 나라와 헤이안 시대의 채색 기법으로 만개한 벚꽃이나 단풍을 배치한 것을 일컫는다.

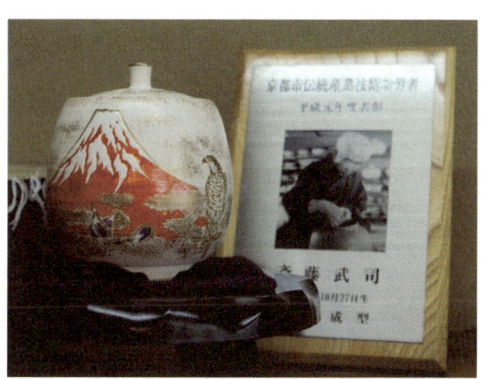

2대 운라쿠인
사이토 다케시(斎藤武司)의
후지산을 주제로 한 미즈사시

갤러리 '라쿠추-라쿠가이'에는 이들 이외에도 보여주고 싶은 작품들이 가득
하지만 지면 사정상 여기에서 멈추도록 하겠다.

갤러리 말고 공방으로 추천하고 싶은 곳은 '운라쿠 가마雲楽窯'다. 현재의 3대
사이토 운라쿠斎藤雲楽, 1928~는 고조자카에서 태어나고 자라며 자연스레 도자기
를 굽게 되었다. 이 가마는 1961년 전국 최초로 전기를 사용해 도자기를 굽는
데 성공한 가마로 기록되었다. 또한 '세이마쓰토青抹陶'라고 하는 독자적인 유
약을 개발해 겐잔풍의 서화를 활용한 뛰어난 작품을 만들고 있다.

'라쿠추-라쿠가이洛中洛外' 갤러리 개요
- 주소 : 〒607-8323/ 京都市山科区川田岡ノ西町 1-4(清水焼団地内)
- 전화 : (075)595-5450
- 홈페이지 : www.rakuchu-rakugai.jp
- E-Mail : info@rakuchu-rakugai.jp
- 영업시간 : 연중무휴. 평일은 10:00 ~ 18:00, 일요일과 공휴일은 17:00까지

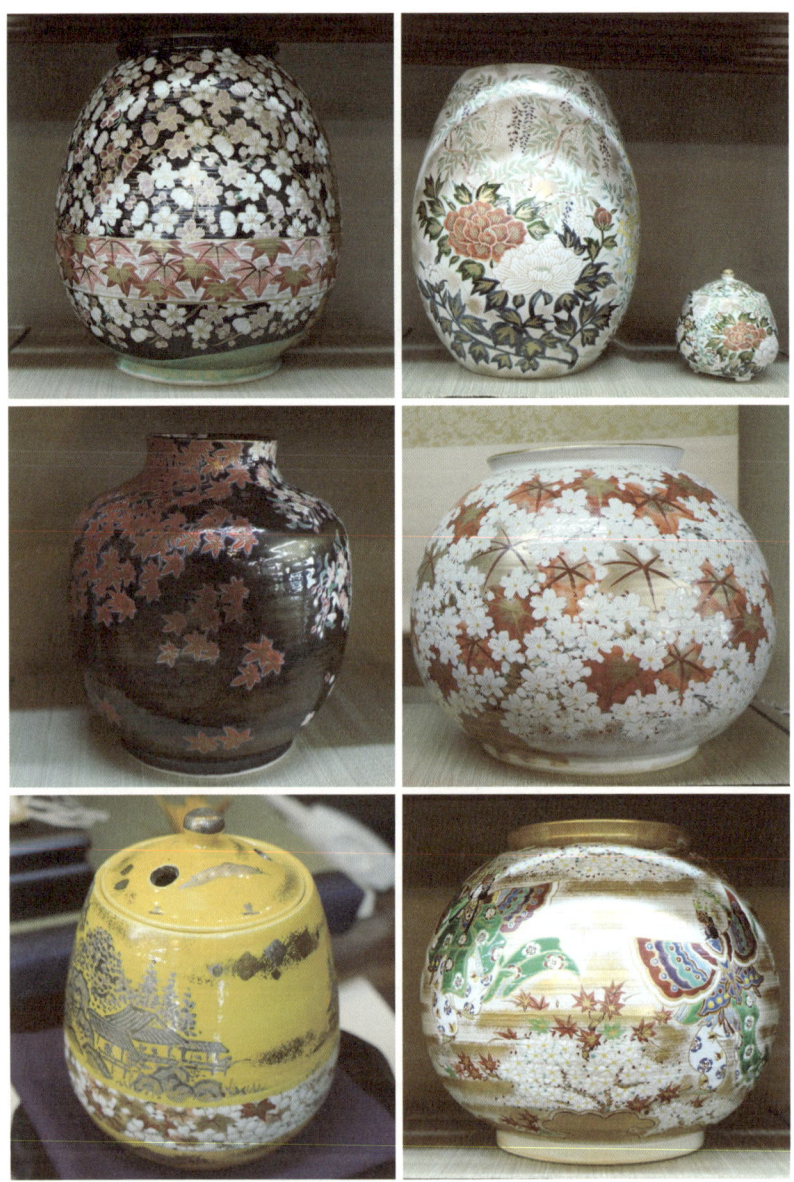

운라쿠 가마의 장기인 항아리와 미즈사시

이 마을은 1975년에 제1회 도 자기 축제를 개최하고, 이후 매 년 10월 금요일부터 일요일까 지 사흘 동안 축제를 개최하고 있다. 교토 외곽으로 가마 장소 를 변경했지만 환경 문제를 고 려해 이곳에서도 직접 장작으 로 불을 때는 가마는 없다. 단지

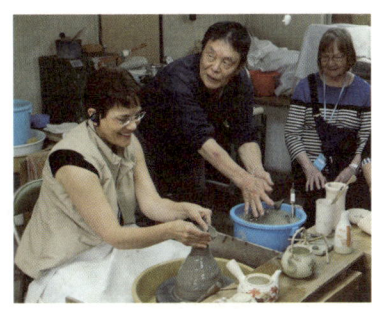

운라쿠 가마에서 체험실습을 하는 외국인 관광객들

안에서는 독자적인 LP가스 탱크를 만들어 가마마다 가스를 공급한다. 도자기 를 굽는 데는 연소 칼로리 차원에서 LP가 LNG보다 더 적합하다고 한다.

'운라쿠 가마雲樂窯' 개요

- 주소 : 〒607-8322 京都市山科区川田清水焼団地町 9-2(清水焼団地内)
- 전화 : (075)591-1506
- 홈페이지 : www.unrakugama.com
- E-Mail : info@unrakugama.com
- 영업시간 : 연중무휴. 9:00 ~ 17:00

기요미즈야키清水焼 마을 가는 방법

❶ JR·게이한京阪 야마시나山科 역에서 :
역 앞 버스정류장 2번 승강장에서 29번 계통 오야케大宅행 승차,
기요미즈야키단지清水焼団地 하차

❷ 시내 게이한산조京阪三条나 시조四条, 시조가와라초四条河原町 버스정류장 11번 승강장에서 :

- 88B 계통 게이한로쿠지조京阪六地蔵행 승차, 기요미즈야키단지 하차
- 84B 계통 다이고버스터미널醍醐バスターミナル행 승차, 가와타川田 하차
- 87B 계통 로쿠지조행 승차, 가와타 하차
- 17 계통 오야케행 승차, 가와타 하차

❸ 승용차나 택시는 JR 교토 역이나 JR 야마시나 역에서 약 15분

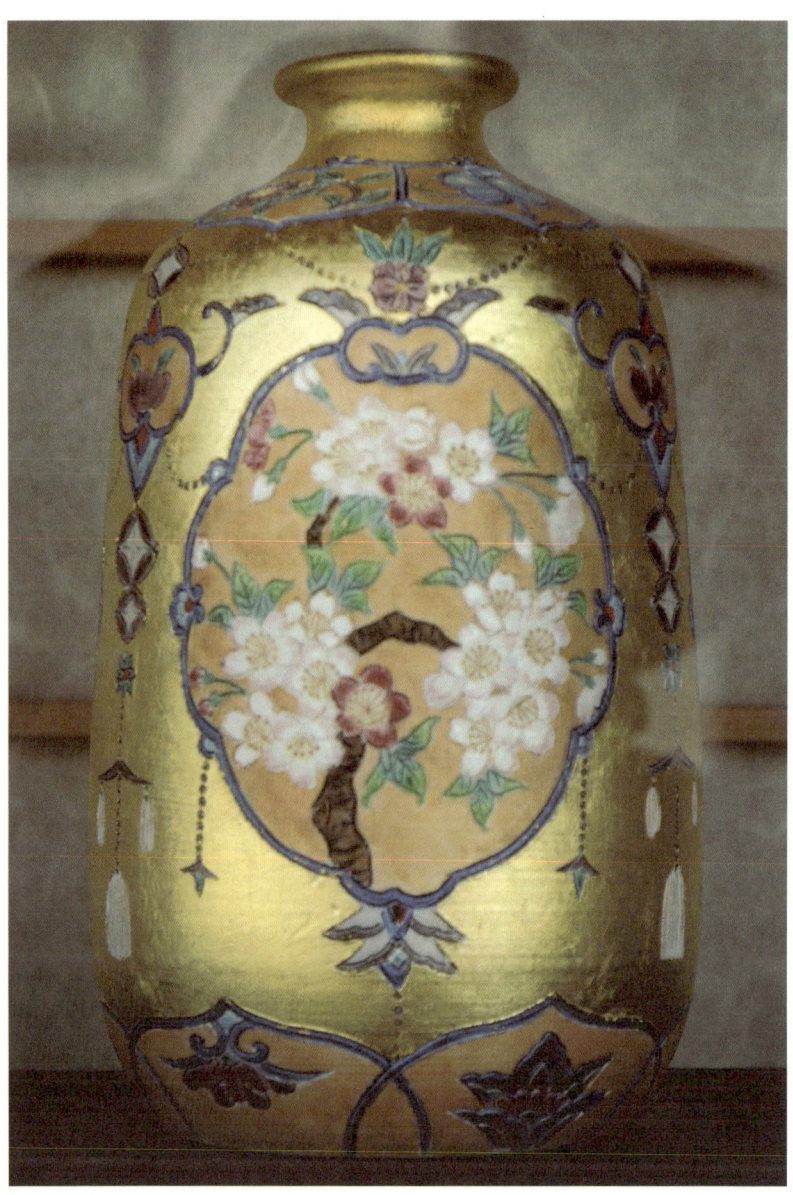

핫포엔(八方苑)의 금칠 매화 항아리

안 보면 후회한다 ❷
도자기에 그려진 세계 제일의 도후쿠지 단풍

불타는 산은 많이 보았어도 불타는 정원은 거의 보지 못했을 것이다. 가을 단풍 얘기다. 교토에는 가을에 불타는 정원을 가진 절이 많고도 많다. 그중에 으뜸은 도후쿠지다. 도시 복판 단풍 풍경으로는 가히 세계 최고라 할 만하다. 절을 포위하다시피 한 정원과 숲이 도심에 있는 절이라는 사실을 잊게 만든다.

절 내에 소규모 계곡까지 있어 가이산도^{開山堂}까지 세 개의 다리인 가운교^{臥雲橋}, 쓰텐교^{通天橋}, 엔게쓰교^{偃月橋}로 연결하고 있다. 쓰텐교는 본당에서 통하는 긴 복도가 그대로 다리가 된 것으로, 이 다리를 지나며 보는 계곡의 가을 단풍은 말을 잃게 할 정도다. 900년대 후반 중국에서 전해진 쓰텐 단풍을 비롯해 홍엽으로 물든 바다 위를 걷고 있는 듯한 기분이 된다.

도후쿠지는 일본에서 가장 오래되었으면서도, 최대 규모 가람^{伽藍}을 자랑한

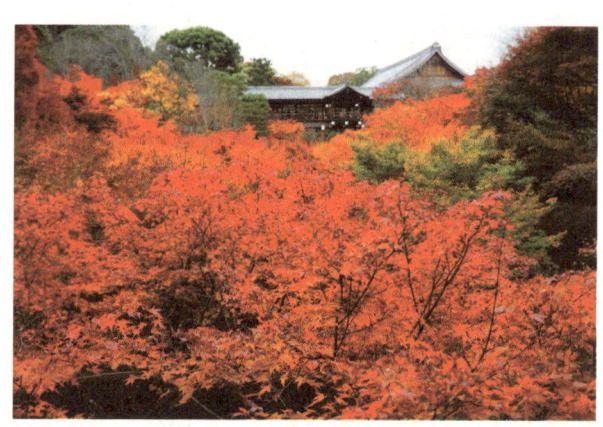

도후쿠지의
만추(晚秋)

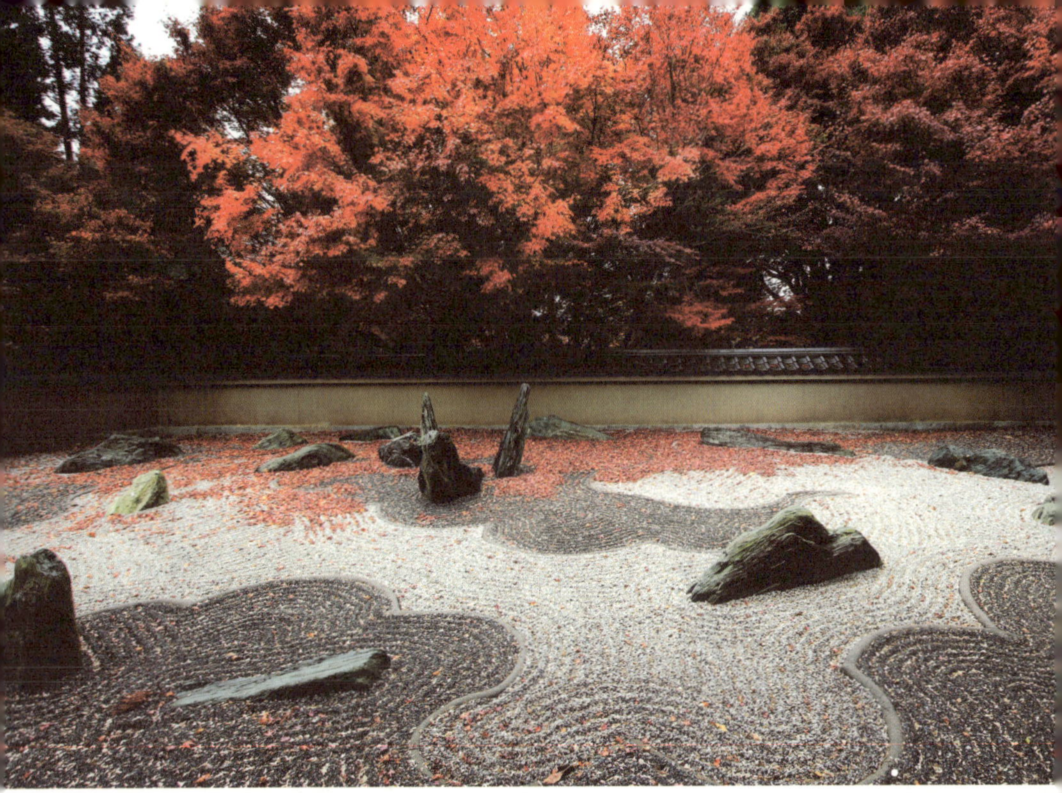

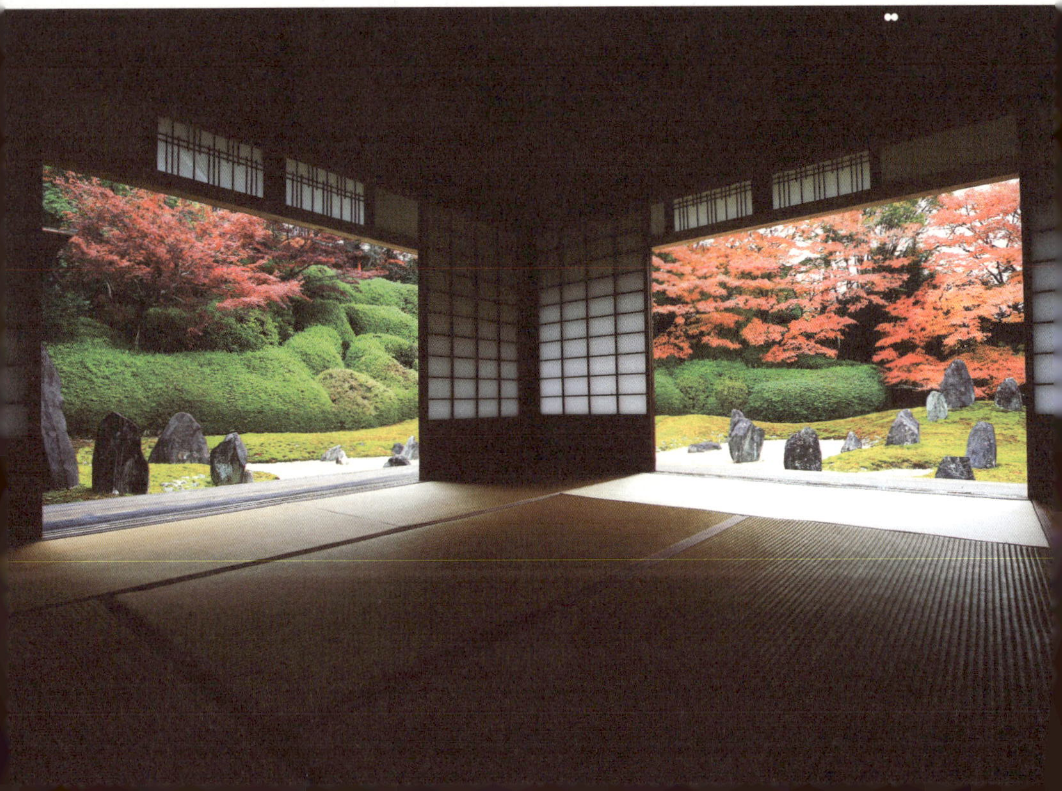

다. 이 절은 선종 임제종 도후쿠지파 대본산으로, 1236년 나라 지역 사찰 복합단지를 교토에 조성하고자 했던 가마쿠라 시대 간파쿠 구조 미치이에九条道家,1193~1252의 명령에 따라 지어졌다. 도후쿠지라는 이름은 나라를 대표하는 대사찰인 도다이지에서 '동東'을, 홋쇼슈法相宗 대본산인 고후쿠지興福寺에서 '복福'을 따와 합친 것이다.

당시 이 절은 교토 5대 사찰 중 하나로 번성했지만 1319년, 1334년, 1336년 세 차례에 걸쳐 큰 화재가 발생했다. 급기야 메이지 시대 후기에는 대웅전마저 불타 소실되었다. 그럼에도 불구하고 여전히 중세 선종 사찰의 특징인 웅장한 경관을 자랑한다. 또한 국보인 산문은 일본에서 가장 오래된 선종 정문이고, 젠도禪堂, 도스東司:절의 뒷간, 요쿠시쓰浴室 등은 무로마치 시대14세기 모습을 그대로 보존하고 있다.

앞에서 전남 신안군 앞바다에서 인양한 무역선과 그 배에서 발견한 대규모 도자기들에 대해 이야기한 적이 있다. 그때 발견된 목간 중에 '도후쿠지東福寺'와 '십간공용十貫公用'이라는 글자도 있어, 이 배는 불에 탄 도후쿠지의 재건축 비용 조성을 목적으로 가마쿠라 바쿠후가 공인하고 무역선으로 파견한 중국의 배인 것으로 추정하고 있다.

세 차례의 화재 이후 1425년 재건한 산문은, 맨 처음 지은 이래 약 600년 뒤인 1969년에 또 다시 해체 및 보수 작업에 들어가 1978년 3월 재정비를 끝냈다. 무려 8년 9개월의 기간에, 비용만 해도 250만 달러가 소요되었다. 문화재 보존에 대한 일본인들의 마음을 알 수 있다.

● 도후쿠지 료긴안 정원의 단풍
●● 도후쿠지 고묘인의 만추

산문은 1952년 국보 건축물로 지정되었다. 높이는 22미터이고 2층으로 이루어져 있다. 부처의 축조 공법이 적용된 매우 독창적인 양식으로, 선종 사찰 문 가운데 가장 크고 오래되고 아름답다는 평가를 받고 있다. 탑에 있는 액자 그림은 무로마치 쇼군 아시카가 요시모치足利義持 작품이다.

일본의 큰 사찰은 우리나라와 많이 다르다. 우리나라 절들은 절 내에 굳이 담을 두르지 않지만 일본은 본사와 말사가 서로 밀집해 모여 있으면서도 각자 담장으로 경계를 둘러놓아 꼭 별도의 절들이 붙어 있는 것 같다. 그 모습이 꼭 다닥다닥 다다미처럼 보이기도 한다. 아마 위에서 내려다보면 그렇게 보일 것

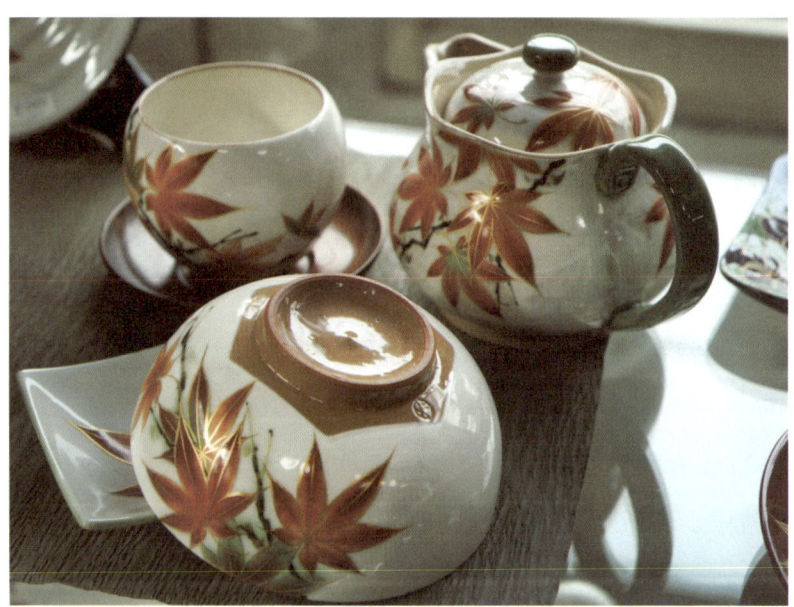

공방 도안 도후쿠지 지점의 단풍 그릇들

이다.

그래서인지 작은 말사들이 저마다 정원을 가꾸고, 서로 경쟁을 한다. 말사 주지마다 다른 개성에 의해 독창적인 정원이 탄생하는 것인데, 이로 인해 가을 풍경도 매우 다채롭다. 나라가 지정한 명승지인 '혼보테이엔本坊庭園'을 비롯해, 료긴안龍吟庵, 고묘인光明院 등의 경연이 매우 훌륭하다.

이곳을 보기에 가장 좋은 시즌은 11월 하순부터 12월 초까지다. 일본은 우리보다 남쪽에 있기에 단풍 절정 시기가 좀 늦다. 그런데 이때 도후쿠지를 가면 사람에 떠밀려 갈 작정을 해야 한다. 그만큼 많은 사람이 모여든다. 그러니 가급적 휴일을 피해 이른 아침에 가는 것이 상책이다.

이렇게 도후쿠지에서 만추의 정취를 가슴에 담고 내려오면, 도자기에 가을을 담아놓은 가게 '도안陶菴'의 도후쿠지 지점이 기다리고 있다. 그 모습에 마음 속 설렘과 기쁨이 돋아나는 것은 도후쿠지에서 보았던 그 단풍이 또 한 번 그릇 속에서 반겨주기 때문일 터다.

'도안'은 1922년 교토 히가시야마 센뉴지泉涌寺 앞에 설립한 공방으로 역사가 100년이 거의 다 되어간다. 교토에서 100년의 이력쯤은 아무것도 아니지만 말이다.

도후쿠지東福寺 개요

- 주소 : 〒605-0976 京都府京都市東山区本町15丁目778
- 전화 : (075)561-0087
- 영업시간 : 단풍 시즌 11월과 12월 초는 08:30~16:00
- 입장료 : 쓰덴바시通天橋, 가이잔도開山堂, 혼보테이엔本坊庭園 각 400엔
- 대중교통 : 시내 시조가라스마四条烏丸에서 6번과 16번 버스, JR·게이한京阪 철도의 도후쿠지 역

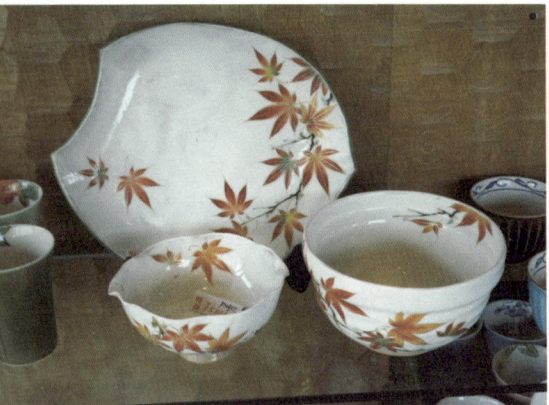
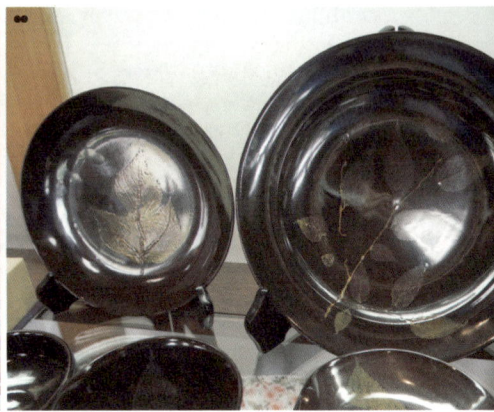

● 그릇에 단풍이 내려앉으니 이 아니 좋을 쏘냐.
●● 낙엽 무늬의 '고노하덴모쿠(木葉天目)'는 매우 격조가 있다.

'도안'은 닌세이나 겐잔의 교야키 전통에 충실히 따르면서 주로 봄꽃과 가을
단풍을 위주로 하는 생활그릇을 만드는 데 주력하고 있다. 엄청난 대작은 없
지만 그만큼 실생활과 밀착한 소소한 즐거움을 주는 공방이다. 현재 도부치
요시아키土淵善亜貴가 4대 당주를 맡고 있다.

도안陶荓 개요
• 주소 : 〒605-0976 京都府京都市東山区泉涌寺東林町38
• 전화 : (075)541-1987　　　　　• 홈페이지 : www.touan.co.jp
• 영업시간 : 연중무휴. 09:00~17:00
[도후쿠지 지점]
• 주소 : 東山区本町15丁目814-18　　• 전화 : (075)541-1987
[철학의 길 지점]
• 주소 : 左京区鹿ケ谷寺の前町10番地2　• 전화 : (075)752-7611

연두부를 먹는 게 아니라 감상한다? 기요미즈데라 앞 니넨자카二寧坂에 있는 연두부집 '오쿠단奧丹'에서는 이 말이 전혀 이상하지 않다. 흔하다면 흔한 음식이라 할 수 있는 연두부 시식을 이 집에서는 예술의 경지로 올려놓았기 때문이다.

오쿠단은 에도 시대 초기까지 거슬러 올라가 1635년에 창업했으니, 두부 만들기의 역사가 382년이 넘는다. 400년에 육박하는 두부집이란 과연 무엇으로 지탱하는 것일까? 그 고집과 자부심, 명예 등등……. 지금이 15대째 계승되고 있는 것이니 가히 감탄스럽기만 하다.

창업 당시의 이름은 '오쿠노단고야奧の丹後屋'였고, 원래는 쇼진료리精進料理 집이다. 쇼진료리는 선승들이 주로 먹는 요리의 일종이다. 고기와 생선은 물론, 채소를 수확할 때 뽑아버리면 그 생명이 다한다는 이유로 양파, 부추와 같은 뿌리채소를 넣는 것도 금기시한다. 대신에 콩이나 과일이 사용된다. 우리의 사찰음식과 비슷하다. 이 요리는 원래 중국에서 공부한 승려들에 의해 일본에 전해졌는데, 세월이 흐름에 따라 교토의 식재료와 관습에 녹아들었다.

이곳에 들어서면 가장 좋은 것이 거실에서 보이는 600여 평의 정원이다. 계절 변화에 따른 풍경은 물론, 정원에 시냇물도 흐르고 있기 때문에 물 흐르는 소리를 즐기면서 요리나 단품을 먹을 수 있다.

주력 상품이 두부이기에, 이 집의 지하 두부공방에서 매일 아침 신선한 두부를 바로 공급한다. 신선함은 콩 본래의 단맛과 풍미를 이끌어내는 데 매우 중요하기 때문이다.

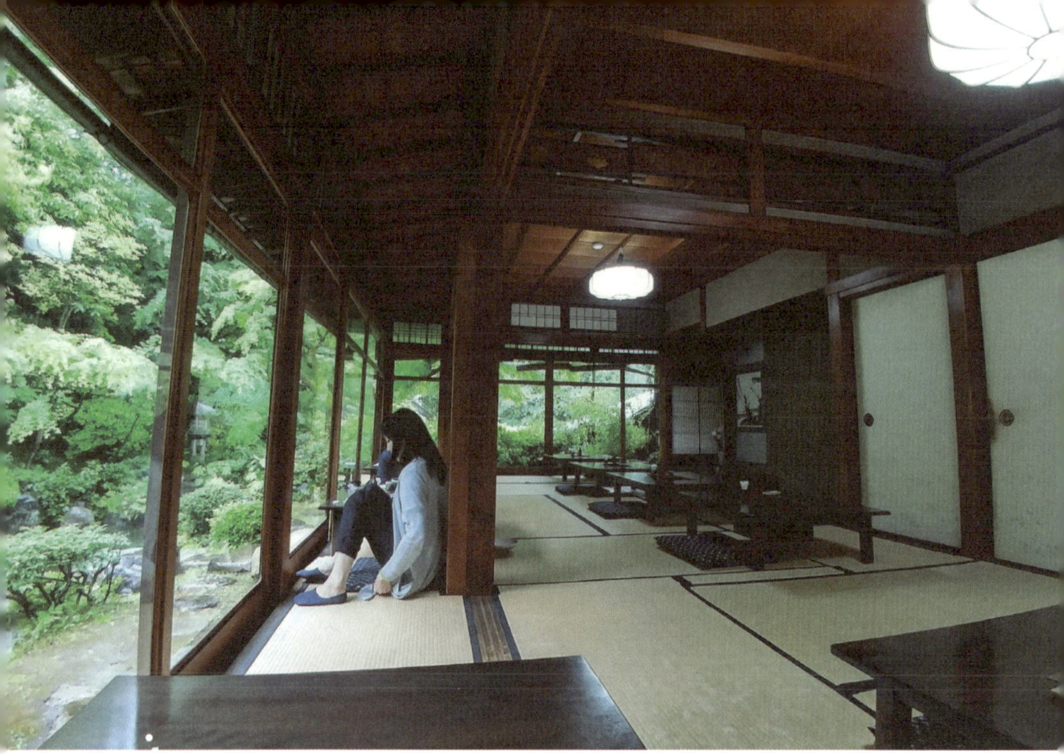

● 두부 위주의 쇼진료리 전문점 '오쿠단'은 600여 평의 정원도 인상적이다.

●● 연두부 단품인 '니넨자카의 생각'. 단돈 400엔에 느낄 수 있는 고아한 정취와 미감이다.

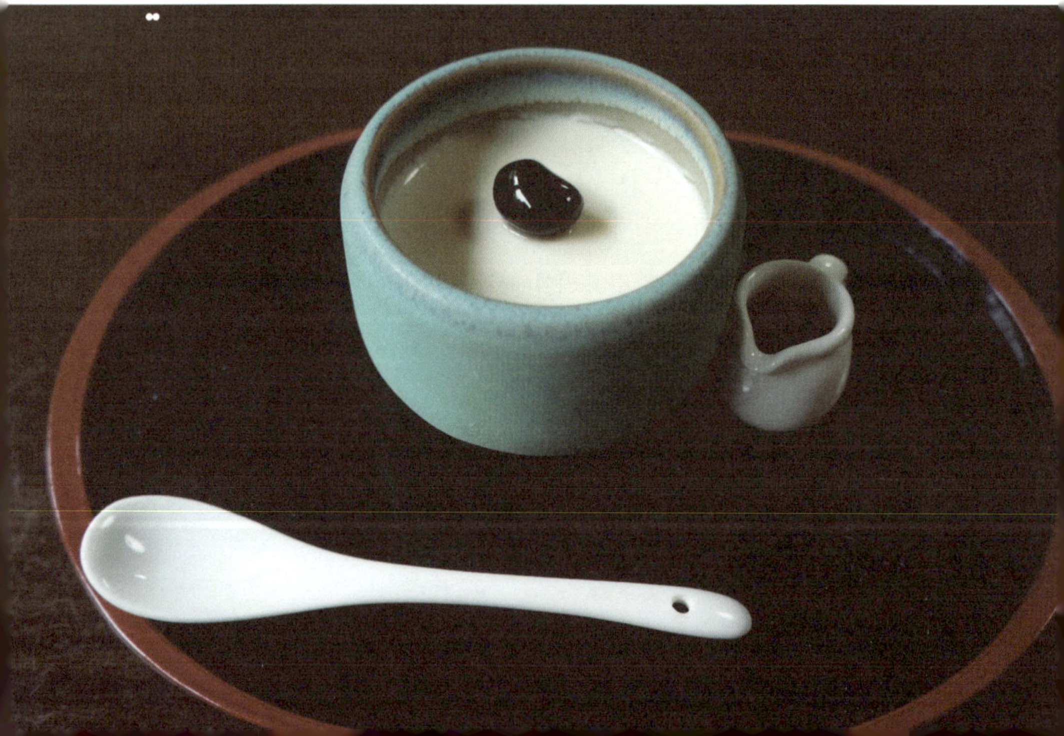

두부공방의 벽은 모두 갈대로 둘러싸인 전통적인 모습이고, 시가 현 히라^{比良} 지방의 지하수와 무공해 계약 콩을 사용한다. 또한 소금에서 천연 간수를 추출해 응고제로 사용하므로, 시판 응고제를 사용한 두부와 달리 부드러움과 감칠맛이 일품이다.

이 집에서는 3천~4천 엔 가격의 요리뿐만 아니라 단품도 즐길 수 있으므로 전혀 부담이 없다. 단품도 두유로 만든 달짝지근한 스프 느낌의 '니넨자카의 생각^{二寧坂の想}' 등 여러 가지가 있다.

우선 '니넨자카의 생각'은 매일 아침 만든 두유를 생강즙으로 부드럽게 굳혔다. 굳이 얘기하자면 기요미즈의 추억이랄까, 지금까지 전혀 느껴보지 못한 식감이다. 조그만 종지에 함께 내온 건 꿀인데, 일본 최남단 하테루마 섬^{波照間島}의 검은 꿀과 우지의 말차꿀 가운데 선택을 할 수 있다. 사진에서 보듯 하늘색 도자기에 담긴 두유의 조화가 예술이다. 이 모두가 세금 별도 단돈 400엔이니 가히 천상의 선택이다.

채소와 팥, 비지를 넣은 일종의 찐빵인 '히가시야마의 생각^{東山の想}'도 신선하고 독특한 미감이다. 이것은 옛날 시골 만두 반죽에 두유를 넣어 촉촉한 식감을 마무리한다. 300엔으로 식후 디저트로 좋다.

이밖에 '된장두부^{とうふみそ}'는 두부에 된장을 가미한 진미로, 일본의 전통 저장식품이다. 300엔으로 약간 매운 맛이고, 청주나 맥주와 함께 마시길 권한다. 여기서 한 걸음 더 나간 '극상의 된장두부^{極上とうふみそ}'는 두부를 최상의 된장에 반년 정도 담근 것이다. 500엔으로 입안에서 녹는 감촉과 부드러운 풍미가 마치 성게나 치즈와 같은 맛을 낸다.

마지막으로 '두부 나름^{豆腐よう}'이 있다. 이 제목은 마치 "내가 두부 같니?"라고 묻는 것 같다. 이는 선대 당주가 섬 두부島どうふ를 쌀누룩, 붉은 누룩, 아와모리泡盛03 등에 절여 발효, 숙성시킨 두부로 500엔이다. 이 역시 느껴보지 못한 중후한 기품의 맛이다. 이 집에서는 오키나와 이시가키 섬石垣島의 아와모리를 사용하는데, 알코올을 포함하기 때문에 자동차 운전자에게는 판매하지 않는다.

'오쿠단'에서는 나라 현과 와카야마 현의 향토음식인 고마두부胡麻豆腐도 맛볼 수 있다. 고마두부는 이름만 두부지, 사실상 콩을 원료로 하는 두부와는 다르다. 재료가 참깨와 칡가루이기 때문이다. 혀의 감촉이 부드럽도록 참깨 껍질을 벗기고 칡 역시 정성스럽게 갈아야 해서 매우 시간이 많이 걸리는 작업이라서 요리도 수행의 하나로 여기는 선사에서 이 두부는 매우 중요한 품목이었다. 선종 사찰들이 모여 있는 와카야마 고야 산의 '쇼진료리'에서 빠지지 않는 것도 그 같은 이유다.

먹는 방법은 일반적으로 차게 한 냉두부 상태로 떠먹고, 두부처럼 요리 재료로 사용하지는 않는다. 참기름의 강한 풍미로 인해 균형을 맞추기 위해 와사비 간장이나 소스를 곁들인다. 두부를 만드는 과정에서 알 수 있듯 '오쿠단'에서 판매하는 상품은 모두가 현대의 인스턴트 가공식품에 넌더리가 난 사람들에게 절대적으로 추천할 수 있는 '치유의 맛이자 음식'이라 할 수 있다.

기요미즈데라로 올라가는 비탈길인 니넨자카에는 분위기 좋고 매력적인 커피숍이나 찻집, 기념품 가게들이 즐비하다. 다이쇼 시대의 스키야数奇屋:다도와 다실용으로 만든 건물를 변형한 상가들이 많아 '국가 경관 보존 지역'과 '교토 전통건물 보존 지역'으로 지정돼 있다.

03 오키나와(琉球) 특산의 좁쌀 또는 쌀로 담근 독한 소주의 한 가지

정식요리상에 나오는
고마두부

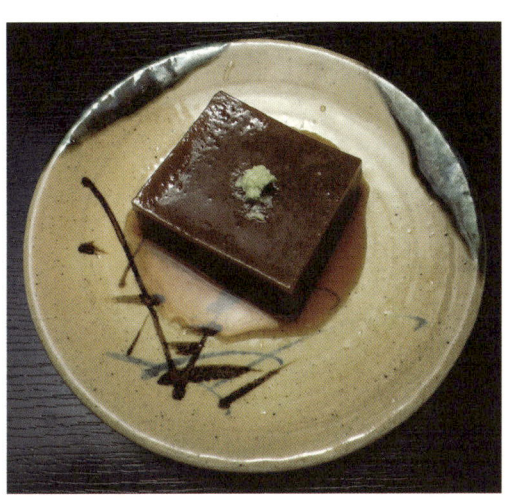

이 비탈길이 니넨자카로 불리는 유래에는 두 가지 이야기가 있다. 하나는 이 길이 다이도大同 2년807년에 생겼기 때문이라는 설, 두 번째는 산넨자카의 아래에 있어서 니넨자카로 부르게 되었다는 설이다.

오쿠단奧丹 개요

- 주소 : 〒605-0862 京都府京都市東山区清水3丁目340
- 전화 : (075)525-2051   • 홈페이지 : www.tofuokutan.info
- 영업시간 : 평일 11:00~16:30 / 토·일·공휴일은 17:30까지(목요일은 정기휴일)
- 가는 방법 : 기온시조祇園四条 역 1번 출구에서 도보 15분
　　　　　　기요미즈고조清水五条 역 5번 출구에서 도보 20분
　　　　　　가와라마치河原町 역 1B 출구에서 도보 20분
- 니넨자카에 있는 가게가 본점이고, 난젠지南禅寺 분점도 있다.
　분점 주소는 左京区南禅寺福地町 86-30. 전철 게아게蹴上 역에서 도보 10분이다.

안 보면 후회한다 ❹
와모단의 중심, 교토 스페라

교토라고 해서 오래된, 클래식의 감각만 있지는 않다. 소위 신세대 취향이라 할 수 있는 세련되고 감각적인 모던 세라믹 제품 전문 매장도 있다. 가장 대표적인 곳이 스페라 스튜디오^{Sfera studio}다.

예술의 역사가 항용 그래 왔던 것처럼 요즘 일본에서도 전통과 모던이 혼재된 새로운 트렌드가 이슈다. 이런 현상을 일본인들은 '와모단'이라 부른다. 일본을 뜻하는 '와和'에 '모던^{modern}'을 붙인 합성어다. 현대인의 생활 감각에 맞춰 전통을 새롭게 해석하고 재구성한 풍조다.

이러한 '와모단'의 중심에 마시로 시게오^{眞城成男, 1970~}라는 재일교포 3세가 있다

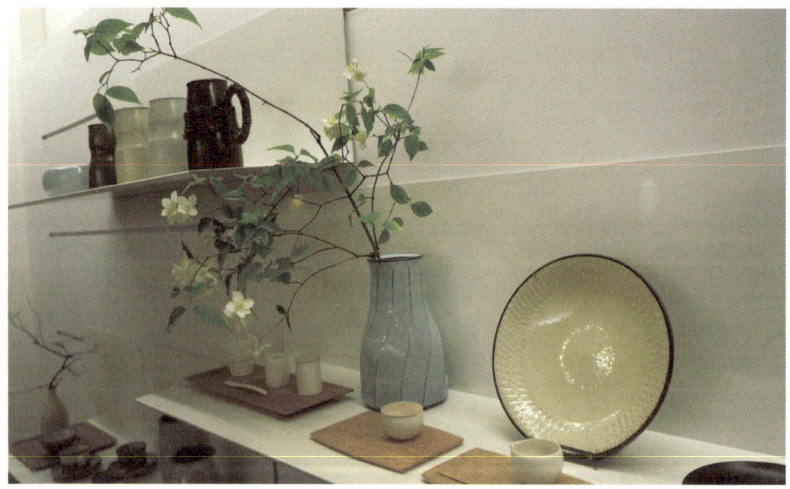

'교토 스페라'는 와비사비풍 도자기의 현대적 감성이 엿보인다.

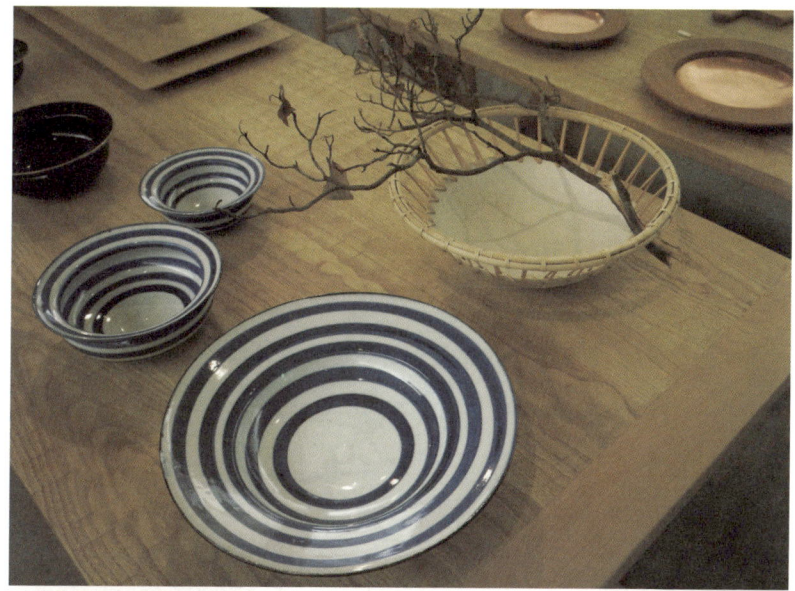

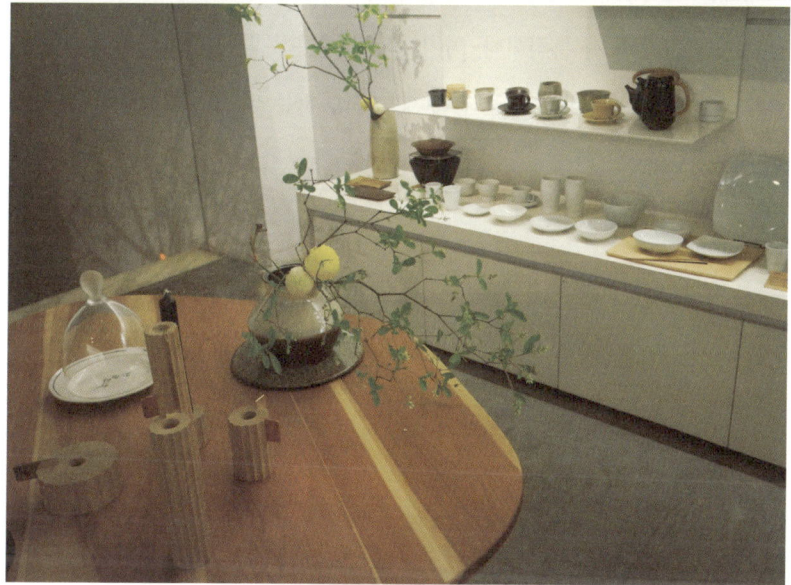

전통과 현대의 조화인 '와모단'이 교토 스페라의 주된 콘셉트이다.

는 사실은 참 흥미롭다. 현재 일본 디자인계에서 주목받는 아트 디렉터의 한 명인 그의 한국 이름은 이향동李香東, 교토 태생이다.

그는 '리코르디 앤드 스페라Ricordi & Sfera'의 대표로 아트, 인테리어, 디자인, 음식이라는 다양한 테마를 독자적 미의식으로 표현한 공간인 스페라 빌딩을 2003년 교토에 개장했다. 벚나무 이파리 모양의 크고 작은 구멍들이 뚫려 있는 강판이 건물 전체를 감싸고 있는 스페라 빌딩 1층은 세라믹 제품 위주로 인테리어 잡화를 판매하는 스페라 숍, 2층은 건축과 디자인 그리고 아트 관련 서적과 CD 등이 놓여 있는 스페라 아카이브와 문화적 정보 발신지인 스페라 엑시비전, 3층은 스페라 바 사토나카, 지하 1층은 카페 세세라기 스페라로 이루어져 있다.

스페라는 도쿄 롯폰기六本木 미드타운과 이탈리아 밀라노에도 있다. 교토가 본점, 도쿄와 밀라노가 분점이다. 여기에서는 제품 하나하나의 디자인과 공간과의 조화가 뛰어나게 돋보인다. 전체를 관통하는 테마 콘셉트는 일본풍의

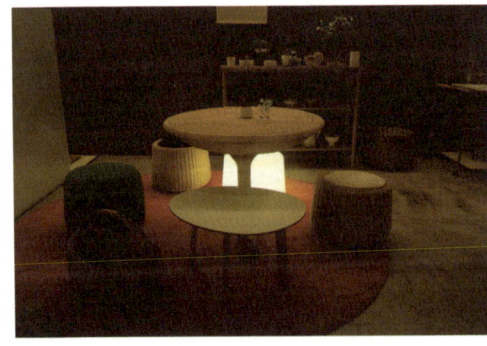

스페라 빌딩 지하 1층의 카페

스페라^{Sfera} 빌딩 개요

- **주소** : 〒605-0086 京都府京都市東山区弁財天町17 スフェラ・ビル
- **전화** : (075)532-1105
- **홈페이지** : www.ricordi-sfera.com
- **영업시간** : 평일 11:00~19:00 / 카페는 22:30까지(수요일은 휴무)
- **가는 방법** : 기온시조祇園四条 역에서 281미터

글로벌화, 기능과 단순미를 강조한 '와비사비의 현대화'다.

마시로는 이들 스페라 숍을 통해 유럽과 아시아를 잇는 '또 하나의 일본'을 제안하고 있다. 스페라 숍에 있는 제품들은 마시로가 디자인하거나 프로듀싱한 작업의 결과물이다. 그는 교토의 숙련된 솜씨를 자랑하는 장인들과 창조적 영감의 교감을 통해 작업을 완성해간다.

안 보면 후회한다 ❺
교야키와 기요미즈야키 판매 갤러리

기요미즈데라 정문 앞 갤러리 '아사히도朝日堂'와 차완자카의 '도고로東五六'는 교토를 대표하는 교야키와 기요미즈야키 판매점이라고 해도 과언이 아니다. 기요미즈데라와 더불어 교토를 상징하는 기온祇園 거리에도 오쿠다렌포도奧田連峯堂와 류젠도龍善堂가 있다.

우선 '아사히도'는 교야키와 기요미즈야키 전문점으로서 일본 최고의 구색을 자랑한다. 다품종과 소량 생산이 특징인 교토 명문 가마들의 명품을 비롯해 손으로 직접 빚어 온기를 머금고 있는 제품들의 판매만 고집한다.

메이지 3년¹⁸⁷⁰에 기요미즈데라 앞에 창업해 지금까지 147년 동안 같은 자리

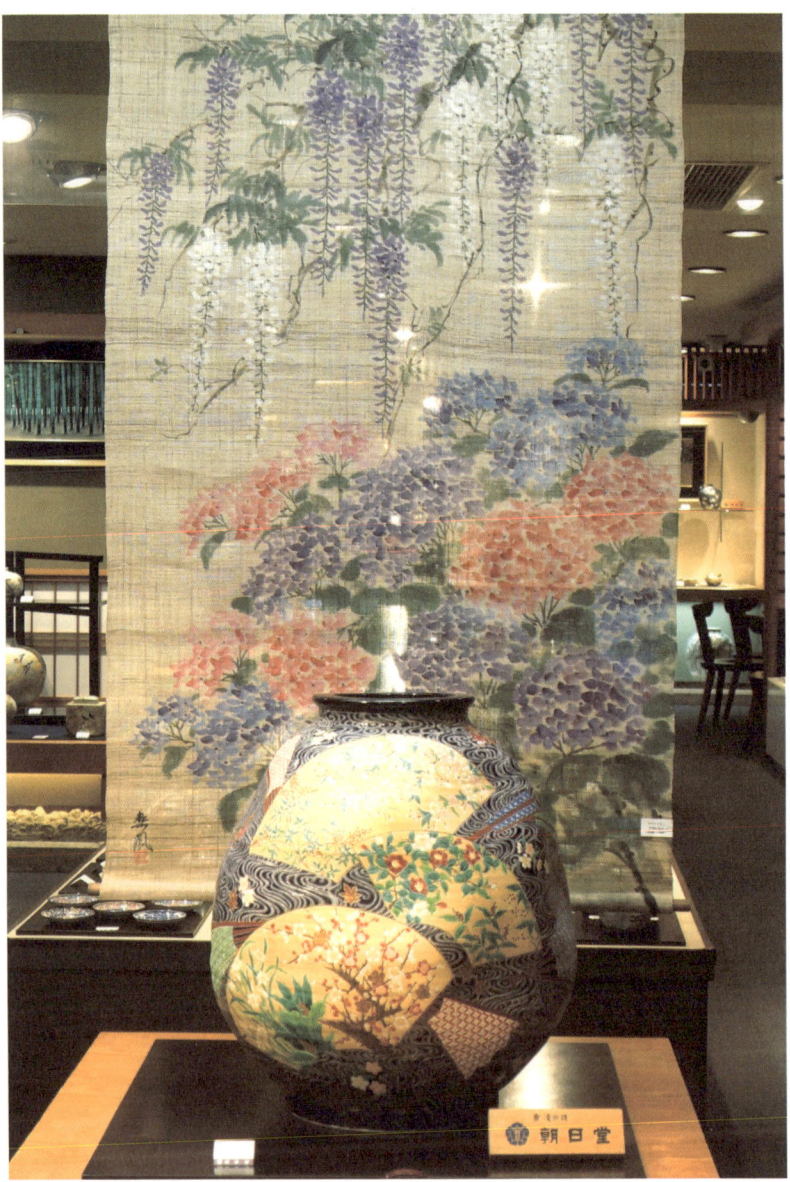

기요미즈데라 정문 앞 도자기 판매 갤러리 '아사히도'

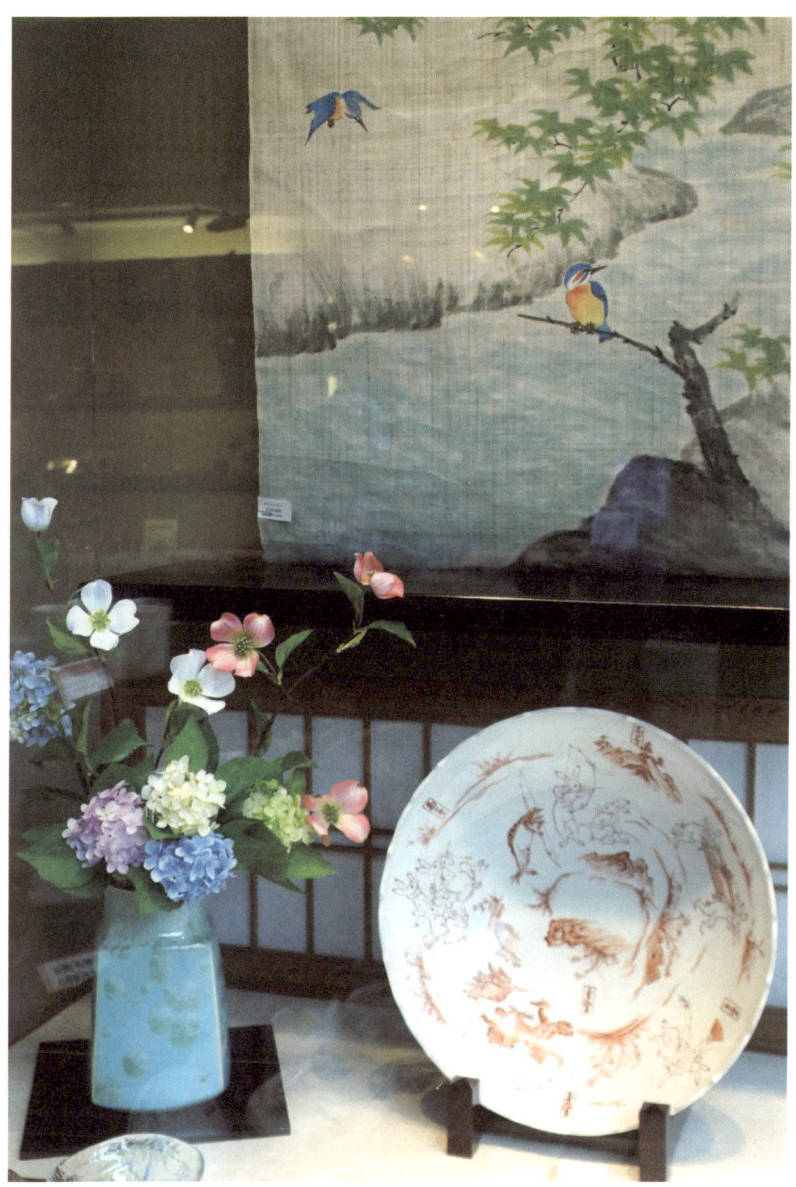

'아사히도'의 디스플레이는 교토의 멋 그 자체다.

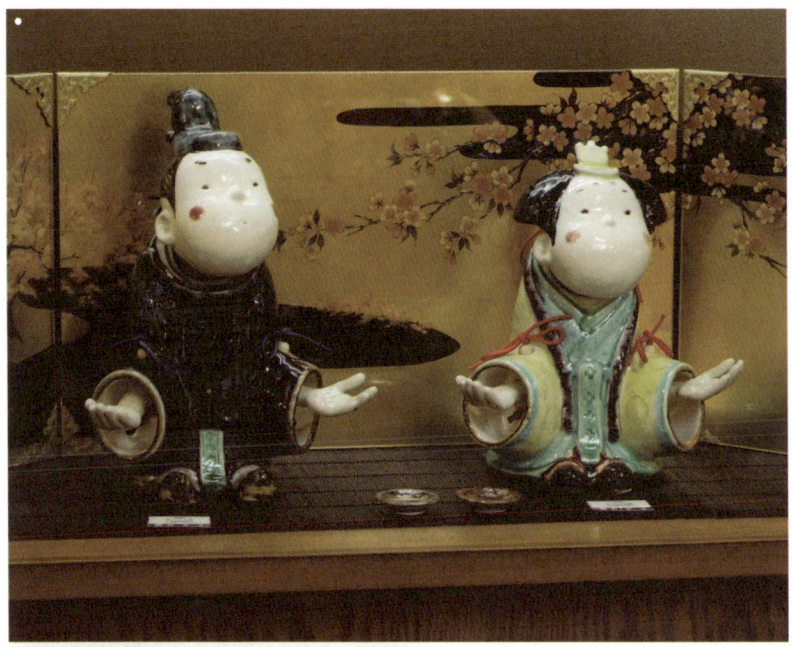

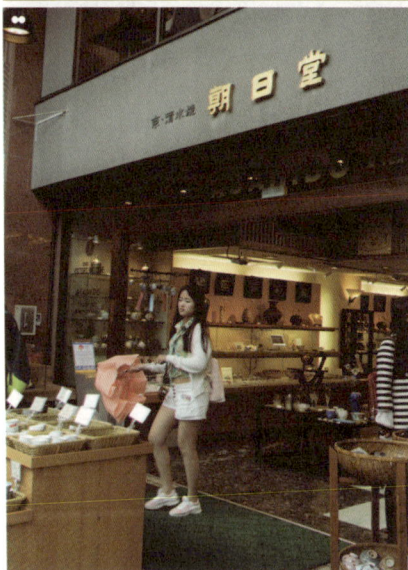

● '아사히도'의 도자기 인형

●● 교토 최대 규모의 교야키 전문 갤러리
　'아사히도'

에서 명맥을 이어오고 있는 '도쿄의 전통' 자체라고 해도 과언이 아니다. 최근에는 젊은 작가와 캐주얼 도자기, 전통 공예품을 소개하고 확산하는 '아사히도안朝日陶庵'을 설립해 해마다 줄어들고 있는 가마와 전통공예품을 북돋워 전통을 뒷받침하는 역할의 중심을 잡고 있다.

이 갤러리는 아트살롱 '구라くゟ'를 운영하면서 젊은 작가 중심으로 전국 도예가들의 작품 전시회를 월 2회 개최한다. 가까운 차완자카에서 '아트살롱 전시회'를 통해 호평을 받았던 사기장들의 작품을 다수 보유하고 판매하는 가게인 '비키美器'도 운영한다. 서쪽 교외의 대표적 관광지인 아라시야마嵐山 덴류

아사히도朝日堂 개요
- 주소 : 〒605-0086 京都府京都市東山区弁財天町17 スフェラ・ビル
- 전화 : (075)531-2181
- 영업시간 : 연중무휴. AM 09:00~ PM 18:00

[아사히도안朝日陶庵 / 다실 기요자카테이清坂亭 / 카페 아사히자카朝日坂 / 비키美器]
- 주소 : 京都市東山区清水1丁目287-1
- 전화 : 아사히도안　(075)551-1656　　기요자카테이　(075)541-9575
　　　　아사히자카　(075)531-2181　　비키　　　　(075)551-1670
- 영업시간 : 연중무휴. 09:30~17:30

[기키자케도코로336利き酒処336]
- 주소 : 〒605-0865 京都市東山区白派町572-3
- 전화 : (076)741-6996
- 영업시간 : 연중무휴. 11:00~19:00

[아라시야마嵐山 분점]
- 주소 : 京都市右京区嵯峨天龍寺門前
- 전화 : (075)882-0368
- 영업시간 : 연중무휴. 10:00~17:00

지天龍寺 앞에도 분점이 있다.

차완자카에서 기요미즈데라 조금 못 미처에 있는 '도고로東五六'의 재미있는 이름은 주소에서 유래한다. 건물 위치가 히가시야마구東山区 고조바시히가시 五条橋東 로쿠초메六丁目이므로, 글자를 하나씩 따와 지은 것이다. 1992년에 창립했으니, 역사는 그리 길지 않지만 역시 다양하고 걸출한 신진기예들의 양성 창구로 발돋움하고 있다. 작품 역시 개성 넘치고 활달한 것들이 많다.

'도고로'는 마쓰자키 미쓰오松崎満生, 1937~, 스기타 쇼헤이杉田祥平, 1942~, 고야마 겐이치小山研一, 1953~, 모리사토 다쓰오森里龍生, 1963~ 오가와 노부유키小川宣之, 1963~ 등 걸출한 많은 도예가들의 작품을 전시 판매하고 있다.

마쓰자키 미쓰오의 경우는 홋카이도 삿포로에서 태어나 삽화 화가를 하다가 1963년 그 일을 그만두고, 아이치 현 세토의 치쿠호 가마竹鳳窯에서 소메쓰케를, 기후 현 도키土岐 히라야마 가마平山窯에서 도화陶画를 배웠다. 1967년에는 교토 고조의 가노쇼코쿠 가마叶松谷窯에서 물레 성형을 배우니, 천하의 도요 명산지만 찾아다니며 기술을 연마한 셈이다. 대단한 명성을 얻은 사람도 아닌데, 그를 이렇게 자세히 설명하는 이유는 무릇 예술가는 모두 이런 시련과 깨달음의 과정을 거쳐야 하는 것이 아닌가 싶어서다.

마쓰자키는 이에서 그치지 않고 1974년 서양 도자기 연수를 위해 단독으로 유럽을 방문, 프랑스와 스페인 그리고 터키 등지를 돌면서 현재 작품의 기초가 되는 코우치 기법을 습득한다. 또한 1980년에 다시 유럽을 방문해 네덜란드 델프트Delft 04에서 코우치 유약에 의한 도판 제작을 연구하여 현재에 이르고

04 '블루 델프트' 도자기와 델프트 타일이 유명하다. 자세한 내용은 『유럽 도자기 여행 북유럽 편 개정증보판』 참조

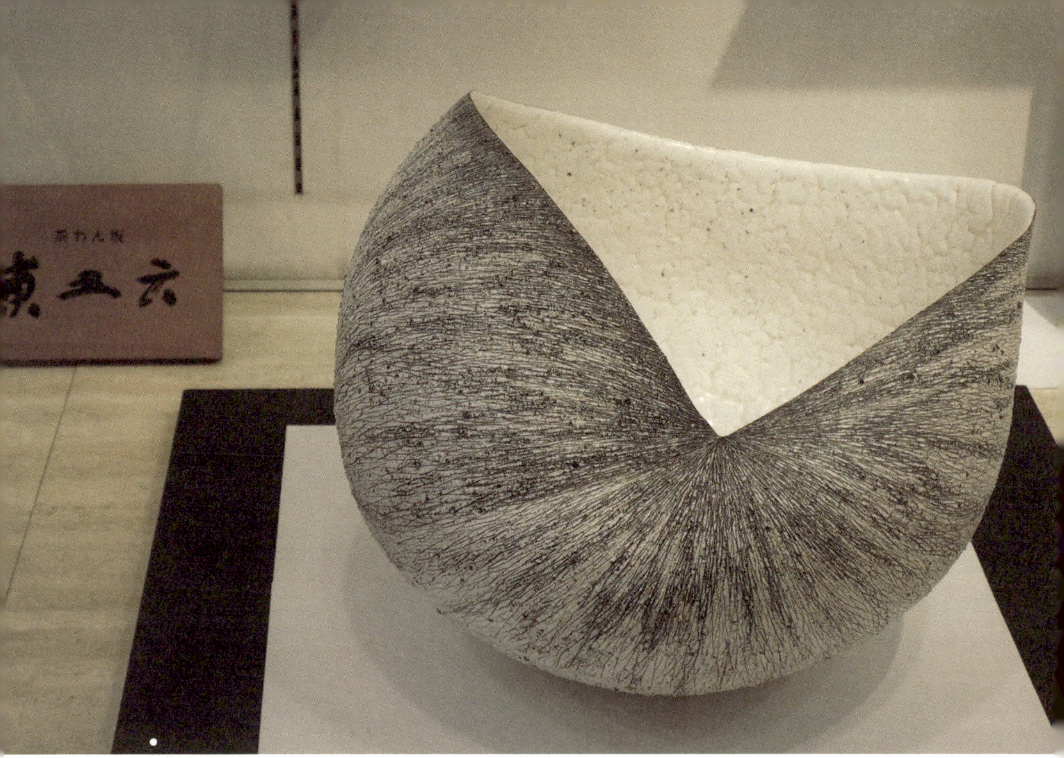

- 도고로의 현대적인 작품
- 도고로의 도쿠리와 술잔들

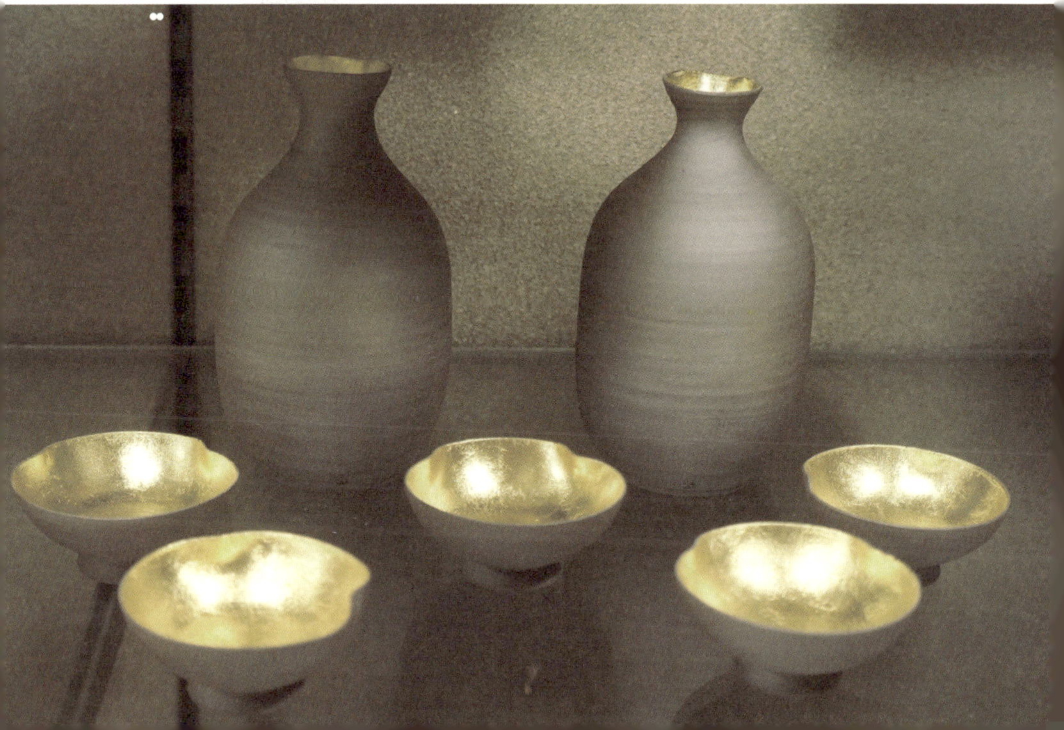

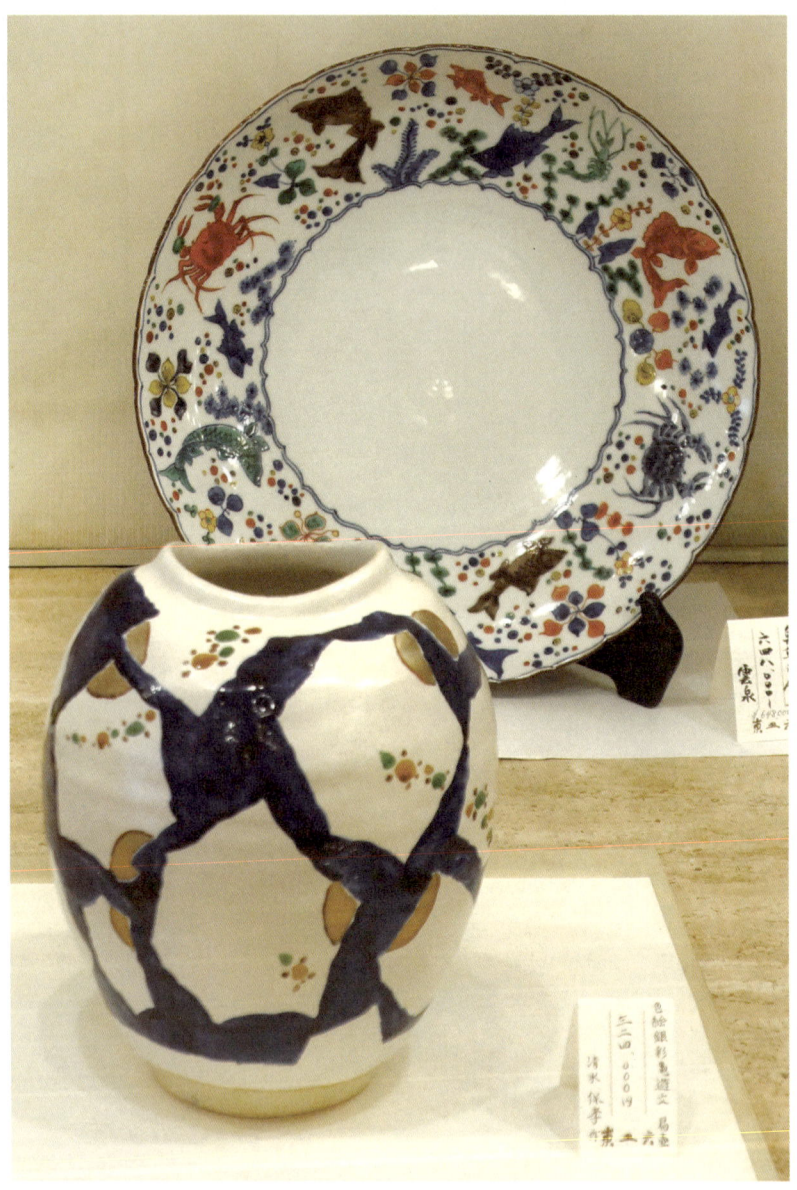

도고로의 전시 작품들. 뒤의 접시는 '운라쿠' 제품이다.

도고로東五六 개요
- 주소 : 〒605-0846 京都市東山区五条橋東六丁目539
- 전화 : (075)561-0056
- 홈페이지 : http://www.tohgoro.co.jp
- 영업시간 : 연중무휴. 09:00~18:00

있다. 대나무 숲을 묘사한 '사가노 죽림嵯峨野竹林'이 특히 유명하다.

스기타 쇼헤이가 일하는 세이간지 가마清閑寺窯는 메이지 초기에 기쿠지로菊次郎가 세이간지의 허락을 얻어 재건한 것이다. 원래는 8세기 무렵, 1장에서 나왔던 나라의 승려 교기가 세이간지 마을에서 도자기를 굽도록 한 것이 지금의 차완자카가 된 역사적 배경이라고 한다. 세이간지와 기요미즈데라는 사찰의 경계가 서로 닿아 있어서 예부터 경계를 둘러싼 알력이 매우 심했다. 아무튼 세이간지 가마는 2대 류사이龍齊와 3대 쇼헤이祥平를 거쳐 현재가 4대째다.

4대 쇼헤이는 1965년 라쿠 가문의 14대 가쿠뉴를 스승으로 받아들여 출입을 허락받았고, 우라센케 전국의 전시와 강연을 수행했다. 이후 가쿠뉴가 사망할 때까지 12년 동안 도예를 배웠다. 우라센케에 출입할 수 있었던 것은 가쿠뉴가 우라센케 센 겐시쓰에게 그를 천거했기 때문이다. 쇼헤이 작품 경향은 닌세이와 고기요미즈야키의 전통을 이어받은 것이다. 다도에 열중하고 있기 때문에 특히 찻사발에 걸출한 작품들이 많다.

교토를 여행하면서 기온시조祇園四条를 지나치지 않기란 불가능하다. 관광객들이 교토 역보다도 더 많이 가게 되는 곳이 아마 기온시조일 것이다. 가장 번화해서 많은 백화점과 쇼핑몰, 호텔들이 몰려 있고 교토를 대표하는 점포들도 죽 이어져 있다. 게다가 기온의 시라카와白川 천변을 따라서 봄 벗꽃과 여름

수양버들, 가을 단풍과 겨울 눈 풍경이 전해주는 정취를 제대로 느낄 수 있기 때문에 전통 있는 식당과 료칸, 찻집이 즐비하다. 한마디로 말해 교토의 핵심이다.

시라가와의 기온에 대해서는 이곳을 즐겨 찾았던 유명한 저술가 요시이 이사무吉井勇, 1886~1960가 이렇게 노래했다.

> 아무튼지 기온은 사랑하는 이와 잘 때도 베개 아래로 물이 흐른다.
> かにかくに祇園は恋し寝るときも枕の下を水が流るる.

오쿠다렌포도奥田連峯堂는 바로 이 같은 풍류의 복판, 기온시조의 터줏대감 같은 점포로 70여 년의 역사를 갖고 있다. 도자기뿐만 아니라 고서화 등 다양한 품목을 취급한다. 80여 년 역사의 류젠도龍善堂 역시 긴 시간 동안 교토 제일의 화사한 거리의 세월을 지켜보았다. 이 점포는 주로 다구를 취급하고 있는데, 가훈이 무척 흥미롭다. '도구들은 시집보내듯 다뤄야 한다お道具は嫁入りさせるが如く扱え'는 것. 이에 따라 다실의 손 씻는 곳인 미즈야水屋에서 손님에게 차를 타서 내놓는 법식을 말하는 다테마에点前 도구에 이르기까지 다양한 다기들을 정성스레 취급하고 있다. 도쿄 긴자에도 점포가 있다.

오쿠다렌포도奥田連峯堂 개요

- 주소 : 〒605-0073 京都府京都市東山区祇園町北側244
- 전화 : (075)561-3655
- 홈페이지 : http://www5b.biglobe.ne.jp/~renpoudo/
- 영업시간 : 수요일 휴무. 10:00~19:00

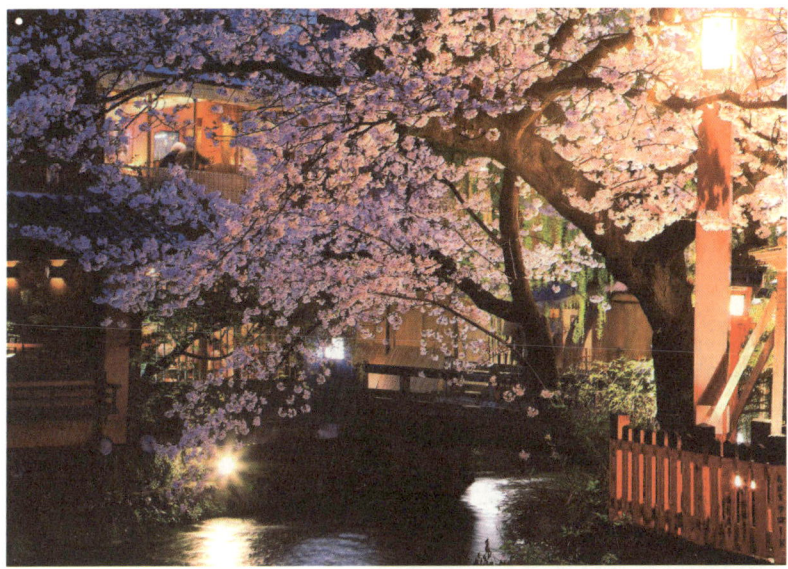

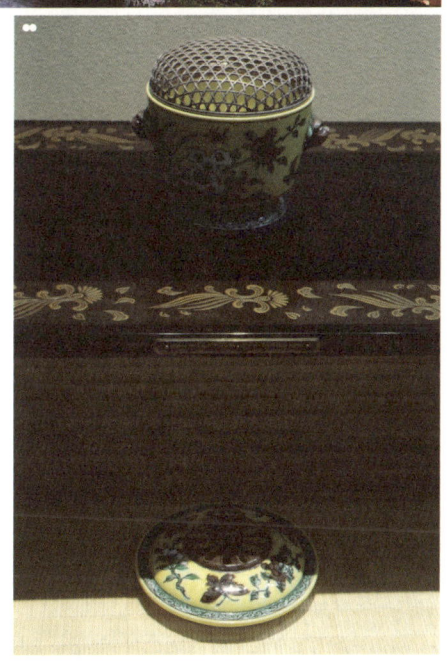

• 기온 시라카와에 봄이 왔다.
•• 오쿠다렌포도의 디스플레이

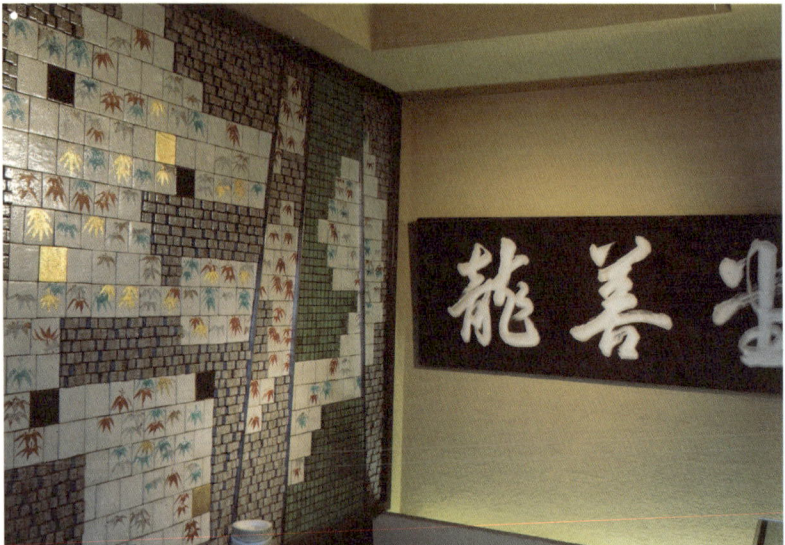

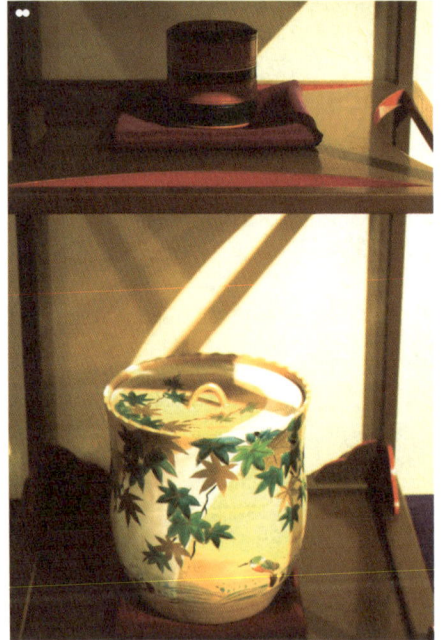

● 류젠도는 입구에
   화려한 장식 타일을 해놓았다.

●● 류젠도의 미즈사시와 다합(茶盒)

류젠도龍善堂 **개요**

- 주소 : 〒600-8002 京都府京都市下京区四条通寺町東入御旅町24
- 전화 : (075)221-2677
- 홈페이지 : http://rakkaninc.com
- 영업시간 : 수요일 휴무. 10:00~19:00
- 두 곳 모두 기온시조祇園四条 역에서 5분 거리다.

안 보면 후회한다 ❻
나미카와야스유키칠보기념관과 교토 칠보

한국민족문화대백과에 따르면 칠보七寶는 금속 등의 재료에 유리질을 녹여 붙이는 과정을 거쳐 아름답고 귀한 색상의 보배로운 물건을 만드는 공예 기법이다. 이때 부식을 방지하고 강도를 더해주어 마치 일곱 가지 보물 '금金·은銀·유리瑠璃·파리玻璃·차거硨磲·적주赤珠·마노瑪瑙'와 같은 색상이 난다 하여 '칠보'라고 했다. 우리나라에서는 '파란波瀾'이라고도 했다.

두산백과사전에서 발췌한 한국 고대 칠보의 내용은 이렇다. '한국의 고대 칠보는 삼국 시대의 금반지와 팔찌에서 처음 나타나며 이것은 저화도400~500℃에서 녹인 것으로 파란이라고 하며 청색 한 가지뿐이었다. 7세기의 것으로 평양 근교의 유적과 금강사지金剛寺址에서 발견된 녹색칠보 은제 장식이 있고, 8세기의 것으로 경주 분황사탑芬皇寺塔에서 발견된 녹색칠보 은제침통銀製針筒이 있다. 이후 조선 시대로 내려와서는 빨강·노랑·녹색·청색·보라·흑색 등을 썼고, 주로 부인용 장신구반지·팔찌·비녀·노리개·삼작·천도방울·고두새 등에서 유행했으며, 용기의 글씨에도 사용된 예가 있다'.

칠보는 엄밀하게 말해 도자기는 아니지만 도자기와 매우 밀접한 관련이 있다.

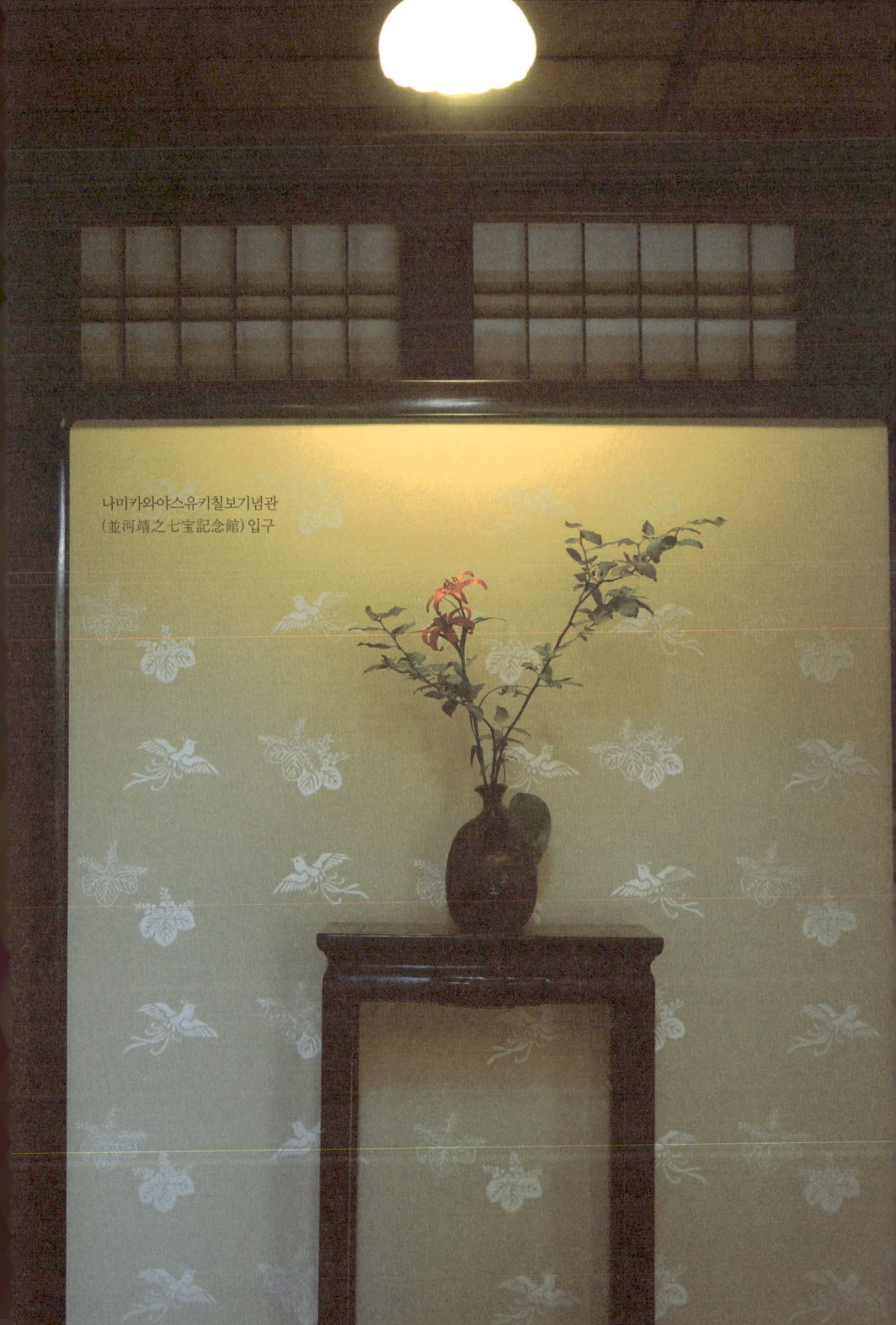

나미카와야스유키칠보기념관
(並河靖之七宝記念館) 입구

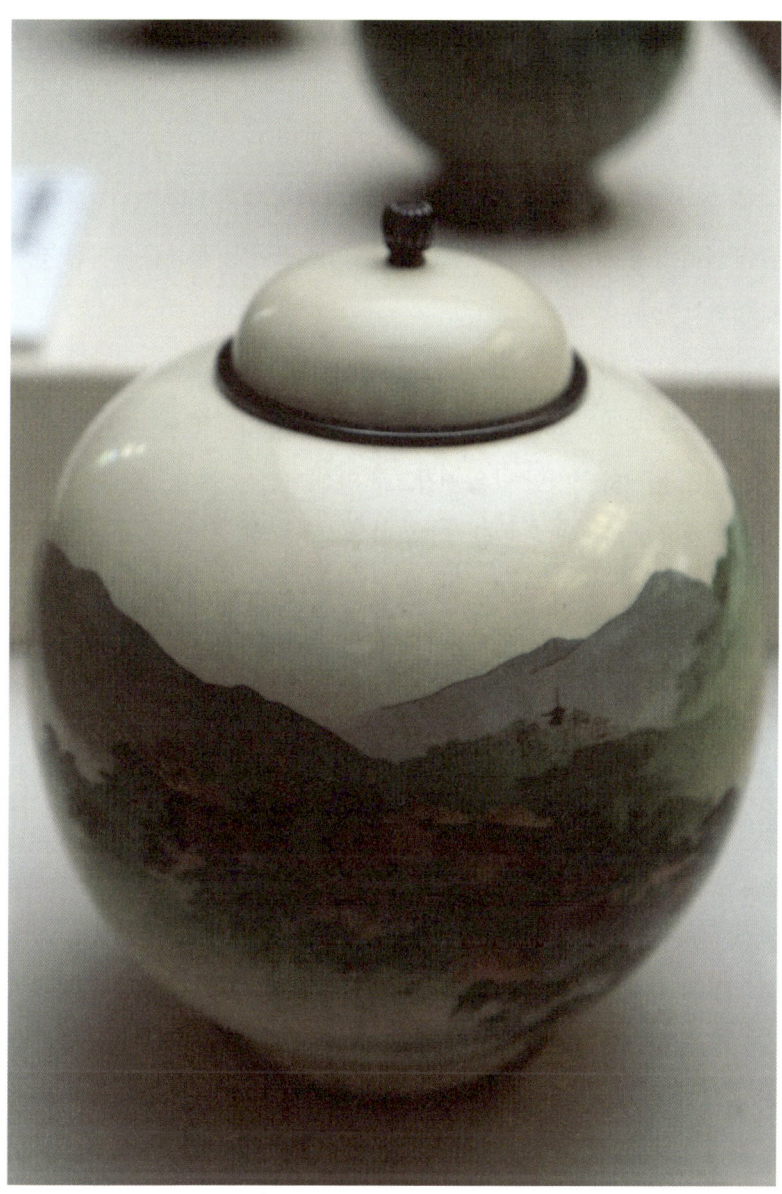

교토의 칠보 종지

또한 유약 등 도자기 제작 기술의 발전이 칠보의 진화를 이끌어왔다. 따라서 이 분야도 잠시 구경하고 넘어가도록 하자. 교토에서 칠보, 일본말로 싯포七宝를 만든 흔적은 모모야마 시대부터 에도 시대 초기 이후에 많이 볼 수 있다. 예를 들어, 호리카와 아부라노코지堀川油小路의 세공사 가조嘉長05는 고보리 엔슈에 의해 등용되어 왕실 가쓰라 별궁桂離宮의 손잡이 등 물류를 제작한 것으로 알려져 있다.

엔슈는 다이토쿠지 류코인의 다실인 밋탄세키密庵席나 고호안의 보센세키忘筌席 등에서 볼 수 있는 초가집과 서원을 융합한 다실 양식을 도입했다. 서원이 갖는 구조물 상의 특성인 낮은 천장으로 인한 단점은 구기카쿠시〈ぎ隠し06에 칠보를 사용해 완화했다. 또한 두껍닫이 손잡이 등에도 칠보를 도입해 선반 주위를 장식했다. 당시 칠보 장식으로 가쓰라 별궁의 선반 손잡이와 가노 단유狩野探幽가 수묵화를 그린 쇼킨테이松琴亭 두 칸짜리 두껍닫이 조가비 모양 칠보 손잡이가 유명하다.

다음으로는 히데요시와 이에야스의 전속 칠보 장인을 뜻하는 싯포시七宝師였던 히라타 히코시로도닌平田彦四朗道仁, 1591~1646이 독특하고도 투명한 유약을 사용하여 귀족과 무사 저택 구기카쿠시와 칼의 손잡이 부분 장식을 다루었다. 슈가쿠인리큐修学院離宮, 만슈인몬제키曼殊院門跡, 니시혼간지西本願寺 등의 칠보 유물도 유명하다.

교토의 칠보 그릇이 처음 사용된 기록은 또한 무로마치 시대 이전까지 거슬러 올라간다. 당시 쇼군 옆에서 예능을 담당하던 사람들인 도보슈同朋衆들은

---

05 모모야마 시대부터 에도 시대 초기까지의 주물, 금장, 세공, 칠보로 유명한 장인. 성과 생몰년은 미상이다.
06 못대가리를 감추기 위하여 그 위에 씌우는 쇠붙이 장식

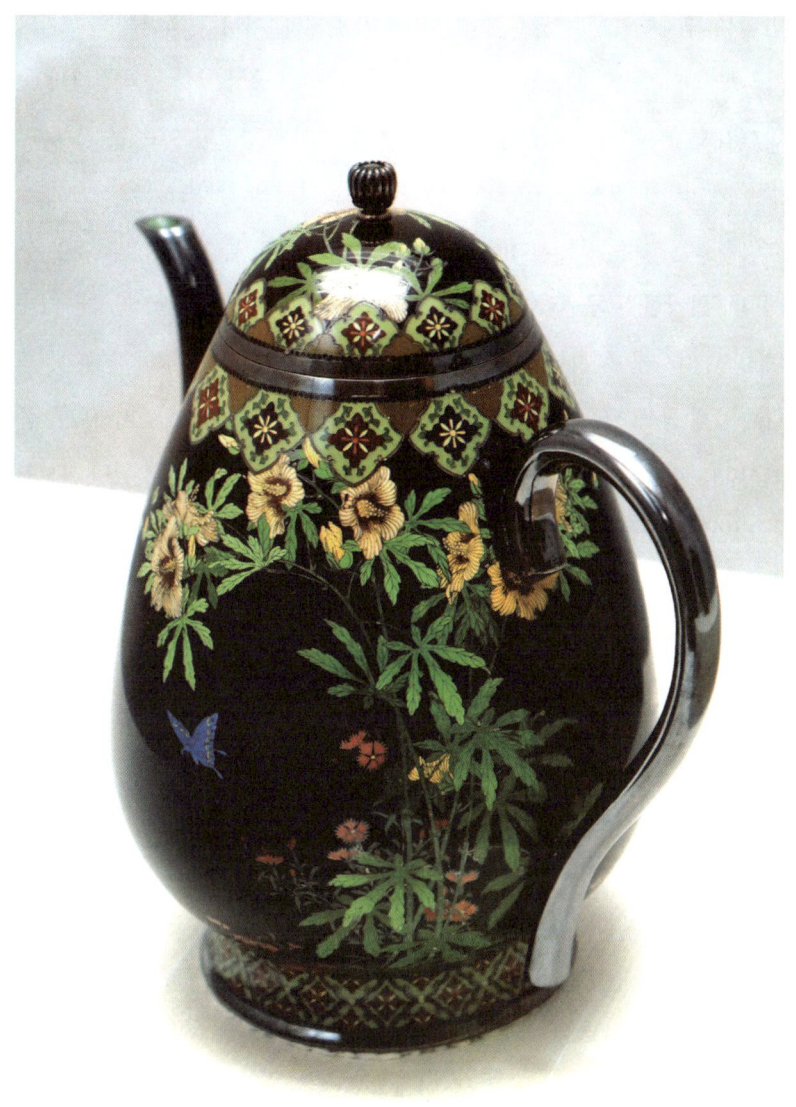

나미카와 야스유키의 칠보 주전자

만담과 곡예로 쇼군을 즐겁게 해주는 일만 한 것이 아니고, 정원을 만들거나 가라모노부교唐物奉行로 중국 수입 물품을 관리하고 중국 그림 등의 감정과 출납까지 담당하는 등 예능 전반을 총괄했다. 당시 유명했던 도보슈인 노아미能阿弥, 게이아미芸阿弥, 소아미相阿弥 3대는 서원 다다미 방 장식 양식을 창안했고, 그림에서는 고쿠슈国手, 렌가連歌에서는 소쇼宗匠 칭호를 들을 정도였다.

이렇게 막강한 문화 권력이었던 노아미와 소아미 등이 칠보기를 연회용 다다미 방인 자시키座敷 장식에 추천하고, 히가시야마도노고카이쇼東山殿御会所07의 다다미 방 장식으로 칠보를 사용했다. 그런데 전국시대 들어와 와비사비를 중요시하는 리큐의 다도가 융성하면서 화려한 색채의 몸통을 갖고 있던 칠보기는 다인이 사용하기 어려워졌다. 칠보 특유의 풍부한 색채와 장식성이 일반에게 다시 받아들여지게 된 것은 린파 시대를 맞이하고 난 다음의 일이다.

메이지에 들어와 도쿄로 수도를 옮기고 무사 시대가 종언을 맞이하면서, 무가 저택 등의 장식을 다뤄왔던 칠보 장인들의 가문은 큰 타격을 받는다. 에도 시대부터 7대가 이어졌던 '다카쓰키 싯포高槻七宝'도 메이지 원년 무렵 그 명맥이 끊어져 사라지고 만다.

그러나 해외박람회 등을 통해 도자기 해외 수출이 활발하게 이루어지자, 국가는 외화 획득 수단으로 공예품 생산을 장려하고 칠보 역시 수출 산업으로 지원함으로써 일본 각지에서 급속하게 발전하게 된다. 교토에서는 신흥 사업가뿐만 아니라 전통 도예가와 금장金匠도 독자적 기법을 고안하고 생산을 담당했다. 교토 세이미교쿠舎密局08는 독일 과학자 고트프리드 와그너Gottfried Wagener,

---

07 긴카쿠지의 전신
08 메이지유신 시기 화학 기술의 연구와 교육 및 권업을 위해 만들어진 관영과 공영 기관

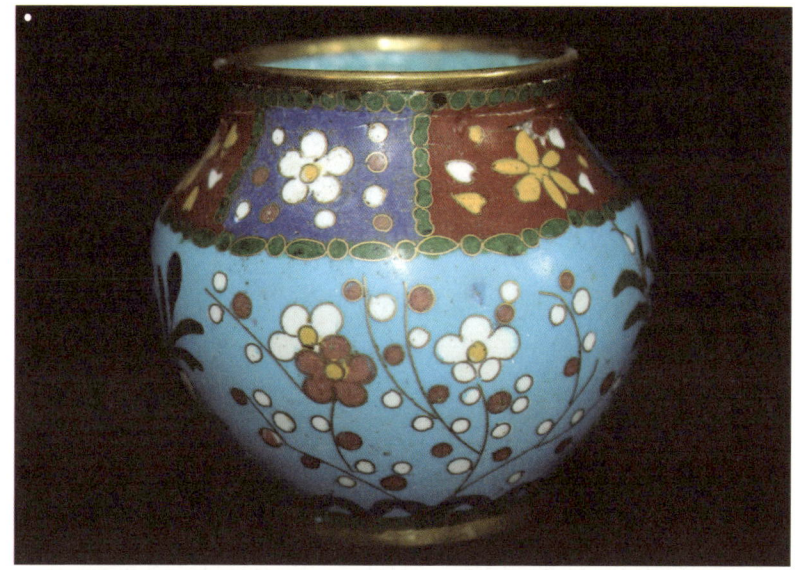

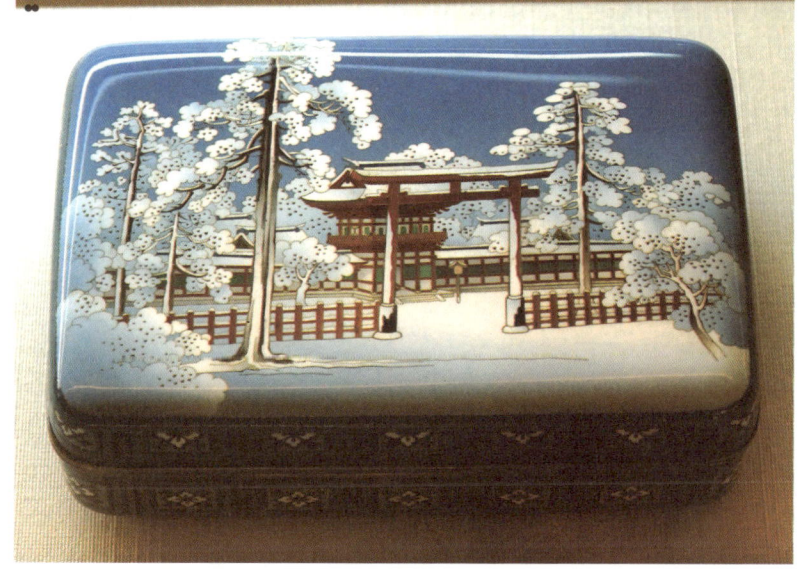

- 불투명 유약을 사용한 '진흙 칠보'
•• 나미카와의 칠보 담배상자

1831~1892를 초청하고, 그가 투명 유약을 개발함으로써 그때까지 쓰인 불투명 유약을 사용한 제품은 '도로싯포泥七宝:진흙 칠보'로 불리게 된다. 와그너는 1878년부터 3년 동안 교토 부에 정식으로 고용돼 당시 일본 국내 박람회 전반을 지도하는 한편 칠보 제품들의 품질 평가를 맡았다. 아울러 공예품에 대한 화학 기술 지도 및 강의를 했다. 현재도 사쿄구左京区 오카자키岡崎 공원에서 볼 수 있는 공적비는 이 당시 그의 공헌을 기념하는 것이다. 이렇게 와그너에 힘입어 새로운 기술을 획득한 교토 칠보는 나미카와 야스유키並河靖之, 1845~1927의 활약으로 국제적으로 평가받는 걸작이 탄생한다.

나미카와는 금속 선을 디자인의 일환으로 활용하여 칠보의 독특한 정취를 빼냈다. 그의 칠보는 금속의 질몸체에 문양 윤곽선으로 가늘고 얇은 금색과 은색의 금속 와이어를 테이프 모양으로 붙여넣고, 그 선과 선 사이에 유약을 바르고 소성과 연마를 반복한 '유센싯포有線七宝' 방식이다. 작품은 전체적으로 작고, 그려진 그림은 화조풍월도花鳥風月図에서 명소도名所図까지 다양한데, 마치 붓으로 그린 것처럼 섬세하게 처리돼 있다.

그는 또한 독자적으로 개발한 흑색의 투명 유약인 통칭 '나미카와오쿠로ナミカワの黒'로 배경을 검게 발라 초목이나 나비 등이 선명한 색채의 영상으로 돋보이게끔 했다.

도안의 대부분은 나가와라 뎃센中原哲泉, 1864~1942이 맡았는데, 봉황과 용, 나비 등의 화면에는 그와 친숙한 교토의 귀족 문화가 반영되어 있다. 나가와라는 나중에 역시 교토 세이미교쿠에서 일 년 동안 칠보 기술을 배운 다음 나미카와 집과 시라가와의 서쪽에 자신의 공방을 설립해 직접 칠보를 만들었다. 나미카와가 공방을 차린 산조오하시三条大橋와 산조시라가와바시三条白川橋 일대에

는 나미카와의 성공을 모델로 삼아 긴운켄錦雲軒 등 20개 이상의 칠보공방이
처마를 나란히 했다.

교토에서는 칠보의 인접 분야인 주조, 쓰이킨鎚金:망치로 금속판을 얇게 만드는 일, 금속
조각, 상감, 도자기 등이 성장해나갔고, 그 주변 영역과 장인들끼리 기술이 교
환됨으로써 교토 칠보 기반이 마련되었다. 전통적으로 칠보의 몸체는 금속이
라서 금속공예 일환으로 칠보가 만들어졌지만 메이지 시대에는 흙으로 질을
만드는 비금속 도자기와도 밀접한 관계를 맺고 있다.

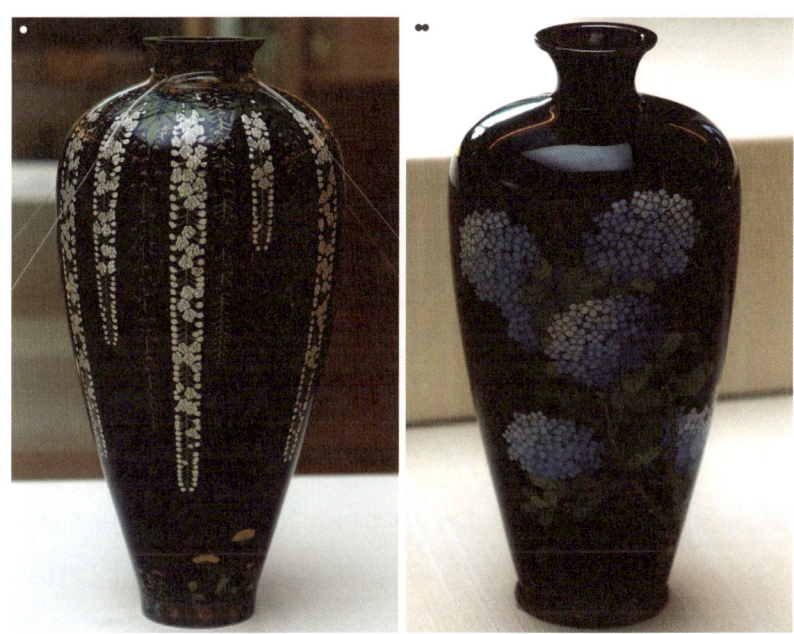

● '나미카와오쿠로' 기법의 칠보 꽃병
●● 수국이 그려진 나미카와 칠보 꽃병

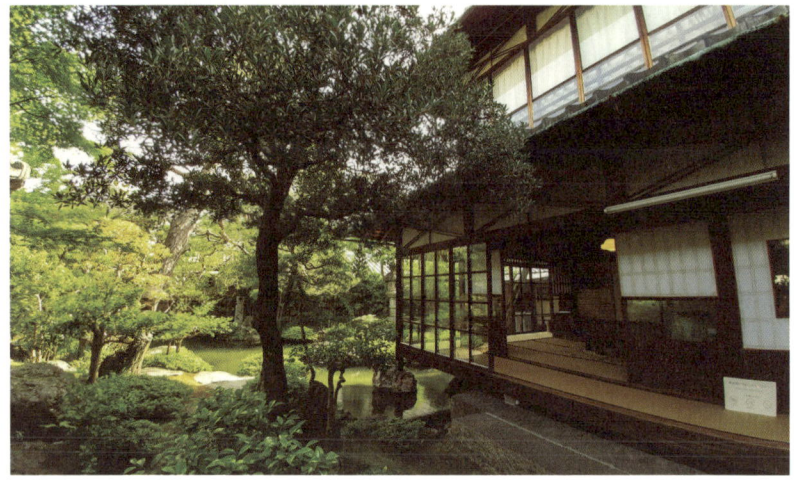

나미카와가 '파리뎅'이라고 부른 그의 정원

교토 칠보 산업의 중심으로 시라가와 다리에서 호리이케초堀池町에 끼워진 산조도리三条通의 남북으로 펼쳐져 있는 지역은 그 동쪽에 있는 기요미즈와 대등한 교토의 양대 도자기 아와타 생산지 인접 지역이었다.

그 영향으로 아와타 도자기의 많은 업체들이 '도다이싯포陶胎七宝'라고 부른 도자기를 모태로 이용한 칠보 작업을 했다. 나중에 긴운켄錦雲軒을 나미카와에게 양도하는 오자키 규베에尾崎久兵衛도 그런 사람 중 한 명이었다. 또한 앞에서 많이 나왔던 이름들인 긴코잔 소베이 6대, 야스다 겐시치安田源七 14대, 기타무라 조베에北村長兵衛 등이 도자기 칠보를 다루고 있다. 아와타를 따라서 기요미즈 사기장들도 도자기 칠보 생산에 나서고 있지만 곧 와그너에 의해 개선된 유약에 따라 구리 몸체의 칠보 생산이 증가하면서 '도다이싯포'는 더 이상 생산하지 않게 되었다.

메이지에서 다이쇼 시대에 걸쳐 생산된 칠보 제품 대부분은 외화 획득 수단으로 해외에 수출되어 일본에 남아 있는 것이 별로 없다. '기요미즈산넨자카미술관淸水三年坂美術館'이 해외에서 메이지 시대의 나미카와의 작품을 다시 사들여와 '나미카와야스유키칠보기념관'을 설립하면서 이곳이 일본에 남아 있는 나미카와의 작품을 볼 수 있는 몇 안 되는 장소가 되고 있다.

일본 국외에서는 '칠보라고 하면 나미카와'라고 할 정도로, 교토의 나미카와는 도쿄의 나미카와 소스케濤川惣助, 1847~1910와 함께 그 이름을 인정 받아왔다. 한자는 다르지만 성씨의 발음은 같으니 외국인들에게는 이 두 사람이 매우 헷갈릴 것이다. 교토의 나미카와야스유키칠보기념관은 그의 저택 겸 공방이었던 건물을 개조한 것으로, 작품 143점을 소장하고 있다.

나미카와 저택의 신축은 1889년메이지 22년 파리 만국박람회에서 금상을 수상했기 때문에 매우 순조로웠다. 그의 박람회 도전은 1875년메이지 8년 교토박람회 동상 수상을 계기로 시작되어, 1876년 필라델피아박람회 동상, 1878년 파리박람회 은상으로 이어지다가, 마침내 금상 수상까지 이르게 된 것이다. 그의 국내외 수상은 모두 31회에 달한다. 그가 집을 새로 지으려고 마음을 먹은 것

나미카와야스유키기념관並河靖之七宝記念館 **개요**
- 주소 : 〒605-0038 京都市東山区三条通北裏白川筋東入堀池町388
- 전화 : (075)752-3577
- 홈페이지 : http://www8.plala.or.jp/nayspo/
- 영업시간 : 월요일과 목요일은 휴관. 10:00~16:30
- 대중교통 : 지하철 도자이센東西線 히가시야마 東山 역 1번 출구에서 약 3분
  버스 201, 202, 203, 206번 히가시야마산조 東山三条 하차, 도보 3분

도 그의 소문을 듣고 찾아오는 외국인 바이어들의 큰 키와 신체에 어울리는 집이 필요했기 때문이었다. 저택 신축은 1893년 시작해 1894년 완성했는데 그는 파리 수상 기념으로 자신의 정원을 '파리뎅巴里庭'이라고 불렀다.

1896년 나미카와는 마침내 왕실이 인정하는 인간국보가 되었다. 칠보 분야에서 인간국보는 그와 라이벌 나미카와 소스케뿐이다.

안 보면 후회한다 ❼
끝이 없는 교토……

일본에서는 청어를 많이 먹는다. 특히 말린 청어, 그러니까 우리나라의 과메기처럼 가공한 청어가 흔하다. 이를 '미가키 니싱身欠きにしん'이라 한다. 머리를 떼고 내장을 제거하여 '말끔히' 말린 청어라는 말이다.

교토를 비롯한 간사이 지방에서는 '니싱소바にしんそば'를 먹는다. 꼭 먹어봐야 할 향토 음식의 하나다. 이것을 말 그대로 한글로 풀어쓰면 청어메밀국수다.

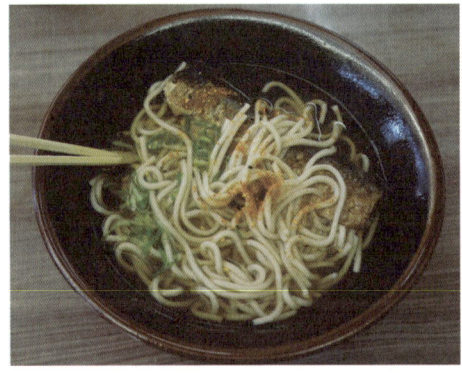

교토와 간사이 지방의 향토 음식인
'니싱소바(청어메밀국수)'를 담은
질그릇

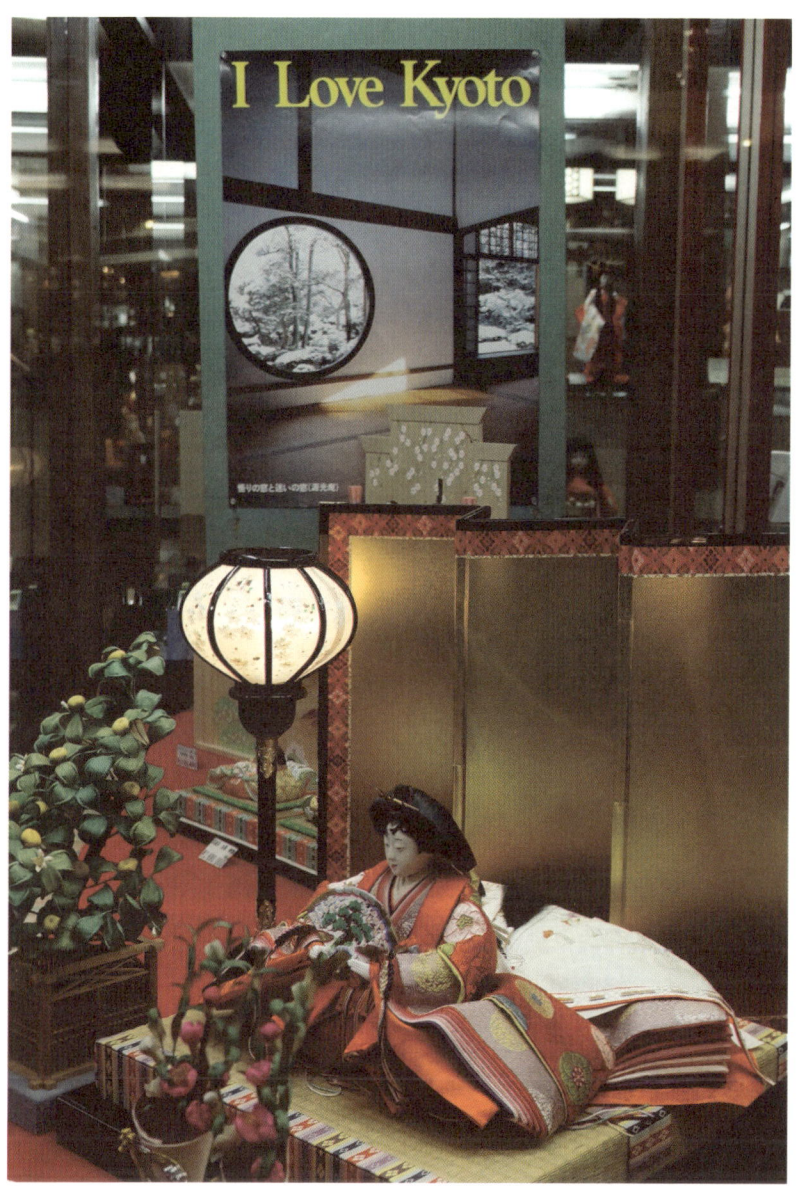

교토는 거리 곳곳마다 보물을 숨겨놓은 듯하다.

메밀국수에 청어라니! 엄청 비릴 텐데 그걸 어떻게 먹지?

필자는 니싱소바를 얼떨결에 처음 먹어보았다. 오사카 난바^{難波} 역 앞의 허름한 가게에서 제일 비싼 것이 좋은 것이려니 하고 그냥 제일 비싼 소바를 주문했다. 그런데 나중 나온 것을 보니 소바 복판에 떡하니 생선 한 마리가 들어 있었다. 이걸 어떻게 먹나 싶었지만, 이미 돈은 지불했고 배고픈 김에 질끈 눈감고 젓가락을 들었다. 그렇게 시작한 '미지와의 조우'다. 말린 청어는 전혀 비리지 않았고, 오히려 달짝지근하기까지 했다. 그 달짝지근한 약간의 비릿함이 소바 국물에 우러나오고 어우러지면서 독특한 맛을 전해준다.

교토는 바다와 거리가 머니 당연히 청어가 나는 지역이 아니다. 그런데 어떻게 니싱소바 같은 음식이 생겨나게 되었을까? 역설적으로 교토의 그런 지리적 여건이 오히려 니싱소바를 향토 음식으로 자리잡게 해주었다. 싱싱한 해산물을 얻을 수 없으니 말린 생선이라도 맛있게 요리하는 방법을 강구한 결과인 것이다. 경북 안동에서 간고등어가, 영천에서 돔발상어가 향토 음식이 된 것과 비슷한 현상이다.

이야기 주제가 약간 빗나갔지만 교토는 이렇게 길거리에서 먹는 니싱소바부터 성 한 채 가격과 맞먹는 도자기까지 지나는 길손을 사로잡는 매력적인 오브제로 가득하다. 소바를 담은 싸구려 질그릇에서부터 최고급 다기까지 그 모두가 사랑스럽기만 하다. 도시의 여기저기에 산재해 있는 사찰과 암자들은 신비로움을 더한다. 수많은 박물관들과 갤러리는 또 어떠한가? 교토는 거리 곳곳마다 보물들을 숨겨놓은 듯하다. 그러니 교토를 여행한다는 것은 숨겨놓은 보배들을 찾으러 헤집고 다니는 보물찾기와 같다.

도대체 교토는 얼마나 가야 웬만큼 알았다고 할 수 있을까? 필자는 교토만 거의 열 번 정도 가본 것 같은데, 아직도 이곳에 대해 잘 안다고 자부할 수가 없다. 자부하기는커녕 여전히 모르는 것투성이고, 가보고 싶은 곳과 알고 싶은 것 천지다. 그러니 여행에서 돌아오면 바로 다시 가고 싶어지는 곳이 교토인 것이다.

그러나 매력으로서의 교토만 존재하는 것은 아니다. 일본 땅 모두가 그렇지만 교토 역시 우리에겐 잊을 수 없는 역사의 땅, 교훈의 땅이다. 결코 망각할 수 없는, 망각하면 안 되는 교과서로서의 교토다. 대표적인 곳의 하나가 귀무덤耳塚과 도요토미 히데요시를 기리는 신사다.

귀무덤은 말 그대로 귀를 묻은 무덤이다. 그러나 실제로 묻힌 것은 임진왜란 때 일본군에 의해 죽음을 당한 우리 선조들의 코다. 일본군이 전리품을 확인하기 위해 목 대신 베어갔던 코를 묻은 무덤인 것이다.

당시 히데요시의 휘하 무장들은 부피가 큰 목 대신 코를 베어 소금에 절여 일본으로 가져갔다. 그러면 히데요시는 일일이 그 숫자를 센 뒤 영수증을 써주고 장수들에게 감사장을 써 보냈다. 그런 다음 일본 온 나라를 자랑스레 순회한 뒤 교토에 묻었다. 따라서 본래 이름은 코무덤鼻塚이었으나 이름이 섬뜩한 데다 에도 시대 초기 유학자 하야시 라잔林羅山이 코무덤은 너무 야만스럽다며 귀무덤이라고 하자 해서 바뀌었다.

현재 교토 시가 세운 코무덤 설명 팻말에는 '귀무덤'이라 쓰고 괄호 안에 '코무덤'이라고 덧붙여놓았다. 이 코무덤에는 조선인 12만 6,000명의 코가 묻혀 있다고 한다.

코무덤은 도요토미 히데요시를 받드는 도요쿠니 신사豊國神社에서 불과 100여 미터 떨어진 건너편 공원에 방치돼 있다. 그러니 신사 정문 앞 길 건너에 귀무

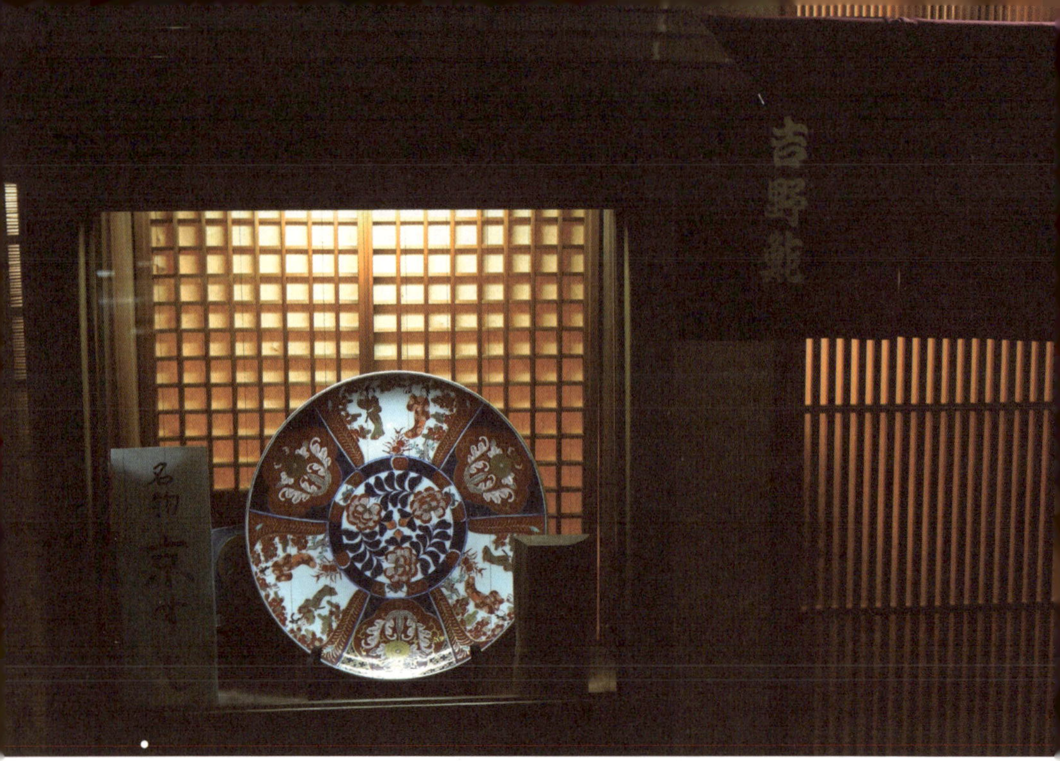

- 고이마리(古伊万里) 접시를 디스플레이로 내세운 교스시(京すし) 전문점 요시노스시(吉野鮓)
- 귀무덤이 아니라 코무덤이다. 민가 사이에 방치돼 있다.

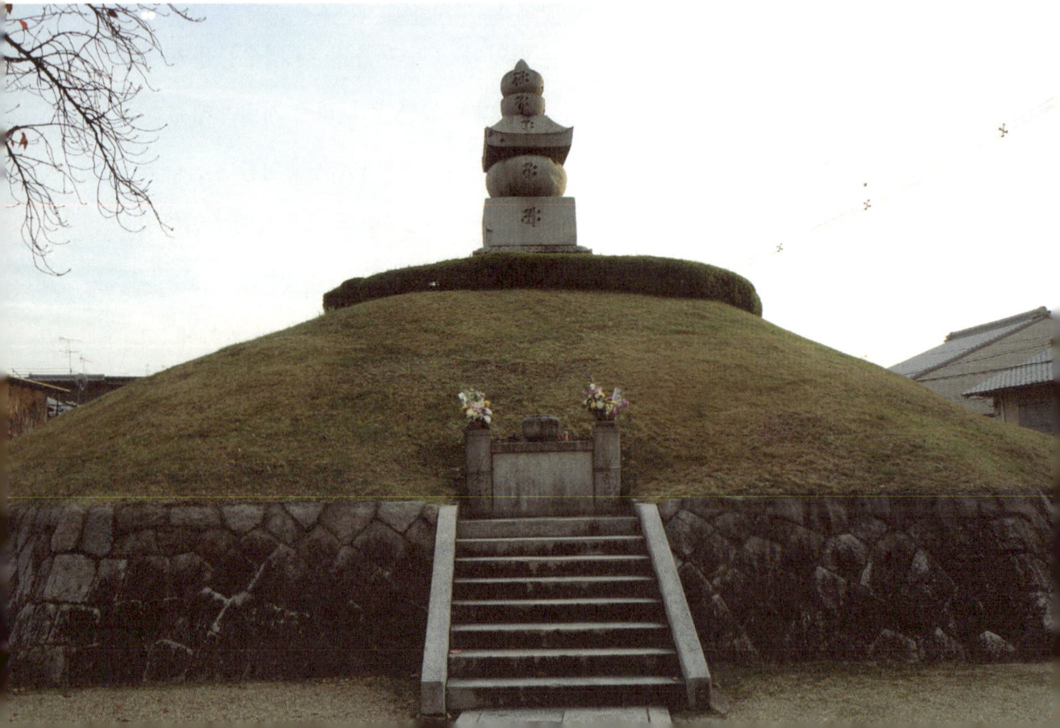

덤이 있는 것이다. 이래저래 조선에게 히데요시는 뗄 수 없는, 불가역적의 원흉元兇이다.

아베 신조安倍晋三가 푼돈 10억 엔으로 위안부 문제를 불가역적으로 해결했다면서 사과 편지에는 '털끝만큼도 생각하지 않고 있다'고 하는 것이나 '한·일 군사정보보호협정GSOMIA'의 조속한 체결을 서두르는 것 등은 모두 히데요시의 발상과 떼어놓을 수 없다. 그들은 여전히 조선 침공에 대한 히데요시의 망상을 이어가고 있는 것이다.

이런 차원에서 히데요시 신사는 다시 볼 필요가 있다. 히데요시는 정유재란 와중인 1598년 8월 18일 사망했다. 그의 부하들은 1599년 4월 13일 장례식을 거행한 후 그를 교토의 호코지方廣寺 뒷산에 안장했다. 그리고 도요쿠니 신사를 세우고 히데요시를 도요쿠니 대명신豊國大命神으로 떠받들었다.

히데요시가 사망하자 도쿠가와 이에야스는 1600년 세키가하라 전투에서 도요토미 세력을 꺾고 에도 바쿠후 시대를 열었다. 그는 히데요시 본거지였던 오사카에 두 차례 출진해 히데요시 가문을 멸망시켰다. 그리고 히데요시를 신으로 섬기는 도요쿠니 신사를 철폐하고 도요쿠니 대명신이란 호칭의 사용도 금지했다. 도요토미 잔존 세력은 하급 무사로 근근이 명맥을 이어갔다.

메이지유신은 이렇게 몰락한 도요토미의 후예들이 일왕 메이지를 추대한 쿠데타다메이지의 성공 등 자세한 이야기는 『일본 도자기 여행 규슈의 7대 조선 가마』 참조. 바쿠후의 권력을 일왕에게 넘기라는 '대정봉환大政奉還'을 명분으로 삼았기에, 이른바 대정大政을 넘겨받은 메이지는 1868년 오사카에 행차해 히데요시에 대해 "황위皇威를 해외에 떨쳤음에도 수백 년간 묻혀 있었으니 한심하도다"라면서 신사 재건을 선포했다. '황위를 해외에 떨쳤다'는 것은 물론 조선을 침략했다는 이야기다.

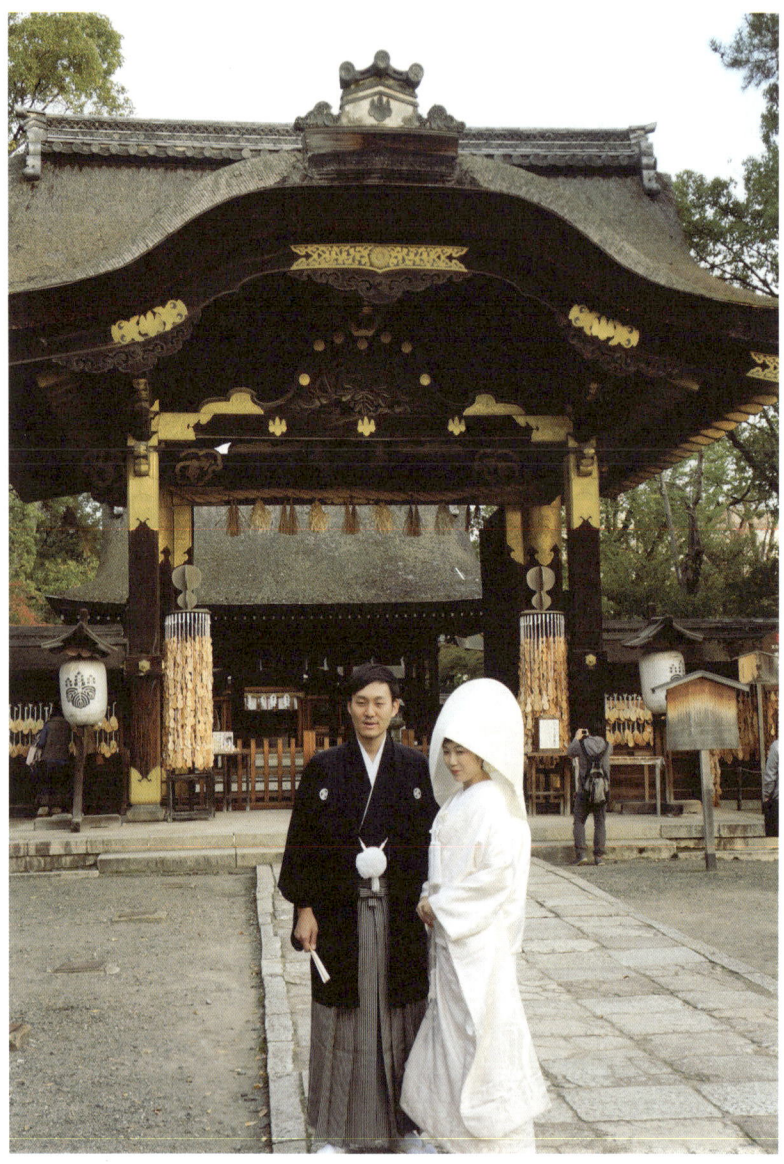

한일 관계의 냉엄한 현실을 뒤로 하고 히데요시를 기리는 도요쿠니 신사 앞에서 결혼사진을 찍는 커플. 뒤의 문은 후시미 성을 폐성하면서 옮겨온 것으로 일본 국보다.

이리하여 호코지 대불전 터에 도요쿠니 신사가 재건됐는데, 때마침 히데요시 유골이 담긴 항아리가 발견됐다면서 그 자리에 거대한 오륜탑도 축조했다. 1898년 히데요시 사망 300년을 기리는 거대한 제사를 거행했다. 이 자리에는 총리대신 이토 히로부미伊藤博文와 군부 실세 야마가타 아리토모山縣有朋, 명성황후를 시해한 극우 낭인 조직 겐요샤玄洋社의 도야마 미쓰루頭山滿도 참석했다. 이 자리에서 이들은 도요토미가 완성하지 못했던 조선 정벌 완수를 다짐했고, 불과 22년 만인 1910년 이 다짐은 현실이 돼 대한제국은 일제에 강점됐다. '겐요샤'는 지금 일본 폭력극우 정치결사의 원류라고 할 수 있다.

아베 신조를 비롯한 극우 정치인들의 발언이 충분히 암시하듯, 이들의 조선 정벌 야욕은 아직 종식되지 않은 듯하다. 히데요시의 후예들이 300년 이상을 기다려 이 땅을 재점령한 사실을 생각하면, 이들에게 지난 70여 년은 그리 긴 세월이 아닐지도 모른다. 일본 극우파는 전혀 변하지 않았다.

그런데도 우리 땅에 있는 친일 세력과 그 후손들은 틈만 나면 이들과 결탁하고, 민족의 자주적 존엄성을 해치려 한다. 그것은 해방 이후 우리가 친일 청산에 실패하고, 친일 세력이 자본과 권력을 계승받아 쿠데타로 독재 정권을 유지하는 등 일정 지분 주도권을 행사하고 있기에 가능한 일이다. 바로 그래서 일본의 극우는 우리를 더욱 우습게 여긴다. 다시 강조하지만 한일 관료와 정치가들이 민심을 무시하고 심지어는 기만한 채 밀실에서 자기들끼리 어떠한 밀약을 하고 어떠한 야합을 한다 해도 한일 관계는 1592년의 상황에서 '불가역적으로' 변함이 없는 것이다.

CHAPTER

06

우지, 오사카
宇治, 大阪

/

교토 옆이라서
슬픈
우지와 오사카

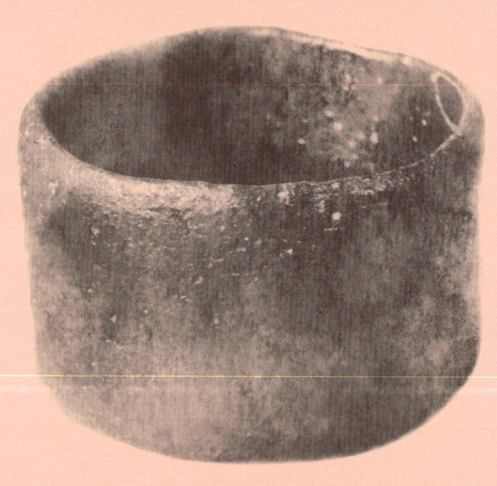

여름풀과 강했던 무사들의 꿈의 흔적

夏草や つわものどもが 夢の跡

— 마쓰오 바쇼의 하이쿠

일본 여행에서 빠질 수 없는 것 중의 하나가 페트병에 든 녹차 음료수다. 가는 곳곳 어디에나 있는 자동판매기에서 손쉽게 구할 수 있는 녹차는 최고의 길 벗이기에 충분하다. 필자가 즐겨 마시는 것 중의 하나 '아야타카綾鷹'라는 상표다. 일본 코카콜라 제품이지만 녹차 재료는 모두 우지 산이다. 오랜 연구 기간을 거쳐 지난 2007년 처음 시판을 시작했다.

우지는 교토와 매우 가까워서 교토 위성도시 같은 느낌이 강하다. 오래 전부

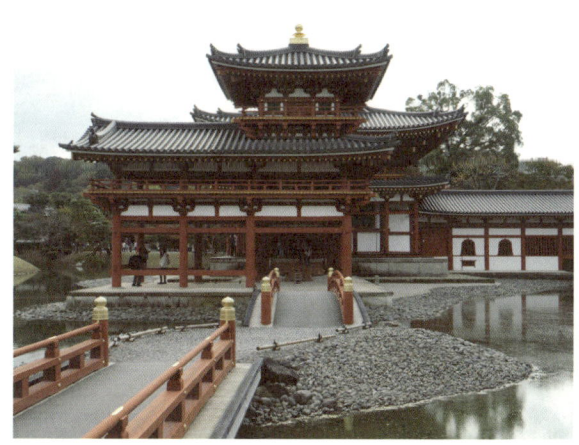

보도인의 호오도

터 교토 왕실과 귀족, 무사들에게 차를 공급하는 역할을 맡아왔기 때문에 더욱 그렇다. 일반인들에게 우지 관광은 건물 자체가 국보이고 내부에 아미 타여래상을 비롯해 3점의 국보를 소장하고 있는 뵤도인의 호오도^{鳳凰堂}가 가 장 우선일 것이다. 1052년 후지와라 가문의 전성기에 간파쿠였던 요리미치 ^{藤原頼通}가 아버지 별장을 사원으로 개축한 것이다. 일본 3대 명종의 하나인 범종을 비롯해 4점의 국보를 소장한 호모쓰칸^{寶物館}도 바로 옆에 붙어 있어, 조금이라도 늦으면 길게 줄을 서서 입장 순서를 기다려야 할 정도로 사람이 많다.

그러나 우지의 본래 가치는 일본 최고의 차 생산지라는 사실에 있다. 유명한 상점과 다실도 적지 않고, 차와 얽혀 있는 이야기들도 많다. 우지 차는 반드시 우지에서 생산한 것만을 말하지 않는다. 교토 부, 나라 현, 시가 현, 미에 현의 차를 교토 부에 속한 업체가 우지 지역에서 마무리 가공한 것이면 우지차라 한다. 시즈오카 차^{静岡茶}, 사야마 차^{狭山茶}와 함께 '일본 3대차'라고 한다. 사야마 차는 생산량이 적어서 시즈오카 차와 함께 양대 차로 꼽힌다.

가마쿠라 시대 초기 일본 끽다의 습관을 넓힌 에이사이는 송나라에서 가져온 차 씨를 차항아리에 넣어 묘에^{明惠, 1173~1232} 스님에게 보냈다. 묘에는 그 씨앗을 도가노^{栂尾}의 후카세^{深瀬} 땅에 심은 후 우지에도 이식했다. 13세기 중반 고사가 ^{後嵯峨} 일왕이 우지를 방문한 것을 계기로 뵤도인에 고마쓰 다원^{小松茶園}, 고하타 ^{木幡}에 니시우라 다원^{西浦茶園}이 만들어지면서 본격적인 녹차 재배가 시작되었 다. 남북조 시대에는 도가노에서 생산한 차를 '혼차^{本茶}', 다이고^{醍醐}와 우지 차 는 '히차^{非茶}'라고 했다. 도가노 차가 원류고 나머지는 그 아류라는 얘기인데, 이에 따라 앞 장에서 말한 바와 같이 남북조 시대에서 무로마치 시대에 걸쳐,

차의 산지를 맞추면서 점수를 겨루는 '투차' 놀이가 유행했다.

남북조 전기부터 중기에 걸쳐 우지 차는 도가노 차를 이은 존재에 불과했다. 그러나 무로마치 바쿠후 3대 쇼군 아시카가 요시미쓰의 비호 아래 발전하기 시작해 남북조 말기부터 15세기 중반까지 눈부시게 융성했다. 당시 간파쿠를 지낸 이치조 가네요시一条兼良의 기록에 의하면 '우지는 근래 최고의 쇼우간賞玩· 賞翫01'이라고 표현하고 있다.

또한 1564년 무로마치 바쿠후 13대 쇼군 아시카가 요시테루는 우지 차의 장점을 인정하고 뛰어난 명원茗園을 후세까지 기리라는 의미에서 '우지 7대 명원宇治七茗園'을 지정했다. 이는 모리森, 이와이祝, 우몬지宇文字, 가와시모川下, 오쿠노야마奥の山, 아사히朝日, 비와琵琶의 일곱 곳이다. 요시테루는 이를 지정하면서 '모리, 이와이, 우몬지, 가와시모, 오쿠노야마, 아사히 그리고 비와가 있음을 알아라森, 祝, 宇文字, 川下, 奥の山, 朝日に続く琵琶とこそ知れ'란 와카까지 읊었다.

그러나 일곱 다원은 세월과 함께 사라지고 유일하게 오쿠노야마만 살아남았는데, 이는 '호리시치메이엔堀井七茗園'이라는 곳에서 경영한다. 우지천과 뵤도인을 내려다보는 고지대에 위치한 '오쿠노야마'에서는 지금도 옛날의 전통 재배를 그대로 따르면서 매년 여든여덟 밤이 지나고 새싹이 돋은 찻잎을 딴다. 이 다원은 일본 문화청이 인증한 문화유산 '일본 차 800년 역사 산책'의 구성문화재로 선정되었다.

1574년 4월 오다 노부나가가 교토로 입성하는 길에 우지에 들러 찻잎을 따고 차를 만드는 모습을 구경했다. 노부나가는 다도 스승인 모리 히코우에몬森彦

---

01 (좋은) 물건을 귀중히 여겨 아끼고 즐김, 혹은 물건의 맛을 칭찬하며 맛봄

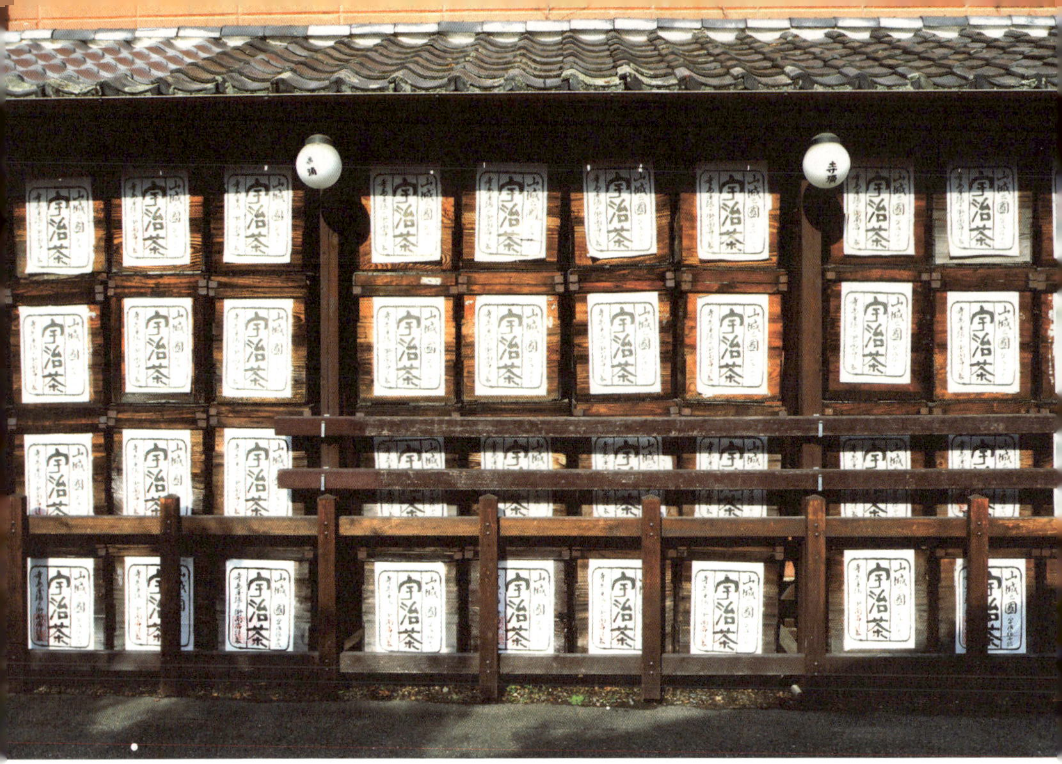

● 우지 차는 무로마치 바쿠후 이후부터 일본 최고의 차로 명성을 지켜오고 있다.
●● 가마쿠라 시대 건립된 일본 최대 13층 석탑과 우지천을 가로지르는 다리

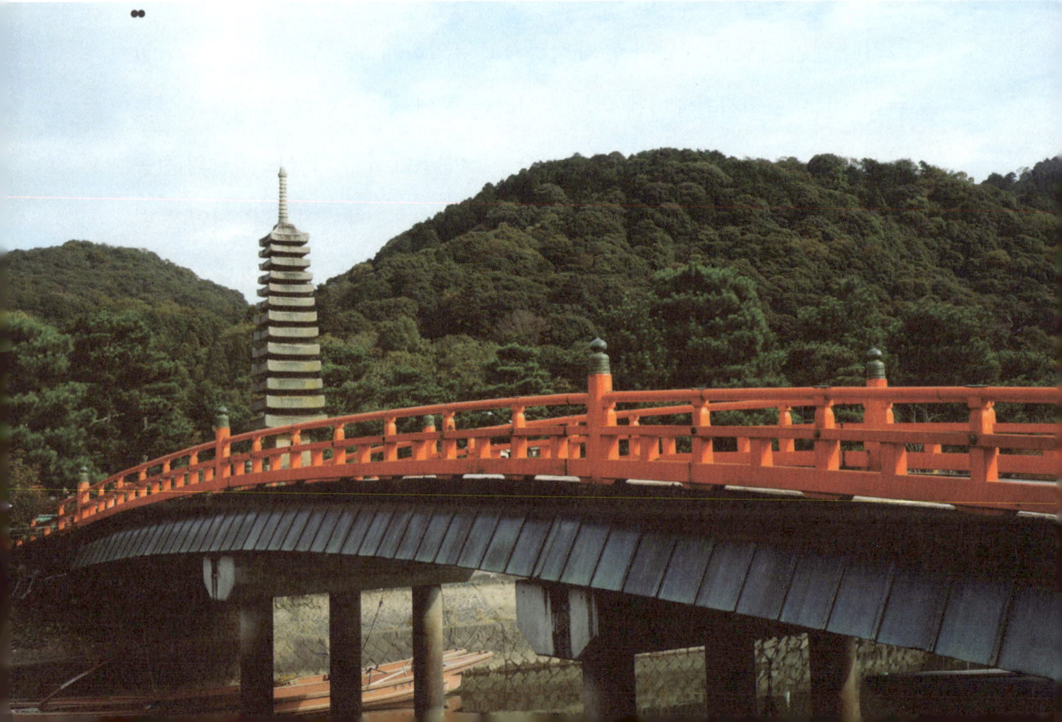

右衛門을 어용다두御茶頭로 삼아 우지 마을을 관리하도록 했다. 모리는 노부나가가 사망할 때까지 우지의 차 산업에서 매우 중요한 역할을 담당했다. 쓰다 소큐와 이마이 소큐에 이어 다두가 된 센노 리큐는 히데요시 때에도 천하제일 차노유샤茶の湯者:다도의전문가로서 우지의 업계에 대해 강력하게 통제하면서 간바야시上林 가문과 협력하여 우지 차의 지위 향상에 힘썼다.

1582년 '혼노지의 변' 이후 정치를 계승한 히데요시는 모리를 존중하면서도 신진 다도 스승 간바야시를 적극적으로 중용하여 우지 차에 각별히 애정을 쏟았다. 1584년 1월 히데요시는 우지 마을 것 이외에는 우지 차라고 칭하고 판매하는 것을 금지했다.

같은 해 3월에는 신도가神道家 요시다 가네미吉田兼見가 차 구입과 구경을 겸해

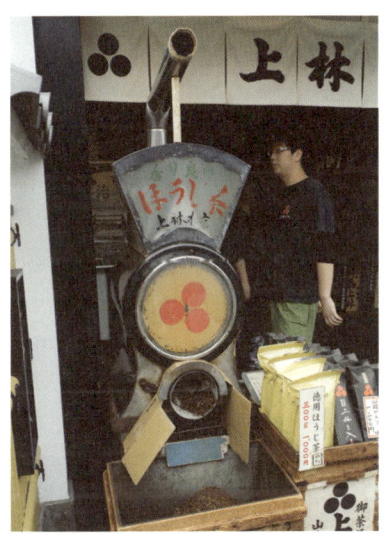

간바야시 상점의 제차기(制茶機)

우지를 방문해 '우지는 가장 번성한 곳이다. 간바야시 자택 차를 만드는 곳에는 화로 48개가 줄지어 있고, 500명가량이 차를 골라 넣고 있었다'라면서 '간바야시의 제차장製茶場은 모리의 것보다 3배가 컸다'고 기록해, 간바야시가 빠르게 두각을 나타내고 모리가 쇠퇴하고 있음을 나타냈다. 간바야시는 히데요시 치하에서 꾸준히 입지를 다져 우지의 다이칸 및 다두로 차 생산 현장에서 군림했다.

히데요시는 임진왜란 꼭 일 년 전인 1591년 5월 찻잎 따기 구경을 위해 우지를 방문했다. 센노 리큐가 사망한 다음 다도 명인이라는 '차노유 메이진茶の湯名人' 칭호는 후루타 오리베에게 계승되었지만 그는 우지 차와 관계하는 것에 있어서는 리큐 방식을 계승했다. 이에 따라 우지 차는 천하의 차로서 전성기의 번영을 계속했다. 오리베의 제자인 고보리 엔슈 역시 우지 산업에 큰 영향력을 가지고 우지 차를 마시는 다도 스승들이 즐겨 사용하게 될 아사히야키朝日焼 가마를 만들었다.

전국시대 후기 1600년 무렵에도 간바야시 일족은 차 산업의 중추를 지속하면서, 오오이시타覆下 재배 02 등의 기술을 사용하고 있었다. 당시 우지 차의 출하량은 약 68톤으로, 고급 차항아리 하나는 금 1장枚 이상의 가치를 가지고 있었다.

에도 중기 이후 우지 다원은 유례가 없을 정도로 높은 세금이 매겨진데다 대중이 일상적으로 차를 마심으로써 차 산지가 증가함에 따라 역설적으로 우지 차 산업은 사양길을 걷게 됐다.

02 작물을 방한과 차광 목적으로 포장을 하고 그 밑에서 재배하는 방법

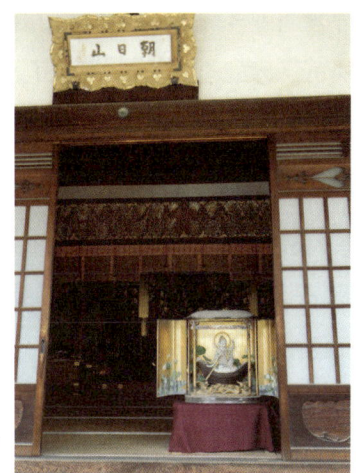

'아사히야키'라는 이름은 보도인 산호가
'아사히야마'인 사실과 무관하지 않은 듯하다.

그러나 1738년 나가타니 소엔永谷宗円, 1681~1778이 우지 차 제조법을 확립하고 소엔과 차 상점 야마모토야山本屋 그리고 센차 중흥의 시조인 바이사오売茶翁, 1675~1763 등에 의해 에도에서 대대적으로 판매됨에 따라 우지는 센차의 산지로 부활했다. 우지 차 제조법은 현재의 주요 산지인 야마토, 오미, 이세 등에 전해져 바쿠후 말기까지 전국의 차 농가에 보급되었다. 또한 1834년 우지에서 교쿠로玉露03 제법이 생겨난 이후 '오오이시타 다원覆下茶園'이 급속히 증가했다.

현재 우지의 다원 면적은 80헥타르 정도이며, 1960년대 후반부터 지금까지 3000톤 전후로 생산되고 있다. 우지 시는 다원 면적을 100헥타르까지 늘리는 목표를 세워놓고 있다.

03   찻잎 수확 2주일 전쯤에 햇빛을 차단해, 차 맛을 생성하는 테아닌 등 아미노산을 증가시키고, 쓴맛을 내는 카테킨(탄닌)은 감소시키는 방법. 이러한 차단을 통해 독특한 향이 생긴다.

우지 지방은 예부터 양질의 점토를 채취할 수 있어 스에^{須惠} 토기 등을 구웠던 가마 흔적이 남아 있다. 이곳이 최고의 차 생산지라는 점에서 고보리 엔슈가 다도와 어울리는 가마로 지도한 것은 너무나 당연한 일이라고 하겠다. 그리하여 아사히야키는 '엔슈의 일곱 가마^{遠州七窯 04}'가 되었다.

아사히야키라는 이름의 유래에 대해서는 아사히야마^{朝日山} 산기슭에서 가마를 만들었기 때문이라는 설과 아사히 도자기 특유의 붉은 반점이 아침 햇살을 연상시키기 때문이라는 설이 있다. 아울러 이 도자기 명칭은 묘호인 산호^{山號 05}가 '아사히야마'인 사실과도 무관하지 않은 듯하다.

오늘날 아사히 각인이 찍힌 제품 가운데 가장 오래된 도자기는 게이초^{慶長} 연간^{1596~1615}의 것이다. 그러나 모모야마 시대에는 다도가 융성했기 때문에 초대 오쿠무라 지로자에몬도사쿠^{奧村次郎左衛門藤作}가 히데요시에게 절찬을 받아 도예 작품과 이름을 고쳤다는 일화도 남아 있기 때문에 그 당시부터 아사히 도자기는 높은 명성을 얻었다고 보인다. 이후 2대에 이르러 고보리 엔슈가 아사히야키를 비호하면서 지도했기 때문에 일약 이름이 높아졌다. 엔슈는 아사히 가마에서 많은 명기를 만들어냈다.

3대 무렵에 이르면 다도가 일반 무사와 백성들에게까지 널리 퍼져서 우지 차 재배도 점점 활발해지고, 우지 차가 고가로 거래되었다. 이와 병행하여 아사이야키 또한 우지 차 명성에 걸맞은 고급 다기 중심으로 구워지게 되었다.

아사히야키는 원료의 점토에 철분을 함유하고 있어, 이를 소성하면 특유의 붉은 반점이 나타나는 것이 가장 큰 특징이다. 그리고 각각의 특징에 따라 명

---

04 이에 대해서는 이미 앞 장에서 자세히 설명했다.
05 절 이름 위에 붙이는 칭호. 일본인들은 절 본당에 사람처럼 호를 붙여 즐겨 부른다.

칭이 정해져 있다. 그 명칭들은 다음과 같다.

한시燔師는 스승이 구운 물건이라는 뜻으로, 빨간 거친 반점이 뚝뚝 표면에 떠오른 그릇을 말한다. 가세鹿背는 한시와 대조적으로, 결에 따라 섬세한 반점이 보인다. 사슴의 허리 같은 모양이라고 해서 나온 이름이다. 베니가세紅鹿背는 가세 중에서도 특히 철분이 많고, 더 선명하게 붉은 색을 보이는 것을 가리킨다. 아사히야키는 도기土モノ와 자기石モノ 모두를 제작한다. 도기는 아사히야키가 시작된 400년 전부터 제작하고 있는 것으로 질소지이 부드러워 흡습성이 있고, 열전도성이 낮기 때문에 쉽게 뜨거워지지 않는 성질을 갖고 있다. 반면 자기는 교토 도자기 기술이 전해지던 무렵 센차가 유행하던 에도 시대 후기의 8대 조베에長兵衛 때부터 제작을 시작했다. 질은 딱딱하고 매우 하얗기 때문에 유약의 발색이 매우 선명하다.

이렇게 도기와 자기를 함께 제작하는 가마는 매우 드물지만 아사히야키는 차와 함께 걸어가면서 각각 특색이 있는 시대의 요구에 응답하고자 하기 때문에 여전히 이를 고집한다고 한다. 아사히 가마는 지난 1995년 현재 15대인 마쓰바야시 호사이松林豊斎가 당주를 물려받아 맡고 있다.

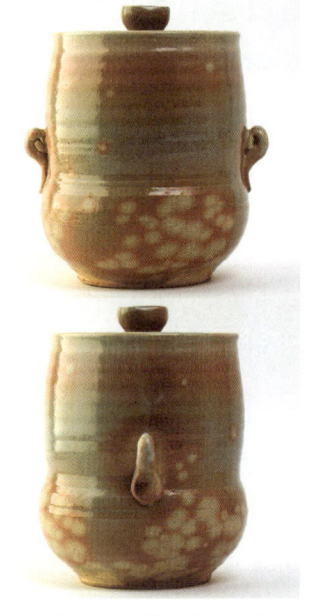

아사히야키 특유의 '한시' 반점의 물항아리

아사히 가마와 함께 우지의 역사를 함께 해온 집안은 역시 다도 스승의 간바야시 가문이라고 할 수 있다. 간바야시 집안은 '슌쇼春松'를 습명으로 삼고 있는데, 1대 슌쇼인 간바야시 히사시게上林久重가 우지에 정착한 것은 1580년이었다.

그런데 1584년 12월 도요토미 히데요시는 기존 미키味木 씨와 우지다이로宇治大路 씨가 맡아오던 다원의 관리와 운영을 빼앗아 히사시게의 아들 히사모치上林久茂와 모리森 두 사람에게 위임한다. 1584년은 히데요시가 막 정권을 잡은 때로 기존 노부나가에게 차를 헌상하던 가문을 물리치고 새로운 가문을 발탁한 것이라고 볼 수 있다. 이 역시 냉엄한 권력 교체의 한 단면이다.

당시 히데요시는 히사모치에게 친히 편지를 보내 '간바야시 가문의 차의 품질을 인정하니 자만심을 억제하고 온정과 위엄을 가지도록 하라'며 사기를 북돋우며 격려하고 있다. 다도는 물론 차에 대한 히데요시의 관심의 정도를 알 수 있다. 이렇게 해서 1587년 기타노 대다회北野大茶会에서도 간바야시 가문의 '고쿠조極上' 차가 사용되기에 이른다.

초대 슌쇼는 당시 히데요시에게 올라가는 차를 음미하는 직함을 맡고 있던 후루타 오리베와도 교류했다. 이에 선물로 보내준 통술樽酒에 대한 오리베의 감사의 편지 등 서신이 아직 남아 있다.

도쿠가와 이에야스가 천하를 가진 다음에도 간바야시 가문은 다도 스승을 뜻하는 차시茶師 중 가장 지위가 높은 '오모노차시御物茶師'로서 여전히 우지 차를 지배했다. 도쿠가와는 우지 차에 대한 총감독 권한을 가진 간조부교勘定奉行 밑에 간바야시 가문을 다이칸으로 삼아 치교를 주고, 어용 차 전체에 대한 총괄을 맡도록 했다.

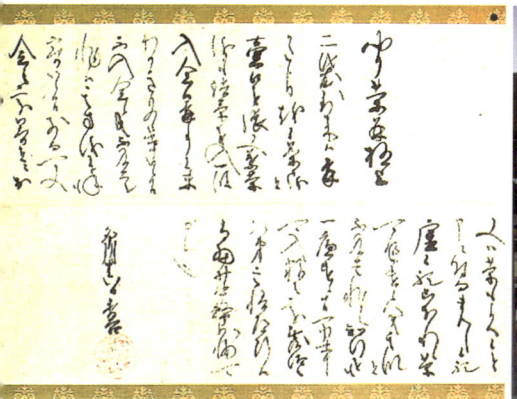

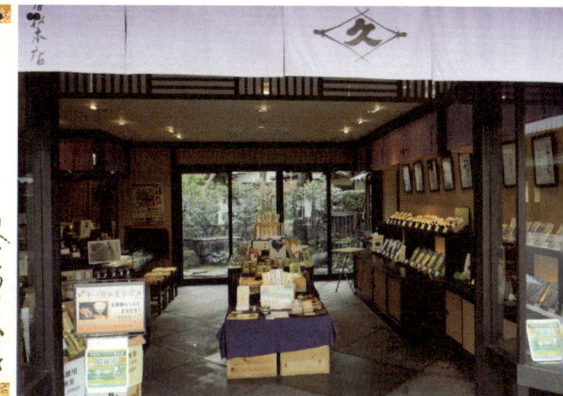

● 간바야시 집안에 보낸 히데요시의 편지   ●● 간바야시 상회

이 장의 처음에 말한 대중적 녹차 음료인 '아야타카' 상표는 바로 간바야시 가문에서 제조하는 녹차를 원료로 사용한다. 간바야시는 여전히 지배적인 지위를 유지하고 있다.

그런데 바쿠후 근거지가 오사카나 교토였을 때는 큰 문제가 없었지만 에도로 옮기고 나자 차를 우지에서 에도로 실어 나르는 것도 매우 큰 일이 됐다. 차의 운송은 많을 때는 천 명 이상의 짐꾼이 동원되는 거대한 행사였다. 이에 차를 운송하는 행렬을 감독하는 우지사이차시宇治採茶師 직위를 만들고, 3대 쇼군 이에미쓰는 이를 옮기는 무리인 '오차쓰보도추御茶壺道中'를 1633년에 제도화했다.

1879년메이지 12년 9월 요코하마에서 제1회 제차공진회製茶共進会가 열렸다. 이때 우지의 차 제조법이 특별상을 수상함에 따라, 우지 차 업체들은 이를 기념하

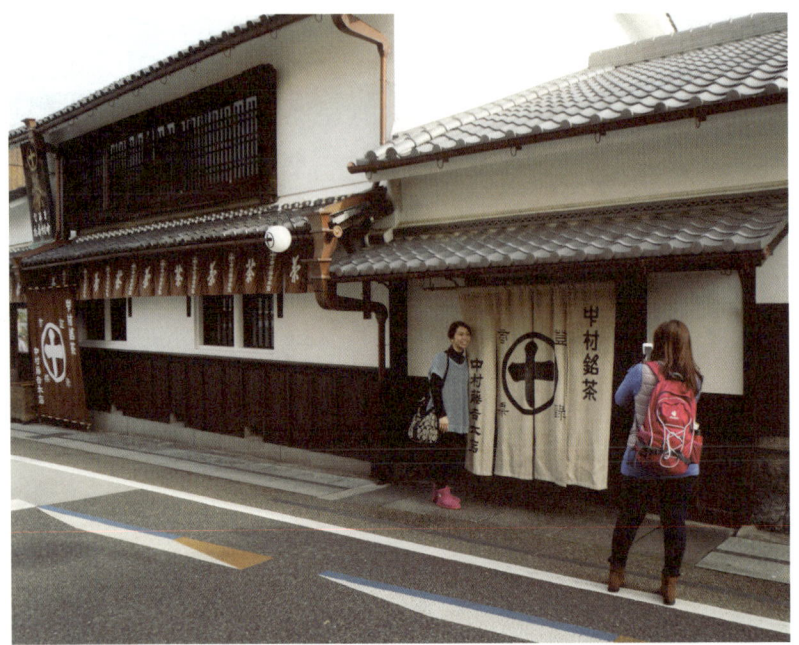

우지에서 한참 인기를 끌고 있는 나카무라 도키치 본점 앞에서 관광객들이 기념사진을 찍고 있다.

기 위해 비석 건립을 계획, 11대 슌쇼가 이를 맡아 진행했다. 우여곡절 끝에 1898년 뵤도인 정문 앞에 기념비를 세우고 준공식을 개최했다. 지금도 매년 10월 1일 기념비 앞에서 제차기념식 및 메이콘茗魂 축제가 열린다.

간바야시 이외에 우지에서 한참 인기를 끌고 있는 상점은 나카무라 도키치中 村藤吉다. 1819년에 창업해 다른 상점보다 매우 늦은데도, 빠른 성장을 했다. 3 대가 1912년에 우지 읍장을 지내고, 1913년에 말차를 빻는 맷돌을 최초로 전 동화해서 특허출연을 하는 등 정치와 비즈니스 양쪽으로 성과를 거둔 것이

급성장의 배경인 듯하다.

그리하여 1915년에는 다이쇼 일왕과 1928년 쇼와 일왕이 즉위할 때 사용한 차를 헌상하는 '기쁨'을 누린다. 이때 헌상한 차의 이름이 '치요무카시千代昔 : 천년의 세월'이다. 또한 1951년 제1회 우지 차 축제에서는 우라센케 14대 단단사이淡淡斎가 나카무라의 제품으로 박차薄茶 : 연하게 탄 차 06에서는 '떠도는 섬의 순수浮島の白'를, 농차濃茶 : 진하게 탄 차에서는 '장원의 세월園の昔'을 사용했다. 현재 6대째 이어지고 있고, 우지 시내에 커다란 본점이 있는데도 뵤도인 바로 앞에 또 지점을 낼 정도로 전성기를 구가하고 있다. 2015년에는 홍콩에 지점을 개설했다.

이토큐에몬伊藤久右衛門은 본연의 차도 차지만, 차를 활용한 가공품스위트으로 특히 유명하다. 제품도 말차 롤케이크, 말차 찹쌀떡, 말차 생초콜릿, 말차 모나카 등 다양하다. 녹차를 활용한 막걸리, 매실주, 와인도 생산한다. 2016년에 타이베이 분점을 냈다.

우지에 갔을 때 놓치지 말고 꼭 들러야 할 곳은 다실 다이호안対鳳庵이다. 우지 차의 진흥과 다도 보급을 목적으로 시에서 직접 만들어 운영하는 곳이라서 우지 시 관광센터 바로 옆에 있다. 뵤도인의 호오도를 기준으로 건너편에 있기 때문에 대할 대対자를 앞에 붙여 '対鳳庵'이라고 이름 지었다.

이곳에서는 차의 음미와 함께 다도 예법 체험도 실시한다. 말차와 센차는 500엔에, 교쿠로옥로는 700엔에 기모노 차림을 한 다도 스승이 정성껏 예의를 다해 타주는 차를 마시는 호사스런 체험을 할 수 있다. 다도 예법 체험은 1,200엔인데, 사흘 전까지 예약해야 한다. 한 명도 받는다.

---

06 박차와 농차의 차이는 단순히 말차의 양의 차이에 의한 농도로 갈리는 것은 아니다. 농차용 차는 새싹의 아주 연한 부분에서 만드나 박차용의 것은 이보다 약간 범위가 넓다.

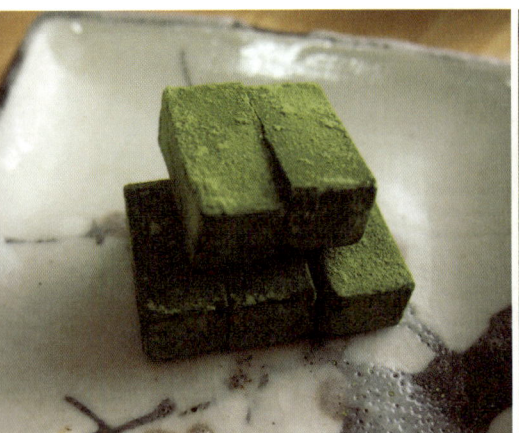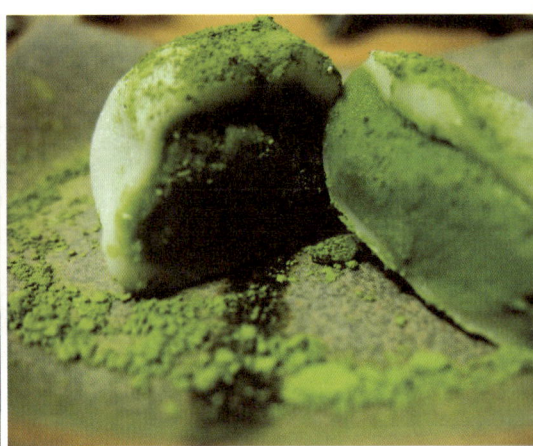

이토큐에몬 녹차 초콜릿(왼쪽)과 찹쌀떡(오른쪽)

호리시치메이엔堀井七茗園 **개요**
- 주소 : 〒611-0021 宇治市宇治妙楽84
- 전화 : 077)423-1118
- 홈페이지 : https://www.facebook.com/株式会社-堀井七茗園
- 영업시간 : 일요일과 둘째와 넷째 토요일 폐점. 08:30~17:30
- 대중교통 : JR 나라센奈良線 우지 역 하차, 도보 10분

다이호안対風庵 **개요**
- 주소 : 〒611-0021 宇治塔川2番地
- 전화 : 077)423-3334
- 영업시간 : 1월 10일부터 12월 20일까지 무휴. 10:00~16:00

간바야시 슌쇼上林春松 **개요**
- 주소 : 〒611-0021 宇治塔川2番地
- 전화 : 077)422-2509
- 홈페이지 : https://www.shunsho.co.jp
- 영업시간 : 일요일과 둘째와 넷째 토요일 폐점. 09:00~해질 때까지

간바야시기념관 개요
- 주소 : 〒611-0021 宇治市宇治妙楽38
- 전화 : 077)422-2513
- 홈페이지 : https://www.shunsho.co.jp
- 영업시간 : 금요일 휴관. 10:00~16:00

나카무라 도키치中村藤吉 개요
- 주소 : 〒611-0021 宇治市宇治壱番10
- 전화 : 077)422-7800
- 홈페이지 : www.tokichi.jp
- 영업시간 : 연중무휴. 10:00~18:00

이토큐에몬伊藤久右衛門 개요
- 주소 : 〒611-0021 宇治市菟道荒槇 19-3
- 전화 : 077)428-3955
- 홈페이지 : www.itohkyuemon.co.jp
- 영업시간 : 연중무휴. 10:00~18:30

아사히야키朝日燒 개요
- 주소 : 〒611-0021 宇治市宇治山田11番地
- 전화 : 077)423-2511
- 홈페이지 : www.asahiyaki.co.jp
- 영업시간 : 연중무휴. 10:00~17:00

오사카 요정 사장, 최고의 다구 미술관을 만들다

지금은 어떤지 모르지만 한때 우리나라에서는 '길조吉兆'라는 이름의 일식 요릿집을 많이 볼 수 있었다. 이 이름은 오사카의 유명한 요정인 '깃초吉兆'의 이름을 빌려온 것이다. 너무 유명하다 보니 상호가 현해탄을 건너 우리나라까지 건너왔다.

'깃초'의 창업자 유키 데이치湯木貞一, 1901~1997는 고베의 한 요릿집 아들로 태어났지만 서자라서 일찍 가출해 1930년 오사카에서 '온타이차도코로 깃초御鯛茶處吉兆'라는 난해한 이름의 아주 작은 음식점을 열었다. '도미와 차茶가 공존하는 좋은 조짐의 장소'라는 것인데, 어떻게 하는 것인지는 몰라도 생선과 차의 조화를 꾀한다는 의지가 엿보인다.

그런데 원래 '깃초'는 오사카 니시노미야 신사西宮神社와 이마미야 에비스 신사今宮戎神社 등에서 매년 1월 10일을 끼고 전후 사흘 동안 열리는 '도카 에비스十日戎' 축제 때 등장하는 복조리에 해당하는 '후쿠사사福笹'의 명칭이기도 하다.

지금은 거의 사라졌지만 우리나라에서도 설날 이른 아침이나 섣달그믐 날 밤 자정이 지나서 대나무를 가늘게 쪼개 엮어 만든 조리를 사서 벽에 걸어두는 풍습이 있었다. 조리는 쌀을 이는 도구이므로 그해의 복을 조리로 일어 많이 얻는다는 뜻에서 걸어놓는 것이다. 때가 되면 조리장수들도 많이 돌아다녔는데, 지금은 찾아볼 수 없다. 우리의 그 복조리가 일본의 '깃초'인 것이다. 요정의 이름도 바로 이 '깃초'에서 유래했다.

어쨌든 유키 데이치의 수완 덕택인지 폭 한 칸 이문 오리에 여섯 칸 길이의 작은 음식점이었던 '깃초'가 승승장구해서 1949년 무렵이 되면 유명인사 대접에 빼놓을 수 없는 최고의 요정으로 거듭나게 된다. 1979년, 1986년, 1993년 도쿄정상회담 당시 다른 요정들을 다 물리치고 일본 요리 담당으로 선정되었으니, 그 유명세가 세계적으로도 알려졌다. 이에 오사카는 물론 도쿄, 교토, 고베 등에 많은 지점을 내어 지금의 '깃초 그룹'이 되었다.

요릿집 '깃초'의 정신은 특이하게도 '일기일회'다. 다도에서 말하는 바로 그 정신이다. 일생에 한 번 만나는 인연기회이니 잘 대접하라는 다도의 행다 정신

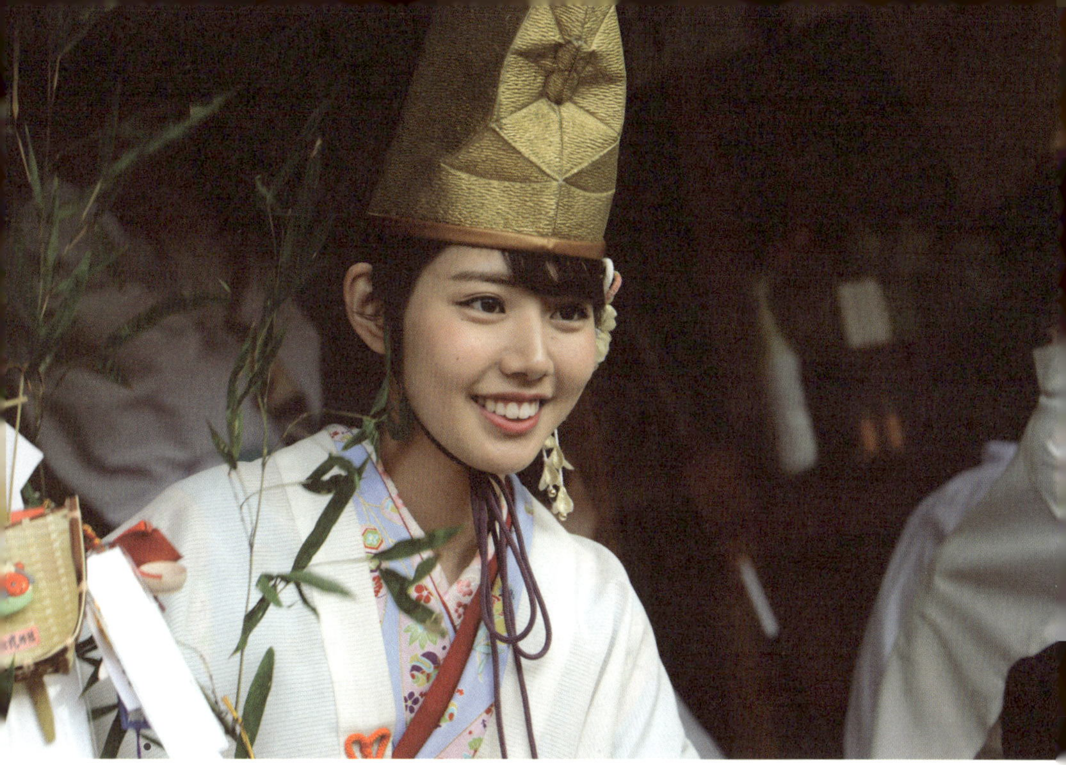

● 오사카 축제 때 이마미야 에비스 신사에서 '후쿠사사'를 파는 '후쿠무스메(福娘)'
●● 일식 요리집 '깃초'의 정신은 다도의 '일기일회'다. 그런 만큼 그릇도 최상의 것을 사용한다.

●●

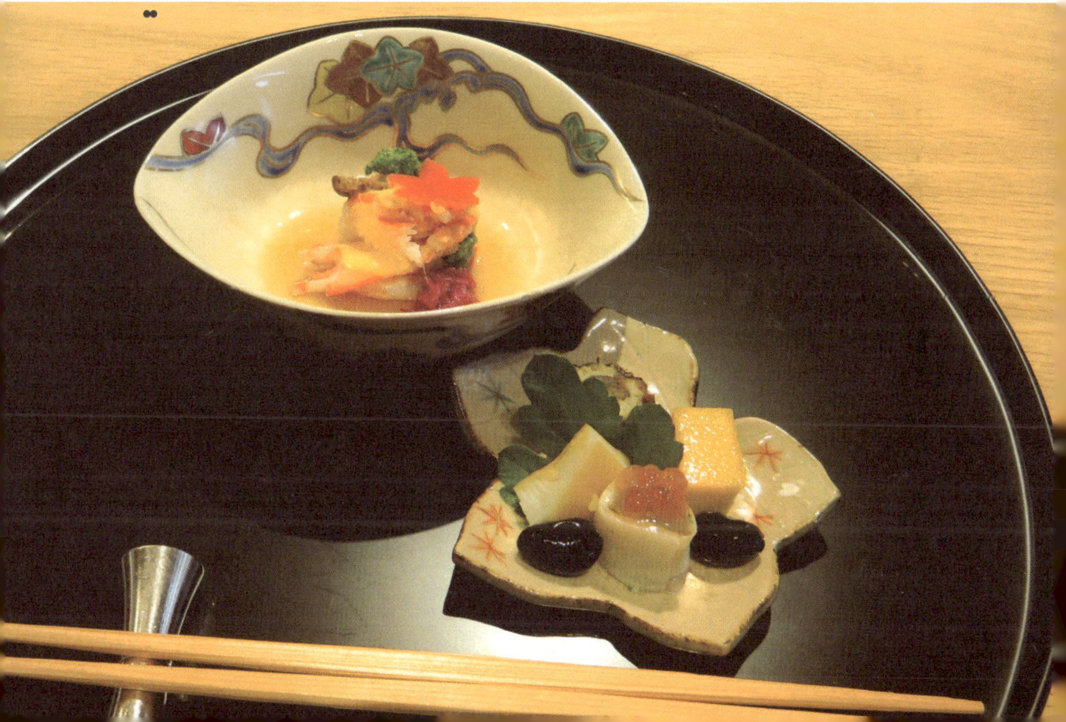

을 요리 서비스에 접목한 것이다. 이에 따라 깃초 요리는 식단이나 창호, 가구, 심지어는 집밖의 풍경 등 그 모든 분위기를 계절에 따라 변화시키는 '차가이세키茶懷石:다회에서의식사'의 영향을 강하게 받고 있다. 이는 설립자 유키가 다도에 조예가 깊었던 탓이고, 이런 연유로 해서 자신의 다구 컬렉션을 바탕으로 미술관 설립에 이른다.

유키미술관湯木美術館은 유키가 여든여섯 살이던 1987년 11월에 개관했다. 요리와 다도를 자신 인생의 양 날개로 삼아 평생 정진했던 유키는 1988년 문화에 공헌한 것이 인정되어 공로상을 받았다.

미술관이 소장하고 전시하고 있는 주요 컬렉션은 나라 시대부터 에도 시대에 걸친 우수품을 비롯해 중요문화재 12점과 중요 미술품 3점을 포함한다. 이

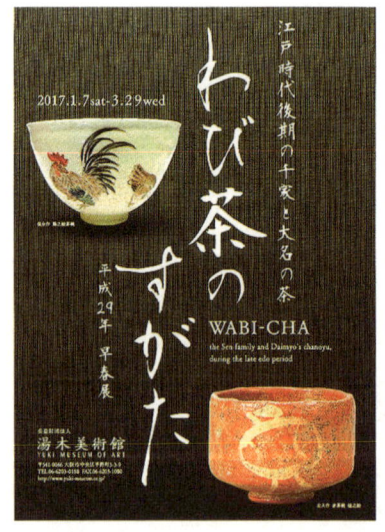

와비차를 다룬 유키미술관의 전시 포스터. '에도 시대 후기 센케와 다이묘의 차'라는 부제가 붙어 있다.

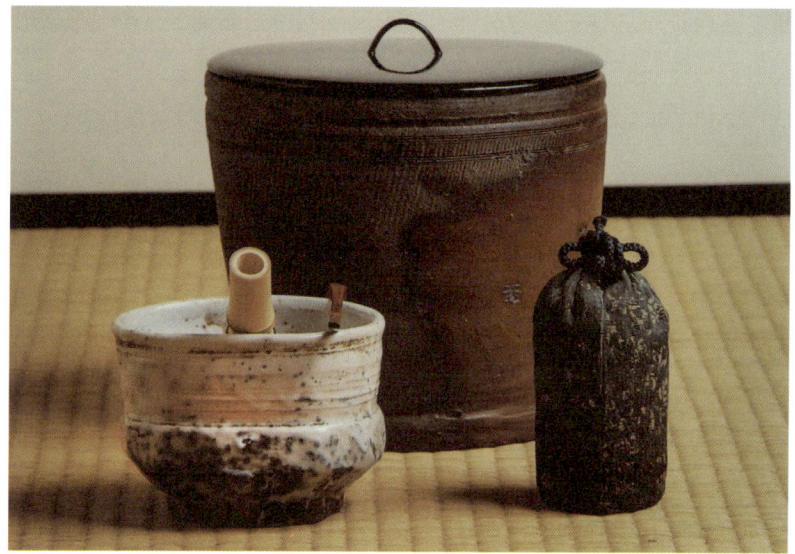

'선승들의 다구'전에 출품된 작품들. 아리마 가문 전래품인 남만 새끼 줄발 물항아리(가운데). 유키라는 이름의 고쇼마루다완(왼쪽). 리큐가 소지했던 세토카다쓰키(瀨戶肩衡) 차이레 아리아케(有明). 우라센케 4대 센소 소시쓰(仙叟宗室)가 만든 메이레키레키(明暦々)라는 이름의 대나무통 차숟가락(다완 안). 이렇듯 다도의 명물들에는 모두 유래와 이름들이 붙어 있다.

중에는 저 유명한 다케노 조오가 소장했던 차이레 '조오미호쓰쿠시나스紹鴎み ほつくし茄子'와 오리베의 사방주발四方手鉢, 시노志野 다완 '히로사와広沢' 등이 들어 있다.

그러나 유키미술관의 훌륭함은 그 컬렉션에 있지 않다. 이 미술관의 뛰어남 은 다구와 관련해 매년 너무나 근사한 전시회를 개최하고 있다는 사실에 있 다. 다구 및 다도와 관련한 최고의 전시회가 끊임없이 열리고 있다. 이를 기획 하는 큐레이터의 소양이며, 큐레이터 기획을 뒷받침할 수 있는 수많은 문화 재들과 컬렉션이 가진 그 힘! 그 저력이 정말 부럽다.

일본의 다인들은 선승을 '참선의 스승'으로 모시며 선승 밑에서 좌선과 공안 등의 과제에 임하며 수행을 거듭, 자신의 다도 세계를 형성해나갔다. 선승 역시 다인과의 교류가 깊어져가는 가운데 다도를 즐겼고, 에도 시대 전반에는 다이토쿠지의 승려 고게쓰 소간江月宗玩이나 교쿠슈 소반玉舟宗璠처럼 스스로 다회를 열고 다구 제작에 관여하는 선승도 나타났다.

앞의 사진 설명에서 짐작할 수 있듯, 리큐나 오리베 같은 '천하 다인'의 반열에 들기 위해서는 각종 다구에 얽힌 역사와 이야기, 유래 등을 꿰고 있어야 한다. 단지 차만 잘 만든다고 되는 것이 아니다. 그러니 '풍류 다인'으로 대접받기 위해서는 기를 쓰고 각종 명물들을 구경하러 다녀야 하는 것이다. 또한 이런 명물들은 소장자가 아무나 보여주는 것이 아니므로, 이들을 보기 위해서는 평소 인간관계를 잘 넓히고 관리해야 할 필요가 있었다. 다도야말로 요즘 말로 '네트워킹'의 최전선이었던 셈이다.

위에서 '고쇼마루다완御所丸茶碗'이 나왔으므로 이에 대해서도 알아보고 넘어가도록 하자. 거의 알려지지 않은 얘기지만 일본은 임진왜란 때 도자기를 약탈하고 사기장들을 납치해 끌고 간 것만이 아니라 조선 땅에 머무르는 동안 직접 도자기를 구워 가지고 갔다. 또한 임진왜란이 끝난 이후에도 일본은 조선에서 찻사발을 구워 가져갈 수 있도록 요청하기도 했다. 찻사발에 대한 탐욕이 그리도 높았기에 염치고 뭐고 없었던 것이다.

모모야마에서 에도 시대에 걸쳐 일본에서 조선에 견본御手本·切形을 보내 구운 고려다완을 고혼御本이라고 하고, 고쇼마루는 그중 가장 오래된 것이다. 후루타 오리베가 자신의 스승인 리큐가 라쿠 다완을 만들도록 한 사실에 착안해 디자인하고 지도해서 조선 김해의 가마에서 구운 찻사발이다. 이 때문에 '후

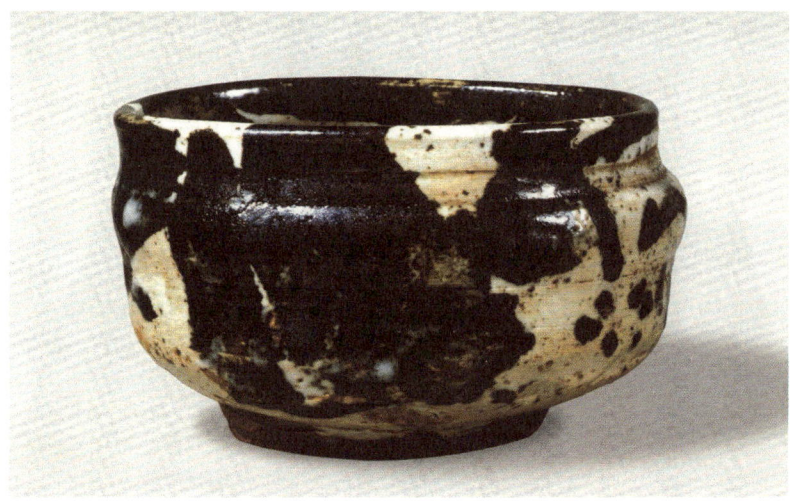

17세기 조선의 '고쇼마루'. 미쓰이기념미술관 소장

루타 고라이^{古田高麗} 혹은 '긴카이 고쇼마루^{金海御所丸}'라고도 한다. 임진왜란 당시 오리베가 준 견본으로 김해에서 도자기를 굽도록 한 장수는 사쓰마의 번주 시마즈 요시히로^{島津義弘}였다. 박평의와 심당길 등 42명의 조선 사기장을 납치해 사쓰마야키가 시작되도록 만든 장본인이다^{자세한 내용은 『일본 도자기 여행 규슈의 7대 조선 가마』 참조}.

'고쇼마루'는 원래 도요토미 히데요시가 조선 침공이 완성되면 자신이 직접 타고 갈 배를 말하는 것이다. 그런데 다이묘들이 탄 장군선^{將軍船}이나 조선과 일본을 왕래한 무역선^{貿易船} 역시 '고쇼마루'라고 불렸다는 얘기도 있다. 이로 인해 '고쇼마루' 명칭은 오리베가 고쇼마루 배의 모양을 따서 만들도록 했다는 데서 유래한 것이라는 설과 조선 땅에서 만든 찻사발을 고쇼마루로 실어

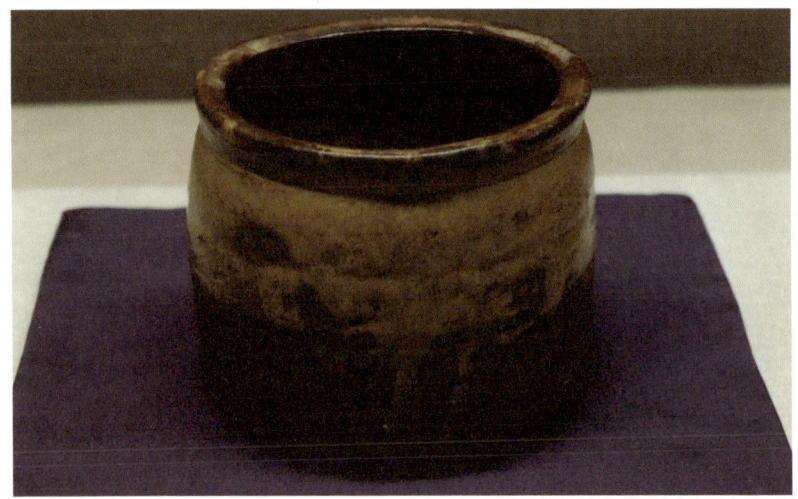

리큐의 커다란 칼을 뜻하는 리큐오와키자시

나른 데서 나왔다는 두 가지 이야기가 있다. 그러나 필자의 판단으로는 앞의 내용이 훨씬 설득력이 높다고 보인다.

이같은 고쇼마루다완 가운데 제일 유명한 명물 중의 하나가 바로 '유키曲貴'로 유키미술관이 소장하고 있다. 이 밖의 명물은 역시 오사카의 후지타藤田미술관이 '후루타 고라이'와 '후지타藤田', '유히夕陽'를 소장하고 있다.

2015년 '선승과 다구'전은 선승이 소지한 것과 그들이 만들어낸 차 도구, 주변의 작품을 통해 선승이 어떻게 다도에 관련하고 있는지 살펴보는 전시회였다. 필자는 이 전시회에서 운 좋게도 센노 리큐가 직접 갖고 다니던 다구를 볼수 있었다. 그것은 황색의 세토산 '겐스이建水'로, 찻잔을 부신 물을 버리는, 찻사발보다 약간 큰 그릇이다.

그것에는 '리큐오와키자시利休大脇指'란 특이한 이름이 붙어 있다. 직역하자면 '리큐의 커다란 호신용 칼'이란 뜻이다. '와키자시脇指'는 허리에 차는 호신용의 작은 칼약 50cm을 말한다. 사무라이들은 항상 큰 칼과 작은 칼 두 개를 차고 다니는데, 그중 작은 칼을 말한다. '오와키자시'는 넓이 4치 7푼, 높이 4치, 두께 3치로 큼직했지만 항상 리큐의 허리 옆을 떠나지 않았다고 해서 붙은 이름이다.

이 명물은 센노 리큐 사망 이후 리큐의 일곱 제자의 한 명인 시바야마 겐모쓰芝山監物에게 갔다가 리큐의 아들 센노 쇼안에게 돌아갔는데, 후에 그의 아들리큐의손자인 소단이 은거할 때 기슈도쿠가와 가문에 헌상했다.

다도의 도구에서 '겐스이' 혹은 고보시こぼし는 다석에서 찻잔 등을 씻은 물을 버리는 그릇이다. 물을 버리는 행위는 그다지 아름다운 행동이 아니기에, 겐스이 역시 손님의 눈에 뜨이지 않게 하고, 그릇 자체도 매우 수수한 것이 보통이다. 이러한 도구들은 뒤에 둔다 하여 '우라도구裏道具'라고 한다. 반면에 찻사발이나 물항아리 등 반드시 눈에 뜨이는 것은 '오모테도구表道具'라고 부른다.

그런데 센노 리큐는 물항아리로 사용해도 될 만한 크기의 '오와키자시'를 마치 '오모테도구'처럼 앞에 내놓고 '고보시'로 사용했다. 이는 일반 다도의 예법에 어긋나는 파격이었다. 왜 그랬을까?

일단 이 오와키자시는 상체에 노란색 유약이 걸려 있고 신비스런 풍경을 만들어내고 있다. '기세토黃瀬戸' 가운데서도 매우 드문 작품이다. 게다가 상당히 오래된 것이고 품격이 남다르며, 너무 작위적이지 않은 소박함을 리큐는 좋아한 듯하다.

또한 여기에는 리큐만의 '의외성의 연출'이 있다. 다도란 정석대로의 예법도 중요하지만 그 이상으로 중요한 행위는 스스로 '창의는 곧 풍류數寄'를 살려 매력적인 일단을 세우는 것이다. 그래서 뛰어난 다인은 어디에선가 정석을 '분리한' 다도 예법을 한다. 소위 '정석을 해제定石を外す'한다는 것이다. 후루타 오리베는 리큐처럼 덩치가 큰 사람이 짧은 국자를 사용하는 모습을 보며, 정석을 해제하는 것이야말로 '다도의 상수上手'라고 생각했다.

오와키자시도 마찬가지 경우다. 꾸미지 않은 논밭처럼 수수한 용처에 절구통처럼 뭉툭한 기세토 도자기를 사용함으로써 다석에 재미를 주는 것은 매우 창의적이라고 할 수 있다. 또한 한 번도 명칭이 붙은 적이 없던 '고보시'에 사상 처음으로 이름을 붙인 것도 정석의 해제라 할 수 있다. 게다가 '와키자시'라는 것이 원래 자기 방어를 위해 가까이 두는 것이므로, 나는 이 고보시를 호신용 칼처럼 가까이 간직하고 사용하겠다는 의지도 표현하고 있는 것이다.

조선에는 없다, 일본에는 있다 : 오사카시립동양도자미술관

오사카 도심부 나카노시마中之島 공원에 있는 오사카시립동양도자미술관大阪市立東洋陶磁美術館은 세계 제일의 동양도자 컬렉션을 자랑한다. '아타카安宅 컬렉션'을 기반으로 1982년에 문을 연 뒤 이병창 씨의 기증품 363점을 포함해 한국 도자기 1,200여 점, 중국 도자기 800여 점 등 약 6,000점의 소장품을 보유하고 있다. 고려청자인 '청자상감동자해석류화문수주' 등 12점이 일본 중요문화재, 남송 작품인 '유적천목다완' 등 2점의 중국 도자기는 일본 국보로 지정돼 있다.

오사카시립동양도자미술관의
전경

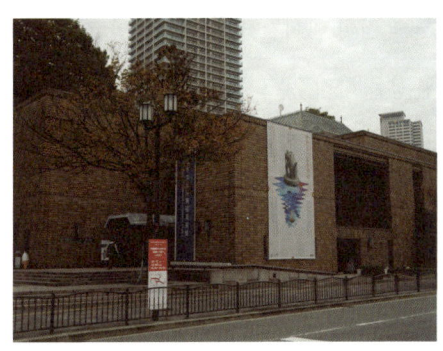

그러니 이곳을 떠올릴 때마다 일종의 울분이 치솟는 것은 어쩔 수 없다. 우리
나라에서는 볼 수 없는, 우리나라 박물관에 있어야 할 명품들이 일본 땅에서
전시되고 있는 것이다.

1982년 11월 설립한 이 미술관은 아타카산업 회장이었던 아타카 에이이치安
宅英一. 1901~1994가 모은 고려청자 등 한국 도자기 800여 점 등 1,000여 점에서 출
발한다. 1차 오일쇼크 때 자신의 소장품 중 100여 점의 일본 근대미술품을 팔
아 위기를 넘겼던 아타카는 2차 오일쇼크를 견디지 못하고 파산했다. 그러자
당시 일본에서 아타카는 망해도 세계적인 아타카 컬렉션이 흩어져서는 안 된
다는 여론이 일었고, 국회에서도 쟁점으로 부각하자 관리 책임을 맡은 스미
토모住友 은행이 아타카산업의 빚을 떠안고 아타카 컬렉션을 오사카 시에 기
증함으로써 세계적인 동양도자전문미술관이 탄생했다.

아타카 컬렉션은 총 965점으로, 중국 144점, 한국 793점, 베트남 5점이다. 한
국 도자기 비중이 절대적으로 높다. 아타카는 중국 도자기에서 청나라 때의

것은 질이 떨어진다고 사지 않았을 정도로 높은 안목을 자랑한 수집가였다. 흥정을 하지 않고 골동품 상인이 부르는 대로 도자기 값을 치르는 턱에 최고급 작품들이 몰렸다는 일화로도 유명하다. 그는 태평양전쟁 뒤에 시장으로 쏟아져 나온 최상급 한국과 중국 도자기들을 30여 년 동안 수집했다.

아타카 컬렉션은 조선 시대 도자기의 기법과 형태, 문양을 대부분 망라하고 있어 조선 초기부터 말기까지의 전개를 한눈에 이해할 수 있다고 오사카시립 동양도자미술관 관장을 지낸 이토 이쿠타로伊藤郁太郎는 소개하고 있다. 또한 도자기 평론가로 유명한 하야시야 세이조林屋晴三도 "아타카 컬렉션은 다기를 제외한 분야에서 근대 이후 일본에 수집된 한국 도자기를 집대성한 것이다" 라고 평했다.

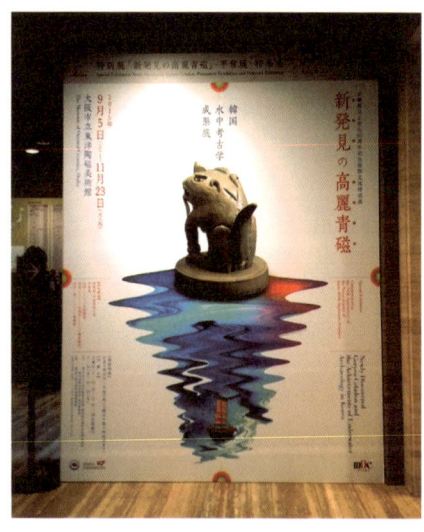

2015년 오사카시립동양도자미술관에서 열린
'신발견 고려청자'전 전시실 입구

이들의 말인즉슨, '한국의 좋은 도자기는 이곳 오사카에 다 와 있다'라는 것과 다름없다. 아타카는 단 30년 사이에 이렇게 압도적인 컬렉션을 만들어놓았으니, 과거 우리 주변에 숱하게 널려 있던 그 명품 도자기들은 다 어디로 사라진 것일까? 비록 약탈과 전란으로 많은 것들이 잿더미가 되었다고는 하나 왜 우리는 소중한 우리 것들을 보존하고 전승하는 데 게을리하고 있는 것일까?

아타카 컬렉션에 더해 외교관을 지낸 재일교포 이병창李秉昌, 1916～2005 박사가 1999년 자신이 소장한 한국 도자기 301점과 중국 도자기 50점, 연구 기금을 이곳에 기증한 사실도 더욱 안타까운 현실이다. 게다가 그의 컬렉션이 오사카에 있게 된 이유에 창피할 정도로 수준 낮은 우리 문화재 인식과 관료들의 탁상행정 그리고 몰이해가 큰 역할을 했다는 사실을 알게 되면 더더욱 화가 솟구친다.

전북 익산 출신인 이병창 박사는 1949년에 외교관주일 대표구 초대 오사카 사무소장으로 일본에 부임한 후 모국의 민족 유산이라 할 도자기의 예술적 가치에 눈떠서 그 수집에 힘을 기울였다. 공직에서 퇴임한 후에도 계속 일본에 살면서 학구 생활을 한 끝에 1962년 도호쿠대학東北大學에서 경제학박사 학위를 받았다.

그는 이미 1978년 도쿄대학東京大學출판부에서『한국미술수선韓國美術蒐選』을 간행함으로써 한 국 도자기 연구자로서의 이름을 세계에 널리 알렸다. 그 간행물은『한국미술사개설』,『고려도자』,『이조도자』등 세 권으로, 1,180쪽에 걸쳐 모두 888점의 작품을 소개하는 대작이었다. 이 출판물은 한국의 위상을 세계에 드높이기 위해서는 훌륭한 문화유산을 널리 소개할 필요가 있다는 신념의 산물이었다. 심지어 그 막대한 출판 비용도 그의 사재로 충당했다.

오사카시립동양도자미술관 관장을 지낸 이토 이쿠타로는 그 전에 아타카산업에서 미술품 관리자로 일했고, 『한국미술수선』의 편집자이기도 했는데, 나중 이 책의 출판과 관련해 다음과 같은 소감을 남겼다.

"필자에게 이 박사 님은 그 도록을 출판하려는 동기나 배경, 뜻과 각오를 말씀하셨다. 그때까지 조용히 계시던 박사 님은 갑자기 쌓이고 쌓인 감정을 터뜨린 듯 열렬히 말씀을 시작했다. 그것은 박사 님이 문화인으로, 또 전 외교관으로 오랜 외국 생활의 경험을 통해, 조국을 국제무대에 더 알리고 싶다, 더 많은 이해를 얻고 싶다, 그래서 문화유산의 도록을 간행하는 것이 가장 빠른 길이라는 뼈에 사무치는 듯한 혼의 외침이었다……."

그의 컬렉션이 왜 일본에 남았는지 잘 알려주는 일화는 다음과 같다. 이 박사는 1999년 1월 국립중앙박물관에 평소 아끼던 소위 달항아리라 불리는 커다란 백자 항아리白磁大壺 한 점을 기증하며 "온도와 습도를 맞춰 전시해줄 것"을 요구했다. 그러자 당시 박물관은 "그만한 요구 조건에 맞출 설비가 없다"고 답했고, "그렇다면 내가 돈을 내어 그런 전시실을 짓겠다"고 했는데도 거절을 당했다. 결국 그의 기증품은 공개되지 않았다. 나중에 그가 다시 서울에 와서 그 물건을 보고 싶다고 했지만 불가능했다.

이런 일만 있는 게 아니었다. 그는 전두환, 김영삼 대통령 당시 한국에 역사 연구를 위한 투자를 시도했지만 성사되지 못했고 숭실대학교에 의과대학 건설을 위해 애썼으나 그것도 뜻대로 되지 않았다. 그러니 그가 몇 번의 경험을 통해 한국에 대해 얼마나 충격을 받고 절망했는지 알 수 있다. 그는 자신이 기증한 백자의 관리마저 어떻게 되는지 보지 못한 일을 잊지 못했다고 한다. 정말로 안타까운 얘기다.

그가 믿었던 몇 안 되는 사람 중의 하나인 최태영 박사崔泰永, 1900~2005 [07] 가 그즈음 "장학재단을 같이 하나 만들어놓으면 좋지 않겠느냐"고 권유하자, 그는 "또 누가 해먹을 거 아니겠소"라고 지친 듯 비관했다고 한다. 독지가가 세운 장학회가 권력의 손으로 넘어가 변질되거나 재벌과 부자들의 축재용 아니면 세금

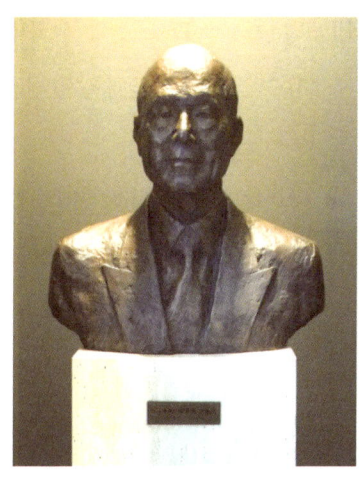

오사카시립동양도자미술관의 이병창 박사 흉상

도피처나 재산 상속을 위한 방편 역할을 하는 것이 심심찮게 목격되는 우리 현실을 봐왔던 그의 절망이었던 셈이다.

이런 연유로 해서 그는 자신이 수집한 도자기의 보존과 공개에 관하여 서울대학교의 김원룡金元龍 교수와도 상의하는 등 심사숙고한 끝에 결국 재일 한국인들이 많이 사는 도시이자 한국 도자를 수집한 아타카 컬렉션이 있는 오사카시립농양노사비술관에 기증하게 된 것이다.

그 과정에는 물론 이토 이쿠타로의 역할도 컸다고 보인다. 만약 국내에 우리 유물 보존 상황에 확신을 줄 수 있는 유능하고 좋은 전문가가 그를 설득할 수 있었다면 사정은 달라졌을지 모른다.

07 서울대 법대 초대 학장을 지낸 일제강점기 최초의 한국인 헌법학자이자 민족사관 한국 상고사 학자

1999년 발간된 『우아한 색·순박한 형태- 이병창 컬렉션 한국도자의 미』의 서문에서 이 박사는 다음과 같이 적고 있다.

'오사카동양도자미술관에 수장된 아타카 씨의 한국 도자 793점에 제가 모집한 301점의 한국 도자와 50점의 중국 도자를 합치면 5천 년에 걸친 민족 문화의 흐름을 통시할 수 있고 관련된 도자 연구가 한층 심화될 것이라고 확신합니다. 저의 모집품과 미술의 조사 활동, 자료 구입, 연구, 출판 등의 기금으로 제가 소유하고 있는 도쿄의 토지와 건물을 기증하기로 했습니다.

이 기금이 한일 문화 교류, 친선과 발전에 유익한 도움이 될 것을 기원합니다. 신관 1층에 이병창 기념 도자자료실과 한국도자전시실을 설치하여 개방하고 있습니다. 적극 이용하시어 훌륭한 연구논문이 학회에 끊임없이 소개되기를 진심으로 바라고 있습니다.

고국을 떠나 살고 있는 한국인 2, 3세 여러분도 긴 전통과 풍요로운 역사, 문화의 모국을 자랑으로 용기를 가지고 밝은 신세기를 맞이해주시기 바랍니다.'

– 단기 4332년 이병창

평생 단기檀紀를 고집해 쓸 정도로 민족의식이 높았던 이병창 박사의 컬렉션으로 인해 오사카시립동양도자미술관은 누구도 따라갈 수 없는 최고가 되었다. 그 이유는 이곳에 박제 상태로 갇혀 있는 우리의 백자와 청자, 분청들이 그야말로 명실상부한 최고이기 때문이다.

청자는 점토로 기물을 만들고 700~800℃에서 구워낸 후 그 위에 다시 철분이 1~3% 가량 들어 있는 장석질의 유약을 입혀 1200℃ 내외의 고온에서 구워낸 자기다. 청자를 만들기 위해서는 높은 온도의 가마를 능숙하게 다뤄야 하고 잿물유약의 비전을 알고 있어야 한다. 당시 이는 오직 고려와 중국, 베트남 일부만 실행할 수 있었던 최첨단 기술이었다.

고려에 청자가 들어온 것은 역시 불교 도입과 귀족들의 차茶 문화에서 연유한다. 고려는 당나라 말기 정요定窯에서 제작된 백자, 저장성浙江省 북쪽에 있는 웨저우요越州窯에서 만든 오대五代 때의 세련된 청자 기술을 토대로 청자를 만들기 시작했다.

그러나 12세기에 들어서면 중국에서도 "청자는 고려"라는 말이 나올 만큼 중국 청자와 확연하게 구별되는 우리만의 미학을 완성하게 된다. 청출어람靑出於藍이 따로 없었다.

1123년인종 1년 송나라 사신으로 고려에 왔던 서긍徐兢은 『선화봉사고려도경宣和奉使高麗圖經』에서 '도기의 색은 푸른데 고려인은 비색翡色이라 부른다'라고 하며 고려청자의 아름다움을 칭찬했다. 당시 중국인들이 그들의 청자를 비색秘色이라고 부른 것과 달리 고려는 청자를 물총새 비翡자를 사용하여 중국의 것과 구별했다.

또 북송의 학자인 태평노인太平老人은 『수중금袖中錦』에서 '건주建州08와 절강浙江의 차, 촉蜀 지방의 비단, 정요 백자, 고려 비색 모두 천하의 제일인데, 다른 곳

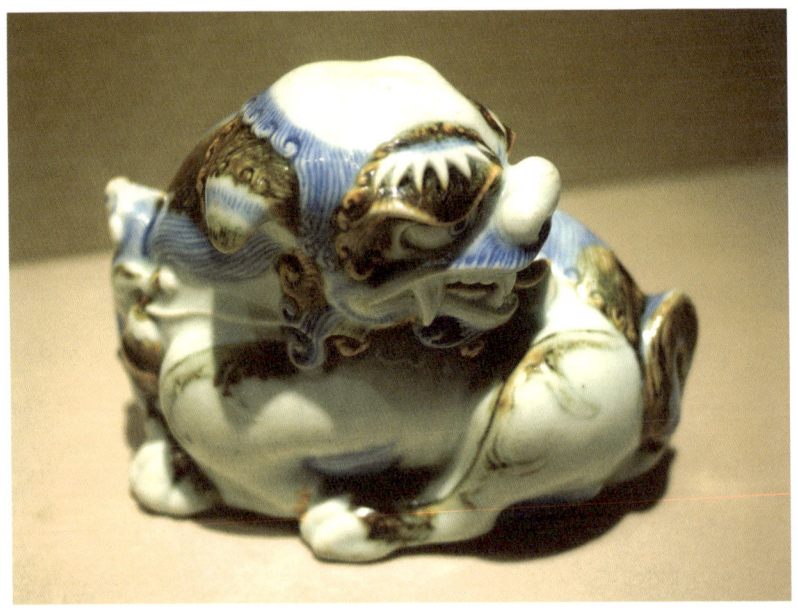

아타카 컬렉션 중 하나인 19세기 조선 청화철사해태형수적(淸華鐵砂海駄形水滴)

에서는 따라 하고자 해도 도저히 할 수 없는 것들이다'라며 '청자만은 중국의
많은 명요^{名窯} 청자를 빼놓고 고려의 비색 청자를 천하제일로 꼽았다'라고 기
록했다. 이는 정요 백자를 제일로 여기면서도 청자는 고려의 것이 최고임을
인정하는 찬사다.

12세기 청자의 절정기에는 다양한 기술이 계발되었는데 그중 하이라이트는
단연 상감 기법이다. 이로 인해 청자의 최고 걸작, 세계 어디에 내놓아도 찬사
에 또 찬사를 듣는 대표 작품인 청자상감운학문매병^{靑磁象嵌雲鶴文梅瓶} 항아리를
만들어냈다.

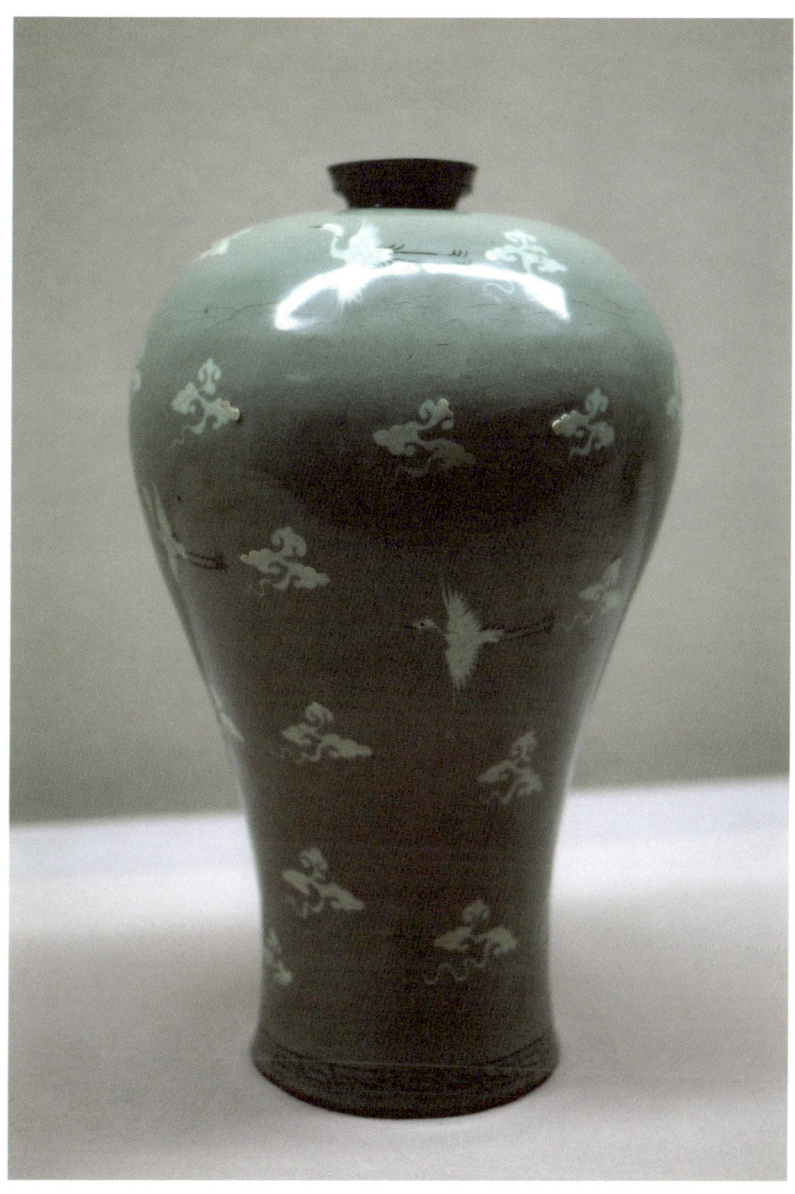

아타카 컬렉션 중 하나인 조선 청자의 최고봉 청자상감운학문매병

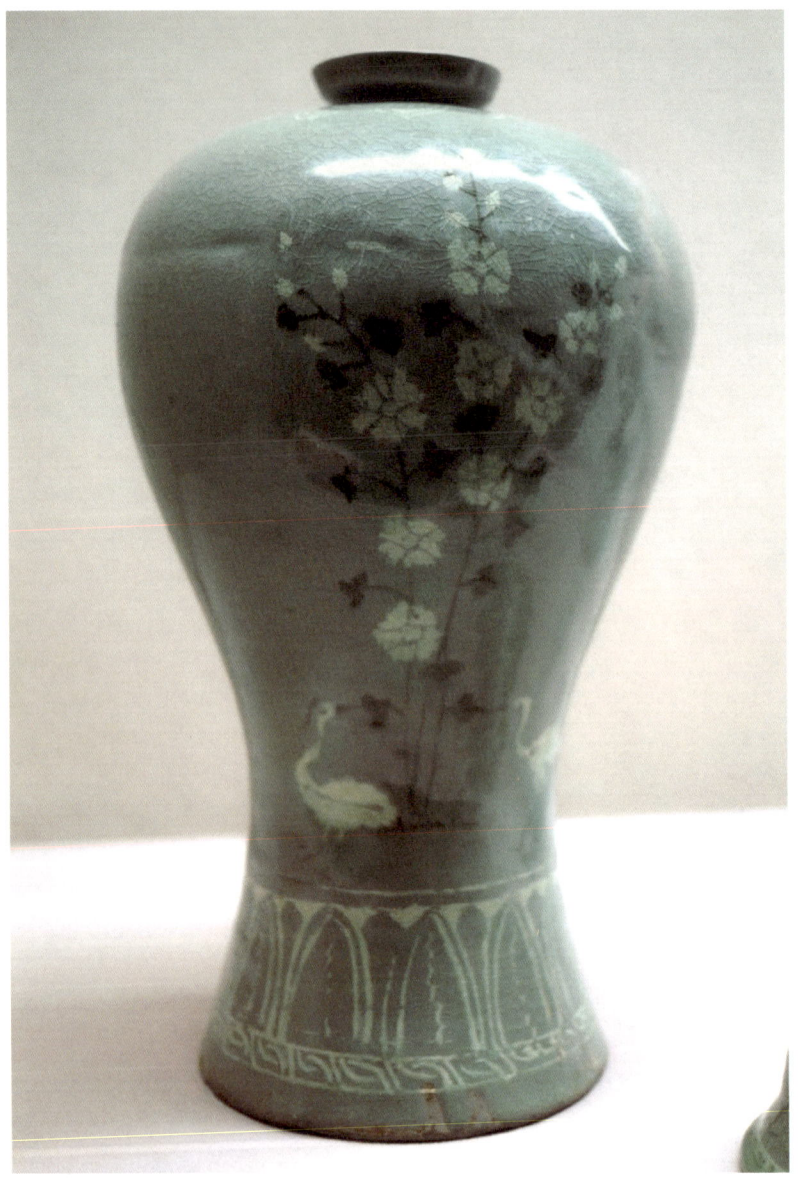

아타카 컬렉션 중 하나인 청자상감포류수금문매병(靑磁象嵌蒲柳水禽文梅瓶)

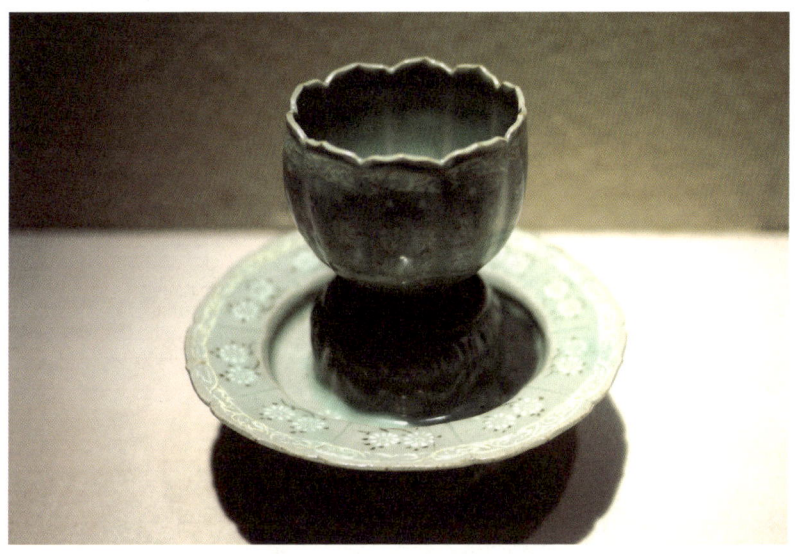

아타카 컬렉션 중 하나인 청자상감국화문 잔과 받침(靑磁象嵌雲鶴文盞·托)

고려는 무신 집권 이후 폐단이 쌓이고, 몽골의 침입으로 국력이 소모되면서 청자도 제작 상의 통제와 집중력이 약화된다. 그리하여 청자의 문양은 긴장감을 잃게 되고 점차 해이해졌다. 이런 과정에서도 일반 대중을 위한 대량생산의 새로운 도자기로 면모를 탈바꿈하여 탄생하니, 그것이 바로 조선 전기의 분청사기粉靑沙器다. 분청에 대해서는 『일본 도자기 여행 규슈의 7대 조선 가마』에서 매우 상세하게 다뤘지만 다시 요약하자면 회색과 회백색 질胎土 위에 표면을 백토로 분장한 뒤 유약을 입혀 구운 도자기가 분청사기다. 청자와 비슷하나 좀더 흑회 색을 띤다는 점에서 색깔에 차이가 있고, 황색을 띤 투명한 백색 유약을 입혔다. 그릇 표면을 백토로 씌워 백자로 이행되는 과정을 보여

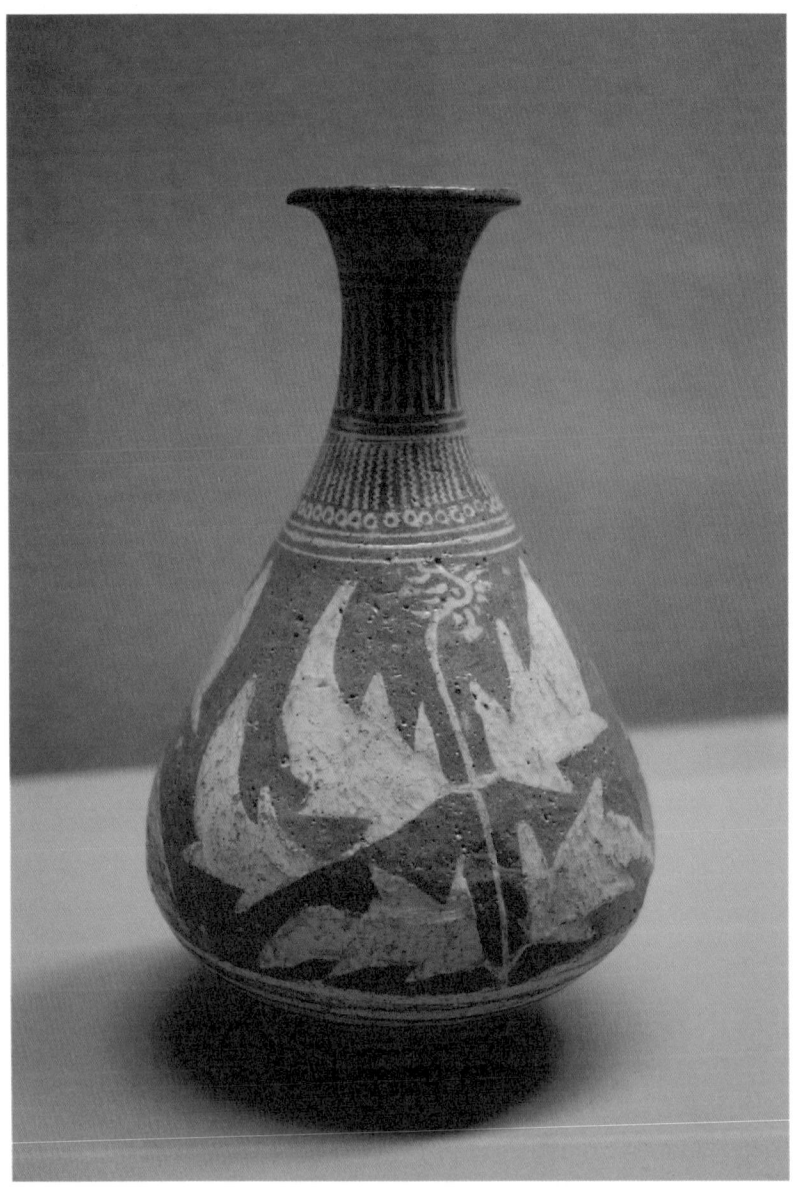

15세기 조선 분청면상감초화문병(粉靑面象嵌草花文甁)

주기도 한다.

분청사기의 특징은 무엇보다도 다양하고 자유분방한 백토 분장 기법이다. 이는 중국 북송北宋의 자주요磁州窯 일대에서 유행했으며, 어용이 아닌 민간 용도로 제작되었다. 우리의 분청 무늬는 민초의 삶을 닮아 활달하고 민예적인 것이 특색이다.

무늬로는 모란·모란 잎·모란 당초·연화·버들·국화·당초·인동·파초·물고기·어룡魚龍·화조 무늬 등이 주로 나타난다. 그밖에도 나비·매화·빗방울·여의두如意頭·돌림무늬雷文 등 추상적인 변형도 있다. 오사카시립동양도자미술관에서 볼 수 있는 우리 분청사기 역시 그 어디에서도 볼 수 없는 독창적인 미학의 세계를 나타낸 뛰어난 작품이다.

마지막으로 전시실 입구에 별도로 배치된 오키 쇼이치로沖正一郎, 1926~2016의 '중국 비연호鼻煙壺 컬렉션' 100여 점을 보는 재미도 매우 쏠쏠하다. 오사카 시에 기증한 1,200점의 비연호 가운데 일부다. 오키 쇼이치로는 1981년부터 1993년까지 초대 훼미리마트 사장을 지냈고, 일본프랜차이즈체인협회 회장을 지낸 사람이다. 그의 비연호 컬렉션은 양으로나 질적으로나 세계 제일 규모다.

비연호Snuff Bottle는 코에 갖다 대어 냄새를 맡는 가루담배인 코담배를 넣어두기 위한 용기다. 17세기와 18세기 유럽 왕실과 귀족 사이에서 대유행을 했고, 중국에는 청나라 시절인 17세기 후반에 건너갔다. 옛날 담뱃갑이 신사 숙녀들의 사치품으로 온갖 호화스러운 도자 제품이 만들어졌듯, 이 역시 다양한 모양과 색깔로 멋을 부린 것이 많다. 크기는 대부분 작고, 높이 10cm에 못 미치는 경우가 많아 아기자기한 수집품으로 인기가 있다. 미술품으로서 컬렉션 대상이기도 한다. 소재도 금, 은, 옥, 마노, 유리, 도자기, 상아 등 다양하다.

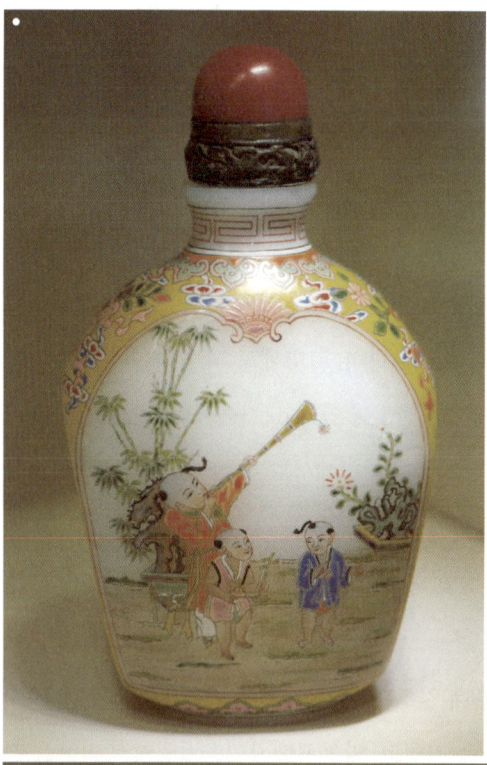

• 유리 위 동자그림 비연호
　(白ガラス上繪童子図 鼻煙壺)

•• 청나라 건륭년(乾隆年) 작품인
　분채화조도 비연호 쌍
　(粉彩花鳥図 鼻煙壺)

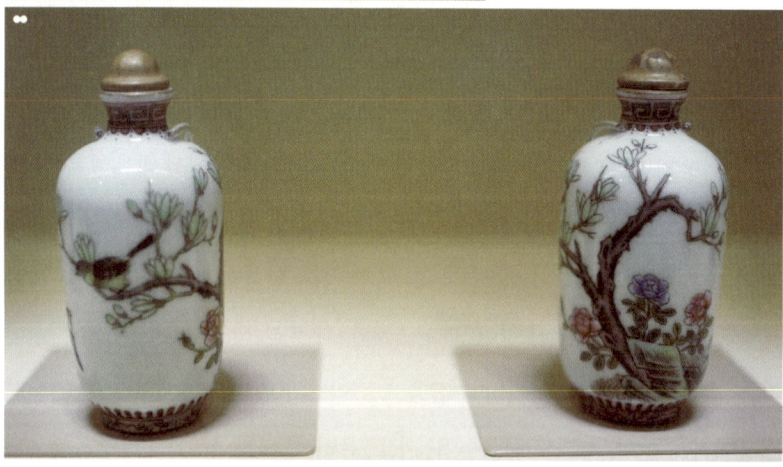

유키미술관湯木美術館 개요

- **주소** : 〒541-0046 大阪府大阪市中央区平野町3-3-9
- **전화** : (06)6203-0188
- **홈페이지** : www.yuki-museum.or.jp
- **영업시간** : 월요일 휴관. 10:00 ~ 16:30

[유키미술관의 다도와 관련된 전시회]

△ 2017. 1. 7 ~ 3. 29, 와비차의 모습
　 – 에도 시대 후기의 센케와 다이묘의 차わび茶のすがた : 江戸時代後期の千家と大名の茶

△ 2016. 9. 1 ~ 12. 4, 다구와 와카
　 – 이야기가 실린 도구들茶道具と和歌 : ものがたりをまとった道具たち

△ 2016. 7. 1 ~ 8. 7, 다도로 통해 보는 다인의 몸가짐
　 – 여름의 다구茶人のたしなみ 茶事へのいざない : 夏の茶道具

△ 2016. 4. 1 ~ 6. 26, 차 도자기 단숨에 보기!! 도자기의 백가쟁명
　 – 소단, 소와, 엔슈 시대茶陶いっき見!! やきもの百花繚乱 : 宗旦・宗和・遠州とその時代

△ 2016. 1. 6 ~ 3. 27, 세련된 명품들
　 – 다구의 문양과 훌륭한 디자인おしゃれな名品たち : 茶道具の文様・めでたいデザイン

△ 2015. 9. 1 ~ 12. 20, 선승과 다구
　 – 다이도쿠지를 중심으로禅僧と茶道具 : 大徳寺を中心に

오사카시립동양도자미술관大阪市立東洋陶磁美術館 개요

- **주소** : 〒530-0005 大阪府大阪市北区中之島1-1-26
- **전화** : (06)6223-0055
- **홈페이지** : www.moco.or.jp
- **영업시간** : 월요일 휴관. 9:30 ~ 17:00
- **영업시간** : 게이한나카노시마센京阪中之島線 나니와바시 역なにわ橋駅 1번 출구
　　　　　　　 미도스지센御堂筋線, 게이한혼센京阪本線 요도야바시 역淀屋橋駅 1번 출구
　　　　　　　 사카이스지센堺筋線, 게이한혼센京阪本線 기타하마 역北浜駅 26번 출구

CHAPTER

07

시코쿠
四国

/

우동은 다카마쓰,
그릇은 마쓰야마

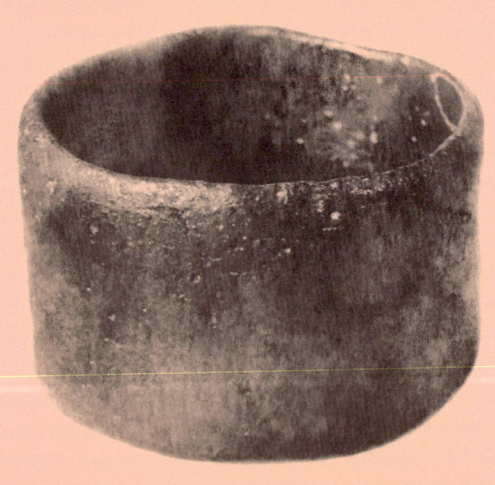

세상의 중심에 벚꽃이 다 져서 없어진다면

봄의 마음도 역시 텅 비는 것이겠지

世の中に たえて桜のなかりせば 春の心はのどけからまし

- 고긴슈古今集 속의 한 와카

시코쿠四国는 규슈와 혼슈本州 그리고 홋카이도北海道와 함께 일본을 이루는 주요 네 개의 섬의 하나로, 이 중에서 면적이 가장 작다. 면적은 18,297.78㎢로 세계 50위의 크기이다. 시코쿠 본섬과 쇼도시마小豆島, 오미시마大三島, 오시마大島, 나카지마中島, 하카타지마伯方島, 데시마豊島, 최근 우리나라 관광객이 많이 찾는 예술의 섬 나오시마直島 등의 부속 섬을 합쳐서 시코쿠 지방이라고 한다.

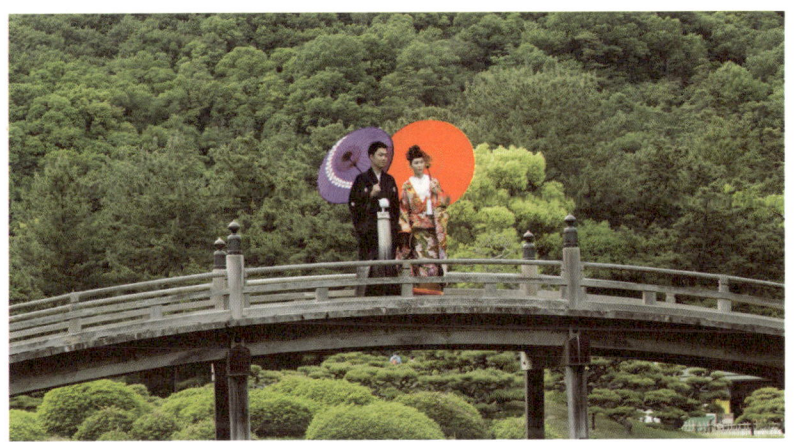

일본 명물 정원의 하나인 다카마쓰 리쓰린코엔의 웨딩 촬영

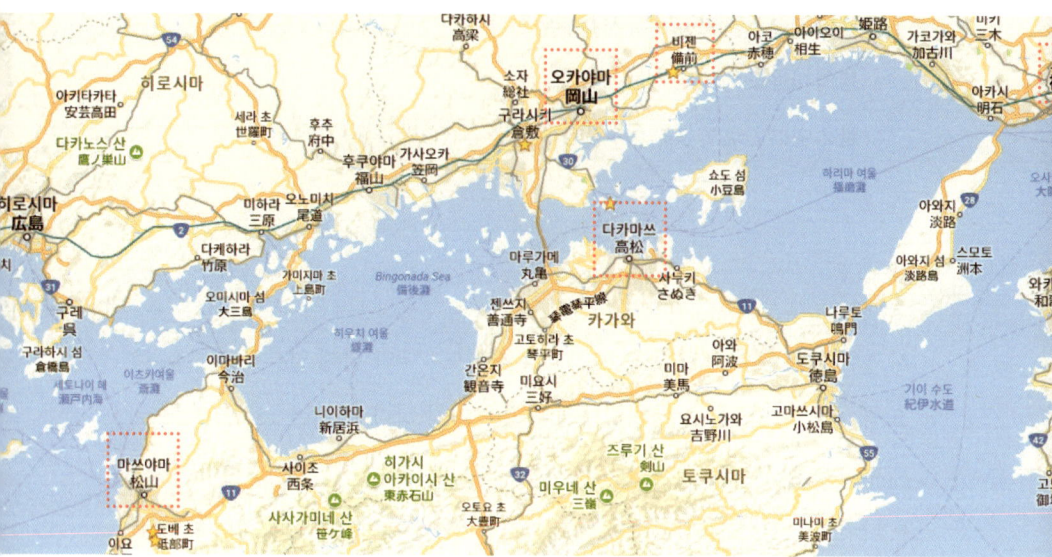

시코쿠와 혼슈의 주변 중심 도시 지도

다른 큰 섬들과 달리 유독 시코쿠만 '나라 국國'자가 들어가기 때문에 혼란이 생길 수 있는데, 이런 이름이 붙은 것은 근세 이후 전국시대 때 이 지방에 네 개의 작은 나라, 즉 아와 국阿波国과 사누키 국讚岐国 그리고 이요 국伊予国과 도사 국土佐国이 있었기 때문이다. 시코쿠와 기이 반도의 기이 국紀伊国, 아와지 섬의 아와지 국淡路国을 합쳐 난카이도南海道라 부르기도 한다.

현재 시코쿠의 모습은 약 1,900만 년 전 일본 열도가 탄생할 때 생겨났다. 세 토나이 내해를 사이에 두고, 긴키近畿 지방과 산요山陽 지방 그리고 규슈에 삼면 이 둘러싸인 위치다. 섬의 중부에는 각 현을 나누는 식으로 사누키 산맥讚岐山脈 의 여러 산들이 솟아 있어, 이러한 지형이 최근까지도 각 지역 간 교류를 어렵게 했다.

현재 시코쿠는 도쿠시마 현德島県과 가가와 현香川県 그리고 에히메 현愛媛県과 고치 현高知県의 4개 지방자치단체로 이뤄져 있으며, 2010년 기준 총인구가 400만여 명이다. 중심 도시는 가가와 현의 다카마쓰高松와 에이메 현의 마쓰야마松山다.

동부 가가와 현은 세토오하시瀬戸大橋로 건너편 혼슈의 오카야마岡山와 도쿠시마 현은 나루토오하시鳴門大橋로 효고 현 고베와 에히메 현은 7개의 다리가 연달아 이어지는 시마나미카이도島波海道나 페리를 통해 히로시마와 연결되기 때문에 각자 영향력을 행사하는 혼슈의 지방들이 다 다르다.

이 때문에 '도쿠시마는 긴키오사카와 고베를 향하고 다카마쓰는 오카야마를 향해, 마쓰야마는 히로시마를 향해 그리고 고치高知는 태평양또는 도쿄를 향하고 있다'면서 "시코쿠는 각자 하나하나다"라고 불리고 있다. 지금은 교통 발달로 이런 현상이 어느 정도 해소되었다지만 각 도시마다 이용하는 다리에 의해 연결되는 혼슈 도시와의 긴밀한 경제와 문화적 관계는 여전하다.

가가와 현 과 오카야마 현 구라시키倉敷를 연결하는 길이 12.3㎞의 세토오하시는 10년간 공사 기간을 거쳐 1988년에 완공했다. 철로가 놓인 다리로는 세계에서 가장 긴 다리로, 오카야마에서 쾌속열차 마린라이너マリンライナー를 타고 다카마쓰로 건너가는 재미가 독특하면서도 쏠쏠하다. 바다 위를 달리는 기차이기 때문이다. 1시간 남짓한 시간이면 다카마쓰에 도착한다.

다카마쓰는 시코쿠의 관문으로 시코쿠를 통합하는 국가 기관 대부분과 기업들의 시코쿠 지사, 'JR 시코쿠' 등 시코쿠 전역을 영업 구역으로 하는 공공서비스 기업 본사 등이 있는 중심 도시다.

에도 시대에는 다카마쓰 마쓰다이라高松松平 가문01이 다스리는 다카마쓰 번의 성시城市로, 다카마쓰 성의 천수각이 도시의 상징이었지만 메이지 시대에 파괴되어 현재는 2004년에 준공된 다카마쓰 심볼타워高松シンボルタワー가 새로운 랜드마크로 기능을 수행하고 있다.

다카마쓰가 있는 가가와 현을 대표하는 것은 우동うどん, 그중에서도 사누키さぬき 우동이다. 가가와 현을 상징하는 브랜드로 확실하게 자리잡은 만큼이나 이 지역의 인당 우동 소비량은 일본 안에서 1등이다. 일본 전국 어디에서나 손쉽게 먹을 수 있는 음식이 우동이지만 '닛케이 리서치'의 격년 조사인 지역 브랜드 종합평가에서 사누키 우동은 350개 품목 중 1위를 차지했다2008년과 2010년 연속. 이에 따라 사누키 우동을 먹기 위한 것이 가가와 현을 찾는 관광의 첫째 목적이 됐고, 가가와현청과 관광협회는 2011년부터 가가와 현을 '우동 현うどん県'으로 부르는 캠페인을 시작했다.

사누키 국讃岐国에서 언제 누가 우동을 시작했는지는 알 수 없다. 어디서 전래되었는지도 모른다. 그러나 사누키는 예로부터 양질의 밀과 소금과 간장 그리고 지역 특산품인 멸치로 유명했기 때문에 우동 재료를 구하기도, 만들기도 쉽다. 여기에다 사누키 특유의 쫀득하고 탱탱한 면발이 입소문을 타고 명물로 널리 알려지게 된 것은 1960년대 무렵이었다.

1682년에 출간된 우키요조시浮世草子02인 「호색일대남好色一代男」의 삽화는 미카와 국三河国 이모카와芋川 우동집이 오징어 모양의 독특한 소원풀이 액자인 에

---

01 도쿠가와 이에야스의 11번째 아들인 도쿠가와 요리후사(德川賴房)의 미토도쿠가와(水戸德川) 가문에게서 갈라져나온 분파다.

02 에도 시대에 화류계를 중심으로 한 세태를 묘사한 소설

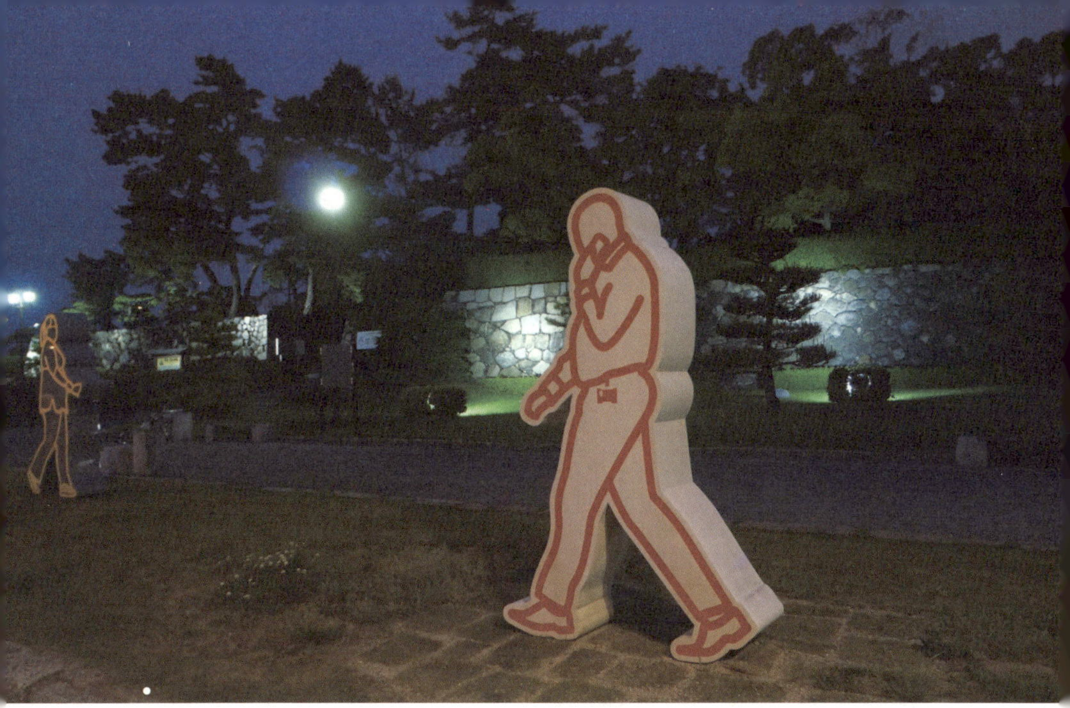

● 에도 시대의 다카마쓰 성은 파괴되어 현재 성터만 남아 공원이 돼 있다.

●● 다양한 그릇과 맛의 사누키 우동들

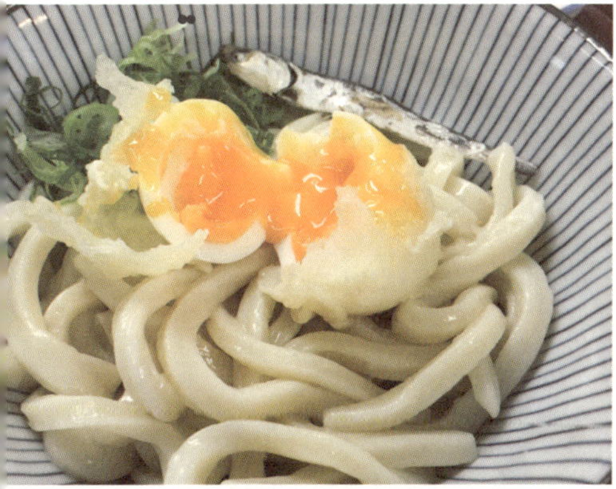

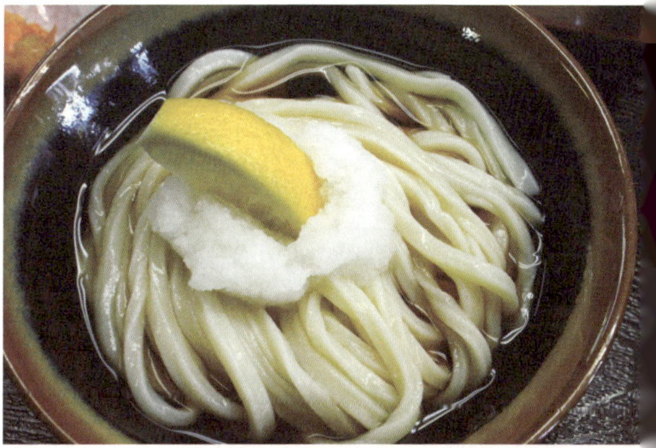

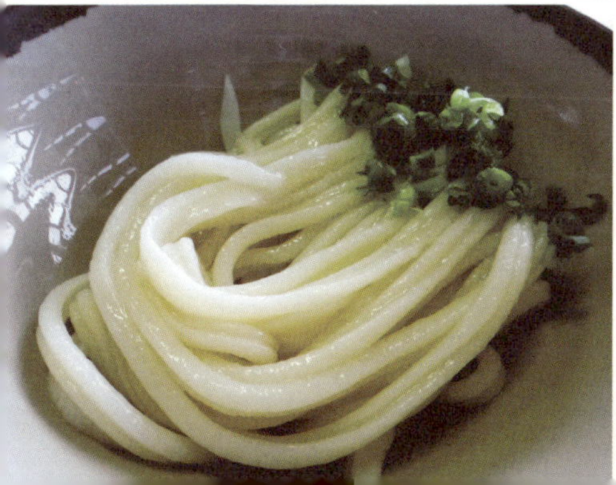

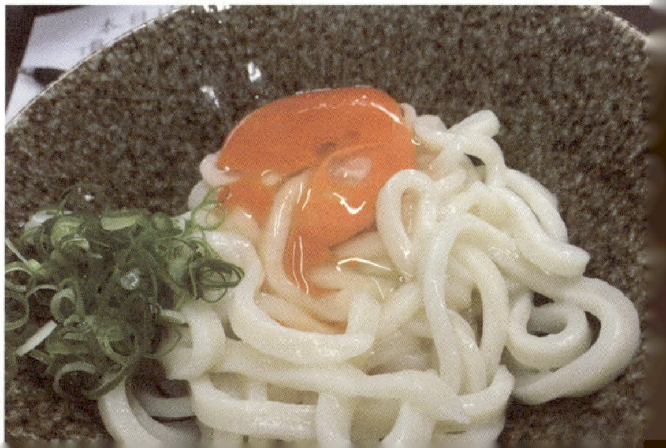

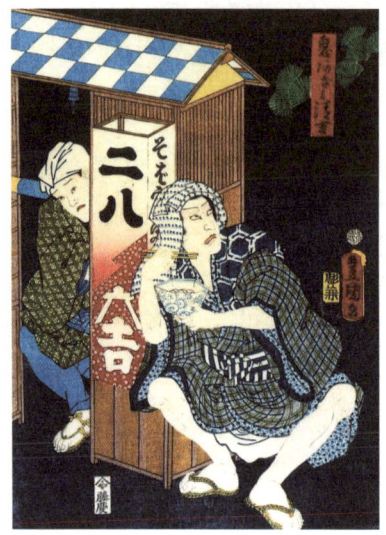

우동 행상에게 우동을 사 먹는 사내를 묘사한
우키요에

마사마絵馬様를 간판으로 내걸
고 영업하고 있는 모습을 보
여준다. 18세기 초에 그려진
'곤피라 제례도 병풍金毘羅祭礼
図屏風'에도 사누키 우동과 관
련한 그림이 등장한다. 200개
남짓한 건물이 즐비한 곤피라
金毘羅03 문전 마을의 호황을 묘
사한 이 병풍에는 모두 3개의
우동가게가 인가를 얻어, 옆
의 삽화와 같은 형태의 간판
을 내걸고 있다. 당시 이 모양

은 사누키뿐만 아니라 국수를 파는 가게의 간판으로 일반적이었다.

에도 시대 후기에는 곤피라 참배객을 대상으로 한 여관이 늘어났는데, 1층이
우동집인 곳이 많았다. 또한 참배객이 배를 내리고 타는 장소인 마루가메丸亀
와 다도쓰多度津에도 우동집이 있었다. 우동집 매장에는 가마가 놓이고 우동
을 넣은 도베야키砥部焼의 도자기 그릇, 쓰케지루付け汁04를 넣은 작은 사기그릇
인 조쿠猪口가 있어 여기에 생강과 대파를 넣어 담가 먹는 형식이 일반적이었
다. 도베야키에 대해서는 뒤의 마쓰야마를 다룬 항목에서 보자.

03　가가와 현 고토히라초(琴平町)에 있는 신궁 고토히라구(金刀比羅宮)에 있는 보살의 12호법 수호상 가운데 필
두 수호신을 말함
04　메밀국수나 튀김 등을 찍어 먹는 진한 국물

메이지 시대에 들어서면 다카마쓰에 우동 행상이 크게 늘어 낮밤 없이 다녔다. 1887년 무렵에는 멜대라고 할 수 있는 덴빈보天秤棒 양쪽에 상자를 걸고 그 위에는 석유램프를 켜고 방울을 울리며 다녔다. 상자 하단에는 사발이나 뜨거운 물이 담긴 주전자를 넣고 다녔으므로, 그 무게가 60~70kg이나 되었다고 한다. 20세기에 들어서면 이들 업체는 모두 바퀴 달린 포장마차로 변신해서 행등行燈을 매달았다. 우동은 국물에 가다랑어 말린 것을 얇게 썬 가쓰오부시鰹節가 더해져 인기를 더했다. 밤의 행상인은 어용 생면 도매업자와 계약하고 도구를 빌려 영업을 했다. 쇼와 초기에는 장식 유리등을 살린 포장마차가 즐비해서 다카마쓰 밤 풍경의 풍물이 되었다.

이처럼 우동이 커다란 산업이 되면서 우동을 담는 다양한 그릇을 굽는 가마들이 생겨나는 것이 당연하다. 사누키 국의 경우 겐나이야키源内燒가 대표적인 가마였다.

사누키의 코우치풍 삼채 도자기, 겐나이야키

겐나이야키는 에도 중기의 난학자蘭學者[05]이자 식물학자, 발명가, 대중소설가인 히라가 겐나이平賀源内, 1728~1779의 지도로 구워진 코우치풍의 삼채 도기다. 코우치는 앞서 교토 단원에서 살펴본 것과 같이 대만과 중국 남부에서 만들어지던 짙은 원색 도자기다.

왜 하필이면 많고도 많은 도자기의 종류 가운데 코우치를 골라 만들기 시작

[05] 네덜란드를 비롯한 서양 문물에 익숙하고 이를 연구하는 학자

했는지 알 수 없지만 이는 남색가^{男色家}였던 겐나이의 성적 취향과 코우치의 개성 있으면서도 흔치 않고 강렬한 색채가 맞아떨어졌는지도 모르겠다. 하여튼 1775년에 시작된 겐나이야키는 에도 중기 이후 해외 수출 판매를 비롯한 식산흥업을 목적으로 각지에서 발흥한 '구니야키^{国焼}'의 효시라고 할 수 있다.

'구니야키'는 세토 가마 이외에서 구워진 일본 차제구 도자기의 총칭이다. 조선의 '고라이모노^{高麗物}'나 중국의 '가라모노^{唐物}'에 대비되는 개념으로 일본 제품을 총칭하여 '구니야키'라고 부른 것이다. 에도 시대에 다인들은 세토를 가마의 중심으로 삼았기 때문에 다른 가마를 모두 이렇게 불렀지만 교야키만은 별도로 취급해 이에 넣지 않았다.

겐나이야키는 모모야마 시대 이후 도입된 중국 화남^{華南} 삼채의 영향이 잘 드러난다. 겐나이가 나가사키에 공부하러 갔을 때 얻은 서양 도안이 디자인으로 채용되고 있다. 또한 에도 중기 일본 지식층 사이에 폭넓게 퍼진 중국 문인화 주제와 도사파[06]와 가노파[07]의 흐름을 이어받은 밑그림에서 디자인을 도입했다. 특히 모양과 그림에서 유화 액자에 보이는 유럽풍 당초 문양이 접시 가장자리 장식에 이용된다거나 삼채 도기 중에서도 파스텔 풍의 부드러운 밝은 색상을 채용한 것 등 다른 도자기에서는 볼 수 없는 특징이 있다. 250여 년 전의 도자기치고는 매우 개성적이라 할 수 있다.

겐나이야키는 주로 다이묘 가문과 바쿠후의 고관 등이 소장하고 있는 것이 많아 최근 재평가가 될 때까지 거의 세상에 알려지지 않았다. 현재도 미술관

---

[06] 도사파는 순 일본적인, 소위 야마토에 화법을 이어받아 14세기 남북조 시대의 후지와라노 유키미쓰(藤原行光)를 선조로 해서 무로마치 시대의 약 200년 긴 세월에 걸쳐 조정의 그림을 관리하는 관청인 에도코로(絵所)를 세습하고 전통과 권세를 뽐냈다.

[07] 가노파에 대해서는 앞서 교토 단원에서 자세하게 설명했다.

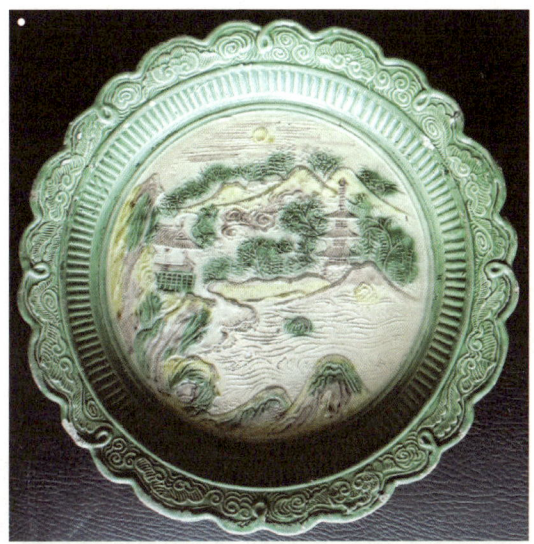

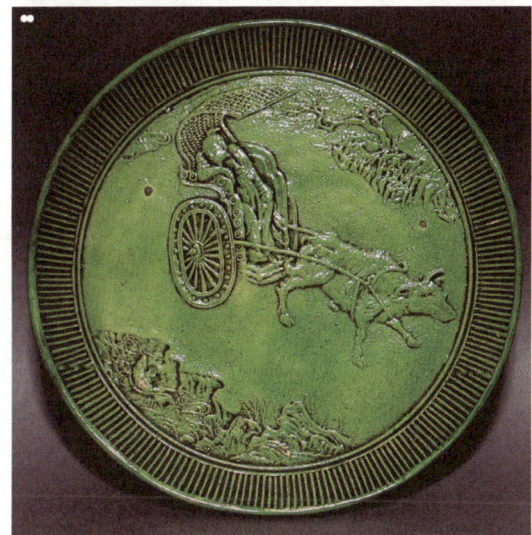

● 삼채 도기인 겐나이야키의 월하누각산수도접시(月下楼閣山水図鉢)

●● 겐나이야키에는 자주 중국 문인화를 모티브로 사용했다.

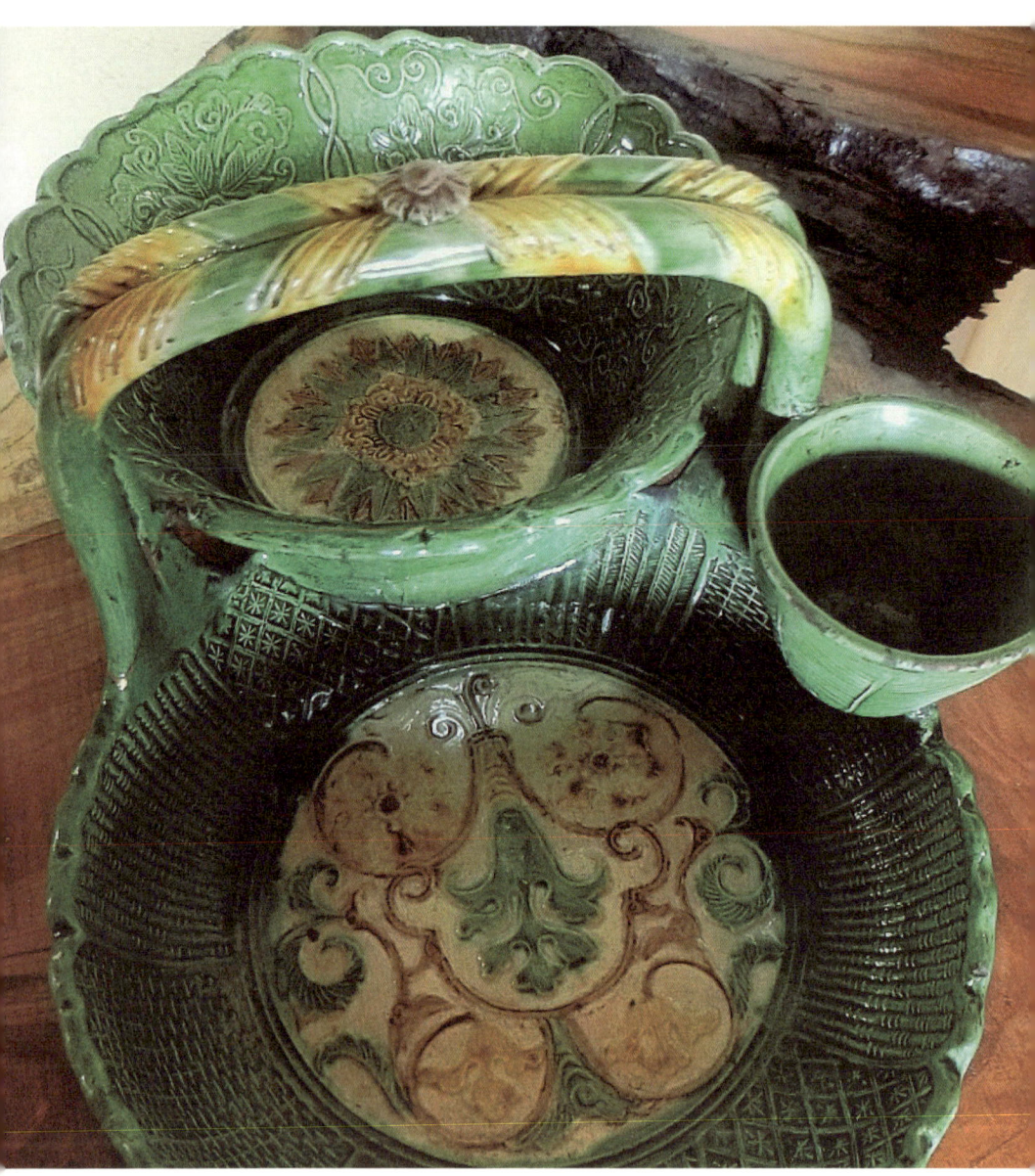

겐나이야키의 작은 주발을 붙인 당초문 주발(唐草文手付小椀付連鉢)

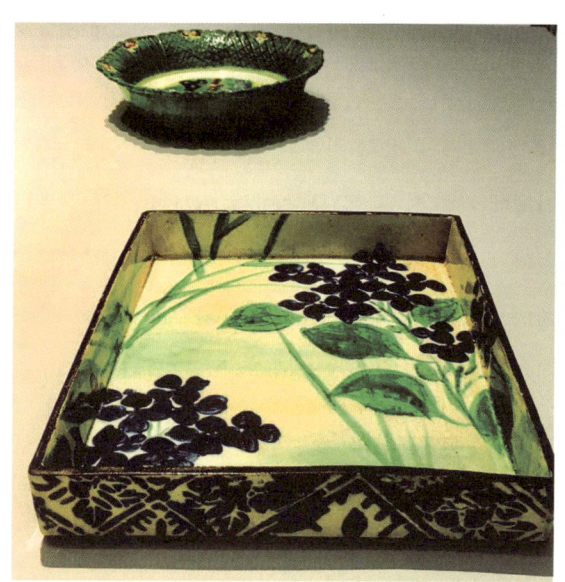

겐나이야키의 찬합과 주발

과 박물관보다 개인이 소장하고 있는 작품이 많다. 사누키 시에 있는 히라가 겐나이기념관平賀源内記念館에도 약간의 전시품밖에 없다.

메이지 시대 박람회에서 겐나이 후손에 의해 일시적으로 재흥되었지만 기술적으로나 공예적 가치로나 기존 것에도 한참 뒤떨어져 바로 사라졌다. 가가와 현의 도자기에는 겐나이야키 작풍을 계승한 것이 많다.

다카마쓰야키

다카마쓰야키高松燒는 가가와 현에 에도 전기부터 전해진 도자기로, 다카마쓰 번의 어용 도자기인 오니와야키다. 오니와야키는 앞 장에서도 보았듯 에도

시대 각 지역 영주들이 사기장을 직접 고용해 어용가마에서 만든 도자기를
말한다.

1642년 다카마쓰로 이봉된 마쓰다이라 요리시게松平頼重가 교토 사기장 기타
리헤에紀太理兵衞, 1603~1678를 초빙해 1647년 리쓰린栗林 정원 북단에 가마를 만들
었다.

기타 리헤에의 본명은 모리시마 사쿠헤에森島作兵衞다. 그의 아버지 모리시마
시게요시森島重芳는 원래 도요토미 히데요시를 1,300석으로 모시던 무사였다.
1614년 에도 도쿠가와 바쿠후가 도요토미 가문을 공격하여 멸문시킨 오사카
전투 당시 지금의 시가 현에 해당하는 오미 국 시가라키信楽로 도망쳐서 목숨
을 부지했다. 사가라키에서 그는 중국인 사기장인 운림원雲林院 아무개를 만나
도자기 만드는 일을 생업으로 삼게 되었다. 이후 아들인 사쿠헤에와 함께 교
토의 가마가 몰려 있는 아와타구치로 이전하여, 사쿠헤에는 노노무라 닌세이
에게서 도자기 기법을 배웠다.

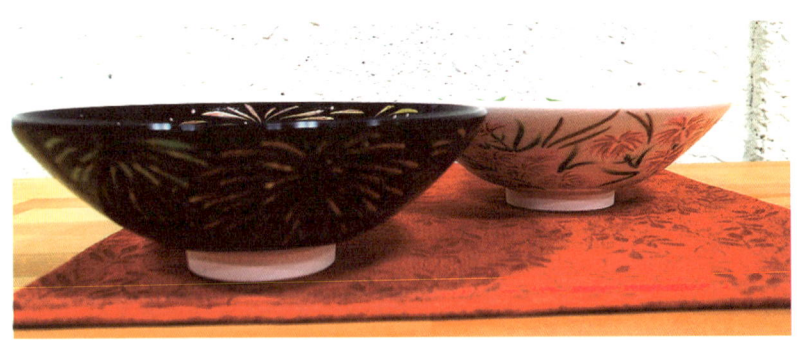

리헤이 가마의 14대 작품

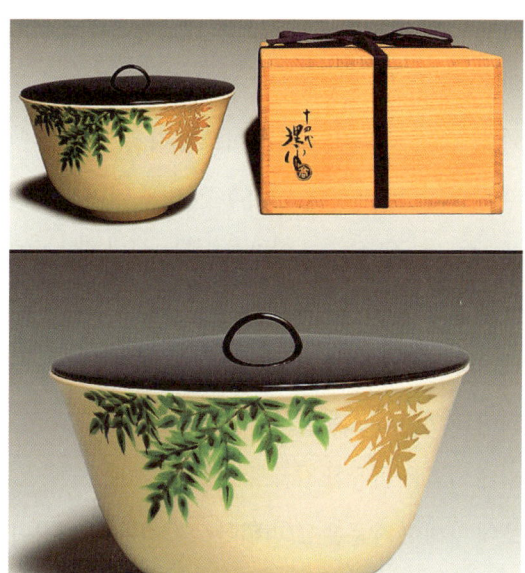

14대가 만든
금채와 청엽(靑葉)
물항아리와 과자 그릇

한편 영주가 되기 이전의 젊은 시절 마쓰다이라 요리시게는 다카마쓰가 아닌 교토 사가私家에 살고 있었는데, 그때 모리시마 사쿠헤에를 불러 그릇을 만들게 했다. 요리시게가 나중 다카마쓰 번주가 되자, 그는 사쿠헤에를 다카마쓰에 초청하여 기타紀太라는 성과 리헤에理兵衛라는 이름을 하사했다.

리헤에는 다카마쓰로 이전하여 스승인 노노무라 닌세이의 작풍대로 이로에 도기를 만들었으므로, '다카마쓰의 닌세이高松の仁清'라고 불리게 되었다. 또한 그가 만든 다카마쓰야키는 리헤에야키理兵衛燒라고도 불렸다.

기타 가문은 9대에 이르러 메이지유신이 일어나자 이름을 리헤이理平로 다시

바꾸고, 대대로 이를 습명으로 삼았다. 9대 리헤이는 잠시 고향을 떠나 교토의 3대 다카하시 도하치高橋道八에게 사사를 받고 돌아와 가마를 재건했다. 교야키를 이어받았기 때문에 이로에 작품에 우아한 수작이 많다.

리헤이 가마理平窯는 창립 이후 한 번도 가마를 닫지 않고 면면히 계승되어 현재 14대1951~에 이르고 있다. 14대는 아버지인 13대가 40세에 요절함에 따라 딸인 요코洋子 씨가 계승했다.

리헤이야키의 특징은 토양의 성질에 의해 발생하는 연보라빛 피부에 있다. 또한 교야키의 흐름을 이어받아, 금과 은가루로 도자기 표면을 장식하는 마키에 기법을 이용한 작품도 만들고 있다.

초대 리헤이 작품은 '고리헤이古理平'라 하고 인장이 찍혀 있지 않지만 2대부터는 '高' 자와 '理平'도장이 찍혀 있다. 한편 다카마쓰야키는 리헤이야키 말고도 오바야시야키御林焼, 이나리야마야키稲荷山焼, 이와세오야키石清尾焼 등의 다양한 다른 이름으로 불린다.

작은 섬들의 그릇, 가미켄야키와 아와지야키

한편 시코쿠 본섬 인근의 조그만 섬인 쇼도시마와 시코쿠를 혼슈와 연결하는 섬인 아와지시마淡路島에도 규모는 크지 않지만 나름대로의 개성을 드러낸 가마들이 있다.

먼저 세토나이 내해 섬들에서 3년마다 열리는 예술제인 '세토우치 트리엔날레'가 열리는 섬의 하나로 최근 알려지기 시작한 쇼도시마 가미켄야키神懸焼는 메이지 8년1875년에 생긴 가마다. 위에서 본 겐나이야키를 모델로 삼아 사기장

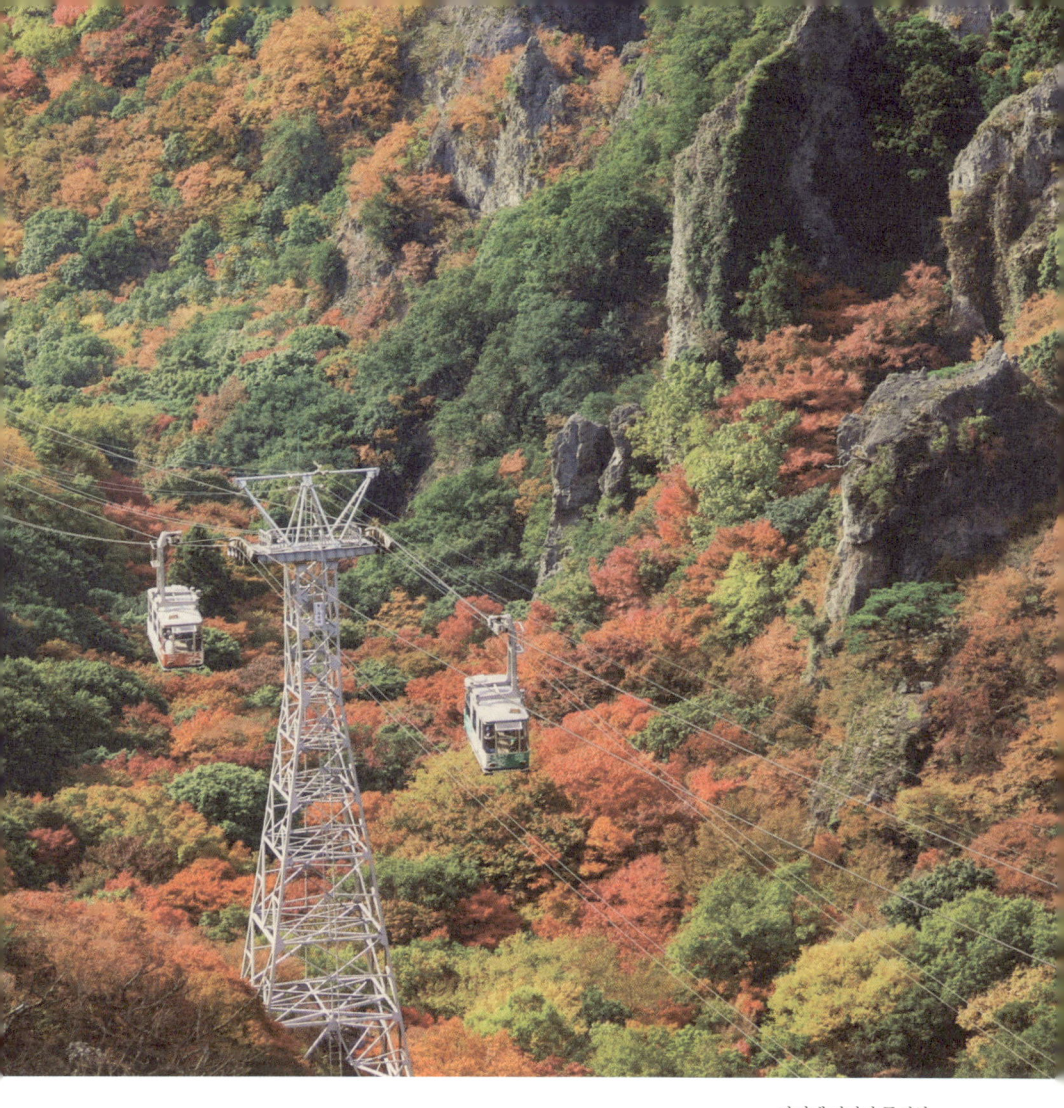

가미켄 가마가 들어선
쇼도시마 간가케이 계곡은
단풍으로 유명한 명승지다.

소슌租春이 다인 슈코秋光와 함께 쇼도시마의 유명한 명승 관광지인 간가케이寒霞渓 계곡에 가마를 쌓고 그릇을 구웠다고 한다.

이후 한때 명맥이 끊겼지만 가가 국에서 구타니야키를 굽던 사기장 고에쓰香悦가 섬을 찾아와 자신의 유약을 사용하여 원래의 도자기에 깊은 맛을 갖게 하면서 현재처럼 견고하고 우아한 느낌의 제품을 완성해냈다.

가미켄야키는 갈색을 주조로 하는 라쿠야키로 오름가마나 큰 가마가 아닌, 서랍식 소성 기법을 사용해서 발색이 다른 유약을 두 번 바른다. 이 때문에 소성 중에 녹아 섞이는 유약의 변화가 풍부한 것이 특징이다.

가미켄야키는 점토로 끈을 만들고 이를 바닥에서부터 감아가며 쌓아 올려 기물을 형성하는 성형 기법인 '히모쓰구리紐作り'도 즐겨 사용한다.

현재 쇼도시마의 가마는 2개로, 가미켄 가마는 5대 슈코秋光가, 가가에서 온 고에쓰 가문의 후손이 운영하는 가마모토 가미켄야키窯元神懸焼는 6대 무로이 고에쓰室井香悦가 계승했다. 그러나 안타깝게도 이들은 섬을 넘어서는 지명도는 획득하지 못하고 있다.

아와지야키淡路焼는 아와지 섬의 도자기다. 분세 연간1818~1830에 현재의 효고 현 미나미아와지 시南淡路市에 해당하는 아와지 국 이나타 마을稲田村에서 간장 공장을 하던 대지주 가슈 민페이家集珉平가 섬의 이가노 마을伊賀野村에 가마를 만들었다. 그의 이름을 따 '민페이야키珉平焼'로도 불린다.

민페이는 처음에는 라쿠야키를 시도하다가 1834년 교토에서 사기장 오가타 슈헤이尾形周平를 초청하여 도예를 배우고 각종 유약과 에고라이絵高麗 08 등을

---

08 수입된 조선 도자기 위에 그린 그림이나 문양(철화라서 갈색이다) 혹은 이를 다시 구운 것

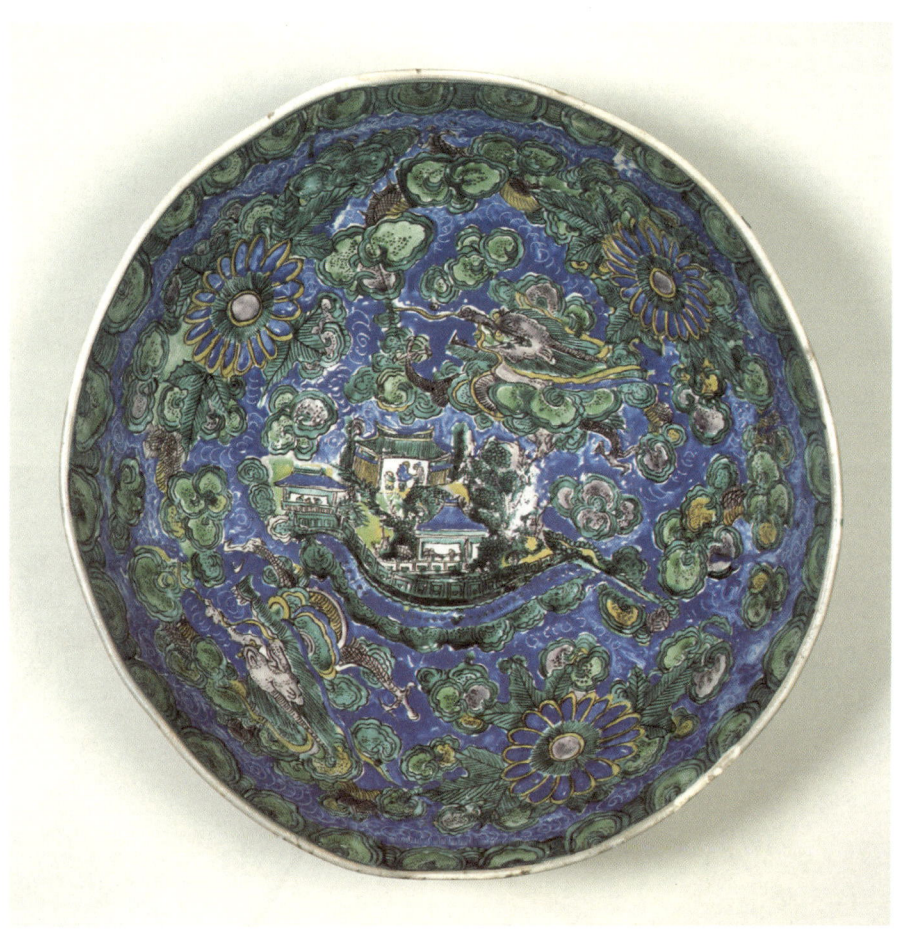

코우치의 영향으로 원색의 화려함이 묻어나는 아와지야키 큰 접시

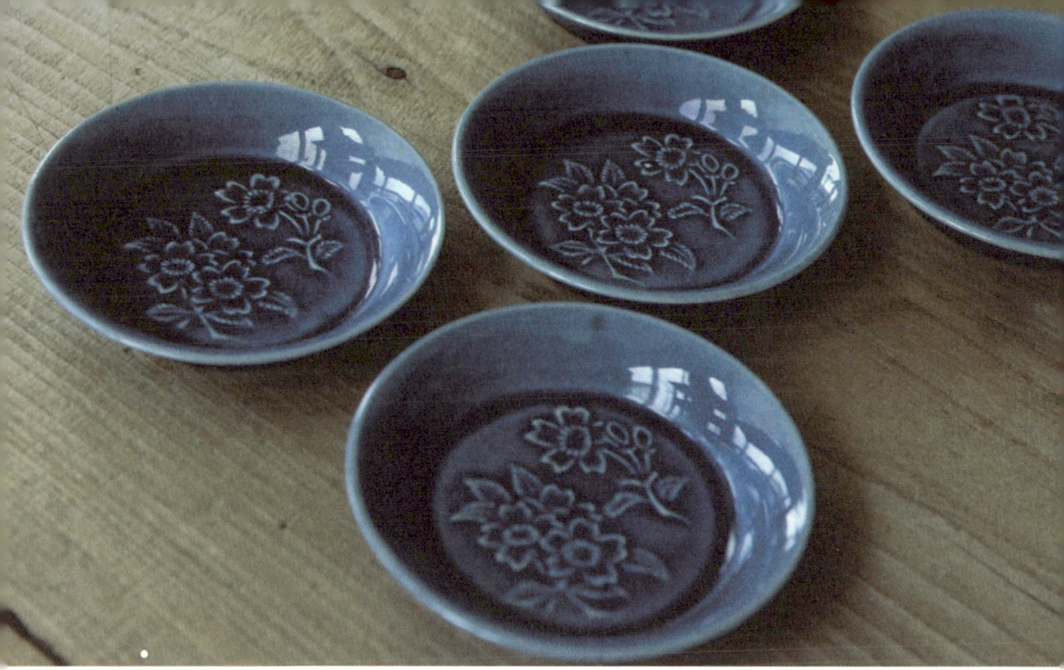

● 아와지야키의 코우치 접시
●● 바다의 빛깔을 가진 아와지야키

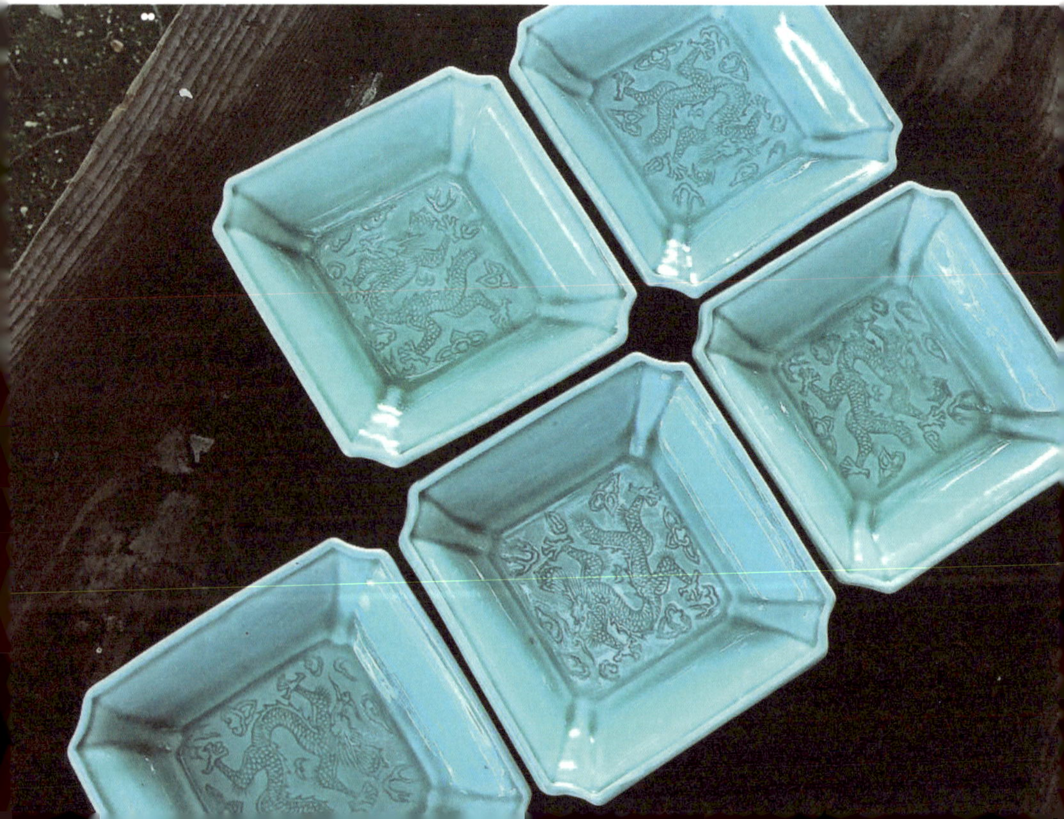

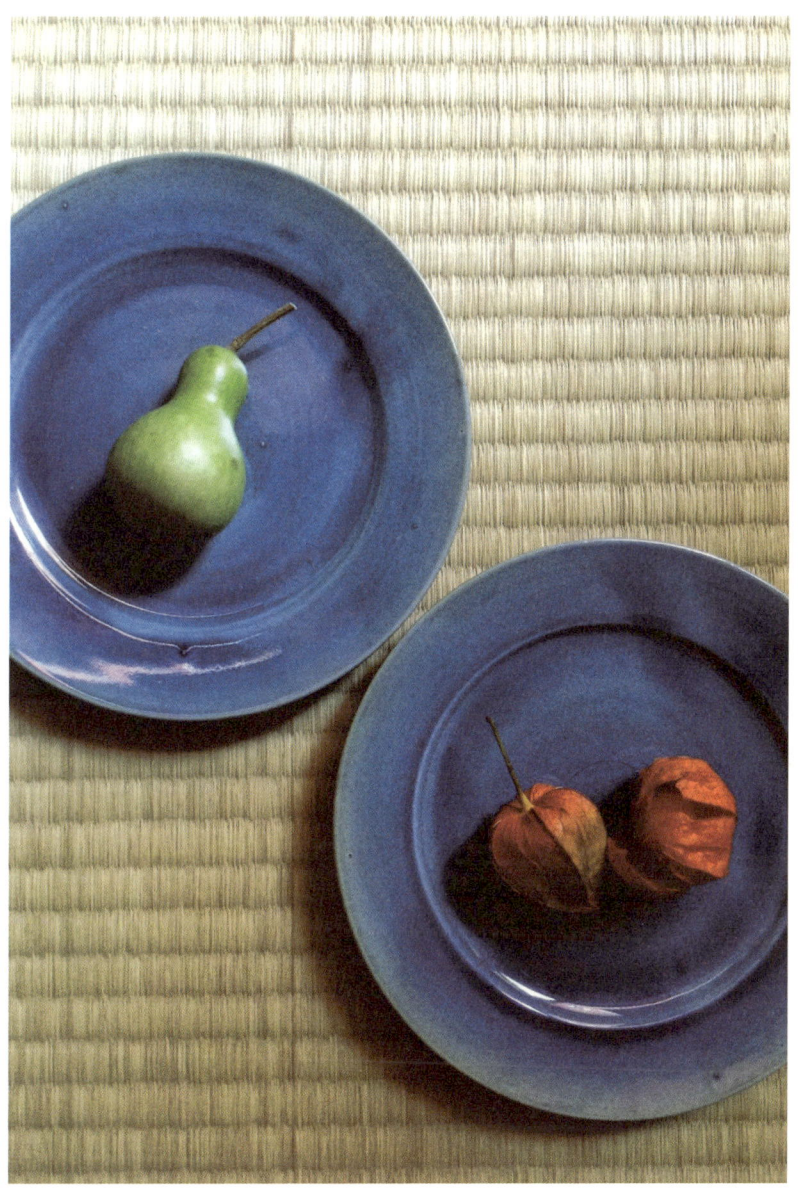

아와지야키 코우치는 현대 도예로의 근접성이 뛰어나다.

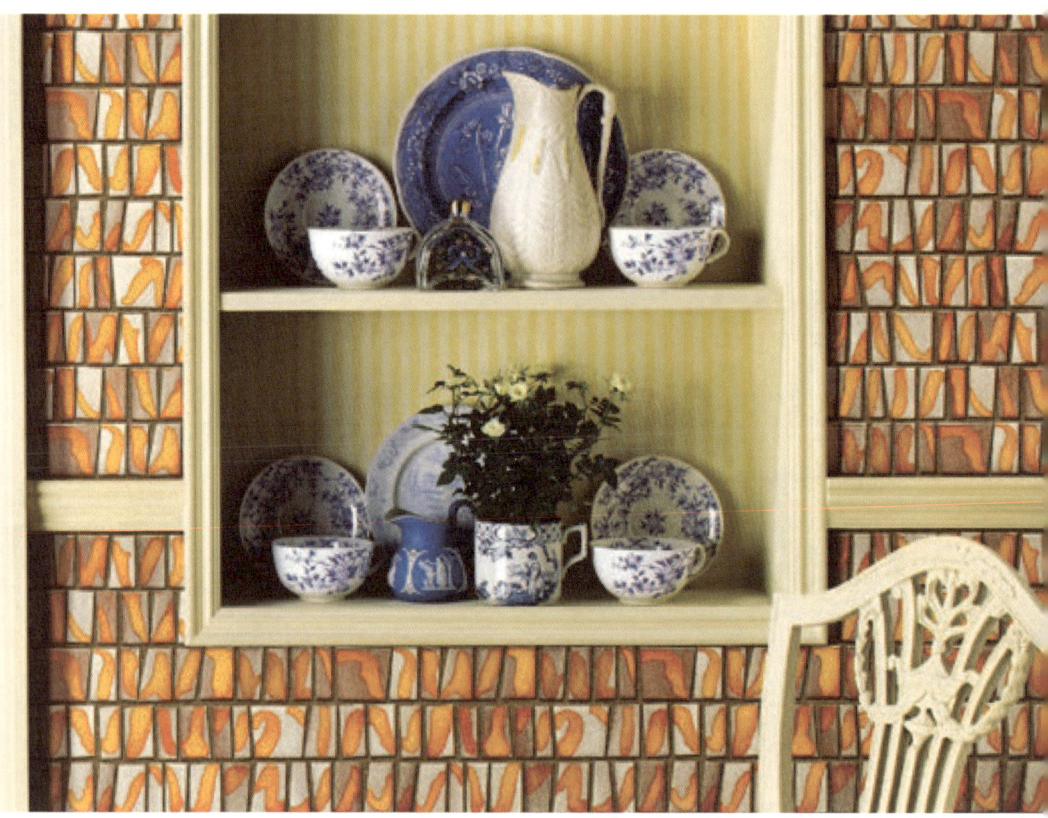

단토 회사를 승계한 단토의 타일 제품

발명했다. 일반적으로 교야키가 많았고, 청자, 백자, 소메쓰케, 코우치 등 종류가 다양했다고 하는데, 지금 전해지는 것은 코우치가 압도적이다.

그러나 1842년 도쿠시마 번德島藩 영주 하치스카蜂須賀가 관요를 같은 장소에 만드는 바람에 민페이 가마는 경영난에 부닥쳤다. 민페이 가마는 품격 있는

고급 도자기를 만들어 해외에 수출하면서 명성을 얻었지만 경영난을 타개하기에는 역부족이었던지 1883년에는 친척인 구니키다 젠지로櫟田善次郎가 가마를 인수하고 단토淡陶 회사를 설립했다. 단토는 그 다음해에 도쿠시마 번의 관요도 흡수 통합했다. 아와토는 현재 단토ダントー로 이름을 바꾸고 타일 제품에 주력하고 있다.

리쓰린코엔과
다실 기쿠게쓰데이

앞서 말했듯 리쓰린코엔栗林公園은 다카마쓰 번의 어용 도자기인 오니와야키인 다카마쓰야키가 시작된 곳이다. 그러나 현재는 이곳에 아무런 자취도 없고, 오직 사누키민예관讃岐民芸館에서만 그 흔적을 엿볼 수 있다.

다이묘가 조성한 다이묘 정원으로 미토水戸의 가이라쿠엔偕楽園, 가나자와의 겐로쿠엔, 오카야마의 고라쿠엔은 흔히 일본 3대 정원으로 유명하다. 그러나 리쓰린코엔이 이들보다 더 우수하다고 보는 시각도 많다.

역시 다이묘 정원인 리쓰린코엔은 1953년 국가 지정 특별 명승지로 지정됐다. 시운잔紫雲山을 배경으로 6개의 연못과 13개의 '쓰키야마築山09'를 배치해 물줄기를 따라 관람할 수 있는 회유식回遊式 정원이다. 면적은 약 75헥타르로 특별명승으로 지정되어 있는 정원 중 최대 규모다.

리쓰린코엔은 원래 16세기에 다카마쓰의 호족 사토佐藤 가문의 작은 별장으로 시작해, 1625년 무렵 사누키 국 영주 이코마 다카토시生駒高俊에 의해 정원

09 관상용으로 정원에 만든 낮은 인공 산

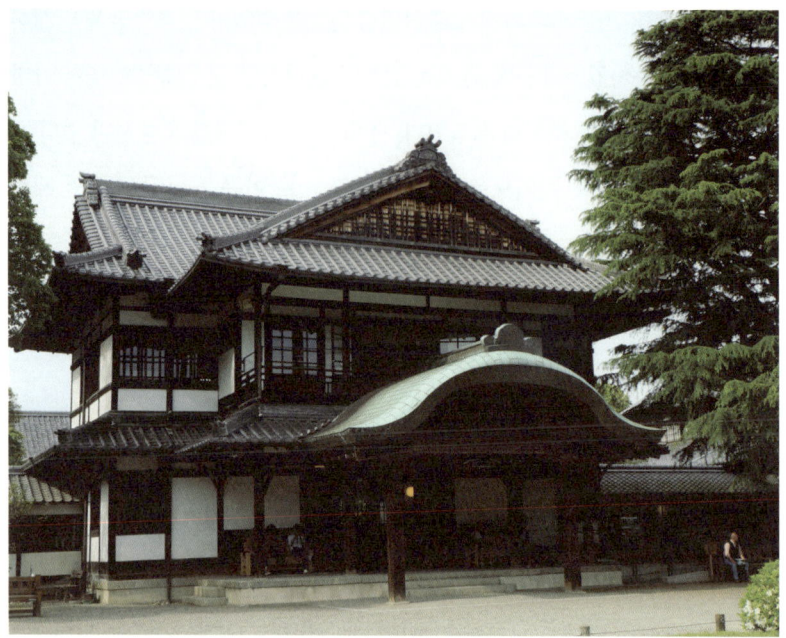

별장으로 사용되던 리쓰린소를 개조해 만든 사누키민예관

남쪽의 호수가 조성되었다.

이코마 영주는 녹봉 17만 석으로 도요토미 히데요시에 이어 도쿠가와 이에
야스의 신임도 두터운 편이었다. 그러나 1640년 집안 내부의 불화로 인해 소
동이 커지자, 바쿠후는 집안을 단속하지 못한 죄를 물어 1642년 가이에키를
단행했다. 이코마 영주는 데와出羽로 유배를 보내고 야지마矢島의 1만 석만 영
지로 주었다.

이로 인해 앞서 보았듯 미토의 도쿠가와 가문 일족인 마쓰다이라 요리시게가

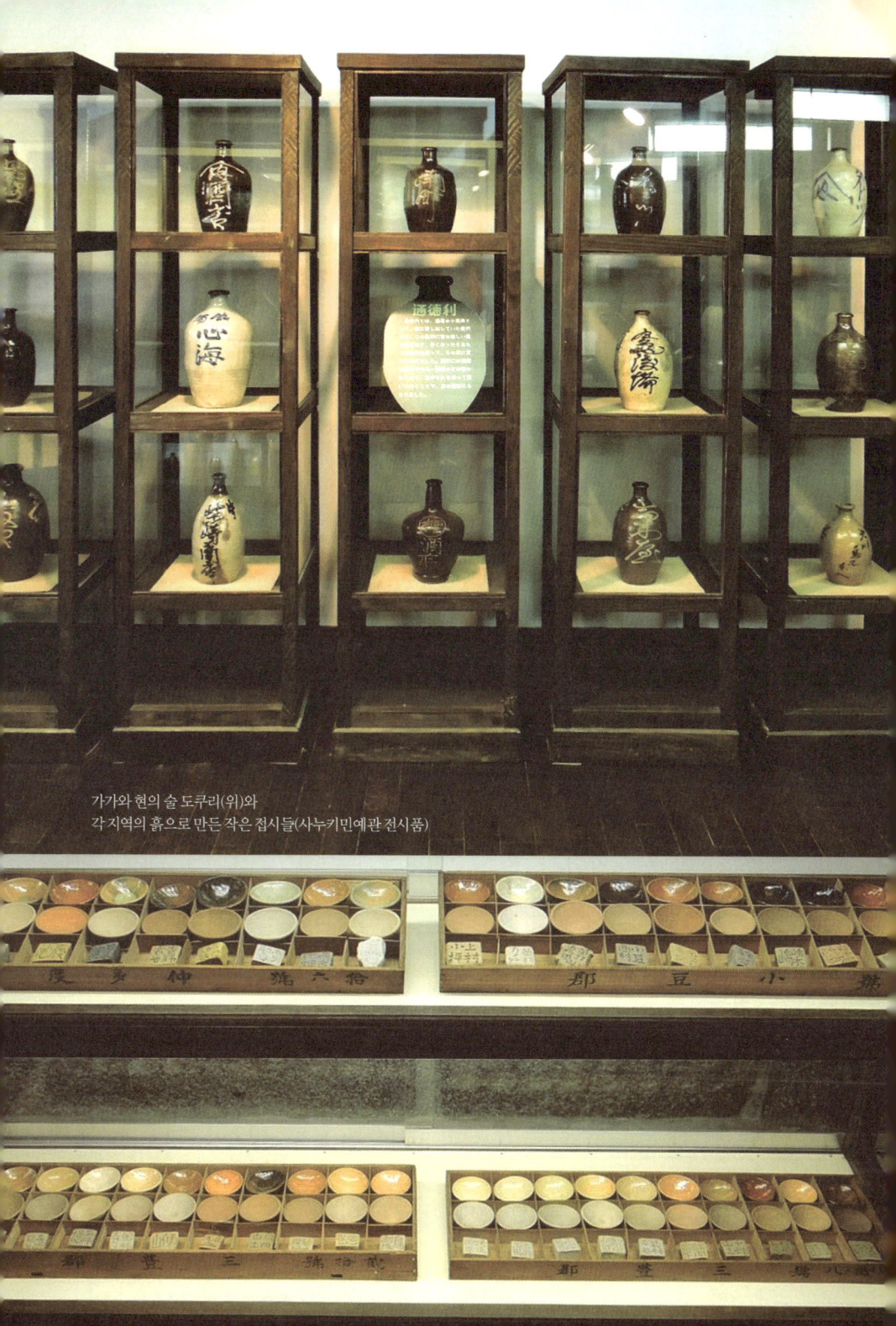

가가와 현의 술 도쿠리(위)와
각 지역의 흙으로 만든 작은 접시들(사누키민예관 전시품)

다카마쓰 번을 인수했다. 이후 마쓰다이라 가문이 5대에 걸쳐 100년 이상 공을 들여 조성한 것이 현재의 리쓰린코엔이다. 1745년 5대 번주인 마쓰다이라 요리타카松平賴恭 때 완성되었고, 1871년 메이지유신에 따른 폐번치현으로 정부의 소유가 되어 1875년 현립 공원으로 일반에 공개됐다. 이름의 기원이 된 밤나무 숲이 원래 북문 근처에 무성했다고 하나 벌채되어 없어졌다.

사누키민예관은 별장으로 사용되던 리쓰린소栗林莊을 개조하여 1965년 문을 열었다. 도자기와 칠기 등 사누키 전통 민속공예품을 전시한다. 이곳에서는 매년 사누키 지역의 전통 도자기 전시회를 열어 사누키야키의 부활을 도모하고 있지만 그 규모가 큰 편은 아니다.

여행 안내서 '미슐랭 그린 가이드'의 일본 편이 리쓰린코엔에 대해 '여행할 가치가 있다'는 의미의 별 세 개를 준 것은 그 풍광 때문이기도 하지만 정원 안에 있는 다실에서의 차 한잔이 그만큼 가치 있기 때문이기도 하다. 사실 리쓰린코엔까지 가서 다실에 들러 차 한잔 하지 않는다면, 이곳을 찾은 정수를 놓치는 일이다.

리쓰린코엔에는 두 개의 다실이 있는데, '기쿠게쓰테이掬月亭'와 '히구라시테이日暮亭'다. '기쿠게쓰테이'는 리쓰린코엔에서도 바람과 빛이 조화를 이루어 가장 우아하고 풍취가 멋들어진 '스키야數奇屋'풍의 서원 건물이다. 바로 앞에는 작은 호수가 있다.

스키야풍의 건물, 즉 '스키야즈쿠리數寄屋造リ'는 '풍류를 즐기는 취향에 따라 만든 집'으로 다실을 의미한다. 앞에서 보았듯 다실이 처음 등장한 것은 모모야마 시대로, 이후 와카와 다도, 꽃꽂이 등 풍류를 좋아하는 사람들에 의해 정원 풍경을 안에서 볼 수 있는 형태의 다양한 '스키야'가 등장한다.

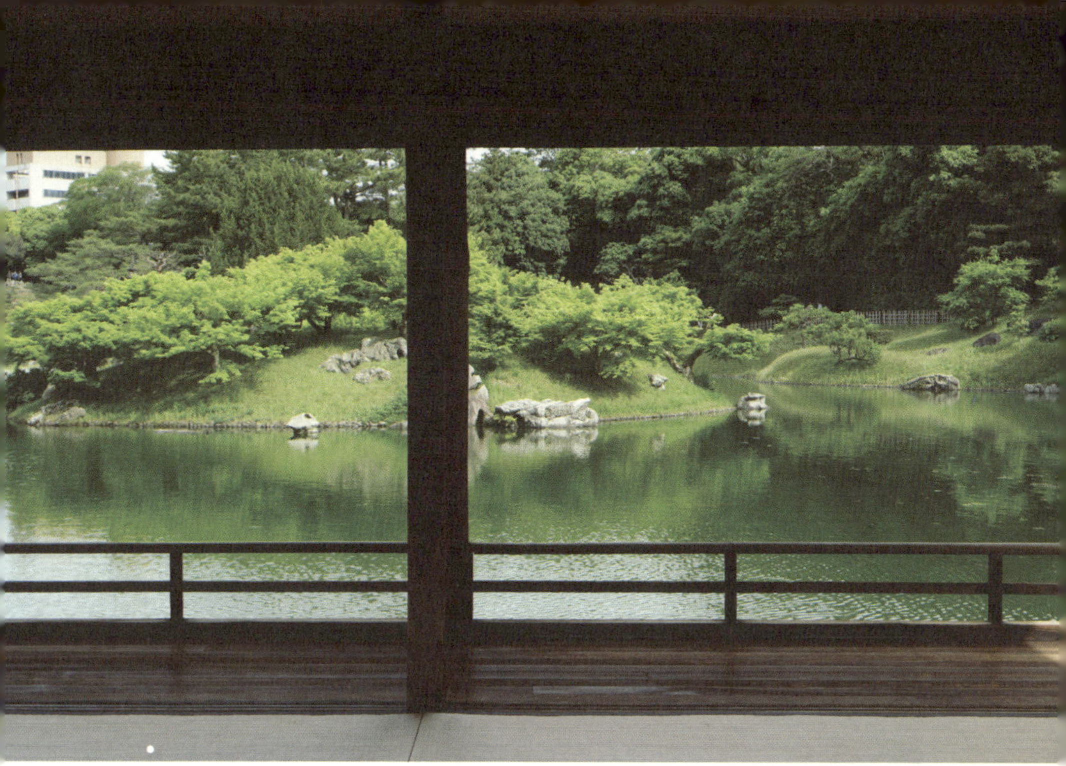

● 다실 '기쿠게쓰테이'에서 보이는 정원 호수의 모습
●● 기쿠게쓰테이에서 차 한잔의 상념과 여유

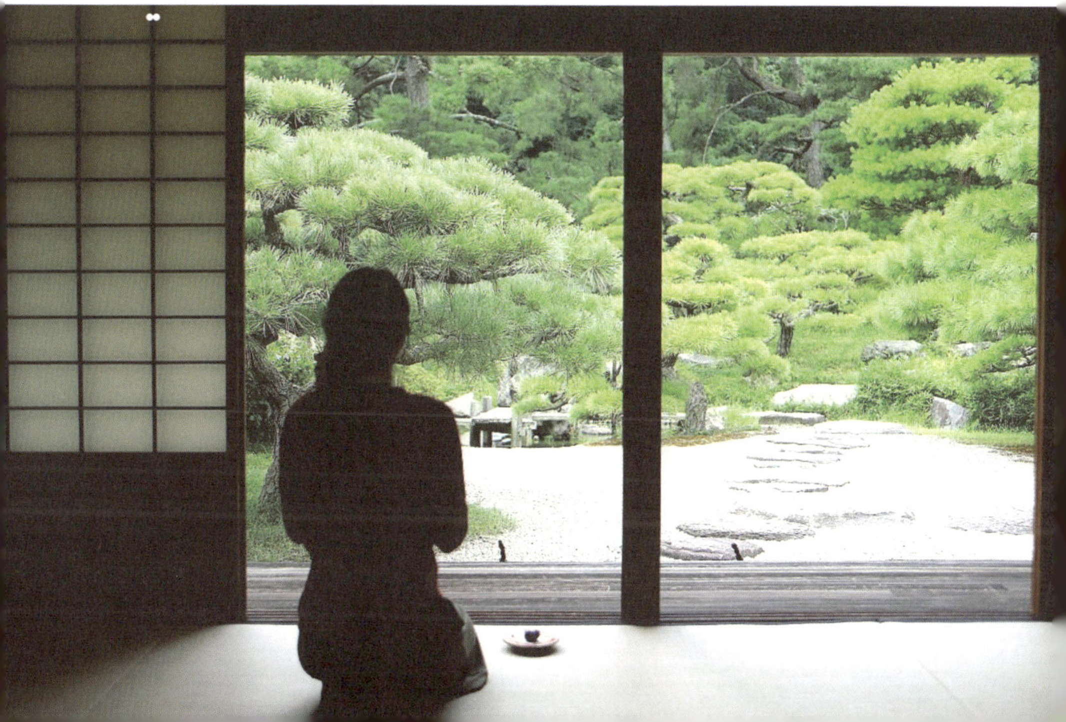

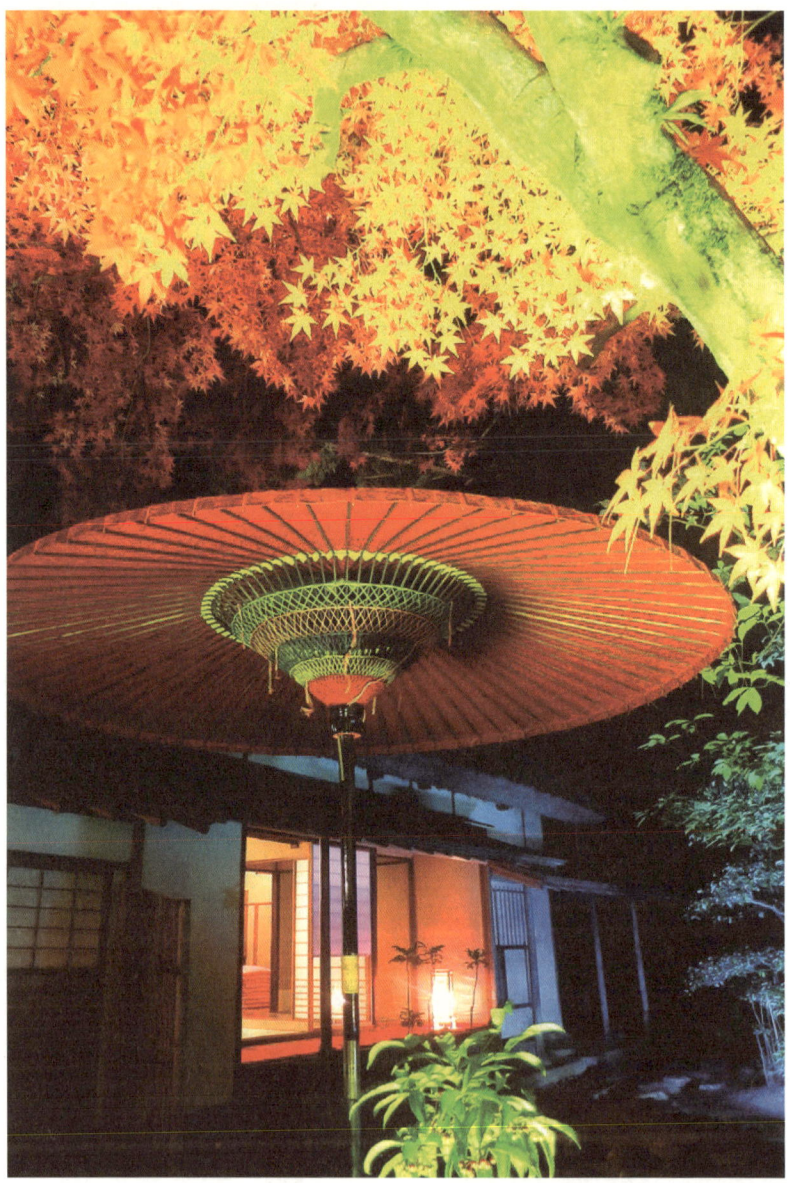

히구라시테이는 단풍철에는 야간 개장을 한다.

에도 시대 초기에 만든 '기쿠게쓰테이'는 당연히 다카마쓰 번의 역대 다이묘
들이 가장 사랑해마지 않았던 장소로, 정원의 아름다움을 만끽할 수 있는 장
소다. 특히 사방이 모두 트여 있는 개방형의 아주 드문 구조이고, 다른 다실들
과 비교해서 매우 크고 넓기 때문에 '오오차야大茶屋'라 불렸다. 현재는 이런 곳
에서 일반인들도 말차와 센차, 점심식사를 즐길 수 있다. 탁 트인 정원을 앞에
두고 널찍한 다실에서 차 한잔 앞에 놓고 있노라면, 정말 세상 부러울 것이 없
는 마음이 된다.

'히구라시테이'는 다실에서는 매우 드문 초가집이다. 메이지 31년1898년 다실
로 만들 때부터 초가로 지었다. 5개의 다실이 있고 그 중간에 미즈야水屋10를
마련하는 구조다. 팥을 넣은 떡국인 '앙모치조니餡餅雜煮'가 이 집의 이색 명물
이다. '앙모치조니'는 흰 된장국에 무와 당근을 넣고 팥이 들어간 둥근 떡을
넣은 사누키 향토요리다. 가가와 현에서는 이를 정초 3일 동안 가족들끼리 먹
는데, 요즘은 정초에만 먹지 않고 평소에도 즐기는 이색 요리가 되었다.

두 다실 모두 영업 시간은 오전 9시부터 오후 4시 30분까지다. '기쿠게쓰테
이'는 연중무휴12월 30일과 31일만 폐점지만 '히구라시테이'는 주말과 공휴일만 문
을 연다.

봇짱도 아마
도베야키를 썼겠지?

다카마쓰에서 꼭 가봐야 할 곳이 리쓰린코엔이었다면 마쓰야마 지명도를 높

---

10 신사나 절에서 참배하기 전에 손을 씻는 곳. 다실에서는 다구를 씻는 곳

이는 것은 도고 온천道後溫泉이다. 에히메 현 대표적인 관광지로 3,000년 역사를 가진, 일본에서 가장 오래된 온천이다. 『니혼쇼키』에도 많은 왕들이 다녀간 것으로 기록돼 있고, 1950년 쇼와 일왕도 다녀가, 그가 목욕한 방은 특별 관리되고 있다.

1635년부터 마쓰다이라 가문이 온천 경영을 본격적으로 시작했고, 지금의 본관 건물은 1894년에 준공되었다. 이듬해 4월 나쓰메 소세키夏目漱石, 1867~1916가 마쓰야마중학교 영어 교사로 부임해오면서 그의 유명한 소설 『도련님坊っちゃん』에 도고 온천이 등장한다. 일본에선 도련님을 봇짱이라고 부른다. 이로 인해 '봇짱'은 마쓰야마를 상징하는 캐릭터가 되어, 1966년 도고 온천 본관 3층에 '봇짱 방'이 만들어졌고, 1994년 '봇짱 열차'가 복원 운행되기 시작했다. 또 이 해에 온천 본관이 국가 중요문화재로 지정됐다. 나쓰메 소세키는 천 엔짜리 일본 지폐에도 등장하는 일본 근대문학의 기초를 닦은 소설가이자 문학평론가다.

마쓰야마 출신으로 34세에 요절한 유명한 하이쿠 시인 마사오카 시키正岡子規 1867~1902의 대표작 중 하나로 마쓰야마의 상징이 된 하이쿠가 있다.

春や昔 十五万石の 城下かな.
15만 석의 번창한 성 밑 마을이었다지만 그 봄도 이제 옛날.

이 하이쿠는 메이지 28년, 마사오카 시키가 28살이 되었을 무렵의 작품이다. 주위의 반대를 무릅쓰고 청일전쟁의 종군기자를 자청해 중국으로 떠나기 전 도쿄에서 고향 마쓰야마로 잠깐 돌아와 이 하이쿠를 읊은 후, 시키는 전쟁터

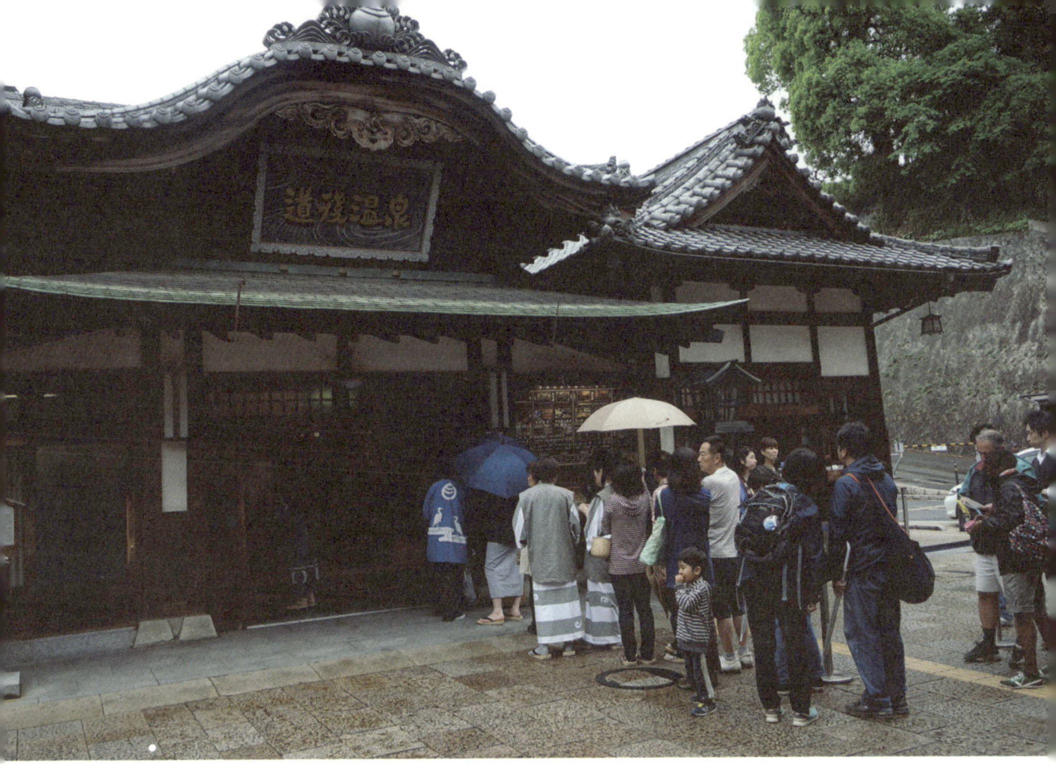

● 도고 온천 입장을 위해 줄 서서 기다리는 관광객들

●● 마쓰야마 역과 도고 온천을 운행하는 3호선 전차

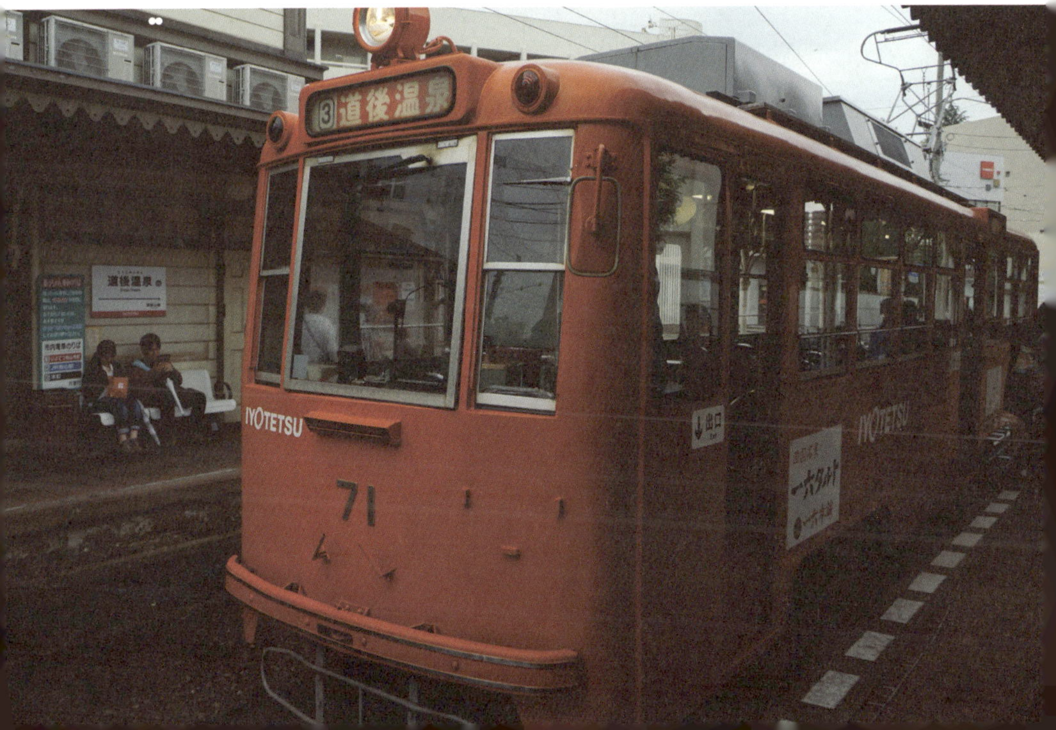

로 향한다. 하지만 그는 종군기자를 하면서 앓고 있던 결핵이 악화돼 짧은 생애를 마친다.

고향을 바라보며 시키는 이 하이쿠를 어떤 마음으로 읊어낸 것일까? 아마 마쓰야마 땅과 자신의 운명을 거듭 보고 있었을지도 모른다. 하긴 개인이나 도읍이나 과거의 영광이 지속되는 일은 없다. 모든 것에는 쇠락이 따른다, 숙명처럼.

마쓰야마에서 도베야키砥部燒의 마을 도베초砥部町로 가기는 그리 쉽지 않다. 길은 어렵지 않으나 일단 멀다. 도베초는 행정구역상 마쓰야마가 아니라 에히메 현에 속한다. 도베 분지는 산자락 경사가 가마의 입지에 적합하고 연료가 되는 목재가 풍부해서 오래 전부터 도자기가 구워졌다. 이 지역의 오오게타 고분大下田古墳에서는 6~7세기의 스에키須惠器 토기 가마터 몇 군데가 발견되었다. 발견된 스에키 중에서도 '고모치다카쓰키子持高杯'는 7개의 뚜껑 달린 작은 그릇이 커다란 받침대에 달려 있어 당시 제조 기술의 높은 수준을 짐작할 수 있다. 이것은 1968년에 국가문화재로 지정되어 도쿄국립박물관에 소장되어 있다.

나라와 헤이안 시대부터 도베 외곽에 있는 도이시야마砥石山에서 나오는 숫돌은 '이요토伊予砥'라고 중앙에 널리 알려져 있었다. 도다이지의 「쇼소인 문서正倉院文書」에는 관세음보살 상을 세울 때 이요 숫돌을 이용했다는 기록이 있다. 또한 이요 국伊予国의 주요 산물로 이요 숫돌이 헌상되었다는 기록도 많이 남아 있다.

에도 시대 도베는 오즈 번大洲藩에 속해 있으며 이요 숫돌의 생산도 활발하게 이루어졌다. 한편 숫돌을 자를 때 나오는 숫돌 쓰레기 처리는 매우 힘든 중노

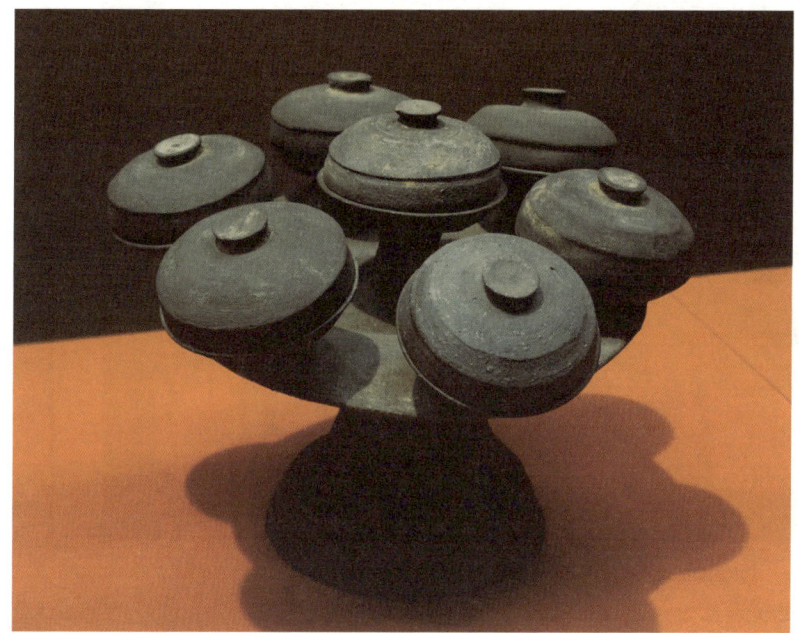

7개의 뚜껑 달린 그릇이 매달려 있는 '고모치다카쓰키'. 도쿄국립박물관에서 소장하고 있다.

동이었다. 그 작업에는 지금 이요 시伊予市에 거주하던 주민들이 동원되었는데, 그 부담이 너무 컸기 때문에 마을 주민들은 동원을 면제해달라고 오즈 번에 탄원을 했다. 그 무렵 이요 숫돌 판매를 독점하고 있던 오사카의 숫돌 도매상 이즈미야 지헤에和泉屋治兵衛가 규슈 아마쿠사天草의 숫돌이 도자기 원료가 되는 것을 알고 오즈 번에 이요 숫돌을 사용하여 도자기를 만들 것을 진언했다. 지금까지 무력을 동원하여 숫돌을 처리하고 있었던 오즈 번에게 숫돌 가루를 원료로 도자기를 만들 수 있다는 정보는 매우 고마운 일이었다.

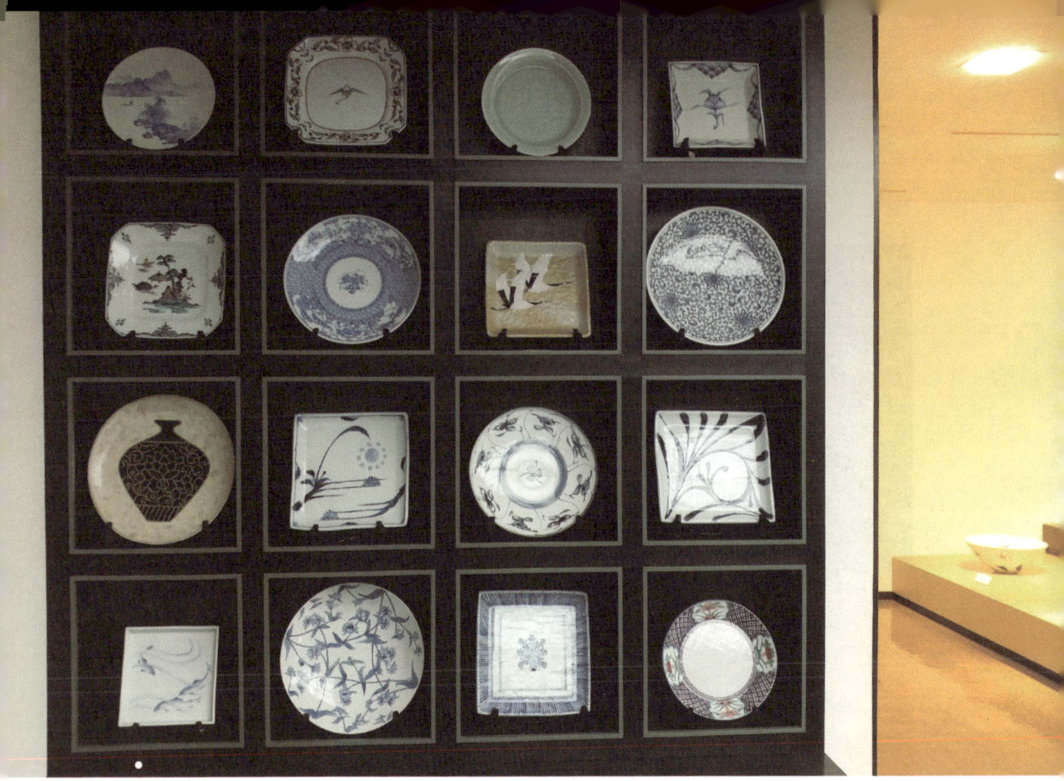

● 도베야키전통산업회관 박물관
●● 백자는 모든 도자기의 기초다. 현대 도베야키 작품들

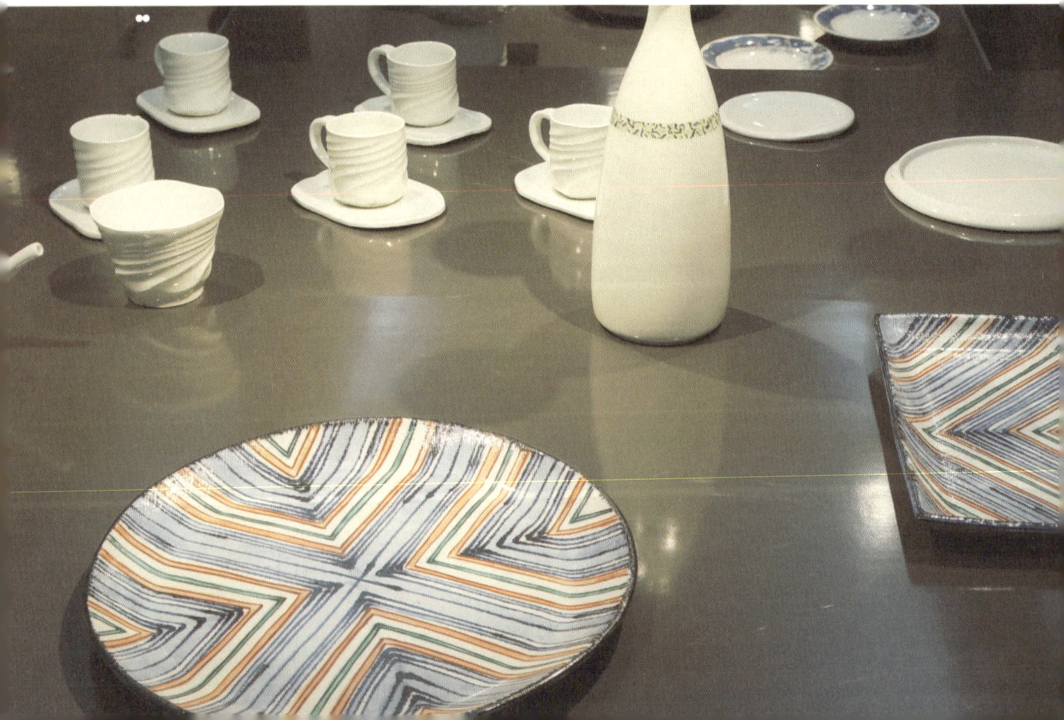

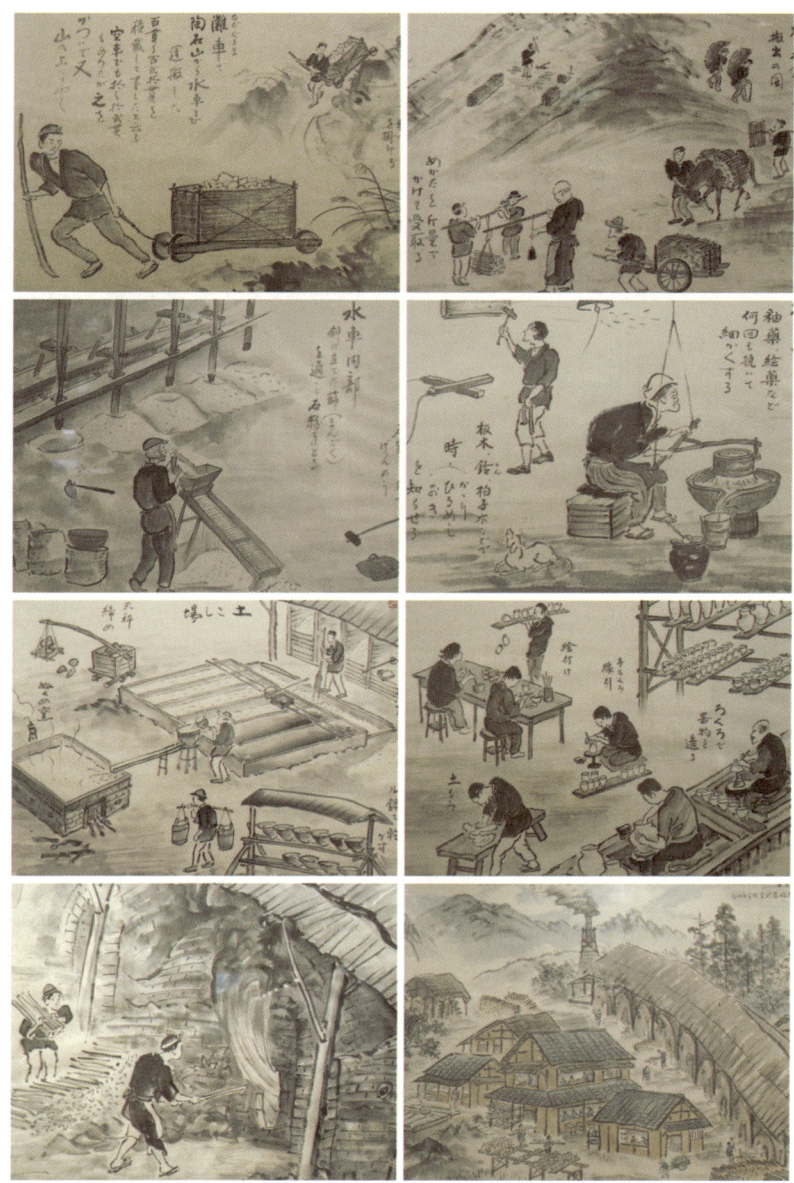

도베야키를 만드는 과정을 나타낸 메이지 시대 그림

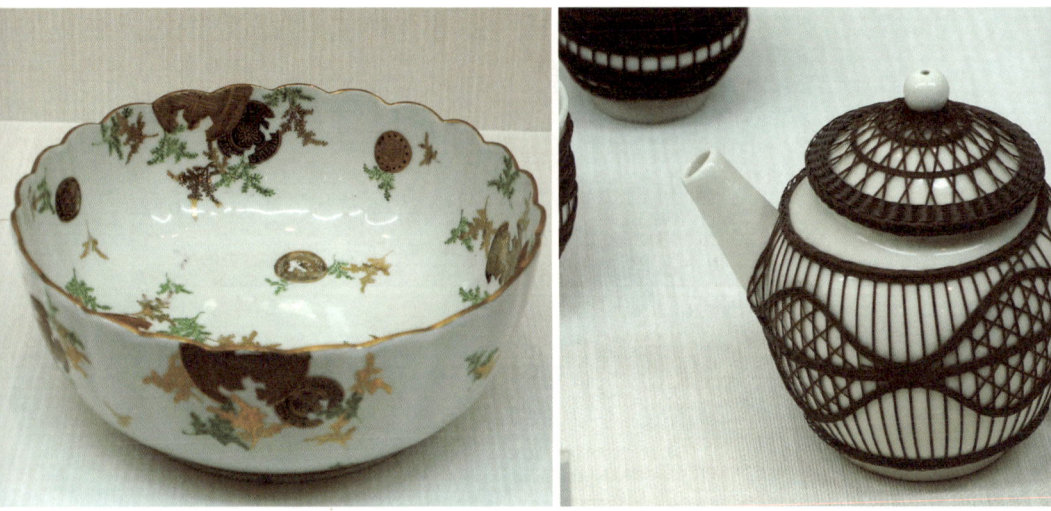

다이쇼 시대 니시키데(錦手) 사발(愛山窯, 좌측)과 담황색 대발 센차 세트(愛山窯, 우측)

이즈미야 지혜에의 진언을 받아들여 오스 번의 9대 번주 가토 야스토키加藤
泰候는 1775년 가신 가토 사부로베에加藤三郎兵衛에게 도자기 생산의 창업을 명
령했다. 이에 사부로베에는 부농이었던 가도타 긴지門田金治에게 자금을 얻어
현장 감독자에 스기노 조스케杉野丈助를 임명했다. 그리고 히젠의 나가요 가마
長与窯에서 5명의 사기장을 불러와 고혼마쓰五本松 우에하라上原에 가마를 마련
했다.
그러나 성공까지의 여정은 결코 쉽지 않았다. 몇 차례 실험을 해보았지만 자기
표면에 큰 균열이 생기고 말았다. 여러 번 반복해도 마찬가지였다. 그러자 히
젠의 사기장들은 정나미가 떨어져 고향으로 돌아가버렸다.

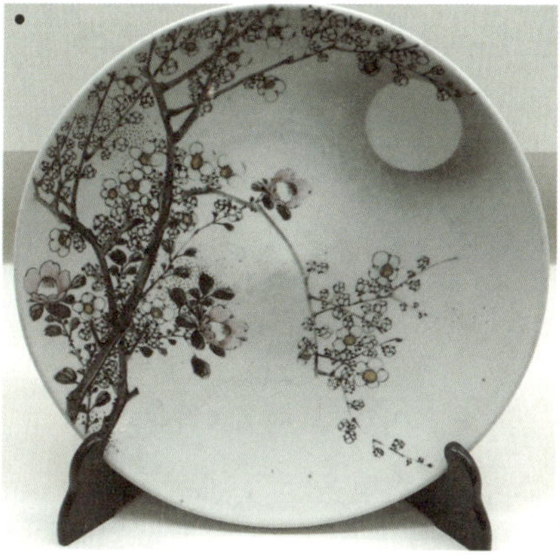

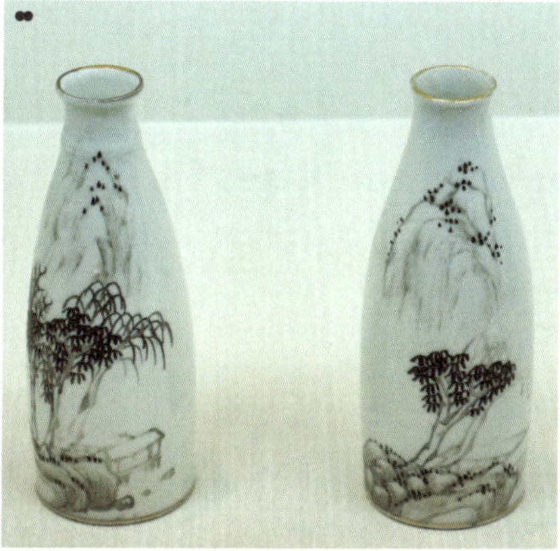

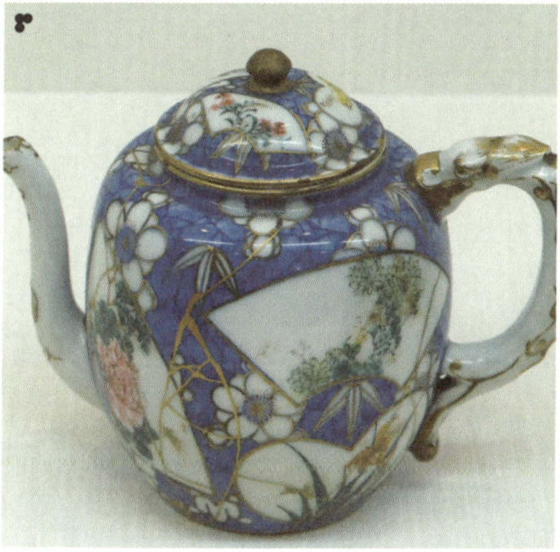

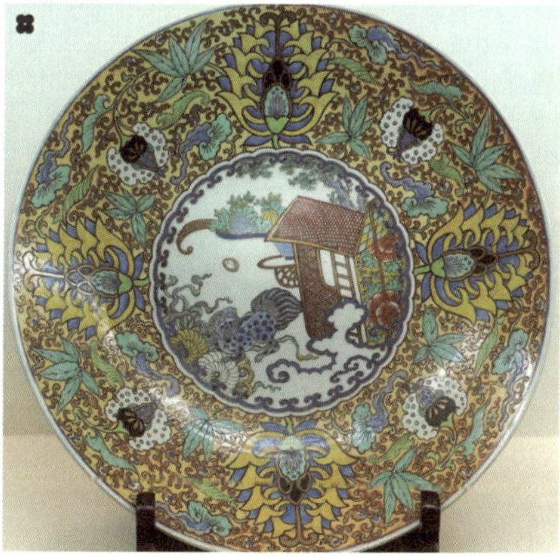

● 메이지 시대의 이로에 봄매화무늬 큰 접시(愛山窯)

●● 메이지 시대의 구로에 도쿠리(愛山窯)

●●● 메이지 시대의 소메니시키(染錦) 주전자(愛山窯)

●●●● 메이지 시대의 니시키데 큰 접시(五松斎窯)

남겨진 현장감독 스기노 조스케 혼자 소성을 계속했지만 마지막에는 소나무 장작도 없어지자 그는 반쯤 미쳐서 집의 기둥과 다다미까지 끌어내어 가마에 불을 땠다고 한다.

그 모습을 지켜보고 있던 한 사람이 있었으니, 그가 지쿠젠筑前의 사기장 노부요시信吉였다. 노부요시는 실패의 원인이 유약 원료의 불량에 있다는 사실을 스기노 조스케에게 알려주었다. 그리하여 그는 지쿠젠으로 가서 새로운 유약을 모색했다. 그리고 2년 반 후인 1776년 드디어 백자를 굽는 데 성공했다.

백자를 굽는 데 성공한 이후에도 습득해야 할 기술은 끊이지 않았다. 유약을 계속 지쿠젠에서 들여왔는데, 스기노 조스케가 이요의 산슈三秋에서 유약의 원료가 되는 돌을 발견하는 데 성공했다. 그리하여 유약을 먼 곳에서 들여오지 않아도 안정된 유약 공급이 가능하게 되었다.

또한 1818년 고혼마쓰의 무카이 겐지向井源治는 '가와노보리川登 도석'을 발견했다. 이로 인해 지금까지 다소 칙칙한 회색 도자기에서 순수한 백색 도자기를 만드는 것이 가능해져 도베야키의 70%가 해외로 수출되는 등 판매가 증가했다. 또한 가메야 구라조亀屋倉蔵는 오즈 번의 명령으로 히젠에서 니시키에錦絵11 기법을 배워 왔다. 이처럼 다양한 측면에서 도베야키 기술 혁신이 진행되었다.

메이지 시대에 들어가면 폐번치현에 의해, 지금까지 각 번이 도자기 제작 기술이 유출될까 두려워 사기장들의 왕래를 제한한 것도 풀려서 공예 기술자의 왕래가 활발하게 되었다. 이에 따라 세토나 가라쓰, 교토 등 당시 앞서가는 지

---

11 자기에 색채 풍속화를 넣는 기법

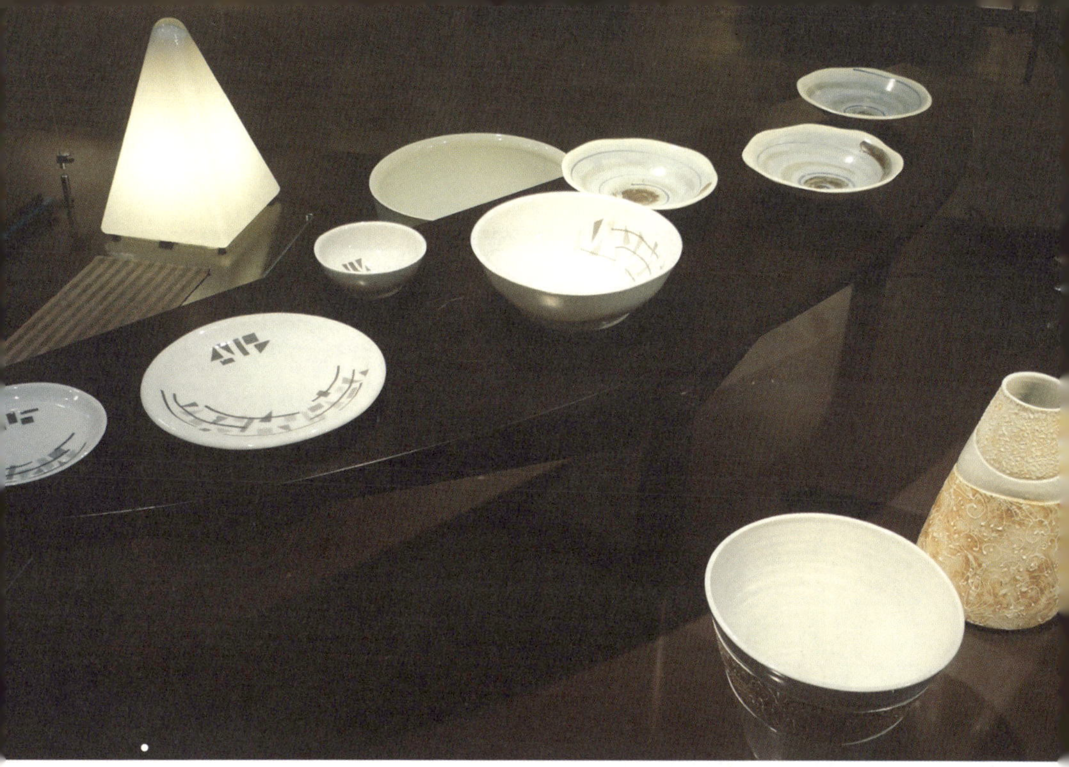

● 이와 같은 순백의 도베야키를 만들기 위해서는 무수한 시행착오를 거쳐야 했다.

●● 메이지 이후 폐번치현이 되면서 도베야키의 기술은 크게 향상되었다.

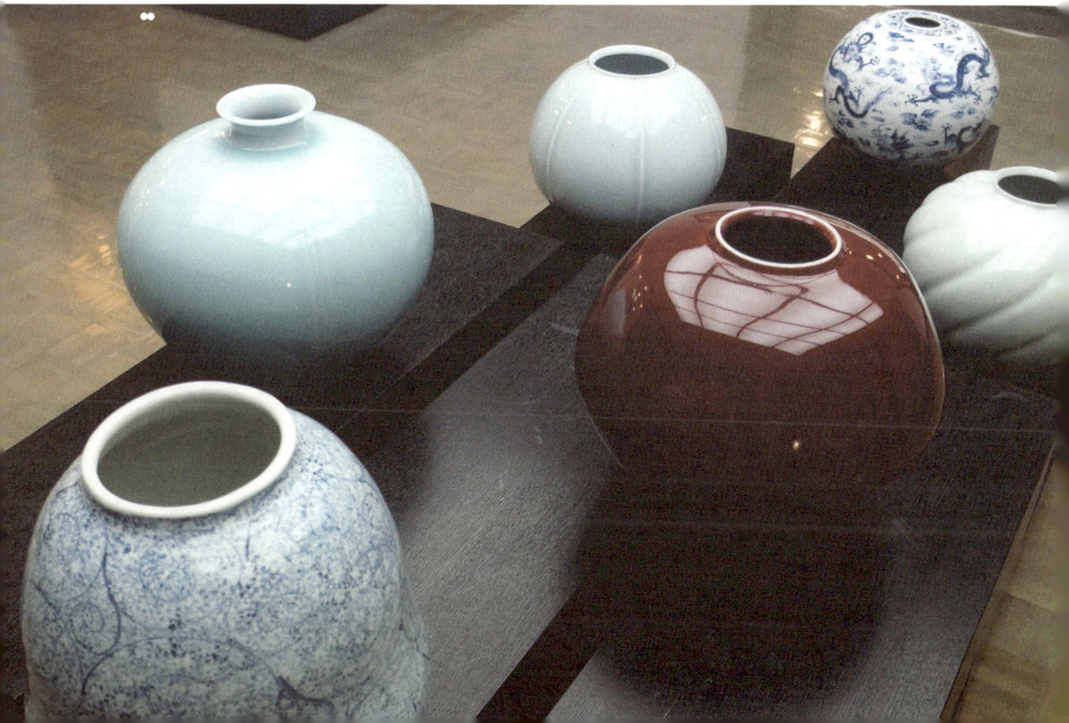

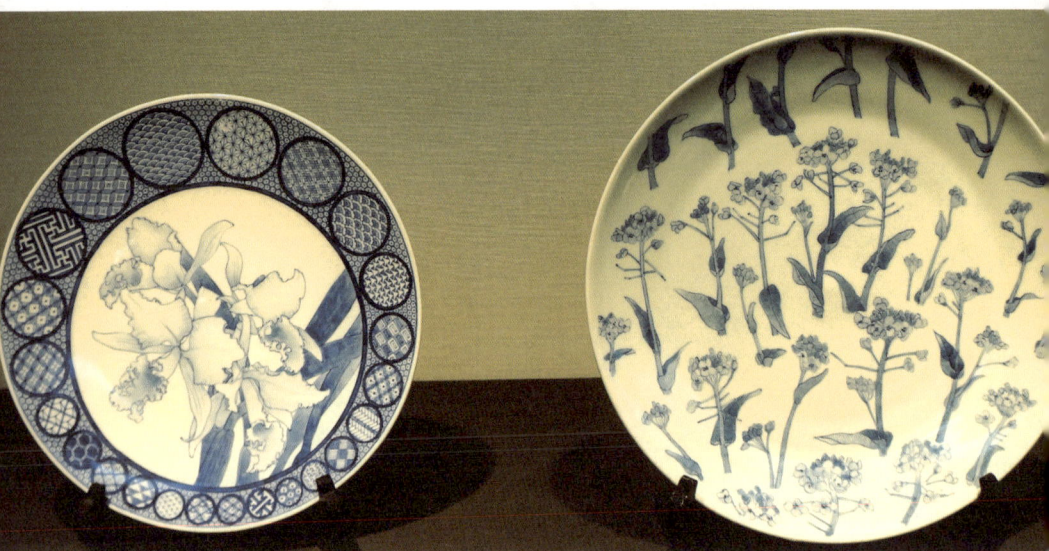

도베야키는 얇은 남색 그림의 소메쓰케가 많다.

역의 정보가 도베로 유입되었고, 도베야키도 양산이 가능해졌다.

메이지 5년 무렵부터는 현재 이요 군伊予郡 마쓰마에초松前町에 해당하는 마쓰마에松前와 가라쓰를 오가는 선박에 의해 판로를 전국으로 넓혀갔다. 원래 마쓰마에는 바닷가라서 작은 배를 타고 해안 도시를 오가는 상인들이 많았다. 마쓰마에는 마쓰야마 번, 도베는 오즈 번에 속해 있었고, 주민의 왕래도 빈번치 않았지만 마쓰마에 상인들이 도베야키의 상품성에 주목하고 이를 팔 수 있도록 요구해왔다. 이것도 폐번치현의 부수 효과였다.

메이지 이후 도베야키는 중국 등 해외로 '이요볼伊予ボール'의 이름으로 수출되었다. 그리고 무카이 와헤이向井和平가 제작한 '단오지淡黃磁'가 메이지 26년1893년

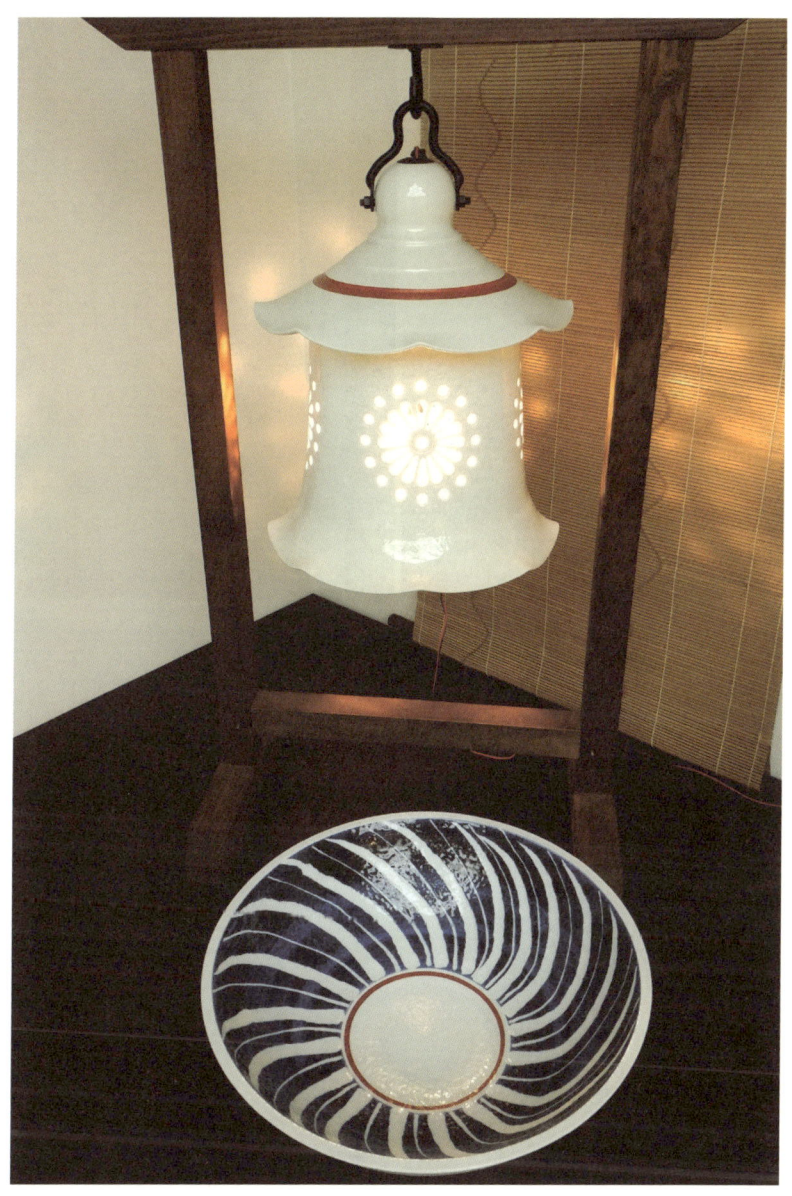

종 모양으로 만든 백자 전등갓과 대형 접시

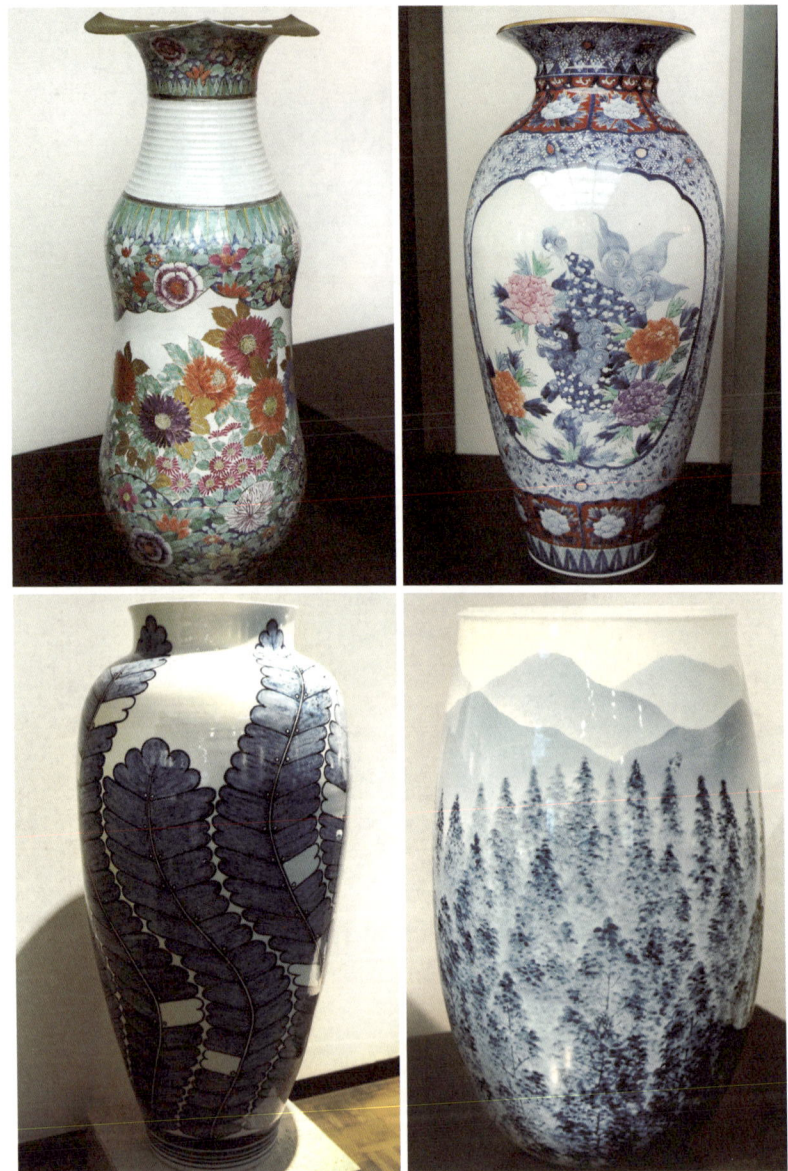

전통과 현대 대형 꽃병의 대비

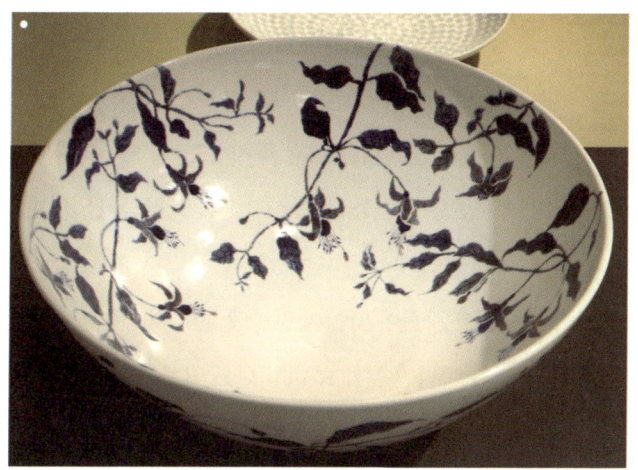

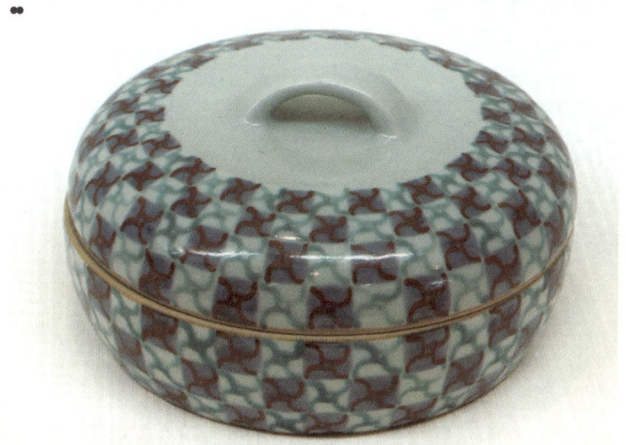

- 도베초 지정 무형문화재로 도베야키 기술 보유자 야마다 히로미(山田ひろみ)의 작품
- 히와다시 도로쿠(樋渡陶六)의 그물매듭무늬 음식통(繪綱つなぎ喰籠)

시카고박람회에서 1등을 하면서, 도베야키 이름은 세계에 알려지게 되어, 다이쇼 시기에 들어가면 도베야키의 수출 비중이 70%를 넘게 되었다. 이들은 이요 시의 이요 항구를 통해 세계로 나갔다. 다이쇼 말기부터 쇼와 초기의 불황에 따라 도베야키의 생산과 판매는 감소했다.

한편 세토나 미노 등 도자기 선진 지역은 석탄을 사용한 도엔시키 가마倒焰式の窯와 기계 물레, 석고 몰드, 동판 인쇄 등 새로운 기술이 도입되어 있었다. 그러나 도베는 이러한 근대화의 물결에서 뒤처져 있었다. 그러나 전후에는 오히려 이러한 도베야키의 수공예가 장점이 되어 재평가됐다.

1953년 민예운동을 추진한 야나기 무네요시, 버나드 리치, 하마다 쇼지浜田庄司

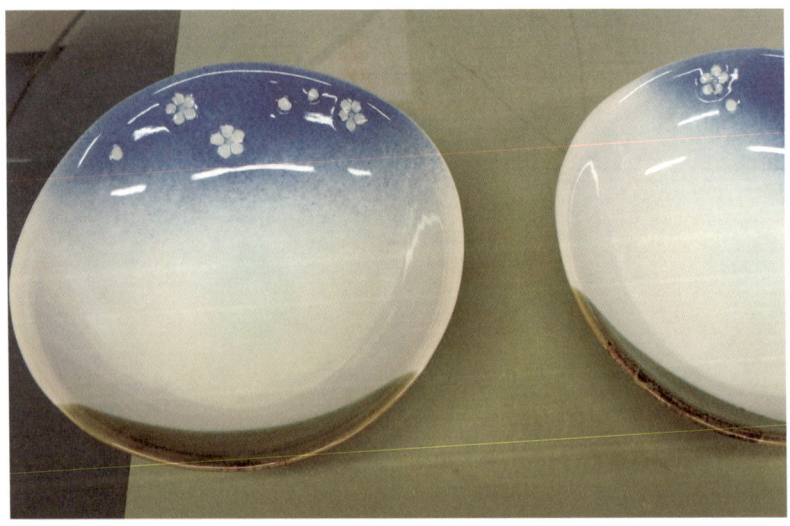

2016 도베 도자기 축제 선정 대상 작품

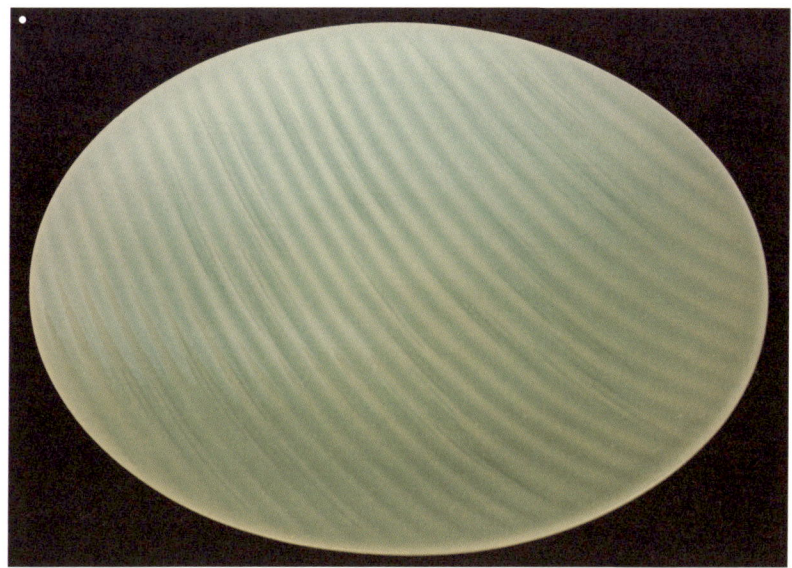

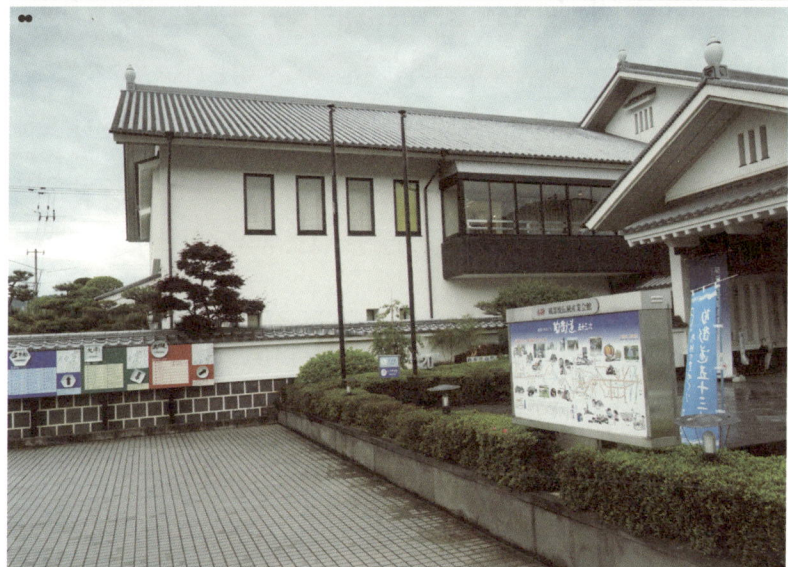

● 2016 도베 도자기 축제 선정 우수상 작품

●● 도베야키박물관이 있는 도베야키전통산업회관

등이 도베를 방문해 기계화된 다른 산지에 비해 수공예 기술이 남아 있는 점을 높이 평가했다. 또한 1956년에는 인간국보인 도예가 도미모토 겐키치도 도베를 방문해 도베야키가 현대적으로 디자인할 수 있도록 갈 길을 제시해주었다. 이에 자극을 받은 젊은 사기장들을 중심으로 연구회를 만들거나 전시회를 열어 수작업의 장점을 살릴 수 있는 물레 돌리기와 그림 그리기 등의 기술 향상에 주력하는 분위기가 형성됐다.

도베야키 공방들은 고혼마쓰五本松, 오오미나미大南, 기타카와게北川毛 등 도베초 여기저기에 매우 넓게 퍼져 있어 이를 다 돌아보려면 몇 날 며칠이 필요하다. 도베야키는 다소 두꺼운 백자에 고스코발트블루를 사용한 얇은 남색 붓 그림의 도안이 특징이다. 이 도자기의 매력은 무엇보다 사용이 편리할 뿐 아니라 다른 지역 도자기에 비해 견고하고 중량감이 있어 일상생활에 적합하다는 점을 들 수 있다. 부부 싸움할 때 집어던져도 깨지지 않는다는 우스갯소리가 있을 정도다. 그래서 일명 싸움 그릇이라는 '겐카키喧嘩器'라고도 불린다. 도베야키는 대단위 산지도 아니고 유명 산지도 아니지만 그 독특한 감촉이 애호가들의 좋은 평가를 받고 있다. 사누키 우동 그릇으로도 당연히 도베야키가 잘 사용된다.

도베야키는 1976년 전국 6번째로 '전통 공예품'으로 지정됐다. 전통적인 도베야키 기법은 지금도 계승되고 있지만 최근에는 여성이나 젊은 사기장들에 의해 전통 기법에 구애받지 않는 현대적이고 신선한 작품도 많아지고 있다. 특히 여성 사기장들 활약이 두드러진다.

도베야키를 한 눈에 파악할 수 있는 곳은 두 군데가 있
다. 도베야키도예관砥部燒陶芸館과 도베야키전통산업회
관砥部燒伝統産業会館이다. 박물관은 두 곳 모두 있는데,
산업회관의 것이 소장품도 좋고 훨씬 잘 정리돼 있다.
마쓰야마에서 가자면 도예관이 먼저 나오는데, 산업
회관과는 거리가 상당히 떨어져 있다.

●
도베 도자기 마을
가기

도베야키도예관砥部燒陶芸館

- 주소 : 愛媛県 伊予郡 砥部町宮内 83
- 전화 : 089)962-3900
- 홈페이지 : www.togeikan.com
- 영업시간 : 8:30~17:00
- 가는방법 : JR 마쓰야마 역에서 전철로 마쓰야마 시松
  山市역까지 간 다음 내려서 도베 방향 이요
  테쓰 버스伊予鉄バス 승차 후 도리타니구치通
  谷口에서 하차. 약 30분 소요

도베야키전통산업회관砥部燒伝統産業会館

- 주소 : 愛媛県 伊予郡 砥部町大南 335
- 전화 : 089)962-6600
- 홈페이지 : www.town.tobe.ehime.jp
- 영업시간 : 9:00~17:00 / 월요일 휴무
- 가는방법 : 위와 같지만 도베야키전통산업회관 전에서
  하차. 약 45분 소요

● **필리핀 출신 여성 도예가
오히가시 아린**

도베에는 특이하게 필리핀에서 태어난 오히가시 아린
大東 アリン·Ohigashi Alyne이라는 이름의 여성 도예가가 운
영하는 '히가시 가마東窯'가 있다. 전통적인 도베야키
를 현대적으로 잘 해석해서, 매우 독특하면서 열대의
아름다움을 잘 표현하고 있는 그릇이기에 특별히 소
개한다. 아린은 1961년 필리핀 출생으로 프란시스자
비에르대학교를 졸업하고 일본에 건너와 도예를 익혔
다. 일본현대미술전에서 다섯 차례 입선을 했고, 2006
년 '21세기에이메현전통공예대상'을 수상했다.

• 주소 : 愛媛県伊予郡砥部町五本松 885-21
• 전화 : 089)962-7156

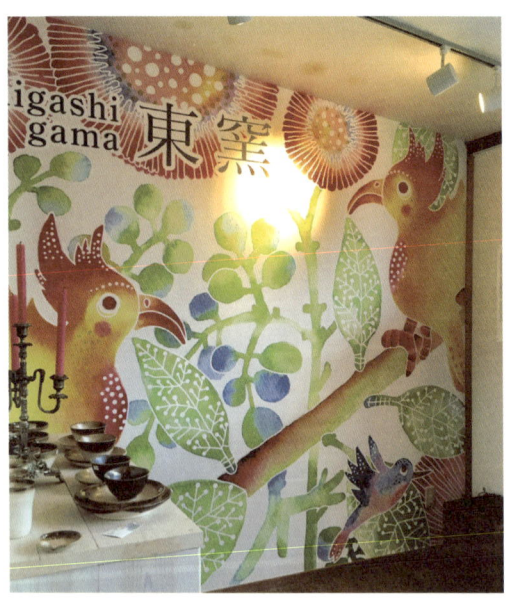

오히가시 아린이 운영하는 히가시 가마

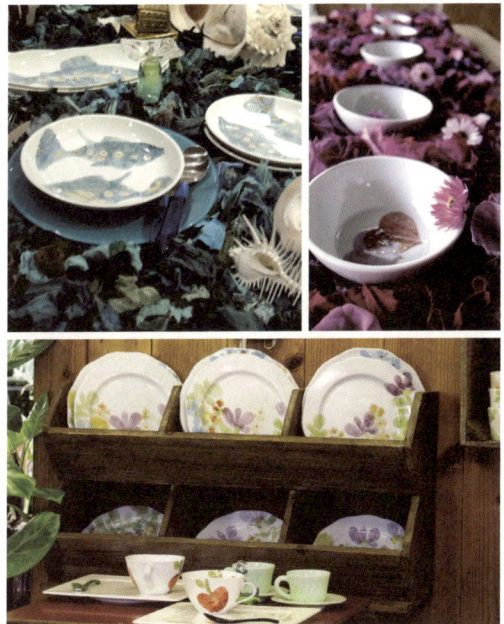

히가시 가마의 그릇들

EPILOGUE

맺는 말

도자기는
일상이 되어야 한다

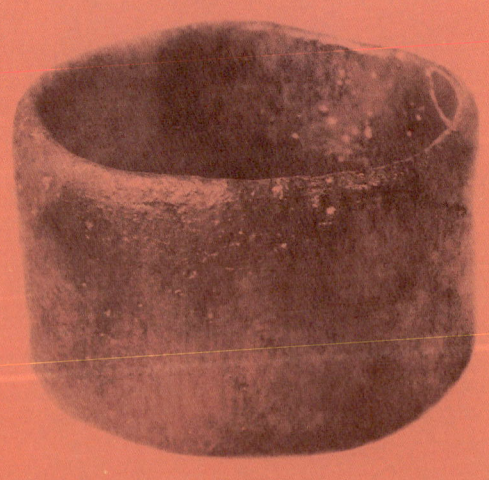

그릇은 어디까지, 얼마나 아름다울 수 있는가? 이번 책은 이런 물음에 대한 답을 어느 정도 주었으리라 생각한다.

무려 1,073년 동안 도읍지였던 교토답게, 이 도시를 대표하는 교야키는 도자기의 여러 효용 가운데 장식성을 극대화한 제품이 대부분이다. 화려하거나 우아하고, 세련되거나 매끄럽다. 그래서 그릇인데도 황홀감을 선사한다. 때론 아주 지나치지만 그 지나침도 나름대로 '과한 멋'이 있다. 애호가 모두에게 달항아리 같은 유유자적한 순백의 미를 강요할 수는 없는 노릇이다.

· · ·

앞에서 누누이 보았듯 그런 교야키는 일본 특유의 다도와 잘 결합되었다. '찰떡궁합'이라고 할 만큼 그 둘을 떼어놓는 일은 상상할 수 없다. 말차 한잔의 여유와 사치를 위해서 차를 담는 찻사발은 온갖 극한의 멋을 다 부리고 있다. 어찌 찻사발 하나에 그런 예술적 경지를 담을 수 있는지 인간 상상력의 한계가 의심스러울 정도다.

수수하고 소박한, 때로는 투박하기까지 한 라쿠야키도 마찬가지다. 검붉은 그 자태에 어울리지 않는 '樂'를 넣어 이름을 삼은 것은 참으로 심오하다. 와비사비의 그 고즈넉하고 서늘힌 청빈한 마음으로 차를 벗 삼아 시간을 관조하는 기쁨이야말로 최고의 '락'이 아닐 수 있겠는가.

따라서 교야키는 교야키대로, 라쿠야키는 라쿠야키대로 다도의 즐거움, 끽다의 즐거움을 충분히 담아낸다. 일본 찻사발의 으뜸은 라쿠요, 둘째는 하기, 셋째는 가라쓰라고 하는 '이치 라쿠, 니 하기, 산 가라쓰'라는 말이 괜히 생긴 것이 아니다.

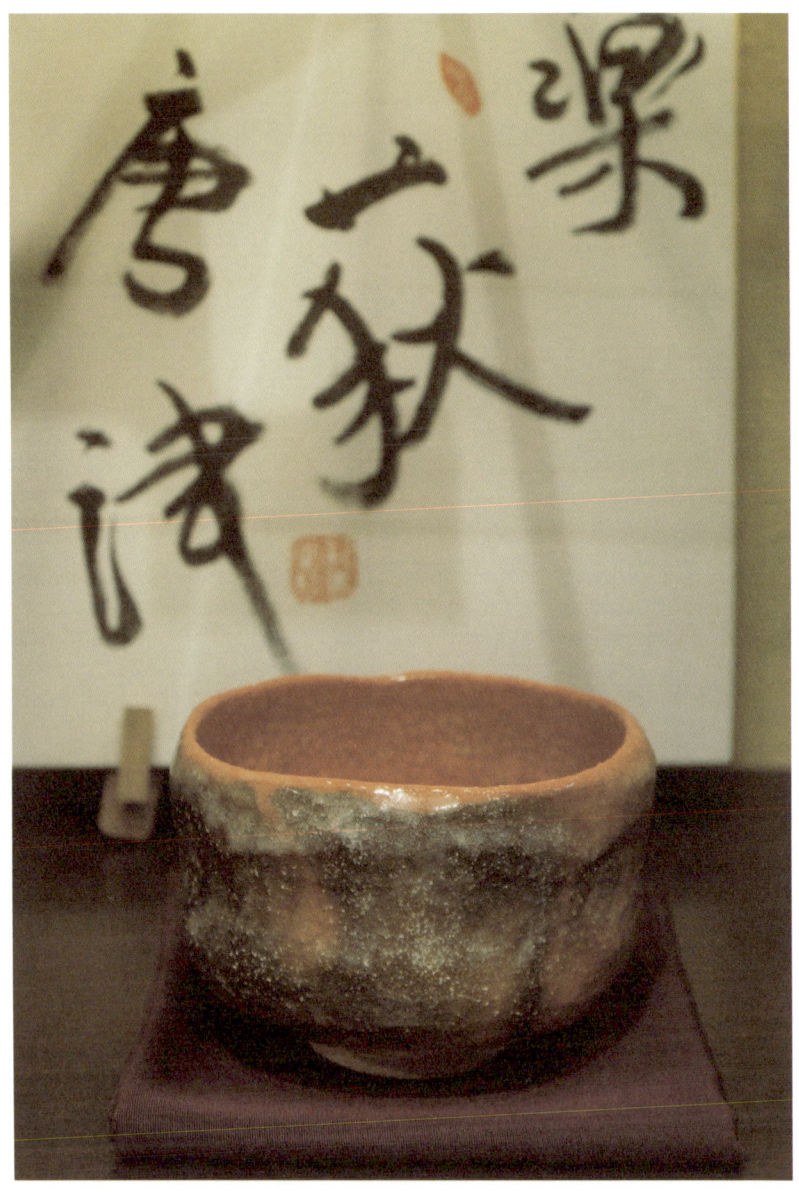

일본 찻사발의 으뜸은 라쿠요, 둘째는 하기, 셋째는 가라쓰라고 하는 말은 괜히 나온 게 아니다.

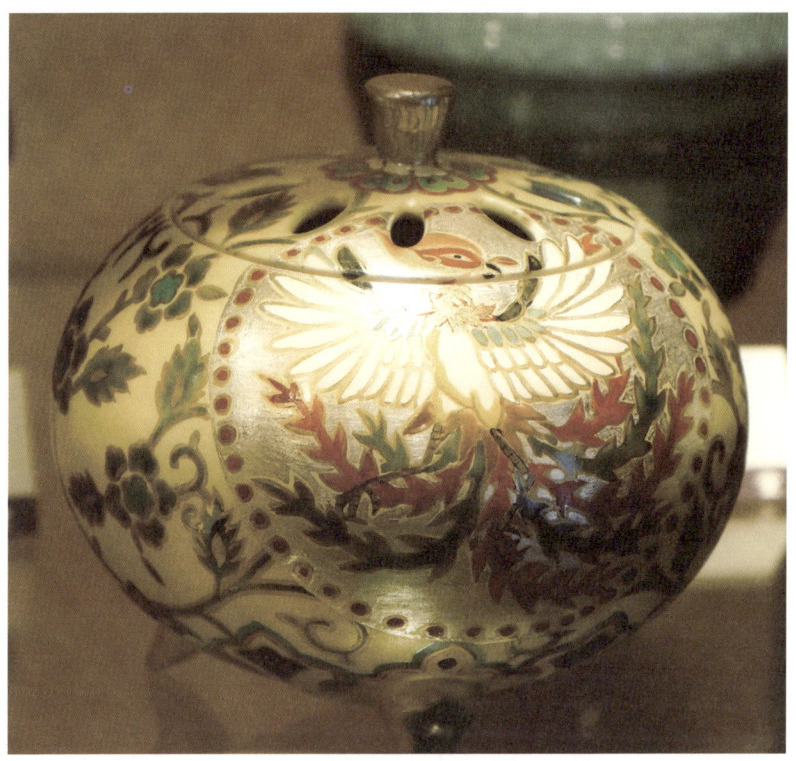

너무 지나친 것은 지나친 대로 교야키의 맛이 있다.

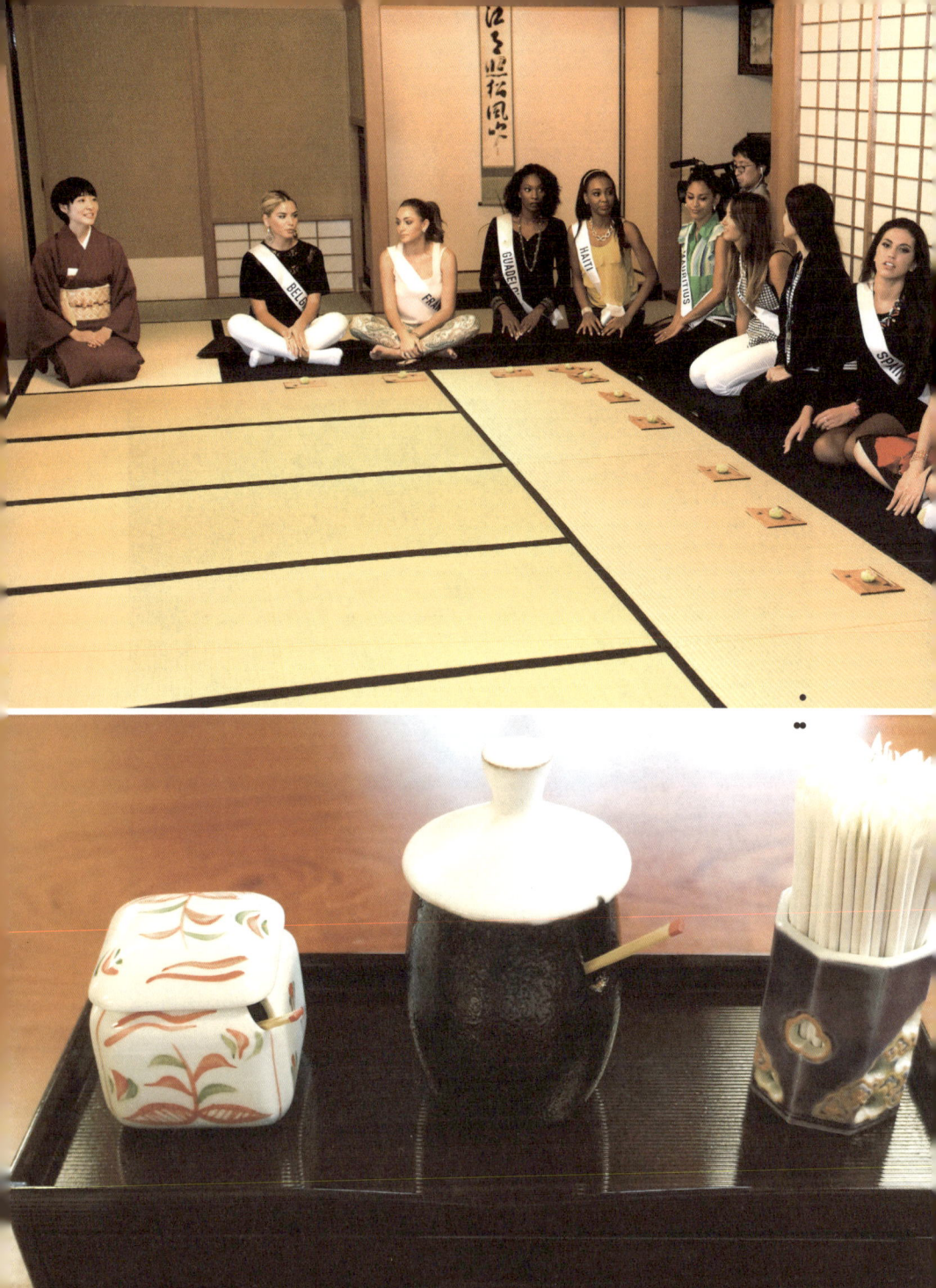

그렇기에 다도와 결합한 교토의 도자기 문화는 일본인들에게 최고의 자부심으로 작용한다. 아울러 도자기와 다도의 콜라보레이션, 하이브리드는 교토^일본를 찾는 이들의 매력적인 관광 상품이 된다. 그 자체로 일본을 찾게 만드는 요인이 되는 것이다.

· · ·

도자기의 첫 번째 효용성은 물론 그릇이다. 차를 끓이거나 음식물이나 술을 담아 보존하거나 차나 술을 따라 마시거나 음식물을 담아 내어놓거나 각종 양념을 발효시키는 등의 그 모든 일에 도자기가 필요하다.

옹기 없이 어떻게 된장과 고추장과 간장이 만들어질 수 있는가? 우리 음식 문화의 근본을 이루는 가장 기초적인 양념은 옹기 없이는 만들 수 없다. 그 질박한 항아리를 통해야만 비로소 고추장도, 된장도, 간장도 생겨난다. 이는 도자기가 곧 우리의 일상생활 자체임을 말해준다. 도자기 없이는 우리의 일상이 불가능하거나 매우 불편해질 것이다. 그러므로 도자기의 장식성은 그 다음의 일이다.

그런데도 우리는 도자기가 우리와 늘 멀리 떨어져 있는 존재로만 여긴다. 교과서를 들추거나 박물관에 가야만 만날 수 있는 물건으로 치부한다. 그것은 생활 도자기를 업신여기고 장식 도자기만을 값어치 있는 도자기로 대접한 우

● 일본 엔슈류 다도 체험을 하고 있는 세계미인대회 참가자들
●● 교토 기요미즈데라 어귀 한 소바 식당 식탁의 도자기 양념통과 이쑤시개통. 정갈하고 가지런하게 놓인 물품 하나하나가 그냥 만들어진 것이 아니고 나름대로의 품격과 역사성을 담고 있다. 중간 양념통은 '차이레' 명물 가운데 하나를 흉내 내어 만든 것이다. 이렇게 격조 있는 양념통을 준비한 식당 주인의 안목이 결국 일본 문화 경쟁력의 수준이다.

리 문화계의 풍토, 편의지상주의가 정신세계의 최우선 가치가 되어 오직 편리한 것만 찾다 보니 어느새 손마저 게을러져서 플라스틱 용품만 찾아 익숙해진 주방, 격식과 품격보다는 단돈 몇 푼의 실리가 항상 우선하는 탐욕, 그릇을 그릇으로 대접하지 않고 값싼 일용도구로만 여기는 몰지각성 등이 우리 사회에 만연하고 있기 때문이다.

그러니 식당에서도 느긋하게 음식의 맛과 이를 담은 그릇의 품격을 즐기며 식사하지 못하고, 늘 허둥지둥 오로지 주린 배를 채우기 위해 아귀처럼 달려든다. 이런 식사에 그릇의 품격이 눈에 들어올 리가 없다. 탁자 위에 놓인 각종 양념통의 조악함은 더 말할 필요도 없다. 그저 당장의 미각만 충족시키면 되는데 '플라스틱 쪼가리'인들 뭐 어쩌랴 하는 마음이, 양념통 따위가 어떻게 생긴들 뭐 중요하냐 하는 것이 지금 우리의 수준인 듯하다. 버나드 리치가 극찬한 '도예의 땅' 후손들의 마음가짐이 그렇다.

물론 우리나라는 해방 이후 한국전쟁 등을 거치며 세계 최빈국에서 세계 10위 경제 규모의 국가로 빠르게 성장하느라 다른 데 눈 돌릴 여유가 없었던 것이 사실이다. 그러니 40대 후반의 세대에서는 근면을 최고의 가치로 여기며, 먹고사느라 고달픈 삶에 문화적 품격 따위가 무슨 소용이냐 하는 마음이 일반적 정서로 굳어졌을 수도 있다. 이와 반대로 젊은 세대는 간편한 것을 최고의 미덕으로 여기며 고전처럼 좀 딱딱해 보이고 머리를 써야 할 것처럼 보이는 대상에는 아예 시선을 돌리지도 않는 현상이 나타나고 있지만 말이다.

그러나 이젠 좀 달라져야 하지 않을까? 1인당 GDP 숫자만으로 진정한 선진국이 될 수 없다는 사실은 이제 다 안다. 그래서 많은 사람들과 매스미디어가 '인문학의 고양'을 외치고 있고, 어쭙잖은 내용의 짜깁기 책이라도 인문학 소

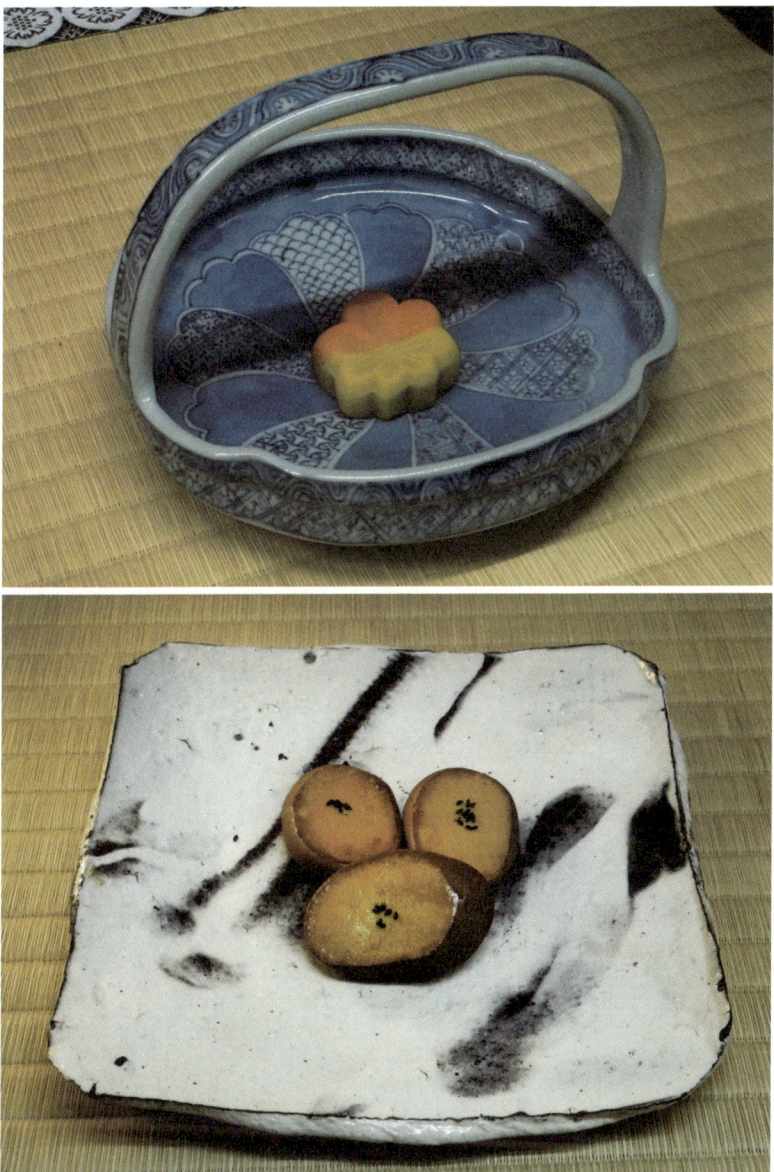

도자기는 일상의 그릇이다. 음식에서 맛은 기본이고, 이를 완성시키는 것은 그릇이다.

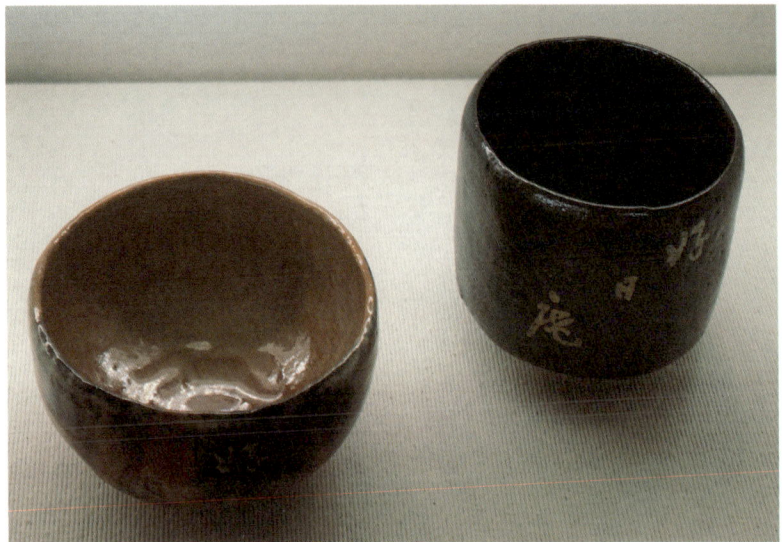

'고지쓰안(好日庵)'이라는 이름의 아카라쿠와 구로라쿠 찻사발

양에 도움이 된다고 선전하면 베스트셀러가 되는 마당인데 이제 좀 고쳐져야
하지 않을까?

일본 최고의 요리집 가운데 하나인 '깃초'의 정신은 '일기일회'다. 다도에서
도 제일 중요하게 여기는 바로 그 정신이다. 일생에 한 번 만나는 인연^{기회}이
니 정성껏 잘 대접하라는 다도의 행다 정신을 요리 서비스에 접목한 것이다.
이에 따라 깃초의 요리는 식단이나 창호, 가구, 심지어는 집밖의 풍경 등 그
모든 분위기를 계절에 따라 변화시키는 '차가이세키'의 영향을 강하게 받고
있다.

일반음식점에서 이 정도까지 하라고는 얘기하지 않겠다. 이 정도의 대접을 받

으려면 그만한 대가를 지불하는 것이 당연하다. 그럼에도 불구하고 상차림에 최소한의 예의는 좀 베풀어주었으면 한다. 그 예의는 플라스틱 그릇이 아니라 사기도자기 그릇에 음식을 담아 내놓는 것에서 시작한다. 그것만 제대로 해도 우리의 식문화는 몇 배나 문화적 층위가 상승할 것이다.

출간 작업 마무리를 하는 동안 폭염의 나날이었지만 덥지 않았던 것은 원고 마감의 중압감 덕택에 등골이 서늘했기 때문이었을 것이다. 그래서 옆의 라쿠 찻사발 이름처럼 필자의 집이 저절로 '호일암好日庵'이 되었다. 이제 노트북을 닫고 나면 그동안 미처 못 느꼈던 더위와 피로가 한꺼번에 밀어닥치려나? 그러나 그 열기는 아마 달콤할 수도 있겠지. 이제 당분간은 '놀멘놀멘' 하자. 신난다.

2017년 8월
폭염의 한복판 대구 호일암에서

조 용 준

참고 문헌

中ノ堂一信,『近代日本の陶芸家』, 河原書店,
1997

中ノ堂一信,「五条坂の登り窯の変遷と元藤
平陶芸所有の登り窯に関する文献紹介」,『元
藤平陶芸登り窯の歴史的価値等調査研究 報
告書』, 京都市, 2015

田邊哲人,『大日本 明治の美 横浜焼 東京焼
増補改訂版』, 2011

井谷善恵,『近代陶磁の至宝 オールドノリタ
ケの歴史と背景』, 2009

大森一夫,『世界に翔けた幕末明治の薩摩
SATSUMA焼』, 1998

大森一夫,『幕末明治の貿易陶磁 薩摩錦手』,
1993

藤岡幸二 編,『京焼百年の歩み』, 京都陶磁器
協会, 1962

『名家歴訪録 上』, 黒田譲, 1901

Gisela Jahn,『MEIJI CERAMICS』, 2004

Louis Lawrence,『SATSUMA』, 1991

吉田雄編, 吉田蒼生雄訳,『武功夜話―前野
家文書』, 新人物往来社, 1987

水野善郎,『正倉院三彩は唐三彩』, 鳥影社,
1992

山田芳裕,『へうげもの』, モーニングKC,
2005-2016

野口赫宙,『陶と剣』, 講談社, 1942

桑田忠親,『千利休』, 青磁社, 1942

林屋晴三,「高麗茶碗」,『陶磁大系32』, 平凡
社, 1972

林屋晴三,『日本の名陶十撰2 茶碗II』, 七燿
社, 1994

竹内順一, 渡辺節夫,『千利休とやきもの革
命』, 河出書房新社, 1998

竹本千鶴,『織豊期の茶会と政治』, 思文閣,
2006

Kakuzo Okakura,『The Book of Tea』, Dover
Publications, 1964

존 카터 코벨 저, 김유경 편역,『일본에 남은 한
국 미술』, 도서출판 글을읽다, 2008

한영대 저, 박경희 역,『조선미의 탐구자들』,
학고재, 1997

히라야마 케이지 저, 이미림 역, '야나기 무네
요시의 민예사상과 그 위치',「미술사논단」제
13호, 2001

참고 사이트

http://www.akahadayaki.com/
http://www1.kcn.ne.jp/~akahada
http://akahadayaki.jp/rakusai
https://ja.wikipedia.org/wiki/奥田木白
http://touri.jp/koraicyawan/oboegaki/
hansu.html
http://verdure.tyanoyu.net/index.html
https://ja.wikipedia.org/wiki/%E9%87%8E
%E3%80%85%E6%9D%91%E4%BB%81%E
6%B8%85
http://www.ab.cyberhome.ne.jp/~tosnaka
/201106/kyouyaki_iroe_ninsei.html
https://ja.wikipedia.org/wiki/正倉院
https://ja.wikipedia.org/wiki/唐三彩
http://ceramic-history.info/naraheian.html
http://sekisyu.jp/index.html
https://ja.wikipedia.org/wiki/富本憲吉
http://blog.naver.com/jan835
http://www.raku-yaki.or.jp/
https://ja.wikipedia.org/wiki/高麗茶碗
http://kizuna-maboroshi.doorblog.jp/
archives/42546383.html
http://pantravel.life/archives/9062
http://iiwarui.blog90.fc2.com/blog-
category
https://ameblo.jp/darkpent/
enlry-12184667767.html
http://www.nobunaga-lab.com/labo/08_
bunka/cha/chanoyu.html
https://ja.wikipedia.org/wiki/神屋宗湛
https://ja.wikipedia.org/wiki/山上宗二
https://ja.wikipedia.org/wiki/武野紹鷗
https://ja.wikipedia.org/wiki/村田珠光
https://ja.wikipedia.org/wiki/表千家
www.omotesenke.jp/

https://ja.wikipedia.org/wiki/交趾焼
https://ja.wikipedia.org/wiki/尾形乾山
https://ja.wikipedia.org/wiki/奥田穎川
https://ja.wikipedia.org/wiki/錦光山
https://ja.wikipedia.org/wiki/清風與平
https://ja.wikipedia.org/wiki/諏訪蘇山
www.rakuchu-rakugai.jp
www.unrakugama.com
https://ja.wikipedia.org/wiki/並河靖之
http://www.aikis.or.jp/~kishyu/backno/
yakimono/200109bak/
www.asahiyaki.co.jp
www.shunsho.co.jp
http://www.moco.or.jp
https://ja.wikipedia.org/wiki/砥部焼

일본
도자기
여행
교토의 향기

초판 1쇄 발행 2017년 11월 13일
초판 2쇄 발행 2021년 6월 25일

지은이 조용준

발행인 최명희
발행처 (주)퍼시픽 도도

회장 이웅현
기획편집 홍진희
디자인 김진희
홍보 · 마케팅 강보람
제작 퍼시픽 북스

일본어 감수 김철용
독자 교정 박기봉

출판등록 제 2004-000040호
주소 서울 중구 충무로 29 아시아미디어타워 503호
전자우편 dodo7788@hanmail.net
내용 및 판매문의 02-739-7656~7

ISBN 979-11-85330-46-4 13980
정가 20,000 원

이 도서의 국립중앙도서관 출판예정도서목록(CIP)은 서지정보유통지원시스템 홈페이지(http://seoji.nl.go.kr)와
국가자료공동목록시스템(http://www.nl.go.kr/kolisnet)에서 이용하실 수 있습니다. (CIP제어번호 : CIP2017027493)

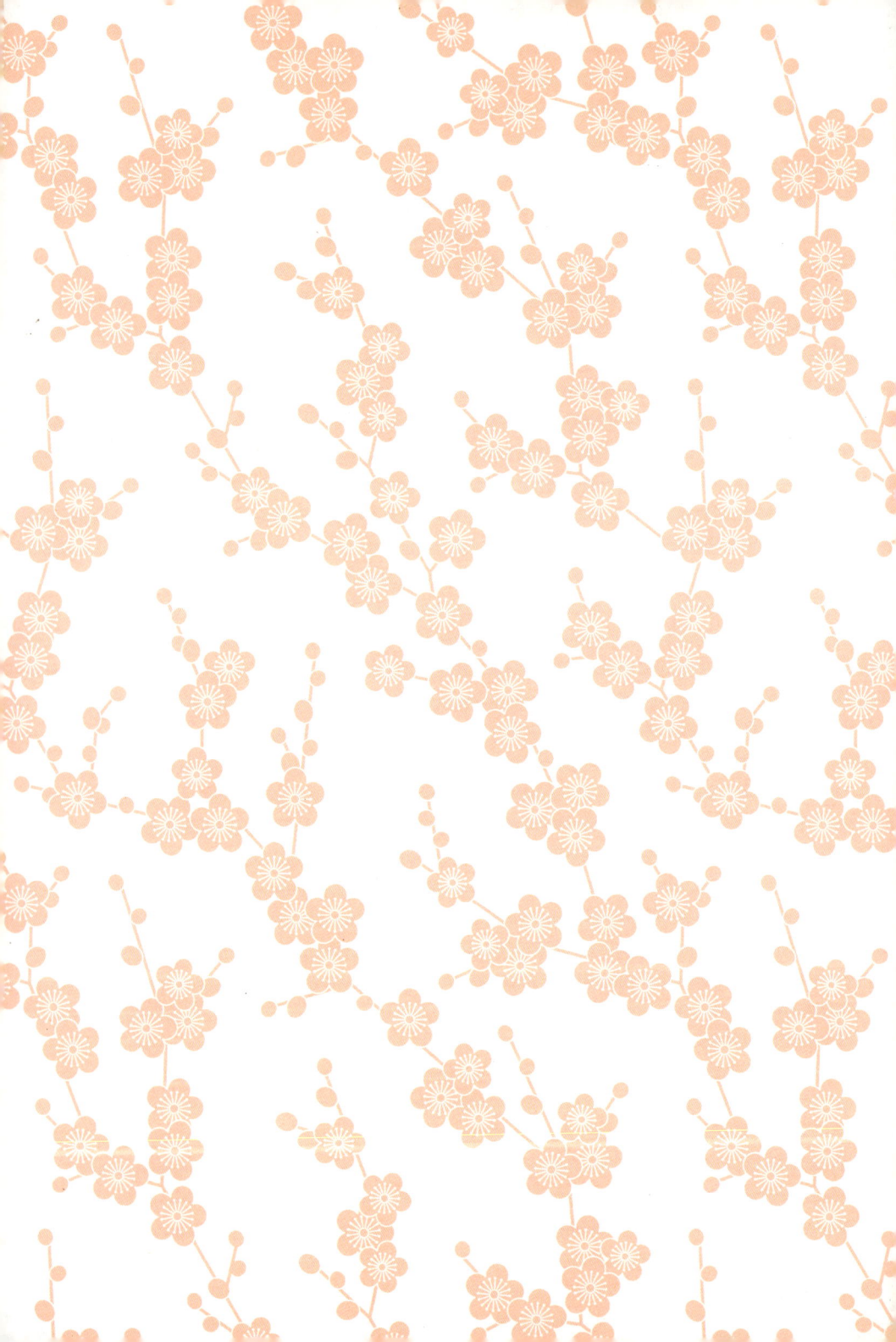